The Scholarly Publishing Office
the University of Michigan
University Library

# REPERTORIUM

## DER LITERARISCHEN ARBEITEN

AUS DEM GEBIETE DER

# REINEN UND ANGEWANDTEN MATHEMATIK

## „ORIGINALBERICHTE DER VERFASSER“

GESAMMELT UND HERAUSGEGEBEN

VON

Dr. LEO KOENIGSBERGER, und Dr. GUSTAV ZEUNER,
Prof. d. Mathematik a. d. Univ. z. Wien
Prof. d. Mechanik a. d. Polytechnikum z. Dresden.

II. BAND.

LEIPZIG
DRUCK UND VERLAG VON B. G. TEUBNER.
1879.

**H. G. Zeuthen: Brahmeguptas Trapez.** (Tidsskrift for Mathematik 1876, pp. 168—174 et 181—191.)

On trouve dans l'ouvrage posthume de Hankel „Zur Geschichte der Mathematik im Alterthum und Mittelalter" l'hypothèse qu'il faut regarder les constructions à la fin de la partie géométrique du chapitre arithmétique de Brahmegupta comme les véritables définitions des figures dont s'occupe le géomètre indien; mais l'ingénieux savant allemand n'indique pas complètement ses suppositions sur la manière dont les Indiens ont pu trouver les propriétés de ces figures. En suivant ses allusions à cet égard j'ai essayé d'établir, par des moyens qui étaient à la disposition des Indiens, quand même en forme moderne, les propriétés de la figure appelée trapèze dans la traduction anglaise de Brahmegupta. J'ai cru devoir renoncer, dans cette déduction, à l'usage de toute proposition géométrique où l'on considère expressément les quantités d'angles.

Entre les théorèmes déduits ainsi se présente de lui-même celui qui sert à exprimer le rayon du cercle inscrit à un triangle, et je ne puis croire que la démonstration de Chaturveda, qui n'est qu'une périphrase du théorème, est celle qui a conduit les Indiens à *trouver* ce théorème; je ne partage donc pas, par rapport à ce théorème, l'opinion de Hankel qui cite cette démonstration comme un exemple de l'intuition des Indiens.

Les Indiens, pourquoi se sont ils occupés de leurs „trapèzes"? Je crois parce que ces figures représentent immédiatement la formule de sin $(x + y)$.

A la fin de mon article j'étends les démonstrations, données pour les „trapèzes", à tous les quadrilatères inscriptibles.

---

**H. G. Zeuthen: Övelser i grafisk Statik.***) (Tidsskrift for Mathematik 1877, pp. 27—53.)

Cet article contient 42 questions plus ou moins simples, demandant la construction, par la règle et le compas, de polygones funiculaires, soit appartenant à un système donné de forces et satisfaisant à trois autres conditions, soit appartenant à un système de forces en partie inconnu et satisfaisant encore à plus de trois conditions.

Les questions sont accompagnées des considérations théoriques d'où dépend leur solution. J'en citerai ici les propositions suivantes Si un côté d'un polygone funiculaire, appartenant à un système. donné de forces, passe par un point donné (ou, plus généralement, si sa tension a une puissance donnée par rapport à un point donné), deux autres côtés formeront deux figures homologiques, le centre d'homologie étant au point donné; et la figure formée par un côté sera correlative à celle que forme le pôle qui correspond, dans la figure des forces, au polygone funiculaire variable; on peut donner à ces deux figures correlatives la position de deux polaires réciproques par rapport à un cercle. — Si, pour un système donné de forces, le pôle correspondant à un polygone funiculaire se trouve sur une droite donnée, deux côtés du polygone formeront des figures homologiques ayant pour centre d'homologie le point à l'infini de la droite donnée.

Une partie des questions où le système de forces n'est pas entièrement connu se réduisent, par la substitution de la réaction d'un côté du polygone funiculaire à une force, à celles qui demandent la construction pour un système donné de forces, et réciproquement.

Le dernier No. contient la construction graphique des tensions de $2n$ barres dont les $n$ sont les côtes d'un polygone plan et fermé, pendant que les $n$ autres en joignent les sommets à des points fixes, les $n$ sommets étant soumis à des forces données. M. Maxwell a traité de questions analogues à celle-ci dans son mémoire: On Reciprocal Figures and Diagrams of Forces (Philosophical Magazine 1864).

Copenhague. H. G. Zeuthen.

*) Exercices de statique graphique.

**H. Grassmann: Zur Elektrodynamik.** (Journal für Math. Bd. 83. S. 57.)

Im Jahre 1845 hatte ich in Poggendorffs Annalen Bd. 64. S. 1 ff. für die Einwirkung eines unendlich kleinen elektrischen Stromtheiles auf einen andern eine Formel aufgestellt, welche von der Ampère'schen wesentlich abweicht und sich durch ihre grössere Einfachheit auszeichnet. Nun hat Herr Clausius kürzlich eine neue, auf sicherer Grundlage ruhende Theorie der Elektrodynamik in dem Journal für Math. Bd. 82. S. 85 ff. aufgestellt, aus welcher sich mir durch eine kurze Rechnung ergab, dass diese Theorie auf die gegenseitige Einwirkung unendlich kleiner elektrischer Stromtheile angewandt genau dieselbe Formel ergab, welche ich 1845 als die muthmasslich richtige aufgestellt hatte. Sind nämlich $AA_1$ und $BB_1$ unendlich kleine Stücke elektrischer Ströme und $\acute{\imath}$ und $i$ ihre Intensitäten, und wird $\acute{\imath}AA_1$ mit $a$, $iBB_1$ mit $b$, die senkrechte Projection von $b$ auf die Ebene $AA_1B$ mit $b_1$, $AB$ mit $r$ und Winkel $A_1AB$ mit $\alpha$ bezeichnet, so ergab sich als Einwirkung $X$ des ersten Stromtheils auf den zweiten, abgesehen von einem constanten Zahlfactor, die Formel

$$X = \frac{ab_1 \sin \alpha}{r^2},$$

wie ich sie in Pogg. Ann. a. a. O. aufgestellt habe. Hier liegt $X$ senkrecht gegen $b_1$ in der Ebene $AA_1B$. Ich habe nachgewiesen, dass die Formel aus der Clausius'schen Theorie mit Nothwendigkeit hervorgeht. Ferner habe ich aus dieser Formel auf ganz elementare Weise die Wirkung abgeleitet, welche ein constanter geschlossener Strom im Raume auf einen Stromtheil übt. Ich betrachte nämlich jenen geschlossenen Strom zunächst als ein durchströmtes Polygon. Ist $BC$ irgend eine Seite desselben, $\acute{\imath}$ die Intensität des Stromes und $A$ der Anfangspunkt eines unendlich kleinen Stromtheiles, dessen senkrechte Projection auf $ABC = b_1$ ist, so ergiebt sich die Wirkung $v$

$$v = \frac{2\acute{\imath}b_1 \sin\frac{\alpha}{2}}{m},$$

wo $\alpha = \angle BAC$ und $m$ die von $A$ nach $BC$ gezogene Linie ist, welche den Winkel $\alpha$ halbirt. Die Richtung von $v$ ist senkrecht auf $b_1$ in der Ebene $ABC$. Ist $v_1$ die Wirkung der nächstfolgenden Seite des Polygons, u. s. w., so wird die gesammte Wirkung $V$ jenes Polygons

$$V = v + v_1 + \ldots,$$

wo die Addition auf der rechten Seite die geometrische ist. Eine sehr einfache, auf die Ausdehnungslehre gegründete Betrachtung ergiebt dann den allgemeinen Satz:

„*Wenn ein beliebiger* geschlossener Strom im Raume gegeben ist, so giebt es zu jedem Punkt $A$ eine bestimmte Ebene, die man die Wirkungsebene des Stromes nennen kann, und welche die Eigenschaft hat, dass jedes durch $A$ gehende Stromelement durch jenen Strom dieselbe Wirkung erfährt wie seine senkrechte Projection auf die Wirkungsebene, ferner dass diese Wirkung in der Wirkungsebene senkrecht gegen das Stromelement erfolgt und ihrer Grösse nach unabhängig von der Richtung jener Projection ist."

Stettin. H. Grassmann.

---

**H. Weber: Ueber die Transcendenten zweiter und dritter Gattung bei den hyperelliptischen Functionen erster Ordnung.**

(Journal für reine und angewandte Mathematik. Bd. LXXXII. S. 131.)

Die Theorie der elliptischen Integrale zweiter und dritter Gattung hat Jacobi zu einem Abschluss gebracht, indem er als unabhängige Veränderliche das Integral erster Gattung einführte. Es lassen sich dann diese Functionen und damit alle elliptischen Integrale überhaupt durch die eine Function $\Theta(u)$ ausdrücken, wobei die Functionen

$$\frac{\partial \log \Theta(u)}{\partial u}; \qquad \log \frac{\Theta(u-v)}{\Theta(u+v)}$$

als Normalintegrale zweiter und dritter Gattung auftreten, wenn $u$ und $v$ Integrale erster Gattung sind. In dem Integral dritter Gattung heisst $u$ das Argument, $v$ der Parameter, und beide können mit einander vertauscht werden. Dadurch ist dies Integral dritter Gattung, welches ursprünglich von drei Veränderlichen abhängt, zurückgeführt auf die nur von zwei Veränderlichen abhängige Function $\Theta$.

Analoge Untersuchungen für die nächst höhere Classe von Functionen, die hyperelliptischen Functionen erster Ordnung durchzuführen, ist der Zweck der vorliegenden kleinen Abhandlung. Die Analogie mit den elliptischen Functionen ist bis auf einen gleich zu berührenden Punkt eine vollständige, und die Resultate sind fast einfacher als erwartet wurde.

Bekanntlich müssen der Theorie dieser Functionen *zwei* unabhängige Variable zu Grunde gelegt werden, welche definirt sind als Summen von je zwei gleichartigen Integralen erster Gattung mit zwei verschiedenen oberen Grenzen, die aber in beiden Summen dieselben sind. Nach den Untersuchungen von Rosenhain kann die Aufgabe als gelöst betrachtet werden, rationale und symmetrische Functionen der beiden oberen Grenzen und der für dieselben geltenden Werthe der in den Integralen vorkommenden Quadratwurzel, als eindeutige Functionen dieser beiden unabhängigen Variabeln darzustellen, und zwar gelingt dies mit Hilfe der Functionen

$$\vartheta\left\{\begin{smallmatrix} g_1 & g_2 \\ h_1 & h_2 \end{smallmatrix}\right\}(u_1, u_2) =$$

$$\sum_{-\infty}^{+\infty} {}^{u_1} \sum_{-\infty}^{\infty} {}^{u_2}\, e^{\Sigma_{\lambda k}\, a_{\lambda,k}\left(n_\lambda + \frac{g_\lambda}{2}\right)\left(n_k + \frac{g_k}{2}\right) + 2\sum_1^2 \left(n_\lambda + \frac{g_\lambda}{2}\right)\left(u_\lambda + \frac{\pi i h_\lambda}{2}\right)}$$

deren Moduln $a_{k,\lambda}$ durch die vollständigeren Integrale erster Gattung ausgedrückt sind.

Alle algebraischen Integrale der hier betrachteten Classe können dargestellt werden durch zwei Integrale erster Gattung, zwei Integrale zweiter Gattung und ein von einem Parameter abhängiges Integral dritter Gattung, wozu noch algebraische und logarithmische Functionen kommen. Die Aufgabe, die also nach der Analogie mit den elliptischen Functionen noch zu lösen bleibt, ist die, Summen von zwei gleichartigen Integralen zweiter und dritter Gattung durch die beiden unabhängigen Veränderlichen darzustellen. Es zeigt sich jedoch, dass man bei den Integralen dritter Gattung zwei Parameter einführen muss, welche ebenso wie die Argumente durch Summen von Integralen erster Gattung definirt sind, so dass diese Functionen ausser von den Moduln von vier Veränderlichen abhängig sind. In umgekehrter Fassung stellt sich die Aufgabe dann so:

Es sollen die Functionen

$$\frac{\partial \log \vartheta\left\{\begin{smallmatrix} g_1 & g_2 \\ h_1 & h_2 \end{smallmatrix}\right\}(u_1, u_2)}{\partial u_1}; \qquad \frac{\partial \log \vartheta\left\{\begin{smallmatrix} g_1 & g_2 \\ h_1 & h_2 \end{smallmatrix}\right\}(u_1, u_2)}{\partial u_2}$$

$$\log \frac{\vartheta\left\{\begin{smallmatrix} g_1 & g_2 \\ h_1 & h_2 \end{smallmatrix}\right\}(u_1 - v_1, u_2 - v_2)}{\vartheta\left\{\begin{smallmatrix} g_1 & g_2 \\ h_1 & h_2 \end{smallmatrix}\right\}(u_1 + v_1, u_2 + v_2)}$$

in welchen für $u_1, u_2, v_1, v_2$ Integralsummen erster Gattung mit von einander unabhängigen oberen Grenzen gesetzt sind, durch Summen von Integralen zweiter und dritter Gattung ausgedrückt werden.

Der Zahlencomplex $\left\{ \begin{smallmatrix} g_1 & g_2 \\ h_1 & h_2 \end{smallmatrix} \right\}$, (die Thetacharakteristik) kann unbeschadet der Allgemeinheit beliebig angenommen werden, da vermittelst der Formeln von Rosenhain alle diese Functionen aus einer derselben hergeleitet werden können. Die Einfachheit der Resultate wird durch eine passende Wahl dieses Zahlencomplexes wesentlich erhöht. Der Unterschied, der gegenüber den elliptischen Functionen hier zu Tage tritt, besteht darin, dass bei den Integralen zweiter Gattung noch eine algebraische, bei denen der dritten Gattung noch eine logarithmische Function der oberen Grenzen hinzutritt, die sich aber ebenfalls, wenn auch nicht sehr einfach nach den Rosenhain'schen Formeln durch $\vartheta$-Functionen darstellen lässt.

Behufs der Lösung der Aufgabe müssen nun zunächst aus den Eigenschaften der Periodicität die Normalintegrale zweiter und dritter Gattung erklärt werden. Die Ausdrücke für dieselben vereinfachen sich ausserordentlich durch ein System von Relationen zwischen den vollständigen Integralen erster und zweiter Gattung, welches ganz analog ist der bekannten Legendre'schen Relation aus der Theorie der elliptischen Functionen $K'E + E'K - KK' = \frac{\pi}{2}$ und welches man leicht durch Integration über die Begrenzung eines Gebietes ableitet. Darnach bieten nun die Riemann'schen Principien einen einfachen und naturgemässen Weg, um zur Lösung des Problems zu gelangen.

Königsberg, den 2. Juli 1877. H. Weber.

---

**A. Brill: Ueber Systeme von Curven und Flächen.** (Mathematische Annalen Bd. 8.)

Gewisse Sätze, die in der Theorie der Charakteristiken eines einfach unendlichen Curven- bezw. Flächen-Systems eine Rolle spielen, werden mit Hilfe des bekannten Chasles'schen Correspondenzprincips abgeleitet. Dahin gehört der Ausdruck: $m\nu + n\mu$ für die Anzahl der Curven eines Systems mit den Charakteristiken $\mu$, $\nu$, welche eine gegebene Curve von der $m$ Ordnung und $n$. Klasse berühren; ferner die Zahl $m\nu + n\mu + r\varrho$ der Flächen eines Systems $(\mu, \nu, \varrho)$, die eine gegebene Fläche $(m, n, r)$ berühren und die Zahl der Raumcurven aus einer einfach unendlichen Schaar, die der gleichen Bedingung genügen — Zahlen, welche sich durch jenes Princip und einen leicht aus demselben herzuleitenden Satz über Entsprechen von Punkten in einer Ebene bestimmen lassen, ohne dass man genöthigt ist, beschränkende Voraussetzungen bezüglich der berührten Curve oder Fläche zu machen.

---

**A. Brill: Ueber die Discriminante.** (Mathematische Annalen Bd. 12.)

Dieser Aufsatz, der die Einleitung zu dem nachfolgend besprochenen bildet, enthält einige elementare, wie es scheint bisher nicht ausgesprochene Sätze über das Verhalten der Wurzeln einer algebraischen Gleichung mit veränderlichen Coefficienten in der Nähe solcher Werthe der Letzteren, für welche die Discriminante verschwindet.

---

**A. Brill: Ueber rationale Curven vierter Ordnung.** (Mathematische Annalen Bd. 12.)

Die Coordinaten einer Curve vierter Ordnung mit drei Doppelpunkten lassen sich bekanntlich als rationale Functionen eines Parameters darstellen. Man kann das Studium der projectivischen Eigenschaften einer solchen Curve unter Verlegung der drei Doppelpunkte in die Eckpunkte des Coordinatendreiecks an die Betrachtung des simultanen Formensystems von drei binären Formen zweiten Grades: $f_1$, $f_2$, $f_3$ anknüpfen. So lässt sich die Gleichung für die Parameter der sechs Wendepunkte auf die Form bringen:

$$R f_1 f_2 f_3 + 4\, \vartheta_{12}\, \vartheta_{23}\, \vartheta_{31} = 0,$$

wenn $R$ die in den Coefficienten der drei Formen lineare Invariante und die $\vartheta$ Functionaldeterminanten von je zwei derselben darstellen. Diese Gleichung sechsten Grades hat im Allgemeinen keine Affecteigenschaften, wie sie z. B. die Gleichung achten Grades für die Berührungspunkte der Doppeltangenten besitzt. Indess stehn beide Gleichungen in einem gewissen Zusammenhang. Ihre Discriminanten zerfallen nämlich in Factoren, die theilweise für Beide dieselben sind. So erscheinen die Realitätsverhältnisse der Wendepunkte und Doppeltangenten von einander nicht unabhängig, ein Umstand, dem unter Bezugnahme auf die Sätze des vorstehend besprochenen Aufsatzes eine eingehendere Discussion gewidmet wird. Man findet zum Schluss noch eine Zusammenstellung der wesentlich verschiedenen gestaltlichen Typen der Curven vierter Ordnung, wobei auch die Grenzfälle Berücksichtigung finden. Schematische Figuren veranschaulichen diese Aufzählung.

München. A. Brill.

---

**S. Gundelfinger: Ueber das Schliessungsproblem bei zwei Kegelschnitten.** (Borchardts Journ. Bd. 83. S. 171 ff.)

Bedeuten $f(x_1, x_2, x_3) = 0$ und $\varphi(x_1, x_2, x_3) = 0$ die Gleichungen der beiden Kegelschnitte in trimetrischen Coordinaten, so hängt das fragliche Problem wesentlich ab von dem Integrale des Differentiales:

$$dJ = \frac{\Sigma \pm \alpha_1 x_2 dx_3}{\frac{1}{2}\{\alpha_1 f'(x_1) + \alpha_2 f'(x_2) + \alpha_3 f'(x_3)\}\sqrt{\varphi(x_1, x_2, x_3)}}, \quad f(x_1, x_2, x_3) = 0.$$

Der Verfasser hat, nach Darlegung dieser Abhängigkeit, zwei Substitutionen angegeben, deren jede in einfacher Weise das Integral $\int dJ$ in die Grundform der elliptischen Transcendenten $\int \frac{ds}{\sqrt{4s^3 - g_2 s - g_3}}$ *) überführt.

Die erste Substitution nimmt als Ausgangspunkt die Gleichung zwischen den ternären quadratischen Formen $f$, $\varphi$ und ihren beiden fundamentalen Covarianten $\psi$, $\Omega$, die aus der Zwischenform

$$N = \tfrac{1}{4} \sum \left( \pm \frac{\partial f}{\partial x_1} \frac{\partial \varphi}{\partial x_2} u_3 \right)$$

durch die Operationen abgeleitet sind:

$$\psi = \tfrac{3}{2} \sum \sum \frac{\partial^2 N}{\partial x_\alpha \partial u_\beta} \frac{\partial^2 N}{\partial x_\beta \partial u_\alpha}; \quad (\alpha, \beta = 1, 2, 3)$$

$$\Omega = \tfrac{1}{2} \sum \frac{\partial N}{\partial u_\alpha} \frac{\partial \psi}{\partial x_\alpha} = \tfrac{1}{8} \sum \left( \pm \frac{\partial f}{\partial x_1} \frac{\partial \varphi}{\partial x_2} \frac{\partial \psi}{\partial x_3} \right).$$

Diese Gleichung kann unter Einführung der Bezeichnungen:

---

*) Ueber dieses Integral und die anderweitige hierher gehörige Literatur vgl. man eine Abhandlung des Herrn Simon in Borchardt's Journal Bd. 81, S. 301 ff.

$$\tfrac{1}{8}\sum \pm \left[\frac{\partial^2(\varkappa f+\lambda\varphi)}{\partial x_1{}^2}\,\frac{\partial^2(\varkappa f+\lambda\varphi)}{\partial x_2{}^2}\,\frac{\partial^2(\varkappa f+\lambda\varphi)}{\partial x_3{}^2}\right]=G(\varkappa,\lambda)$$

$$\tfrac{1}{36}\left(\frac{\partial^2 G(\varkappa\lambda)}{\partial\varkappa^2}\,\frac{\partial^2 G(\varkappa\lambda)}{\partial\lambda^2}-\frac{\partial^2 G(\varkappa\lambda)}{\partial\varkappa\,\partial\lambda}\,\frac{\partial^2 G(\varkappa\lambda)}{\partial\varkappa\,\partial\lambda}\right)=H(\varkappa,\lambda)$$

$$\tfrac{1}{3}\left(\frac{\partial G(\varkappa\lambda)}{\partial\varkappa}\,\frac{\partial H(\varkappa\lambda)}{\partial\lambda}-\frac{\partial G(\varkappa\lambda)}{\partial\lambda}\,\frac{\partial H(\varkappa\lambda)}{\partial\varkappa}\right)=Q(\varkappa,\lambda)$$

in der übersichtlichen Gestalt geschrieben werden:

$$\Omega^2=\psi^3+3\psi H(\varphi,-f)+Q(\varphi,-f).$$

Nach einer Methode, die in analoger Weise bereits Herr Brioschi bei Curven dritten Grades angewandt (Comptes Rendus, 1863 erste Hälfte, p. 305), folgt daraus sofort:

$$dJ=\frac{ds}{\sqrt{4s^3+12H(1,0)s+4Q(1,0)}},\quad s=\frac{\psi}{\varphi}.$$

Die zweite Substitution ist einer bekannten Aronhold'schen Transformation (Monatsberichte der Berliner Akademie 1861) nachgebildet und durch die Gleichung definirt:

$$\mu=-\frac{\varphi'(a_1)x_1+\varphi'(a_2)x_2+\varphi'(a_3)x_3}{f'(a_1)x_1+f'(a_2)x_2+f'(a_3)x_3},$$

wobei unter $a_1$, $a_2$, $a_3$ die Coordinaten irgend eines der Schnittpunkte von $f=0$ mit $\varphi=0$ verstanden sind. Vermöge derselben wird:

$$dJ=\frac{d\mu}{\sqrt{G(\mu,1)}}.$$

Tübingen. S. Gundelfinger.

---

**A. Mayer: Geschichte des Princips der kleinsten Action.** (Antrittsvorlesung. Leipzig, Veit u. Co. 1877.)

Der vorliegende, zuerst nur zum Vortrag bestimmte Aufsatz versucht es, eine quellengemässe Darstellung der Entstehung und Entwickelung des Princips der kleinsten Action zu geben und namentlich die äusseren und inneren Momente aufzudecken, welche die Veranlassung waren, dass dieser, ursprünglich vollkommen strenge Satz schon bald nach seiner Entdeckung zu dem unbestimmtesten und am meisten missverstandenen Principe der Mechanik wurde, und der Vortrag ist dann ohne wesentliche Zusätze veröffentlicht worden — obgleich der Verfasser recht wohl fühlte, dass es eigentlich nöthig wäre, mehrere Punkte noch weiter auszuführen und im Besonderen auf die Streitschriften von Euler und König näher einzugehen —, weil durch solche Erweiterungen der Aufsatz seinen ursprünglichen Charakter ganz verloren haben würde.

---

### A. Mayer: Ueber den Multiplicator eines Jacobi'schen Systems.

(Mathem. Annal. XII. p. 132—142.)

Jacobi hat zwei verschiedene Definitionen für den Multiplicator einer einzelnen linearen partiellen Differentialgleichung:

$$A(f) \equiv \sum_{h=1}^{h=n} X_h \frac{\partial f}{\partial x_h} = 0$$

gegeben. Die erste Definition, die er seiner Theoria novi multiplicatoris zu Grunde legte, setzt die Kenntniss aller Lösungen der gegebenen Gleichung voraus; die zweite definirt den Multiplicator $M$ direkt durch die Gleichung:

$$\sum_{h=1}^{h=n} X_h \frac{\partial \log M}{\partial x_h} + \sum_{h=1}^{h=n} \frac{\partial X_h}{\partial x_h} = 0.$$

Die Untersuchungen von Lie (Math. Ann. XI. p. 501 u. flg.) haben nun gelehrt, dass man die erste Definition des Jacobi'schen Multiplicators ausdehnen kann auf jedes vollständige System:

$$1) \qquad A_i(f) \equiv \sum_{h=1}^{h=n} X_h^i \frac{\partial f}{\partial x_h} = 0, \; i = 1, 2, \ldots r.$$

Dagegen besitzen, auch wenn 1) ein vollständiges System ist, doch im Allgemeinen die $r$ Gleichungen:

$$\sum_{h=1}^{h=n} X_h^i \frac{\partial \log M}{\partial x_h} + \sum_{h=1}^{h=n} \frac{\partial X_h^i}{\partial x_h} = 0$$

keine gemeinsame Lösung, oder es giebt im Allgemeinen keinen Jacobi'schen Multiplicator, der allen Gleichungen eines vollständigen Systems gemeinsam wäre. Bilden aber die Gleichungen 1) ein Jacobi'sches System, d. h. ist jedes:

$$A_i(A_\varkappa(f)) - A_\varkappa(A_i(f))$$

identisch Null, so existirt ein solcher gemeinsamer Multiplicator. Es fragte sich nun, ob dieser gemeinsame Multiplicator identisch ist mit dem Lie'schen Multiplicator des ganzen Systems. Diese Identität nachzuweisen, war der Hauptzweck der obigen Note, die ausserdem noch angiebt, wie sich das Princip des letzten Multiplicators für ein Jacobi'sches Systems gestaltet.

---

**A. Mayer: Ueber den allgemeinsten Ausdruck der inneren Potentialkräfte eines Systems bewegter materieller Punkte.** (Berichte der K. Sächs. Gesellsch. d. Wissensch. 1877, p. 86—100.)

Diese Note beschäftigt sich mit der Aufgabe, den allgemeinsten analytischen Ausdruck der inneren Kräfte eines in Bewegung befindlichen Systems materieller Punkte zu finden, welcher die beiden Forderungen erfüllt, dass diese Kräfte dem Princip der Gleichheit von Wirkung und Gegenwirkung genügen und zugleich ein Potential besitzen sollen, und sie gelangt zu dem Resultate, dass man diesen allgemeinsten Ausdruck erhält, wenn man das Potential einer willkürlichen Function der Zeit, der gegenseitigen Entfernungen der Punkte des Systems und der ersten Differentialquotienten dieser Entfernungen nach der Zeit gleich setzt.

Leipzig. A. Mayer.

---

**Ax. Harnack: Ueber die Vieltheiligkeit der ebenen algebraischen Curven.** (Math. Annal. Bd. X. p. 189—198.)

Die Frage, wie viele weder im Endlichen noch im Unendlichen zusammenhängende reelle Züge eine ebene Curve $n$ter Ordnung höchstens besitzen kann, lässt sich vermöge des Bezout'schen Theoremes auf ganz elementarem Wege beantworten; man braucht für die Untersuchung nur noch die Eigenschaften zu benutzen, durch welche paare und unpaare algebraische Curvenzüge von einander unterschieden sind. Zählt man dann die reellen Schnittpunkte der gegebenen Curve mit einer zweckentsprechend gelegten „adjungirten" Curve $n$—2ter Ordnung ab, so ergiebt sich, da jedenfalls nicht mehr als $n(n-2)$ Schnittpunkte vorhanden sein können, der allgemein giltige Satz: *Eine ebene Curve vom Geschlecht $p$ enthält nie mehr als $p+1$ getrennt verlaufende Züge.*

Aber auch die Existenz von Curven mit dieser Maximalanzahl ist leicht nachzuweisen, wenn man von dem Princip der continuirlichen Deformation, angewandt auf die Auflösung singulärer Punkte, Gebrauch macht, und nun von einer Curve $n$ter Ordnung mit Zuhilfenahme einer Geraden zu einer Curve $n+1$ter Ordnung aufsteigt. *Auf diese Weise lassen sich zu jeder Geschlechtszahl $p$ Curven mit $p+1$ getrennten Zügen construiren.*

Den Existenzbeweis solcher Curven hat auch Herr Schottky in seiner Abhandlung: „Ueber die conforme Abbildung mehrfach zusammenhängender ebener Flächen" (Dissert. Berlin 1875) erbracht, indem er zeigt, dass die charakteristischen Gleichungen einer $p+1$-fach zusammenhängenden Fläche algebraische Curven vom Geschlecht $p$ mit $p+1$ getrennten Zügen sind.

---

**Ax. Harnack: Ueber die Darstellung der Raumcurve vierter Ordnung erster Species und ihres Secantensystemes durch doppelt periodische Functionen.** (Mathem. Annalen Bd. XII. p. 47—86.)

Der vorliegende Aufsatz steht zu meinen früheren Untersuchungen über die Verwerthbarkeit der Theorie doppelt periodischer Functionen für die Geometrie der Curven vom Geschlechte $p=1$ in naher Beziehung. Wie in der Ebene die allgemeine Curve dritter Ordnung, so bildet im Raume der Durchschnitt eines Flächenbüschels zweiter Ordnung das einfachste algebraische Gebilde, auf welchem sich die Werthe eines elliptischen Integrales eindeutig abbilden lassen. Man kann fast sagen, dass diese Abbildung hier noch übersichtlicher wird, weil das Secantensystem im Raume eine bessere Gliederung gestattet, als die Gesammtheit der Geraden in der Ebene, oder anders ausgedrückt, dass selbst solche Relationen zwischen den Integralwerthen, welche in der Ebene auf selbstverständliche Sätze führen, im Raume bereits nicht unwichtige geometrische Eigenschaften erkennen lassen. Demgemäss stellte ich mir in dieser Arbeit auch die Aufgabe, die Geometrie der Raumcurve und ihres Secantensystemes möglichst vollständig aus der Parameterdarstellung zu entwickeln, wobei neben den allbekannten auch einige neue Sätze zu Tage traten.

Nach Aronhold und Clebsch wird das auf das Flächenbüschel: $\varkappa a_x{}^2 + \lambda \alpha_x{}^2 = 0$ bezügliche Differential in homogener Form durch die Gleichung definirt:

$$D = \frac{u_x v_{dx} - v_x u_{dx}}{a_x \alpha_x (a \alpha u v)} \left(a_x{}^2 = 0 \quad \alpha_x{}^2 = 0 \quad a_x a_{dx} = 0 \quad \alpha_x \alpha_{dx} = 0\right)$$

wenn $u_x = 0$ und $v_x = 0$ zwei beliebige Formen bedeuten; der Werth von $D$ ist aber von den Coordinaten $u_i$ und $v_i$ gänzlich unabhängig. Wird der Parameter des Ebenenbüschels, dessen Träger eine Secante oder specieller eine Tangente der Raumcurve ist, eingeführt, so lässt sich das Differential ohne weiteres als Function einer einzigen unabhängigen Veränderlichen darstellen. Daraus folgt dann, dass die absolute Invariante des Flächenbüschels auch die des Differentiales ist. Allgemeiner aber als diese Darstellung, welcher ein Ebenenbüschel von besonderer Lage zu Grunde liegt, ist die Forderung, aus der obigen Gleichung die Werthe von $D$ zu ermitteln, die sich bei unendlich kleiner Drehung einer Ebene um irgend eine in ihr gelegene Gerade ergeben. Die Durchführung dieser Aufgabe gelingt im vorliegenden Falle, weil das vollständige Formensystem eines Kegelschnittbüschels bekannt ist, am einfachsten mit Hilfe einer Symbolik, in welcher irreducible Formen als Producte *verschiedener* linearer Factoren aufgefasst werden. Diese Symbolik ist überhaupt jedesmal von Vortheil, sobald vermöge einer vorausgehenden Kenntniss der in Betracht kommenden Formen nur der Weg aus der gewöhnlichen symbolischen Darstellung in diese andere, nicht aber der umgekehrte zu machen ist.

Das Resultat dieser Rechnung ist eine biquadratische Gleichung, deren zweiter Term gemäss des Abel'schen Theoremes fehlt. Die übrigen Coefficienten sind einfache Covarianten des Flächenbüschels; sie enthalten die Coordinaten $u_i$ der schneidenden, und ausserdem, mit Ausnahme des ersten, zu Unterdeterminanten mit $u$ verbunden die Coordinaten $du_i$ der benachbarten Ebene. Die geometrische Interpretation des Verschwindens ist für jeden einzelnen Coefficienten leicht anzugeben. Mit dieser Gleichung ist die analytische Grundlage der nun folgenden Betrachtungen gewonnen.

Für diese weiteren Untersuchungen über die längs der Curve vertheilten Integralwerthe sind *vier* Arten zu unterscheiden. Der

Anfangswerth des Integrales wird jedesmal in einen der 16 Punkte verlegt, in welchem eine Ebene 4punktig einschneidet, ist demnach nicht vollständig bestimmt. Mit Berücksichtigung dieser noch vorhandenen Willkürlichkeit gelangt man zu folgenden Ergebnissen:

$\alpha$) *Die zweitheilige Curve mit zwei paaren Zügen* lässt eine reelle ($p = \omega$) und eine rein imaginäre Periode ($p' = \omega'$) zu. Längs des einen Zuges sind alle Werthe von 0 bis $p$, längs des anderen die nämlichen Werthe vermehrt um $\frac{p'}{2}$ vertheilt. Conjugirt imaginäre Punkte erhalten auch conjugirt imaginäre Argumente.

$\beta$) *Die zweitheilige Curve mit zwei unpaaren Zügen* hat gleichfalls eine reelle ($p = \omega$) und eine rein imaginäre Periode ($p' = \omega'$). Beide Curvenzüge besitzen indessen complexe Parameterwerthe mit constanten imaginären Bestandtheilen. Diese letzteren können so normirt werden, dass auf dem einen Zuge $\frac{1}{8}p'$, auf dem anderen $\frac{5}{8}p'$ zu allen möglichen reellen Werthen hinzutritt. Conjugirt imaginäre Punkte sind von der Form $\alpha + \frac{1}{8}p' + \beta i$ und $\alpha + \frac{1}{8}p' - \beta i$.

$\gamma$) *Die eintheilige Curve mit einem paaren Zuge* lässt eine reelle Periode ($p = \omega$) und eine complexe von der Form $\left(p' = \frac{\omega + \omega'}{2}\right)$ zu. Die Punkte des reellen Zuges erhalten reelle, conjugirt imaginäre Punkte auch conjugirt imaginäre Argumente.

$\delta$) *Die völlig imaginäre Curve, welche den Schnitt eines reellen Flächenbüschels bildet,* hat wiederum eine reelle und eine rein imaginäre Periode. Conjugirt imaginäre Punkte sind hierbei von der Form $\alpha + \beta i$ und $\alpha + \frac{p}{2} - \beta i$.*)

Nach diesen Festsetzungen ist es ein für allemal möglich, reelle und imaginäre Eigenschaften zu unterscheiden. Insbesondere ergeben sich alle Sätze über die Realität des Polartetraeders hinsichtlich seiner Flächen und Ecken, sowie über die Lage der 116 Ebenen, welche durch je vier der 16 Fundamentalpunkte gelegt werden können.

Eine bemerkenswerthe Construction der Raumcurve kann aus dieser Parameterdarstellung entnommen werden. Wählt man nämlich

---

*) Auf die Curven, bei welchen auch das gesammte Flächenbüschel imaginär ist, bin ich bei den geometrischen Untersuchungen nicht besonders eingegangen.

zwei Punktetripel von der Form: $u$, $u+\frac{p}{3}$, $u+\frac{2p}{3}$ und $v$, $v+\frac{p}{3}$, $v+\frac{2p}{3}$ aus, und legt durch je drei passend gewählte Punkte eine Ebene, so wird deren Durchschnitt einen neuen Punkt der Raumcurve bestimmen; z. B. die Ebene durch:

$$u \quad v \quad v+\frac{p}{3}; \quad u+\frac{p}{3} \quad v+\frac{p}{3} \quad v+\frac{2p}{3}; \quad u+\frac{2p}{3} \quad v+\frac{2p}{3} \quad v$$

schneiden sich im Punkte $-u-2v+\frac{2p}{3}$. Ebenso können die beiden anderen Punkte gefunden werden, welche mit diesem ein Tripel bilden; sonach lässt sich diese Construction im Allgemeinen unbegrenzt fortsetzen und liefert jedesmal als Schnitt dreier Ebenen, welche durch je drei Punkte gelegt sind, einen neuen Curvenpunkt. Aus der Gesammtheit aller Secanten der Curve werden Linienflächen construirt, sobald man je zwei Argumente nach irgend welchem Gesetze einander zuordnet und die entsprechenden Punkte durch eine Gerade verbindet. Die einfachste Zuordnung ist durch die Relation $u$ und $\pm u + C$ gegeben, wobei $C$ eine beliebige Constante innerhalb des Periodenparallelogrammes bedeutet.

Das Gesetz $u$ und $-u+C$ liefert die eine Schaar von Erzeugenden einer der Flächen zweiter Ordnung, während der negative Werth der Constante, also die Beziehung $u$ und $-u-C$, die andere Schaar der nämlichen Fläche charakterisirt. Den speciellen Werthen $C=0$, $\frac{p}{2}$, $\frac{p'}{2}$, $\frac{p+p'}{2}$ entsprechen die vier Kegel des Büschels. Werden die zugeordneten Punkte identisch, so ist die Erzeugende zugleich eine Tangente der Raumcurve. Wie die Gleichungen lehren, giebt es in jeder Schaar vier Tangenten ($2u \equiv \pm C$). *Die beiden, von den Berührungspunkten gebildeten Tetraeder liegen zu einander und zu dem Polartetraeder des Flächenbüschels auf vier Arten perspectiv.* Ferner lassen sich zu jeder Fläche ($\pm C$) drei andere $\left(\pm C+\frac{p}{2}, \pm C+\frac{p'}{2}, \pm C+\frac{p+p'}{2}\right)$ nachweisen, welche die Eigenschaft haben, dass sich je zwei Erzeugende aus einer Schaar der einen Fläche mit je zwei Erzeugenden aus einer Schaar der anderen Fläche schneiden, und insbesondere sind drei Flächenpaare vorhanden, bei welchen beide Arten von Erzeugenden sich gegenseitig treffen.

Von Wichtigkeit aber ist der unschwer zu beweisende Satz: *Alle Secanten, für welche die Differenz zwischen den Parametern der beiden Curvenpunkte denselben Werth hat, schneiden das Polartetraeder nach gleichem Doppelverhältniss.* Derselbe zeigt, dass in jeder Schaar von Erzeugenden im Flächenbüschel zweiter Ordnung je vier Linien vorhanden sind, welche das Polartetraeder nach gleichem Doppelverhältniss treffen und giebt ferner völligen Aufschluss über die Linienflächen, welche durch die Zuordnung $u$ und $+u \pm C$ entstehen. Dieselben bilden jedesmal den Durchschnitt eines tetraedralen Liniencomplexes mit dem Secantensysteme der Raumcurve und sind also die von de la Gournerie ausführlich behandelten „Quadricuspidalflächen" achter Ordnung und Classe. Alle projectiven Eigenschaften, die Lage der vier ebenen Doppelcurven in den Tetraederflächen u. s. w. sind aus dieser Parameterdarstellung ohne Schwierigkeit abzuleiten. Ich führe hier nur noch den Satz an, dass sämmtliche Secanten der Raumcurve von einer solchen Fläche ausser in den Curvenpunkten in je vier Punkten mit gleichem Doppelverhältniss geschnitten werden. Die speciellen Werthe $C = 0, \frac{p}{2}, \frac{p'}{2}, \frac{p+p'}{2}$ ergeben hier die Developpabele und ausserdem drei Linienflächen vierter Ordnung, welche als Durchschnitte des Secantensystemes mit der durch je zwei Gegenkanten des Polartetraeders bestimmten Liniencongruenz aufgefasst werden können.

Mit diesen beiden Arten von Zuordnungen sind zugleich alle eindeutigen Transformationen der Raumcurve in sich selbst erschöpft; unter ihnen befinden sich 32 *lineare.* Bei jeder dieser eindeutigen Transformationen bleibt jede Quadricuspidalfläche erhalten, während in dem Büschel der Flächen zweiter Ordnung jedesmal nur *vier* Flächen in sich selbst übergeführt werden.

Die oben besprochene Fundamentalgleichung vierten Grades liefert uns (in ihrer Discriminante) die Differentialgleichung des Flächensystemes achter Ordnung, sowie die Differentialgleichungen für alle Linienflächen, welche durch eine mehrdeutige lineare Beziehung zwischen den Argumenten erhalten werden. Auf eine nähere Untersuchung derselben bin ich indessen bisher nicht eingegangen.

Darmstadt. Ax. Harnack.

**W. Mantel: Traité de trigonométrie analytique.** (Chez P. Brander, à Arnhem.)

Sous ce titre j'ai publié un ouvrage, dont je vais briévement exposer le contenu.

Dans Chap. I j'ai réuni quelques remarques sur le passage à la limite qu'on emploie pour déduire des séries infinies. Bien des auteurs commettent des erreurs dans cette matière. J'ai montré que même Duhamel se contentait d'avoir regard à la convergence des séries, et je démontre l'insuffisance de cette méthode.

Dans Chap. II, en partant des formuls

$$\sin(a + b) = \sin a \cos b + \sin b \cos a,$$
$$\cos(a + b) = \cos a \cos b - \sin a \sin b,$$

je déduis d'une manière complètement naturelle, les formules pour les multiples d'un arc.

Les formules trouvées se présentant sous la forme de polynomes ou de fractions rationnelles on est naturellement conduit à les décomposer en facteurs ou en fractions simples. Ceci occupe les Chap. III et IV.

Les trois chapitres suivants sont voués à la déduction des séries infinies et des produits infinis pour $\sin x$ etc. Les démonstrations que j'ai données des séries pour $\operatorname{tg} x$, $\operatorname{cotg} x$, $\operatorname{séc} x$ et $\operatorname{coséc} n$ sont uniformes à la démonstrations des produits infinis, et très naturelles; tandis que M. Schlömilch p. e. déduit ces séries des produits mentionnés par une différentiation déguisée.

Enfin, dans Chap. VIII et IX je montre l'emploi des imaginaires, et je fais la déduction des séries pour les fonctions circulaires inverses. Comme $(\operatorname{arc}\sin x)^n$ et $(\operatorname{arc}\operatorname{tg} x)^n$, $n$ entier positif, se développent de la même manière que $\operatorname{arc}\sin x$ et $\operatorname{arc}\operatorname{tg} x$, j'ai jugé bon d'ajouter ces séries. Quoiqu'elles manquent d'importance, leur déduction est instructive.

Cherchant toujours à faire de la théorie exposée un ensemble achevé, j'espère que mon ouvrage soit reconnu utile à ceux qui veulent s'initier à l'étude de l'analyse supérieure.

Delft, Mai 1877. W. Mantel.

---

**C. M. Guldberg et H. Mohn. Études sur les mouvements de l'atmosphère. I. Partie.** (Programme der Universität. Christiania 1876.)

Die Verfasser haben in dieser Abhandlung die Anfangsgründe der Mechanik der Atmosphäre entwickelt. Die Abhandlung ist in drei Capitel getheilt. In dem ersten Capitel wird das Gleichgewicht der Atmosphäre behandelt, und namentlich werden die Aenderungen untersucht, die eine Luftmasse erleidet, mit Rücksicht auf Druck, Temperatur und Dampfgehalt, wenn sie ausgedehnt oder zusammengedrückt wird, ohne dass Wärme mitgetheilt noch entzogen wird. Die Gesetze, die hieraus hergeleitet werden, dienen dazu, um zu bestimmen, ob das Gleichgewicht der Atmosphäre stetig oder unstetig ist, und hierdurch wird die Bildung von vertikalen auf- oder herabsteigenden Strömen bedungen.

Die Verfasser zeigen, dass es nothwendig ist, den Zustand der Atmosphäre zu kennen, nicht allein auf der Erdoberfläche sondern auch in der Höhe, und daher muss die Errichtung von meteorologischen Stationen in der Höhe, entweder auf Berggipfeln oder durch Ballons, als einer der wichtigsten Schritte angesehen werden, um der Meteorologie einen sichern Fortschritt zu geben.

Die vertikalen Ströme rufen die Winde hervor, die in dem zweiten Capitel studirt werden. Die Verfasser behandeln horizontale Luftströme mit geradlinigen Isobaren und mit kreisförmigen Isobaren; zu den letzten gehören die Cyclonen und Anticyclonen. Nachdem der Gradient definirt worden ist als die Druckänderung senkrecht auf der Isobare in Millimetern pr. Meridiangrad gemessen, wird die Gradientkraft eingeführt, die die bewegende Kraft des Windes ist. Ausser dieser Kraft wird die Reibung längs der Erdoberfläche und die ablenkende Kraft der Erdrotation eingeführt.

Bei Winden mit geraden Isobaren auf höheren Breiten wird das Gesetz gefunden, dass die Bahn des Windes eine gerade Linie ist, und dass die Tangente des Ablenkungswinkels des Windes vom Gradient, für denselben Breitengrad, dem Reibungscoefficient umgekehrt proportional ist. Bei Winden in der Nähe des Aequators werden die Bahnen krummlinig und die von den Verfassern gegebenen Formeln zeigen eine merkliche Uebereinstimmung mit den Beobachtungen aus den atlantischen Passatwinden und den Monsemen im indischen Ocean.

In den Cyclonen und Anticyclonen bewegt sich der Wind in

logarithmischen Spiralen. Die Geschwindigkeit des Windes ist Null im Centrum und wächst nach aussen bis sie ein Maximum erreicht, wonach sie abnimmt im umgekehrten Verhältnisse zum Abstand vom Centrum. Die Verfasser zeigen, dass man den Druck, die Geschwindigkeit des Windes, die Isobaren und Gradienten in einer Cyclone oder Anticyclone berechnen kann, wenn man nur die Maximalgeschwindigkeit des Windes und deren Abstand vom Centrum kennt.

In dem dritten Capitel werden die vertikalen Luftströme behandelt. Ein verticaler Strom kann nimmer mehr als eine bestimmte Höhe erreichen. Daher besteht ein Windsystem aus einem horizontalen Strome längs der Erdoberfläche, einem horizontalen Strome in der Höhe und einem verticalen, aufsteigenden oder herabsteigenden Strome, der die beiden ersten verbindet. Die Eigenschaften der Atmosphäre bestimmt die Höhe des vertikalen Stromes und hierdurch wird die Horizontaldepression gefunden, die erzeugt werden kann und die wieder die Stärke und die Beugung des Windes erzeugt.

Die Verfasser haben in diesem ersten Theil ihrer Studien die einzelnen Fälle behandelt, indem alle Bewegungen als permanent vorausgesetzt worden sind. Es ist ihre Absicht in dem folgenden Theile die Windsysteme in ihrer Allgemeinheit zu behandeln.

In der Zeitschrift der Oesterreichischen Gesellschaft für Meteorologie haben die Verfasser, im Jahrgange 1877, eine Reihe Abhandlungen zu publiciren angefangen, die ein Auszug ihrer oben citirten Abhandlung sind, und in welchen es versucht worden ist die Probleme durch eine mehr elementare Methode zu behandeln und durch Beispiele zu erläutern, welche wo möglich aus der Natur direct genommen werden.

Christiania. Guldberg und Mohn.

---

**R. Wolf: Taschenbuch für Mathematik, Physik, Geodäsie und Astronomie.** 5. Auflage. Zürich 1877 (XVIII und 434 S.) in 8 min.

——— **Astronomische Mittheilungen.** Nr. 41—43. (Vierteljahrsschrift der Naturf. Gesellschaft in Zürich 1876—1877.)

Ueber das *Taschenbuch* ist nicht viel zu sagen nothwendig, da es seit Jahren allgemein bekannt ist, und sich die jetzige neue

Auflage absichtlich von der vierten im grossen Ganzen weder nach Anlage noch nach Inhalt wesentlich unterscheidet, um den so bequemen Parallelismus mit dem *Handbuche* nicht zu stören. Es mag die Bemerkung genügen, dass der Verfasser keine Mühe gescheut hat, innerhalb des gegebenen Rahmens und des für ein Taschenbuch bereits auf das erlaubte Maass gestiegenen Volumens, Text und Tafeln zu revidiren, das Alte da und dort noch conciser zu fassen, und das Neue wenigstens einigermassen nachzutragen, — überhaupt der sich gestellten Aufgabe, jeweilen ein dem Stande der Wissenschaft entsprechendes, und doch möglichst Vielen mundgerechtes und bequemes, also im guten Sinne „gemeines und schlechtes“ Hülfsbuch zu liefern, immer mehr gerecht zu werden.

Was die seit dem letzten Referate erschienenen drei neuen Nummern der *Astronomischen Mittheilungen* anbelangt, so gibt *die erste* eine einlässliche Studie über den Einfluss der Ocular- und Spiegel-Stellung auf Beobachtung der Durchgangszeit und Bestimmung der Personalgleichung, deren Hauptergebniss in dem Satze enthalten ist, dass das Auge jeweilen den Fadendurchgang gegen denjenigen Punkt hin zu versetzen scheint, welcher einerseits in der von dem Faden nach dem jeweiligen Spiegelbilde der Flamme führenden Geraden liegt, und anderseits ihm durch die Loupe in deutlicher Sehweite erscheint. — *Die zweite Nummer* berichtet im Eingange über den Fleckenstand der Sonne im Jahre 1876, und die daraus folgende Grösse der magnetischen Declinationsvariation, — gibt sodann für die 128 Jahre 1749 bis 1876 die monatlichen Relativzahlen, d. h. eine fundamentale Zahlenreihe für alle Untersuchungen über den Gang des Sonnenfleckenphänomes und seine Beziehungen zu andern Naturerscheinungen, deren äusserst mühevolle Erstellung, ohne unbescheiden zu sein, als eine wissenschaftliche That von grosser Tragweite bezeichnet werden darf, — theilt die zum Theil auf diese Reihe gestützte, schon im vorhergehenden Referate erwähnte neue Epochentafel, und die ebenfalls aus ihr folgende mittlere Curve mit, — vergleicht die mittlern und wahren Epochen, — und weist schliesslich auf die Wahrscheinlichkeit einer grossen, aber erst in ferner Zeit mit voller Sicherheit zu ermittelnden grossen Sonnenfleckenperiode von etwa 178 Jahren hin. — *Die dritte Nummer* endlich ist speciell den magnetischen Declinationsvariationen und ihrer Beziehung zu der Häufigkeit der Sonnenflecken gewidmet: Sie gibt vorerst für die dreissig Jahre 1842 bis 1871 die aus den Beobachtungen in Mailand, München, Prag, Berlin und

Christiania abgeleiteten Monat- und Jahresmittel, — leitet aus letztern für jede Station und jede zehn Jahre die Formel $v = a + b \cdot r$ ab, um aus den Sonnenfleckenrelativzahlen $r$ die Variationen $v$ berechnen zu können, — zeigt durch Vergleichung der für $a$ und $b$ erhaltenen Werthe, dass auch die besten und längsten der bisherigen Variationsreihen noch nicht hinreichen, um definitiv zu entscheiden, ob die $a$ und $b$ einer seculären Veränderung unterliegen oder nicht, — und stellt die bis jetzt aus neuern Beobachtungen für 26 Stationen erhaltenen Variationsformeln in einer Tafel zusammen, aus welcher hervorgeht, dass die $a$ nach Osten sehr entschieden und auch nach Süden wenigstens im grossen Ganzen *abnehmen*, die $b$ ein ähnliches aber weniger decidirtes Verhalten zeigen. Unter Zuzug der bis jetzt in den südlichen Stationen Trevandrum, Batavia und Hobarton erhaltenen monatlichen Variationsmitteln werden sodann Studien über die Jahresoscillationen und den jährlichen Gang angestellt, wobei sich überraschende neue Beziehungen zu den Sonnenflecken zeigen und auch das interessante Resultat erhalten wird, dass die schon oft besprochenen Anomalien, welche sich an nördlichen Stationen zur Zeit der Equinoctien zeigen, an den südlichen Stationen nicht vorkommen, und somit mehr localer als cosmischer Natur zu sein scheinen. Zum Schlusse wird noch nachgewiesen, dass die für die mittlern Jahresvariationen aufgestellten Formeln $v = a + b \cdot r$ auch zur annähernden Berechnung der mittlern monatlichen Variationen gebraucht werden können, wenn man $a$ um etwa $8{,}754 \cdot \sin D$ (wo $D$ die der Monatmitte entsprechende Sonnendeclination bezeichnet) vermehrt, und statt der mittlern jährlichen Relativzahl $r$ die dem betreffenden Monate zukommende mittlere Relativzahl einsetzt. — Von einigen andern kleinern Mittheilungen, welche diesen drei Nummern beigegeben sind, für gegenwärtige Berichterstattung Umgang nehmend, mag anhangsweise noch angegeben werden, dass das Verzeichniss der Sammlungen der Zürcher Sternwarte in denselben von Nr. 185—189, und dasjenige der Belegestücke für die Sonnenflecken-Statistik oder der Literatur von Nr. 344—362 fortgesetzt wird.

Zürich. Rudolf Wolf.

**Oscar Röthig: Eine Einleitung in die mechanische Wärmetheorie. ——— Durchgang der Strahlen durch eine Linse.** (Publicirt als Abhandlungen zu dem Programme der Friedrichs-Werderschen Gewerbeschule zu Berlin, Ostern 1877.)

Die erste Arbeit zeigt, dass alle, gewöhnlich mit Hülfe der mechanischen Wärmetheorie hergeleitete, auf Gase bezügliche, Resultate ohne jede Hypothese über die Wärme aus der Thatsache folgen, dass die beiden specifischen Wärmen ungleich sind. So folgt zunächst der Satz, dass die zur Ueberführung eines Gases aus einem Zustande in einen anderen nöthige Wärmemenge von der Art dieser Ueberführung abhängig ist. Dann werden mit ganz elementaren Hülfsmitteln der Mathematik aber durch Gleichsetzung an sich verschiedener Wärmemengen die beiden Formeln für das Verhältniss der specifischen Wärmen hergeleitet, welche Poisson und Laplace gegeben haben. Der Rest der Abhandlung beschäftigt sich mit der Begründung der im Eingange aufgestellten Behauptung und muss in Bezug darauf auf die Arbeit selbst verwiesen werden.

Die zweite Arbeit ist ein Vorschlag, an Stelle der gewöhnlichen näherungsweisen Behandlungen des Problems eine andere zu setzen, welche zunächst die zu machenden Vernachlässigungen so weit als möglich begründet, dann aber mit denselben eine vollständige Behandlung der Aufgabe folgen lässt.

Auf Verlangen bin ich gern bereit, Abzüge der vorstehenden Arbeiten, so weit die vorhandenen Exemplare reichen, zuzusenden.

Berlin. Oscar Röthig.

---

**J. Illeck: Hypothese über die Condensation und Wiederverdampfung im Cylinder der Dampfmaschine.** (Civil-Ingenieur, Band XXII, 5. und 6. Heft.)

Die moderne Theorie der Dampfmaschine beschäftigt sich bekanntlich mit dem Probleme, die Zustandsänderungen des die Wärme vermittelnden Körpers festzustellen, welche derselbe erfährt, indem er als Dampf- und Wassergemenge von bekanntem Mischungsverhältnisse, vom Dampfkessel ausgehend, successive den ganzen Complex der Maschine passirt, um schliesslich als Speisewasser wieder in den Kessel zurück zu gelangen.

Mit Recht wurde nun von Hirn schon vor Jahren darauf hingewiesen, dass es nicht statthaft sei, hierbei den Dampfcylinder als rein geometrischen Körper zu betrachten und haben namentlich die von Hallauer und Leloutre durchgeführten Analysen (siehe Civil-Ingenieur, Band XX, S. 255) überzeugend dargethan, dass die eigenthümlichen Erscheinungen der Admissions- und Expansionsperiode ganz besondern und tiefer liegenden Ursachen zugeschrieben werden müssen, als dies bisher geschehen war.

Der Verfasser erläutert nun zunächst die Ansichten der Herren Hallauer und Leloutre, welche die Abweichungen der theoretischen Ergebnisse von der Wirklichkeit den Temperatur-Differenzen zuschreiben, welche zwischen dem wirksamen Dampfe und den Cylinderwandungen während des Verlaufes eines Kolbenhin- und Herganges bestehen und demzufolge durch den Einfluss der genannten Wandungen während der Admissionsperiode eine theilweise Condensation, hingegen während der Expansionsperiode eine theilweise Wiederverdampfung veranlasst wird. Gleichzeitig werden die Gegensätze aufgezählt, welche zwischen dieser Hypothese und der von Clausius und Zeuner begründeten physikalischen Theorie der Dampfmaschine stattfinden.

In weiterer Folge wird der Nachweis versucht, dass auch die neuartigen Anschauungen der Herren Hallauer und Leloutre auf mehrfache und sehr wesentliche Widersprüche führen, daher in ihrer gegenwärtigen Fassung noch keineswegs als unbedingt richtig angenommen werden können.

Die eigentliche Quelle der Dampfverluste, welche bisher theilweise auf das übergerissene Kesselwasser, theilweise auf die Dampflässigkeit des Kolbens zurückgeführt wurden, sowie die Ursachen der Condensation und Wiederverdampfung in den bezüglichen Perioden, findet der Verfasser, im Einklange mit der Hirn'schen Hypothese, zwar ebenfalls in den Cylinderwandungen, jedoch mit einer wesentlich verschiedenen Auffassung, welche die obigen Erscheinungen nicht nur ganz ungezwungen und in Uebereinstimmung mit den physikalischen Grundgesetzen des Dampfes erklärt, sondern auch den sehr schätzenswerthen Vortheil bietet, die innern Vorgänge im Cylinder der Dampfmaschine auf dem Rechnungswege verfolgen zu können.

Der Grundgedanke der Hypothese des Verfassers besteht in der schon a priori nicht unwahrscheinlichen Annahme, dass die Innenwandungen des Dampfcylinders und schädlichen Raumes mit einem constanten Wasserbeschlage bedeckt seien, der in Folge der Adhäsion an den Wänden mehr oder weniger festhaftet. Dieser Wasserbeschlag besitzt in jeder Phase der Bewegung die Temperatur des Dampfes, mit welchem er in Verbindung steht. Befindet sich also der Dampfkolben auf dem Rückwege begriffen, so hat der gesammte Wasserbeschlag auf der einen Seite desselben die Temperatur des Condensatordampfes angenommen; ein Theil des soweit abgekühlten Wasserbeschlages wird nun von dem rücklaufenden Kolben vor sich hergeschoben und schliesslich in den schädlichen Raum versetzt, so dass sich zu Beginn der neuen Dampfeinströmung in diesem eine verhältnissmässig beträchtliche Wassermenge zusammengedrängt befindet und zwar ein Theil der letztern in Form eines feinen Thaubeschlages auf der Deckelfläche, der gegenüberliegenden Kolbenfläche und den noch übrigen Wandungen des schädlichen Raumes. Erfolgt jetzt die Dampfeinströmung, so muss der gesammte Wasserinhalt des schädlichen Raumes auf die Temperatur des Kesseldampfes erhöht werden und diesem Umstande ist ohne Zweifel die Condensation während der Volldruckperiode zuzuschreiben.

Ein numerisches Beispiel liefert das Verhältniss des Wasserbeschlages $\mathfrak{S}$ zur Speisewassermenge $S$ pro Kolbenschub: $\frac{\mathfrak{S}}{S} = 3$.

Denkt man sich diesen Wasserbeschlag auf die Oberfläche der Wandungen gleichmässig vertheilt, so berechnet sich dessen Stärke mit Rücksicht auf die angenommenen Cylinder-Dimensionen auf

$$\varDelta = 0{,}00017^{\mathrm{m}}$$

also auf kaum $0{,}2^{\mathrm{mm}}$, welcher Betrag ausreichend ist, die Condensation von mehr als 60 Procent des Speisedampfes pro Kolbenschub zu begründen.

Ebenso ungezwungen erklärt sich die Wiederverdampfung während der Expansionsperiode. Wir haben es da mit der Expansion eines sehr nassen Dampfes zu thun, insofern der Wassergehalt desselben die Dampfmenge bedeutend übertrifft, daher nach den Grundlehren der mechanischen Wärmetheorie die Expansion unter theilweiser Verdampfung des Wassergehaltes erfolgt. Die von dem Verfasser entwickelte Formel zeigt bei einem numerischen Beispiele eine Zunahme der spec. Dampfmenge von 0,40 auf 0,77, beziehungsweise vom Beginn bis zum Schluss der Expansion. Da für denselben Fall Hallauer's Analysen blos eine Verdampfung von 20 Procent (statt 37) des Wassergehaltes liefern, so besitzt die angeführte Formel zwar noch nicht den wünschenswerthen Genauigkeitsgrad; allein im Grossen und Ganzen genommen, ist eine principielle Uebereinstimmung unverkennbar.

Der Verfasser unterzieht noch den Effectverlust, welcher durch den Wasserbeschlag verursacht wird, einer Untersuchung, wobei er zu dem nicht uninteressanten Resultate gelangt, dass sich der fragliche Effectverlust genau durch denselben Ausdruck darstellen lässt, welchen Dr. Zeuner für den Effectverlust durch den unvollkommenen Kreisprocess entwickelt hat, nur erscheint im ersteren der Wasserbeschlag $\mathfrak{S}$ statt der Speisewassermenge $S$ pro Kolbenschub als Factor.

Ein numerisches Beispiel liefert den Gesammtverlust des Wirkungsgrades, bezogen auf den disponiblen Effect des vollkommenen Kreisprocesses:

$$\xi = 0{,}29$$

woran die Speisewassermenge mit 7 Procent, der Wasserbeschlag hingegen mit 22 Procent betheiligt ist.

Auf analoge Art wird auch der Effectverlust durch die unvollständige Expansion behandelt, wobei ein numerisches Beispiel zeigt, dass dieser Effectverlust durch den Wasserbeschlag blos um 1 Procent erhöht wird.

Hierbei ist aber zu beachten, dass der Verfasser sich den Abschluss der Expansionsperiode in beiden Fällen, mit und ohne Wasserbeschlag, unter gleicher Endspannung erfolgend dachte und damit zu einem Vergleiche kommt, der keinen sonderlichen Werth besitzt; hätte er die Expansion in beiden Fällen auf gleiche Endvolumina herab geführt, so würde sich der obige Effectverlust wesentlich höher gezeigt haben.

Ein nicht unbedenklicher Mangel der obigen Hypothese wäre der, dass sich mit derselben der Einfluss des Dampfmantels und dessen Wirkungsfähigkeit nicht mit der gleichen Ungezwungenheit, wie die übrigen Erscheinungen, erklären lassen.

---

**J. Illeck: Ueber die reale Expansionslinie im Cylinder der Dampfmaschine und deren Beeinflussung durch den Dampfmantel** (Civil-Ingenieur, Band XXIII, 2. Heft.)

Diese Arbeit bezweckt die weitere Ausbildung und Vervollkommnung der Hypothese des Verfassers über die Condensation und

Wiederverdampfung im Cylinder der Dampfmaschine (Civil-Ingenieur, Band XXII).

Eine genauere Analyse mit Rücksicht auf die gesammten Nebeneinflüsse erweist sich hierbei nicht als genügend, die vorhandenen Widersprüche aufzuklären, welche hauptsächlich darin bestehen, dass sich die Menge des Wasserbeschlages nicht verlässlich fixiren lässt, insofern sich dieselbe nach den aufgestellten Formeln bei der Maschine ohne Dampfmantel aus der Expansionsperiode erheblich kleiner als aus der Admissionsperiode berechnet, während bei der Maschine mit Dampfmantel unter gleichen Umständen gerade das Umgekehrte stattfindet.

Die Ursache dieser Erscheinung findet der Verfasser in dem Umstande, dass bei der Bewegung des Kolbens nur der kleinere Theil des Wasserbeschlages des Cylindermantels hin und her geschoben wird, während der grössere Theil durch diese Bewegung gar nicht alterirt wird, da die Kolbenringe über denselben hinweggleiten. Dieser fixe Wasserbeschlag $R$ wird nun wähernd der Expansion von dem fortschreitenden Kolben successive aufgedeckt und von der Temperatur des Condensators auf jene des Dampfes gebracht; von diesem Momente bildet er einen Bestandtheil des expandirenden Gemisches, giebt also die aufgenommene Wärme theilweise wieder ab; durch diesen Vorgang wird die mit dem Wasserbeschlage $\mathfrak{S}$ der Admissionsperiode berechnete Expansionscurve zum Abfall gebracht. — Auf diese Annahme gestützt, entwickelt der Verfasser das Expansionsgesetz unter Einflussnahme der beiden Wasserbeschläge $\mathfrak{S}$ und $R$ und stellt die Differential-Gleichung der wirklichen Expansionscurve für die Maschine ohne Dampfmantel auf, welche sich auf dem Wege der Annäherung integriren lässt.

Die Menge des Wasserbeschlages $R$ lässt sich auch unabhängig von dieser Integral-Gleichung unmittelbar aus dem Indicator-Diagramm herleiten und wird das Verhältniss derselben zur Speisewassermenge $S$ pro Kolbenschub durch ein numerisches Beispiel $\frac{R}{S} = 6{,}7$ gefunden. Die Rechnung zeigt ferner, dass bei der Maschine mit Dampfmantel die mit dem Wasserbeschlage $\mathfrak{S}$ der Admissionsperiode und unter genauer Berücksichtigung der Nebeneinflüsse berechnete Expansionscurve ziemlich nahe mit der wirklichen übereinstimmt, woraus sich folgern lässt, dass für die Maschine mit Dampfmantel der obige Wasserbeschlag $R$ gleich Null sein müsse. Beachtet man, dass bei der Maschine mit Dampfmantel die Temperatur des Wasserbeschlages in allen Bewegungsphasen geringer ist, als die Temperatur der geheizten Wandungen, welche gleich ist jener des Kesseldampfes, so erscheint es auch sehr natürlich, dass hier die Bedingungen vorhanden sind, unter welchen der sich bildende Wasserbeschlag im Momente des Entstehens verdampft oder der bereits vorhandene successive differentirt und zum Verschwinden gebracht werden kann.

Schliesslich glaubt der Verfasser aus dem Ganzen folgern zu können, dass die Zustandsänderungen des Dampfes im Cylinder der Dampfmaschine unabhängig von der Kolbengeschwindigkeit und deren periodischer Variabilität erfolgen.

Wien. J. Illeck.

---

**R. Hoppe: Principien der Flächentheorie.** (Grunert's Arch. LIX. 225—322.)

Die Theorie geht von der Darstellung der Flächen durch Ausdruck der cartesischen Coordinaten $xyz$ als Functionen zweier Parameter $u$, $v$ aus, und führt als Fundamentalgrössen die folgenden ein:

$$e = \left(\frac{\partial x}{\partial u}\right)^2 + \left(\frac{\partial y}{\partial u}\right)^2 + \left(\frac{\partial z}{\partial u}\right)^2$$

$$f = \frac{\partial x}{\partial u}\frac{\partial x}{\partial v} + \frac{\partial y}{\partial u}\frac{\partial y}{\partial v} + \frac{\partial z}{\partial u}\frac{\partial z}{\partial v}$$

$$g = \left(\frac{\partial x}{\partial v}\right)^2 + \left(\frac{\partial y}{\partial v}\right)^2 + \left(\frac{\partial z}{\partial v}\right)^2$$

$$E = p\frac{\partial^2 x}{\partial u^2} + q\frac{\partial^2 y}{\partial u^2} + r\frac{\partial^2 z}{\partial u^2}$$

$$F = p\frac{\partial^2 x}{\partial u\,\partial v} + q\frac{\partial^2 y}{\partial u\,\partial v} + r\frac{\partial^2 z}{\partial u\,\partial v}$$

$$G = p\frac{\partial^2 x}{\partial v^2} + q\frac{\partial^2 y}{\partial v^2} + r\frac{\partial^2 z}{d v^2}$$

wo $p, q, r$ die Richtungscosinus der Normale. Von diesen hängen in einfachster Weise die Eigenschaften der Liniensysteme und Specialitäten der Punkte ab. Für $f = 0$ schneiden sich die Parameterlinien rechtwinklig, für $F = 0$ sind sie conjugirt, beides vereinigt macht sie zu Krümmungslinien, für $E = G = 0$ sind sie asymptotisch, für $e = 1$, $f = 0$ orthogonal geodätisch, für $e = g$, $f = 0$ werden sie auf der Ebene abgebildet als ein orthogonales System Gerader; $\frac{E}{e} = \frac{F}{f} = \frac{G}{g}$ drückt die sphärische Krümmung aus; durch Determinanten zweiter Ordnung werden aus ihnen die Hauptkrümmungen und Hauptkrümmungsrichtungen bestimmt; die Summe und das Product der Hauptkrümmungen stellen sich dar als

$$\frac{Eg - 2Ff + Ge}{eg - f^2}, \quad \frac{EG - F^2}{eg - f^2};$$

letztere Grösse lässt sich durch partielle Differentialquotienten von $e, f, g$ ausdrücken; die Grössen $e, f, g, EG - F^2$ sind diejenigen, welche bei Biegung der Fläche unverändert bleiben; bei Uebergang zu neuen Parametern sind die Relationen der $E, F, G$ genau dieselben wie die der $e, f, g$ u. a. m., wodurch sich die Einführung wohl zur Genüge empfohlen hat.

Die Schrift theilt sich in drei Abschnitte. Der erste behandelt in allgemeinen Parametern die bekannten Sätze von den Krümmungen, Tangenten und Normalen, der Complanation und Kubatur, der Biegung und Abwickelung, der Parallelität der Flächen und den Mittelpunktsflächen. Der zweite Abschnitt specialisirt die Parameter, behandelt die Theorie der Krümmungslinien, asymptotischen Linien und Kürzesten, und führt deren Systeme, zu denen noch die der geodätischen und Abbildungslinien hinzukommen, als Parameterlinien ein. Der dritte Abschnitt specialisirt die Flächen und handelt von denjenigen, für welche Probleme, die nicht allgemein lösbar sind, gelöst werden können: dies sind die abwickelbaren, die Flächen constanter Krümmung, die kleinsten Flächen, die Flächen constanter Summe der Hauptkrümmungsradien, die Rotationsflächen, die Flächen zweiten Grades und die Fläche $xyz = c$. Schliesslich wird eine Uebersicht der allgemeinen Probleme der Flächentheorie und der lösbaren Specialfälle gegeben.

Kein Resultat ist neu; auch die vom Verfasser herrührenden sind früher publicirt; dagegen ist die Methode, durchweg analytisch, zum grossen Theil dem Verfasser eigen. Die Fundamentalgrössen stimmen soweit mit den Gauss'schen überein, als nur $E, F, G$ von den entsprechenden Grössen durch den gemeinsamen Divisor $\sqrt{eg - f^2}$ unterschieden sind, was in beträchtlichem Umfange Vereinfachung zur Folge gehabt hat; die abweichende Bezeichnung rechtfertigt sich durch die leichtere Handhabung und das deutlichere Hervortreten der Analogien.

**R. Hoppe: Geometrische Deutung der Fundamentalgrössen zweiter Ordnung der Flächentheorie.** (Grunert's Arch. LX. 65—70.)

Zur Construction der Grössen $E$, $F$, $G$ (s. d. vorige Referat) werden auf der Fläche folgende Punkte betrachtet: der Punkt $P$ mit den Parameterwerthen $(u, v)$, um ihn herum die vier Punkte $P_u(u + \partial u, v)$, $P_v(u, v + \partial v)$, $P'_u(u - \partial u, v)$, $P'_v(u, v - \partial v)$ und der Punkt $P_s(u + \partial u, v + \partial v)$. Diese werden zu folgenden ebenen Dreiecken verbunden:

$$\Delta \equiv PP_uP_v, \quad \Delta_1 \equiv PP'_uP_v, \quad \Delta_2 \equiv PP_uP'_v,$$
$$\Delta_u \equiv PP_uP_s, \quad \Delta_v \equiv PP_vP_s.$$

Deren Ebenen bilden folgende unendlich kleine Winkel:

$\delta_v$ zwischen $\Delta$ und $\Delta_1$, $\delta_u$ zwischen $\Delta$ und $\Delta_2$, $\delta$ zwischen $\Delta_u$ und $\Delta_v$.

Durch sie werden dann die Fundamentalgrössen folgendermassen dargestellt:

$$E = \lim \frac{\delta_v}{\sqrt{g\partial v}} \frac{t\partial u\partial v}{\partial u^2}; \quad G = \lim \frac{\delta_u}{\sqrt{e\partial u}} \frac{t\partial u\partial v}{\partial v^2};$$
$$F = \lim. \frac{\delta}{\partial s} \frac{t\partial u\partial v}{\partial u\partial v},$$

wo $t\partial u\partial v$ das Flächenelement bezeichnet.

---

**R. Hoppe: Minimum-Oberflächen der drei ersten Classen von Polyedern.** (Grunert's Arch. LVIII. 328—336.)

Es giebt 11 verschiedene Zusammensetzungen von Dreiecken zu einer Polyederfläche, wenn nie mehr als 5 um eine Ecke liegen. Von diesen 11 Polyedern werden die Dimensionen erst algebraisch, dann numerisch derart bestimmt, dass bei Volum $= 1$ die Oberfläche ein Minimum wird.

---

**R. Hoppe: Bemerkung über die Berechnung vielstelliger Logarithmen.** (Grunert's Arch. LVIII. 437—439.)

Bezüglich mehrerer in letzter Zeit erschienenen Tafeln zur Berechnung vielstelliger Logarithmen macht der Artikel auf die Zwecklosigkeit der Umrechnung der natürlichen Logarithmen in

Brigg'sche für den Fall, wo jeder Logarithmus einzeln zu berechnen ist, aufmerksam, eine Umrechnung die, weil jene Tafeln auf Brigg'sche Logarithmen eingerichtet sind, beim Gebrauch für jede Zahl stets zweimal vollzogen werden muss, sei es, dass man potenciren oder einen blossen Logarithmus finden will. Die für natürliche Logarithmen eingerichteten Tafeln, welche dem Rechner diese überflüssige Mühe ersparen, sind inzwischen vom Verfasser besorgt worden (s. unten).

---

**R. Hoppe: Ein Theorem über die conforme Abbildung der Flächen auf Ebenen.** (Grunert's Arch. LIX. 59–64.)

Das Theorem lautet: Kann man auf einer reellen Fläche eine stetige Schaar imaginärer Linien analytisch darstellen, deren Bogenelement constant null ist, so ist die Aufgabe der conformen Abbildung eben dieser Fläche auf der Ebene gelöst. Die Gleichungen der Linie, nach Elimination einer Coordinate $z$, aufgelöst nach dem Parameter, machen diesen zu einer Function der beiden andern $f(x, y)$ und die Doppelgleichung

$$u + iv = F\{f(x,y)\}$$

enthält die zwei Abbildungsrelationen zwischen den ebenen Coordinaten $u, v$ und den $x, y$.

Die Aufgabe, eine Curve oder eine Gerade im Raume zu finden, deren Element constant null ist, wird allgemein gelöst beziehungsweise durch

$$x + iy = \frac{\partial^2 v}{\partial u^2}$$

$$x - iy = a - 2v + 2u\frac{\partial v}{\partial u} - u^2\frac{\partial^2 v}{\partial u^2}$$

$$z = b - \frac{\partial v}{\partial u} + u\frac{\partial^2 v}{\partial u^2}$$

oder durch

$$x + iy = v$$

$$x - iy = a - u^2 v$$

$$z = b + uv.$$

Es bleibt übrig, $u, v, a, b$ als Complexe so zu bestimmen, dass nach Elimination von $u, v$ die Gleichung in $x, y, z$ reell wird.

---

**R. Hoppe: Beispiel der Bestimmung einer Fläche aus der Indicatrix der Normale.** (Grunert's Arch. LIX. 407—414.)

Kennt man auf der Kugelfläche $p^2 + q^2 + r^2 = 1$ ein orthogonales Liniensystem, so ergiebt sich durch Integration einer linearen Gleichung zweiter Ordnung eine Fläche, auf welcher $p, q, r$ die Richtungscosinus der Normale sind, und dem sphärischen Liniensystem das System der Krümmungslinien entspricht (s. Grun. Arch. LV. 368. LIX. 257. dies Repertorium I. 56). Das orthogonale sphärische System ist nun hier:

$$p \pm q = \sqrt{(1 \mp u)(1 \pm v)}; \quad r = \sqrt{uv};$$

die Integration wird ausgeführt, und das Resultat ist diejenige Fläche, für welche, wenn man $x, y$ zu Parametern nimmt, das Mittelglied der Differentialgleichung der Krümmungslinien null wird, ein Resultat, zu dem Fuchs auf anderem Wege gelangt war.

---

**R. Hoppe: Kugel von excentrischer Masse und centrischer Trägheit.** (Grunert's Arch. LX. 100—105.)

Es wird in allgemeinster Weise die Masse in einer Kugel so vertheilt, dass die Trägheitsmomente für alle durch den Mittelpunkt gehenden Axen einander gleich werden.

---

**R. Hoppe: Ueber den Raumbegriff.** (Hoffmann's Zeitschr. für naturwiss. Unterricht VII. 250—251.)

Es wird zuerst die psychisch gegebene Räumlichkeit der Empfindung unterschieden von dem ideellen, umfassenden Raumsystem. Von ersterer abstrahirt die Geometrie; auf sie muss aber die Untersuchung zurückgehen, wenn der empirische Ursprung der Raumvorstellung in Frage steht. Dies ist bis jetzt in den zahlreichen principiell geometrischen Untersuchungen nur sehr mangelhaft und mit Widerstreben geschehen. Namentlich bedarf die Frage, wie die Erfahrung aus individueller und mit Fehlern behafteter Beobachtung zum allgemeinen und exacten Begriff gelangt, einer Beantwortung, die sich vollständig geben lässt.

---

**R. Hoppe: Grund der mathematischen Evidenz.** (Tageblatt der Naturforscherversammlung IL. Beilage 60—62.)

Der Grund der mathematischen Evidenz liegt nicht in der Schlussform, sondern in der Homogenität der Gegenstände der Mathematik, welche es gestattet das ganze Gebiet möglicher Variation in Gedanken zu durchlaufen und infolge dessen ausschliessende Gegensätze zu machen.

---

**R. Hoppe: Tafel zur dreissigstelligen logarithmischen Rechnung.** (Leipzig, C. A. Koch.)

Das Verfahren, nach dem man zur einzelnen Zahl den Logarithmus und zum Logarithmus die Zahl durch leichte Rechnung findet, also auch ohne Tafeln potenziren kann, ist bekannt, und es existirten bereits zwölfstellige Tafeln zur weiteren Abkürzung. Die vorliegende Tafel unterscheidet sich dadurch, dass sie erstlich für natürliche Logarithmen eingerichtet ist, ferner dass sie statt $\log(1+x)$ die Werthe von $x - \log(1+x)$ angiebt, wodurch die Rechnung bedeutend gekürzt wird, endlich dass sie die gewöhnlichen Divisionen durch $1{,}000\ldots n$ in Multiplicationen, d. h. also in einziffrige Multiplicationen verwandelt. Durch diese Vortheile wird die Rechnung dermassen erleichtert, dass jetzt die Potenzirung einer 30ziffrigen Zahl mit einem 30ziffrigen Exponenten etwa drei ebensovielziffrigen Multiplicationen an Ausdehnung gleich kommt. Die Tafel, welcher eine Beschreibung des Verfahrens vorausgeht, umfasst sieben Seiten und giebt zuerst die Vielfachen von log 10, dann die Logarithmen der Zahlen 2 bis 99, dann die Werthe von $n.10^{-k} - \log(1+n.10^{-k})$ bis zur 33sten Stelle, endlich die Factoren zur anfänglichen Reduction.

Berlin. R. Hoppe.

---

**Oskar Emil Meyer: Die kinetische Theorie der Gase. In elementarer Darstellung, mit mathematischen Zusätzen.** (Breslau. Verlag von Maruschke und Berendt. 1877.)

Das genannte Werk ist freilich nicht ausschliesslich für Mathematiker, sondern auch für den weiteren Kreis der naturwissenschaftlich Gebildeten bestimmt; doch scheint es besonders wegen der angehängten mathematischen Zusätze eine Besprechung in diesem Repertorium zu verdienen.

Im Texte des Buches ist die neuere, von Clausius u. A. begründete und entwickelte Gastheorie in elementarer Weise dargestellt; die Hilfsmittel der höheren Mathematik sind vermieden worden, um das Verständniss der Theorie einem grösseren Publikum zugänglich zu machen. Die Darstellung sucht daher stets ihre Stütze in der Erfahrung. Die Beobachtungen über Druck und Dichtigkeit der Gase, Effusion, Ausdehnung durch die Wärme, specifische Wärme, innere und äussere Reibung, Diffusion und Wärmeleitungsfähigkeit sind in möglichster Vollständigkeit zusammengestellt und zur Prüfung der Theorie, sowie der von ihr geforderten Gesetze verwerthet worden. Hierbei hat sich eine vortreffliche Uebereinstimmung in allen Punkten ergeben. Alle jene verschiedenartigen Beobachtungen führen zu denselben Zahlenwerthen theils für die Energie und die mittlere Geschwindigkeit der molecularen Bewegungen, theils für die mittlere Länge der von den Theilchen zurückgelegten Wege. Auch die Bewegungen, welche die einzelnen Atome in den Molecularaggregaten für sich ausführen, folgen einem Gesetze, welches sich aus der Theorie und aus den Beobachtungen über das Verhältniss der beiderlei specifischen Wärmen übereinstimmend ergiebt. Nach diesen Erfahrungen durfte ich mich für berechtigt halten, auf Grund der Theorie die unmittelbaren Eigenschaften der Molekeln und Atome in das Bereich der Forschung zu ziehen, namentlich ihre Grösse und ihr Gewicht zu bestimmen; selbst die Form chemisch zusammengesetzter Gasmolekeln lässt sich in vielen Fällen angeben, dieselbe scheint für die Stellung entscheidend zu sein, welche die Verbindung im chemischen System der Typen einnimmt.

Die mathematischen Zusätze enthalten Anwendungen der Wahrscheinlichkeitsrechnung auf die Probleme unserer Theorie. Während im Texte überall die mit grosser Annäherung zulässige einfache Voraussetzung, dass alle Molekeln sich mit einer gleichen Geschwindigkeit bewegen, zum Beweise der aus der Theorie folgenden Gesetze benutzt wurde, wird in den Zusätzen nach Maxwells Vorgange eingeführt, dass die Geschwindigkeiten der einzelnen Molekeln ihrer Grösse und Richtung nach sehr verschieden sein können und müssen, obwohl freilich die mittleren Werthe weit häufiger vorkommen, als die sehr grossen und als die sehr kleinen. Ihren mathematischen Ausdruck findet diese Annahme in der Einführung einer Function, welche die Wahrscheinlichkeit dafür ausdrückt, dass ein Theilchen eine Bewegung von bestimmter Grösse und Richtung besitzt; mit Hilfe derselben kann in jedem Falle aus der unbegrenzten Zahl der Elementarvorgänge das gesetzmässige Ereigniss als wahrscheinlicher Mittelwerth berechnet werden.

Die Berechnung des Druckes, welche in der ersten der mathematischen Beilagen behandelt wird, lässt sich durchführen, ohne dass es nöthig wäre, die erwähnte Wahrscheinlichkeitsfunction zu bestimmen. Die zuerst von Joule gefundene Beziehung, dass der auf die Flächeneinheit wirkende Druck $= \frac{2}{3}$ der in der Raumeinheit enthaltenen kinetischen Energie der Molecularbewegung ist, gilt unabhängig von dem Gesetze, nach welchem die verschiedenen Werthe der Geschwindigkeit auf die einzelnen Molekeln vertheilt sind.

In der zweiten Beilage wird für das Vertheilungsgesetz der Geschwindigkeiten, welches Maxwell zuerst aufgestellt hat, ein neuer Beweis geliefert, in welchem die Bestimmung dieses Gesetzes als eine Aufgabe der Variationsrechnung aufgefasst wird. Die Möglichkeit dieser mathematischen Vereinfachung beruht auf dem Gedanken, dass der von Maxwell vorausgesetzte Gleichgewichtszustand, welcher in einem Systeme von Gasmolekeln nach jeder Störung immer wieder von selbst eintritt, unter allen möglichen Zuständen des Systems der wahrscheinlichste ist. Die Betrachtung lässt sich von einfachen Massenpunkten auf Molekeln ausdehnen, welche aus Atomen zusammengesetzt sind; in diesem allgemeineren Falle handelt es sich nicht bloss um die moleculare Energie, welche in der lebendigen Kraft der Schwerpunktsbewegung besteht, sondern auch um die aus kinetischer und potentieller bestehenden Energie der einzelnen Atome. Die Untersuchung der letzteren ergiebt, dass die mittlere Energie eines Atomes immer kleiner ist, als die Energie der Schwerpunktsbewegung der Molekel. Die Richtigkeit dieses mechanischen Theorems wird durch die im Texte mitgetheilten Beobachtungen bestätigt.

Der dritte Zusatz betrifft den mittleren Werth der molecularen Weglänge. Es werden die von Clausius erdachten Methoden unter Benutzung des Maxwell'schen Gesetzes zur Anwendung gebracht.

Dann folgt eine theoretische Bemerkung über die Adhäsion der Gase an festen Körpern, durch welche ich eine Erklärung der Beobachtungen von F. Weber zu geben suche.

In den übrigen Zusätzen finden sich Berechnungen der Werthe, welche die Constanten der Reibung, der Diffusion und der Wärmeleitung annehmen, wenn das Maxwell'sche Gesetz der Geschwindigkeitsvertheilung angenommen wird.

Breslau. O. E. Meyer.

---

**J. Karl Becker: Die Elemente der Geometrie auf neuer Grundlage streng deduktiv dargestellt.** (Erster Theil. Mit 145 in den Text eingedruckten Holzschnitten. Berlin, Weidmann'sche Buchhandlung. 1877.)

Es ist mir nicht möglich, Zweck und Inhalt dieses Werkes besser und kürzer anzugeben, als es in der Vorrede geschehen ist. Man gestatte mir darum, einiges aus derselben wörtlich wiederzugeben. „Das vorliegende Buch ist der erste Theil eines grösseren Werkes, in welchem ich eine möglichst vollständige Darstellung der elementaren Geometrie zu geben beabsichtige, die alle diejenigen Lehren umfassen soll, welche ausschliesslich von Gebilden erster und zweiter Ordnung handeln." — „Der zunächst vorliegende Theil des Gesammtwerkes bildet ein für sich abgeschlossenes Ganze und hat zum Gegenstande die Darlegung der Grundgesetze des Raumes und der Ebene, welche in den Eigenschaften der einfachsten Figuren zu Tage treten. Er umfasst alle diejenigen Sätze über Gestalt und Lage der einfachsten Figuren, zu deren Begründung keine anderen metrischen Relationen erforderlich sind, als die der Gleichheit (incl. der Gleichheit zweier Verhältnisse)."

„Veranlasst wurde diese Bearbeitung der Elemente zunächst durch die Resultate der Untersuchung von Helmholtz „über die Thatsachen, welche der Geometrie zu Grunde liegen.""

Ich stellte mir zunächst die Aufgabe, die von Helmholtz aufgestellten Postulate aus ihrer abstract analytischen Form wieder in die Sprache der Geometrie zurück zu übersetzen und aus ihnen die übrigen Euklid'schen Axiome abzuleiten. Das Ergebniss dieser Untersuchung ist in Schlömilch's Zeitschrift (XX, 6 S. 445) veröffentlicht worden in einer auch hier angezeigten Abhandlung (Heft 3, S. 240).

„Gegen meine Deduction der Axiome von der Geraden und der

Ebene*) ist bis jetzt kein Einspruch erhoben worden, und wird sich dieselbe wohl schwerlich anfechten lassen. Nicht ebenso bin ich überzeugt von der Unanfechtbarkeit meiner Deduction des Parallelenaxiomes, obgleich die Erwiderung, welche meiner darauf bezüglichen Frage kürzlich durch Herrn Lüroth zu Theil wurde (Schlömilch's Zeitschrift, Bd. XXI, S. 294) mich auch nicht vom Gegentheil überzeugt, da diese Erwiderung meine Darstellung unberührt lässt.**)

„Es war mir in erster Linie darum zu thun, diejenigen Eigenschaften ausfindig zu machen, die wir dem Raume selbst zuschreiben müssen, wenn die Eigenschaften der räumlichen Gebilde als deren Consequenzen erscheinen sollen, und die Frage nach einem Beweisgrunde für das elfte Axiom des Euklides interessirte mich nur insoferne, als derselbe doch in einer Eigenschaft des Raumes gesucht werden müsste. Ob sich nun das Helmholtz'sche Postulat von der Unendlichkeit des Raumes als ausreichend erweise, um die Parallelentheorie zu begründen oder nicht, scheint mir nicht von sehr grosser Wichtigkeit zu sein. Ich habe darum keinen Anstand genommen, den einzigen in meiner Deduction des Parallelenaxioms vorkommenden Satz, dessen rein logische Berechtigung vielleicht negirt werden kann, eventuell als siebentes Axiom vorzuschlagen (s. S. 68). Es ist indessen misslich, eine Aussage über Unendliches, das doch nicht Gegenstand einer Anschauung sein kann, als Axiom aufzustellen. Ist also noch ein Axiom erforderlich, so würde jedenfalls ein solches den Vorzug verdienen, das sich wirklich auf die Anschauung stützen lässt. Vielleicht dürfte das folgende den hier zu stellenden Anforderungen entsprechen:

Durch jeden Punkt im Raume geht eine Gerade, deren sämmtliche Punkte von einer beliebig gegebenen Geraden denselben Abstand haben". ***)

---

*) Worin ich jedoch zum Theil Herrn Worpitzky („über die Grundbegriffe der Geometrie" in Grunert's Archiv LV, S. 405) die Priorität zugestehen muss.

**) Ich verweise hier auf meine Replik „noch einige Bemerkungen über Bertrand's Parallelentheorie".

***) Auf die von Herrn Langer in der Jenaer Literaturzeitung Nr. 17 dieses Jahrganges S. 260 erhobenen Einwände, welche sich fast durchgängig auf Dinge beziehen, welche mit dem Inhalte und Zwecke meines Buches gar nichts zu thun haben, kann ich an dieser Stelle um so weniger eingehen, als ich dadurch der Tendenz dieses Repertoriums zuwiderhandeln würde.

Der vorliegende erste Theil zerfällt in drei Kapitel. Das erste (33 Seiten) enthält die Grundbegriffe und die Axiome. Diese sind:

I. Der Raum ist stetig, endlos und von jedem Punkte aus nach allen Seiten auf gleiche Art ausgedehnt. Er hat drei Dimensionen.

II. Die Gestalt einer stetigen oder discreten Mannigfaltigkeit von Punkten im Raume ist unabhängig vom Orte, und kann stetig ihren Ort so verändern, dass zwei beliebige Punkte derselben mit zwei beliebigen gleich weit abstehenden Punkten im Raume zur Coincidenz gebracht werden können, und dabei dem einen noch eine beliebige Bahn vorgeschrieben werden darf.

III. Wird eine Figur in einem Punkte oder in zweien Punkten festgehalten, so setzt der Raum ihrer Beweglichkeit nur in so weit eine Schranke, als die Lage der übrigen Punkte durch ihren Abstand von einem oder zweien festen Punkten bestimmt ist.

IV. Alle Punkte, deren Lage durch ihren Abstand von zwei beliebigen festen Punkten bestimmt ist, erfüllen stetig eine durch die festen Punkte gehende, ohne Ende ausgedehnte Linie.

V. Ist die Lage eines Punktes durch seine Entfernungen von zwei festen Punkten nicht bestimmt, so erfüllt er mit allen übrigen Punkten, welche von den festen Punkten dieselben Entfernungen haben, stetig eine in sich selbst zurücklaufende Linie.

In der Einleitung ist ausdrücklich gesagt: „Die vorausgesetzten Eigenschaften des Raumes werden ohne weitere Begründung in Form von Sätzen ausgesprochen, die den Namen Axiome oder Postulate (nach Helmholtz) führen, und es ist dabei gleichgültig, ob der Leser dieselben als Postulate der Vernunft oder des Anschauungsvermögens, also als transscendentale Wahrheiten, oder als Ergebnisse der Erfahrung und tief eingeprägter Angewöhnung, wofür man sie jetzt vielfach ausgibt, auffassen will. Hier handelt es sich nur darum, ob sie hinreichen, die mit der Erfahrung übereinstimmenden Lehren der Geometrie deductiv zu begründen.“

Auf Grund des I. Axiomes werden zunächst der Begriff und die Haupteigenschaften der Kugelfläche entwickelt und dann die in IV. vorausgesetzte Linie, die Gerade, als eine solche Linie nachgewiesen, die alle in ihr liegenden Punkte auf kürzestem Wege verbindet. Der Ort aller Punkte, die von zweien gegebenen Punkten gegebene Distanzen haben, ohne ihrer Lage nach dadurch völlig bestimmt zu sein, wird als Kreislinie und die durch die festen Punkte gehende Gerade als deren Axe definirt. Es folgt dann unmittelbar, dass alle Punkte der Kreislinie von jedem Punkte ihrer

Axe gleich weit abstehen. Die Sätze über die Kugelfläche erhalten durch die Herbeiziehung der Kreislinie einige Erweiterungen. Dann folgt die Definition des Winkels als das Gebilde aus zwei in einem gemeinsamen Punkte zusammentreffenden Halbgeraden (Strahlen) und der Kegelfläche als die durch Rotation eines Winkels um einen Schenkel beschriebene Fläche. Die Schwierigkeit der Winkelvergleichung ohne Voraussetzung der Ebene wird dadurch gehoben, dass nur von der Gleichheit (Congruenz), nicht von der Grösse derselben die Rede ist. Es folgt dann die gewöhnliche Definition von Neben- und Scheitelwinkel und ein neuer Beweis für die Gleichheit der letzteren. Auch der Rechte und das Senkrechtstehen konnten auf die übliche Weise definirt werden, und die Ebene ergibt sich dann als Kegelfläche, deren erzeugender Winkel ein Rechter ist. Bei dieser Gelegenheit wird der Begriff der symmetrischen Lage zweier Punkte gegen eine Gerade und gegen eine Ebene entwickelt. Diese zeigt sich dann als der Ort aller Punkte, welche von zweien Punkten gleichen Abstand haben, was zur Demonstration ihrer übrigen Eigenschaften führt. Mit der Betrachtung der Kreislinie als Durchschnitt der Ebene mit der Kugelfläche findet das erste Kapitel seinen Abschluss.

Das zweite Kapitel (von Seite 34 bis 165) behandelt die einfachen ebenen Figuren und die in ihren Eigenschaften zu Tag tretenden Gesetze der Ebene. Es beginnt mit der Vergleichung der Winkel nach ihrer Grösse. Hervorheben will ich die Abschnitte über Drehung einer ebenen Figur in der Ebene und um eine in derselben liegende Axe, an die sich die Sätze über centrische und symmetrische Figuren anschliessen (§. 15 u. 16); die Feststellung der Begriffe „concav“ und „convex“ (§. 17), Stellung, Richtung, Neigung (§. 27) im Zusammenhange mit den Sätzen über Parallelbewegung in der Ebene; die Einführung des Begriffes Durchmesser und die wohl zum Theil neue Behandlung der harmonischen Eigenschaften der Vierecke und Vierseite mit Einschluss der Sätze von Gauss und Bodenmiller (§. 35 bis 38).

Das dritte Kapitel (von Seite 166 bis 295) verlässt wieder die Ebene, um in derselben Weise eingehend die einfachsten Figuren des Raumes von drei Dimensionen und die in ihnen hervortretenden Grundgesetze des Raumes zu betrachten. Den Schluss dieses Kapitels bildet eine eingehende Betrachtung der Polyederoberflächen, eines Gegenstandes, der mir mehrfach Anlass gegeben hat zu kleinen Arbeiten, deren Gesammtergebniss ich hiermit einer wohlwollenden

Kritik empfehlen möchte. Solche, welche sich beim blossen Durchblättern nicht schnell genug zurecht finden, mache ich hiermit noch auf das ausführliche Inhaltsverzeichniss aufmerksam.

Mannheim, Anfang Mai 1877. Johann Karl Becker.

---

**Benno Erdmann: Die Axiome der Geometrie.** (Eine philosophische Untersuchung der Riemann-Helmholtz'schen Raumtheorie. X u. 174 S. Leipzig, Voss. 1877. M. 4. 80.)

Die Erweiterung, welche der analytischen Geometrie durch die Untersuchungen von Riemann und Helmholtz zu Theil geworden ist, hat durch die psychologische und erkenntniss-theoretische Wendung, die schon Riemann seinen Resultaten gab, auch die Vertreter der philosophischen Wissenschaften lebhaft angeregt. Dass von den letzteren sofort der Versuch gemacht wurde, jene neuen Ergebnisse in dem alten Kampf der Ueberzeugungen für die entgegengesetztesten Standpunkte zu verwerthen, ist begreiflich. Aber auch bei den Mathematikern ist das Interesse an denselben von vornherein ein getheiltes gewesen. Der unmittelbare Zusammenhang der Riemann'schen Erörterungen mit den geometrischen Untersuchungen von Bolyai und Lobatschewsky, die in Folge ihres scheinbaren Widerspruchs gegen die Thatsachen der äusseren Anschauung nur die Anerkennung ihres negativen Resultats, dass nämlich das Parallelenaxiom unbeweisbar sei, hatten erzwingen können, überdies wohl auch die knappe, zum Theil selbst dunkele, gelegentlich sogar kaum verständliche Darstellungsweise Riemann's haben manche Schwierigkeiten des Verständnisses und der Begründung im einzelnen offen gelassen, die noch jetzt nicht vollständig gehoben sind. Es giebt noch gegenwärtig, wie bekannt, Mathematiker, die nicht bloss die geometrische Bedeutung, sondern selbst die analytische Widerspruchslosigkeit jener Erweiterung in Frage stellen. Weiter noch gingen und gehen die Ansichten über die philosophische Tragweite derselben auseinander. In dieser Hinsicht sind zur Zeit wohl alle denkbaren Mittelstufen zwischen einer unbedingten Verurtheilung einerseits und einer übertriebenen Werthschätzung andrerseits vertreten.

Der Verfasser stellt sich in Folge dessen nach einer kurzen Darstellung der Entwickelung der Probleme von Legendre bis auf Riemann und Helmholtz zuerst die Aufgabe, die logische Berechtigung der geometrischen Raumtheorie der genannten beiden Forscher zu untersuchen. Da der allgemeine Gedanke jener Theorie sich in Form der Behauptung darstellen lässt, dass der Grössenbegriff unseres Raumes ein spezieller Fall aus einem Systeme logisch gleich möglicher Grössenbegriffe sei, so muss die Fragestellung hier lauten: Welche Definition des Grössenbegriffs unseres Raumes (resp. unseres Raumbegriffs) genügt, das nothwendige und hinreichende Axiomensystem der euklidischen Geometrie ableiten zu lassen? Es ergiebt sich, dass weder die allgemeinsten Grössenbegriffe dieser Gruppe, die Allgemeinbegriffe der $n$-fach bestimmten und der $n$-fach ausgedehnten Mannigfaltigkeit, noch die Artbegriffe der beliebig ausgedehnten sphärischen, pseudosphärischen und ebenen Räume in ihrer rein analytischen Fassung in sich widersprechend sind. Es zeigt sich ferner, dass auch die Subsumtion unseres Raumbegriffs unter jene Begriffe, die zu der Definition desselben als einer stetigen, dreifach ausgedehnten, in sich congruenten und ebenen Mannigfaltigkeit führt, den Gegensatz zwischen Anschauung und Begriff weder verwischt noch aufhebt. Auch darin endlich hat die geometrische Theorie Recht, dass sie behauptet, die Frage nach der Congruenz wie nach der Ebenheit unseres Raumes sei aus den Mitteln unserer Massmethoden heraus nicht vollständig zu lösen, ja, werde überhaupt nie streng beantwortet werden können. Es bleibt immer möglich, dass das Krümmungsmass in jedem Punkte nach drei Richtungen hin verschiedene, für unsere Massmethoden unbestimmbar kleine Werthe habe; es lässt sich ebenso nie widerlegen, dass dasselbe, falls es als constant angesehen werden kann, einen für unsere Methoden unbestimmbar kleinen positiven oder negativen Werth habe. Denn das einzige sachlich zulässige Gegenargument, die thatsächliche Fähigkeit der Erweiterung unserer Raumvorstellung ins unendliche, wird hinfällig, da sich zeigen lässt, dass Flächenwesen, die gezwungen sind auf einem sehr kleinen Theil einer sehr grossen Kugelfläche zu leben, trotz des sphärischen Charakters ihres Flächenraums doch zur Ausbildung einer Geometrie der Ebene geführt werden würden. Genau in derselben Weise kann die Ebenheit unseres Raumes nur ein der Unzulänglichkeit unserer Massmethoden entsprungenes Vorurtheil sein, das Axiom von der geraden Linie für streng giltig zu halten.

Da das Raumproblem der Geometrie, die Frage nach dem Inhalt der Raumvorstellung, zu den Raumproblemen der Psychologie und der Erkenntnisstheorie, den Fragen nach dem Ursprung und nach der Bedeutung derselben, in keiner nothwendigen sachlichen Beziehung steht, so folgt, dass philosophische Consequenzen aus der geometrischen Theorie nur gezogen werden können, sofern die letztere im Stande ist, in den Grundlagen der Geometrie Begriffe aufzuweisen, deren philosophische Discussion zu eindeutigen Resultaten führt. Solche Hinweisungen nun sind, wie der Verfasser im dritten Capitel zu zeigen sucht, in der neuen Raumtheorie thatsächlich vorhanden. Helmholtz' Analyse der Congruenzbedingungen beweist, dass die Begriffe der Festigkeit und der Bewegung (resp. der Rotation) nothwendige Postulate der Geometrie sind; keiner dieser Begriffe aber lässt sich als absolut apriorisch auffassen, wie selbst die rationalistischen Erkenntnisstheorien bisher immer zugestanden haben. Ferner zeigt Beltrami's von Helmholtz erweiterter Nachweis der partiellen Anschaubarkeit sphärischer und pseudosphärischer Massbeziehungen an, dass die Raumvorstellung selbst empirischer Natur ist. Denn Vorstellungen, die wir durch nachweisbar empirische Vorstellungsreihen in uns überwinden können, müssen selbst empirisch sein.

Jedoch nur das eine folgt aus diesen Hinweisungen der geometrischen Theorie nothwendig, dass ein positiv bestimmender Einfluss der Erfahrung bei der Entwicklung der Raumvorstellung angenommen werden muss, ob daneben ein relativ apriorischer Factor vorhanden ist, und wie dieser näher bestimmt werden soll, bleibt unberührt. Theils in directer Ausführung, theils in polemischer Abweisung der Auffassungen der Kantischen Schule u. a. sucht der Verfasser diese Ueberzeugungen genauer zu begründen, und sich so den Weg zu bahnen zu einer allgemeinen Theorie der Geometrie, deren Grundzüge das letzte Capitel enthält. Der Verfasser will darlegen, dass die empiristische Auffassungsweise (welche die Mitwirkung eines relativ apriorischen Factors nicht ausschliesst, sondern fordert) sowohl das Wesen der geometrischen Grundbegriffe, der Axiome der Raumvorstellung und der Definitionen der Constructionsbegriffe, als auch die Eigenart der geometrischen Methode, ihre relative Unabhängigkeit von der Erfahrung, sowie ihren deductiven Charakter, durch einfachere Voraussetzungen hinreichender zu erklären vermag als der Rationalismus.

Berlin. B. Erdmann.

**P. Gordan: Ueber endliche Gruppen linearer Transformationen.**
(Math. Ann. XII, 23—46.)

Das Problem der vorliegenden Arbeit:

„Alle endlichen Gruppen zu bestimmen, die sich aus linearen Transformationen einer Veränderlichen zusammensetzen lassen“

hat Herr Klein 9. Bd. Ann. (Rep. I 10) mittelst geometrischer Betrachtungen gelöst; er stellte die durch die Gruppen entstehenden algebraischen Formen durch die Ecken regelmässiger Körper dar. Im Gegensatz zu dieser Darstellung construirt hier der Verfasser die Gruppen direct und auf algebraische Art. Der Ausdruck für die lineare Substitution entspricht derjenigen, welche Clebsch und der Verfasser zusammen für die linearen Substitutionen im ternären Gebiet gegeben haben (Math. Annalen I). So wie dort ist auch hier die Substitution durch das Verschwinden einer bilinearen Form dargestellt

$$r_x s_y = 0.$$

Von dieser wird die Normalform gegeben, indem die Determinante der Substitution also $\frac{1}{2}(rr_1)(ss_1) = 1$ gesetzt wird. Zu der Substitution gehört eine quadratische Form $r_x s_x$, man setze

$$r_x s_x = \varkappa a_x^2$$

und wähle $\varkappa$ so dass:

$$(ab)^2 = -2,$$

man kann dann einen Winkel $\varphi$ so bestimmen, dass:

$$\varkappa = i \sin\varphi; \qquad (rs) = -2\cos\varphi$$

also:

$$r_x s_y = i \sin\varphi\, a_x a_y + (yx)\cos\varphi$$

die Normalform der Substitution wird. $\varphi$ heisst ihr Argument, $a_x^2$ ihre quadratische Form; $\varphi$ ist bis auf $\pi$, $a_x^2$ bis aufs Vorzeichen bestimmt.

Für die Zusammensetzung zweier Substitutionen

$$S = r_x s_y = i \sin\varphi\, a_x a_y + (yx)\cos\varphi$$
$$S_1 = \varrho_x \sigma_y = i \sin\psi\, \alpha_x \alpha_y + (yx)\cos\psi$$

zu einer $3^{\text{ten}}$:

$$SS_1 = i \sin\Theta\, p_x p_y + (yx)\cos\Theta$$

gelten die Formeln

$$1. \begin{cases} \sin\Theta \,.\, p_x^2 = \sin\varphi \cos\psi\, a_x^2 + \cos\varphi \sin\psi\, \alpha_x^2 + i \sin\varphi \sin\psi\, (a\alpha)\, a_x \alpha_x \\ \cos\Theta \phantom{.\, p_x^2} = \cos\varphi \cos\psi + \frac{1}{2}(a\alpha)^2 \sin\varphi \sin\psi \end{cases}$$

so dass $S^\nu$ die quadratische Form $a_x^2$ und das Argument $\nu\varphi$ hat. Es sei $H$ das Argument von $S^{-1}S_1$, so dass

2. $\cos\Theta + \cos H = \cos(\varphi + \psi) + \cos(\varphi - \psi)$.

Gehört $S$ einer endlichen Gruppe an, so muss es zunächst iterirend sein, so dass:

$$S^n = \pm (yx)$$

und daher $n\varphi$ ein ganzes Multiplum von $\pi$ ist. Die kleinste Zahl $n$, für welches diess stattfindet, heisst die Periode von $S$. In kanonischer Form wird die Substitution dann:

$$\eta' = \varepsilon\eta,$$

wo $\varepsilon$ eine Wurzel der Einheit ist.

Es handelt sich nun darum, alle endlichen Gruppen zu bestimmen, welche aus verschiedenen Substitutionen bestehen.

Haben zunächst die Substitutionen einer Gruppe dieselbe quadratische Form, so sind sie die Potenzen einer einzigen. Die Gruppen hingegen, in denen mehrere quadratische Formen vorkommen, lassen sich in 2 Classen eintheilen:

1. Es giebt nur eine quadratische Form, zu welcher die grösste unter die vorhandenen Perioden gehört.

2. Es giebt mehrere quadratische Formen mit der grössten Periode.

Für die 1. Classe von Gruppen ist die grösste Periode $> 2$; es möge die Substitution $S$ dieselbe haben und $S_1$ eine andere quadratische Form wie $S$ besitzen. Die Substitution $S_1^{-1}SS_1$ hat dieselbe Periode wie $S$ also auch dieselbe quadratische Form; $S_1$ hat mithin die Periode 2 und es verschwindet $(a\alpha)^2$.

Die Gruppen 1. Classe bestehen aus $2n$ Substitutionen.

$$S,\ S^2, \ldots .\ S^n, S_1S,\ S_1S^2, \ldots\ S_1S^n$$

schreibt man sie in kanonischer Form, so führen sie $\eta$ in:

$$\varepsilon\eta,\ \varepsilon^2\eta \ldots\ \varepsilon^n\eta,\ -\frac{1}{\eta},\ -\frac{\varepsilon}{\eta} \ldots -\frac{\varepsilon^{n-1}}{\eta}$$

über, wo $\varepsilon^n = 1$ ist.

Für die Gruppe der 2. Classe wird zunächst der Werth der höchsten Periode mit Hülfe der Formel 2 ermittelt; für $\varphi = \psi$ wird dieselbe

$$1 + \cos 2\varphi = \cos\Theta + \cos H,$$

sie soll durch Winkel $\varphi$, $\Theta$, $H$ gelöst werden, welche zu $\pi$ in rationalem Verhältniss stehen. Diess geschieht mittelst Untersuchungen über Wurzeln der Einheit; sie zeigen, dass nur folgende Lösungssysteme existiren:

$$1 + \cos\pi = \cos\Theta + \cos(\Theta + \pi)$$
$$1 + \cos\frac{2\pi}{3} = \cos\frac{\pi}{2} + \cos\frac{\pi}{3}$$
$$1 + \cos\frac{\pi}{2} = \cos\frac{\pi}{3} + \cos\frac{\pi}{3}$$
$$1 + \cos\frac{2\pi}{5} = \cos\frac{\pi}{5} + \cos\frac{\pi}{6}$$

Von der 1. Formel ist nur $\Theta = \frac{\pi}{2}$ zu gebrauchen; die höchste Periode, welche möglich ist, ist 5.

Zu jedem Lösungssysteme gehört nur eine Gruppe von Substitutionen.

Die Form $f = a_x^2$ wähle man willkürlich; sodann berechne man aus der 2. der Formeln 1 die simultane Invariante $(a\alpha)^2 = (f\varphi)^2$, man erhält ihren Werth bis aufs Vorzeichen $\pm\varkappa$, und ebenso für weitere quadratische Formen $\psi, \chi \ldots$ mit der höchsten Periode:

$$(f\psi)^2 = \pm\varkappa, \qquad (f\chi)^2 = \pm\varkappa \ldots$$
$$(\varphi\psi)^2 = \pm\varkappa, \qquad (\varphi\chi)^2 = \pm\varkappa \ldots$$
$$\cdots\cdots\cdots\cdots\cdots$$

Ausserdem ist n. V.

$$(ff)^2 = -2, \qquad (\varphi\varphi)^2 = -2 \ldots$$

In der Form $\varphi$ ist noch ein Coefficient willkürlich und in den folgenden Formen $\psi, \chi \ldots$ die Vorzeichen; man darf sie so wählen, dass

$$(f\varphi)^2 = (f\psi)^2 = (f\chi)^2 \ldots = \varkappa$$

wird. Die Werthe der übrigen Invarianten

$$(\varphi\psi)^2, (\varphi\chi)^2 \ldots.$$

findet man aus den Identitäten, welche zwischen den Invarianten eines Systems von quadratischen Formen bestehen. Aus diesen Werthen lassen sich dann die Formen $\psi, \chi \ldots$ sowohl ihrer Anzahl als ihrem Werthe nach berechnen. — Zu jedem System:

$$\varphi_\infty, \varphi_0, \varphi_1 \ldots \varphi_{\mu-1}$$

von Formen mit höchster Periode gehört eine Gruppe von Substitutionen, dieselbe entsteht durch Zusammensetzung der Substitutionen die zu den $\varphi_i$ gehören. Die Substitutionen der Gruppe führen die $\pm\varphi$ in einander über; jeder Substitution $S$ entspricht eine Substitution $U$ der Indices:

$$\infty \quad 0 \quad 1 \quad 2 \ldots \quad \mu - 1$$

Die Coefficienten von $U$ müssen nach dem Modul $\mu$ genommen werden; $U$ ist linear und hat die Determinante 1. Umgekehrt gehören alle linearen Substitutionen, deren Coefficienten $< \mu$ sind und deren Determinante nach dem Modul $\mu$ genommen 1 ist, zur Gruppe der $U$.

Die Periode der $U$ ist dieselbe wie bei den entsprechenden $S$; um die quadratische Form von $S$ aus $U$ zu erhalten, addirt man die $\varphi$, welche durch $U$ in einander übergehen.

Als Resultat erhält man folgende Gruppen in der kanonischen Form:

1. $n = 2;\ \eta,\ -\eta,\ \frac{1}{\eta},\ -\frac{1}{\eta}$

2. $n = 3$; die Tetraedergruppe

$$\pm\eta,\ \pm\frac{1}{\eta};\ \pm i\frac{1+\eta}{1-\eta},\ \pm i\frac{1-\eta}{1+\eta},\ \pm\frac{i+\eta}{i-\eta};\ \pm\frac{i-\eta}{i+\eta}$$

3. $n = 4$; die Octaedergruppe:

$$\eta;\ \frac{1}{\eta};\ \frac{1+\eta}{1-\eta},\ \frac{1-\eta}{1+\eta},\ \frac{i+\eta}{i-\eta},\ \frac{i-\eta}{i+\eta}$$

und ihre Producte mit Potenzen von $i$.

4. $n = 5$; die Icosaedergruppe:

$$\varepsilon^\mu\eta,\ \frac{-\varepsilon^\mu}{\eta};\ \varepsilon^\mu\frac{(\varepsilon^2+\varepsilon^4)\eta+\varepsilon^\varrho}{\varepsilon^{-\varrho}\eta-(\varepsilon+\varepsilon^3)};\ \varepsilon^\mu\frac{-\varepsilon^{-\varrho}\eta+(\varepsilon+\varepsilon^3)}{(\varepsilon^2+\varepsilon^4)\eta+\varepsilon^\varrho}$$

wo $\varepsilon^5 = 1$ und für $\mu$, $\varrho$ alle Zahlen von 0 bis 4 zu setzen sind.

---

**P. Gordan: Ueber bilineare Formen mit verschwindenden Covarianten.** (Math. Ann. 12. Bd.)

Herr Fuchs ist bei seiner Untersuchung über die linearen Differentialgleichungen 2. Ordnung mit algebraischen Lösungen auf das Problem der Invariantentheorie geführt worden:

„Diejenigen binären Formen aufzustellen, für welche alle Covarianten, die von niedrigerem Grade als die Form selbst sind, identisch verschwinden.“ (Crelles J. Bd. 81).

Hier sind unter Covarianten auch etwaige irrationale inbegriffen. Nimmt man die Terminologie in dem Sinne, in welchem sie z. B. im Clebsch'schen Buche oder in meinen bisherigen Arbeiten gegeben ist, so genügt es, um auf die Lösung des Problems zu kommen, die Aufgabe so zu stellen:

„Diejenigen binären Formen vom Grade $n$ aufzusuchen, für welche:

1. alle Covarianten identisch verschwinden, deren Grad $< n$ ist,
2. keine Covarianten existiren, welche Potenzen von nicht verschwindenden Ausdrücken sind, deren Grad $< n$ ist;

wo übrigens die 2. Bedingung als die erste umfassend betrachtet werden kann.

Da die Formen bis zum 4. Grade incl. bekannt sind, beschränke ich die Untersuchung auf Formen vom Grade $n > 4$. Als Resultat ergeben sich dann nur zwei Formen mit ihren linearen Umformungen, die eine vom 6. und die andere vom 12. Grade, welche allein im Sinne des Herrn Fuchs als Primformen zu bezeichnen sind, nämlich:

$$G_1 = 12\,x_1^{11} x_2 + 132\,x_1^6 x_2^6 - 12\,x_1\,x_2^{11}$$
$$G_2 = 6\,x_1^5 x_2 + 6\,x_1\,x_2^5.$$

An diesen beiden Formen sieht man, dass sie lineare Transformationen in sich zulassen. In der That sind sie identisch mit der Icosaeder- und der Octaederform, welche Herr Klein im 9. Bd. Math. Ann. auf geometrischem Wege und ich im 12. Bd. algebraisch vom Standpunkte der Transformationen aus erhalten habe, worüber ich auf mein vorhergehendes Referat verweise.

Der Gang der Untersuchung ist der folgende: zunächst werden diejenigen Formen $U$ gesucht, deren Covarianten 2. Ordnung in den Coefficienten und von niedrigerem Grade als $n$ verschwinden und für welche ausserdem, wenn $n = 4m$ ist, auch noch die 3. Ordnung und von niedrigerem Grade als $n$ verschwinden.

Uebrigens folgt das Verschwinden der letzteren schon aus dem Verschwinden der Covarianten 2. Ordnung (vgl. mein Programm Erlangen 1875). Das Verschwinden der Covarianten 2. Ordnung von $U = a_x^n = b_x^n = c_x^n \ldots$ drücke ich durch eine einzige Gleichung aus, welche z. B., wenn $n$ ungerade ist, so lautet:

$$(ab)^{\frac{n+1}{2}}\, a_x^{\frac{n-1}{2}}\, b_y^{\frac{n-1}{2}} = 0.$$

Sodann beschäftige ich mich mit Formen $p$, deren letzte Ueberschiebung über $U$ identisch verschwindet. Es giebt stets solche Formen $p$ von einem Grade $\leqq \frac{n}{2} + 1$. Ich wähle dieselben von möglichst niedrigem Grade; ist dieser $\frac{n}{2} + 1$, so giebt es $\infty$ viele solcher $p$, ich suche mir dann ein solches aus, welches mit $U$ einen Factor gemein hat.*)

Neben der Zahl und dem Verhalten der Invarianten 2. Ordnung von $U$ dient vor Allem der Grad von $p$, der den Gang des Beweises wesentlich beeinflusst, zur Eintheilung.

Es sei $\alpha$, wenn der Grad von $p < \frac{n}{2} + 1$ ist, ein beliebiger linearer Factor von $p$ und wenn $p$ vom Grade $\frac{n}{2} + 1$ ist, ein $U$ und $p$ gemeinsamer Factor. Es zeigt sich, dass im Allgemeinen $U$ diesen Factor in einer hohen Potenz $\left(\text{über } \frac{n}{2} \text{ ten}\right)$ enthält, und dass eine Potenz von $\alpha$ Covariante von $U$ wird. Solche Formen $U$ gehören daher nicht zu den gesuchten Formen $f$. Diese allgemeinen Fälle sind folgende:

1. $n = 2m + 1$
2. $n = 2m$ und Invariante $(f, f)^n = 0$
3. $n = 2m$ und der Grad von $p < \frac{n}{2} + 1$
4. $n = 4m$ und Covariante $(f, f)^{\frac{n}{2}} = 0$.

Daher bleiben für die Untersuchung nur die beiden Fälle übrig:

A. $n = 4m + 2$; $(f, f)^n$ nicht $= 0$; $p$ vom Grade $\frac{n}{2} + 1$

B. $n = 4m$, $(f, f)^{\frac{n}{2}}$ nicht $= 0$; $(f, f)^n$ nicht $= 0$; $p$ vom Grade $\frac{n}{2} + 1$,

die aber verschiedene Behandlung verlangen.

A. Ich zeige zunächst, dass $p$ den Factor $\alpha$ nur quadratisch enthält. Ferner hat dann $p$ einen zweiten Factor $s$ quadratisch, der ebenfalls Factor von $U$ ist und es wird:

$$p = \alpha^2 s^2$$

also $\frac{n}{2} + 1 = 4$ und $U$ vom 6. Grade. Stellt man $U$ als Function von $\alpha$ und $s$ dar, so giebt die Relation:

$$(U, p)^4 = 0$$

die oben angegebene Form $G_1$.

B. Hier zeige ich zunächst, dass $U = f$ mit der Covariante

---

*) Die Formen $p$ sind im Allgemeinen dieselben, welche bei der Zerlegung von $f$ in Potenzsummen auftreten.

$(f,f)^{\frac{n}{2}}$ proportional wird und dass die beiden Invarianten von $U$ 2. und 3. Ordnung $i$ und $j$ Potenzen des Proportionalitätsfactors sind; $p$ enthält wieder 2 lineare Factoren $\alpha$ und $s$ von $U$ ebenfalls nur quadratisch und $U$ wird in $\alpha$ und $s$:

$$f = \binom{n}{1} c_1 \alpha^{n-1} s + \binom{n}{\frac{n}{2}} c_2 \alpha^{\frac{n}{2}} s^{\frac{n}{2}} + \binom{n}{1} c_3 \alpha s^{n-1}.$$

Die Coefficienten $c_i$ und $n$ bestimmen sich aus den früheren Bedingungen, nämlich das Verschwinden der Covarianten 2. Ordnung und vom Grade $< n$. Es wird $n \leqq 12$.

Da $n = 4$ ausgeschlossen, so bleiben nur die Fälle zu untersuchen $n = 8$ und $n = 12$. Für $n = 8$ erhält man eine Form, deren Hessische Form das volle Quadrat einer Form 6. Grades ist, die linear aus der Form 6. Grades des Falles A. hervorgeht.

Daher bleibt schliesslich nur die Form 12. Grades $G_2$.

Erlangen. P. Gordan.

---

**G. Kirchhoff: Zur Theorie des Condensators.** (Monatsberichte der Berl. Akademie vom 15. März 1877.)

Ein Condensator, der zu Messungen dienen soll, besteht in seiner gewöhnlichsten und einfachsten Gestalt aus zwei gleichen, kreisförmigen Metallplatten, die nahe bei einander und so aufgestellt sind, dass sie eine gemeinschaftliche Achse haben. Die Aufgabe der Theorie des Condensators ist es, die Elektricitätsmengen anzugeben, die die beiden Platten enthalten, wenn das Potential in ihnen zwei gegebene, verschiedene Werthe besitzt. Nimmt man den Abstand der Platten als unendlich klein an, so werden die Elektricitätsmengen unendlich gross; es ist sehr leicht ihre Werthe zu finden, wenn man sich dabei auf die Glieder höchster Ordnung beschränken will; die Aufgabe wird aber viel schwieriger, wenn die Elektricitätsmengen bis auf unendlich kleine Grössen ermittelt werden sollen. Es ist dieses zuerst durch Hrn. Clausius (Pogg. Ann. Bd. 86) geschehen, jedoch nur unter der Voraussetzung, dass die Dicke der Platten verschwindend klein auch gegen ihren Abstand ist. Hr. Helmholtz hat (Monatsber. der Berl. Akad. vom

23. April 1868) eine Methode kennen gelehrt, die zu dem Resultate des Herrn Clausius führt ohne die beschwerlichen Rechnungen, die dieser durchzumachen hatte; eine Methode, die auf der Theorie der conformen Abbildung eines ebenen Flächenstücks auf einem andern beruht, und die in Verbindung mit der Methode, die Herr Schwartz (Borchardt's Journal Bd. 70) angegeben hat, um irgend ein durch gerade Linien begrenztes, ebenes Flächenstück auf einem andern, durch gerade Linien begrenzten, ebenen Flächenstücke conform abzubilden, erlaubt, auch die Dicke der Condensatorplatten zu berücksichtigen. Es ist dieses in der vorliegenden Notiz durchgeführt. Es sei $R$ der Radius der beiden Platten, $2a$ ihr Abstand, $b$ ihre Dicke, die als von der Ordnung von $a$ angenommen wird; für den Fall, dass die Potentialwerthe in den beiden Platten $+1$ und $-1$ sind, ergiebt sich dann die Menge positiver Elektricität in der einen und die Menge negativer Elektricität in der andern

$$= \frac{R^2}{4a} + \frac{R}{2\pi}\left(\lg\frac{4\pi(2a+b)R}{ea^2} + \frac{b}{2a}\lg\frac{2a+b}{b}\right),$$

wo $e$ die Basis der natürlichen Logarithmen bedeutet. Ist das Potential in beiden Platten $+1$, so ist die Menge positiver Elektricität einer jeden

$$= \frac{R}{\pi}.$$

Hiernach findet man auf bekannte Weise leicht die Elektricitätsmengen der beiden Platten für den Fall, dass die Potentialwerthe in ihnen zwei beliebige sind.

Dieselben Methoden, die zu diesen Resultaten geführt haben, gestatten in ähnlicher Weise auch die Theorie eines von Sir W. Thomson angegebenen Condensators zu entwickeln, der dadurch vor dem einfacheren sich auszeichnet, dass bei ihm ein Einfluss äusserer elektrischer Kräfte nicht zu fürchten ist. Es lässt dieser Condensator sich in der folgenden Weise beschreiben: der untere, horizontale Boden einer metallnen, cylindrischen Büchse besteht aus zwei Theilen, einem äusseren, dem sogenannten Schutzringe, und einem inneren, der die Collectorplatte genannt werden möge; unter diesem Boden, in kleinem Abstande von demselben befindet sich eine Metallplatte von gleicher Grösse. Das Potential in dieser sei $= 0$, während es in der Büchse und der Collectorplatte $= 1$ sei; es handelt sich darum die Elektricitätsmenge der Collectorplatte zu finden. Es sei $a$ der Abstand der Collectorplatte von der unteren Platte, $b$ die Dicke derselben, $2c$ die Breite des ringförmigen

Zwischenraumes zwischen ihr und dem Schutzringe, $R-c$ endlich ihr Radius; $a$, $b$ und $c$ werden als unendlich klein von derselben Ordnung angenommen. Es ergiebt sich die Elektricitätsmenge der Collectorplatte durch elliptische $\vartheta$-Functionen ausgedrückt. Ihre Berechnung ist im Allgemeinen beschwerlich, da sie die Auflösung verwickelter, transcendenter Gleichungen erfordert; sie wird aber sehr einfach, wenn man $b$ als sehr gross gegen $c$ annimmt und bei einer gewissen Näherung stehen bleibt; man findet dann die Elektricitätsmenge der Collectorplatte

$$= \frac{R^2}{4a} - \frac{R}{\pi}(\beta \operatorname{tg}\beta + \lg\cos\beta + 4q\sin^2\beta),$$

wo

$$\operatorname{tg}\beta = \frac{c}{a}$$

und

$$-\lg q = 2\left(1 + \frac{\beta}{\operatorname{tg}\beta} + \frac{b}{c}\,\frac{\pi}{2}\right)$$

ist.

Berlin. G. Kirchhoff.

---

**R. Ferrini: Sulla composizione più economica dell' elettromotore capace di un dato effetto.**

In questa breve nota, mi sono proposto di mostrare che la condizione che la resistenza di un elettromotore sia eguale a quella del circuito esterno, non basta a fissarne la composizione più utile in vista di un effetto da raccogliersi. Bisogna perciò costituirlo inoltre cosi che l'intensità della corrente che si facesse circolare inoperosa nel medesimo circuito, rappresenti una somma di energía quadrupla del lavoro da produssi, sotto una forma qualsiasi.

Do in seguito le formole relative alla composizione in discorso.

Milano. R. Ferrini.

---

**F. Klein: Ueber lineare Differentialgleichungen.** (Math. Annal. XII. p. 167—179.)

In der ersten unter diesem Titel erschienenen Note (Erlanger Berichte 1876, Juni, Math. Annalen XI. p. 115) hatte ich, ausgehend von der Theorie der endlichen Gruppen linearer Transformationen einer Veränderlichen, gezeigt, dass es nur fünf Typen algebraisch integrirbarer linearer Differentialgleichungen zweiter Ordnung mit rationalen Coefficienten giebt: den Kreistheilungstypus, den Doppelpyramiden-, Tetraeder-, Oktaeder-, Ikosaeder-Typus und hatte diese Differentialgleichungen wirklich aufgestellt. Mit der gegenwärtigen Mittheilung bezwecke ich auch noch keine abschliessende Darstellung, sondern ich füge nur einige Bemerkungen hinzu, die mir wesentlich scheinen. So bespreche ich die Beziehungen der fünf Typen unter einander; ich stelle die betreffenden Differentialgleichungen ohne alle Rechnung auf, indem ich von der Kenntniss des Formensystems der binären Formen mit linearen Transformationen in sich ausgehe; ich bestimme die in der vorigen Mittheilung eingeführte Function $R(x)$ in einigen complicirteren Fällen und dergl. Zum Schlusse gebe ich in expliciter Form eine Liste der für die betreffenden Differentialgleichungen zweiter Ordnung im Sinne des Herrn Fuchs geltenden Primformen, damit über die Art und die Existenz dieser Primformen kein Zweifel mehr möglich sei.

---

**F. Klein: Weitere Untersuchungen über das Ikosaeder.** (Erlanger Berichte vom November 1876, Januar u. Juli 1877. Mathematische Annalen XII.)

In der Arbeit: *Ueber binäre Formen mit linearen Transformationen in sich* (Annalen IX), die im ersten Hefte dieses Repertoriums besprochen ist, bin ich zu einem merkwürdigen Zusammenhange geführt worden, der zwischen dem *Ikosaeder* und der *Theorie der Gleichungen fünften Grades* besteht. Angeregt durch Gordan, mit dem ich diese Fragen ausführlich besprach, und im steten Verkehre mit ihm, habe ich es unternommen, diesen Zusammenhang weiter zu verfolgen. Dieser Versuch ist, soviel ich beurtheilen kann, sehr glücklich gewesen. Nicht nur gelang es mir, die mannigfachen algebraischen Resultate, welche Kronecker und Brioschi in dieser wichtigen Theorie zum Theil ohne Beweis publicirt haben, aus einer Quelle naturgemäss abzuleiten, sondern es ergaben sich auch neue, sehr einfache Sätze und Methoden. *Es ist jetzt z. B. möglich die Gleichungen fünften Grades explicite durch fertige Formeln zu lösen, während die bisherigen Methoden wegen ihrer*

*Weitläufigkeit undurchführbare Rechnungen verlangten.**) Ich stehe nicht an, zu erklären, *dass ich das Ikosaeder für den eigentlichen Kern der ganzen Theorie halte;* man hat sich thatsächlich immer mit demselben beschäftigt, ohne es deutlich zu erkennen.

Nachdem ich vorläufig die von mir erhaltenen Resultate in drei in den Erlanger Berichten erschienenen Noten bekannt gemacht hatte, habe ich sie nunmehr in einer grösseren Arbeit zusammengefasst, welche demnächst in den Mathematischen Annalen erscheinen wird. Ohne auf die mannigfachen Gesichtspunkte eingehen zu wollen, welche der Gegenstand mit sich bringt und die ich zum Theil in dieser Arbeit erläutert habe, beschränke ich mich hier auf eine Angabe der hauptsächlichen in ihr abgeleiteten neuen Resultate. Die Arbeit zerfällt in drei Abschnitte.

Der erste Abschnitt behandelt die *Ikosaedergleichung* als solche. Ich bezeichne als solche die Gleichung 60[ten] Grades:

$$\frac{(-(\eta^{20}+1)+228(\eta^{15}-\eta^{5})-494\,\eta^{10})^{3}}{1728\,\eta^{5}(\eta^{10}+11\eta^{5}-1)^{5}}=X,$$

wo der Nenner der linken Seite gleich Null gesetzt bei geeigneter Interpretation des $\eta$ auf einer Riemann'schen Kugelfläche ein reguläres Ikosaeder vorstellt, der Zähler das zugehörige Pentagondodekaeder (vgl. Schwarz in Borchardt's Journal Bd. 75 p. 330). Ich charakterisire diese Gleichung durch die 60 linearen Substitutionen $\left(\eta'=\frac{\alpha\eta+\beta}{\gamma\eta+\delta}\right)$, durch welche sie in sich übergeführt wird; ich entwickele eine Art, sie durch hypergeometrische Reihen zu lösen (vergl. Brioschi in den Annali, 2, t. VIII). Sodann studire ich ihre Resolventen sechsten und fünften Grades, und ohne hier bei Bekanntem zu verweilen (siehe Annalen IX p. 206), bemerke ich, dass es mir gelingt, die allgemeinste Gleichung fünften Grades, bei der die Summe der Wurzeln und die Summe der Wurzelquadrate verschwindet, als Resolvente der Ikosaedergleichung anzuschreiben. Zuletzt betrachte ich noch die Frage nach der rationalen Transformation einer Ikosaedergleichung in eine zweite.

Der zweite Abschnitt bringt eine Theorie derjenigen Gleichungen sechsten Grades, welche ich, einem Vorschlage Brioschi's folgend, als Jacobi'sche Gleichungen bezeichne; es sind diejenigen, deren

*) Vergl. namentlich auch die Note: *Ueber die Auflösung der Gleichungen fünften Grades*, welche Gordan im Juli 1877 der Erlanger Societät vorlegte.

sechs Wurzeln $z_\infty$, $z_0$, $z_1 \ldots z_n$ sich folgendermaassen durch drei Grössen ausdrücken lassen:

$$\sqrt{z_\infty} = A_0\sqrt{5}$$
$$\sqrt{z_\nu} = A_0 + \varepsilon^\nu A_1 + \varepsilon^{-\nu} A_2$$
$$\left(\varepsilon = e^{\frac{2i\pi}{5}},\ \nu = 0, 1 \ldots n\right).$$

Ich zeige, dass diese Gleichungen naturgemäss entstehen, wenn man das simultane System eines Ikosaeders $f = x_1^{11}x_2 + 11x_1^6x_2 - x_1x_2^{11}$ und einer quadratischen Form $q = A_1x_1^2 + 2A_0x_1x_2 - A_2x_2^2$ im Sinne der Invariantentheorie untersucht. In Folge dessen lässt sich, mit Hilfe von $\sqrt{A_0^2 + A_1A_2}$, die Lösung der Jacobi'schen Gleichung in einfachster Weise auf die Lösung einer Ikosaedergleichung explicite zurückführen.

Im dritten Abschnitte beschäftige ich mich mit den Gleichungen fünften Grades, bei denen die Summe der Wurzeln und die Summe der Wurzelquadrate verschwindet. Es seien $y_0 \ldots y_4$ die Wurzeln. Dann hängt, wie ich zeige,

$$\eta = \frac{y_0 + \varepsilon^4 y_1 + \varepsilon^3 y_2 + \varepsilon^2 y_3 + \varepsilon y_4}{y_0 + \varepsilon^3 y_1 + \varepsilon y_2 + \varepsilon^4 y_3 + \varepsilon^2 y_4}$$

von einer Ikosaedergleichung ab. Ich stelle diese Gleichung wirklich auf und drücke die $y$ rational durch das $\eta$ aus. — Um nach dieser Methode eine allgemeine Gleichung fünften Grades zu lösen, hat man letztere vorab durch rationale Tansformation auf die Gestalt mit $\Sigma y = 0$, $\Sigma y^2 = 0$ zu bringen. Dabei tritt eine Quadratwurzel auf, von der ich zeige, dass man sie im Allgemeinen nicht entbehren kann (so wenig als die im zweiten Abschnitte gebrauchte $\sqrt{A_0^2 + A_1A_2}$). Eine Folge dieses Nachweises ist der Satz, den Kronecker 1861 in den Berliner Monatsberichten (Borchardt's Jour. Bd. 59) ohne Beweis mittheilte: dass bei den Gleichungen fünften Grades keine allgemeine Resolvente existirt, welche nur einen Parameter enthält.

München. F. Klein.

**A. Fliegner: Versuche über das Ausströmen der atmosphärischen Luft durch gut abgerundete Mündungen.** (Civilingenieur 1877. 6. Heft.)

Die Arbeit enthält zunächst eine genauere Beschreibung der benutzten, theilweise neuen Apparate und der Beobachtungsmethoden.

Bei den Versuchen kam es darauf an, den Verlauf des Druckes in der Mündungsebene gegenüber dem äusseren und inneren Drucke festzustellen und dann auch die ausgeströmten Luftmengen zu messen. Dabei wurden verschiedene äussere Pressungen hergestellt, auch solche, kleiner wie der Atmosphärendruck. Die Beschaffenheit der Apparate erlaubte es aber nicht, beide Fragen gleichzeitig zu untersuchen, es wurden also je zwei sich in diesen beiden Richtungen ergänzende Versuchsreihen angestellt.

Die Versuche zur Bestimmung der Pressungen haben ergeben, dass zwischen den beiden Quotienten: Druck in der Mündungsebene ($p$) durch inneren Druck ($p_m$) und äusserer Druck ($p_o$) durch inneren Druck ($p_m$) eine ganz bestimmte, von den absoluten Werthen der Pressungen vollständig unabhängige Beziehung besteht. Das genaue Gesetz dieses Zusammenhanges aufzustellen ist mir noch nicht gelungen, doch kann man dafür mit sehr guter Uebereinstimmung die Hyperbel

$$\frac{p}{p_m} = 0{,}2820 + 0{,}4891 \frac{p_o}{p_m} + \sqrt{0{,}0632 - 0{,}2374 \frac{p_o}{p_m} + 0{,}2266 \left(\frac{p_o}{p_m}\right)^2}$$

substituiren, wobei die angegebenen Coefficienten allerdings nur für Messingmündungen gelten. Es hat sich ferner als vollständig gleichgiltig gezeigt, ob der äussere Raum gross oder klein ist und ob die Luft überhaupt unter dem äusseren Drucke $p_o$ zur Ruhe kommt oder nicht, es ist nur der Druck unmittelbar um den austretenden Strahl von Einfluss. Einen Einfluss der Temperatur war ich nicht im Stande zu erkennen. Für $\frac{p_o}{p_m} = 0$ wird $\frac{p}{p_m} = 0{,}5334$, weiterhin ist stets $\frac{p}{p_m} > \frac{p_o}{p_m}$, bis schliesslich mit $p = p_o = p_m$ die empirische Formel gegenstandslos wird. Für Luft und eine gut abgerundete Mündung ist also das Gesetz bewiesen: dass *beim Ausströmen einer Flüssigkeit in einen mit gleichartiger Flüssigkeit gefüllten Raum der Druck in der Mündungsebene stets grösser ist, als der in der ruhenden Flüssigkeit vor der Mündung.* Versuche über den Ausfluss von Wasser unter Wasser durch eine gut abgerundete

Mündung haben dieses Gesetz auch bestätigt. Ich halte es für ganz allgemein geltend.

Bezeichnet für die Nachrechnung der Versuche über *Ausflussmengen*

$p_m$, $T_m$ den mittleren constanten Zustand innen,

$p$ den mittleren constanten Druck in der Mündungsebene,

$F$ den Mündungsquerschnitt,

$\varkappa$ den Exponenten der adiabatischen Curve (1,41),

$pv^n = \text{Const.}$ das Gesetz, nach welchem die Luft beim Hinströmen nach der Mündung ihren Zustand ändert, und zwar unter Berücksichtigung von Widerständen nach Zeuner,

so wird das pro Secunde im Mittel ausgeströmte Luftgewicht bekanntlich

$$G = F p_m \sqrt{\frac{2g}{R\,T_m}\,\frac{\varkappa}{\varkappa-1}\left[\left(\frac{p}{p_m}\right)^{\frac{2}{n}} - \left(\frac{p}{p_m}\right)^{\frac{n+1}{n}}\right]}$$

Hierin ist $G$ leicht aus den Versuchen berechenbar; $p_m$ ist auf graphischem Wege bestimmt worden und zwar durch Notirung einiger Werthe der abnehmenden inneren Pressung mit den zugehörigen Zeiten; für $T_m$ wurde das arithmetische Mittel aus der Anfangs- und Endtemperatur genommen; $\frac{p}{p_m}$ konnte auf graphischem Wege aus den zugehörigen Druckversuchen interpolirt werden. Die einzige in diesem Ausdrucke noch unbekannte Grösse $n$ lässt sich dann auch ermitteln, natürlich nur auf dem Wege des Probirens. Sie hat sich mit genügender Genauigkeit ergeben zu

$$n = 1{,}37 = \text{Const.},$$

allerdings auch nur für eine *Messingmündung* geltend. Ferner zeigen die Versuche, dass, constanten inneren Zustand vorausgesetzt, mit abnehmendem äusserem Drucke $G$ stetig wächst und mit $p_0 = 0$ sein Maximum erreicht; der sich dann einstellende Werth von $\frac{p}{p_m} = 0{,}5334$ macht gleichzeitig die eckige Klammer unter der Wurzel in dem Ausdrucke für $G$ zu einem Maximum.

Da die Berechnung von $G$ nach den angegebenen Formeln eine sehr umständliche ist, so habe ich Näherungsformeln dafür aufzustellen gesucht. Danach kann man mit bei allen praktischen Rechnungen vollkommen genügender Genauigkeit setzen für:

$$\frac{p_o}{p_m} < 0{,}5 \qquad \frac{G}{F} = 3800 \frac{p_m}{\sqrt{T_m}},$$

$$\frac{p_o}{p_m} > 0{,}5 \qquad \frac{G}{F} = 7600 \sqrt{\frac{p_o\,(p_m - p_o)}{T_m}},$$

wobei die Pressungen in *Atmosphären* einzuführen sind.

Aus dem bekannten Exponenten $n$ findet sich der von Zeuner auch für Luft eingeführte *Widerstandscoefficient* $\zeta$ für den vorliegenden Fall zu:

$$\zeta = 0{,}0767.$$

Da er bei *Wasser* nur 0,063 ist, so führte mich das auf die Vermuthung, dass die Erniedrigung des Exponenten der Expansionscurve von $\varkappa$ auf $n$ nicht allein von den eigentlichen Widerständen herrühre, sondern, und vielleicht sogar zum grössten Theile, von einer *Wärmemittheilung seitens der Mündungswandungen an die vorbeiströmende Luft.* Dadurch würde, wie durch Rechnung gezeigt ist, der Widerstandscoefficient $\zeta$ reducirt werden.

Eine solche Wärmemittheilung ist jedenfalls wesentlich mit abhängig von dem inneren Wärmeleitungsvermögen des Materials, aus welchem die Mündung hergestellt ist. Ein schlechterer Wärmeleiter müsste, wie nachgewiesen wird, $n$ vergrössern. Zur Entscheidung dieser Frage sind noch einige Mündungen von *Buchsbaumholz* untersucht. Dieselben haben wirklich $n$ grösser ergeben, nämlich

$$n = 1{,}395.$$

Ohne Annahme von Wärmemittheilung würde damit

$$\zeta = 0{,}0269$$

werden. Nimmt man dagegen umgekehrt an, es seien die eigentlichen Widerstände verschwindend klein, also $\zeta = 0$, so kommt man doch bei Messing und Holz auf eine Abkühlung der Mündungen, die durchaus nicht ausserhalb der Grenzen der Möglichkeit oder Wahrscheinlichkeit liegt. Jedenfalls ist damit ein bedeutender Einfluss der Wärmemittheilung wenigstens für Messing constatirt, wenn auch der numerische Betrag derselben nicht zu ermitteln geht.

Am Schlusse ist noch gezeigt, dass die Correctur der Formel für $G$ mittelst des sogenannten *Ausflussquerschnittes* sachlich nicht haltbar ist, da man damit auf innere Widersprüche stösst. Endlich, dass es nicht angeht, die Versuche unter Annahme einer adiabatischen

Zustandsänderung im Innern nachzurechnen; die Wärmemittheilung von den Gefässwandungen an die sich mit abnehmendem Drucke auch abkühlende Luft ist zu gross, um ganz vernachlässigt werden zu dürfen.

Zürich. A. Fliegner.

---

**A. Favaro: Intorno ad uno strumento ordinato a calcolare i risultati d'osservazione ottenuti mediante apparecchi autografici.** (Venezia, tip. Grimaldo e C., 1876.)

Si venne ripetutamente osservando che il planimetro potrebbe essere assai utilmente adoperato nella determinazione dei valori medii da dedursi da quelle rappresentazioni grafiche che così in gran numero vengono somministrate dagli strumenti autoregistratori, usati specialmente negli osservatorî meteorologici. E per verità la determinazione di medie in tali casi potrebbe ottenersi con tutta facilità, ricorrendo anche a strumenti più semplici degli stessi planimetri.

Senonchè questi valori medii non costituirebbero per loro medesimi, che un risultato assai meschino delle osservazioni meteorologiche, le quali per lo contrario possono e devono nel loro insieme essere utilizzate con intendimenti affatto diversi. Un passo notevole in questo senso consiste nella rappresentazione delle variazioni meteorologiche mediante serie periodiche della forma:

$$f(t) = A_0 + A_1 \cos \mu t + A_2 \cos 2\mu t + \ldots + B_1 \operatorname{sen} \mu t + B_2 \operatorname{sen} 2\mu t + \ldots$$

denotando con $\mu$, $A$, $B$ delle costanti, con $t$ il tempo.

Quanto ai coefficienti $A$, $B$ .... questi si trovano mediante calcoli la cui complicazione va rapidamente aumentando col numero dei termini che si pigliano a considerare. Ad ogni modo i singoli divarii esercitano una influenza assai notevole sul valore dei primi termini, mentre, procedendo nel calcolo, i termini successivi possono soltanto risentirsene. A ciò potrebbe tuttavia ovviarsi colla applicazione d'uno strumento mediante il quale i detti coefficienti potessero dedursi meccanicamente dalle rappresentazioni grafiche dei fenomeni periodici: con questo sarebbe nel tempo istesso offerta l'opportunità di approfittare in proporzioni molto maggiori della trattazione analitica.

Nel seguito della nota è data la descrizione e trovasi esposta la teoria di uno strumento a tale uopo proposto dal prof. Amsler inventore del planimetro polare e di quello dei momenti.

---

**A. Favaro: Intorno alla soluzione grafica di alcuni problemi pratici dipendenti dalla teoria delle probabilità.** (Venezia, tip. Antonelli, 1877.)

In questa circostanza l'Autore si occupa di una nota dell' ingegnere Fouret, già favorevolmente conosciuto nelle sfere scientifiche per altri suoi studi intorno a cosiffatti argomenti, nella quale egli si propone di determinare e rappresentare graficamente le tariffe di assicurazione sulla vita e le condizioni di ammortizzazione dei prestiti.

Basando la applicazione sul sistema costituito dal poligono delle forze e dal poligono funicolare per un certo numero di forze parallele date in un piano, abbiasi un sistema di quattro forze $\mathbf{p}_1, \mathbf{p}_2, \mathbf{p}_3, \mathbf{p}_4$ ed essendosene determinata, mediante il poligono delle forze, la risultante $\mathbf{p}$ in intensità, direzione e senso, e mediante il poligono funicolare in posizione, chiamati inoltre $p_1, p_2, p_3, p_4, p$ i bracci di leva rispettivi delle forze e della risultante, rapporto ad un punto qualunque, si ottiene:

$$\frac{\mathbf{p}_1 p_1 + \mathbf{p}_2 p_2 + \mathbf{p}_3 p_3 + \mathbf{p}_4 p_4}{\mathbf{p}_1 + \mathbf{p}_2 + \mathbf{p}_3 + \mathbf{p}_4} = \frac{\Sigma \mathbf{p} p}{\Sigma \mathbf{p}}.$$

Per la qual cosa ogniqualvolta in una determinata indagine venisse a presentarsi una grandezza definita mediante una relazione di questa forma, la si potrà immediatamente costruire, ricorrendo all' accennato sistema del poligono delle forze e del poligono funicolare.

L'autore osserva poi, che per la costruzione della accennata formula non vi è menomamente bisogno di costruire un poligono funicolare propriamente detto e quale viene ordinariamente esposto nei manuali di statica grafica, non solo, ma non vi è neppur bisogno di introdurre il concetto di forza e di momento, potendosi raggiungere lo scopo colle semplici nozioni del calcolo grafico, approfittando del cosidetto *poligono di moltiplicazione*. Segue la deduzione della formula ricavata da una tavola di mortalità e la sua costruzione grafica.

---

**A. Favaro: Sulla teoria dei poligoni funicolari secondo Lamé e Clapeyron nei suoi rapporti coi metodi della Statica grafica.** (Venezia, tip. Antonelli, 1877.)

Questa nota costituisce sotto un certo punto di vista un complemento d'un altro lavoro pubblicato dal medesimo Autore quattro anni prima, sotto il titolo: *La Statica grafica nell' insegnamento tecnico superiore* (Venezia, tip. Grimaldo e C. 1873) e nel quale egli espose le sue vedute intorno alle origini, ai metodi ed allo scopo del nuovo corpo di dottrine creato dal celebre professore di Zurigo.

Sulle traccie della teoria dei poligoni funicolari data da Lamé e Clapeyron l'autore fa posto da un cenno di poche linee del *Bulletin* di Férussac del 1829.

Nella succinta introduzione prende le mosse dal triangolo delle forze (scoperta indubbia dello Stevino), triangolo delle forze che mentre costituisce da un lato il postulato della Statica grafica, forma dall' altro il punto di partenza delle costruzioni grafiche interessantissime, alle quali pervennero contemporaneamente gli ingegneri inglesi ed americani, approfittando delle proprietà inerenti alla reciprocità delle figure. Per verità non mancano gli storici i quali vogliono riconoscere il triangolo delle forze per la prima volta nelle opere del Varignon, ma ciò non è esatto, bensì deve riconoscersi a quest' ultimo matematico la priorità nell' uso del poligono delle forze, il quale anche oggidì è chiamato in Francia col nome di *poligono ausiliario di Varignon.*

I rapporti fra il poligono delle forze ed il poligono funicolare semplicemente sbozzati nella *Nouvelle Mécanique* di Varignon, trovarono uno sviluppo quasi completo nella memoria di Lamé e Clapeyron: ed è questa appunto la circostanza che la rende di altissimo interesse. Perciocchè, se nella anzidetta memoria non si contiene effettivamente alcuna di quelle applicazioni, le quali più tardi appalesarono in tutta la loro pienezza la potenza dei nuovi metodi, pure e l'argomento pratico che diede occasione a tale studio, e il modo di trattazione e finalmente le conseguenze che se ne fanno immediatamente derivare mostrano che Lamé e Clapeyron avevano perfettamente compreso il partito che poteva trarsene nella scienza dell' ingegnere.

Infine l'autore ha voluto approfittare di questa medesima occasione per mettere in evidenza come molto tempo prima che le proprietà del poligono funicolare venissero utilizzate per la composizione grafica delle forze, il Michon ne aveva esplicitamente approfittato con applicazione immediata alla determinazione della curva delle pressioni nelle vôlte.

---

**A. Favaro: Intorno ad un recente lavoro del Dr. Cantor sugli agrimensori romani.** (Bullettino di Bibl. e Storia delle Scienze Mat. e Fis. Roma, 1876.)

È una recensione dell' opera ben nota: *Die römischen Agrimensoren und ihre Stellung in der Geschichte der Feldmesskunst* (Leipzig, Teubner 1875), nella quale occasione pertanto l'autore ottenne dal Principe D. B. Boncompagni la pubblicazione della vita di „Herone Mecanico" contenuta nel mss. autografo di Bernardino Baldi dal medesimo Principe posseduto.

---

**A. Favaro: Niccolò Copernico e l'Archivio Universitario di Padova.** (Bullettino di Bibl. e Storia delle Scienze Mat. e Fis. Roma, 1877.)

Questa nota, sotto la forma di lettera diretta al Principe D. Baldassarre Boncompagni, contiene la relazione di indagini istituite nell' Archivio dell' Università di Padova, allo scopo di accertare se vi si conservi qualche traccia del passaggio di Niccolò Copernico.

È noto che dei molti storiografi dello Studio di Padova, il solo Papadopoli asserisce che Copernico ne sia stato alunno e che vi abbia conseguita la laurea in filosofia e medicina.

L'Autore espone con ogni particolare le ricerche fatte e conchiude:

I°. *Dall' Archivio Universitario di Padova non risulta in alcun modo che Niccolò Copernico sia stato inscritto fra gli studenti dell' Archiginnasio padovano.*

II°. *Quand' anche il Copernico fosse stato fra gli studenti della Università di Padova nei tre o quattro anni che precedono o susseguono il 1500, le condizioni attuali dell' Archivio non permetterebbero di constatarlo.*

III°. *Assai probabilmente è da ritenersi erronea l'asserzione ch'egli abbia nella Università di Padova ottenuto il grado di dottore in medicina e filosofia.*

L'autore poi in base alle notizie contenute in un manoscritto attualmente posseduto dalla Biblioteca della Università di Padova, crede di poter asserire che i documenti sui quali si appoggia il Papadopoli, seppure hanno esistito, non si trovavano nell' Archivio nemmeno nel 1760.

Nel corso della nota poi l'autore si è di deliberata intenzione mantenuto estraneo alle molte questioni che tuttora si agitano intorno alla biografia di Copernico, limitandosi esclusivamente all' argomento specificato nel titolo della nota.

---

**A. Favaro: Intorno ad alcuni lavori sulla storia delle scienze matematiche e fisiche recentemente pubblicati dal prof. Sigismondo Günther.** (Venezia, tip. Antonelli, 1877.)

Nella presente occasione l'autore non ha avuto semplicemente in vista di occuparsi dei lavori del prof. Günther, già tanto benemerito della storia delle scienze matematiche e fisiche, ma si è altresì prefisso di mostrare con quanto ardore la storia delle scienze venga coltivata in Germania, non tacendo come essa annoveri anche in Italia buon numero di cultori, alla cui testa si trova l'infaticabile D. Baldassarre Boncompagni.

D'accordo completamente col Günther nelle varie questioni da esso trattate, non accetta tuttavia l'autore le conclusioni alle quali il matematico tedesco perviene relativamente allo svolgimento storico del pendolo come strumento misuratore del tempo. Anzi per ciò che si riferisce alla parte che in tale questione deve essere fatta a Galileo ed alla sua scuola, l'autore ha raccolto nuovi documenti, che produrrà in luce in una memoria, alla quale sta già attendendo.

---

**A. Favaro: Intorno ad uno scritto su Andalò di Negro pubblicato da D. B. Boncompagni.** (Padova, tip. G. B. Randi, 1876.)

È questa una comunicazione fatta dall' autore alla R. Accademia di Scienze, lettere ed arti di Padova intorno ad un lavoro di Cornelio de Simoni sopra Andalò di Negro matematico ed astronomo genovese del secolo decimoquarto e ad un elenco dei suoi lavori compilato per cura di D. B. Boncompagni. Da questo elenco redatto colla cura consueta, risulta che il Mecenate romano portò a conoscenza molti lavori di Andalò di Negro che erano rimasti sconosciuti ai biografi di lui. L'autore mette in evidenza come un tale risultato rivesta un carattere di singolare importanza, ove si rifletta che si riferisce ad un' epoca, nella quale i matematici italiani furono in grandissimo numero, nè mai venne giustamente apprezzato il merito ch' essi seppero acquistarsi, contribuendo al perfezionamento dell' algebra e dell' astronomia e preparando le meravigliose scoperte che due secoli più tardi furono fatte in Italia in ogni ramo delle matematiche pure ed applicate.

Padova. A. Favaro.

---

**H. Grassmann: Die Mechanik nach den Prinzipien der Ausdehnungslehre.** (Mathematische Annalen XII. S. 222.)

Die Begriffe der Ausdehnungslehre (von 1862), welche in dieser Abhandlung benutzt sind, sind der Begriff der Strecken (n. 216, b) und ihrer Addition (n. 220), ferner des äusseren oder combinatorischen Produktes zweier (n. 254) oder dreier Strecken (n. 262), ferner des inneren Produktes zweier Strecken (n. 188) und endlich der Begriff des partiellen Differenzialquotienten einer algebraischen Function $f$ von Punkten $x_1, x_2 \ldots$ in Bezug auf einen derselben z. B. $\frac{\partial}{\partial x_1} f$ (n. 436 ff.). Aus diesen Begriffen werden nun theils die allgemeinen Gesetze der Mechanik, theils besondere Gesetze, namentlich die der Ebbe und Fluth abgeleitet. Ist nämlich $x$ die Strecke, die von einem willkürlichen, aber festen Punkte nach dem sich bewegenden gezogen ist, und die also diesen Punkt selbst zur Darstellung bringt und wird der vollständige Differenzialquotient nach der Zeit mit $\delta$ bezeichnet, so stellt $\delta x$ die Geschwindigkeit, $\delta^2 x$ die Beschleunigung des Punktes $x$ ihrer Grösse und Richtung nach dar. Ist nun $p$ die Kraft oder die geometrische Summe der Kräfte, die auf den Punkt $x$, dessen Masse als 1 gesetzt wird, wirken, so erhält man

(1) $\delta^2 x = p$ (Bewegung des einzelnen Punktes).

Hat man einen Verein von Punkten, deren Massen, ohne der Allgemeinheit zu schaden, 1 gesetzt werden können, so hat man in

Bezug auf den Verein äussere und innere (zwischen den Punkten des Vereins wirkende) Kräfte zu unterscheiden. Die geometrische Summe der inneren Kräfte (d. h. die Summe der als Strecken gedachten Kräfte dieser Art) ist null. Besteht nun der Verein aus $m$ solchen Punkten, so dass also $m$ die Masse des Vereins ist, so hat man nach dem Obigen die $m$ Gleichungen $\delta^2 x_1 = p_1, \ldots \delta^2 x_m = p_m$. Stellt nun $s$ den Schwerpunkt des Vereins dar, d. h. ist $x_1 + \ldots x_m = ms$, so erhält man durch Addition jener $m$ Gleichungen unmittelbar

(2). $m\delta^2 s = p$ (Bewegung des Schwerpunktes),

wo $p$ die geometrische Summe der äusseren Kräfte ist. Setzen wir nun in obigen $m$ Gleichungen $x_1 = s + y_1$ u. s. w., $x_m = s + y_m$ und statt $\delta^2 s$ den gefundenen Werth $\frac{1}{m}p$, so erhalten wir

(3) $$\delta^2 y_1 = p_1 - \frac{1}{m}p \ldots, \delta^2 y_m = p_m - \frac{1}{m}p$$

(Bewegung in Bezug auf den Schwerpunkt).

Multiplicirt man die Gleichung (1) äusserlich mit $x$, also $[x\delta^2 x] = [xp]$, so kann man statt $[x\delta^2 x]$ auch $\delta[x\delta x]$ schreiben, weil $[\delta x \, . \, \delta x]$ nach den Gesetzen der äusseren Multiplication null ist, und wendet man dies auf die $m$ Gleichungen des Vereins an und addirt, so erhält man

(4) $$\delta\Sigma[x\delta x] = \Sigma[xp]$$

(Flächenbewegung in Bezug auf einen festen Punkt).

Auch hierbei heben sich die inneren Kräfte weg. Multiplicirt man ebenso die Gleichungen (3) äusserlich mit $y_1 \ldots . y_m$ und addirt, so heben sich, da $y_1 + \ldots y_m$ nach dem Begriff des Schwerpunkts null ist, die negativen Glieder fort und es wird

(5) $$\delta\Sigma[y\delta y] = \Sigma[yp]$$

(Flächenbewegung in Bezug auf den Schwerpunkt).

Die Gleichung (1) innerlich mit $\delta x$ multiplicirt, giebt zunächst $[\delta^2 x \mid \delta x] = [p \mid \delta x]$; aber es ist $[\delta^2 x \mid \delta x] = \frac{1}{2}\delta[\delta x \mid \delta x]$ und wendet man dies auf die $m$ Gleichungen des Vereins an und addirt, so erhält man

(6) $$\delta\Sigma\tfrac{1}{2}[\delta x \mid \delta x] = \Sigma[p \mid \delta x] \quad \text{(Arbeitsgleichung).}$$

Ich habe gezeigt, dass die einfache Kraft $p_{21}$, mit der ein Punkt $x_2$ auf einen andern $x_1$ wirkt, eine Function $f(r)$ der gegenseitigen Entfernung $r$ der beiden Punkte sei und in der Richtung $x_1 - x_2$ liege, ferner dass, wenn $U_{12}$ das Integral von $fr.dr$ ist, dann $p_{21} = \frac{\partial}{\partial x_1}U_{12}$, und $p_{12} = \frac{\partial}{\partial x_2}U_{12}$ sei. $U_{12}$ heisst das Potenzial zwischen den Punkten $x_1$ und $x_2$. Ist nun $V$ die Summe aller Potenziale zwischen je zwei

Punkten des Vereins, also das vollständige innere Potenzial, und ist $U$ das gesammte äussere Potenzial, d. h. die Summe der Potenziale zwischen je einem äusseren und inneren Punkte, so verwandelt sich die Gleichung (6) in

$$(7) \quad \tfrac{1}{2}\Sigma[\delta x \mid \delta x] = V + \int \Sigma\left[\frac{\partial}{\partial x} U \mid \delta x\right] \text{ (Potenzialgleichung).}$$

Die Art, wie sodann die Beschränkungen in der Bewegung eines Vereins auf Potenziale zurückgeführt werden, ist von der gewöhnlichen Darstellung nicht wesentlich verschieden. Dagegen ist ganz neu der Begriff der mittleren Integration der Bewegungsgleichungen und seine Anwendung auf die Theorie der Ebbe und Fluth. Mittlere Integration der Bewegungsgleichungen nenne ich diejenige, bei welcher die Beweglichkeit des Vereins am geringsten ist, und die so hervorgehende Bewegung nenne ich mittlere Bewegung. Bei der Theorie der Ebbe und Fluth wird nur diese letztere gesucht. Um die Resultate einfach aussprechen zu können, habe ich den Begriff des elliptischen Gliedes aufgestellt. Ich nenne nämlich $a \cos xt + b \sin xt$, wo $a$ und $b$ beliebige Strecken, $x$ eine beliebige Zahl und $t$ die Zeit ist, ein elliptisches Glied mit dem Zeiger $x$. Es stellt nämlich dies Glied eine Strecke dar, die an einen festen Punkt gelegt, eine Ellipse in der Zeit $\frac{2\pi}{x}$ nach einem sehr einfachen Gesetz durchläuft.

Es ergeben sich dann folgende zwei Sätze:

„Wenn die Bewegung eines Vereins von Punkten durch lineare Differenzialgleichungen dargestellt wird, so entsprechen bei der mittleren Bewegung den elliptischen Gliedern, welche in dem Ausdruck der Kraft vorkommen, elliptische Glieder von denselben Zeigern in allen Strecken, welche von einem festen Punkte nach den beweglichen Punkten gezogen sind, und zwar sind die Coefficienten dieser Glieder durch die gegebenen Gleichungen vollkommen bestimmt.“

Für die Theorie der Ebbe und Fluth lautet der Satz:

„Die Bewegung, welche jeder Punkt des Meeres bei der Ebbe und Fluth vollendet, ergiebt sich in erster Annäherung als Interferenz von vier elliptischen Bewegungen, von denen zwei dieselbe Umlaufszeit haben, wie die scheinbare Umlaufszeit der Sonne und des Mondes beträgt und die zwei anderen eine halb so grosse Umlaufszeit.“

Stettin. H. Grassmann.

---

**A. Mayer: Die Kriterien des Maximums und Minimums der einfachen Integrale in den isoperimetrischen Problemen.**
(Ber. d. Kgl. Sächs. Gesellsch. d. Wissensch. 1877. p. 114—132.)

Nach der Euler'schen Regel wird das isoperimetrische Problem, die den $m$ Bedingungen:

$$V_\varkappa \equiv \int_{x_0}^{x_1} f_\varkappa(x, y_1, \ldots y_n, y'_1, \ldots y'_n)\, dx = l_\varkappa, \quad \varkappa = 1, 2, \ldots m$$

unterworfenen Functionen $y_1, \ldots y_n$ von $x$ so zu bestimmen, dass das gegebene Integral

$$V \equiv \int_{x_0}^{x_1} f(x, y_1, \ldots y_n, y'_1, \ldots y'_n)\, dx$$

einen relativ grössten oder kleinsten Werth erhalte, in der Weise gelöst, dass man zunächst ganz so verfährt, als ob es sich darum handelte, das Integral:

$$\int_{x_0}^{x_1} (f + \lambda_1 f_1 + \lambda_2 f_2 + \ldots + \lambda_m f_m)\, dx,$$

in welchem die $\lambda$ unbestimmte Constanten sind, zu einem absoluten Maximum oder Minimum zu machen, und hinterher diesen Constanten diejenigen Werthe beilegt, welche sich aus den Bedingungen $V_\varkappa = l_\varkappa$ ergeben.

Die beiden genannten Probleme werden hiernach jedenfalls durch dieselben Functionen $y$ gelöst. Man darf aber durchaus nicht, wie dies doch gewöhnlich geschieht, auch in Betreff der Frage, ob und innerhalb welcher Grenzen diese Functionen ein wirkliches Maximum oder Minimum erzeugen, das erste, relative Problem durch das zweite, absolute ersetzen. Man überzeugt sich vielmehr leicht an solchen Beispielen, in denen sich diese Frage unmittelbar durch geometrische oder mechanische Betrachtungen entscheiden lässt, dass im Allgemeinen die Kriterien des Maximums und Minimums in beiden Problemen unmöglich dieselben sein können. So würde sich z. B. aus der Annahme, dass beide Probleme völlig identisch wären, für die Aufgabe der Gleichgewichtsfigur eines homogenen, schweren Fadens das absurde Resultat ergeben, dass nicht bei jeder Lage der Aufhängungspunkte der Fadenschwerpunkt wirklich die tiefstmögliche Stelle einnimmt. Es fragt sich daher, welches sind die wahren Kriterien des Maximums und Minimums in den isoperimetrischen Problemen?

Nun hat der Verfasser in Borchardt's J. B. 69 die Kriterien des Maximums und Minimums allgemein für diejenige Aufgabenform entwickelt, auf welche sich jedes Problem der Variationsrechnung, in welchem nur einfache Integrale auftreten, zurückführen lässt. Aus diesen allgemeinen Kriterien des Maximums und Minimums müssen sich daher nothwendig auch die besonderen Kriterien der isoperimetrischen Probleme ableiten lassen.

Diesen Gedanken führt der vorliegende Aufsatz aus und gelangt hierdurch zu Resultaten, die mit denjenigen Regeln übereinstimmen, welche, auf völlig anderem und wohl entschieden nicht immer ganz strengem Wege, bereits 1869 von Lundström (Nova Acta Upsal. Ser. 3. Vol. VII) erhalten wurden.

Die auf diese Weise gewonnenen Kriterien werden dann noch an dem Reciprocitätsgesetze der isoperimetrischen Probleme geprüft und schliesslich an dem oben erwähnten Fadenprobleme erläutert, für welches sie das richtige Resultat ergeben.

Leipzig. A. Mayer.

---

**Sophus Lie: Theorie der Transformationsgruppen. I, II.** (Archiv for Mathematik og Naturvidenskab. Bd. I, 1876. p. 19—58 und p. 152—202.)

Eine Schaar Transformationen

$$x_i' = f_i(x_1 \dots x_n \ a_1 \dots a_r)$$

bilden eine Gruppe, wenn die Succession zweier Transformationen der Schaar mit einer einzigen Transformation derselben Schaar äquivalent ist. Der Verfasser hat sich die schwierige Aufgabe gestellt, alle Gruppen von Transformationen zu bestimmen.

Die erste Abhandlung löst diese Aufgabe für den Fall $n = 1$. Es wird gezeigt, dass die Gruppe höchstens drei Parameter $a_1 \ a_2 \ a_3$ enthält, ferner dass sie durch passende Wahl der Variabeln in eine lineare Gruppe übergeführt werden kann.

Die zweite Abhandlung behandelt den allgemeinen Fall und entwickelt eine Reihe allgemeiner Sätze. Unter denselben mögen hier nur die folgenden hervorgehoben werden. Jede Gruppe mit $r$ Parametern enthält $r$ unabhängige infinitesimale Transformationen; in Folge dessen enthält sie insbesondere auch eine identische

Transformation. Zu gegebenen Werthen von $n$ und $r$ gehören nur eine begrenzte Zahl Typen von Transformationsgruppen.

Weitere Abhandlungen werden einerseits den Fall $n = 2$ erledigen, andererseits diese Untersuchungen für die allgemeine Theorie der Differentialgleichungen verwerthen.

---

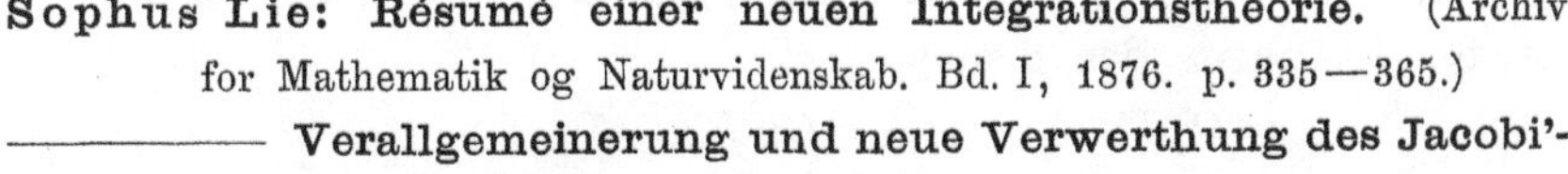

**Sophus Lie: Résumé einer neuen Integrationstheorie.** (Archiv for Mathematik og Naturvidenskab. Bd. I, 1876. p. 335—365.)

——— **Verallgemeinerung und neue Verwerthung des Jacobi'schen Multiplicators.** (Christiania Videnskabs-Selskab 1874.)

——— **Discussion aller Integrationsmethoden der partiellen Differentialgleichungen 1. O.** (Christiania Videnskabs-Selskab 1875.)

——— **Allgemeine Theorie der partiellen Differentialgleichungen 1. O., II.** (Math. Annalen. Bd. XI, p. 464—557.)

Die letzte Abhandlung, deren Resultate sich grösstentheils schon in den drei ersten Arbeiten finden, zerfällt in drei Abschnitte.

Sei $f_1 = a_1 \ldots . f_q = a_q$ ein vorgelegtes Involutionssystem in den Variabeln $x_1 \ldots x_n\ p_1 \ldots p_n$ und seien $f_{q+1} \ldots f_r$ bekannte Lösungen von

$$(1) \qquad (f_1 f) = 0 \ldots . (f_q f) = 0.$$

Es giebt einen sehr allgemeinen Fall, dessen Grenzfälle allein früher bekannt waren, in dem man die fehlenden Lösungen des Systems (1) durch ausführbare Operationen bestimmen kann.

Giebt es in der That Functionen $F_1 \ldots F_r \Omega$, welche die Gleichung

$$(2) \qquad \Sigma p dx = F_1 df_1 + \ldots + F_q df_q + \ldots + F_r df_r + d\Omega$$

befriedigen, so sind $F_{q+1} \ldots F_r$ die fehlenden Lösungen von (1), während $\Omega$ die Gleichungen

$$[f_1, z - \Omega] = 0 \ldots . [f_q, z - \Omega] = 0$$

erfüllt. Besteht überhaupt eine Relation der Form (2), so verlangt die Bestimmung von $\Omega$ und den $F_\varkappa$ nur eine einzige Quadratur zusammen mit gewissen Differentiationen. Hiermit ist die Integration des vorgelegten Involutionssystems geleistet.

Setzt man $q = 1$, $r = 2n - 2$, so erhält man Jacobi's Bestimmung der letzten Lösung der Gleichung $(f_1 f) = 0$ vermöge des letzten Multiplicators, wobei doch zu bemerken ist, dass die neue Theorie in diesem Falle eine Quadratur erspart.

Setzt man andererseits $r = n$ und setzt ausserdem voraus, dass $f_1 \dots f_n$ hinsichtlich $p_1 \dots p_n$ unabhängig sind, so erhält man einen zweiten bekannten Jacobi'schen Satz.

Ist $f_1 \dots f_s$ eine vorgelegte Gruppe mit $m$ unbekannten ausgezeichneten Functionen $\Omega_1 \dots \Omega_m$, so ist es immer möglich ein vollständiges System in den Variabeln $x\, p$ aufzustellen, dessen Lösungen zugleich die Lösungen des Systems

$$(\Omega_1 F) = 0 \;\dots\; (\Omega_m F) = 0$$

sind.

Durch Verbindung dieser beiden neuen Theorien erhält man das folgende fundamentale Theorem: Sei $f_1 = a_1 \dots f_q = a_q$ ein vorgelegtes Involutionssystem und seien $f_{q+1} \dots f_s$ bekannte Lösungen des Systems $(f_1 f) = 0 \dots (f_q f) = 0$. Enthält nun die Gruppe $f_1 \dots f_q \dots f_s$ ausser $f_1 \dots f_q$ noch $m$ ausgezeichnete Functionen, so verlangt die Integration des vorgelegten Involutionssystems im ungünstigsten Falle nur noch die Operationen

$$2n - q - m - s,\ 2n - q - m - s - 2 \dots 6,\ 4,\ 2.$$

Hieraus folgt insbesondere, dass die Bestimmung von $2m + 1$ fehlenden Lösungen des Systems $(f_1 f) = 0 \dots (f_q f) = 0$ nicht schwieriger als diejenige von $2m$ fehlenden Lösungen ist. Setzt man in diesem Corollar $m = 0$, so erhält man wiederum den Jacobi'schen Satz, dass die Bestimmung der letzten Lösung eine ausführbare Operation ist.

Diese Integrations-Theorien dehnen sich mit gewissen Aenderungen auf solche Gleichungen aus, welche die unbekannte Function explicite enthalten.

Der zweite Abschnitt behandelt die Integration von vollständigen Systemen. Dabei wird vorausgesetzt, dass gewisse infinitesimale Transformationen, welche das betreffende vollständige System invariant lassen, von vorn bekannt sind. Es wird gezeigt, dass dieser Umstand immer eine wesentliche Vereinfachung in dem Integrationsgeschäft bewirkt. Unter den neuen Theorien, die zu diesem Zwecke entwickelt werden, möge hier nur die Ausdehnung des Jacobi'schen Multiplicatorsbegriffs auf vollständige Systeme erwähnt werden.

Der dritte Abschnitt stellt die Frage, ob es denkbar ist, dass die jetzigen Integrationsmethoden der partiellen Differentialgleichungen 1. O. künftig einmal durch noch einfachere ersetzt werden. Um diese Frage zu präcisiren, wird zunächst festgestellt, dass man bei der Vergleichung zweier Integrationsoperationen nur auf die Integrationsoperationen, dagegen nicht auf die sogenannten ausführbaren Operationen (d. h. Differentiationen, Quadraturen und Eliminationsoperationen) Rücksicht nehmen soll. Darnach werden die beiden folgenden Axiome aufgestellt:

1) Die Integration der *allgemeinen* Gleichung $f\left(x\, y\, \frac{dy}{dx}\right) = 0$ lässt sich nicht durch ausführbare Operationen leisten.

2) Die einfachste Integrationsmethode der Gleichung

$$f(x_1 \ldots x_n\, p_1 \ldots p_n) = a$$

beginnt wie alle bisherigen Methoden mit der Bestimmung einer Lösung eines vollständigen Systems, das in einer durch Berührungstransformationen invarianten Beziehung zu $f = a$ steht. Indem diese beiden Axiome als richtig vorausgesetzt werden, wird bewiesen, dass die vom Verfasser gegebenen Integrationstheorien, die bekanntlich theilweise mit gleichzeitigen Methoden Mayer's äquivalent sind, das Grösstmögliche leisten.

Christiania. Sophus Lie.

---

**E. Hunyady: Ueber die verschiedenen Formen der Bedingungsgleichung, welche ausdrückt, dass sechs Punkte auf einem Kegelschnitte liegen.** (Borchardt's Journal für Math. Bd. 83.)

Unter Benützung der folgenden Bezeichnungen

$$y_i z_k - y_k z_i = \xi_{ik}$$
$$z_i x_k - z_k x_i = \eta_{ik}$$
$$x_i y_k - x_k y_i = \zeta_{ik}$$
$$\Sigma \pm x_i y_k z_l = (ikl)$$

werden nach den Theoremen von Pappus, Desargues, Chasles, Pascal und Carnot die Bedingungsgleichungen ausgedrückt, dass sechs Punkte auf einem Kegelschnitte liegen. Die ersten drei Theoreme führen auf die Bedingungsgleichung:

$$(136)(145)(235)(246) - (135)(146)(236)(245) = 0, \qquad (1)$$

während die beiden letzteren zu den folgenden führen:

$$\varDelta_{123456} = \begin{vmatrix} \eta_{12}\zeta_{45} - \eta_{45}\zeta_{12} & \zeta_{12}\xi_{45} - \zeta_{45}\xi_{12} & \xi_{12}\eta_{45} - \xi_{45}\eta_{12} \\ \eta_{34}\zeta_{61} - \eta_{61}\zeta_{34} & \zeta_{34}\xi_{61} - \zeta_{61}\xi_{34} & \xi_{34}\eta_{61} - \xi_{61}\eta_{34} \\ \eta_{56}\zeta_{23} - \eta_{23}\zeta_{56} & \zeta_{56}\xi_{23} - \zeta_{23}\xi_{56} & \xi_{56}\eta_{23} - \xi_{23}\eta_{56} \end{vmatrix} = 0 \qquad (2)$$

$$\begin{aligned}&(125)(126)(134)(234)(356)(456)\\ &- (123)(124)(156)(256)(345)(346) = 0.\end{aligned} \qquad (3)$$

Die Gleichungen (1) und (3) sind die Repräsentanten von je fünfzehn Gleichungen, während durch (2) sechszig repräsentirt werden. Es ist hiermit durch neunzig der Form nach verschiedene Bedingungsgleichungen ausgedrückt, dass sechs Punkte auf einem Kegelschnitte liegen.

Es folgt dann die Ermittelung des Zusammenhanges der ersten Glieder dieser Gleichungen, der durch die folgenden Gleichungen ausgedrückt wird:

$$\varDelta_{123456} = (136)(145)(235)(246) - (135)(146)(236)(245) \qquad (4)$$

$$\begin{aligned}\varDelta_{123456}\, \Sigma \pm \xi_{12}\eta_{34}\zeta_{56} = {} & (125)(126)(134)(234)(356)(456)\\ & - (123)(124)(156)(256)(345)(346)\end{aligned} \qquad (5)$$

Es sei noch bemerkt, dass man noch zu einer andern Form der fraglichen Bedingungsgleichung gelangt, wenn man von der Gleichung des Kegelschnittes ausgeht, der durch drei der gegebenen Punkte hindurchgeht und dann ausdrückt, dass die noch übrigen drei Punkte auf diesem Kegelschnitt liegen. Die Bedingungsgleichung erhält dann die Form:

$$D_{123} = \begin{vmatrix} (124)(134) & (124)(234) & (134)(234) \\ (125)(135) & (125)(235) & (135)(235) \\ (126)(136) & (126)(236) & (136)(236) \end{vmatrix} = 0 \qquad (6)$$

und für ihren algebraischen Zusammenhang mit den früheren Formen ergiebt sich:

$$\varDelta_{123456} \cdot (123)^2 = D_{123}, \qquad (7)$$

wie ich in einer der Akademie in Budapest vorgelegten Abhandlung gezeigt habe.

Herr Th. Reye beehrte mich mir mitzutheilen, dass sich der Zusammenhang von

$$\begin{vmatrix} x_1^2 & y_1^2 & z_1^2 & y_1z_1 & z_1x_1 & x_1y_1 \\ \cdot & \cdot & \cdot & \cdot & \cdot & \cdot \\ \cdot & \cdot & \cdot & \cdot & \cdot & \cdot \\ \cdot & \cdot & \cdot & \cdot & \cdot & \cdot \\ \cdot & \cdot & \cdot & \cdot & \cdot & \cdot \\ x_6^2 & y_6^2 & z_6^2 & y_6z_6 & z_6x_6 & x_6y_6 \end{vmatrix} = 0$$

und der Gleichung

$$\begin{vmatrix} x_1x_2 & y_1y_2 & z_1z_2 & y_1z_2 + y_2z_1 & z_2x_1 + z_1x_2 & x_1y_2 + x_2y_1 \\ x_2x_3 & y_2y_3 & z_2z_3 & y_2z_3 + y_3z_2 & z_2x_3 + z_2x_3 & x_2y_3 + x_3y_2 \\ x_1x_3 & y_1y_3 & z_1z_3 & \cdot & \cdot & \cdot \\ x_4x_5 & y_4y_5 & z_4z_5 & \cdot & \cdot & \cdot \\ x_5x_6 & y_5y_6 & z_5z_6 & \cdot & \cdot & \cdot \\ x_4x_6 & y_4y_6 & z_4z_6 & \cdot & \cdot & \cdot \end{vmatrix} = 0,$$

zu welcher man gelangt, wenn man ausdrückt, dass die Dreiecke 123 und 456 Poldreiecke eines und desselben Polarsystemes sind, sowie der vorhergehenden Formen ebenfalls leicht ermitteln lässt.

Budapest. E. Hunyady.

---

**G. Holzmüller: I. Ueber die Abbildung $x + yi = \sqrt[n]{X + Yi}$ und die lemniscatischen Coordinaten $n^{\text{ter}}$ Ordnung.** (Journal für die reine und angewandte Mathematik. Bd. 83, p. 38 etc.)

——— **II. Lemniscatische Geometrie, Verwandtschaft und Kinematik, abgeleitet mit Hilfe der Function complexen Arguments $Z = \sqrt{z}$.** (Zeitsch. f. Math. u. Phys. Bd. 21, p. 325 etc.)

Gelingt es, eine Curvengleichung so zu schreiben, dass die Variabeln nur in den Formen $x + yi$ und $x - yi$ vorkommen, so ergeben sich bemerkenswerthe Vereinfachungen für gewisse Abbildungsaufgaben.

Die Gleichungen eines Kreises um den Punkt $e$ der reellen Axe und einer von diesem Punkte ausgehenden Geraden, die mit dieser Axe den Winkel $\gamma = \operatorname{arc\,tan} \frac{Y}{X - e}$ bildet, sind z. B. in jener Form:

$$(1) \qquad \sqrt{(X + Yi - e) \cdot (X - Yi - e)} = c,$$

$$(2) \qquad \frac{1}{2i} \lg \frac{X + Yi - e}{X - Yi - e} = \gamma.$$

Durch die Abbildung $x + yi = \sqrt[n]{X + Yi}$, wo $n$ ganz, positiv und reell ist, gehen beide Gleichungen in folgende über:

$$(3)\qquad \sqrt{[(x+yi)^n - e]\cdot[(x-yi)^n - e]}$$

$$= \prod_{k=0}^{k=n-1} \sqrt{\left(x - e^{\frac{1}{n}} \cos\frac{2\varkappa\pi}{n}\right)^2 + \left(y - e^{\frac{1}{n}} \sin\frac{2\varkappa\pi}{n}\right)^2} = p_1 \cdot p_2 \cdots p_n = c,$$

$$(4)\qquad \frac{1}{2i} \lg \frac{(x+yi)^n - e}{(x-yi)^n - e}$$

$$= \sum_{k=0}^{k=n-1} \operatorname{arc\,tan} \frac{y - e^{\frac{1}{n}} \sin\frac{2\varkappa\pi}{n}}{x - e^{\frac{1}{n}} \cos\frac{2\varkappa\pi}{n}} = \vartheta_1 + \vartheta_2 + \cdots + \vartheta_n = \gamma.$$

Hier sind die $p$ Radii vectores, die von den durch $\sqrt[n]{e}$ repräsentirten Punkten ausgehen, während die $\vartheta$ die Neigungswinkel dieser Radii vectores gegen die reelle Axe oder gegen die Richtungslinie irgend eines der Punkte $\sqrt[n]{e}$ bedeuten.

Daraus folgt allgemein:

*Die Abbildung $x + yi = \sqrt[n]{X + Yi}$ (n ganz, positiv, reell) verwandelt den Kreis $r = c$ um den Punkt $a + bi$ in die Lemniscate $n^{ter}$ Ordnung $p_1 . p_2 \ldots . p_n = c$ mit den Brennpunkten $\sqrt[n]{a + bi}$, während die Gerade, die mit dem „Radius" des Punktes $a + bi$ den Winkel $\gamma$ bildet, in die Hyperbel $n^{ter}$ Ordnung $\vartheta_1 + \vartheta_2 + \ldots + \vartheta_n = \gamma$ übergeht, wobei die $\vartheta$ die Winkel sind, welche die Radii vectores $p$ mit dem „Radius" irgend eines der Punkte $\sqrt[n]{a + bi}$ bilden.*

Durch Abbildung der concentrischen Kreise und ihrer Radien erhält man also *das Isothermensystem der confocalen Lemniscaten $n^{ter}$ Ordnung und das orthogonale System der Hyperbeln $n^{ter}$ Ordnung durch die Brennpunkte der Lemniscaten.*

Die isogonalen Trajectorien dieser Systeme haben die Gleichung:

$$(5)\qquad p_1 \cdot p_2 \cdots . p_n = c \,.\, k^{\vartheta_1 + \vartheta_2 + \ldots + \vartheta_n}.$$

Das Büschel von Lemniscaten $n^{ter}$ Ordnung durch die Punktgruppen $\sqrt[n]{a + bi}$ und $\sqrt[n]{a_1 + b_1 i}$ (mit dem Nullpunkt als Centrum) hat die Gleichung:

$$(6)\qquad (\varphi_1 + \varphi_2 + \ldots + \varphi_n) - (\chi_1 + \chi_2 + \ldots + \chi_n) = \gamma,$$

die orthogonale Lemniscatenschaar hingegen ist:

$$(7)\qquad \frac{p_1 \cdot p_2 \cdot p_3 \cdots p_n}{q_1 \cdot q_2 \cdot q_3 \cdots q_n} = c.$$

Die isogonalen Trajectorien beider Curvengruppen haben die Gleichung:

$$(8) \qquad \frac{p_1 \cdot p_2 \cdot \ldots \cdot p_n}{q_1 \cdot q_2 \cdot \ldots \cdot q_n} = c \,.\, k^{(\varphi_1 + \varphi_2 + \ldots + \varphi_n) - (\chi_1 + \chi_2 + \ldots + \chi_n)}.$$

Die Eigenschaften dieser Systeme lassen sich entwickeln aus denen der elliptischen und hyperbolischen Kreisschaar und des Systems gleichwinkliger logarithmischer Spiralen und Doppelspiralen, wozu man die Abhandlung „*Ueber die logarithmische Abbildung etc.*" im 16. Bande der Zeitschr. für Math. und Phys. vergleichen mag.

Die Kreisverwandtschaft geht durch obige Abbildung in eine analoge „*lemniscatische Verwandtschaft* $n^{ter}$ *Ordnung*" über, während die projectivischen Beziehungen sich dadurch einfach übertragen lassen, dass an Stelle der Doppelverhältnisse

$$\frac{r-p}{r-q} \cdot \frac{s-q}{s-p} \quad \text{resp.} \quad \frac{\sin(ac) \,.\, \sin(bd)}{\sin(bc) \,.\, \sin(ad)}$$

folgende treten:

$$\frac{r_1 \cdot r_2 \ldots r_n - p_1 \cdot p_2 \ldots p_n}{r_1 \cdot r_2 \ldots r_n - q_1 \cdot q_2 \ldots q_n} \cdot \frac{s_1 \cdot s_2 \ldots s_n - q_1 \cdot q_2 \ldots q_n}{s_1 \cdot s_2 \ldots s_n - p_1 \cdot p_2 \ldots p_n}$$

und:

$$\frac{\sin[(\gamma_1+\gamma_2+\cdots+\gamma_n)-(\alpha_1+\alpha_2+\cdots+\alpha_n)] \cdot \sin[(\delta_1+\delta_2+\cdots+\delta_n)-(\beta_1+\beta_2+\cdots+\beta_n)]}{\sin[(\gamma_1+\gamma_2+\cdots+\gamma_n)-(\beta_1+\beta_2+\cdots+\beta_n)] \cdot \sin[(\delta_1+\delta_2+\cdots+\delta_n)-(\alpha_1+\alpha_2+\cdots+\alpha_n)]}.$$

Rollt man einen der $n$ Sectoren der Ebene zum Kegel zusammen, so hat man auf diesem lemniscatisch-hyperbolische Isothermenschaaren, die zu den Kreisschaaren der Kugel in einfacher Beziehung stehen.

Der Specialfall $n = 2$ ist in der an zweiter Stelle genannten Arbeit ausführlich behandelt. Dort wird gezeigt, wie sich die Geometrie des Kreises, der Geraden und der projectivischen Gebilde durch die Abbildung $Z = \sqrt{z}$ in die „*lemniscatische Geometrie*" übertragen lässt. Eine Anzahl von Sätzen wird beispielshalber ausgesprochen und das Analogon der Kreisverwandtschaft vollständiger durchgeführt. Die Aufgabe, *den von zwei Lemniscaten eines Büschels und zwei orthogonalen Lemniscaten begrenzten Raum auf den Einheitskreis abzubilden*, wird synthetisch gelöst und die diese Abbildung vermittelnde Function

$$Z = \frac{1 + i\sqrt{k} \cdot \text{sinam}\, u}{i + \sqrt{k} \cdot \text{sinam}\, u} \; (\text{mod}\, k), \quad \text{wo } u = g + \lg \frac{az^2 + b}{cz^2 + d} \text{ ist},$$

aufgefunden.

Endlich schliessen sich einige kinematische Betrachtungen über das lemniscatisch-veränderliche System an, die unter Anderem die Bewegungen der Lemniscaten und Hyperbeln behandeln, welche sichtbar werden, wenn eine zweckmässig präparirte Salpeterplatte im Polarisationsapparate gedreht wird. —

In der ersteren Abhandlung wird noch bemerkt, dass die Transformation $x + yi = (X + Yi)^{\frac{m}{n}}$ Lemniscaten $m^{ter}$ Ordnung in solche der $n^{ten}$ Ordnung verwandelt, so dass sich auch die Theorie dieser Abbildung vollständig durchführen lässt.

Hagen i/W. Dr. G. Holzmüller.

---

**M. Krause: Ueber die Modulargleichungen der elliptischen Functionen und ihre Anwendung auf die Zahlentheorie.** (Math. Annalen. Bd. XII. p. 419—434.)

Die von Jacobi begründete Theorie der Modulargleichungen der elliptischen Functionen, welche zu einem unpaaren Transformationsgrade gehören, ist seither der Gegenstand einer Reihe bedeutender Arbeiten geworden und hat durch ein kürzlich erschienenes Werk von Joubert (Sur les équations qui se rencontrent... Paris 1876) in gewisser Weise ihren Abschluss gefunden, während die zu einem paaren Transformationsgrade gehörenden noch wenig behandelt worden sind. Die vorliegende Arbeit hat den Zweck diese Lücke auszufüllen. In derselben wird bei bekannter Bezeichnungsweise erstens die Existenz von algebraischen Gleichungen zwischen den Grössen $u^2 = \varphi^2(\tau)$ und $v_1{}^2 = \psi^2\left(\frac{\delta\tau - 8\xi}{2^\alpha \delta_1}\right)$ nachgewiesen, wenn $2^\alpha \delta\delta_1$ gleich $m$ gleich dem Grade der Transformation ist, $\delta$ einen jeden ungeraden Theiler von $m$ und $\xi$ eine jede Zahl aus der Reihe $0, \pm 1, \pm 2, \cdots + \frac{m}{8}$ bedeutet, welche keinen gemeinsamen Theiler mit $\delta$ und $\delta_1$ hat. Dabei beschränkt sich die Betrachtung auf den wichtigsten Fall, dass $\alpha \geqq 3$ ist. Zweitens werden die Haupteigenschaften der eingeführten Gleichungen aufgestellt und gezeigt, dass und wie eine Reihe weiterer Modulargleichungen aus diesen ursprünglichen, fundamentalen abgeleitet werden kann. Hieran schliesst sich drittens die Lösung des allgemeinen Problems der Wurzelentwickelung. In dem vierten Paragraphen werden die Gleichungen für die Transformationszahlen 8, 16, 24, 32, 40 wirklich aufgestellt und endlich in dem fünften eine Anwendung der abgeleiteten Sätze auf die Zahlentheorie gegeben. Dieselbe besteht in einem Beweis eines Theiles der Summenformeln, welche Kronecker im 57. Bande des Crelle'schen Journals für die Classenanzahl von Formen mit negativer Determinante gegeben hat.

Breslau. Martin Krause.

---

**Hamburger: Ueber ein Princip zur Darstellung des Verhaltens mehrdeutiger Functionen einer complexen Variabeln, insbesondere der Integrale linearer Differentialgleichungen in der Umgebung singulärer Punkte.** (Borchardt's J. Bd. 83. p. 185—209.)

Herr Fuchs hat bekanntlich für die Integrale linearer Differentialgleichungen mit eindeutigen Coefficienten die allgemeine Form festgestellt, welche sie in der Umgebung eines singulären Punktes $a$ annehmen, und für den Fall, dass sämmtliche Integrale mit endlichen Potenzen von $x-a$ multiplicirt, verschwinden, die Coefficienten der betreffenden Potenzreihen auch wirklich dargestellt. Die Ermittelung derselben in dem allgemeinen Falle, wo die Reihen positive und negative Potenzen von $x-a$ in unendlicher Anzahl enthalten, ist bisher noch nicht bekannt. In der vorliegenden Arbeit wird nun ein Verfahren angegeben, wonach man das Verhalten einer beliebigen mehrdeutigen Function, welche mit Ausnahme einzelner singulären Punkte (Verzweigungs- oder Unstetigkeitspunkte) eindeutig und stetig ist, in der Nähe der singulären Punkte stets bestimmen kann, wenn 1) die Lage der singulären Punkte selbst bekannt ist, und 2) die Werthe der Function und aller ihrer Ableitungen in inf. in einem Punkte der Umgebung des betrachteten singulären Punktes gegeben sind. Beide Voraussetzungen finden sich bei den Functionen, die linearen homogenen Differentialgleichungen mit ein- oder mehrdeutigen Coefficienten als Integrale genügen, erfüllt und man ist somit in den Stand gesetzt, das Verhalten derselben in der Umgebung eines singulären Punktes in allen Fällen zu ermitteln.

Die allgemeine Methode besteht in Folgendem:

Es sei $x = 0$ ein singulärer Punkt der betrachteten Function $f(x)$ und $\varrho$ die Entfernung des nächst gelegenen singulären Punktes vom Nullpunkte. Wir setzen $x = e^z$, dann entspricht $x = 0$, $z = -\infty$ und dem nächstgelegenen singulären Punkte in der $x$-Ebene $x = \varrho e^{\varphi i}$ die Werthe $z = \sigma + \varphi i + 2k\pi i$, wo $\sigma$ den reellen Werth von $\log \varrho$ und $k$ eine beliebige ganze Zahl bezeichnet. Die diese Werthe repräsentirenden Punkte in der $z$-Ebene liegen somit in einer auf der reellen $z$-Achse senkrechten durch den Punkt $z = \sigma$ gehenden Geraden $A$ und die den übrigen singulären Punkten der $x$-Ebene entsprechenden Punkte der $z$-Ebene befinden sich sämmtlich nur auf einer und zwar der positiven Seite der Geraden $A$.

Die Function $y = f(x) = f(e^z)$ als Function von $z$ betrachtet, ist daher in allen Punkten der Halbebene der $z$ auf der negativen Seite von $A$ eindeutig und stetig und kann demgemäss in der Umgebung jedes Punktes $z_0$ auf diesem Gebiete durch convergirende Potenzreihen von der Form

$$(1) \qquad y_0 + \left(\frac{dy}{dz}\right)_{z=z_0} (z - z_0) + \left(\frac{d^2y}{dz^2}\right)_{z=z_0} \frac{(z-z_0)^2}{2!} \cdots$$

dargestellt werden. Es ist nun zu bemerken, dass, wenn $x_0 = e^{z_0}$ gesetzt wird, für alle Werthe $z = z_0 + 2\lambda\pi i$, welche $x = x_0$ entsprechen, $\frac{d^k y}{dz^k}$ denselben Werth annimmt, da nämlich diese Grösse aus den Grössen

$$y, \; x\frac{dy}{dx}, \; \ldots \; x^k \frac{d^k y}{dx^k}$$

rational und zwar durch Multiplication mit Zahlencoefficienten und Addition zusammengesetzt ist. Die Coefficienten in der obigen Entwickelungsreihe sind demnach eindeutig bekannt, wenn, wie wir voraussetzen, die Werthe von $y$ und allen ihren Ableitungen für $x = x_0$ gegeben sind. Wählen wir nun für $x_0$ einen Werth, dessen absoluter Betrag $|x_0| < \varrho e^{-2\pi}$ ist, dann wird die Gerade in der $z$-Ebene, auf welcher die entsprechende Punktreihe $z = z_0 + 2\lambda\pi i$ sich befindet, auf der negativen Seite der Geraden $A$ und von derselben um eine Strecke entfernt sein, deren Betrag grösser als $2\pi$ ist. Ein Kreis um den Punkt $z_0$ in der $z$-Ebene mit dem Radius $2\pi$ beschrieben, enthält weder auf seinem Umfange noch in seinem Innern einen der singulären Punkte der $z$-Ebene, und die Reihe (1) convergirt daher noch für $z = z_0 + 2\pi i$ und stellt dann den Werth $y_0$ dar, welchen $y$ im Punkte $x_0$ nach einem einmaligen keinen der übrigen singulären Punkte einschliessenden Umlauf um den Nullpunkt der $x$-Ebene annimmt. Da die aus (1) durch Differentiation nach $z$ entstehenden Reihen in demselben Bereiche wie die ursprüngliche Reihe giltig sind, so erhält man:

$$(2) \quad \overline{y_0} = \sum_{k=0}^{k=\infty} \left(\frac{d^k y}{d z^k}\right)_0 \frac{(2\pi i)^k}{k!}, \ldots \overline{\left(\frac{d^\nu y}{d z^\nu}\right)_0} = \sum_{k=0}^{k=\infty} \left(\frac{d^{k+\nu} y}{d z^{k+\nu}}\right)_0 \frac{(2\pi i)^k}{k!}, \ldots$$

wodurch das Verhalten der Function $y$ bei einem Umgang um den Nullpunkt der $x$-Ebene charakterisirt ist.

Bei der Anwendung auf Functionen, die linearen homogenen Differentialgleichungen zunächst mit eindeutigen Coefficienten genügen und die $x = 0$ zum singulären Punkt haben, genügt es zur Kenntniss ihres Verhaltens in der Umgebung des Nullpunktes $n$ von den Formeln (2) für jedes der $n$ von einander unabhängigen, übrigens beliebig gewählten, partikulären Integrale zu berechnen, wenn $n$ der Grad der betrachteten Differentialgleichung ist; es lässt sich alsdann namentlich die zum Nullpunkt gehörige Fundamentalgleichung, die Herr Fuchs in der Theorie der Differentialgleichung eingeführt hat, in allen Fällen aufstellen. Auch wird ein Weg angegeben, die Integrale eines Fundamentalsystems in der von Herrn Fuchs zuerst aufgestellten Form

$$y = x^r(\varphi_0 + \varphi_1 \log x + \cdots + \varphi_\mu (\log x)^\mu)$$

zu entwickeln, wo die $\varphi$ nach ganzen, positiven und negativen Potenzen von $x$ und zwar im Allgemeinen nach beiden Seiten hin ins Unendliche fortschreitende Reihen bezeichnen.

Zum Schluss werden noch lineare Differentialgleichungen mit mehrdeutigen Coefficienten betrachtet und das Verhalten ihrer Integrale in der Umgebung der singulären Punkte nach dem in Rede stehenden Verfahren durch analytische Formeln ausgedrückt.

Berlin. Hamburger.

**O. Schloemilch: Ueber einige unendliche Reihen.** (Sitzungsberichte d. K. Sächs. Gesellsch. der Wissensch. Juni 1877.)

Wenn im Folgenden die Summenzeichen auf die Werthe $n = 1, 2, 3, \ldots$ bezogen werden, so gilt unter den Voraussetzungen

$$\varrho > 0 \text{ und } 0 < x < \pi$$

die nachstehende Transformation

$$2\varrho \sum \frac{\sin nx}{e^{2n\pi\varrho} - 1} - \frac{1}{2}\left(1 - \frac{x}{\pi}\right)$$

$$= \frac{1}{e^{\frac{x}{\varrho}} - 1} - \frac{\varrho}{2} \cot \frac{x}{2} - \sum \frac{1}{e^{\frac{2n\pi - x}{\varrho}} - 1} + \sum \frac{1}{e^{\frac{2n\pi + x}{\varrho}} - 1}.$$

Durch eine weitere Umwandlung und unter Anwendung der hyperbolischen Functionen

$$\frac{e^u + e^{-u}}{2} = \operatorname{cshp} u, \quad \frac{e^u - e^{-u}}{2} = \operatorname{snhp} u$$

ergiebt sich hieraus

$$\frac{x}{4\pi\sqrt{\varrho}} + \frac{\sqrt{\varrho}}{2} \cot \frac{x}{2} + 2\sqrt{\varrho} \sum \frac{\sin nx}{e^{2n\pi\varrho} - 1}$$

$$= -\frac{x}{4\pi\sqrt{\varrho}} + \frac{1}{2\sqrt{\varrho}} \operatorname{cthp} \frac{x}{2\varrho} - \frac{2}{\sqrt{\varrho}} \sum \frac{\operatorname{snhp} \frac{nx}{\varrho}}{e^{\frac{2n\pi}{\varrho}} - 1}.$$

Bezeichnet man die linke Seite mit $\Phi(x, \varrho)$, so hat man die Relation

$$\Phi(iz, \varrho) = -i\Phi\left(\frac{z}{\varrho}, \frac{1}{\varrho}\right).$$

Differenzirt man die vorige Gleichung nach $x$ und multiplicirt mit $\pi\sqrt{\varrho}$, so erhält man weiter

$$\frac{1}{4} - \frac{\pi\varrho}{4 \sin^2 \frac{x}{2}} + 2\pi\varrho \sum \frac{n \cos nx}{e^{2n\pi\varrho} - 1}$$

$$= -\frac{1}{4} - \frac{\pi}{4\varrho \operatorname{snhp}^2 \frac{x}{2\varrho}} - \frac{2\pi}{\varrho} \sum \frac{n \operatorname{cshp} \frac{nx}{\varrho}}{e^{\frac{2n\pi}{\varrho}} - 1}$$

oder, dem Früheren analog,

$$\Psi(iz, \varrho) = -\Psi\left(\frac{z}{\varrho}, \frac{1}{\varrho}\right).$$

Die letztere Gleichung gilt auch für $x = 0$ und liefert in diesem Falle

$$\frac{1}{4} - \frac{\pi}{12}\varrho + 2\pi\varrho \sum \frac{n}{e^{2n\pi\varrho} - 1}$$
$$= -\frac{1}{4} + \frac{\pi}{12}\frac{1}{\varrho} - \frac{2\pi}{\varrho} \sum \frac{n}{e^{\frac{2n\pi}{\varrho}} - 1}$$

oder

$$\Psi(\varrho) + \Psi\left(\frac{1}{\varrho}\right) = 0.$$

Bezeichnet man ferner mit $s_n$ die Summe der Theiler von $n$, so kann man die vorige Gleichung auch in folgender Form darstellen:

$$\frac{1}{4} - \frac{\pi}{12}\varrho + 2\pi\varrho \sum s_n e^{-2n\pi\varrho}$$
$$= -\frac{1}{4} + \frac{\pi}{12}\frac{1}{\varrho} - \frac{2\pi}{\varrho} \sum s_n e^{\frac{-2n\pi}{\varrho}}.$$

Bei kleinen $\varrho$ convergiren die auf den linken Seiten stehenden Reihen sehr langsam, die rechts verzeichneten Reihen dagegen so rapid, dass jene Gleichungen als Summenformeln benutzt werden können.

Aus der letzten Gleichung ergiebt sich für $\varrho = 1$

$$\sum s_n e^{-2n\pi} = \frac{1}{8}\left(\frac{1}{3} - \frac{1}{\pi}\right) = 0{,}00187793;$$

dieses Resultat lässt sich mittelst der Theorie der elliptischen Functionen verificiren.

---

**O. Schloemilch: Ueber die Summen von Potenzen der reciproken natürlichen Zahlen.** (Sitzungsberichte d. K. Sächs. Gesellsch. d. Wissensch. Juni 1877.)

Nachdem der Verf. bereits im J. 1849 den Zusammenhang zwischen der Function

$$\psi(\mu) = \frac{1}{1^\mu} - \frac{1}{3^\mu} + \frac{1}{5^\mu} - \frac{1}{7^\mu} + \cdots$$

und der complementären Function $\psi(1 - \mu)$ gezeigt hatte, lag die Vermuthung nahe, dass zwischen den Functionen

$$\varphi(\mu) = \frac{1}{1^\mu} - \frac{1}{2^\mu} + \frac{1}{3^\mu} - \frac{1}{4^\mu} + \cdots$$

eine ähnliche Relation bestehen werde. Auf dem früheren Wege liess sich die letztere nicht entdecken, man findet sie aber leicht, wenn man das Integral

$$\int_0^\infty \left\{\frac{1}{2x} - \frac{1}{e^x - e^{-x}}\right\} x^{\mu-1}\,dx$$

auf zwei verschiedene Weisen entwickelt. Das Resultat lautet:

$$\frac{\varphi(1-\mu)}{\varphi(\mu)} = \frac{2^\mu - 1}{2^{1-\mu}-1} \cdot \frac{2\,\Gamma(\mu)\cos\frac{1}{2}\mu\pi}{(2\pi)^\mu},$$

wobei $\mu$ zwischen 0 und 1 enthalten sein muss. Symmetrischer gestaltet sich diese Beziehung, wenn man die Function $F(\mu)$ durch folgende Gleichung definirt

$$F(\mu) = (2^\mu - 1)\left\{\frac{1}{1^\mu} - \frac{1}{2^\mu} + \frac{1}{3^\mu} - \cdots\right\}\sqrt{\frac{\Gamma(\mu)}{(2\pi)^\mu \sin\frac{1}{2}\mu\pi}};$$

es ist dann

$$F(1-\mu) = F(\mu).$$

Mittelst eines analogen Verfahrens kann man aus der Entwickelung des Integrales

$$\int_0^\infty \frac{1}{e^x + e^{-x}}\, x^{\mu-1}\,dx$$

die anfangs erwähnte Relation herleiten, nämlich:

$$\frac{\psi(1-\mu)}{\psi(\mu)} = \left(\frac{2}{\pi}\right)^\mu \Gamma(\mu)\sin\tfrac{1}{2}\mu\pi.$$

Definirt man $f(\mu)$ durch die Gleichung

$$f(\mu) = \left\{\frac{1}{1^\mu} - \frac{1}{3^\mu} + \frac{1}{5^\mu} - \cdots\right\}\sqrt{\left(\frac{2}{\pi}\right)^\mu \Gamma(\mu)\sin\tfrac{1}{2}\mu\pi},$$

so hat man ähnlich wie vorhin

$$f(1-\mu) = f(\mu).$$

Dresden. O. Schloemilch.

**Ernst Schröder: Ueber v. Staudt's Rechnung mit Würfen und verwandte Processe.** (Math. Ann. Bd. X, S. 289—317.)

Die durch v. Staudt, Lüroth, Rud. Sturm auf synthetisch geometrischer Grundlage auf- und ausgebaute Theorie der Rechnung mit Würfen wird in dem vorliegenden Aufsatze von der analytischen Seite betrachtet und unter einem umfassenderen Gesichtspunkte dargestellt, der mit anderweitigen Studien des Verfassers in engem Zusammenhange steht.

In meinem „Lehrbuch der Arithmetik und Algebra für Lehrer und Studirende, I. Bd., Die sieben algebraischen Operationen, Leipzig 1873" hatte ich zum erstenmal die Idee einer Disciplin ausgesprochen, von der die bisherige Algebra und Analysis nur wie ein specieller Fall erscheint, in die sie gewissermassen wie ein (allerdings starker und am längsten ausgesponnener) Faden in ein ausgebreitetes Gewebe sich einfügt.

Ich habe diese Idee seither unablässig weiter verfolgt und in einer Gelegenheitschrift „Die formalen Elemente der absoluten Algebra, Stuttgart 1874" eine vorläufige Mittheilung über Ergebnisse meiner einschlägigen Untersuchungen gemacht.

Seitdem hat auch Herr Hoüel die Möglichkeit oder Existenz einer solchen Disciplin wahrgenommen, wie ich aus dessen Schrift „Ueber die Rolle der Erfahrung in den exacten Wissenschaften" in der mir vorliegenden Uebersetzung von Herrn Felix Müller, Grunert-Hoppe's Archiv, Bd. 59, S. 65—75 ersehe.

Den Grundgedanken bildet eine erweiterte Auffassung der Multiplication als einer Operation, die überhaupt zwei Elemente einer Mannigfaltigkeit zu einem dritten verknüpft, und dem entsprechend der beiden Divisionen (Messung und Theilung) als der umgekehrten Operationen zu der vorerwähnten.

Diese *„symbolischen"* Operationen sind nöthigenfalls durch fett oder hohl gedruckte, oder durch eingeklammerte Operationszeichen von den *„eigentlichen"* zu unterscheiden.

Eine wichtige Illustration ergiebt sich auf dem Gebiete der gewöhnlichen Analysis selbst, wenn man unter

$$c = a(\cdot)b$$

eine beliebige *Function* $c = f(a, b)$ der beiden Elemente $a$ und $b$ versteht, unter denen wir uns nun gewöhnliche Zahlen vorstellen, sodann unter

$$b = c(:)a \text{ und } a = {}^{(c)}_{b}$$

bezüglich die Auflösungen:

$$b = \varphi(c, a) \text{ und } a = \psi(b, c)$$

der Gleichung $f(a, b) = c$ nach $a$ und nach $b$, mithin die beiden zu $f$ inversen Functionen.

Nehmen wir die drei Grundoperationen oder die von ihnen vertretenen Functionen zunächst als eindeutig an, und lassen die Klammern um die Operationszeichen für den Augenblick weg, so gelten als allgemeine Formeln die Gleichungen:

$$(ab):a = \frac{ba}{a} = \frac{a}{a:b} = a(b:a) = \frac{b}{a}a = a:\frac{a}{b} = b,$$

und drücken offenbar den Gegensatz unserer drei Operationen zu einander, oder die Definition von zweien derselben als inverse zur dritten, in weit übersichtlicherer Weise aus, als dies mittelst der obigen Functionszeichen erreichbar wäre.

Bei dieser erweiterten Auffassung kann man nun aber auch fragen nach den logischen Consequenzen von solchen formalen Gesetzen, wie z. B. $a(:)\{b(\cdot)c\} = b(:)\{c(\cdot)a\}$, oder kürzer $a:(bc) = b:(ca)$, welche von der gemeinen Multiplication und Division nicht mehr gelten, sowie nach dem logischen Zusammenhange von verschiedenen derartigen Formeln. Die Frage nach den logischen Consequenzen erhält erst eine bestimmte Begrenzung, wenn man sich dabei auf ein gewisses Gebiet, eine bestimmte Klasse von Formeln beschränkt, z. B. auf das Gebiet der (990) Gleichungen, in welchen so, wie eben, links und rechts vom Gleichheitszeichen drei allgemeine Zahlen $a, b, c$ durch zwei successive von den drei Grundoperationen verknüpft erscheinen.

Es lässt sich z. B. beweisen, dass auf dem genannten Gebiete die Formel

$$(cb):a = \frac{bc}{a}$$

gar *keine* andere, dagegen etwa die für von einander unabhängig beliebige $a, b, c$ als gültig angenommene Gleichung $b\frac{c}{a} = (ba):c$ *alle* übrigen nach sich zieht.

Die ganze Gruppe von Formeln, welche die willkürlich als Prämissen angenommenen mit all ihren Consequenzen zusammen ausmachen, nenne ich einen (vollständigen) „*Algorithmus*“, indem ich den Namen „Kalkul“ für ein complicirteres Formelgefüge reservire.

Als in dem Aufsatze in Betrachtung gezogene Exempel muss ich hier anführen: den *Algorithmus* $C_1$ *des Commutationsgesetzes*, als dessen Prämisse die Gleichung $ab = ba$ gelten kann, den *Algorithmus* $C_0$ oder $ab = a:b\left[= \frac{b}{a}\right]$, sowie *den* $C_{0123}$ $\left[\text{Prämisse etwa die Gleichung } a(b:c) = \frac{c}{b}a\right]$, wo beide vorigen gleichzeitig Geltung haben; endlich den *Algorithmus* $O_1$ *„der ordinären Algebra“*, welcher die 150 auch von der gemeinen Multiplication und Division geltenden Gleichungen des erwähnten Gebietes umfasst. Letztere:

$$a(bc) = b(ca) = (ab)c = \text{etc.},$$

$$\frac{bc}{a} = \frac{b}{a}c = b:\frac{a}{c} = \text{etc.},$$

$$\frac{a}{bc} = \frac{a}{b}:c = \text{etc.}$$

werden höchst einfach erhalten, wenn man neben die drei Ausdrücke von linkerhand alle diejenigen von dem in Rede stehenden Baue setzt, welche ihnen nach den Regeln der Arithmetik allgemein gleich sind, und dann in jeder von diesen drei Gruppen die Ausdrücke unter sich vergleicht. Dieselben fliessen beispielsweise sämmtlich aus der einen Formel: $b(ca) = (ab)c$ als nothwendige Folgerungen.

Wie oben gezeigt, sind die betrachteten formalen Gesetze eigentlich *Functionalgleichungen*, und man kann fragen nach den „Lösungen“ derselben, d. h. nach solchen speciellen Functionen $a(\cdot)b = f(a, b)$, welche dieselben wirklich erfüllen. Dergleichen Functionen bezeichne ich auch kurz als die *Lösungen der* (zugehörigen) *Algorithmen.*

Diese Lösungen sind in der Regel „Berührungstransformationen“ im Sinne von Sophus Lie, jedoch nicht die allgemeinsten, sondern Berührungstransformationen von speciellerem Charakter, bei denen nämlich die unbestimmmte von den beiden in die Lie'sche Functionalgleichung eingehenden Functionen vertreten ist durch die gesuchte Function selbst mit eventuell vertauschten Argumenten, oder durch eine von deren Umkehrungen.

Als eine sammt ihren Umkehrungen eindeutige Function empfiehlt sich zur Ermittelung von speciellen Lösungen von Algorithmen vor allem die (bi)linear gebrochene Function:

$$a(\cdot)b = \frac{\delta ab + \alpha a + \beta b + \gamma}{\delta_1 ab + \alpha_1 a + \beta_1 b + \gamma_1},$$

deren Coefficienten bezüglich $a$ und $b$ Constante sind. Und es hat die Auffindung solcher Lösungen besonderen Werth für die *Limitirung* eines jeden Algorithmus, d. h. für den *Beweis*, dass ausser den bereits in ihm versammelten Gleichungen keine anderen Gleichungen des betrachteten Formelgebietes mehr aus ihnen folgen oder zu dem Algorithmus gehören.

Die Frage nach der allgemeinsten Lösung des Algorithmus $O_1$ („der ordinären Algebra") in der eben angeführten linearen Form führt nun auf die v. Staudt'sche Multiplication und fernerhin auf die analytische Darstellung der Rechnung mit Würfen.

Die gedachte Lösung ist:

$$a(\cdot)b = \begin{vmatrix} t_1, & a, & b \\ t_0, & a, & t_0 \\ t_\infty, & t_\infty, & b \end{vmatrix} : \begin{vmatrix} 1, & t_1, & t_1 \\ 1, & t_0, & b \\ 1, & a, & t_\infty \end{vmatrix}$$

für irgend welche Werthe der Constanten $t_0$, $t_1$, $t_\infty$, und einen Specialfall derselben bildet offenbar:

$$a(+)b = \begin{vmatrix} t_0, & a, & b \\ t_\infty, & a, & t_\infty \\ t_\infty, & t_\infty, & b \end{vmatrix} : \begin{vmatrix} 1, & t_0, & t_0 \\ 1, & t_\infty, & b \\ 1, & a, & t_\infty \end{vmatrix}$$

Diese beiden linear gebrochenen Functionen (und deren inverse) befolgen nun, wie in der Abhandlung gezeigt ist, alle allgemeinen Gesetze, welche von den Rechnungsarten der *vier Species* sowohl für sich, als auch in Bezug auf einander gelten, und die Grundlage des *arithmetischen* Kalkuls bilden; sie lassen überdies durch eine lineare Transformation auf diese Species selbst sich zurückführen.

Die Rechnung mit Würfen stellen sie dar, wenn man die Argument- und die Functionswerthe $a$, $b$, $a(\cdot)b$, $a(+)b$ etc., desgleichen die Constanten $t_0$, $t_1$, $t_\infty$ ansieht als verschiedene Werthe des Parameters $t$ eines (nicht zerfallenden) Kegelschnittes, welcher als unicursale Curve dadurch gegeben gedacht wird, dass die Coordinaten $x$, $y$ seiner Punkte als quadratisch gebrochene Functionen vom selben Nenner in Abhängigkeit gesetzt sind von dieser Hilfsvariabeln $t$.

Jedem Parameterwerth entspricht dann eindeutig ein Punkt der Curve, und bilden $t_0$, $t_1$, $t_\infty$ als feste „Grundpunkte" mit jedem veränderlichen vierten, wie etwa $a$, einen v. Staudt'schen *Wurf*.

Um das Product $a(\cdot)b$ zweier durch ihre vierten Punkte $a$ und $b$ beliebig gegebenen Würfe zu *construiren*, braucht man blos den

Punkt $t_1$ zu verbinden mit dem Schnittpunkte der Verbindungsgeraden von $t_0$ mit $t_\infty$ und der Verbindungsgeraden von $a$ mit $b$; die so erhaltene Verbindungslinie wird den Kegelschnitt in dem gesuchten Punkte $a(\cdot)b$ schneiden.

Ebenso ist $a(+)b$ der Schnittpunkt des Kegelschnittes mit derjenigen Geraden, welche den Punkt $t_0$ desselben verbindet mit dem Schnittpunkte der in $t_\infty$ an ihn gezogenen Berührungslinie und der Geraden, welche $a$ mit $b$ verbindet.

Lässt man den willkürlich gewählten Grundpunkten $t_0$, $t_1$, $t_\infty$ die Zahlen 0, 1 und $\infty$ selbst entsprechen, so ist bekannt, wie dadurch die ganze Peripherie des Kegelschnittes als eindeutige Abbildung der reellen Zahlenlinie festgelegt und die eben geschilderten Constructionen zu einem geometrischen Substrat der Operationen der vier Species gestempelt werden, von der Richtigkeit von deren Gesetzen Jedermann dann mittelst eines Lineals z. B. an einem Kreise leicht sich überzeugen kann.

Behufs der auf vorstehendes bezüglichen analytischen Nachweise werden Determinantensätze aufgestellt, und für dieselben verschiedene Beweise, darunter auch ein eleganter Beweis von Herrn A. Voss mitgetheilt.

Den Schluss des Aufsatzes bildet die Vergleichung der obigen bilinearen Lösung von $O_1$ mit der des Algorithmus $C_{0123}$, welche ebenso wie die von $C_0$ (und $C_1$) angeführt wird. Für eine unicursale *cubische* Curve construirt sich das symbolische Product

$$a(\cdot)b = \frac{\delta ab - \varepsilon(a+b) + \gamma}{\eta ab - \delta(a+b) + \varepsilon},$$

welches den Gesetzen $C_{012\acute{3}}$ gehorcht, einfach als der dritte Schnittpunkt der Curve mit derjenigen Geraden, welche die den Parameterwerthen $a$ und $b$ entsprechenden Punkte der Curve mit einander verbindet.

---

**Ernst Schröder: Ein auf die Einheitswurzeln bezügliches Theorem der Functionenlehre.** (Schlömilch's Zeitschr. für Math. und Phys. Bd. 22, S. 183—190.)

Das durch Anwendung bekannter Methoden gewonnene Theorem lautet:

$$f(z) - \gamma_k z^k = \sum_{a=0}^{a=\infty} \frac{1}{2^{a+1}} \sum_{h=1}^{h=2^{a+1}} (-1)^h e^{-\frac{hk\pi i}{2^a}} f(e^{\frac{h\pi i}{2^a}} z),$$

wenn die Function $f(z)$ innerhalb einer Ringfläche stetig ist, und $\gamma_k$ für irgend ein ganzes $k$ den Coefficienten von $z^k$ in ihrer alsdann bekanntlich zulässigen Reihenentwickelung nach fallenden und steigenden Potenzen von $z$ vorstellt.

Es erscheint wohl merkwürdig, dass man so ein beliebiges Glied aus der Reihenentwickelung von $f(z)$ gewissermassen herausschälen, resp. die von diesem Glied befreite Function durch $f$ selbst dergestalt ausdrücken kann.

---

**Ernst Schröder: Der Operationskreis des Logikcalculs.** (Teubner, Leipzig 1877. 37 Seiten.)

**Ernst Schröder: Note über den Operationskreis des Logikcalculs.** (Math. Ann. Bd. XII, S. 481—484.)

Die *erstere* Schrift erstrebt für elementarmathematisch gebildete Leser eine Entwickelung der von Leibniz schon begehrten und von Boole gegründeten Disciplin des „Calculus of logic" zu geben mit denjenigen Vervollkommnungen, deren dieselbe bedürftig erscheint. Verfasser geht zu diesem Zwecke auf einem grossentheiles von Robert resp. von den Gebrüdern Grassmann schon richtig eingeschlagenen Wege weiter, führt indessen den Leser wirklich bis zu dem Ziele, den ganzen beschwerlichen *arithmetisch*-logischen Rechenapparat Boole's entbehrlich zu machen, denselben zu ersetzen durch eine Methode, welche von dem der Sache wesentlich fremden Element der arithmetischen Zahlen geläutert und zu einer vollkommen elementaren gestaltet ist.

An der complicirtesten von Boole gestellten Aufgabe, deren Lösung Verfasser mit detaillirter Angabe der Rechnung durchführt, wird die Kraft der Methode erprobt, und endlich die bisher noch mangelhafte Lehre von den logischen vier Species durch Aufstellung einer correcten Theorie der Exception (Subtraction) und Abstraction (Division) ergänzt.

Die *zweite* Schrift oder „Note" berichtet eingehender über die erstere Arbeit namentlich in ihrem Verhältniss zu den vorgängigen Arbeiten Boole's und Grassmann's, worauf ich hier, um kurz zu sein, verweise.

Ausserdem stelle ich darin Operationen auf, welche auf dem Gebiet der Substitutionen existiren und ebenso wie die logische Addition und Multiplication sich *gegenseitig* distributiv zu einander verhalten, so dass für dieselben nicht nur

$$a(b + c) = (ab) + (ac),$$

sondern auch

$$a + (bc) = (a + b)(a + c)$$

allgemein ist, wogegen ihnen die Commutativität und Associativität der logischen Grundoperationen abgeht.

Schliesslich macht die Note aufmerksam auf anderweitige, metrische, Operationen, welche mit den logischen gewisse Analogien darbieten.

Karlsruhe. Ernst Schröder.

---

L. Cremona: **Teoremi stereometrici dai quali si deducono le proprietà dell' esagrammo di Pascal** (Accademia de' Lincei, Memorie della Classe di scienze fisiche, matematiche e naturali, serie 3ª, vol. I. Roma, 1877). — **Ueber Polsechsflache bei Flächen dritter Ordnung** (Comunicazione fatta alla Naturforscher-Versammlung, München 19. Sept. 1877, e ai Mathem. Annalen).

Una superficie di $3^0$ ordine dotata di un punto doppio (conico) $O$ contiene sei rette $a$ concorrenti in $O$ e quindici altre rette $c$ situate tre a tre in quindici piani tritangenti $\tau$. In dieci maniere diverse si possono prendere nove rette $c$ che siano comuni a due triedri, in modo che le sei rette $c$ rimanenti giacciano in un iperboloide. Ed oltre a questi 20 triedri (di 1ª specie) conjugati due a due, ve ne sono altri 60 (di 2ª specie), ciascun de' quali contiene pure nove rette $c$, però in modo che le sei restanti sono in due piani $\tau$. Le sessanta rette $p$, spigoli de' 20 triedri di 1ª specie, costituiscono anche il sistema completo degli spigoli de' 60 triedri di 2ª specie; ed inoltre sono distribuite come spigoli di sei pentaedri, le cui facce sono piani $\tau$, ed i cui vertici sono i vertici de' triedri di 2ª specie. I vertici dei 20 triedri di 1ª specie sono poi i vertici di uno stesso *esaedro*, il quale può riguardarsi come il nocciolo di tutta la figura. Le 60 rette $p$ giacciono quattro a quattro in 15 piani, che passano ordinatamente pei 15 spigoli dell' esaedro, e si segano sei a sei in quindici punti $S$ e tre a tre in venti rette $k$.

Se ora si projetta tutta questa figura dal punto $O$ sopra un piano qualsivoglia, si ottengono nella projezione tutt' i teoremi relativi all' esagrammo di Pascal. Le 6 rette $a$ e le 15 rette $c$ dànno i vertici e i lati de' 60 esagoni che si possono formare con sei punti di una conica; le 60 rette $p$ dànno le rette di Pascal; ai vertici de' triedri di 1ª specie corrispondono i 20 punti di Steiner; ai vertici de' triedri di 2ª specie i 60 punti di Kirkman; agli spigoli dell' esaedro le 15 rette di Steiner-Plücker; ai sei pentaedri le sei figure del sig. Veronese (*); ai punti $S$ i 15 punti di Salmon; alla rette $k$ le 20 rette di Cayley-Salmon; ecc.

Prescindendo da questa projezione, le proprietà suesposte appartengono ad ogni sistema di 15 rette formanti 15 triangoli, epperò si verificano per ciascuna delle 36 *bissestuple* (Doppelsechse di Schläfli) formate dalle 27 rette di una superficie *generale* di 3⁰ ordine. Per questa, si hanno dunque 36 esaedri analoghi a quello sopra accennato. I 36 esaedri si distribuiscono in 120 *terne* corrispondenti alle 120 coppie di triedri conjugati (1ª specie): i tre esaedri di una stessa terna hanno in comune due vertici opposti, quelli de' corrispondenti triedri. Ciascun esaedro entra in 10 terne.

Ciascun esaedro è una soluzione del problema di ridurre l'equazione della superficie alla forma

$$x_1^3 + x_2^3 + x_3^3 + x_4^3 + x_5^3 + x_6^3 = 0$$

essendo identicamente

$$x_1 + x_2 + x_3 + x_4 + x_5 + x_6 = 0.$$

Le dieci forme analoghe alla seguente

$$(x_2 + x_3)(x_3 + x_1)(x_1 + x_2) + (x_5 + x_6)(x_6 + x_4)(x_4 + x_5) = 0$$

che si ricavano dalla precedente, dànno le dieci coppie di triedri conjugati, corrispondenti ad uno stesso esaedro.

Data una soluzione $x_1 x_2 x_3 x_4 x_5 x_6$, le altre 35 dipendono da una sola equazione di 2⁰ grado.

Ciascun esaedro individua una sviluppabile di 3ª classe (e 4⁰ ordine), toccata dai sei piani. Per un teorema di Reye, le 36 sviluppabili sono inscritte in uno stesso pentaedro, che è il pentaedro di Sylvester, cioè quello che permette di ridurre l'equazione della superficie a cinque cubi. Per tal modo il problema „trovare il pentaedro d'una superficie di 3⁰ ordine, della quale si conoscono le

---

*) Nuovi teoremi sull' hexagrammum mysticum (Accademia dè Lincei, l. c.).

27 rette" coincide con quest' altro „trovare i cinque punti comuni a due cubiche piane aventi due dati punti comuni, l'uno doppio per l'una, l'altro doppio per l'altra."

Roma, novembre 1877. L. Cremona.

---

**J. Dienger: Der mittlere Gewinn oder Verlust bei der Lebensversicherung für die ganze Versicherungsdauer.** (Rundschau der Versicherungen 1877.)

Die hier behandelte Frage ist schon mehrfach Gegenstand von besonderen Arbeiten gewesen, und zwar unter der Bezeichnung „mittleres Risiko"; trotzdem war es nothwendig, dieselbe aufs Neue zu untersuchen, da die seitherigen Lösungen nicht genügend schienen, weil gewöhnlich von Grundsätzen ausgegangen wurde, die der Natur der Sache nicht entsprachen. Zugleich ist dieser Gegenstand für die Anwendung der Wahrscheinlichkeitsrechnung von Interesse, so dass eine eigentlich rein mathematische Aufgabe vorliegt.

Die Annahmen, welche gemacht werden, bestehen in Folgendem: Eine Versicherungsgesellschaft hat $n$ Personen versichert; die $r^{\text{te}}$ Person versicherte sich mit einem Kapitale $K_r$, zahlbar beim Tode, oder bei Erreichung des $m^{\text{ten}}$ Lebensjahres, gegen eine jährliche Nettoprämie $P_r$. Das Deckungskapital (Reserve) für den jetzigen Zeitpunkt, bei dem dieser Versicherte $a$ Jahre alt ist, heisst $D_r$. Die Wahrscheinlichkeit, im Laufe des ersten, zweiten, ... folgenden Jahres zu sterben, sei $w_{r,1}$; $w_{r,2}$; ..., bekannt aus der (angenommenen) Sterblichkeitstafel. (Dabei ist $w_{r,m-a}$ die Wahrscheinlichkeit, das Alter $m-1$ zu erleben.) Die Summe $w_{r,1}+\cdots+w_{r,m-a}$ ist $=1$.

Stirbt der Versicherte im $s^{\text{ten}}$ Jahre, von jetzt an gerechnet, so erleidet die Anstalt einen Verlust, dessen baarer Werth $X_{r,s}-D_r$, wo $X_{r,s}=\frac{K_r}{p^s}-\frac{P_r}{p^{s-1}}-\cdots-\frac{P_r}{p}$ ($p$ ist der gebrauchte Zinsfuss). Der mittlere (baare) Werth aller Verluste ist also

$$w_{r,1}(X_{r,1}-D_r)+w_{r,2}(X_{r,2}-D_r)+\cdots+w_{r,m-a}(X_{r,m-a}-D_r).$$

Diese Grösse ist, den Einrichtungen der Anstalt gemäss $=0$, d. h. ein Theil ihrer Glieder ist positiv, der andere negativ (Gewinn). Daraus folgt sofort, dass

$$D_r = w_{r,1} X_{r,1} + w_{r,2} X_{r,2} + \cdots + w_{r,m-a} X_{r,m'-a}.$$

Will nun die Versicherungsanstalt für die ganze Dauer der bestehenden $n$ Verträge die Wahrscheinlichkeit des baaren Werthes eines bestimmten Verlustes (oder Gewinnes) ermitteln, so hat sie zu beachten, dass der erste, zweite, ..., $n^{te}$ Versicherte im ersten, ..., letzten Jahre seiner Versicherung sterben kann. Setzt man

$$w_{r,1}\, y^{X_{r,1} - D_r} + w_{r,2}\, y^{X_{r,2} - D_r} + \cdots + w_{r,m-a}\, y^{X_{r,m-a} - D_r} = Y_r$$

(wo $m$ und $a$ mit $r$ sich ändern können), so ist der Coefficient von $y^V$ in dem Produkte

$$Y = Y_1\, Y_2 \cdots Y_n$$

die Wahrscheinlichkeit, dass der baare Werth des künftigen Verlustes gleich $V$ sei. Die Werthe von $V$, die sich natürlich von selbst aus dem obigen Produkte ergeben, können positiv oder negativ sein; in letzterem Falle hat man einen Gewinn.

Nimmt man alle Exponenten als ganze Zahlen an; setzt $y = e^{xi}$ und schreibt dann $X$ für die neuen Werthe der $Y$, so ist der fragliche Coefficient $P$ gegeben durch

$$P = \frac{1}{2\pi} \int_{-\pi}^{+\pi} e^{-Vxi} X dx.$$

Setzt man noch

$$Z_r = w_{r,1} e^{X_{r,1} xi} + w_{r,2} e^{X_{r,2} xi} + \ldots; \quad Z_1 \,..\, Z_n = Z;$$
$$D_1 + \,..\, + D_n = D,$$

so ist auch

$$P = \frac{1}{2\pi} \int_{-\pi}^{+\pi} e^{-(D+V)xi} Z dx.$$

Eine bekannte Umformung ergiebt

$$P = \frac{1}{\pi} \int_0^{\pi} M \cos\,[\psi - (D + V)x] dx,$$

wo $M = M_1 \cdots M_n$; $\psi = \psi_1 + \cdot + \psi_n$; $Z_r = M_r e^{\psi_r xi}$. $M_r$ ist dabei $< 1$, ausser wenn $x = 0$; $\psi_r$ liegt zwischen $-\pi$ und $+\pi$.

Wird nunmehr $n$ als sehr gross angenommen, so wird gezeigt (vorausgesetzt, dass Grössen der Ordnung $\frac{1}{n}$ vernachlässigt werden), dass gesetzt werden darf

$$M = e^{-\frac{1}{2}k^2x^2}, \ \psi = Dx + Qx^3,$$

wo

$$k^2 = k_1^2 + \cdots + k_n^2, \ k_r^2 = w_{r,1}(X_{r,1} - D_r)^2 + w_{r,2}(X_{r,2} - D_r)^2$$
$$+ \cdots = w_{r,1}X_{r,1}^2 + w_{r,2}X_{r,2}^2 + \cdots - D_r^2;$$

$Q$ eine Grösse der Ordnung $\frac{1}{\sqrt{n}}$. Daraus findet sich

$$P = \frac{1}{k\sqrt{2\pi}} e^{-u^2} + \frac{Qu}{k^4\sqrt{\pi}}(3 - 2u^2) e^{-u^2}, \text{ wo } V = uk\sqrt{2}.$$

Diese Grösse drückt also die Wahrscheinlichkeit aus, der Verlust werde $uk\sqrt{2}$ sein (in seinem baaren Werthe). Da $V$ eine ganze Zahl ist, so ändern sich die (sehr vielen) Werthe von $u$ je um $\frac{1}{k\sqrt{2}} = \delta$, d. h. es sind die positiven Werthe von $u$: $\delta$, $2\delta$ $3\delta$, .....

Will man die Wahrscheinlichkeit haben, dass der Verlust oder Gewinn zwischen den Gränzen $\pm \varrho k\sqrt{2}$ liege ($\varrho$ ein Vielfaches von $\delta$), so muss man die Werthe von $P$ summiren, indem man $u$ von $-\varrho$ bis $+\varrho$ durch die Unterschiede $\delta$ gehen lässt. Man erhält dadurch

$$\frac{2}{\sqrt{\pi}} \int_0^\varrho e^{-u^2} du + \frac{e^{-\varrho^2}}{k\sqrt{2\pi}}.$$

So lange $u$ positiv ist, hat man einen Verlust. Den mittleren Werth des gesammten (wirklichen) Verlustes findet man also, wenn man in $PV$ die Grösse $u$ von 0 bis $\infty$ (durch die Unterschiede $\delta$) gehen lässt, d. h. derselbe (das mittlere Risiko) ist

$$\sum_0^\infty PV = \sum_{u=0}^{u=\infty} \left[ \frac{ue^{-u^2}}{\sqrt{\pi}} + \frac{u^2\sqrt{2}}{k^3\sqrt{\pi}} (3 - 2u^2) e^{-u^2} \right] = \frac{k}{\sqrt{2\pi}}$$

Da $\sum_{-\infty}^{+\infty} PV = 0$, so ist mittlerer Gewinn und mittlerer Verlust einander gleich. Die Grösse $k^2$ ist bereits oben angegeben und hat die bei Aufgaben dieser Art auftretende Form.

Damit ist die eigentliche Aufgabe gelöst. Dem Zwecke dieser Anzeigen entsprechend, habe ich natürlich nur die letzten Resultate angegeben.

In der betreffenden Abhandlung wurde dann noch die Frage gestellt, welches das mittlere Risiko für das laufende Jahr sei. In ähnlicher Weise, wie bei der Hauptaufgabe findet sich

$$\frac{k}{\sqrt{2\pi}}, \text{ wo } k^2 = k_1^2 + \cdots + k_n^2; \quad k_r^2 = \frac{w_{r,1} K_r^2 + w_{r,2} R_r^2}{p^1} - D_r^2$$
$$= w_{r,1}\left(\frac{K_r}{p} - D_r\right)^2 + w_{r,2}\left(\frac{R_r}{p} - D_r\right)^2,$$

wo $R_r$ die (zurückzustellende) Reserve für den Jahresschluss ist, wenn der $r^{te}$ Versicherte das Jahr überlebt, und $w_{r,2} = 1 - w_{r,1}$ (also nicht mit obigem $w_{r,2}$ zusammenfällt); $w_{r,1}$ aber die Wahrscheinlichkeit bezeichnet, im Laufe des Jahres zu sterben. Uebrigens findet man auch

$$p^2 k_r^2 = w_{r,1}(1 - w_{r,1})(K_r - R_r)^2.$$

Da hiermit die mathematische Untersuchung beendet ist, so mögen die weitern Untersuchungen über die Bedeutung des mittlern Risikos hier übergangen werden.

Karlsruhe, den 17. November 1877.

J. Dienger.

---

**J. W. L. Glaisher: Preliminary account of an enumeration of the primes in Burckhardt's tables (1 to 3,000,000) and Dase's tables (6,000,000 to 9,000,000).** (Proceedings of the Cambridge Philosophical Society vol. III. pp. 17—23; 47—56.)

Burckhardt's *Tables des diviseurs* (1814—1817) give the least divisor of every number up to 3,036,000, and Dase's *Factoren-Tafeln* (1862—1865) give the least divisor of every number from 6,000,000 to 9,000,000. There is thus left a gap of three millions for which there exist no printed tables. In 1871 I commenced the enumeration of the primes in the six millions over whicht he published tables extend. The work was performed in duplicate by two computers independently; the two enumerations were then compared with one another and brought into agreement. Subsequently one of them was examined *de novo* throughout with the original tables.

A short account of the enumeration, as for as it had then proceeded, together with an abstract of the results for two of the millions, was published in the Report of the British Association for 1872. I have there given tables showing the agreement of the number of primes counted with the theoretical numbers derived from the logarithm-integral formula of Tchebycheff and Hargreave, for the second and ninth millions, arranged in groups of 50,000. The second million was chosen for publication in preference to the first, chiefly because results derived from the counting of primes in the first million had been abready published by Legendre, Hargreave and others. Soon afterwards I become acquainted with the enumerations printed among the posthumous works of Gauss (*Werke* vol. II, pp. 436—447) and found many discrepancies between these results and my own. This taken in conjunction with the great difficulty of insuring accuracy caused me to lay aside the work for some time.

Recently, however, I have had the whole enumeration performed again by a fresh computer who had had no connexion with the previous enumerations. It was thus found that the latter were very accurate, only a few errors being discovered, and in several of the millions none at all. The numbers given in this paper are therefore the result of a triple calculation, and may, I believe, be relied upon.

The results of the enumeration are exhibited in six square tables, each table referring to a million, and the arrangement being similar to that adopted by Gauss in his tables above referred to. If, for convenience of expression, we call the hundred numbers between $100n$ and $100(n+1)$ a 'century' (so that *e. g.* the hundred numbers between 1,000,000 and 1,000,100 form a century) then the table shows the number of centuries each of which contains one prime, the number of centuries each of which contains two primes &c. Thus, for example, the first column of the table for the seventh million shows that of the thousand centuries between 6,000,000 and 6,100,000 two centuries are composed wholly of composite numbers, two centuries contain each one prime, seventeen centuries contain each 2 primes, fifty-two contain each 3 primes, and so on there being only one century that contains 14 primes, and no century that contains a greater number than 14.

The number of primes in each quarter million of the six millions is as follows:

| | first million | second million | third million |
|---|---|---|---|
| First quarter | 22,045 | 17,971 | 17,150 |
| Second ,, | 19,494 | 17,682 | 16,991 |
| Third ,, | 18,700 | 17,455 | 16,922 |
| Fourth ,, | 18,260 | 17,325 | 16,822 |
| Total | 78,499 | 70,433 | 67,885. |

| | seventh million | eighth million | ninth million |
|---|---|---|---|
| First quarter | 15,967 | 15,851 | 15,712 |
| Second " | 15,941 | 15,772 | 15,652 |
| Third " | 15,950 | 15,768 | 15,746 |
| Fourth " | 15,941 | 15,767 | 15,650 |
| Total | 63,799 | 63,158 | 62,760 |

and the number of primes in each group of 100,000 is shown in the following table:

| | first million | second million | third million | seventh million | eighth million | ninth million |
|---|---|---|---|---|---|---|
| I. | 9,593 | 7,216 | 6,874 | 6,397 | 6,369 | 6,250 |
| II. | 8,392 | 7,225 | 6,857 | 6,402 | 6,306 | 6,301 |
| III. | 8,013 | 7,081 | 6,849 | 6,425 | 6,348 | 6,283 |
| IV. | 7,863 | 7,103 | 6,791 | 6,337 | 6,299 | 6,285 |
| V. | 7,678 | 7,028 | 6,770 | 6,347 | 6,301 | 6,245 |
| VI. | 7,560 | 6,973 | 6,809 | 6,402 | 6,305 | 6,326 |
| VII. | 7,445 | 7,015 | 6,765 | 6,338 | 6,347 | 6,281 |
| VIII. | 7,408 | 6,932 | 6,716 | 6,375 | 6,245 | 6,299 |
| IX. | 7,323 | 6,957 | 6,746 | 6,411 | 6,364 | 6,220 |
| X. | 7,224 | 6,903 | 6,708 | 6,365 | 6,274 | 6,270 |
| Total | 78,499 | 70,433 | 67,885 | 63,799 | 63,158 | 62,760 |

Thus for example the number of primes between 2,500,000 and 2,600,000 is 6,809.

In the notes to the new edition of Gauss's *Werke* (1876) nineteen errata, found by Dr. Meissel, of Iserlohn, are pointed out in Gauss's first million, and when these are corrected the values agree entirely with my own, except in one instance viz. the number of primes in the 354th chiliad should be 76 instead of 79.

In a paper in the *Mathematische Annalen* vol. II (1870) pp. 636—642, Meissel has given the errata in the first million, that are reproduced in the second edition of Gauss's *Werke.* The error in the 354th chiliad is not noticed by Meissel in this paper, but as he assigns 7,863 as the number of primes between the 300th and the 400th chiliad, which agrees with that given above, it is clear that he must have used the correct value in his calculation. Meissel gives the number of primes in each group of 100,000 in the first million, and the values agree with my own. In the first 100,000, however he gives the number of primes as 9,592 while the number in the above table is 9,593. This discrepancy is no doubt due to the fact that I have counted both 1 and 2 as primes, while Meissel has not included 1, for in Gauss's table the number of primes in the first chiliad is given as 168, and Meissel accepts this value, but if 1 and 2 be both counted as primes the number is 169.

No doubt at all can therefore exist with regard to the accuracy of the enumeration for the first million. I have given (p. 49) a corrected table for this million corresponding to that which occurs on p. 65 of vol II of the third edition of Legendre's *Théorie des Nombres.*

It is unnecessary to give in detail the errata in the tables for the second and third millions in Gauss's *Werke.* The number of primes in each group of 100,000 has been given above, and on comparing these values with those in Gauss, it will he found that in the second million, only two (viz. 1,200,000—1,300,000 and 1,400,000—1,500,000) agree. The value for the whole million in Gauss is 70,382.

In the third million the values agree in only three groups (2,000,000—2,300,000) and the value for the million in Gauss is 67,862.

In regard to my own paper in the British Association Report for 1872 the values for the ninth million were found to be correct, but there were 5 errors in the second million.

I hope to publish a more full account of the enumeration giving the square tables for each group of 100,000 with the corresponding theoretical values from Legendre's and Tchebycheff's formulae, but the enumeration has occupied so much time and is of so troublesome a nature that it seemed desirable to publish the general results without further delay.

I have also had all the instances in which there are less than four primes in a century looked out in the tables, and all the cases noted in which there occur more than 50 consecutive composite numbers. A list of the groups of composite numbers so found in the first three millions was exhibited to the London mathematical Society on May 10, 1877. The two most noteworthy stretches are a group of 111 consecutive composite numbers between 370,261 and 370,373 and of 113 between 492,113 and 492,227. The occurence of these long sets of numbers without a prime in the first half million is remarkable. The longest stretch noted in the three millions occurs in the third million and consists of 147 consecutive composite numbers (2,010,733—2,010,881) and the next longest occurs in the second million, where there are two stretches each of 131 (1,357,201—1,357,333 and 1,561,919—1,562,051).

I may mention that in the tables there is no mark to be seen corresponding to the numbers 2,882,699 and 6,036,637, no doubt owing to the type having slipped back. The former of these numbers is divisible by 19, the latter I have found to be prime.

Cambridge, 1877 September 21.

J. W. L. Glaisher.

---

**E. Koutny: die Normalenflächen der Flächen 2. O. längs ebener Schnitte derselben.** (Kaiserl. Akademie der Wissenschaften in Wien. Sitzungsberichte, 75. Band, 1877.)

Dieser so wichtigen Gruppe von windschiefen Flächen ward bisher eine geringe Beachtung zu Theil und wurden bei ihrer constructiven Behandlung zumeist Näherungsmethoden benützt, die auf Wissenschaftlichkeit wohl keinen Anspruch erheben konnten. Nur der einfachste Specialfall dieser Art, die „Normalenfläche eines dreiaxigen Ellipsoides längs einer zu einem Hauptschnitte parallelen Ellipse“ wurde bisher untersucht.

In obiger Abhandlung wird die bezeichnete Flächengruppe in grösster Allgemeinheit behandelt und namentlich dahin gestrebt, dass in jedem Falle die wichtigsten Elemente für alle Constructionen an diesen Flächen in streng wissenschaftlicher Weise fixirt werden — indem vorzugsweise die Berührungsebenen von mindestens drei bestimmten Punkten (worunter stets der Central- und der unendlich ferne Punkt) jeder geraden Erzeugenden festgestellt, die wichtigeren Contouren aufgesucht, insbesondere jedoch einfache Methoden abgeleitet werden, um die Doppellinien dieser Flächen direct und genau auszumitteln.

Die vollständige Lösung des letzteren Problems ist das wichtigste Ergebniss der vorliegenden Untersuchung. Man wird hiebei zugleich unmittelbar zu interessanten Aufgaben der ebenen Geometrie geleitet. So ist der geometrische Ort der Schnittpunkte von Normalenpaaren einer Curve 2. O., die nach einem bestimmten Gesetze gebildet werden, zu untersuchen und zu verzeichnen. Bei dem allgemeinsten Falle, wo die Leitcurve der Normalenfläche weder ein Diametralschnitt der Leitfläche 2. O., noch ein Kreisschnitt ist und auch auf keiner ihrer Hauptebenen senkrecht steht, gelangt man zu dem Resultate, dass jede Normale von zwei anderen geschnitten wird, deren Fusspunkte in der Leitcurve mit jenem der ersteren

Normale verbunden, zwei Tangenten einer fixen Parabel bilden, welche die Hauptaxen der Leitcurve in bestimmten Punkten berührt. Wenn wir die Fläche auf die Ebene der Leitcurve projiziren, wodann ihre geraden Erzeugenden sich als Normalen der Leitcurve darstellen, und sodann die Curve der Schnittpunkte der einander nach dem ausgesprochenen Gesetze zugewiesenen Normalen construiren, so ergiebt dies eine Curve 3. Grades als Projection der Doppellinie dieses allgemeinsten Falles der Normalenfläche, zu welcher jede zweite Projection nun einfach ermittelt werden kann. Die Doppellinie selbst ist eine Raumcurve 3. Grades, welche die Leitlinie stets in zwei (reellen oder imaginären) Punkten schneidet, ausserdem aber deren Ebene noch in einem dritten Punkte durchschneidet, welcher als Schnittpunkt der zwei in diese Ebene fallenden Erzeugenden sofort erhalten wird. Diese Doppellinie wird von jeder Erzeugenden der windschiefen Fläche doppelt geschnitten und kann somit zwei Leitcurven der letzteren ersetzen.

Es ist eigenthümlich, dass der besprochene allgemeinste Fall auch der einzige ist, welcher eine Raumcurve als Doppellinie besitzt. Uebergeht man zu welch' immer Specialisirung, so zerfällt diese Doppellinie sofort in eine Curve 2. O. und eine Gerade, wobei wieder die Curve 2. O. in eine Gerade verflachen, die Gerade unendlich ferne fallen kann etc. Der genannte Strahlenbüschel 2. O. zerlegt sich hiebei in ähnlicher Weise in 2 Büschel 1. O., worunter zumeist Parallel-Strahlenbüschel vorkommen.

Für Kreisschnitte der Flächen 2. O. als Leitcurven der Normalenflächen folgt das Resultat, dass die eine Doppellinie sich wieder als Kreis auf der Leitlinienebene orthogonal projicirt und die zweite eine auf der Kreisebene im Mittelpunkte senkrecht stehende Gerade ist

In solcher Art werden vorerst die allgemeinen Fälle eingehend behandelt und die gewonnenen Resultate für die wichtigeren Specialfälle umgestaltet.

Die Ergebnisse der Abhandlung dürften auch geeignet sein, eine sichere Basis für weitere dieses Flächengebiet berührende Untersuchungen, wie z. B. über die ebenen Schnitte, Berührungscurven, Beziehungen zur Leitfläche, zu ihren Richtungskegeln oder Richtungsebenen etc. abzugeben.

Graz. E. Koutny.

---

**Kurd Lässwitz: Atomistik und Kriticismus.** Ein Beitrag zur erkenntnisstheoretischen Grundlegung der Physik. (Braunschweig, Friedrich Vieweg & Sohn. 1878. 8. VIII u. 111 S.)

Die grosse Bedeutung, welche die kinetische Theorie der Gase für die Physik gewonnen hat, lässt es wünschenswerth erscheinen, den allgemeinen Bedenken gegenüber, denen die atomistischen Theorien zu unterliegen pflegen, die Berechtigung einer kinetischen Atomistik überhaupt vom erkenntnisstheoretischen Gesichtspunkte aus zu untersuchen. Obige Schrift bemüht sich nunmehr, die Grundlagen der theoretischen Physik durch ein Zurückgehen auf die Grundlagen des physikalischen Erkennens nach Möglichkeit klarzustellen, indem sie die atomistische Theorie von ihrem gewohnten Boden, dem Dogmatismus, ablöst und ihren Werth an den Principien des Kriticismus prüft. Es ergiebt sich dabei, dass die Natur unserer Sinnlichkeit, insofern sie als subjectiver Factor unserer Erfahrung die Gestaltung derselben mitbedingt, bei dem Streben nach wissenschaftlicher Orientirung in der Welt uns nöthigt, auf die Bewegung undurchdringlicher, starrer, sehr kleiner Elementartheile zurückzugehen, um eine anschauliche und befriedigende Naturerklärung zu erhalten. Die kinetische Atomistik wird dadurch zu einer nothwendigen Folge der systematischen Erkenntnissthätigkeit des Menschen, und die vielfach hypothetischen oder wenig bestimmten Grundbegriffe der Physik erhalten einen einheitlichen und durchsichtigeren Charakter. — Bei der Vertheidigung der kinetischen Atomistik gegen etwaige Einwürfe kommen die Vorstellungen über *fernwirkende Kräfte*, die *Principien der Mechanik*, die *aprioristischen Elemente der Physik* und insbesondere der Begriff der *Elasticität* zu einer kritischen Besprechung. — Durch diese Untersuchung hofft der Verfasser einen Beitrag zur Feststellung und Aufklärung der Grenzen zwischen Naturwissenschaft und Philosophie geliefert zu haben, welcher vielleicht dahin wirken könnte, die empirischen Forscher einerseits den versöhnenden Bemühungen der Philosophen geneigte zu machen, andrerseits diejenigen unter ihnen, welche selbstständig über die Grenzprobleme der Naturwissenschaft philosophiren, hinzuweisen auf die drohende Gefahr des Dogmatismus, die einzelne Naturforscher bereits überrascht hat.

Gotha. K. Lasswitz.

**Hermann Klein: Theorie der Elasticität, Akustik und Optik.** Zugleich als Supplement zu dem Lehrbuch der Physik von Dr. Paul Reis. Leipzig 1877.

Um den Zweck, den ich bei Bearbeitung dieses Buches zu erreichen mich bemüht habe, und die Art der Darstellung der einzelnen Theorien leicht begreiflich machen zu können, möchte ich eine Eintheilung der Physiker vorausschicken, wodurch zugleich die Arbeiten derselben klassificirt werden. Während einige Physiker, die ich Forscher nennen will, sich zur Aufgabe machen, das Gebiet unserer physikalischen Erkenntniss durch neue Experimente oder weittragende Hypothesen zu vergrössern, bestreben sich andere, welche ich Lehrer nenne, die von den Forschern gewonnenen Resultate in zusammenhängenden Darstellungen weiter zu verbreiten. Als dritte Gattung bezeichne ich dann diejenigen, denen es vergönnt ist, nach beiden angegebenen Richtungen zu wirken. Durch die Abfassung des hierdurch angezeigten Buches übernehme ich meinem Berufe entsprechend die Verpflichtung eines Lehrers. Nun ist, um meinen Standpunkt noch genauer zu bestimmen, nothwendig, anzugeben, wer belehrt werden soll. Lehrbücher der Experimentalphysik giebt es genug. In den meisten derselben findet man, wie ich schon an einem anderen Ort*) angegeben habe, lange Rechnungen angestellt unter ängstlicher Vermeidung des Namens Differential, während vielleicht nur wenige Seiten weiter eine Integration auszuführen verlangt ist; auch kann man nicht selten die wenig tröstenden einleitenden Worte finden: „Man findet mit Hülfe höherer Rechnungen —“. Das vorliegende Buch soll nun die Theorien, wie sie in den Originalarbeiten vorliegen, mit Benutzung des dabei gebrauchten mathematischen Apparates wiedergeben und somit allen Lehrern der Physik einen bequemen Ersatz für die oft schwer zu erlangenden Originalarbeiten bieten, sodann besonders den Studirenden auf Universitäten und technischen Hochschulen einen Dienst erweisen, wenn sie sich mit der theoretischen Behandlung physikalischer Probleme bekannt machen und sich zum Studium der von den Forschern gelieferten Arbeiten vorbereiten wollen.

Die mathematische Behandlung der im Titel bezeichneten Abschnitte der Physik dient als Erweiterung eines jeden Lehrbuchs der Experimentalphysik, kann somit als ein selbstständiges Werk angesehen

---

*) Elemente der analytischen Geometrie und höheren Analysis mit besonderer Berücksichtigung physikalischer Aufgaben. Dresden 1874.

und auch ohne das Lehrbuch der Physik von Dr. Paul Reis gebraucht werden. Um aber das Studium der Theorien zu erleichtern und den Umfang des Buches möglichst zu beschränken, habe ich die einzelnen Erörterungen an das genannte Buch angeschlossen und zwar so, dass die Ueberschriften der einzelnen Paragraphen beibehalten sind und das dort nur Angedeutete mathematisch ausgeführt ist. Durch diese Anordnung ist es möglich geworden, von der Anführung aller durch Beobachtung gewonnenen Thatsachen und der experimentellen Bestätigung der Theorien abzusehen. Das Lehrbuch von P. Reis habe ich zu Grunde gelegt, weil der Verfasser desselben überall mathematische Deduction angestrebt und das Beobachtungsmaterial mit der grösstmöglichen Vollständigkeit gesammelt hat.

Historische Bemerkungen und Angaben der Literatur habe ich für unnöthig gehalten, weil in dem zu Grunde gelegten Lehrbuch die Namen der Gelehrten angeführt sind, welche bei Erforschung der behandelten Erscheinungen oder Gesetze eine hervorragende Rolle spielen. Die Arbeiten aber, welche bei den einzelnen Abschnitten benutzt worden sind, habe ich meistens entweder bei den einzelnen Nummern oder im Zusammenhang bei den einzelnen Paragraphen angegeben.

Der Inhalt des ganzen Buches enthält dem Titel gemäss drei Abtheilungen, 1. Elasticitätslehre S. 1—132. 2. Wellenbewegung, Akustik S. 133—256. 3. Optik 257—524.

I. Unter der Ueberschrift: „Die Elasticität und deren Gesetze“ findet sich auf S. 1—27 die Aufstellung der allgemeinen Gleichgewichtsgleichungen mit Einführung der Elasticitätskräfte. Statt der Kräfte werden dann die Verschiebungen eingesetzt und damit die Gleichgewichtsbedingungen transformirt und mit Hülfe derselben erörtert: die Stellungsfläche, das Elasticitäts- und Spannungsellipsoid, die Hauptspannungen, die Elasticitätsfläche, die Hauptschubspannungen und das Verschiebungs- oder Deformationsellipsoid. — S. 28—29 enthält die Paragraphen mit folgenden Ueberschriften: Zug- und Druckelasticität, Biegungselasticität, Torsionselasticität, Zugfestigkeit, Bruchfestigkeit, Druckfestigkeit, Zusammengesetzte Festigkeit, Schubfestigkeit, Torsionsfestigkeit. Dabei sind die betreffenden Durchbiegungen für verschiedene Belastungs- und Befestigungsarten, Maximalbelastung berechnet und die Formen der Körper von gleichem Widerstand für die verschiedenen Befestigungsarten angegeben. Eine besondere Betrachtung ist dem Draht, Schachtgestängen, Kettenbrücken und Telegraphendrähten gewidmet. Seite

70—132 enthält einen Anhang (ich habe diesen Abschnitt Anhang genannt, weil er sich keinem Paragraphen des zu Grunde gelegten Lehrbuches anschliessen lässt), in dem nach der eleganten Darstellung von Clebsch Folgendes behandelt wird. Anwendung der allgemeinen Formeln der Elasticität auf gerade stabförmige und auf plattenförmige Körper. In beiden Abtheilungen sind einmal die Verschiebungen in den Elementen so klein genommen, dass auch die des Ganzen klein bleiben und dann so, dass die Verschiebungen des Ganzen nicht mehr klein bleiben. In diesem Anhang werden die allgemeinen Gleichungen gewonnen, die im zweiten Theil bei den Schwingungen discutirt werden.

In den beiden folgenden Theilen sind die in jedem Lehrbuch angegebenen Experimentaluntersuchungen einer theoretischen Betrachtung unterworfen. Besonders hervorheben will ich noch Folgendes.

II. Die Ausbreitung der Wellen ist nach Riemann's Darstellung gegeben und dabei nach Helmholtz das Geschwindigkeitspotential eingeführt worden mit der Untersuchung der Bedingungen, unter denen überhaupt eine derartige Funktion existirt. Bei den Transversalschwingungen gehe ich aus von den allgemeinen Differentialgleichungen von Clebsch und gebe dann noch in besonderen Nummern die gewöhnliche Theorie. Ebenso ist die Schwingung von Platten und Membranen behandelt, wobei denn zum Schluss die Schwingungen rechteckförmiger Luftplatten von Kundt Berücksichtigung finden. Bei den Klängen der Saiten sind die Theorien von Helmholtz in den Beilagen zu den Tonempfindungen weiter ausgeführt und die Schwingungsformen bestimmt worden. Die Theorie der Longitudinalschwingungen ist nach Helmholtz mit Hülfe des Geschwindigkeitspotentials gegeben und dann in die Gesetze die reducirte Länge der Orgelpfeifen eingeführt worden.

III. Unter der Ueberschrift: „Begriff und Wesen des Lichtes“ habe ich aufgenommen die Differentialgleichungen der Schwingungen des Aethers und deren Integration. Ebene Wellen, Schwingungen in symmetrischen Mitteln. Ausführlich sind die Lehren der Katoptrik und Dioptrik behandelt. Bei der Betrachtung der Systeme von Kugelflächen sind alle Cardinalpunkte bestimmt und darnach in einer Nummer sechs vortheilhafte Constructionen zur Auffindung des Bildes für gegebenen Gegenstand und Gegenstandsweite zusammengestellt. Die allgemeine analytische Bedingung für die Lage der Brennpunkte ist benutzt zur Bestimmung eines reinen Sonnenspectrums. Seite 326—335 enthält die Erklärung der Dispersion von Cauchy und die Betrachtungen über diese von Briot, dessen Theorie aber auch nicht genügt. Dabei habe ich aufgenommen die Resultate der mühsamen Rechnungen von Ketteler und dessen Construction der Dispersionscurven. Hieran anknüpfend finden sich S. 364—401 die Theorien von Sellmeier, O. Meyer, Helmholtz und Ketteler von der anomalen Dispersion. Die Beugung S. 415—437 ist nach den Theorien von Schwerd und Fresnel behandelt. Die Reflexionstheorie an einfach brechenden Mitteln ist ausführlich behandelt und in einem Anhang S. 475—483 findet sich die Ableitung der Cauchy'schen Formeln von Eisenlohr. Die Erscheinung an dünnen Krystallblättchen bei convergirendem Lichte und die bei Circularpolarisation ist soweit durchgeführt, dass die Curven der hellen und dunklen Linien analytisch entwickelt sind. Die Behandlung der Doppelbrechung findet ihren Ausgang in den allgemeinen Gleichungen der Aetherschwingungen und ist selbstverständlich weiter ausgeführt als es im Lehrbuch angegeben ist.

Dresden. H. Klein.

---

**Röthig, der Malus'sche Satz und die Gleichungen der dadurch definirten Flächen.** Journal für reine und angewandte Mathematik. Band 84. S. 231—237. Berlin bei Reimer.

Die Arbeit ist eine Folgerung aus den in dem Werke: „Röthig, die Probleme der Reflexion und Brechung, Leipzig 1876 bei Teubner“ gegebenen Resultaten. Sie zeigt die Existenz der Flächen, zu welchen sämmtliche von einem festen Punkte ausgehende und nach beliebig vielen Brechungen oder Reflexionen an beliebigen Flächen im letzten Mittel verlaufende Strahlen Normalen sind dadurch, dass sie zugleich die Gleichungen dieser Flächen angiebt. Es werden nämlich die rechtwinkligen Coordinaten eines Punktes der Fläche als Functionen dreier Variabeln $\alpha$, $\beta$, $\gamma$ dargestellt, zwischen denen die Gleichung

$$\alpha^2 + \beta^2 + \gamma^2 = 1$$

besteht.

Berlin. O. Röthig.

---

**F. Reuleaux: Ueber einige Eigenschaften der Regelschraube.**
(Verh. des Vereins zur Beförderung des Gewerbfleisses, 1878, I. Heft, mit 2 Tafeln).

Die von einer Geraden beschriebene gemeine Schraubenfläche wird hinsichtlich wichtiger Eigenschaften der Behandlung unterworfen. Der Verfasser definirt und unterscheidet zunächst vier Klassen von Regelschrauben:

1) die axiale }
2) die geschränkte } rechtwinklige Regelschraube,
3) die axiale }
4) die geschränkte } schiefwinklige Regelschraube,

und bespricht jede einzeln. Es wird nachgewiesen, dass die erzeugende Gerade einen mit der Schraube conaxialen Normalcylinder im einfachsten Falle in zwei Körper (Schraube und Mutter) zerlegt, und dass diese Körper sich specifisch nicht von einander unterscheiden. Bei den schiefwinkligen Schrauben entstehen statt zweier unendlich viele, einander wie Schraube und Mutter, jedes das nächstvorige umschliessende Gebilde, welche sämmtlich von einer einzigen und zwar stetigen Fläche begrenzt werden. Als charakteristisch stellt sich dabei das die Achse zunächst umgebende Schraubengebilde heraus; der Verfasser nennt es die Kernschraube. Er hat Modelle in Gyps hergestellt, mittelst eines feinen Drahtseilchens auf der Leitspindeldrehbank geschnitten, welche für die Zwecke des Unterrichtes eine unmittelbare Anschauung der gleichzeitig entstehenden Gebilde geben.

In § 4 erfährt besondere Beachtung die abwickelbare Regelschraubenfläche. Sie ist bekanntlich die Fläche derjenigen „geschränkten“ Regelschraube, bei welcher der Steigungswinkel an dem von den Erzeugenden berührten Cylinder (dem „Kehlcylinder“) gleich ist dem Winkel, welchen die Erzeugende mit einer zur Schraubenachse normalen Ebene einschliesst, dieser Winkel wird hier der Anlagewinkel genannt.*) Es wird nachgewiesen, dass mit der in die Ebene abgewickelten Umfläche dieser Schraube, welche Fläche eine zweiblättrige ist, sich Regelschrauben von verschiedener Steigung und verschiedenem Kehlhalbmesser bewickeln lassen, dass jedoch der Anlagewinkel für die Fälle, in welchen dieses möglich ist, zwischen $\pm 45^0$ eingeschlossen liegt. Im Grenzfall hat der Kehlcylinder die Hälfte des Kehlkreishalbmessers der planliegenden Fläche zum Halb-

*) In Formel (17) der Abhandlung steht irrigerweise $\cotg \alpha$ statt $\operatorname{tg} \alpha$. F. R.

messer. Durch Modelle, an welchen die Mantelflächen durch ganz dünne Messingblechblätter veranschaulicht werden, hat der Verfasser diese Untersuchung für den Unterricht vorführbar gemacht.

Nachdem in § 5 gezeigt worden, welche Anwendungen die gewonnenen Sätze auf die in der mechanischen Technik üblichen Schrauben finden, wendet sich die Abhandlung in § 6 zur näheren Betrachtung der Haupt- oder Meridianschnitte der verschiedenen Regelschrauben. Es wird gezeigt, dass die allgemeine Gleichung der Hauptschnittcurve sich in die einer gleichseitigen Hyperbel und die einer Curve zerlegen lässt, welche der Quadratrix des Dinostrates ähnelt, weshalb der Verfasser vorschlägt, diese zweite Curve als dinostratische Schraubencurve zu bezeichnen. Vorher hat er nämlich darauf hingewiesen, dass die Quadratrix des Dinostratos mit ihren aufeinanderfolgenden Aesten als der Hauptschnitt einer Schraube angesehen werden kann. Die Verzeichnung der Hauptschnittcurve der Regelschraube wird hierauf so vorgenommen, dass deren Coordinaten aus denen der Hyperbel und der „dinostratischen Schraubencurve" zusammengesetzt werden.

In einem siebenten § werden nunmehr die Normalschnitte der Regelschraube näher betrachtet, wobei der Verfasser auf die bekannten Sätze eingeht, wonach die Normalschnittcurven der Regelschraube allgemeine Evolventen sind. Er weist darauf hin, dass die archimedische Spirale (die Normalschnittcurve der „axialen schiefwinkligen" Regelschraube) zu diesen Curven gehört, nämlich die um den Grundkreishalbmesser verlängerte Evolvente ist. Hierbei wird sodann ein directes Verzeichnungsverfahren, welches wohl neu ist, angegeben, nach welchem eine Schaar verlängerter und verkürzter Evolventen mit Leichtigkeit und sehr übersichtlich aufgetragen werden kann.

Indem alsdann darauf hingewiesen wird, dass ein ähnliches Verfahren sich auf die cyklischen Curven aller Art anwenden lassen würde, wird gefunden, dass dasselbe wesentlich noch bei den Orthocykloiden — so möchte der Verfasser die bei Rollung des Kreises auf der Geraden beschriebenen Cykloiden der Deutlichkeit halber genannt wissen — praktische Dienste leisten kann. Dies wird weiter verfolgt, auch später hervorgehoben, wie das in Rede stehende Verfahren geeignet sei, das einfach Arithmetische in der Fortschreitung der betreffenden Curven in die Erscheinung treten zu lassen.

Im achten und letzten § werden die Parallelprojectionen der Schraubenlinie besprochen, wobei folgender Satz entwickelt wird: Die rechtwinklige Parallelprojection der gemeinen Schraubenlinie ist gleich derjenigen einer allgemeinen Orthocykloide, welche in der Ebene eines Normalschnittes des Schraubencylinders liegt, und deren Grundlinie der Projection der Achse des Schraubencylinders parallel ist.

Hieran schliesst sich eine Betrachtung, wonach man diese Projection auch als den Rollzug einer auf einer Geraden unter besondern Voraussetzungen rollenden Ellipse ansehen kann, sie demnach auch als eine allgemeine elliptische Orthocykloide auffassen könne. Hieraus wird denn ein Verfahren abgeleitet, die genannte Projection der Schraubenlinie unmittelbar, d. h. ohne Zuziehung einer Hülfsconstruction, zu verzeichnen. Die Sinoide, bekannt als die „Gefährtin der Cykloide", stellt sich hierbei als besonderer Fall der elliptischen Orthocykloide heraus.

Berlin, Februar 1878. F. Reuleaux.

---

**Rud. Wolf. Geschichte der Astronomie.** (Bd. 16. der Geschichte der Wissenschaften in Deutschland, herausg. durch die histor. Commission der k. bay. Akad.)

— **Astronomische Mittheilungen Nr. 44 und 45.** (Vierteljahrsschrift der nat. Ges. in Zürich. Jahrgang 1877.)

— **Mémoire sur la période commune à la fréquence des taches solaires et à la variation de la déclinaison magnétique.** (Memoirs of the Roy. Astron. Society. Vol. 43: 1875—77.)

Was zunächst die „Geschichte der Astronomie" anbelangt, so hoffe ich, wie ich es bereits in dem Vorworte zu derselben aussprach, darin einen gewissen Fortschritt gegenüber den bis dahin vorhandenen Geschichtswerken über diese Wissenschaft erreicht zu haben, und zwar einen gedoppelten: Einerseits suchte ich meiner Geschichte eine Gliederung zu geben, welche alle Gebiete und Richtungen möglichst gleichmässig und übersichtlich zu behandeln erlaubte, während bis dahin die messende und rechnende oder die sogenannte praktische Astronomie, obschon sie gewissermassen dem Herz der Wissenschaft entspricht, fast ganz vernachlässigt wurde, und auch die literarische Thätigkeit nur beiläufig Erwähnung fand, — und andererseits versuchte ich eine Geschichte zu schreiben, welche für jeden Gebildeten zugänglich und geniessbar, und doch auch im Stande sein sollte den Fachmann zu befriedigen, und glaube diess dadurch erreicht zu haben, dass ich den gelehrten Apparat, der Erstern erschrecken müsste und für Letztern dagegen zum Werthvollsten gehört, fast ausschliesslich den Noten zuwies. — In wie weit mir ein solcher gedoppelter Fortschritt wirklich gelungen ist, muss ich Andern zu beurtheilen und namentlich dem Erfolge zu entscheiden überlassen; dagegen glaube ich hier den meiner Geschichte zu Grunde liegenden Plan noch etwas genauer darlegen zu sollen: Dass ich das Ganze in drei Bücher eintheilte, von welchen das erste „die Astronomie der ältesten Völker" bis auf Regiomontan, das zweite „die Reformation der Sternkunde" durch Copernicus und voraus durch Kepler, und das dritte „die neuere Astronomie" von Newton bis auf die neueste Zeit umfasst, ist fast selbstverständlich und nichts Neues. Dagegen ist mir eigenthümlich, dass ich jedes dieser Bücher gleichmässig in vier Unter-Abschnitte oder Capitel theilte: Je das erste Capitel führt in chronologischer Ordnung die allgemeinen Fortschritte der Astronomie während dem zugehörigen Zeitabschnitte auf, dabei allerdings zunächst die systematische, in der sogenannten Mechanik des Himmels gipfelnde Astronomie ins Auge fassend, aber doch auch die grössern Fortschritte auf allen übrigen Gebieten kurz berührend, so dass die drei Capitel 1, 5 und 9 schon für sich allein eine ziemlich vollständige Geschichte der Astronomie bilden, und zur Noth mit Ueberschlagen der zwischenliegenden Capitel gelesen werden können. Je das zweite Capitel bespricht speciell die Fortschritte der Rechnungsmethoden, der instrumentalen Hülfsmittel, der Beobachtungsmethoden, und der aus unmittelbarer Messung und Rechnung hervorgehenden Resultate. Es bilden somit die drei Capitel 2, 6 und 10, wenn auch in jedem derselben die chronologische Ordnung gegenüber der Eintheilung in Materien etwas zurücktritt, doch für sich eine Geschichte der praktischen Astronomie. Je das dritte Capitel ist den Fortschritten der beschreibenden Astronomie gewidmet, je der Reihe nach Sonne, Mond, Planeten, Kometen, Meteore und Fixsterne ins Auge fassend, und es bilden so die Kapitel 3, 7 und 11 für sich eine Geschichte der sogenannten Topographie des Himmels. Je das vierte Kapitel endlich berichtet über die literarische Thätigkeit in dem betreffenden Zeitabschnitte, und es bilden so die Kapitel 4, 8 und 12 für sich eine etwelche Geschichte der astronomischen Literatur. — Auf den eigentlichen Detail kann ich natürlich hier nicht eintreten, — ich muss mich darauf beschränken aufmerksam zu machen, dass meine Geschichte an historisch-literarischen und biographischen Notizen ausserordentlich reich ist, und so mit Hülfe des sorgfältigen Registers vielfach auch als Nachschlagebuch benutzt werden kann, — und zum Schlusse darauf hinzuweisen, dass, namentlich in der Geschichte der praktischen Astronomie, einzelne Partien in meiner Geschichte zum ersten Male eine etwas genauere historische Behandlung erhalten haben, so z. B. das numerische Rechnen (§§ 33, 109, 193), die Trigonometrie und die Logarithmen (§§ 36, 110—111, 194), die Kreistheilung (§§ 34, 115, 196—198), das Fernrohr (§§ 97, 113—114, 204—205), der Theodolit und Meridiankreis (§§ 39, 116, 200—201), die Uhr (§§ 40—42, 117, 210), die Parallaxenbestimmung (§§ 52, 126, 161—162, 186, 229—232), die Kassler-Schule (§§ 86—88, 122), — sodann auch die Sonnenflecken (127—128, 188, 233—236), die alten Planeten (55, 130—132, 238) etc.

Die „astronomischen Mittheilungen“ betreffend kann ich ganz kurz sein: Die kürzlich erschienene Nr. 44 giebt zunächst im Detail eine von mir gemachte neue Polhöhenbestimmung, und es mag hier genügen auf das Résumé der angewandten Beobachtungs- und Ausgleichungs-Methode hinzuweisen, welches ich in den astronomischen Nachrichten (Nr. 2165) gegeben habe; sonst enthält sie noch einige Notizen über die 1872 von Oppolzer, Plantamour und mir gemachte Längenbestimmung, für welche auf die von Plantamour redigirte Schrift: „Détermination télégraphique de la différence de longitude entre l'Observatoire de Zurich et les stations astronomiques du Pfänder et du Gäbris. Genève 1877 in 4“ verwiesen werden muss, — ferner eine kurze Andeutung über die nach einer neuen Methode bestimmten Elemente des Doppelsternsystemes ξ Ursae majoris, — endlich eine Fortsetzung des räsonnirenden Verzeichnisses der Sammlungen der Zürcher-Sternwarte, aus welchen die Beschreibung des abgekürzten Horner'schen Rechenstabes hervorgehoben werden dürfte. Die eben im Drucke befindliche Nr. 45 wird die auf Seite 182 meiner „Geschichte der Astronomie“ versprochenen Auszüge aus Kassler-Manuscripten, und eine weitere Fortsetzung des eben erwähnten Verzeichnisses bringen, in der die Detailbeschreibung eines in Zürich gegen Ende des 17. Jahrhunderts construirten eigenthümlichen Sonnen-Sextanten allgemeineres Interesse in Anspruch nehmen kann.

Das von der Roy. Astronom. Society herausgegebene „Mémoire“ endlich enthält gegenüber dem von mir in Nr. 42 und 43 meiner Mittheilungen gegebenen und in einem frühern Referate besprochenen nichts wesentlich Neues, als eine übersichtliche Zusammenstellung der Sonnenfleckenliteratur. Es ist auf Aufforderung der englischen Gesellschaft entstanden und nach ihrem Wunsche in französischer Sprache abgefasst worden, um die Reproduction eines von mir für die Kensington-Ausstellung gemachten und dann jener Gesellschaft geschenkten Diagrammes als erläuternder Text zu begleiten, und den englischen Astronomen, welche sich für meine Arbeiten interessiren, aber nicht deutsch lesen, eine kurze Uebersicht der von mir erhaltenen Haupt-Resultate zu geben.

Zürich. R. Wolf.

---

**C. Neumann: Untersuchungen über das Logarithmische und Newton'sche Potential.** (Leipzig, im Verlag von B. G. Teubner, 1877.)

Alles was über die Theorie der partiellen Differentialgleichung

$$(1) \qquad \frac{\partial^2 U}{\partial x^2} + \frac{\partial^2 U}{\partial y^2} + \frac{\partial^2 U}{\partial z^2} = f(x, y, z)$$

heutzutage vorliegt, steht in engem Zusammenhang mit gewissen allgemeinen Untersuchungen über Gravitation, Elektricität und Magnetismus; basirt also auf der Betrachtung einer Materie, welche beliebig im *Raume* vertheilt werden kann, und welche, was ihre einzelnen Theilchen betrifft, dem Newton'schen Gesetz: $\frac{m\mu}{E^2}$, oder (was dasselbe) dem *Newton'schen Potential**):

$$(2) \qquad \frac{m\mu}{E}$$

sich subordinirt.

In ganz analoger Weise wird offenbar die Theorie der partiellen Differentialgleichung

$$(3) \qquad \frac{\partial^2 U}{\partial x^2} + \frac{\partial^2 U}{\partial y^2} = f(x, y)$$

in Zusammenhang gebracht werden können mit der Theorie einer gewissen fingirten Materie, welche beliebig in der *Ebene* sich ausbreiten lässt, und deren einzelne Theilchen nach dem Gesetz: $\frac{m\mu}{E}$, d. i. nach Maassgabe des *Logarithmischen Potentials***):

---

*) Der Verf. des vorliegenden Werkes nennt das dem Newton'schen Gesetz entsprechende Potential kurzweg das *Newton'sche Potential.*

**) Die Potentiale (2) und (4) sind in ganz analoger Weise gebildet. Bezeichnet man nämlich die repulsive Kraft zwischen zwei Massentheilchen $m$

$$(4) \qquad m\mu \log \frac{1}{E}$$

auf einander wirken.

Diesen beiden Theorien, welche man kurzweg die des *Newton'schen* und die des *Logarithmischen Potentials* nennen kann, ist das vorliegende Werk gewidmet. Dasselbe hat im Ganzen eine dreifache Tendenz, nämlich erstens eine strengere Begründung einzelner Theile aus der Theorie des Newton'schen Potentials, zweitens eine weitere Ausdehnung und Vervollständigung dieser Theorie, endlich drittens eine möglichst *analoge* Entwickelung der Theorie des Logarithmischen Potentials.

Man würde sehr irren, wenn man glauben wollte, dass diese beiden Theorien in aller Strenge einander *analog* seien, dass etwa jeder Satz der einen unmittelbar auf die andere sich übertragen lasse. *Bezeichnet z. B.*, um an einen bekannten Satz aus der Theorie des Newton'schen Potentials zu erinnern, $\sigma$ *eine gegebene geschlossene Fläche, und V das Newton'sche Potential irgend welcher unbekannten innerhalb* $\sigma$ *gelegenen Massen, so wird dieses Potential für alle Punkte ausserhalb* $\sigma$ *eindeutig bestimmt sein, sobald nur seine Werthe auf* $\sigma$ *selber gegeben sind.* Versucht man aber zu diesem Satz den analogen Satz der Ebene, d. i. des Logarithmischen Potentials zu

---

und $\mu$ mit $R$, und das Potential der beiden Theilchen auf einander mit $V$, so ist

| in der einen Theorie: | in der andern: |
|---|---|
| $R = \frac{m\mu}{E}$, | $R = \frac{m\mu}{E^2}$, |
| $V = m\mu \log \frac{1}{E}$, | $V = \frac{m\mu}{E}$, |

also im einen, wie im anderen Falle:

$$R = -\frac{dV}{dE}.$$

Beiläufig sei bemerkt, dass der Verf. auf die Wichtigkeit der Theorie des Logarithmischen Potentials bereits im Jahre 1861 hingewiesen hat, in seiner Abhandlung im Borchardt'schen Journal, Bd. 59, Seite 335. In der That dürfte dieser Theorie unter den verschiedenen mathematischen Disciplinen eine herragende Stelle einzuräumen sein, theils in Folge ihrer Beziehung zur *allgemeinen Functionentheorie*, namentlich zum *Dirichlet'schen Princip* und zur Theorie der *conformen Abbildung*, theils in Folge ihrer Beziehung zu gewissen *hydrodynamischen Problemen* (Bewegung des Wassers in einer Röhre von gegebenem Querschnitt), theils in Folge ihrer Beziehung zu bekannten *elektrodynamischen Problemen* (Durchgang des elektrischen Stromes durch eine dünne Metallplatte von beliebiger Form), theils endlich in Folge von mancherlei Anregungen, die in ihr für die Weiterentwicklung der Theorie des *Newton'schen* Potential enthalten sind.

finden, so wird man auf nicht unerhebliche Schwierigkeiten stossen, — ja in Zweifel gerathen, ob ein solcher überhaupt existire.*)

Hieraus geht hervor, dass die in Rede stehenden beiden Theorien *nicht* überall parallel laufen, sondern mancherlei Discrepanzen darbieten. Und gerade diese Discrepanzen sind es, welche den Verf. veranlasst haben, der so wichtigen Theorie des Logarithmischen Potentials eine besondere Sorgfalt zuzuwenden.

Bei der weiteren Besprechung des vorliegenden Werkes werden wir Gebrauch machen von den dort angewandten Collectivbezeichnungen $h$ und $T$.

In der *Ebene*, d. h. in der Theorie des Logarithmischen Potentials mögen nämlich $h$ und $T$ die Bedeutung haben:

$$h = 1,$$

$$T = \log \frac{1}{E};$$

andererseits mögen im *Raume*, d. h. in der Theorie des Newton'schen Potentials $h$ und $T$ folgende Bedeutungen haben:

$$h = 2,$$

$$T = \frac{1}{E}.$$

Alsdann wird in der einen wie in der andern Theorie die *Kraft*, mit welcher zwei Massentheilchen $m$ und $\mu$ auf einander wirken, gleich $\frac{m\mu}{E^h}$, und ihr *Potential* gleich $m\mu T$ sein.

---

*) So ist z. B. der Satz *falsch* für eine Kreislinie $\sigma$ vom Radius *Eins*. Denkt man sich nämlich innerhalb eines solchen Kreises $\sigma$ irgend welche Massen $M$ in beliebiger Weise vertheilt, und ausserdem im Centrum des Kreises einen Massenpunkt von der Grösse $m$, so werden die resp. von $M$ und von $M$, $m$ auf einen *äussern* Punkt $a$ ausgeübten Potentiale $V_a$ und $W_a$ in der Beziehung stehen:

$$V_a + m \log \frac{1}{r} = W_a,$$

wo $r$ den Abstand des Punktes $a$ von $m$ bezeichnet. Lässt man nun den äussern Punkt $a$ nach irgend einer Stelle $s$ der gegebenen Kreisperipherie $\sigma$ hinrücken, und beachtet man, dass der Radius dieser Peripherie gleich *Eins* ist, so geht die vorstehende Beziehung über in $V_s + m \log (1) = W_s$, d. i. in:

$$V_s = W_s.$$

Diese Potentiale $V$ und $W$ haben also *auf $\sigma$ einerlei* Werthe; auch rühren sie beide von Massen her, die *innerhalb $\sigma$* liegen; und dennoch findet zwischen ihren Werthen für einen *äusseren* Punkt $a$ eine grosse Verschiedenheit statt. — Kurz, diese Potentiale $V$ und $W$ zeigen deutlich, dass der in Rede stehende Satz für eine Kreislinie vom Radius Eins *unrichtig* ist.

Im weitern Verlauf des Werkes zeigt der Verf. (vgl. in diesem Referat den Schluss des dritten Capitels), dass dieses Beispiel einer Kreislinie vom Radius Eins als ein ganz *singulärer* Fall anzusehen ist, und dass der in Rede stehende Satz, obwohl in diesem singulären Fall ungültig, im Allgemeinen dennoch besteht.

## Erstes Capitel.

### Allgemeine Theorie des Potentials.

Die 30 ersten Seiten dieses Capitels enthalten eine kurze (meistentheils nur historisch gehaltene) Recapitulation der von Laplace, Green und Gauss in der Theorie des Newton'schen Potentials aufgestellten Sätze, unter Beifügung der analogen Sätze aus der Theorie des Logarithmischen Potentials.

Wichtiger sind die Untersuchungen des Verf. über die *extremen* Werthe des Potentials innerhalb eines gegebenen massenleeren Gebietes, ferner über diejenigen Angaben, welche erforderlich sind, um das Potential innerhalb eines solchen Gebietes *eindeutig* zu bestimmen. Um näher hierauf eingehen zu können, zerlegen wir

| | |
|---|---|
| die unendliche Ebene durch eine *geschlossene Curve* $\sigma$ in einen äussern Theil $\mathfrak{A}$ und einen innern Theil $\mathfrak{J}$, | den unendlichen Raum durch eine *geschlossene Fläche* $\sigma$ in einen äusseren Theil $\mathfrak{A}$ und einen innern Theil $\mathfrak{J}$, |

und bezeichnen die zu $\mathfrak{A}$ (excl. $\sigma$) gehörigen Punkte mit $a$ oder $\alpha$, ferner die zu $\mathfrak{J}$ (excl. $\sigma$) gehörigen mit $i$ oder $j$, endlich die auf $\sigma$ gelegenen mit $s$ oder $\sigma$. Ausserdem bezeichnen wir die Werthe, welche eine Function $\Phi$ in diesen Punkten $a$, $\alpha$, $s$, $\sigma$, $i$, $j$ besitzt, resp. mit $\Phi_a$, $\Phi_\alpha$, $\Phi_s$, $\Phi_\sigma$, $\Phi_i$, $\Phi_j$. Solches festgesetzt, wollen wir nun die vom Verf. für die Gebiete $\mathfrak{A}$ und $\mathfrak{J}$ aufgestellten Theoreme in möglichster Kürze und ohne weitere Begründung anzugeben suchen.*)

---

*) All' diese Theoreme sind vom Verf. bereits im Jahre 1870 (wenn auch in etwas anderer Form) publicirt worden in den Math. Annalen, Bd. III. Vergl. daselbst namentlich Seite 340—344 und 430—434. Uebrigens wird der sachkundige Leser (auch ohne weitere Angabe) sofort erkennen, wie viel von diesen Theoremen dem Verf. zuzuschreiben, und wie viel davon schon früher gefunden ist. So z. B. findet man in Gauss' allgemeinen Lehrsätzen Art. 26 eine Stelle, welche, übertragen in die hier angewandte Bezeichnungsweise, folgendermassen lautet:

*Wenn von Massen, die sich blos innerhalb des endlichen Raumes $\mathfrak{J}$, oder auch ganz oder theilweise nach der Stetigkeit vertheilt auf dessen Oberfläche $\sigma$ befinden, das Potential in allen Punkten von $\sigma$ einen constanten Werth $= C$ hat, so wird das Potential in einem Punkte $a$ des äussern unendlichen Raumes $\mathfrak{A}$*
*erstlich, wenn $C = 0$ ist, gleichfalls $= 0$,*
*zweitens, wenn $C$ nicht $= 0$ ist, kleiner als $C$, und mit demselben Zeichen wie $C$ behaftet sein.*

Man sieht, dass diese Gauss'schen Sätze specielle Fälle sind von dem Theorem *A.* des Verf. (Seite 112 dieses Referates).

### Theoreme, welche das Gebiet 𝔄 betreffen.

*Hülfssatz. — Bezeichnet $V$ das Potential irgend welcher theils auf, theils innerhalb $\sigma$ ausgebreiteter Massen, so ist*

| | |
|---|---|
| $V_\infty = 0$ *oder* $= \pm\infty$, *je nachdem die Summe der das Potential erzeugenden Massen Null oder von Null verschieden ist.* | $V_\infty$ *stets* $= 0$. |

Hier bezeichnet $V_\infty$ den Werth des Potentiales $V$ für einen unendlich weit entfernten Punkt.

*Theorem A. — Ist $V$ das Potential irgend welcher auf oder innerhalb $\sigma$ ausgebreiteter Massen, so werden die beiden Extreme der Werthe $V_a$, $V_s$* (d. h. der kleinste und grösste dieser Werthe) *unter allen Umständen entweder auf $\sigma$, oder im Unendlichen, oder theils auf $\sigma$, theils im Unendlichen anzutreffen sein.**) Ist z. B. $V$ auf $\sigma$ constant, $= C$, befinden sich mithin auf $\sigma$ und im Unendlichen im Ganzen nur *zwei* Werthe, nämlich $C$ und $V_\infty$, so müssen jene

---

*) Der Leser wird gebeten, genau auf den Wortlaut des Theorems zu achten. Dasselbe sagt nämlich aus, dass die beiden Extreme *mit voller Sicherheit* an den genannten Orten anzutreffen sind, *lässt aber völlig dahingestellt*, ob jene Extreme nicht vielleicht gleichzeitig noch an irgend welchen andern Orten anzutreffen seien. — Uebrigens ist zu bemerken, dass der Verf. in seinem Werke das Theorem mit grösserer Vollständigkeit hinstellt. Er sagt nämlich daselbst:

*Ist $V$ das Potential irgend welcher Massen, die theils auf theils innerhalb $\sigma$ vertheilt sind, so müssen, was die beiden Extreme $K$, $G$ der Werthe $V_a$, $V_s$ betrifft, zwei Fälle unterschieden werden.*

*Erster Fall: $V$ ist im Gebiete 𝔄 nicht überall $= 0$. Alsdann können jene extremen Werthe $K$, $G$ nur auf $\sigma$ und im Unendlichen sich vorfinden; so dass also für jeden endlichen Punkt $a$ die Formel gilt:*

$$K < V_a < G, \tag{I}$$

*die Zeichen genommen in sensu rigoroso.*

*Zweiter Fall: $V$ ist in 𝔄 überall $= 0$. Alsdann wird die Formel* (I) *nicht mehr gültig sein, indem die durch sie behaupteten Unterschiede der allgemeinen Gleichheit* (d. h. dem allgemeinen Nullsein) *Platz machen; so dass also an Stelle jener Formel folgende zu setzen ist:*

$$K = V_a = G = 0. \tag{II}$$

Dabei ist zu erinnern, dass, wie schon oben bemerkt, unter den $a$ die Punkte des Gebietes 𝔄, *exclusive* $\sigma$ zu verstehen sind.

In ähnlicher Vollständigkeit hat der Verf. in seinem Werk auch die weiter folgenden Theoreme angegeben. Bei dem gegenwärtigen Referat aber schien es angemessen, von einer solchen Vollständigkeit zu Gunsten der grösseren Kürze und besseren Uebersichtlichkeit zu abstrahiren.

Extreme durch $C$ und $V_\infty$ dargestellt sein. Mit andern Worten: Es müssen in diesem Falle sämmtliche $V_a$ ihrer Grösse nach zwischen $C$ und $V_\infty$ liegen.

*Theorem A'. — Ist V das Potential irgend welcher auf oder innerhalb σ ausgebreiteter Massen, und ist die Summe dieser das Potential erzeugenden Massen Null, so werden die beiden Extreme der Werthe $V_a$, $V_s$ nothwendig auf σ anzutreffen sein.**) Ist z. B. $V$ auf $\sigma$ constant, $= C$, befindet sich mithin auf $\sigma$ im Ganzen nur der *eine* Werth $C$, so müssen beide Extreme durch $C$ dargestellt sein. D. h. sämmtliche $V_s$, $V_a$, sowie auch das (zu den $V_a$ gehörige) $V_\infty$ müssen in diesem Fall zwischen $C$ und $C$ liegen, also mit $C$ identisch sein. Aus der so erhaltenen Formel

$$V_s = V_a = V_\infty = C$$

folgt aber mit Rücksicht auf den vorhergehenden Hülfssatz sofort:

$$V_s = V_a = 0 = C.$$

Tritt also zu den Bedingungen des Theorems $A'$. noch die hinzu, dass $V$ auf $\sigma$ constant sein soll, so werden die Werthe $V_s$, $V_a$ sämmtlich $= 0$ sein.

*Theorem $A^{add}$. — Ist V das Potential irgend welcher auf oder innerhalb σ ausgebreiteter Massen, ist ferner die Summe dieser Massen gegeben, $= M$, und sollen die $V_s$ von irgend welchen auf σ vorgeschriebenen Werthen $f_s$ nur durch eine unbestimmte additive Constante sich unterscheiden; so werden hierdurch sämmtliche $V_a$ eindeutig bestimmt sein, desgleichen auch der Werth jener Constanten.* Ist also z. B. die Summe jener Massen gegeben, $= M$, und soll $V$ auf $\sigma$ constant sein, so werden hierdurch sämmtliche $V_a$ eindeutig bestimmt sein.

Schliesslich ergiebt sich, und zwar in unmittelbarem Anschluss an das Theorem $A$., noch ein letzter Satz, jedoch nur für das Newton'sche, nicht für das Logarithmische Potential. Dieser Satz, welcher vom Verf. als das Theorem $A^{abs}$. bezeichnet wird*), lautet folgendermassen:

---

*) Wiederum wird der Leser gebeten, genau auf den Wortlaut zu achten, desgleichen bei den weiter folgenden Theoremen.

**) Der Verf. hat absichtlich Bezeichnungen gewählt, welche an den *Inhalt* der betreffenden Theoreme einigermassen erinnern. So bezieht sich z. B. das Theorem $A^{add}$. auf den Fall, dass die Werthe von $V$ auf $\sigma$ bis auf eine *additive Constante* gegeben sind, während das Theorem $A^{abs}$., wie auch das weiterfolgende Theorem $J^{abs}$., den Fall betreffen, dass die Werthe von $V$ auf $\sigma$ *absolut*, d. h. vollständig gegeben sind.

| *Theorem $A^{abs}$.* . . . . . | *Ist $V$ das Potential irgend welcher auf oder innerhalb $\sigma$ ausgebreiteter Massen, und soll $V$ auf $\sigma$ irgend welche vorgeschriebenen Werthe $f_s$ besitzen, so werden hierdurch sämmtliche $V_a$ eindeutig bestimmt sein.* (Vgl. d. *Nm.* Werk, Pag. 35, Nr. 14.) |
|---|---|

Die hier in der Theorie des Logarithmischen Potentials vorhandene Lücke, auf welche bereits zu Anfang dieses Referates hingewiesen wurde, ist der Verf. erst *später*, im dritten Capitel, zu beseitigen im Stande.

**Theoreme, welche das Gebiet $\mathfrak{J}$ betreffen.**

*Theorem J. — Ist $V$ das Potential irgend welcher theils auf theils ausserhalb $\sigma$ gelegenen Massen, so werden die beiden Extreme der Werthe $V_i$, $V_s$ unter allen Umständen auf $\sigma$ anzutreffen sein.* Ist z. B. $V$ auf $\sigma$ constant, $= C$, ist mithin auf $\sigma$ im Ganzen nur der *eine* Werth $C$ vorhanden, so müssen jene Extreme beide $= C$ sein. Mit andern Worten: Es müssen in diesem Falle sämmtliche $V_a$ zwischen $C$ und $C$ liegen, also mit $C$ identisch sein.

*Theorem $J^{abs}$. — Ist $V$ das Potential irgend welcher auf oder ausserhalb $\sigma$ ausgebreiteter Massen, und soll $V$ auf $\sigma$ irgend welche vorgeschriebenen Werthe $f_s$ besitzen, so werden hierdurch sämmtliche $V_i$ eindeutig bestimmt sein.* (Vergl. das *Neum.* Werk, Seite 41, Nr. 31.)

**Erweiterung der genannten Theoreme.**

Das bis jetzt betrachtete (der Ebene oder dem Raum angehörende) Gebiet $\mathfrak{J}$ besitzt nur *eine* Begrenzungscurve resp. Begrenzungsfläche. Denkt man sich von diesem Gebiete $\mathfrak{J}$ irgend ein in seinem Innern befindliches Stück abgesondert, so wird das zurückbleibende Gebiet *zwei* Begrenzungscurven resp. Begrenzungsflächen haben. Aus diesem Gebiete kann durch Wiederholung desselben Processes ein Gebiet mit *drei* Begrenzungscurven resp. Begrenzungsflächen abgeleitet werden. U. s. w. Wir wollen all' diese Gebiete mit $\mathfrak{J}$, genauer etwa mit $\mathfrak{J}^{(n)}$ bezeichnen, der Art, dass $\mathfrak{J}^{(n)}$ im Ganzen $n$ Begrenzungscurven resp. Begrenzungsflächen besitzt.

In ganz derselben Weise kann man das Gebiet $\mathfrak{A}$ behandeln, indem man von demselben ein in seinem Innern liegendes Stück absondert; u. s. w. Die so entstehenden Gebiete bezeichnen wir sämmtlich mit $\mathfrak{A}$ oder $\mathfrak{A}^{(n)}$, der Art, dass $\mathfrak{A}^{(n)}$ im Ganzen $n$ Begrenzungscurven resp. Begrenzungsflächen besitzt.

Solches festgesetzt, ergiebt sich leicht, dass die im Vorhergehenden für 𝔄 und 𝔍 oder (genauer ausgedrückt) für $\mathfrak{A}^{(1)}$ und $\mathfrak{J}^{(1)}$ aufgestellten Theoreme übertragbar sind auf die allgemeineren Gebiete $\mathfrak{A}^{(n)}$ und $\mathfrak{J}^{(n)}$.

### Anwendung der Theoreme.

Um nun die Nützlichkeit dieser Theoreme (theils in ihrer engeren, theils in ihrer erweiterten Gestalt) an einem Beispiele zu demonstriren, wendet sich der Verf. zur Betrachtung eines *ringförmigen* resp. *schaalenförmigen* Gebietes 𝔈, also eines Gebietes 𝔈, welches z. B. begrenzt sein kann

| | |
|---|---|
| von zwei concentrischen Kreisen, oder von zwei confocalen Ellipsen, oder zwei in einander geschachtelten Quadraten, u. s. w.; | von zwei concentrischen Kugelflächen, oder zwei confocalen Ellipsoidflächen, u. s. w.; |

und gelangt dabei zu folgendem merkwürdigen Satz:

*Sind* M *und M zwei Massensysteme, welche ausserhalb* 𝔈 *liegen und durch* 𝔈 *von einander getrennt sind**), *und sollen die beiden Massensysteme* M *und M zusammengenommen in allen Punkten des Gebietes* 𝔈 *ein constantes Potential besitzen, so muss jedes der beiden Massensysteme, einzeln genommen, diese Eigenschaft haben.* (Man findet diesen Satz in etwas anderer Gestalt in dem *Neumann*'schen Werk ausgesprochen auf Seite 46 und 47.)

## Zweites Capitel.

### Einige Anwendungen der Green'schen Sätze.

Das eben besprochene *erste* Capitel enthält, ausser dem Angeführten, noch mancherlei Anderes, so z. B. eine kurze Recapitulation der bekannten *Green'schen Sätze*, so wie auch eine Uebertragung dieser Sätze auf den Fall der Ebene, d. i. auf die Theorie des Logarithmischen Potentials.

Das nun folgende *zweite* Capitel, welches speciell über einige Anwendungen dieser Green'schen Sätze sich verbreitet, ist im Ganzen von sehr untergeordneter Bedeutung. Doch mögen folgende Sätze erwähnt sein:

---

*) Repräsentirt also z. B. 𝔈 eine ellipsoidische Schaale, so wird vorausgesetzt, dass von jenen beiden Massensystemen M und *M* das eine im innern Hohlraum der Schaale, das andere in dem die Schaale umgebenden äussern Raum sich befinde.

Bezeichnet $i$ einen beliebig gegebenen Punkt innerhalb einer *Kreislinie* $\sigma$, und $a$ den conjugirten äussern Punkt, und ist ferner auf $\sigma$ eine gegebene Masse M in solcher Weise ausgebreitet, dass ihre Dichtigkeit mit den *Quadraten* der von $i$ nach $\sigma$ gelegten Strahlen oder (was auf dasselbe hinauskommt) mit den Quadraten der von $a$ nach $\sigma$ gelegten Strahlen umgekehrt proportional ist, so wird das (Logarithmische) Potential dieser Belegung auf *äussere* Punkte ebenso gross sein, als wäre die Masse M in $i$ concentrirt; und gleichzeitig wird ihr Potential auf *innere* Punkte, abgesehen von einer *additiven Constanten*, ebenso gross sein, als wäre die Masse M in $a$ concentrirt. (Vgl. das Neumann'sche Werk, Seite 62.)

Bezeichnet $i$ einen beliebig gegebenen Punkt innerhalb einer *Kugelfläche* $\sigma$, und $a$ den conjugirten äussern Punkt, und ist ferner auf $\sigma$ eine gegebene Masse M in solcher Weise ausgebreitet, dass ihre Dichtigkeit mit den *Cuben* der von $i$ nach $\sigma$ gelegten Strahlen oder (was auf dasselbe hinauskommt) mit den Cuben der von $a$ nach $\sigma$ gelegten Strahlen umgekehrt proportional ist, so wird das (Newton'sche) Potential dieser Belegung auf *äussere* Punkte ebensogross sein, als wäre die Masse M in $i$ concentrirt; und gleichzeitig wird ihr Potential auf *innere* Punkte, abgesehen von einem *constanten Factor*, ebensogross sein, als wäre die Masse M in $a$ concentrirt. (Vergl. das N. Werk, Seite 68.)

Die Entdeckung dieser überaus einfachen und eleganten Sätze dürfte, soweit dieselben die *Kugel* betreffen, *Thomson* zuzuschreiben sein.

## Drittes Capitel.

## Ueber die Theorie der elektrischen Vertheilung und über das Princip der sogenannten natürlichen Belegung.

Nachdem der Verf. in diesem Capitel zunächst einige elektrostatische Sätze aufgestellt hat, die vielleicht nicht ganz ohne Interesse sein dürften, gelangt er (gewissermassen geleitet durch diese physikalischen Betrachtungen) zu einem *neuen Princip*, vermittelst dessen er die allgemeine Theorie des Potentials weiter zu vervollständigen und namentlich auch die im ersten Capitel offen gebliebene Lücke auszufüllen im Stande ist. Dieses Princip besteht in der sogenannten *natürlichen Belegung* der zu betrachtenden Curve oder Fläche. — Wir wollen bei dem gegenwärtigen Referat jene elektrostatischen Sätze mit möglichster Kürze angeben, sodann aber mit grösserer Ausführlichkeit handeln über das in Rede stehende Princip und dessen Anwendung.

### Einige elektrostatische Sätze.

Nach einem bekannten schon von *Gauss* aufgestellten Satz ist die elektrische Vertheilung auf einem gegebenen Conductor (falls keine äusseren Kräfte influiren) stets eine *gleichartige.*

Wollte man dieser Gauss'schen Ausdrucksweise sich anschliessen, nämlich die elektrische Schicht an der Oberfläche des Conductors *gleichartig* oder *ungleichartig* nennen, je nachdem das Vorzeichen ihrer Dichtigkeit überall dasselbe oder an verschiedenen Stellen ein verschiedenes ist, so könnten leicht Missverständnisse entstehen. Denn wollte man z. B. von *zwei* Conductoren mit *gleichartigen* Belegungen sprechen, so würde unwillkührlich die Vorstellung erweckt werden, als sollten die beiden Conductoren unter einander verglichen werden; während man doch nur auszudrücken beabsichtigt, dass das Vorzeichen auf jedem der beiden Conductoren constant sei, unbekümmert darum, ob diese beiden constanten Vorzeichen mit einander übereinstimmen oder nicht. — Zur Vermeidung solcher Missverständnisse hat der Verf. die Worte *gleichartig* und *ungleichartig* durch die griechischen Ausdrücke *monogen* und *amphigen* ersetzt.

Ueber die Frage der Monogenität und Amphigenität existirt nun, wie der Verf. zeigt, eine grosse Reihe einfacher allgemeiner Sätze, von denen jener zu Anfang genannte Gauss'sche Satz nur das erste Glied ist. Von diesen Sätzen, welche mit grosser Leichtigkeit aus den im ersten Capitel aufgestellten Theoremen sich ergeben, mögen namentlich folgende genannt werden:

*Die elektrische Vertheilung auf einem gegebenen Conductor ist* (falls keine äusseren Kräfte influiren) *stets monogen.*

*Sind zwei Conductoren beliebig geladen, so wird* (falls keine äusseren Kräfte influiren) *immer wenigstens auf einem derselben eine monogene Vertheilung anzutreffen sein. Haben insbesondere die Conductoren entgegengesetzte Ladungen**), *so finden auf beiden monogene Vertheilungen statt, und zwar von entgegengesetzten Vorzeichen. Hat endlich der eine Conductor eine beliebige Ladung, der andere die Ladung Null, so entsteht auf dem erstern eine monogene, auf dem letztern eine amphigene Vertheilung.*

*Sind beliebig viele Conductoren mit beliebigen Ladungen gegeben, so wird* (falls keine äusseren Kräfte influiren) *immer wenigstens auf einem derselben eine monogene Vertheilung stattfinden. Sind insbesondere jene Ladungen der Art, dass ihre Summe* = 0 *ist, so werden*

---

*) Unter der *Ladung* eines Conductors ist die Gesammtmasse der auf ihm vorhandenen Elektricität zu verstehen. Demgemäss sind die Ladungen zweier Conductoren *entgegengesetzt* zu nennen, sobald die elektrische Gesammtmasse auf dem einen $= M$, auf dem andern $= -M$ ist.

*mindestens zwei Conductoren mit monogenen Vertheilungen anzutreffen sein.*

*Die auf einem gegebenen Conductor durch einen äussern elektrischen Massenpunkt inducirte Belegung ist stets monogen, falls der Conductor zur Erde abgeleitet ist, hingegen stets amphigen, falls derselbe isolirt und mit der Ladung Null versehen ist.*

*Befindet sich ein Conductor C im Hohlraum eines schaalenförmigen Conductors S, so werden auf der äusseren Begrenzungsfläche von C und auf der innern von S stets monogene Vertheilungen vorhanden sein, und zwar von entgegengesetzten Vorzeichen.*

Ausserdem dürfte unter mancherlei anderen Sätzen, die der Verf. über elektrische Vertheilung aufstellt, etwa noch folgender hervorzuheben sein:

*Ist in einem Conductor elektrisches Gleichgewicht eingetreten unter der Einwirkung beliebig gegebener äusserer Kräfte, so wird die an seiner Oberfläche vorhandene elektrische Dichtigkeit auf keinem noch so kleinen Theile der Oberfläche Null sein können, — es sei denn, dass sie daselbst allenthalben Null wäre. Ist der Conductor von mehreren Flächen begrenzt* (was z. B. stattfindet bei einem schaalenförmigen Conductor), *so gilt derselbe Satz für jede einzelne Fläche.* Dabei ist es gleichgültig, ob der Conductor zur Erde abgeleitet, oder ob er isolirt und mit einer beliebigen Elektricitätsmenge geladen ist. (Vergl. das Neumann'sche Werk Seite 77, Satz III.)

### Die natürliche Belegung einer gegebenen Curve oder Fläche.

Die Vertheilung, welche die Elektricitätsmenge *Eins* auf einem isolirten Conductor ohne Einwirkung äusserer Kräfte annimmt, wird offenbar lediglich abhängen von der *geometrischen Beschaffenheit* seiner Oberfläche. Diese Vertheilung, welche der Verf. kurzweg *die natürliche Belegung der gegebenen Oberfläche* nennt, bildet ein wichtiges Instrument für die weiter folgenden Untersuchungen. Und nicht minder wichtig ist für die Theorie des Logarithmischen Potentials der analoge Begriff in der Ebene, d. i. *die natürliche Belegung einer gegebenen Curve.* Die betreffenden Definitionen lauten folgendermassen:

*In der Ebene.*

*Unter der natürlichen Belegung einer geschlossenen Curve σ ist eine auf σ ausgebreitete Massenvertheilung zu verstehen, deren Logarithmisches Potential in allen Punkten innerhalb*

*Im Raume.*

*Unter der natürlichen Belegung einer geschlossenen Fläche σ ist eine auf σ ausgebreitete Massenvertheilung zu verstehen, deren Newton'sches Potential in allen Punkten innerhalb σ einen constanten Werth hat, und deren Gesammtmasse* **Eins** *ist.*

*σ einen constanten Werth hat, und deren Gesammtmasse* **Eins** *ist.*

Die (im Allgemeinen von Stelle zu Stelle variirende) Dichtigkeit dieser Belegung mag mit $\gamma$, ihr Potential auf einem variablen Punkt mit $\Pi$, und der constante Werth dieses Potentials für *innere* Punkte mit $\Gamma$ bezeichnet sein. Alsdann ergeben sich z. B. für eine Kreislinie oder Kugelfläche folgende Formeln.

Für eine Kreislinie vom Radius $A$:

$$\gamma = \frac{1}{2\pi A},$$

$$\Gamma = \log\frac{1}{A},$$

$$\Pi = \log\frac{1}{r},$$

wo $r$ die Centraldistanz desjenigen variablen Punktes vorstellt, auf welchen sich $\Pi$ bezieht.

Für eine Kugelfläche vom Radius $A$:

$$\gamma = \frac{1}{4\pi A^2},$$

$$\Gamma = \frac{1}{A},$$

$$\Pi = \frac{1}{r},$$

wo $r$ die Centraldistanz desjenigen variablen Punktes vorstellt, auf welchen sich $\Pi$ bezieht.

Leicht kann man auch die natürliche Belegung für eine Ellipse oder eine Ellipsoidfläche bestimmen, und gelangt dabei zu folgenden Sätzen und Formeln*):

Bei einer *Ellipse* ist die Dichtigkeit $\gamma$ der natürlichen Belegung in jedem Punkt proportional dem Abstande des Punktes von einer zweiten Ellipse, welche der gegebenen *ähnlich*, und von derselben unendlich wenig verschieden ist.

Repräsentirt

$$\frac{x^2}{a^2} + \frac{y^2}{b^2} = 1$$

die Gleichung der gegebenen Ellipse, so ergiebt sich für die Dichtigkeit $\gamma$ im Punkte $(x, y)$ die Formel:

$$\frac{1}{\gamma} = 2\pi ab\sqrt{\frac{x^2}{a^4} + \frac{y^2}{b^4}}.$$

Diese Formel kann man auch so darstellen:

Bei einer *Ellipsoidfläche* ist die Dichtigkeit $\gamma$ der natürlichen Belegung in jedem Punkt proportional dem Abstande des Punktes von einer zweiten Ellipsoidfläche, welche der gegebenen *ähnlich*, und von derselben unendlich wenig verschieden ist.

Repräsentirt

$$\frac{x^2}{a^2} + \frac{y^2}{b^2} + \frac{z^2}{c^2} = 1$$

die Gleichung der gegebenen Ellipsoidfläche, so ergiebt sich für die Dichtigkeit $\gamma$ im Punkt $(x, y, z)$ die Formel:

$$\frac{1}{\gamma} = 4\pi abc\sqrt{\frac{x^2}{a^4} + \frac{y^2}{b^4} + \frac{z^2}{c^4}}.$$

Diese Formel kann man auch so schreiben:

---

*) Diese Formeln, welche im vorliegenden Werk *nicht* angegeben sind, wurden vom Verf. theilweise schon bei früheren Gelegenheiten mitgetheilt, so z. B. in Poggend. Annalen Bd. 113, ferner in den Math. Annalen Bd. III, S. 620.

$$\frac{1}{\gamma} = \pi \Delta,$$

oder auch so:

$$\frac{1}{\gamma} = 2\pi \sqrt[3]{ab} \sqrt[3]{R},$$

wo $\Delta$ die Länge desjenigen *Ellipsendurchmessers* bezeichnet, welcher der im Punkte $(x, y)$ construirten Tangente parallel ist, während $R$ den *Krümmungsradius* der Ellipse in jenem Punkt vorstellt. — Endlich kann man die Formel auch so schreiben:

$$\frac{1}{\gamma} = 2\pi \sqrt{SS'},$$

wo $S$, $S'$ die nach dem Punkt $(x, y)$ hinlaufenden *Brennstrahlen* bezeichnen.

$$\frac{1}{\gamma} = 4\Omega,$$

oder auch so:

$$\frac{1}{\gamma} = 4\pi \sqrt{abc} \sqrt[4]{RR'} \text{*)},$$

wo $\Omega$ den Flächeninhalt desjenigen *Diametralschnittes* bezeichnet, welcher der im Punkte $(x, y, z)$ construirten Tangentialebene parallel ist, während $R$, $R'$ die *Hauptkrümmungsradien* der Ellipsoidfläche in jenem Punkte vorstellen. — Endlich kann man, falls das Ellipsoid ein Rotations-Ellipsoid ist, die Formel auch so schreiben:

$$\frac{1}{\gamma} = 4\pi a \sqrt{SS'}$$

wo $a$ den Radius des Aequators bezeichnet, während $S$, $S'$ die beiden *Brennstrahlen* des Punktes $(x, y, z)$ vorstellen.**)

Um nun den Begriff der natürlichen Belegung weiterhin mit Erfolg und Sicherheit anwenden zu können, ist offenbar zweierlei erforderlich, nämlich erstens die Kenntniss der *allgemeinen Eigenschaften* dieser Belegung, und zweitens der Nachweis ihrer *Existenz*. In ersterer Beziehung giebt der Verf. folgende Sätze:

I. *Die einer gegebenen Curve oder Fläche entsprechende Dichtigkeit $\gamma$ ist allenthalben positiv, und kann auf keinem noch so kleinen Theil derselben Null sein.*

II. *Die einer Curve entsprechende Constante $\Gamma$ kann, je nach Beschaffenheit der Curve, bald positiv, bald Null, bald negativ sein.* So z. B. ist (wie aus den vorhergehenden Formeln folgt) die Constante $\Gamma$ für eine Kreislinie positiv oder Null oder negativ, je nachdem der Radius der Kreislinie kleiner als Eins, gleich Eins oder grösser

*) Diese Formel ist, soweit dem Referenten bekannt, zum ersten Mal von *Paolo Pagi* aufgestellt worden (Nuovo Cimento Ser. 2, Vol. XV, Fasc. di Marzo, Aprile e Maggio 1876).

**) Ist das Rotationsellipsoid ein *abgeplattetes*, so hat man diejenige Ellipse zu betrachten, in welcher das Ellipsoid von der durch den Punkt $(x, y, z)$ gehenden Meridianebene geschnitten wird, und unter $S$, $S'$ die Entfernungen des Punktes von den Brennpunkten dieser Ellipse zu verstehen.

als Eins ist. — *Hingegen wird die einer Fläche entsprechende Constante* Γ *stets positiv und stets verschieden von Null sein.*

III. *Das einer Curve entsprechende Potential* Π *hat für unendlich ferne Punkte den Werth* $-\infty$, *hingegen das einer Fläche entsprechende den Werth* 0.

Was andererseits die *Existenz* der natürlichen Belegung betrifft, so giebt der Verf. hiefür zwei Beweise; zunächst einen provisorischen Beweis vermittelst der schon von Gauss benutzten Variationsmethode (am Schluss des Capitels); sodann später (im fünften Capitel) einen strengeren Beweis, der indessen leider nicht allgemein gilt, sondern auf eine gewisse Kategorie von Curven und Flächen*) sich beschränkt.

### Der sogenannte singuläre Fall.

$\gamma$ und Π sind (nach ihrer Definition) zwei der gegebenen Curve oder Fläche $\sigma$ eigenthümlich zugehörige Functionen, ebenso Γ ein ihr zugehöriger constanter Parameter.

Nun existiren gewisse Curven, deren Parameter Γ den Werth *Null* hat. Diese Curven, welche den weiteren Betrachtungen besondere Schwierigkeiten bereiten und in der zu entwickelnden allgemeinen Theorie einen besonderen Ausnahmefall zu constituiren scheinen, nennt der Verf. *singuläre Curven*, und spricht, sobald die zur Behandlung vorgelegte Curve dieser singulären Classe angehört, kurzweg vom Vorhandensein des *singulären Falles*. — Eine solche singuläre Curve ist z. B. eine Kreislinie vom Radius Eins, ebenso jede Ellipse, deren Halbaxen-Summe den Werth Zwei hat.

Was den Raum betrifft, so ist zu bemerken, dass *singuläre Flächen*, d. i. Flächen, deren Parameter Γ gleich Null ist, *nicht* existiren können. Denn der Parameter Γ einer gegebenen Fläche hat, wie vor wenig Augenblicken angeführt wurde, stets einen positiven und von Null verschiedenen Werth.

### Erweiterung des Gauss'schen Satzes des arithmetischen Mittels.

Die Functionen $\gamma$, Π nebst der Constante Γ bieten die Mittel dar zur Erweiterung eines gewissen Gauss'schen Satzes. Um näher hierauf einzugehen, bezeichne $\sigma$ (nach wie vor) eine geschlossene Curve oder Fläche von beliebiger Gestalt; ferner bezeichne $V$ das Logarithmische resp. Newton'sche Potential eines beliebig gegebenen Massensystems, dessen einzelne Massenelemente theils mit $m$, theils mit $\mu$ benannt sein mögen, je nachdem sie *ausserhalb* oder *inner-*

---

*) Man vgl. hierüber denjenigen Theil dieses Referates, welcher speciell dem *fünften* Capitel gewidmet ist.

*halb* $\sigma$ liegen; demgemäss sei der Werth dieses Potentials in irgend zwei Punkten $x$ und $\sigma$ ausgedrückt durch*):

(1) $$V_x = \sum m T_{mx} + \sum \mu T_{\mu x},$$

(2) $$V_\sigma = \sum m T_{m\sigma} + \sum \mu T_{\mu\sigma};$$

und zwar sei $x$ ein ganz beliebiger Punkt, hingegen $\sigma$ ein auf der gegebenen Curve oder Fläche $\sigma$ befindlicher.

Denkt man sich nun die der Curve oder Fläche $\sigma$ zugehörigen Functionen $\gamma$, $\Pi$, sowie auch die Constante $\Gamma$ gebildet, und bezeichnet man den Werth der Function $\gamma$ im Punkte $\sigma$ mit $\gamma_\sigma$, ferner ein bei diesem Punkte abgegrenztes unendlich kleines Element der gegegebenen Curve oder Fläche mit $d\sigma$, so folgt aus (2) durch Multiplication mit $\gamma_\sigma d\sigma$ und Integration:

$$\int V_\sigma \gamma_\sigma d\sigma = \sum\left(m\int T_{m\sigma}\gamma_\sigma d\sigma\right) + \sum\left(\mu\int T_{\mu\sigma}\gamma_\sigma d\sigma\right).$$

Nach der Definition von $\Gamma$, $\Pi$ ist aber (weil $m$ ausserhalb und $\mu$ innerhalb der Curve resp. Fläche liegt):

$$\int T_{m\sigma}\gamma_\sigma d\sigma = \Pi_m,$$

$$\int T_{\mu\sigma}\gamma_\sigma d\sigma = \Gamma,$$

wo $\Pi_m$ den Werth der Function $\Pi$ im Punkte $m$ bezeichnet. Somit folgt:

(3) $$\int V_\sigma \gamma_\sigma d\sigma = \sum(m\Pi_m) + \sum(\mu\Gamma),$$

oder was dasselbe:

(4) $$\int V_\sigma \gamma_\sigma d\sigma = \sum(m\Pi_m) + \mathsf{M}\Gamma,$$

wo $\mathsf{M} = \sum \mu$ die Gesammtmasse der Elemente $\mu$ vorstellt.

Für den speciellen Fall, dass $\sigma$ eine *Kreisfläche* resp. *Kugelfläche* vom Radius $\mathsf{A}$ ist, sind die Werthe von $\gamma$, $\Gamma$, $\Pi$ sofort angebbar.**) Durch Substitution dieser Werthe in (4) ergiebt sich:

(5) $$\frac{\int V_\sigma d\sigma}{2\pi\mathsf{A}} = \sum\left(m\log\frac{1}{r}\right) + \mathsf{M}\log\frac{1}{\mathsf{A}}, \qquad\Bigg|\Bigg|\qquad \frac{\int V_\sigma d\sigma}{4\pi\mathsf{A}^2} = \sum\left(\frac{m}{r}\right) + \frac{\mathsf{M}}{\mathsf{A}},$$

wo die $r$ die Centraldistanzen der einzelnen $m$ vorstellen.

---

*) Vgl. die für $T$ gegebene Definition, Seite 110 dieses Referates.

**) Sie sind bereits angeführt auf Seite 119 dieses Referates.

Der Verf. nennt die Formeln (5), von welchen diejenige rechter Hand schon in Gauss' allgemeinen Lehrsätzen Art. 20 sich vorfindet, den *Gauss'schen Satz des arithmetischen Mittels*; und demgemäss bezeichnet er die allgemeinere Formel (4) als den *erweiterten Gauss'schen Satz des arithmetischen Mittels.*

Jene allgemeine Formel (4) gewinnt, falls die Elemente des gegebenen Massensystems sämmtlich innerhalb $\sigma$, resp. auf $\sigma$ liegen, mithin sämmtlich zu den $\mu$ gezählt werden dürfen, folgende Gestalt:

$$\int V_\sigma \gamma_\sigma d\sigma = \mathsf{M}\Gamma, \tag{6}$$

oder (was dasselbe) folgende:

$$\mathsf{M} = \frac{\int V_\sigma \gamma_\sigma d\sigma}{\Gamma}. \tag{7}$$

Ist also die der gegebenen Curve oder Fläche $\sigma$ zugehörige Function $\gamma$ nebst der Constante $\Gamma$ *bekannt*, so wird man vermittelst der Formel (7) die Gesammtmasse $\mathsf{M}$ berechnen können, falls die Werthe $V_\sigma$ gegeben sind; — es sei denn, dass $\Gamma = 0$ wäre. Sollte nämlich zufälliger Weise $\Gamma = 0$ sein, so könnte jene Formel möglicher Weise die Gestalt $\mathsf{M} = \frac{0}{0}$ annehmen, mithin zur Berechnung von $\mathsf{M}$ unbrauchbar werden. — Somit ergiebt sich der Satz:

*Befinden sich theils auf, theils innerhalb einer gegebenen geschlossenen Curve oder Fläche $\sigma$ irgend welche unbekannte Massen, und sind die Werthe gegeben, welche das Potential dieser Massen auf $\sigma$ besitzt, so wird hiedurch die Summe $\mathsf{M}$ jener Massen eindeutig bestimmt sein, — ausser im sogenannten singulären Falle* (d. i. im Falle $\Gamma = 0$).

Bringt man endlich die Formel (6) auf den noch specielleren Fall in Anwendung, dass $\mathsf{M} = 0$ ist, so folgt:

$$\int V_\sigma \gamma_\sigma d\sigma = 0. \tag{8}$$

Beachtet man, dass die Werthe $\gamma_\sigma$ überall positiv und auf keinem noch so kleinen Theil der Curve oder Fläche Null sind (vgl. Seite 120 dieses Referates), so erkennt man aus (8) sofort, dass die $V_\sigma$ *theils* positiv, *theils* negativ sein müssen, und gelangt daher zu folgendem Satz:

*Befinden sich theils auf, theils innerhalb einer gegebenen geschlossenen Curve oder Fläche $\sigma$ irgend welche Massen, deren Summe $= 0$ ist, so können die Werthe, welche das Potential dieser Massen auf $\sigma$ besitzt, nicht alle von einerlei Vorzeichen sein, — es sei denn, dass sie sämmtlich $= 0$ wären.*

**Ausfüllung der im ersten Capitel offen gebliebenen Lücke.**

Einer noch völlig unbekannten Function $V$ mögen folgende Bedingungen auferlegt werden:

(9. $\alpha$) $V$ soll das Potential von Massen sein, die *auf* oder *innerhalb* $\sigma$ liegen*),

(9. $\beta$) die $V_\sigma$ sollen vorgeschriebene Werthe haben.

Legt man sich nun die Frage vor, ob die $V_a$ durch diese Bedingungen eindeutig bestimmt sind, so ist zuvörderst zu bemerken, dass man die Summe $\mathsf{M}$ der das Potential $V$ erzeugenden Massen auf Grund der vorgeschriebenen Werthe $V_\sigma$ sofort berechnen kann vermittelst der Formel (7):

$$\mathsf{M} = \frac{\int V_\sigma \gamma_\sigma d\sigma}{\Gamma},$$

und dass man also zu den Bedingungen (9. $\alpha$, $\beta$), als unmittelbare Consequenz derselben, noch folgende dritte Bedingung hinzufügen darf:

(9. $\gamma$) die Summe $\mathsf{M}$ der das Potential $V$ erzeugenden Massen soll einen gegebenen Werth haben.

Solches vorausgeschickt, lässt sich leicht zeigen, dass die $V_a$ durch die Bedingungen (9. $\alpha$, $\beta$) oder, was dasselbe, durch die Bedingungen (9. $\alpha$, $\beta$, $\gamma$) eindeutig bestimmt sind.

Existirten nämlich *zwei* den Bedingungen (9. $\alpha$, $\beta$, $\gamma$) entsprechende Potentiale $V$ und $V'$,

(10. $\alpha$) so müsste offenbar die Differenz $U = V - V'$ das Potential von Massen sein, die *auf* oder *innerhalb* $\sigma$ liegen,

(10. $\beta$) ferner müssten alsdann die $U_\sigma$ sämmtlich $= 0$ sein,

(10. $\gamma$) endlich müsste alsdann die Summe der das Potential $U$ erzeugenden Massen $= 0$ sein.

Beachtet man nun, dass diesen Anforderungen (10. $\alpha$, $\beta$, $\gamma$) genügt wird, falls man die das Potential $U$ erzeugenden Massenelemente sämmtlich $= 0$, mithin die $U_a$ ebenfalls $= 0$ setzt, und beachtet man andererseits, dass die $U_a$, zufolge des Theorems $A^{add.}$, durch die Anforderungen (10. $\alpha$, $\beta$, $\gamma$) *eindeutig* bestimmt sind, so erkennt man sofort, dass die $U_a$, jenen Anforderungen zufolge, *nothwendiger Weise* $= 0$ sein müssen; q. e. d.

Doch werden diese Ueberlegungen *defect* für den *singulären Fall:* $\Gamma = 0$: weil die zur Bestimmung von $\mathsf{M}$ benutzte Formel

---

*) Alle hier angewendeten Bezeichnungen $\sigma$, $a$, etc. etc. sollen dieselbe Bedeutung haben wie früher (vgl. Seite 111 dieses Referates).

$$M = \frac{\int V_\sigma \gamma_\sigma d\sigma}{\Gamma}$$

für den Fall $\Gamma = 0$ nicht mehr brauchbar ist. Somit ergiebt sich folgender Satz:

*Theorem $A^{abs}$. — Ist V das Potential irgend welcher auf oder innerhalb σ ausgebreiteter Massen, und soll V auf σ irgend welche vorgeschriebenen Werth $f_s$ besitzen, so werden hierdurch sämmtliche $V_a$ eindeutig bestimmt sein, — ausser im singulären Fall.* — Hiermit ist endlich die im ersten Capitel offen gebliebene Lücke (vgl. Seite 112 dieses Referates) ausgefüllt.

## Viertes Capitel.

## Theorie der sogenannten Doppelbelegungen.

Die im ersten Capitel und am Schlusse des vorhergehenden aufgestellten Theoreme $A^{add}.$, $A^{abs}.$, $J^{abs}.$ sagen aus, dass gewisse Functionen durch die ihnen auferlegten Bedingungen *eindeutig* bestimmt sind, geben aber keinerlei Aufschluss über die wirkliche *Existenz* dieser Functionen. Auch wird heut zu Tage kein Zweifel darüber obwalten, dass die von Gauss und Dirichlet zur Beseitigung dieses Uebelstandes angegebenen Variationsmethoden im Allgemeinen wenig Zutrauen verdienen, dass vielmehr die einzig strenge Methode zur Beseitigung des genannten Uebelstandes nur in der *wirklichen Aufstellung* jener Functionen bestehen kann.

Eine derartige Methode ist die vom Verf. angegebene *Methode des arithmetischen Mittels.* Um diese Methode weiterhin expliciren zu können, war der Verf. genöthigt, im gegenwärtigen Capitel zunächst einige *vorbereitende Untersuchungen* anzustellen über solche Potentiale, welche herrühren von sogenannten Doppelbelegungen.

### Einige geometrische Definitionen.

Bei einer gegebenen Curve oder Fläche pflegt man eine bestimmte Seite als *positiv* festzusetzen, indem man alsdann gleichzeitig die auf dieser Seite errichtete Normale die *positive* Normale nennt. Und umgekehrt: Hat man eine bestimmte Normale als *positiv* festgesetzt, so pflegt man mit demselben Namen auch die entsprechende Seite zu benennen.*)

Ausserdem sind für die nachfolgenden Expositionen noch gewisse andere Festsetzungen erforderlich mit Bezug auf solche Curven oder

*) Dabei sei sogleich bemerkt, dass bei *geschlossenen* Curven oder Flächen vom Verf. stets die *innere* Seite zur *positiven* auserwählt ist.

Flächen, welche mit Ecken resp. Ecken und Kanten behaftet sind. Will man diese Festsetzungen der Art einkleiden, dass sie nicht speciell auf jene Eck- und Kantenpunkte beschränkt, sondern ganz allgemein für jeden *beliebigen* Punkt $s$ der Curve resp. Fläche gültig sind, so kann man sich etwa folgendermassen ausdrücken:

Die von $s$ nach den Nachbarpunkten der Curve $\sigma$ hinlaufenden und über dieselben hinaus verlängerten Strahlen bilden einen *Winkel,* durch welchen eine mit dem Radius Eins um $s$ beschriebene *Kreislinie* in zwei Theile zerlegt wird. Von diesen beiden Theilen mag der auf der positiven Seite der Curve liegende *das Winkelmaass der Curve im Punkte* $s$ genannt, und mit $\varpi_s$ bezeichnet werden.

Ist z. B. $\sigma$ die Peripherie eines gleichseitigen Dreiecks, und setzt man als positive Seite die innere fest, so wird für jeden Punkt $s$

$$\varpi_s = \pi, \quad \text{oder} = \frac{\pi}{3}$$

sein, je nachdem der Punkt $s$ in einer *Seite*, oder in einer *Ecke* des Dreiecks liegt.

Die mit $\varpi_s$ durch die Relation

$$\varpi_s + ȣ_s = \pi$$

verbundene Grösse $ȣ_s$ mag das *Supplement* des Winkelmaasses, oder kürzer das *supplementare Winkelmaass* heissen.

Die von $s$ nach den Nachbarpunkten der *Fläche* $\sigma$ hinlaufenden und über dieselben hinaus fortgesetzten Strahlen bilden einen *Kegelmantel*, durch welchen eine mit dem Radius Eins um $s$ beschriebene *Kugelfläche* in zwei Theile zerlegt wird. Von diesen beiden Theilen mag der auf der positiven Seite der Fläche liegende *das Winkelmaass der Fläche im Punkte* $s$ genannt, und mit $\varpi_s$ bezeichnet werden.

Ist z. B. $\sigma$ die Oberfläche eines Würfels, und setzt man als positive Seite die innere fest, so wird für jeden Punkt $s$

$$\varpi_s = 2\pi, \quad \text{oder} = \frac{2\pi}{2}, \quad \text{oder} = \frac{2\pi}{4}$$

sein, je nachdem der Punkt $s$ in einer *Seite*, oder in einer *Kante*, oder in einer *Ecke* des Würfels liegt.

Die mit $\varpi_s$ durch die Relation

$$\varpi_s + ȣ_s = 2\pi$$

verbundene Grösse $ȣ_s$ mag das *Supplement* des Winkelmaasses, oder kürzer das *supplementare Winkelmaass* heissen.

Aus diesen Definitionen geht hervor, dass $ȣ_s$ *gewöhnlich* $= 0$ ist, dass nämlich eine Abweichung von diesem gewöhnlichen Werthe nur dann stattfindet, wenn der Punkt $s$ in einer Ecke oder Kante liegt.*)

---

*) Man kann den Buchstaben ȣ ein *Omikron-Ypsilon* oder kürzer ein *Omikron* nennen. Letzteres ist nicht ganz richtig, empfiehlt sich aber als das Bequemere.

**Definition der Doppelbelegungen.**

Denkt man sich in allen Punkten der gegebenen Curve oder Fläche $\sigma$ die *positive* Normale $\nu$ errichtet, und auf all' diesen Normalen ein und dieselbe *unendlich kleine* Strecke $\lambda$ aufgetragen, so entsteht eine neue mit $\sigma$ *parallel* laufende Curve oder Fläche $\sigma'$. Correspondirende Punkte von $\sigma$ und $\sigma'$ sind alsdann solche zu nennen, die auf derselben Normale liegen, und correspondirende Elemente solche, die aus correspondirenden Punkten bestehen. — Werden nun $\sigma$ und $\sigma'$ in continuirlicher Weise mit Masse belegt, und zwar in solcher Art, dass die auf je zwei correspondirenden Elementen $d\sigma$ und $d\sigma'$ vorhandenen Massen einander *entgegengesetzt gleich* sind, so entsteht eine sogenannte *Doppelbelegung*. Ist $(-\zeta)$ die Dichtigkeit der auf $\sigma$ ausgebreiteten einfachen Belegung, ferner $\lambda$ (wie schon festgesetzt wurde) der unendlich kleine constante Abstand zwischen $\sigma$ und $\sigma'$, so heisst (nach Helmholtz):

$$\lambda\zeta = \mu$$

das *Moment* der Doppelbelegung. Unter Anwendung dieses Momentes $\mu$ lautet das Logarithmische resp. Newton'sche Potential der Doppelbelegung auf einen beliebig gegebenen Punkt $x$ folgendermassen:

| | |
|---|---|
| $W_x = \int \frac{\partial\left(\log\frac{1}{E}\right)}{\partial\nu}\,\mu\,d\sigma,$ | $W_x = \int \frac{\partial\left(\frac{1}{E}\right)}{\partial\nu}\,\mu\,d\sigma,$ |
| $= \int \mu\,\frac{\cos\vartheta\,d\sigma}{E},$ | $= \int \mu\,\frac{\cos\vartheta\,d\sigma}{E^2},$ |
| $= \int \mu\,(d\sigma)_x,$ | $= \int \mu\,(d\sigma)_x.$ |

Hier bezeichnet $E$ die Entfernung des Punktes $x$ vom Elemente $d\sigma$, ferner $\vartheta$ den Winkel der Linie $E$ ($d\sigma \rightarrowtail x$) gegen die Normale $\nu$; und demgemäss repräsentirt der Ausdruck:

| | |
|---|---|
| $(d\sigma)_x = \frac{\cos\vartheta\cdot d\sigma}{E} = \frac{\partial\left(\log\frac{1}{E}\right)}{\partial\nu}\,d\sigma$ | $(d\sigma)_x = \frac{\cos\vartheta\cdot d\sigma}{E^2} = \frac{\partial\left(\frac{1}{E}\right)}{\partial\nu}\,d\sigma$ |

die mit $\varepsilon$ multiplicirte *scheinbare Grösse* des Elementes $d\sigma$ für einen in $x$ befindlichen Beobachter, wobei $\varepsilon = +1$ oder $\varepsilon = -1$ ist, je nachdem jener Beobachter die positive oder negative Seite des Elementes $d\sigma$ vor Augen hat.

Diese Formeln linker und rechter Hand (d. i. für Ebene und Raum) können unter Anwendung der schon früher (Seite 110 dieses Referates) festgesetzten Collectivbezeichnungen in folgende zusammengezogen werden:

$$W = \int \mu (d\sigma)_x ,$$

$$(d\sigma)_x = \frac{\partial T}{\partial \nu} d\sigma = \frac{\cos \vartheta \cdot d\sigma}{E^h} .$$

Das Potential einer Doppelbelegung ist also $= \int \mu (d\sigma)_x$, d. i. gleich der Summe der scheinbaren Grössen der einzelnen Curven- resp. Flächenelemente, jede solche scheinbare Grösse noch multiplicirt mit dem zugehörigen Werthe des Momentes, und ferner noch multiplicirt mit $\varepsilon$ (wo $\varepsilon = \pm 1$ ist, wie vor wenig Augenblicken näher angegeben wurde).

Es verhält sich mit dem Potential $W$ einer Doppelbelegung ähnlich wie mit den Differentialquotienten einer gegebenen Function $f(\alpha)$. Um nämlich den Begriff des Differentialquotienten $\frac{df(\alpha)}{d\alpha}$ zu *erklären*, sind *zwei* Punkte $\alpha$ und $\alpha + d\alpha$ erforderlich, während bei Angabe seines *fertigen* Werthes [der nach Lagrange mit $f'(\alpha)$ bezeichnet wird] nur *ein* Punkt $\alpha$ in Betracht kommt. Hiermit analog sind zur *Erklärung* jenes Potentials $W$ *zwei* Flächen $\sigma$ und $\sigma'$ erforderlich, während bei Angabe seines *fertigen* Werthes nur *eine* Fläche $\sigma$ in Betracht kommt.

Die vorstehenden Formeln repräsentiren diesen *fertigen* Werth von $W$, und enthalten demgemäss nur die *eine* Fläche $\sigma$. *Ueberhaupt wird im Folgenden nur von diesem fertigen Begriff die Rede sein.*

### Doppelbelegungen vom Momente Eins.

Versteht man unter $\sigma$ eine *geschlossene* Curve oder Fläche mit positiver innerer Seite, ferner unter

$$W_x = \int (d\sigma)_x$$

das Potential einer auf $\sigma$ ausgebreiteten Doppelbelegung vom Momente *Eins*, so ist (wie zum Theil schon von Gauss nachgewiesen wurde; vgl. die allg. Lehrsätze Art. 22):

$$W_a = 0 ,$$

$$W_s = h\pi - \vartheta_s ,$$

$$W_i = 2h\pi ,$$

wo $a$, $s$, $i$ Punkte bezeichnen, welche resp. *ausserhalb*, *auf* und *innerhalb* $\sigma$ liegen. Lässt man also den variablen Punkt $x$ in der Richtung von Aussen nach Innen die gegebene Curve oder Fläche an irgend einer Stelle $s$ durchschreiten, so wird das Potential $W_x$-

zwei kurz auf einander folgende sprungweise Veränderungen erleiden; denn es wird in *dem* Augenblick, wo der von Aussen kommende Punkt die Curve oder Fläche erreicht, plötzlich von 0 auf $h\pi - \vartheta_s$, und unmittelbar darauf in *dem* Augenblick, wo der Punkt, nach Aussen strebend, die Curve oder Fläche verlässt, von $h\pi - \vartheta_s$ auf $2h\pi$ anwachsen. Mithin ist der eine Sprung von der Grösse $h\pi - \vartheta_s$, der andere von der Grösse $h\pi + \vartheta_s$; wobei zu erinnern, dass die Grösse $\vartheta_s$ im Allgemeinen (nämlich für jeden Punkt $s$, der weder Eck- noch Kantenpunkt ist) den Werth Null hat.

### Doppelbelegungen von beliebig gegebenem Moment.

Ist das Moment $\mu$ der Doppelbelegung eine beliebig gegebene Function des Ortes auf $\sigma$, so besitzt das zugehörige Potential

$$W_x = \int \mu (d\sigma)_x ,$$

wie der Verf. zeigt, analoge Discontinuitäten. Lässt man nämlich wiederum den variablen Punkt $x$ die betrachtete Curve oder Fläche $\sigma$ an irgend einer Stelle $s$ durchschreiten, und bezeichnet man den Werth der Function $\mu$ an dieser Stelle mit $\mu_s$, so wird das Potential in *dem* Augenblick, wo der von Aussen kommende Punkt die Curve oder Fläche erreicht, plötzlich um $(h\pi - \vartheta_s)\mu_s$ wachsen, und unmittelbar darauf in *dem* Augenblick, wo der Punkt, nach Innen strebend, die Curve oder Fläche verlässt, nochmals und zwar um $(h\pi + \vartheta_s)\mu_s$ anwachsen. — Es besitzt also das Potential auf der Curve oder Fläche $\sigma$ im Ganzen *dreierlei* Werthsysteme, nämlich ein erstes auf der *äusseren* Seite von $\sigma$, ein zweites direct auf $\sigma$ *selber*, endlich ein drittes auf der *innern* Seite von $\sigma$.

Benennt man sämmtliche Punkte der Ebene oder des Raumes, je nachdem sie *ausserhalb*, *auf* oder *innerhalb* $\sigma$ liegen, resp. mit $a$, $s$ und $i$, und die in diesen Punkten vorhandenen Potentialwerthe resp. mit $W_a$, $W_s$ und $W_i$, so besteht offenbar das erste jener drei Werthsysteme aus den Grenzwerthen der $W_a$, das zweite direct aus den $W_s$ selber, endlich das dritte aus den Grenzwerthen der $W_i$. Bedient man sich nun, was die genannten Grenzwerthe betrifft, der Symbole $W_{as}$ und $W_{is}$, indem man unter $W_{as}$ den Werth in einem Punkte $a$ versteht, welcher dem Punkte $s$ *unendlich nahe* liegt, andererseits unter $W_{is}$ den Werth in einem Punkte $i$, der ebenfalls *unendlich nahe* an $s$ liegt, so kann man offenbar die vorhin angegebenen sprungweisen Aenderungen oder (was dasselbe ist) die Beziehungen zwischen den dreierlei Werthsystemen $W_a$, $W_s$, $W_i$ durch folgende Formeln ausdrücken:

$$W_{as} = W_s - (h\pi - \vartheta_s)\mu_s,$$
$$W_{is} = W_s + (h\pi + \vartheta_s)\mu_s;$$

woraus durch Subtraction folgt:

$$W_{is} - W_{as} = 2h\pi\mu_s.$$

In grösserer Vollständigkeit lauten die Resultate, zu denen der Verf. im gegenwärtigen Capitel gelangt, folgendermassen:

*Bezeichnet $\sigma$ eine geschlossene Curve oder Fläche mit positiver innerer Seite, und denkt man sich auf $\sigma$ eine Doppelbelegung ausgebreitet, deren Moment $\mu$ überall stetig ist, so wird das von dieser Doppelbelegung auf einen variablen Punkt $x$ ausgeübte Potential:*

$$W_x = \int \mu (d\sigma)_x$$

*folgende Eigenschaften haben.*

*Erste Eigenschaft: Die von $s$ abhängende Function:*

(1) $$W_s + \vartheta_s \mu_s$$

*ist auf $\sigma$ überall stetig.*

*Zweite Eigenschaft: Die Werthe $W_a$ bilden ein stetig zusammenhängendes System, dessen Grenzwerthe $W_{as}$ mit den directen Werthen $W_s$ durch die Relation verknüpft sind:*

(2) $$W_{as} = (W_s + \vartheta_s\mu_s) - h\pi\mu_s.$$

*Dritte Eigenschaft: Die Werthe $W_i$ bilden ein stetiges System, dessen Grenzwerthe $W_{is}$ mit den directen Werthen $W_s$ durch die Relation verbunden sind:*

(3) $$W_{is} = (W_s + \vartheta_s\mu_s) + h\pi\mu_s.$$

*Vierte Eigenschaft: Bezeichnet $p$ eine beliebig gegebene Richtung, so sind die Grenzwerthe von $\frac{\partial W_a}{\partial p}$ und $\frac{\partial W_i}{\partial p}$ unter einander identisch, was angedeutet werden mag durch die Formel:*

(4) $$\frac{\partial W_{as}}{\partial p} = \frac{\partial W_{is}}{\partial p}.$$

Beiläufig werden vom Verf. noch folgende Sätze mitgetheilt, als gültig für eine beliebig gegebene geschlossene Curve oder Fläche $\sigma$.

*Erster Satz.* — Die Gesammtmasse einer auf $\sigma$ ausgebreiteten Doppelbelegung ist stets $= 0$.

*Zweiter Satz.* — Ist das Potential $W$ einer auf $\sigma$ ausgebreiteten Doppelbelegung für alle Punkte *a constant* (mithin $= 0$), so wird ihr Moment ebenfalls durch eine *Constante*, und zwar durch eine Constante von ganz *un*bestimmtem Werthe dargestellt sein.

*Dritter Satz.* — Ist das Potential $W$ einer auf $\sigma$ ausgebreiteten Doppelbelegung für alle Punkte $i$ *constant*, etwa $= K$, so wird ihr Moment ebenfalls *constant*, und zwar $= \frac{K}{2h\pi}$ sein.

*Vierter Satz.* — Soll eine Doppelbelegung von $\sigma$ der Art sein, dass ihr Potential auf der *äussern* Seite von $\sigma$ *vorgeschriebene* Werthe $f$ besitzt, so ist hierdurch ihr Moment bis auf eine additive Constante *eindeutig bestimmt*; — ausser im singulären Fall.

*Fünfter Satz.* — Soll eine Doppelbelegung von $\sigma$ der Art sein, dass ihr Potential auf der *innern* Seite von $\sigma$ *vorgeschriebene* Werthe $f$ besitzt, so ist hierdurch ihr Moment *eindeutig* bestimmt.

## Fünftes Capitel.

## Die Methode des arithmetischen Mittels.

Es handelt sich hier (wie schon zu Anfang des vorhergehenden Capitels näher ausgeführt wurde) um den Existenzbeweis derjenigen Functionen, von welchen in den Theoremen $A^{add.}$, $A^{abs.}$, $J^{abs.}$ die Rede war, sowie auch um den Existenzbeweis der sogenannten *natürlichen Belegung.*

Der Verf. giebt die genannten Existenzbeweise nur unter der Voraussetzung, dass die gegebene Curve oder Fläche $\sigma$ *zweiten Ranges* und *keine zweisternige* sei; und wir werden daher, bevor wir auf jene Beweise näher eingehen können, uns zunächst mit dieser Ausdrucksweise (zweiter Rang, zweisternig) näher bekannt zu machen haben. Auch wird es zweckmässig sein, einige einleitende Betrachtungen vorangehen zu lassen, welche den Weg, auf dem der Verf. zu seinen Existenzbeweisen gelangt ist, einigermassen andeuten.

### Einleitende Betrachtungen.

Es sei $\sigma$ eine gegebene geschlossene Curve oder Fläche, und

$$W_x = \int \mu_\sigma (d\sigma)_x \tag{15}$$

das Potential einer auf $\sigma$ ausgebreiteten Doppelbelegung vom Momente $\mu$. Beschränken wir uns bei diesen einleitenden Betrachtungen auf den besondern Fall, dass $\sigma$ *frei von Ecken und Kanten* ist, mithin die $\vartheta_s$ sämmtlich $= 0$ sind, so gewinnen die Formeln (2), (3) die einfachere Gestalt:

$$\begin{aligned} W_{as} &= W_s - h\pi\mu_s, \\ W_{is} &= W_s + h\pi\mu_s. \end{aligned} \tag{16}$$

Setzt man der grösseren Bequemlichkeit willen:

(17) $$h\pi\mu = f,$$
so gehen die Formeln (15), (16) über in:

(18) $$W_x = \frac{1}{h\pi}\int f_\sigma (d\sigma)_x,$$
respective in:

(19) $$\begin{aligned} W_{as} &= W_s - f_s, \\ W_{is} &= W_s + f_s. \end{aligned}$$

Nunmehr bilde man ein Potential $W'_x$, welches zu den Werthen $W_\sigma$ in derselben Beziehung steht, wie $W_x$ zu den $f_\sigma$, sodann ein Potential $W''_x$, welches zu den $W'_\sigma$ wieder in der nämlichen Beziehung steht; u. s. w. Mit andern Worten, man bilde nach dem Schema der Formel (18) die auf einander folgenden Functionen:

(20) $$\begin{aligned} W_x &= \frac{1}{h\pi}\int f_\sigma (d\sigma)_x, \\ W'_x &= \frac{1}{h\pi}\int W_\sigma (d\sigma)_x, \\ W''_x &= \frac{1}{h\pi}\int W'_\sigma (d\sigma)_x, \\ &\ldots\ldots\ldots\ldots \end{aligned}$$

Alsdann gelten nach (19) die Relationen:

(21) $$\begin{aligned} W_{as} &= W_s - f_s, \\ W'_{as} &= W'_s - W_s, \\ W''_{as} &= W''_s - W'_s, \\ W'''_{as} &= W'''_s - W''_s, \\ &\ldots\ldots\ldots\ldots \end{aligned}$$

woraus z. B. folgt:

(22) $$-(W_{as} + W'_{as} + W''_{as} + W'''_{as}) = f_s - W'''_s.$$

Nimmt man für den Augenblick an, die Function $W'''_s$ sei auf $\sigma$ allenthalben ausserordentlich klein, und es differire also der in (22) auf der rechten Seite stehende Ausdrnck $(f_s - W'''_s)$ überall nur ausserordentlich wenig von $f_s$, so wird offenbar

(23) $$-(W_a + W'_a + W''_a + W'''_a)$$

eine Function des variablen Punktes $a$ sein, deren Werthe *auf* $\sigma$ von den $f_s$ nur äusserst wenig abweichen. Zugleich aber repräsentirt diese Function (ebenso wie ihre einzelnen Glieder $W_a$, $W'_a$, etc. etc.) ein Potential, dessen erzeugende Massen *auf* $\sigma$ ausgebreitet sind. Folglich wird diese Function (23) mit grosser Annäherung all denjenigen Anforderungen entsprechen, welche im Theorem $A^{abs}$. (vgl. Seite 125 dieses Referates) an das Potential $V_a$ gestellt wurden.

Aus diesen Ueberlegungen geht mit einiger Wahrscheinlichkeit hervor, dass ein jenen Anforderungen in *voller Strenge* entsprechendes Potential durch die unendliche Reihe:

$$(24) \qquad V_a = -(W_a + W_a' + W_a'' + W_a''' + \cdots \textit{ in inf.})$$

dargestellt sein wird, falls sich nur nachweisen lässt, dass die auf $\sigma$ ausgebreitete Function

$$(25) \qquad W_s^{(n)}$$

mit wachsendem $n$ gegen *Null* convergirt.

In der That weist der Verf. nach, dass die Function (25), wenn auch nicht gegen *Null*, so doch gegen eine *Constante* convergirt; und gleichzeitig weist er nach, dass die Reihe (24) eine *convergente* ist. In letzterer Beziehung zeigt er, dass die genannte Reihe im Wesentlichen eine geometrische ist, welche fortschreitet nach den Potenzen eines gewissen der gegebenen Curve oder Fläche $\sigma$ zugehörigen *Parameters* $\lambda$ *), und dass dieses $\lambda$ ein *ächter Bruch* ist. Andererseits zeigt er in ersterer Beziehung, dass sämmtliche Werthe der Function $W_s^{(n)}$ (25) in das Intervall einschliessbar sind**):

$$(26) \qquad C - (G-K)\lambda^{n+1} \leq W_s^{(n)} \leq C + (G-K)\lambda^{n+1},$$

wo $C$, $G$, $K$ gewisse der vorgeschriebenen Function $f$ eigenthümliche *Constanten* bezeichnen, und dass also sämmtliche Werthe jener Function $W_s^{(n)}$ mit wachsendem $n$ gegen die Constante $C$ convergiren. Jedoch sind all diese Demonstrationen des Verf. nur von *beschränkter Gültigkeit*, nämlich an die Bedingung geknüpft, dass die gegebene Curve oder Fläche $\sigma$ *zweiten Ranges* und *keine zweisternige* sei. Was diese Ausdrucksweise besagen will, soll sogleich erläutert werden.

### Ueber den Rang einer Curve oder Fläche.

Man kann zwischen *Punkt* und *Stelle* unterscheiden, indem man z. B. von der Ellipse sagt, dass dieselbe mit ihrer Tangente *zwei*

---

*) Diesen Parameter $\lambda$ nennt der Verf. die *Configurationsconstante* der gegebenen Curve oder Fläche. Beispielsweise zeigt er, dass diese Constante $\lambda$ für einen Kreis $= \frac{1}{2}$, ferner für eine Ellipse $\leq \left[1 - \frac{1}{2}\left(\frac{b}{a}\right)^3\right]$ ist, falls $a$ die grosse und $b$ die kleine Axe der Ellipse bezeichnet.

**) Diese Formel (26) ist identisch mit der Formel des Neumann'schen Werkes Seite 188, Nr. 44. Denn bei einer Curve oder Fläche $\sigma$, welche (wie hier vorläufig vorausgesetzt wurde) *frei* von Ecken und Kanten ist, wird die Function $W_s^{(n)}$ identisch sein mit $f_s^{(n+1)}$; vgl. das Neumann'sche Werk Seite 166.

Punkte (nämlich zwei einander unendlich nahe Punkte), aber nur *eine* Stelle gemein habe, ferner von der Lemniscate, dass dieselbe mit ihrer Doppeltangente *vier* Punkte, aber nur *zwei* Stellen gemein habe. Ebenso kann man auch, was die Peripherie eines regulären Polygons betrifft, sagen, dass dieselbe mit derjenigen unendlich langen geraden Linie, welche durch zwei aufeinanderfolgende Ecken geht, *unendlich viele* Punkte (nämlich sämmtliche Punkte der betreffenden Seite), aber nur *eine* Stelle gemein habe.

In der That bedient sich der Verf. dieser Ausdrucksweise, indem er jedes *Continuum von Punkten* (einerlei, ob die Anzahl der darin enthaltenen Punkte endlich oder unendlich gross ist) kurzweg als *Stelle* bezeichnet. Gleichzeitig nennt er eine gegebene Curve oder Fläche vom *$R^{ten}$ Range,* wenn sie mit einer unendlich langen geraden Linie, welche Lage man dieser Linie auch zuertheilen mag, niemals mehr als *R Stellen* gemein hat, oder (genauer ausgedrückt) wenn die *grösste Zahl* von Stellen, welche sie mit einer solchen Linie gemein haben kann, $= R$ ist.

Von besonderer Wichtigkeit für die Untersuchungen des Verf. ist der Specialfall $R = 2$. Eine Curve oder Fläche *zweiten* Ranges kann offenbar niemals einspringende Ecken oder Kanten, überhaupt keine einspringenden Theile haben. Oder genauer ausgedrückt:

Welche Tangente man an eine Curve *zweiten* Ranges auch legen mag, stets werden sämmtliche Punkte der Curve auf *derselben* Seite der Tangente liegen.

Welche Tangentialebene man an eine Fläche *zweiten* Ranges auch legen mag, stets werden sämmtliche Punkte der Fläche auf *derselben* Seite der Tangentialebene liegen.

Als Beispiele von Curven oder Flächen *zweiten* Ranges würden zu erwähnen sein:

die Kreislinie, die Ellipse, die Peripherie eines Rechtecks*), die Peripherie eines regulären Polygons, die Peripherie eines Kreissegmentes, welches theils von einem Kreisbogen, theils von einer geraden Linie begrenzt ist.

die Kugelfläche, die Ellipsoidfläche, die Oberfläche eines Tetraeders, Würfels, Dihexaeders, Granatoeders, Ikosaeders u. s. w., ferner die Oberfläche eines Kugelsegmentes, welches theils von einer Kugelcalotte, theils von einer Kreisfläche begrenzt wird.

Eine geschlossene Curve oder Fläche *zweiten* Ranges würde man zur Noth als eine *überall convexe* Curve oder Fläche bezeichnen

*) Ein *beliebiges Viereck* darf *nicht* als Beispiel aufgeführt werden. Denn denken wir uns z. B. ein Viereck mit einspringendem Winkel, so wird die Peripherie dieses Vierecks eine Curve *vierten* Ranges sein.

können*), nur müsste man alsdann hinzufügen, dass einzelne Theile der Curve oder Fläche *geradlinig*, resp. *eben* sein dürfen.

**Die mit sogenannten Sternen behafteten Curven und Flächen.**

*Einsternige Curven und Flächen.*

*Lässt sich auf einer gegebenen Curve ein Punkt M markiren von solcher Lage, dass sämmtliche Tangenten der Curve durch M gehen, so mag die Curve einsternig, und M ihr Stern heissen.*

Eine einsternige Curve wird daher stets ein *Winkel* sein, nämlich dargestellt sein durch zwei von demselben Punkt auslaufende (begrenzte oder unbegrenzte) gerade Linien.

*Lässt sich auf einer gegebenen Fläche ein Punkt M markiren von solcher Lage, dass sämmtliche Tangentialebenen der Fläche durch M gehen, so mag die Fläche einsternig, und M ihr Stern heissen.*

Eine einsternige Fläche wird daher stets ein *Kegelmantel* sein, nämlich dadurch erhalten werden, dass man einen von einem gegebenen Punkt ausgehenden (begrenzten oder unbegrenzten) Strahl um seinen Ausgangspunkt in beliebiger Weise sich drehen lässt.

*Zweisternige Curven und Flächen.*

*Lassen sich auf einer gegebenen Curve zwei Punkte M, N markiren von solcher Lage, dass jedwede Tangente der Curve durch einen dieser beiden Punkte geht, so mag die Curve zweisternig heissen, und M, N ihre Sterne.*

Ein zweisternige Curve wird daher stets aus *zwei Winkeln* zusammengesetzt, mithin ein *Viereck* sein. Doch kann der eine Winkel des Vierecks 180$^0$ betragen, wodurch sich alsdann dasselbe in ein *Dreieck* verwandelt. — Beim Viereck liegen die Sterne in zwei gegenüberliegenden Ecken, während beim Dreieck der eine Stern in einer Ecke, der andere in

*Lassen sich auf einer gegebenen Fläche zwei Punkte M, N markiren von solcher Lage, dass jedwede Tangentialebene der Fläche durch einen dieser beiden Punkte geht, so mag die Fläche zweisternig heissen, und M, N ihre Sterne.*

Eine zweisternige Fläche wird daher stets aus *zwei Kegelmänteln* zusammengesetzt sein. Als Beispiele würden anzuführen sein die Oberfläche desjenigen Körpers, der durch Rotation eines Rhombus um eine Diagonale entsteht, ferner die Oberfläche des *Dihexaeders*, des *Octaeders*, des *Rhomboeders*, des *Parallelepipedums*, des *Würfels*, und endlich

*) Dieser Bezeichnung hat sich der Verf. früher bedient, namentlich z. B. in den Ber. d. Kgl. Sächs. Ges. d. Wiss., April 1870, Seite 56.

einem beliebigen Punkt der gegenüberliegenden Seite sich befindet.

auch diejenige des *Tetraeders*. Bei der letzteren Fläche befindet sich der eine Stern in einer Ecke, der andere in einem beliebigen Punkte der gegenüberliegenden Seite.

### *Vielsternige Curven und Flächen.*

In ähnlicher Weise könnte man allgemein $n$-sternige Curven und Flächen definiren. Doch ist solches für die hier vorliegenden Zwecke von keinem Belang.

### Der Existenzbeweis für diejenige Function, von welcher das Theorem $A^{add}$. handelt.

Indem wir nach den eben besprochenen geometrischen Definitionen den eigentlichen Faden unserer Betrachtungen wieder aufnehmen, haben wir uns zunächst des Theorems $A^{add}$. zu erinnern. Dasselbe lautet: *Sollen die ein Potential $U_\alpha$ erzeugenden Massen auf oder innerhalb $\sigma$ liegen, und eine gegebene Summe $M$ haben, und sollen ferner die $U_s$ von irgend welchen auf $\sigma$ vorgeschriebenen Werthen $F_s$ nur durch eine unbestimmte additive Constante sich unterscheiden:*

$$U_s = F_s + Const., \tag{27}$$

*so sind hierdurch sämmtliche $U_\alpha$ eindeutig bestimmt.*

Um nun zu zeigen, dass ein diesen Anforderungen entsprechendes Potential $U$ wirklich existire, markiren wir irgendwo *innerhalb* $\sigma$ einen festen Punkt, denken uns in demselben die *gegebene* Masse $M$ concentrirt, und führen an Stelle von $U$ ein neues Potential $V$ ein, indem wir setzen:

$$V_a = U_a - MT_a\,; \tag{28}$$

dabei soll $MT_a$ das Potential jenes festen Massenpunktes $M$ auf den variablen Punkt $a$ vorstellen. Hierdurch gewinnt die Anforderung (27) folgende Gestalt:

$$V_s = (F_s - MT_s) + Const.,$$

oder, falls wir zur Abkürzung $F_s - MT_s = f_s$ setzen, folgende:

$$V_s = f_s + Const.$$

Auch die übrigen an $U$ gestellten Forderungen sind auf das neue Potential $V$ leicht übertragbar. So z. B. sollte die Summe der das Potential $U$ erzeugenden Massen den gegebenen Werth $M$ haben. Folglich wird die Summe der das neue Potential $V$ erzeugenden Massen [wie aus (28) ersichtlich] den Werth $M - M$, d. i. den Werth

*Null* haben müssen. Jene an $U$ gestellten Anforderungen werden daher, übertragen auf das neue Potential $V$, folgendermassen lauten:

*$V_a$ soll das Potential irgend welcher Massen sein, die auf oder innerhalb $\sigma$ liegen, und deren Summe Null ist; ferner sollen die $V_s$ von den auf $\sigma$ vorgeschriebenen Werthen $f_s$ nur durch eine unbestimmte additive Constante sich unterscheiden, also der Bedingung*

$$(29)\qquad V_s = f_s + Const.$$

*entsprechen.*

Der Verf. zeigt nun, dass man ein diesen Anforderungen entsprechendes Potential $V_a$ wirklich aufzustellen im Stande sei, falls die gegebene Curve oder Fläche $\sigma$ *zweiten Ranges* und keine *zweisternige* ist, und falls ausserdem die vorgeschriebenen Werthe $F$ oder (was auf dasselbe hinauskommt) die neu eingeführten Werthe $f$ auf $\sigma$ *überall stetig* sind. Seine Methode (die wir hier ohne weiteren Beweis mittheilen) ist folgende:

Man nehme die *innere* Seite von $\sigma$ zur *positiven* und bilde, von den vorgeschriebenen Werthen $f$ ausgehend, gewisse aufeinanderfolgende Functionen $W^{(n)}$, $f^{(n)}$, indem man zur Bildung der $W^{(n)}$ die Formeln der Columne I., andererseits zur Bildung der $f^{(n)}$ ganz nach Belieben die Columne II. oder III. verwendet*):

| | I. | II. | III. |
|---|---|---|---|
| (30) | $h\pi W_x = \int f_\sigma (d\sigma)_x$, | $W_{as} = f_s' - f_s$, | $W_{is} = f_s' + f_s$, |
| | $h\pi W_x' = \int f_\sigma' (d\sigma)_x$, | $W_{as}' = f_s'' - f_s'$, | $W_{is}' = f_s'' + f_s'$, |
| | $h\pi W_x'' = \int f_\sigma'' (d\sigma)_x$, | $W_{as}'' = f_s''' - f_s''$, | $W_{is}'' = f_s''' + f_s''$, |
| | etc. etc. | etc. etc. | etc. etc. |

Die in solcher Weise entstehenden Functionen $f^{(n)}$ oder $f_s^{(n)}$ haben die Eigenschaft, mit wachsendem $n$ gegen eine Constante zu convergiren, was angedeutet sein mag durch die Formel:

$$(31)\qquad f_s^{(\infty)} = C.$$

---

*) In den Formeln (30) dient $x$ als Collectivbezeichnung für die Punkte $a$, $s$, $i$, d. i. für sämmtliche Punkte der Ebene resp. des Raumes. Auch ist daselbst in üblicher Weise $(d\sigma)_x$ für $\frac{\partial T}{\partial \nu} d\sigma$ gesetzt, wo $\nu$ die positive Normale von $\sigma$ bezeichnet. Diese positive Normale $\nu$ ist, weil wir als positive Seite von $\sigma$ die *innere* festgesetzt haben, identisch mit der *innern* Normale.

Nachdem in solcher Weise die Functionen $W^{(n)}$, $f^{(n)}$, sowie die Constante $C$ construirt sind, kann man nun das gesuchte Potential $V$ augenblicklich angeben. Denn es wird, wie der Verf. nachweist, allen an das Potential $V$ gestellten Anforderungen Genüge geleistet, sobald man setzt:

$$(32) \qquad V_a = -(W_a + W'_a + W''_a + W'''_a + \cdots \textit{in inf.});$$

während gleichzeitig für die in jenen Anforderungen [Formel (29)] auftretende additive *Const.* der Werth resultirt:

$$(33) \qquad Const = -C,$$

wo $C$ die in (31) genannte Bedeutung hat.

*Auf diese Weise wird also vom Verf. die Existenz des Potentiales $V$ nachgewiesen durch seine wirkliche Aufstellung*, jedoch immer nur unter der Voraussetzung, dass die Curve oder Fläche $\sigma$ *zweiten Ranges* und *keine zweisternige* sei, und dass die auf $\sigma$ vorgeschriebenen Werthe $f$ daselbst *stetig* sind.

Beiläufig sei noch bemerkt, dass das Potential $V$ durch die Reihe (32) als das Potential einer auf $\sigma$ ausgebreiteten *Doppelbelegung* dargestellt ist, dass man dasselbe aber, vermöge einer Transformation jener Reihe, auch als das Potential einer auf $\sigma$ ausgebreiteten *einfachen Belegung* darzustellen im Stande ist, und dass sich einfache Formeln ergeben sowohl für das *Moment* jener Doppelbelegung, als auch für die *Dichtigkeit* der einfachen Belegung. (Vgl. das Neumann'sche Werk, Seite 206. Für $V$ ist dort der Buchstabe $\Phi$ gebraucht.)

### Der Existenzbeweis für die sogenannte natürliche Belegung.

Ein specieller Fall des Theorems $A^{add}$. lautet: *Sollen die ein Potential $\Pi_a$ erzeugenden Massen auf oder innerhalb $\sigma$ liegen, und die Summe Eins haben, und sollen ferner die $\Pi_s$ constant sein:*

$$(34) \qquad \Pi_s = Const.,$$

*so sind hierdurch sämmtliche Werthe $\Pi_a$ eindeutig bestimmt.*

Dieses specielle Potential $\Pi_a$, welches nach Vorschrift der allgemeinen Formeln (30), (31), (32) sofort berechnet werden kann, ist offenbar nichts Anderes als Potential der sogenannten natürlichen Belegung. *Folglich kann die Existenz dieses Potentiales $\Pi$, sowie auch die der natürlichen Belegung selber keinem weiteren Zweifel unterliegen,* falls nur die gegebene Curve oder Fläche $\sigma$ den vorher genannten Bedingungen entspricht, nämlich *zweiten Ranges* und *keine zweisternige* ist.

Beiläufig sei hier noch aufmerksam gemacht auf einen andern Specialfall des Theorems $A^{add}$., nämlich auf folgenden: Sollen die ein Potential $\mathsf{P}_a$ erzeugenden Massen *auf* oder *innerhalb* $\sigma$ liegen, und die *gegebene* Summe $M$ haben, und sollen ferner die $\mathsf{P}_s$ constant sein:

$$(35) \qquad \mathsf{P}_s = \text{Const.},$$

so sind hierdurch sämmtliche Werthe $\mathsf{P}_a$ eindeutig bestimmt.

Gleichzeitig bemerkt man, dass dieses eindeutig bestimmte Potential $\mathsf{P}_a$ durch das vorhergehende Potential $\Pi_a$ ausdrückbar ist, nämlich den Werth besitzt:

$$(36) \qquad \mathsf{P}_a = M\Pi_a .$$

Somit ergiebt sich der Satz:

*Es existiren unendlich viele Potentiale* $\mathsf{P}_a$, *deren erzeugende Massen* *auf oder innerhalb* $\sigma$ *liegen, und deren Werthe auf* $\sigma$ *constant sind; doch sind all diese Potentiale von der Form:*

$$(37) \qquad \mathsf{P}_a = M\Pi_a ,$$

*wo* $M$ *eine willkührliche Constante bezeichnet, während* $\Pi_a$ *das Potential der natürlichen Belegung vorstellt.*

**Der Existenzbeweis für diejenige Function, von welcher das Theorem $A^{abs.}$ handelt.**

Man kann das Theorem $A^{abs.}$ so aussprechen: *Sollen die ein Potential* $W_a$ *erzeugenden Massen auf oder innerhalb* $\sigma$ *liegen, und sollen ferner die* $W_s$ *vorgeschriebene Werthe* $F_s$ *besitzen:*

$$(38) \qquad W_s = F_s ,$$

*so sind hierdurch sämmtliche Werthe* $W_a$ *eindeutig bestimmt, — ausser im singulären Fall.*

Um zu zeigen, dass ein diesen Anforderungen entsprechendes Potential $W_a$ stets existirt, setze man:

$$(39) \qquad W_a = U_a - K\Pi_a ,$$

wo $U_a$, $\Pi_a$ die bereits berechneten Potentiale (27), (34) sein sollen, während $K$ eine noch disponible Constante vorstellt. Alsdann wird:

$$(40) \qquad W_s = U_s - K\Pi_s .$$

Nun haben aber $U_s$, $\Pi_s$ nach (27), (34), falls man die in jenen Formeln enthaltenen Constanten mit $\mathsf{B}$, $\Gamma$ bezeichnet, die Werthe:

$$U_s = F_s + \mathsf{B},$$
$$\Pi_s = \Gamma .$$

Somit erhält man:

$$(41) \qquad W_s = F_s + \mathsf{B} - K\Gamma .$$

Folglich wird $W$ allen gestellten Anforderungen Genüge leisten, sobald man jene noch disponible Constante $K = \frac{\mathsf{B}}{\Gamma}$ setzt, was nur im singulären Fall: $\Gamma = 0$ zu Unzuträglichkeiten führen könnte. — Somit ist dargethan, *dass, abgesehen von diesem singulären Fall, ein den gestellten Anforderungen entsprechendes Potential W stets existirt,* immer vorausgesetzt, dass die gegebene Curve oder Fläche $\sigma$ *zweiten Ranges* und *keine zweisternige* ist, und dass die vorgeschriebenen Werthe $F$ auf $\sigma$ *stetig* sind.

### Der Existenzbeweis für diejenige Function, von welcher das Theorem $J^{abs.}$ handelt.

Das Theorem $J^{abs.}$ lautet: *Sollen die ein Potential $V_i$ erzeugenden Massen auf oder innerhalb $\sigma$ liegen, und sollen ferner die $V_s$ irgend welche vorgeschriebenen Werthe $f_s$ besitzen:*

$$V_s = f_s, \tag{42}$$

*so sind hierdurch sämmtliche Werthe $V_i$ eindeutig bestimmt.*

Um die Existenz dieses Potentiales nachzuweisen, sind, von den vorgeschriebenen Werthen $f$ aus, wiederum die in (30) angegebenen Functionen $W^{(n)}$, $f^{(n)}$ zu bilden, so wie auch die in (31) angegebene Constante $C$. *Alsdann wird,* wie der Verf. zeigt, *allen an das Potential $V$ gestellten Anforderungen entsprochen,* sobald *man setzt:*

$$V_i = C + (W_i - W_i') + (W_i'' - W_i''') + (W_i^{IV} - W_i^{V}) + \cdots \text{ in inf.}, \tag{43}$$

immer vorausgesetzt, dass die gegebene Curve oder Fläche $\sigma$ *zweiten Ranges* und *keine zweisternige* ist, und dass ausserdem die vorgeschriebenen Werthe $f$ auf $\sigma$ *überall stetig* sind.

Das Potential $V$ ist durch (43) dargestellt als das Potential einer *Doppelbelegung*, deren Moment sich leicht angeben lässt. Beiläufig zeigt der Verf., dass man dieses Potential, *abgesehen von der Constanten $C$,* auch ausdrücken kann als das Potential einer auf $\sigma$ ausgebreiteten *einfachen* Belegung, und giebt eine Formel für die betreffende Dichtigkeit (vgl. das Neumann'sche Werk Seite 209; statt $V$ ist dort der Buchstabe $\Omega$ gebraucht).

### Einige elektrostatische und elektrodynamische Aufgaben.

Dass die oben exponirten Methoden von Bedeutung sind für die bekannten *elektrostatischen* Aufgaben, bedarf keiner Erläuterung. Doch zeigt der Verf., dass dieselben auch von Belang sind für gewisse *elektrodynamische* Aufgaben, dass man nämlich vermittelst jener Methoden folgende beiden Probleme zu lösen vermag:

I. *Auf oder ausserhalb $\sigma$ sollen irgend welche Massen ausgebreitet werden, deren Potential $U$ auf der innern Seite von $\sigma$ der Bedingung entspricht:*

$$(44) \qquad \frac{\partial U}{\partial \nu} = f,$$

*wo die f vorgeschriebene Werthe bezeichnen, und ν die innere Normale von σ vorstellt.* (Vgl. das Neumann'sche Werk, Seite 216.)

II. *Auf oder innerhalb σ sollen irgend welche Massen ausgebreitet werden, deren Potential U auf der äussern Seite von σ der Bedingung entspricht:*

$$(45) \qquad \frac{\partial U}{\partial \mathsf{N}} = f,$$

*wo die f vorgeschriebene Werthe bezeichnen, und* N *die äussere Normale von σ repräsentirt.* (Vgl. das Neumann'sche Werk, Seite 218.)

In der einen wie in der andern Aufgabe ist unter σ nach Belieben entweder eine geschlossene *Curve* in der Ebene, oder eine geschlossene *Fläche* im Raum zu verstehen.

## Sechstes Capitel.

### Ueber die von Beer gegebenen approximativen Methoden.

Schon im Jahre 1856 (Pogg. Annal. Bd. 98, Seite 137) hat *Beer* gewisse Reihenentwicklungen gegeben zur Berechnung derjenigen Functionen, von welchen in den Theoremen $A^{add}.$, $A^{abs}.$, $J^{abs}.$ die Rede ist, ohne indess die Convergenz und Brauchbarkeit dieser Entwicklungen einer weiteren Discussion zu unterziehen. Der Verf. gelangt nun zu dem Resultat, dass diese Entwicklungen in der That convergent und gültig sind, falls nur die gegebene Curve oder Fläche σ *zweiten Ranges* und *keine zweisternige* ist.

Um den Unterschied der *Beer*'schen Entwicklungen — gegenüber den *Neumann*'schen — einigermassen zu charakterisiren, sei zunächst bemerkt, dass es sich bei *Beer* — ebenso wie bei *Neumann* — wesentlich um zwei Aufgaben handelt, nämlich:

I. um die Aufstellung einer Function, welche den Bedingungen des Theorems $A^{add}.$, oder (was ziemlich auf dasselbe hinauskommt) denen des Theorems $A^{abs}.$ entspricht;

II. um die Aufstellung einer Function, welche den Bedingungen des Theorems $J^{abs}.$ Genüge leistet.

Vermittelst der *Beer*'schen Methoden ist man *eines* dieser Probleme (gleichgültig welches) zu lösen im Stande, sobald die Lösung des *andern* Problemes bereits vorliegt*); so dass also diese Methoden

*) Speciell bei den *elektrostatischen* Problemen, welche *Beer* hauptsächlich im Auge hatte, wird allerdings diese Voraussetzung in der Regel *erfüllt* sein.

keine wirkliche Lösung der beiden Probleme, sondern immer nur eine Reduction des einen Problems auf das andere darbieten.

**Das Problem der magnetischen Induction.**

Die vom Verf. zur Lösung dieses Problems gegebene Methode, welche der betreffenden *Beer*'schen Methode nahe verwandt sein dürfte, basirt ebenfalls auf der Theorie der Doppelbelegungen. Ohne hierauf näher einzugehen, sei nur mitgetheilt, was der Verf. über das Gültigkeitsgebiet seiner Methode bemerkt. Er sagt:

*Ist der gegebene inducirte Körper begrenzt von einer Fläche $(2N)^{ten}$ Ranges, so wird die in Rede stehende Methode stets convergent und gültig sein, falls nur die Magnetisirungsconstante $K$ des Körpers zur Zahl $N$ in der Beziehung steht:*

$$K < \frac{1}{4\pi(N-1)}.$$

*Ist mithin $N = 1$, die Fläche also zweiten Ranges, so wird die Methode gültig sein für jeden beliebigen Werth von $K$.*

Dabei ist zu beachten, dass die vom Verf. benutzte Magnetisirungsconstante $K$ zu der ursprünglich von *Poisson* eingeführten Magnetisirungsconstanten $k$ in der Beziehung steht:

$$K = \frac{3k}{4\pi(1-k)}.$$

## Siebentes Capitel.

## Weitere Entwicklung der Theorie der Doppelbelegungen.

Bezeichnet $\sigma$ eine Curve oder Fläche mit festgesetzter positiver Seite, und denkt man sich auf $\sigma$ eine Doppelbelegung vom Momente $\mu$ ausgebreitet, so wird, wie schon erwähnt, das Potential dieser Belegung auf irgend einen Punkt $x$ durch folgende Formel dargestellt:

$$W_x = \int \mu (d\sigma)_x, \tag{1}$$

(vgl. dieses Referat Seite 127). Nachdem im vierten Capitel der Verf. die Theorie solcher Doppelbelegungen für *geschlossene* Curven und Flächen behandelt hat, geht er gegenwärtig zu dem Fall über, dass dieselben *ungeschlossen* sind.

Will man, wenn $\sigma$ eine *ungeschlossene Curve* ist, über die Gesammtheit der Potentialwerthe (1) eine anschauliche Vorstellung gewinnen, so hat man vor allen Dingen *zweierlei* Werthsysteme zu unterscheiden, das der $W_s$ und das der $W_t$, indem man sämmtliche

Punkte der ganzen unendlichen Ebene, je nachdem sie *auf* oder *ausserhalb* $\sigma$ liegen, resp. mit $s$ oder $t$ bezeichnet. Denn diese beiden Systeme sind, wie der Verf. zeigt, so gut wie *ohne Zusammenhang*, indem sie fast überall in *unstetiger* Weise zusammenstossen.

Das System der $W_s$, für sich allein betrachtet, ist, wie der Verf. zeigt, längs der gegebenen Curve überall stetig, ausser in den Eckpunkten derselben. Denkt man sich nämlich eine Function $f$ einerseits für die *Endpunkte* $g$, $h$ der Curve, andererseits für *alle übrigen* Punkte $s$ der Curve durch die Formeln definirt:

$$(2) \qquad \begin{aligned} f_g &= W_g, \\ f_s &= W_s + \vartheta_s \mu_s, \\ f_h &= W_h, \end{aligned}$$

so wird diese Function $f$ auf $\sigma$ *allenthalben* stetig sein. Dabei bezeichnet $\vartheta_s$ das supplementare Winkelmass der Curve im Punkte $s$, und $\mu_s$ den daselbst vorhandenen Werth von $\mu$.

Um von dem unstetigen Zusammenstoss der beiden Systeme $W_s$ und $W_t$ eine deutliche Vorstellung zu gewinnen, sind die *Grenzwerthe* der $W_t$, d. i. diejenigen Werthe in Betracht zu ziehen, welche $W_t$ annimmt, sobald der variable Punkt $t$ der Curve $\sigma$ unendlich nahe rückt. Diese Grenzwerthe zerfallen in verschiedene Kategorien. Wir können nämlich erstens den Punkt $t$ einem der beiden *Endpunkte* $g$, $h$ der Curve sich nähern lassen; die in solcher Weise entstehenden Grenzwerthe seien bezeichnet mit $W_{tg}$ resp. mit $W_{th}$. Und andererseits können wir den Punkt $t$ irgend einem *intermediären* $s$ (d. i. einem Punkte $s$, der von den Endpunkten durch irgend welche, wenn auch noch so kleine, Entfernungen getrennt ist) sich nähern lassen; die in solcher Weise entstehenden Grenzwerthe mögen bezeichnet werden mit $W_{ts}$.

Der Verf. zeigt, dass, entsprechend den unendlich vielen Richtungen, in welchen die Annäherung von $t$ an $g$ erfolgen kann, unendlich viele Grenzwerthe $W_{tg}$ sich ergeben, die aber sämmtlich von der Form sind:

$$(3) \qquad W_{tg} = A + B\Delta,$$

wo $A$, $B$ Constanten sind, während $\Delta$ das *Azimuth der Annäherung*, d. i. denjenigen Winkel bezeichnet, unter welchem die unendlich kleine Linie $gt$ im Punkte $g$ gegen die positive Seite der Curve $\sigma$ geneigt ist. Eine ähnliche Formel gilt natürlich für die $W_{th}$:

$$(4) \qquad W_{th} = A' + B'\Delta',$$

wo $A'$, $B'$, $\Delta'$ analoge Bedeutungen haben.

Was andererseits die den *intermediären* Punkten $s$ entsprechenden Grenzwerthe $W_{ts}$ betrifft, so ergiebt sich, dass dieselben an einer gegebenen Stelle $s$ im Ganzen nur *zwei* Werthe haben, von welchen der eine oder andere zur Geltung kommt, je nachdem die in Rede stehende Annäherung von der *negativen* oder *positiven* Seite (der Curve) erfolgt. Der Verf. bezeichnet diese beiden Werthe mit

$$W_{as} \text{ und } W_{is},$$

indem er den Punkt $t$, je nachdem derselbe von der *negativen* oder *positiven* Seite sich nähert, respective mit $a$ oder $i$ benennt.

Die Resultate, zu denen der Verf. hinsichtlich all dieser Grenzwerthe $W_{tg}$, $W_{th}$ und $W_{ts}$ gelangt, lassen sich schliesslich zusammenfassen in folgenden Sätzen:

*Lässt man den variablen Punkt $t$ irgend einem intermediären Punkt $s$ von der negativen oder positiven Seite sich nähern, und bezeichnet man denselben im erstern Fall mit $a$, im letztern mit $i$, so gelten für die betreffenden Grenzwerthe $W_{as}$ und $W_{is}$ die Formeln:*

$$(5)\qquad \begin{aligned} W_{as} &= (W_s + \vartheta_s \mu_s) - \pi\mu_s, \\ W_{is} &= (W_s + \vartheta_s \mu_s) + \pi\mu_s, \\ \frac{\partial W_{as}}{\partial p} &= \frac{\partial W_{is}}{\partial p}, \end{aligned}$$

*wo $p$ eine beliebig gegebene Richtung vorstellt.*

*Lässt man ferner den variablen Punkt $t$ einem der beiden Endpunkte, z. B. dem Punkte $g$ sich nähern, so gilt für den betreffenden Grenzwerth $W_{tg}$ die Formel:*

$$(6)\qquad W_{tg} = W_g + \mu_g(\pi - \Delta),$$

*wo $\Delta$ das Azimuth der Annäherung, d. i. denjenigen Winkel bezeichnet, unter welchem die unendlich kleine Linie $gt$ im Punkte $g$ gegen die positive Seite der Curve geneigt ist.*

Auf die analogen Betrachtungen im *Raume* (über ungeschlossene Flächen) geht der Verf. nicht näher ein.

## Achtes Capitel.

### Theorie der kanonischen Potentialfunctionen.

Man kann von den *„Potentialfunctionen eines gegebenen Gebietes“* sprechen, indem man — nach dem Vorgange von *Lipschitz* und auch wohl anderer Mathematiker — unter einer solchen Function das Potential irgend welcher Massen versteht, die theils *ausserhalb*, theils *auf der Grenze* des gegebenen Gebietes ausgebreitet sind. Diese

Potentialfunctionen bilden das eigentliche Thema, um welches alle bisherigen Capitel mehr oder weniger sich drehen. So z. B. wird durch die Methode des arithmetischen Mittels (wenigstens in vielen Fällen) die Berechnung derjenigen Potentialfunction eines gegebenen Gebietes ermöglicht, welche auf der Grenze desselben mit daselbst vorgeschriebenen Werthen entweder vollständig oder bis auf eine additive Constante übereinstimmt. Während nun aber bisher jene vorgeschriebenen Werthe immer als *stetig* vorausgesetzt wurden, mag gegenwärtig angenommen werden, dass dieselben *unstetig* seien, und in Ueberlegung gezogen werden, ob vielleicht dieser zweite Fall auf den ersten sich reduciren lasse. Um die Frage genauer zu formuliren, betrachtet der Verf. ein bestimmtes Beispiel.

Es sei $\sigma$ eine stetig gebogene geschlossene Curve, ferner $\mathfrak{J}$ das Gebiet innerhalb $\sigma$, und es sei irgend welche Methode $\mathfrak{M}$ bekannt*), mit Hülfe deren man die Potentialfunctionen des Gebietes $\mathfrak{J}$ für *stetig* gegebene Grenzwerthe wirklich zu berechnen vermag. — Es fragt sich, ob man alsdann jene Potentialfunctionen auch für solche Grenzwerthe $f$ zu bilden im Stande ist, welche auf $\sigma$ in einzelnem Punkte mit *endlichen Differenzen* behaftet, sonst aber stetig sind.

Bildet man, um näher hierauf einzugehen, das diesen $f$ entsprechende Integral:

$$U_x = \frac{1}{\pi}\int f(d\sigma)_x\,,$$

d. i. das Potential einer auf $\sigma$ ausgebreiteten Doppelbelegung vom Momente $\frac{f}{\pi}$, so erkennt man leicht, dass die Werthe $U_s$ von der Unstetigkeit der $f_s$ in keinerlei Weise afficirt, sondern trotzdem *stetig* sind.**) Auch erkennt man, dass die $U_i$ zu den $U_s$ in der Beziehung stehen:

---

*) Eine solche Methode $\mathfrak{M}$ wird z. B. die *Methode des arithmetischen Mittels* sein, falls die Curve $\sigma$ zweiten Ranges und keine zweisternige ist.

**) Um diese Behauptung zu rechtfertigen, bemerke man zunächst, dass das Integral $U_x$, ausführlicher geschrieben, so lautet:

$$U_x = \frac{1}{\pi}\int \frac{f\cos\vartheta\cdot d\sigma}{E}$$

(vgl. dieses Referat, Seite 127). Sodann beschreibe man um irgend einen Punkt $s_0$ der Curve $\sigma$ eine kleine Kreislinie, durch welche $\sigma$ in einen innern Theil $\sigma'$ und einen äussern Theil $\sigma''$ zerfällt, von welchen der erstere, bei hinreichender Kleinheit der Kreislinie, als *geradlinig* betrachtet werden kann; denn die Curve $\sigma$ ist nach gemachter Voraussetzung überall von *stetiger Biegung*. Bildet man nun das Integral $U_x$ für irgend einen auf $\sigma$, und zwar

$$U_{is} = U_s + f_s$$

(vgl. dieses Referat, Seite 130), so dass also die Stetigkeit der $U_s$ sich unmittelbar überträgt auf die $(f_s - U_{is})$. Folglich wird man mit Hülfe der Methode $\mathfrak{M}$ diejenige Potentialfunction $V_i$ des Gebietes $\mathfrak{J}$ zu berechnen im Stande sein, welche auf $\sigma$ die Werthe $(f_s - U_{is})$ besitzt, also der Relation

$$V_{is} = f_s - U_{is}$$

entspricht. Giebt man aber dieser Relation die Gestalt:

$$V_{is} + U_{is} = f_s,$$

so erkent man sofort, dass $(V_i + U_i)$ die eigentlich gesuchte Potentialfunction repräsentirt, nämlich diejenige, deren Grenzwerthe mit den vorgeschriebenen $f$ identisch sind.

Die vorhin aufgeworfene Frage ist also bejahend zu beantworten. Mit andern Worten: *Bezeichnet $\sigma$ eine überall stetig gebogene geschlossene Curve, ferner $\mathfrak{J}$ das Gebiet innerhalb $\sigma$, und ist man im Besitz irgend welcher Methode zur Bildung der Potentialfunctionen des Gebietes $\mathfrak{J}$ für vorgeschriebene stetige Grenzwerthe, so wird man diese Functionen auch für solche Grenzwerthe zu bilden im Stande sein, welche auf $\sigma$ in einzelnen Punkten mit endlichen Differenzen behaftet, sonst aber stetig sind.* — Uebrigens hat der Verf. diesen Satz im gegenwärtigen Capitel mit grösserer Strenge und zugleich auch mit grösserer Allgemeinheit bewiesen, nämlich gezeigt, dass derselbe auch dann in Kraft bleibt, wenn die gegebene Curve $\sigma$ *nicht* stetig gebogen, sondern mit irgend welchen Ecken behaftet ist.

Vor allen Dingen fragt es sich, ob die behandelte Aufgabe eine völlig bestimmte ist, ob also eine Potentialfunction $W_i$ des Gebietes $\mathfrak{J}$ durch Angabe ihrer Grenzwerthe $f$ *eindeutig* bestimmt sei, — immer vorausgesetzt, dass diese $f$ keine anderen Unstetigkeiten haben, als solche, die in einzelnen Differenzpunkten bestehen. Der Verf. zeigt, dass solches der Fall ist, sobald man noch gewisse den einzelnen Differenzpunkten entsprechende Bedingungen hinzufügt. Diese

---

auf $\sigma'$ gelegenen Punkt $s$, so zerfällt dasselbe in zwei Theile, entsprechend den Theilen $\sigma'$ und $\sigma''$:

$$U_s = U_s' + U_s''.$$

Da $\sigma'$ als *geradlinig* betrachtet werden darf, so erkennt man sofort, dass der Winkel $\vartheta$ in allen Elementen des Integrals $U_s'$ gleich $90^0$, mithin $U_s'$ selber gleich 0 ist; und erhält also:

$$U_s = U_s'';$$

woraus ersichtlich, dass $U_s$ bei einer kleinen Bewegung des Punktes $s$ in *stetiger* Weise variirt. W. z. b. w.

*accessorischen* Bedingungen sind leicht angebbar. Bezeichnet nämlich $g$ irgend einen der in Rede stehenden Differenzpunkte, und sind $f_1$ und $f_2$ die in $g$ zusammenstossenden Werthe von $f$, so besteht die dem Punkte $g$ entsprechende *accessorische* Bedingung darin, dass alle innerhalb eines um $g$ beschriebenen kleinen Kreises befindlichen Werthe $W_i$ durch Verkleinerung dieses Kreises theils in das Intervall $f_1 \cdots f_2$ hinein, theils beliebig nahe an dasselbe heranziehbar sind.

Analoges ist zu bemerken für das *ausserhalb* $\sigma$ gelegene Gebiet $\mathfrak{A}$. Um die Behandlung des Gebiets $\mathfrak{A}$ mit der des Gebiets $\mathfrak{J}$ möglichst *conform* zu machen, empfiehlt es sich, den Begriff der Potentialfunction ein wenig zu modificiren. Für diesen modificirten Begriff benutzt der Verf. das Epitheton: „*kanonisch*". Und zwar versteht er unter einer *kanonischen Potentialfunction* des Gebietes $\mathfrak{A}$ oder $\mathfrak{J}$ eine solche, welche abgesehen von einer *additiven Constanten* das Potential irgend welcher ausserhalb oder auf der Grenze des gegebenen Gebiets ausgebreiteter Massen von der Summe *Null* ist.

## Neuntes Capitel.

## Ueber gewisse combinatorische Methoden.

*Murphy* hat bekanntlich eine combinatorische Methode angegeben, durch welche die elektrostatischen Probleme für ein System von beliebig vielen Conductoren auf diejenigen Probleme reducirt werden, welche den *einzelnen* Conductoren entsprechen. Diese Methode beruht im Wesentlichen auf zwei Sätzen, von denen der eine darin besteht,

(1) *dass die auf einem zur Erde abgeleiteten Conductor durch einen elektrischen Massenpunkt* (— 1) *inducirte Vertheilung stets monogen und zwar positiv ist*;

während der andere dahin lautet:

(2) *dass die eben genannte Belegung ihrer Gesammtmasse nach stets kleiner als* 1 *ist.*

Um an diese *Murphy*'sche Methode kurz zu erinnern, mag folgende Aufgabe in Betracht gezogen werden: Zwei resp. von den Flächen $\alpha$ und $\beta$ begrenzte Conductoren sind in solcher Weise mit Elektricität geladen, dass das elektrische Gesammtpotential $V$ auf $\alpha$ den constanten Werth $A$, andererseits auf $\beta$ den Werth *Null* hat. Es sollen für diesen Fall die elektrischen Belegungen der beiden Conductoren, sowie auch diejenigen Werthe ermittelt werden, welche das Potential $V$ in beliebigen Punkten des Raumes besitzt.

Um diese Aufgabe nach der *Murphy*'schen Methode zu behandeln, betrachte man zunächst den Conductor $\alpha$ für sich allein, und bestimme diejenige Belegung $\Delta_\alpha$ dieses Conductors, deren Potential $U$ auf $\alpha$ den vorgeschriebenen constanten Werth $A$ hat, was angedeutet sein mag durch die Formel:

$$U_\alpha = A.$$

Sodann bestimme man diejenige Belegung $\Delta'_\beta$, welche die Belegung $\Delta_\alpha$ auf den Conductor $\beta$ induciren würde, falls derselbe zur Erde abgeleitet wäre. Das Potential $U'$ dieser Belegung $\Delta'_\beta$ wird alsdann auf $\beta$, abgesehen vom entgegengesetzten Vorzeichen, identisch sein mit $U$, was angedeutet werden mag durch

$$U'_\beta = - U_\beta.$$

Hierauf bestimme man diejenige Beliegung $\Delta''_\alpha$, welche durch die Belegung $\Delta'_\beta$ auf dem Conductor $\alpha$ hervorgerufen werden würde, falls derselbe zur Erde abgeleitet wäre. Das Potential $U''$ dieser Belegung $\Delta''_\alpha$ wird alsdann auf $\alpha$, abgesehen vom entgegengesetzten Vorzeichen, identisch mit $U'$ sein, also der Formel entsprechen:

$$U''_\alpha = - U'_\alpha.$$

Durch Fortsetzung dieses Verfahrens ergiebt sich folgendes System von Formeln:

$$(3) \qquad \begin{array}{ll} U_\alpha = A, & U'_\beta = - U_\beta, \\ U''_\alpha = - U'_\alpha, & U'''_\beta = - U''_\beta, \\ U^{\text{IV}}_\alpha = - U'''_\alpha, & U^{\text{V}}_\beta = - U^{\text{IV}}_\beta, \\ \cdots\cdots & \cdots\cdots \end{array}$$

Und mit Hülfe dieser Formeln erkennt man leicht, dass das *eigentlich gesuchte Potential $V$* den Werth hat:

$$(4) \qquad V = U + U' + U'' + U''' + \cdots \text{ in inf.};$$

denn aus jenen Formeln (3) folgt sofort, dass $V$ auf $\alpha$ den Werth $A$, andererseits auf $\beta$ den Werth *Null* hat. Zugleich erkennt man, dass die *gesuchten Belegungen* $\mathsf{E}_\alpha$ und $\mathsf{E}_\beta$ der beiden Conductoren die Werthe haben*):

$$(5) \qquad \begin{array}{l} \mathsf{E}_\alpha = \Delta_\alpha + \Delta''_\alpha + \Delta^{\text{IV}}_\alpha + \cdots \text{ in inf.}, \\ \mathsf{E}_\beta = \Delta'_\beta + \Delta'''_\beta + \Delta^{\text{V}}_\beta + \cdots \text{ in inf.} \end{array}$$

Auch erkennt man, und zwar mit Hülfe der Sätze (1), (2), dass die Reihen (5) unter allen Umständen *convergent* sind, und dass also Gleiches auch gilt von der Reihe (4).

---

*) Es bedarf wohl kaum der Bemerkung, dass die Grössen $\Delta$, $\mathsf{E}$ die *Dichtigkeiten* der in Rede stehenden Belegungen sein sollen.

*Diese Murphy'sche Methode ist auf die analogen Probleme der Ebene nicht mehr anwendbar, weil die Sätze* (1), (2), wie der Verf. zeigt, *daselbst unrichtig werden.* Aus diesem Grunde entwickelt der Verf. eine etwas andere Methode, welche von diesem Uebelstande frei ist, nämlich in ganz conformer Weise Anwendung findet auf die Probleme des Raumes, wie auf die der Ebene.

Ausserdem giebt der Verf. eine im Ganzen ähnliche Methode (oder vielmehr *zwei* solche Methoden) für den Fall an, dass die beiden Flächen $\alpha$ und $\beta$ *einander schneiden.* Es handelt sich alsdann, falls z. B. $\alpha$ und $\beta$ Kugelflächen sind, um die Lösung der elektrischen Probleme für den von diesen beiden Kugelflächen begrenzten *linsen*förmigen Körper.

## Anhang.

## Erweiterung einiger Untersuchungen von Green und Thomson.

Dieser Anhang enthält, wie schon aus der Ueberschrift hervorgeht, zwei ziemlich differente Betrachtungen.

### Die Green'sche Function und die Green'sche Massenbelegung.

Repräsentirt $\sigma$ eine geschlossene Curve oder Fläche, und $j$ einen festen Punkt *innerhalb* $\sigma$, so versteht man bekanntlich unter der *Green'schen Massenbelegung* von $\sigma$ diejenige, welche mit Bezug auf alle *äussere* Punkte äquipotential ist mit einer in $j$ concentrirten Masse Eins. Gleichzeitig versteht man unter der *Green'schen Function* das Potential der genannten Massenbelegung auf irgend welchen innern Punkt $i$. Der Verf. bezeichnet die Dichtigkeit jener Belegung in irgend einem Punkte $\sigma$ und den Werth der *Green*'schen Function für den Punkt $i$ respective mit $\eta_\sigma$ und $G_i$ oder (weil beide Grössen abhängig sind von dem anfangs gewählten festen Punkte $j$) mit $\eta_\sigma^j$ und $G_i^j$.

In analoger Weise kann man von derjenigen *Green'schen Belegung* und *Green'schen Function* sprechen, welche einem festen Punkte $\alpha$ *ausserhalb* $\sigma$ entsprechen. In diesem Falle bezeichnet der Verf. den Werth der Dichtigkeit in einem Punkte $\sigma$, und den Werth der genannten Function in irgend einem *äussern* Punkte $a$ resp. mit $\eta_\sigma^\alpha$ und $G_a^\alpha$.

Solches festgesetzt, ist bekanntlich (wie wenigstens für den Fall des *Newton*'schen Potentials schon *Green* gezeigt hat):

$$(1) \qquad G_i^j = G_j^i \quad \text{und} \quad G_a^\alpha = G_\alpha^a;$$

so dass man diese Functionen einfacher mit $G_{ij}$ und $G_{a\alpha}$ benennen kann.

Der Verf. zeigt nun, dass für die *Green*'schen Belegungen $\eta_\sigma^j$ und $\eta_\sigma^\alpha$ gewisse Sätze gelten, die vollständig analog demjenigen sind, der früher — unter dem Namen des erweiterten *Gauss*'schen Satzes — von ihm aufgestellt wurde mit Bezug auf die *natürliche* Belegung $\gamma_\sigma$.

Um näher hierauf einzugehen, sei $V$ das Potential eines beliebigen Massensystems, dessen einzelne Massenelemente, je nachdem sie *ausserhalb* oder *innerhalb* $\sigma$ liegen, respective mit $m$ oder $\mu$ bezeichnet werden mögen. Es sei also für einen beliebigen Punkt $x$:

$$V_x = \sum (\mu T_{\mu x}) + \sum (m T_{m x}), \tag{2}$$

wo $T$ die früher (Seite 110 dieses Referates) festgesetzte Bedeutung hat. Alsdann drückt jener erweiterter *Gauss*'sche Satz (vgl. Seite 122 dieses Referates) sich durch die Formel aus:

$$\int V_\sigma \gamma_\sigma \, d\sigma = \sum (m \Pi_m) + \sum (\mu \Gamma). \tag{3}$$

Und in analoger Weise stellen die neuen Sätze für die *Green*'schen Belegungen sich durch folgende Formeln dar:

$$\int V_\sigma \eta_\sigma^\alpha \, d\sigma = \sum (m G_{m\alpha}) + \sum (\mu T_{\mu\alpha}), \tag{4}$$

$$\int V_\sigma \eta_\sigma^j \, d\sigma = \sum (m T_{mj}) + \sum (\mu G_{\mu j}). \tag{5}$$

Sind die $m$ sämmtlich *Null*, so verschwindet in Gleichung (4) auf der rechten Seite das erste Glied, während das zweite mit Rücksicht auf (2) in $V_\alpha$ übergeht; so dass man zu der bekannten Formel gelangt:

$$\int V_\sigma \eta_\sigma^\alpha \, d\sigma = V_\alpha. \tag{4. a}$$

Und sind andererseits die $\mu$ sämmtlich *Null*, so verschwindet in Gleichung (5) auf der rechten Seite das zweite Glied, während das erste, mit Rücksicht auf (2), in $V_j$ übergeht; so dass man die ebenfalls bekannte Formel erhält:

$$\int V_\sigma \eta_\sigma^j \, d\sigma = V_j. \tag{5. a}$$

Uebrigens sind die Eigenschaften der *Green*'schen Belegungen in der *Ebene* und im *Raume*, d. h. in der Theorie des Logarithmischen und des *Newton*'schen Potentials *nicht* durchweg einander entsprechend. So sind z. B. sämmtliche Werthe der Function $\eta_\sigma^\alpha$ im *Raume* positiv, *nicht* aber in der *Ebene*. Ferner ist die Gesammtmasse der Belegung $\eta_\sigma^\alpha$ (welche sich ausdrückt durch das Integral $\int \eta_\sigma^\alpha \, d\sigma$) im *Raume* stets kleiner als Eins, höchstens gleich Eins, *nicht* aber in der *Ebene*.

Andererseits sind die Werthe der Function $\eta_\sigma^j$, im Raume wie in der Ebene, sämmtlich positiv. Auch ist die Gesammtmasse der Belegung $\eta_\sigma^j$ (d. i. das Integral $\int \eta_\sigma^j \, d\sigma$), im Raume wie in der Ebene, stets gleich Eins.

**Thomson's Methode der reciproken Radien.**

Der Verf. zeigt, dass diese Methode nicht nur für das *Newton*'sche Potential im Raume, sondern ebenso auch für das Logarithmische Potential in der Ebene wichtige Resultate ergiebt. Auch theilt der Verf. beiläufig einen neuen Satz über *correspondirende Kugelflächen* mit.

Um auf diesen letztern näher einzugehen, bezeichne $(o, H)$ eine gegebene Kugelfläche vom Centrum $o$ und Halbmesser $H$. Lässt man nun von $o$ einen Strahl ausgehen, und markirt auf demselben irgend zwei der Relation

$$(1) \qquad (o x)(o \xi) = H^2$$

entsprechende Punkte $x$, $\xi$, so heisst bekanntlich jeder von diesen beiden Punkten das *Spiegelbild* des andern in Bezug auf die Kugel $(o, H)$. Auch pflegt man zwei solche Punkte kurzweg *correspondirende* oder *conjugirte* Punkte zu nennen. — Sind zwei Paare correspondirender Punkte $x$, $\xi$ und $y$, $\eta$ gegeben, so ist nach (1):

$$(2) \qquad (o x)(o \xi) = (o y)(o \eta) = H^2,$$

und folglich

$$(3) \qquad \Delta(o x y) \sim \Delta(o \eta \xi).$$

Aus der Aehnlichkeit dieser Dreiecke folgt sofort:

$$(4) \qquad \frac{(x y)}{(\xi \eta)} = \frac{(o x)}{(o \eta)} = \frac{(o y)}{(o \xi)} = \sqrt{\frac{(o x)(o y)}{(o \xi)(o \eta)}}.$$

Der Verf. zeigt nun, dass diese Relationen (4) gültig bleiben*), wenn man die Punkte $y$, $\eta$ durch zwei *einander correspondirende Kugelflächen* $s$, $\sigma$ ersetzt, dass nämlich die Formeln gelten:

$$(5) \qquad \frac{(x s)}{(\xi \sigma)} = \frac{(o x)}{(o \sigma)} = \frac{(o s)}{(o \xi)} = \sqrt{\frac{(o x)(o s)}{(o \xi)(o \sigma)}};$$

nur sind in diesem Fall unter $(o s)$, $(x s)$ und $(o \sigma)$, $(\xi \sigma)$ die von den Punkten $o$, $x$, $\xi$ an $s$ resp. $\sigma$ gelegten *Tangenten* zu verstehen, jede Tangente gerechnet von ihrem Ausgangspunkt bis zum Berührungspunkt.

---

*) Ein sehr einfacher *geometrischer* Beweis dieses Satzes ist kürzlich von *H. E. Grassmann* gegeben worden (Ber. d. Kgl. Sächs. Ges. d. Wiss. 1877, Seite 133).

Leipzig. C. Neumann.

**Paul Gordan: Ueber die Auflösung der Gleichungen 5. Grades.**

Für die Auflösung der Gleichungen 5. Grades war ursprünglich der Gesichtspunkt massgebend, aus denselben durch rationale Transformation möglichst viele Glieder wegzuschaffen. Die Herstellung solcher Formen, der Tschirnhausen'schen und der Jerrard'schen*), wo 3 Glieder herausgeschafft sind und in nur 3 noch 1 wesentlicher Coefficient übrig bleibt, erfordert aber beschwerliche Rechnungen; einfacher aber weniger weit gehend ist die Herausschaffung von nur 2 Gliedern. Daher hat sich weiterhin der Gesichtspunkt geltend gemacht, solche transformirte Gleichungen oder solche Resolventen aufzustellen, deren Coefficienten von möglichst wenig Parametern abhängen, nämlich von 2 oder einem. Besonders sind es Gleichungen 6. Grades, die von Brioschi Jacobi'sche Gleichungen**) genannt worden sind, auf welche die Theorie hingewiesen hat.

Den Anstoss zu diesen Betrachtungen gab eine Bemerkung Galois, dass die Modulargleichung 6. Grades der Transformation 5. Grades der elliptischen Functionen eine Resolvente 5. Grades besitzt. Hermite hat Comptes Rendus 1858 diese Resolvente 5. Grades wirklich aufgestellt; es ergab sich gerade die Jerrard'sche Form. Durch dieselbe Betrachtung werden auch gewisse Jacobi'sche Gleichungen auf die Jerrard'sche Form zurückgeführt.

In der Theorie der elliptischen Functionen kommen eine Anzahl von Ausdrücken vor, vor Allem der Multiplicator, welche Jacobi'schen Gleichungen genügen (vgl. Jacobi, Crelle 3).

Den Herren Brioschi und Kronecker ist es gelungen die allgemeinen Jacobi'schen Gleichungen sowohl, die 2 wesentliche Parameter besitzen, als auch die speciellen mit nur einem, mittelst elliptischer Functionen zu lösen. Damit ist aber der Weg zur Lösung der Gleichungen 5. Grades gewiesen. Kronecker führt die Lösung der allgemeinen Gleichung 5. Grades auf eine specielle Jacobi'sche zurück. Brioschi führt ausserdem für die Jacobi'schen Gleichungen Resolventen 5. Grades ein, unter andern die Jerrard'sche, in welche man die Gleichungen 5. Grades transformiren kann. Aber die nöthigen Eliminationen werden entweder nur angedeutet oder sind sehr verwickelt.

---

*) Dieselbe hat die Form:

$$x^5 + ax + b = 0.$$

**) Zwischen den Quadratwurzeln der Wurzeln dieser Gleichungen finden 3 lineare Relationen statt.

Ein Fortschritt knüpft an die Untersuchungen von Klein über das Icosaeder an (Ann. Bd. IX). Unter den Resolventen der Icosaedergleichung giebt es zunächst die specielle Jacobi'sche Gleichung, mit deren Hülfe Kronecker die allgemeinen Gleichungen 5. Grades auflöst und eine Gleichung 5. Grades wie sie Brioschi hat. Klein hat nun, im Verkehr mit mir auf den Gesichtspunkt hingewiesen, diesen Zusammenhang benutzt, um die allgemeine Jacobi'sche Gleichung auf zwei Icosaedergleichungen oder auch auf eine zurückzuführen und in Folge dessen auch die Wurzeln der Gleichung

$$x^5 + ax^2 + bx + c = 0$$

durch Icosaederfunctionen ausgedrückt. Eine solche Darstellung ist in conciser Form auch in meiner Note (Erlanger Berichte, Juni 1872) enthalten, aber in der vorliegenden Arbeit systematischer abgeleitet und in noch einfacherer Form gegeben. Zugleich ist die Zurückführung auf specielle Formen 5. Grades, auch auf die Jerrard'sche geleistet.

Ich fasse in meiner Arbeit die Auflösung der Gleichungen 5. Grades als specielle Anwendung einer allgemeinen Invariantentheorie der Icosaedersubstitutionen auf; dieselbe bildet die ersten beiden Theile meines Aufsatzes. Die Auflösung der Gleichung 5. Grades selbst im 3. Theile stellt sich so einfach dar, dass einer praktischen Verwendung der Formeln keine Schwierigkeit mehr im Wege steht.

Der Inhalt des 1. Theils ist der folgende: Ich behandle die 120 linearen Icosaedersubstitutionen, durch welche die Form (das Icosaeder):

$$\gamma_1 = y_1^{11} y_2 + 11 y^6 y_2^6 - y_1 y_2^{11}$$

in sich übergeht, in der von Klein im 12. Bd. der Math. Ann. gegebenen Form. Zu jeder dieser 120 Substitutionen gehört eine andere desselben Systems, welche aus ihr entsteht, wenn man $\left(\varepsilon = \cos\frac{2\pi}{5} + i\sin\frac{2\pi}{5}\right)$ durch $\varepsilon^2$ ersetzt. Diese zugehörigen Substitutionen wende ich auf andere Variable an und stelle mir nunmehr die Aufgabe:

Alle in den $x$ und $y$ homogenen Functionen zu finden, die sich bei gleichzeitiger Anwendung entsprechender Substitutionen nicht ändern. Diese Functionen nenne ich Icosaederformen. Zu ihnen gehört zunächst $\gamma_1$, ferner deren Hessische Form $\gamma_2$ und die Functionaldeterminante $\gamma_3$; sowie die Formen $\gamma^1$, welche aus den $\gamma$ dadurch hervorgehen, dass man $y_1$, $y_2$, $x_1$, $x_2$

durch $x_1$, $x_2$, $-y_2$, $y_1$ ersetzt. Diese Operation bezeichne ich durch Vertauschung von $x$ mit $y$.

Es ist das vollständige System zu suchen, aus dem sich alle Icosaederformen als ganze Functionen zusammensetzen lassen. Dazu gehören die $\gamma$ und $\gamma^1$.

Zunächst bestimme ich nun diejenige Form, welche in beiden Variabelpaaren möglichst niedrigen Grades ist:

$$f = y_1^3 x_1^2 x_2 + y_1^2 y_2 x_2^3 + y_1 y_2^2 x_1^3 - y_2^3 x_1 x_2^2$$

Um die übrigen Formen zu finden ist, da die $x$ und $y$ verschiedenen Substitutionen gleichzeitig unterworfen werden, eine Ausdehnung der Bildungsprozesse von Covarianten erforderlich. Es muss gleichzeitig in Bezug auf die $x$ und in Bezug auf die $y$ überschoben werden. Hierdurch findet man die folgenden einfachsten Covarianten von $f$:

$$\begin{aligned}
\varphi &= \frac{9}{4}(f,f)_{1,1} = y_1^4 x_1 x_2^3 - y_1^3 y_2 x_1^4 - 3 y_1^2 y_2^2 x_1^2 x_2^2 \\
&\qquad + y_1 y_2^3 x_2^4 + y_2^4 x_1^3 x_2 \\
\psi &= 12(f,\varphi)_{1,1} = y_1^5(x_1^5 + x_2^5) - 10 y_1^4 y_2 x_1^3 x_2^2 + 10 y_1^3 y_2^2 x_1 x_2^4 \\
&\qquad + 10 y_1^2 y_2^3 x_1^4 x_2 + 10 y_1 y_2^4 x_1^2 x_2^3 + y_2^5(-x_1^5 + x_2^5) \\
\Theta &= 4(f,\varphi)_{3,0} = x_2 y_1^7 - 7 x_1 y_1^5 y_2^2 - 7 x_2 y_1^2 y_2^5 - x_1 y_2^7 \\
\tau &= \frac{9}{2}(f,f)_{2,0};\ (f,\tau)_{1,0};\ (f,\varphi)_{1,0},\ \gamma_1,\ (f,\psi)_{1,0},\ (\varphi,\varphi)_{2,0},
\end{aligned}$$

welche ich durch $U$ bezeichne, während ich die Formen $U'$ nenne, welche aus ihnen durch Vertauschung von $x$ mit $y$ hervorgehen. Unter den $U$ ist $\Theta$, als linear, ausgezeichnet. Ich benutze sie und die ihr entsprechende $\Theta'$ zur Anordnung des Systems und beweise den Satz:

Alle Formen des Systems sind unter folgenden enthalten:

$$U,\ U',\ \left(U,\Theta^s\right)_{s,0},\ \left(U'\ \Theta'^s\right)_{0,s},$$

wo die letzteren Ueberschiebungen bedeuten.

Sondert man die überflüssigen Formen ab, so erhält man das System; es besteht aus 36 Formen, sie bilden gleichzeitig das Formensystem von $f$. Diejenigen Icosaederformen, welche in $x$ und $y$ denselben Grad haben, sind ganze Functionen von $f$, $\varphi$, $\psi$, $\Delta$

$$\Delta = \Theta\left(f,\tau'\right)_{0,1} - \Theta'\left(f,\tau\right)_{1,0},$$

die unter ihnen, welche sich bei Vertauschung von $x$ und $y$ nicht ändern, von $f$, $\varphi$, $\psi$ allein; zu letzteren gehört auch $\Delta^2$.

Die Theorie dieser Formen vervollständige ich durch Aufstellung der associirten Formen, durch welche sich alle übrigen rational darstellen lassen. Es sind diess $f$, $\varphi$, $\psi$, $\frac{\tau}{\Theta}$, $\frac{(f,\tau)_{1,0}}{\Theta} = c$. Zwischen ihnen besteht die Relation:

$$Lc^2 - Mc + N = 0$$

wo:

$$L = f\psi - 8\varphi^2$$
$$M = 9f^2\varphi - \frac{1}{3}\psi^2$$
$$N = -27f^4 - 8\varphi^3 + 9f\varphi\psi$$
$$\Delta^2 = LN - M^2.$$

Der 2. Theil des Aufsatzes beschäftigt sich mit einer Untergruppe der Icosaedersubstitutionen, welche dem Tetraedertypus angehört. Man hat wieder 3 Formen $g_1$, $g_2$, $g_3$ in den $y$ allein, welche durch die Gruppe in sich übergehn, und die durch Vertauschung aus ihnen entstehenden $g'$. Unter den Tetraederformen in $x$ und $y$ befindet sich eine bilineare

$$\chi = -y_1(x_1 + x_2) + y_2(x_1 - x_2).$$

Das System der Tetraederformen besteht aus den $g$ und den Ueberschiebungen $(g, \chi^s)_{0,s}$; zur rationalen Darstellung genügen wieder 5 Formen.

Da die Icosaederformen zugleich Tetraederformen sind, so sind sie durch dieses System als ganze Functionen darstellbar. Man kann $f$, $\varphi$, $(f,\varphi)_{1,0}$, $(f,\varphi)_{0,1}$ so ausdrücken und daher unser Tetraederformensystem durch die Formen ersetzen:

$$f, \varphi, V = ((f,\varphi)_{1,0}, \chi)_{0,1} - ((f,\varphi)_{0,1}, \chi)_{1,0}, (f,\chi^s)_{s,0}, (f,\chi^s)_{0,s},$$
$$(\varphi,\chi)^s_{s,0}, (\varphi,\chi)^s_{0,s}, (V,\chi^s)_{s,0}, (V,\chi^s)_{0,s}$$

Durch diese kann man alle Icosaeder- und Tetraederformen als ganze Functionen darstellen, z. B.: $\psi = -\chi^5 - 5f\chi^2 + 5\varphi\chi$. Durch $f$, $\varphi$, $\chi$, $c$, $(f,\chi)_{1,0}$ sind alle Tetraederformen rational ausdrückbar, die von gleichem Grade in $x$ und $y$ durch $f$, $\varphi$, $\chi$, $c$ allein.

Um diese Entwicklung zur Lösung einer Gleichung 5. Grades zu verwerthen, transformire ich dieselbe zunächst in die Gleichung:

I. $$\chi^5 + 5f\chi^2 - 5\varphi\chi + \psi = 0$$

Ihre 5 Wurzeln $\chi'_\nu$

$$\chi_\nu = -\varepsilon^\nu x_1 y_1 + \varepsilon^{2\nu} x_1 y_2 - \varepsilon^{3\nu} x_2 y_1 - \varepsilon^{4\nu} x_2 y_2$$

erhält man aus $\chi$ durch Icosaedersubstitutionen und ihre Discriminante ist $\Delta^2$. Die Icosaederfunction $\frac{y_1}{y_2}$ findet man aus dem Icosaederparameter $\frac{\gamma_1^5}{\gamma_2^3}$, welcher rational in $f$, $\varphi$, $\psi$, $c$ ist, und sodann die $x_i y_k$ aus 2 linearen Covarianten. — Ein etwas andrer Weg zur Aufsuchung der $\chi_\nu$, ist die Transformation der Gleichung I auf die Brioschi'schen Normalformen, die hier als Resolventen des Icosaeders auftreten. So existiren für:

$$u = \frac{g_1}{\sqrt{\gamma_1}}; \quad v = \frac{g_2 \gamma_1}{\gamma_2}; \quad w = \frac{g_1 g_2 \gamma_1^3}{\gamma_2 \gamma_3}$$

die Gleichungen:

$$u^5 - 10u^3 + 45u - \frac{\gamma_3}{\gamma_1^{2\frac{1}{2}}} = 0$$

$$\frac{\gamma_2^3 v^5}{\gamma_1^5} - 40v^2 + 5v - 1 = 0$$

$$\frac{\gamma_2^3}{\gamma_1^5} w^5 - 5\frac{\gamma_3^2}{\gamma_1^5} w^2 - 135\frac{\gamma_3^4}{\gamma_1^{10}} w - \frac{\gamma_3^8}{\gamma_1^{20}} = 0$$

und zwischen $u$, $v$, $w$ und $\chi$ bestehen die Relationen:

$$\chi = \frac{A + u\sqrt{B}}{3 - u^2}; \quad v = \frac{1}{u^2 - 3}; \quad w = \frac{v^3}{24v^2 - 4v + 1},$$

wo $$A = -\frac{8f\varphi + 3c\psi}{f^2 + 3c\varphi} \qquad B = \frac{-8\varphi^2 + f\psi}{f^2 + 3c\varphi}.$$

In den letzten §§ meiner Arbeit ist die Gleichung I auf die Jerrard'sche Form zurückgeführt worden, welche von Hermite durch elliptische Functionen gelöst wurde. Diese Jerrard'sche Form ist nicht unmittelbar eine Icosaeder-Resolvente; sondern unter den Gleichungen $\chi^5 + 5f\chi^2 - 5\varphi\chi + \psi = 0$, welche auf dieselbe Icosaederfunction $\frac{y_1}{y_2}$ führen, befinden sich 3 Jerrard'sche. Diese behandle ich zunächst ebenso wie die ursprünglische und führe sie auf die andern Normalformen in $u$, $v$, $w$ zurück. Die hierbei gewonnenen Formeln benutze ich dann dazu, um umgekehrt die $u$, $v$, $w$ durch die Wurzeln der Jerrard'schen Gleichung auszudrücken. Auf diesem Wege erhalte ich zur Auflösung der Gleichung:

$$\chi_\nu^5 + 5f\chi_\nu^2 - 5\varphi\chi_\nu + \psi = 0$$

folgende Formeln:

1. Zur Zurückführung auf die Jerrard'sche Form

$$h_\nu^5 - 5k'^4 h_\nu - 2k'^4 \frac{1 + k^2}{\sqrt{k}} = 0$$

die Formeln:

$$(f\psi - 8\varphi^2)c^2 - (9f^2\varphi - \tfrac{1}{3}\psi^2)c + \frac{(-27f^4 - 8\varphi^3 + 9f\varphi\psi)}{9} = 0$$

$$A = -\frac{8f\varphi + 3c\psi}{f^2 + 3c\varphi}$$

$$B = \frac{-8\varphi^2 + f\psi}{f^2 + 3c\varphi}$$

$$C = \frac{-8\varphi^3 + 9f\varphi\psi + 3c\psi^2}{f^2 + 3c\varphi};$$

$$D = \frac{AB^2 + 3cAB + 30fB}{\varphi}$$

$$\frac{-16(1 + 14k^2 + k^4)^3}{k^2 k'^8} = \frac{(A^2 - 3B)^3}{C}.*)$$

2. Zur Auflösung der Jerrard'schen Form (nach Hermite):

$$\sqrt[4]{k} = \sqrt{2}\,\sqrt[8]{q}\,\frac{\sum_{-\infty}^{\infty} q^{2m^2+m}}{\sum_{-\infty}^{\infty} q^{m^2}} = \varphi(\omega)$$

$$h_\nu = 2\sqrt{5}\,\sqrt[4]{k}\left(\varphi(5\omega) + \varphi\left(\frac{\omega + 16\nu}{5}\right)\right)\left(\varphi\left(\frac{\omega + 16(\nu+1)}{5}\right)\right.$$

$$\left. - \varphi\left(\frac{\omega + 16(\nu+4)}{5}\right)\right)\left(\varphi\left(\frac{\omega + 16(\nu+2)}{5}\right) - \varphi\left(\frac{\omega + 16(\nu+3)}{5}\right)\right)$$

und endlich:

$$\chi_\nu = \left\{\begin{array}{l} -\dfrac{Ak}{4}\cdot\dfrac{1}{1 + 14k^2 + k^4}\left\{2\,\dfrac{1+k^2}{\sqrt{k}}\,h_\nu + 4\sqrt{k}\,\dfrac{h_\nu^3 + 2kh_\nu}{2h_\nu\sqrt{k} + k^2 + 1}\right\} \\ \qquad\qquad\qquad\qquad - \dfrac{Dk^2k'^4}{4}. \\ \dfrac{1}{(1 + 14k^2 + k^4)(1 - 34k^2 + k^4)}\left\{3\,\dfrac{\sqrt{k}}{1+k^2}\,h_\nu - \dfrac{1}{2\sqrt{k}}\cdot\dfrac{h_\nu^3 + 2kh_\nu}{2h_\nu\sqrt{k} + k^2 + 1}\right\} \end{array}\right.$$

Bei dieser Auflösung der Gleichungen 5. Grades habe ich weder die Existenz der drei Jerrard'schen Formen verwerthet, noch die der beiden Wurzeln der Gleichung für $c$, noch endlich die Beziehungen, welche sich aus den Jacobi'schen Gleichungen ergeben.

Erlangen. P. Gordan.

---

*) Diese Formel ist algebraisch lösbar.

**J. Lüroth. Ueber cyclisch-projectivische Punktgruppen in der Ebene und im Raume.** Math. Ann. Bd. XIII.

Die Aufgabe, welche in der obigen Arbeit gelöst ist, besteht in der Aufsuchung einer Gruppe von $n$ reellen Punkten $a_1, a_2, a_3 \ldots a_n$ der Ebene oder des Raumes, die so liegen, dass es eine projectivische Umformung der Ebene resp. des Raumes giebt, welche die Punkte der Gruppe cyklisch vertauscht. Es werden zuerst diejenigen Elemente bestimmt, welche bei einer solchen Transformation sich nicht ändern, woran sich dann die Aufsuchung der Punktgruppe schliesst. Es ergeben sich die Resultate: dass bei einer Ebene alle Punkte der Gruppe auf einer Geraden oder auf einem Kegelschnitte liegen müssen, dass sie dagegen im Raume auf einer Geraden, oder auf einer Ebene (und in dieser auf einem Kegelschnitte), oder auf zwei Ebenen (nur bei geradem $n$) und gleichzeitig auf zwei Kegeln, oder endlich auf einem Hyperboloid mit einer Mantelfläche liegen können.

Karlsruhe. Lüroth.

---

**L. Koenigsberger: Ueber algebraische Beziehungen zwischen den Integralen verschiedener Differentialgleichungen.** (Borchardt's Journal für Mathematik. Bd. 84.)

Bekanntlich hat Liouville nachgewiesen, dass, wenn Abel'sche Integrale von der Form

$$\int y\,dx,$$

worin $y$ eine algebraische Function von $x$ bedeutet, auf algebraische Functionen und niedere Transcendente reducirbar sind, in die Reductionsformel die logarithmischen Functionen nur additiv und mit Constanten multiplicirt eintreten, die Argumente dieser Logarithmen nur algebraische Functionen von $x$ sind, und Exponentialfunctionen in dieser Reduction gar nicht vorkommen können, dass also die allgemeine Beziehung die von Abel der weiteren Transformation zu Grunde gelegte Form annimmt

$$\int y\,dx = u + A_1 \log v_1 + A_2 \log v_2 + \cdots + A_n \log v_n,$$

in welcher $u, v_1, v_2, \ldots v_n$ algebraische Functionen von $x$, und $A_1, A_2 \ldots A_n$ constante Grössen bedeuten.

Als ich zum Zwecke einer Untersuchung, welche die Reduction hyperelliptischer Integrale auf algebraisch-logarithmische Functionen, elliptische Integrale und hyperelliptische Integrale niederer Ordnung zum Gegenstande hatte, den Satz von Liouville auf diese Klasse von Transcendenten auszudehnen suchte, bemerkte ich, dass derselbe in einem functionentheoretischen Satze viel allgemeinerer Natur seinen Ursprung hat und der Theorie der algebraischen Differentialgleichungen angehört. Ich stelle in der oben bezeichneten Arbeit den Satz auf:

dass, wenn zwischen einem Integrale $Z$ der Differentialgleichung $m^{\text{ter}}$ Ordnung

$$f\left(x, z, \frac{dz}{dx}, \frac{d^2z}{dx^2}, \cdots \frac{d^mz}{dx^m}\right) = 0$$

und $r$ Integralen

$$Z_1, Z_2, \cdots Z_r$$

des Systems von irreductiblen algebraischen Differentialgleichungen

$$\left(\frac{dz_1}{dx}\right)^{k_1} + \varphi_1(x, z_1, z_2, \cdots z_r)\left(\frac{dz_1}{dx}\right)^{k_1-1} + \cdots$$
$$+ \varphi_{k_1-1}(x, z_1, z_2, \cdots z_r)\frac{dz_1}{dx} + \varphi_{k_1}(x, z_1, z_2, \cdots z_r) = 0$$

$$\left(\frac{dz_2}{dx}\right)^{k_2} + \psi_1(x, z_1, z_2, \cdots z_r)\left(\frac{dz_2}{dx}\right)^{k_2-1} + \cdots$$
$$+ \psi_{k_2-1}(x, z_1, z_2, \cdots z_r)\frac{dz_2}{dx} + \psi_{k_2}(x, z_1, z_2, \cdots z_r) = 0$$

. . . . . . . . . . . . . . . . . . . . . . . . .

$$\left(\frac{dz_r}{dx}\right)^{k_r} + \chi_1(x, z_1, z_2, \cdots z_r)\left(\frac{dz_r}{dx}\right)^{k_r-1} + \cdots$$
$$+ \chi_{k_r-1}(x, z_1, z_2, \cdots z_r)\frac{dz_r}{dx} + \chi_{k_r}(x, z_1, z_2, \cdots z_r) = 0$$

ein algebraischer Zusammenhang

$$(1) \cdots F(x, Z, Z_1, Z_2, \cdots Z_r) = 0$$

besteht, und man setzt — unter der Voraussetzung, dass keine der Grössen $Z, Z_1, Z_2, \cdots Z_r$ selbst algebraisch ist, oder zwischen einigen von ihnen eine algebraische Beziehung existirt — statt der Grössen $Z_1, Z_2, \cdots Z_r$ andere Integrale des Systems von Differentialgleichungen, so wird die algebraische Beziehung (1) noch fortbestehen, wenn für $Z$ ein bestimmtes anderes Integral jener Differentialgleichung $m^{ter}$ Ordnung gesetzt wird.

Ich knüpfe daran die Auseinandersetzung einer Methode zur Untersuchung eines algebraischen Zusammenhanges zwischen Integralen von Differentialgleichungen, stelle Betrachtungen über die allgemeine Transformationsgleichung zwischen Abel'schen Integralen und über das Vorkommen der Abel'schen Umkehrungsfunctionen in derselben an und hebe die Verwendung des obigen Satzes auch für andere Untersuchungen hervor.

Wien. L. Koenigsberger.

---

**L. Koenigsberger: Ueber die Reduction hyperelliptischer Integrale auf elliptische.** (Borchardt's Journal für Mathematik.)

Eine in den „Annales de la société scientifique de Bruxelles" (1. année 1876) erschienene Arbeit von Hermite, die sich mit dem bekannten von Jacobi reducirten hyperelliptischen Integrale erster Ordnung beschäftigt, und in der angeführt wird, dass die beiden hyperelliptischen Integrale

$$\int \frac{dz}{\sqrt{(z^2-a)(8z^3-6az-b)}} \text{ und } \int \frac{z\,dz}{\sqrt{(z^2-a)(8z^3-6az-b)}}$$

sich durch die beiden verschiedenen Substitutionen

$$x = \frac{4z^3-3az}{a} \text{ und } x = \frac{2z^3+b}{3(z^2-a)}$$

auf die beiden verschiedenen elliptischen Integrale

$$\frac{1}{3}\int \frac{dx}{\sqrt{(2ax-b)(x^2-a)}} \text{ und } \frac{1}{2\sqrt{3}}\int \frac{dx}{\sqrt{x^3-3ax-b}}$$

reduciren lassen, war für mich die Veranlassung, das Problem der Reduction der hyperelliptischen Integrale auf elliptische genauer zu untersuchen und einige darauf bezügliche Resultate zu veröffentlichen.

Auf Grund von allgemeinen Sätzen, die ich in einer früheren Arbeit „über die allgemeinsten Beziehungen zwischen hyperelliptischen Integralen" (Borchardt's Journal für Mathematik Bd. 81) aufgestellt habe, konnte ich schliessen, dass, wenn zwischen einem hyperelliptischen Integrale

$$\int^z f(z, \sqrt{R(z)})\, dz,$$

in welchem $R(z)$ ein Polynom $2p+1^{ten}$ Grades bedeutet, hyperelliptischen Integralen niederer Ordnung, elliptischen Integralen und algebraisch-logarithmischen Functionen eine Beziehung besteht, für welche die Graenzen der Integrale und die Argumente der algebraisch-logarithmischen Functionen algebraischen Relationen unterworfen sind, jedenfalls ein zur Irrationalität $\sqrt{R(z)}$ gehöriges hyperelliptisches Integral erster Gattung auf ein Integral erster Gattung, welches den in der Relation vorkommenden elliptischen Integralen zugehörig ist, reducirbar sein muss, und dass, wenn die zu einem der elliptischen Integrale gehörige Irrationalität mit

$$\sqrt{\varphi(x)} = \sqrt{x(1-x)(1-c^2x)}$$

bezeichnet wird,

$$\int^x \frac{dx}{\sqrt{\varphi(x)}} = \int^z \frac{(\alpha + \beta z + \gamma z^2 + \cdots + \pi x^{p-1})\,dz}{\sqrt{R(z)}}$$

sein wird, worin $x$ und $\sqrt{\varphi(x)}$ rational durch $z$ und $\sqrt{R(z)}$ ausdrückbar sind. Es lässt sich sodann leicht nachweisen, dass man das Problem zurückführen kann auf die Aufsuchung derjenigen hyperelliptischen Integrale, welche auf elliptische Integrale derart reducirbar sind, dass die Variable des letzteren eine rationale Function derjenigen des hyperelliptischen Integrales ist, und man wird nunmehr zur weiteren Durchführung der Untersuchung zwei wesentlich verschiedene Wege einschlagen können. Will man die Typen für die Polynome $R(z)$ finden, deren zugehörige Integrale auf elliptische Integrale reducirbar sind, so wird man die Betrachtung auf die zu diesen Integralen gehörigen $\vartheta$-functionen ausdehnen können und die Relationen für die Moduln dieser $\vartheta$-functionen aufsuchen, wenn die zugehörigen Integrale auf elliptische reducirbar oder die resp. $\vartheta$-functionen in $\vartheta$-functionen niederer Ordnung und elliptische $\vartheta$-functionen zerlegbar sein sollen; in diesem Sinne habe ich mir in einer früheren Arbeit „über die Transformation zweiten Grades der hyperelliptischen Functionen erster Ordnung" die Frage vorgelegt, welche hyperelliptischen Integrale erster Ordnung durch eine Transformation zweiten Grades auf elliptische Integrale zurückführbar sind und mit Hülfe der sich als nothwendig ergebenden Gleichung

$$\vartheta\,(0,\ 0,\ \tau_{11}',\ 0,\ \tau_{22}')_{14} = 0$$

auf Grund allgemeiner Sätze, welche ich für die Transformation zweiten Grades der hyperelliptischen Functionen entwickelt hatte, die nothwendigen und hinreichenden Bedingungen zwischen den Lösungen des Polynoms fünften Grades aufgestellt, für welches die dazugehörigen hyperelliptischen Integrale auf elliptische reducirbar sind. Ich habe jedoch in der Arbeit, über die ich eben referire, einen andern Weg eingeschlagen und zwar den der algebraischen Transformation, in der Weise, wie Jacobi die Reduction eines elliptischen Integrales auf ein anderes behandelt oder die Transformation der elliptischen Integrale durchführt. Ich stelle zuerst die Bedingungen für den Grad der Transformation auf, zeige, wie der bekannte Jacobi'sche Fall und die von Hermite gefundenen Integrale sich als einfachste Fälle ergeben, und wie man für jede Ordnung von hyperelliptischen Integralen beliebig viele auf elliptische Integrale reducirbare finden kann.

Die von Hermite angeregte Frage, ob für die algebraische Irrationalität, deren charakteristische Zahl gewöhnlich mit $p$ bezeichnet wird, stets auf elliptische Integrale reducirbare Integrale existiren, für welche die $p$ Integrale erster Gattung durch ebensoviel verschiedene elliptische Integrale mit Hülfe von $p$ Substitutionen ausdrückbar sind, wird sich, wie ich glaube, nur mit Hülfe der Theorie der $\vartheta$-functionen beantworten lassen.

Wien. L. Koenigsberger.

---

(Zu Seite 87, Z. 14 v. o. ist einzuschalten:)

Nachschrift. Von Seiten ihres Verfassers Herrn Charles S. Peirce sind mir inzwischen die Separatabzüge zweier Abhandlungen zugestellt und dadurch bekannt geworden, betitelt:

*Three papers on logic*, Proceedings of the American academy of arts and sciences, 1867, p. 250—298, und

*Description of a notation for the logic of relatives*, resulting from an amplification of the conceptions of Boole's calculus of logic, Memoirs of the American academy, Vol. IX, 1870, 62 Seiten,

welche ich mich zu dem in vorgenannter Schrift von mir gegebenen Literaturverzeichniss hiemit nachzutragen beeile.

Aus der ersteren von diesen beiden Abhandlungen (I. Paper: „On an improvement in Boole's calculus of logic") ersehe ich, dass bezüglich einiger wesentlichen Punkte in meiner ersteren Schrift, nämlich in Hinsicht auf die Wahrnehmung der vorstehend angeführten doppelten Distributivität sowohl, als auch bezüglich der für logische Differenzen und Quotienten auf S. 29—31 von mir aufgestellten Ausdrücke, die Priorität Herrn Peirce zukommt.

E. Schröder.

---

**Richard Rühlmann: Handbuch der mechanischen Wärmetheorie.** Bd. 1 mit theilweiser Benutzung von E. Verdet's Théorie mécanique de la Chaleur. (800 S. mit in den Text eingedruckten Holzstichen. Braunschweig, Vieweg & Sohn 1876.)

Bei Bearbeitung dieses Buches ist der Verfasser von der Annahme ausgegangen, dass es dem Fortschritte der Wissenschaft nützlich und den Fachgenossen willkommen sein müsse, wenn ein Werk entstünde, welches mit thunlichster Vollständigkeit alle wichtigen Arbeiten auf dem Gebiete der mechanischen Wärmetheorie zusammenfasst, systematisch anordnet und organisch verknüpft. Von diesem Gesichtspunkte aus wurde anfänglich eine deutsche Bearbeitung und Ergänzung des oben genannten trefflichen Werkes von Verdet in Aussicht genommen. Schon bei Bearbeitung der ersten Lieferung des ersten Bandes stellte sich jedoch heraus, dass seit dem Erscheinen des klassischen Werkes des französischen Physikers so viele und so bedeutungsvolle Abhandlungen erschienen waren, dass es ungemein schwer fiel, deren wesentlichen Inhalt in den alten Rahmen der ursprünglichen Disposition dieses Buches unterzubringen. Ermuntert durch hervorragende Fachgenossen emancipirte sich der Verfasser daher mehr nnd mehr von der Verdet'schen Arbeit und hat sich in den neueren Lieferungen ganz auf eigene Füsse gestellt.

Nach gewissen Richtungen hin unterscheidet sich diese Arbeit wesentlich von allen anderen ähnlichen Werken, welche über Theile der mech. Wth. in neuerer Zeit erschienen sind. Es ist nämlich hier versucht worden, sowohl den mathematisch-mechanischen Theil dieser Wissenschaft, als auch die experimentelle Bestimmung der in derselben zur Verwendung kommenden Zahlwerthe, soweit, als dies zur Beurtheilung von deren Zuverlässigkeit nöthig ist, als auch die zahlreichen Bestätigungen theoretischer Resultate durch die Beobachtungen zusammenzufassen, um auf diese Weise ein möglichst klares Bild davon zu geben, welchen Grad von Zutrauen die einzelnen Theile der mech. Wth. und ihre Resultate zur Zeit verdienen, und an welchen Stellen noch offengebliebene Lücken der Ergänzung durch weitere theoretische oder experimentelle Untersuchungen harren.

Der eigentlich theoretische Theil der mech. Wth. im engeren Sinne hat im ersten Bande des Buches seine Erledigung gefunden. Nach Wiedergabe von zwei meisterhaften Vorlesungen Verdet's über mech. Wth. und Ergänzung derselben durch einige neue Anmerkungen, werden zuerst (S. 145—183) die mechanischen und rein physikalischen Vorbegriffe (Temperatur, Wärmemenge, thermische Fläche, thermische Constanten: $c_p$, $c_v$, $h$, $l$ etc.) behandelt. Der zweite Abschnitt (S. 184—232) beschäftigt sich vorzugsweise mit dem ersten Hauptsatze und der experimentellen Bestimmung des mechanischen Aequivalentes der Wärme, für welches, zu Ehren Joule's, der Verf. den Buchstaben $J$ vorschlägt. Als wahrscheinlichster Werth für $J$ resultirt 425 Kgm.; Joule hat (nach einer briefliche Mittheilung an den Verfasser) als Ergebniss neuer, noch nicht publicirter, mit höchster Sorgfalt angestellter Versuche 423,7 Kgm. erhalten. Der dritte Hauptabschnitt (S. 234—358) behandelt zunächst Joule's und Hirn's Versuche über die äussere Arbeitsleistung und innere Arbeit bei vollkommenen Gasen; hierauf werden ziemlich ausführlich die Joule-Thomson'schen Untersuchungen über die innere Arbeit bei Ausdehnung von Luft, Kohlensäure und Wasserstoff besprochen. Daran schliesst sich eine Discussion der Versuche zur Ermittelung des Quotienten $\frac{c_p}{c_v}$. Die Ausflusserscheinungen der Gase sind wesentlich nach Zeuner's neueren Untersuchungen dargestellt. Als Einleitung zur Theorie der Kreisprocesse werden die Definitionen der thermischen Curven gegeben; als Beispiele zu diesem Kapitel sind nach dem Vorgange Rankine's die Kreisprocesse einiger Heissluftmaschinen mitgetheilt. — Der IV. Abschnitt (S. 358—465) handelt vom 2. Hauptsatze, reproducirt den älteren Clausius'schen Beweis, erörtert und widerlegt die verschiedenen Einwürfe, die gegen denselben erhoben worden sind und giebt hierauf die Erweiterung desselben, sowie die verschiedenen geometrischen Darstellungen der äusseren Arbeit, Gesammtenergie und inneren Energie bei einer beliebigen Zustandsänderung, sowie die wesentlichsten Eigenschaften der thermischen Curven. Den Schluss bilden die verschiedenen Versuche von Szily, Clausius und Boltzmann den zweiten Hauptsatz aus allgemeinen mechanischen Principien herzuleiten, sowie eine Kritik derselben. Im V. Abschn. (S. 466—734) werden als Anwendungen des zweiten Hauptsatzes, nach Ableitung der Formeln für Volumenänderungen, die Wärmeentwickelungen bei Compressionen von Flüssigkeiten und festen Körpern, sowie die hieraus sich ergebenden Berechnungen der specifischen Wärme bei constantem Volumen erörtert. Besondere Aufmerksamkeit ist hierbei den Fällen gewidmet, in welchen der Ausdehnungscoefficient negativ ist. Die Anwendung der allgemeinen Formeln auf die Gase führt auf neue Zustandsgleichungen für diese Substanzen und zur Bestimmung der Abweichungen zwischen den Angaben eines Luft- und Kohlensäurethermometers von der absoluten Temperatur. Das zweite Kapitel dieses Abschnittes beschäftigt sich mit den Vorgängen der Verdampfung und Schmelzung, sowie mit der Bestimmung der thermischen Constanten der wichtigsten Dämpfe. Die Darstellung des Ausströmens der Dämpfe schliesst sich wiederum genau an Zeuner's neueste Untersuchungen an. Auch die Abhängigkeit des Schmelzpunktes vom Drucke und die hierin liegende treffliche Bestätigung der theoretischen Resultate ist ausführlich besprochen. Am Schlusse dieses Kapitels ist auch eine neue Erklärung der Erscheinungen der Regelation gegeben. Nach einer Untersuchung der thermischen Curven bei Dampf- und Flüssigkeitsgemischen sind die bis jetzt bekannten Resultate über überhitzte Dämpfe zusammengestellt. Den Schluss dieses Abschnittes bildet eine kurze Betrachtung über die physikalischen Vorgänge in der Dampfmaschine. Der sechste Abschnitt (S. 735—800), der letzte des ersten Bandes, beschäftigt sich mit der von Kirchhoff gegebenen Methode, die beiden Hauptsätze anzuwenden, welche im Wesentlichen auf dem Gedanken beruht, dass die Aenderung der inneren Energie eines Körpers nur vom Anfangs- und Endzustande, nicht aber von den Zwischenzuständen, die durchlaufen worden sind, abhängig sei. Eine Anwendung der Formeln auf die Auflösung von Gasen in Flüssigkeiten führt zu dem Resultate, dass bei Mischung sehr löslicher Gase mit Wasserdampf und bei Compression solcher Gemische Vorgänge eintreten müssen, welche den bei Bildung Chemischer Verbindungen stattfindenden sehr ähnlich sind, ein Ergebniss, das auch durch die Erklärung der Erscheinungen der Bildung und Dissociation chemischer Verbindungen aus der kinetischen Gastheorie äusserst wahrscheinlich gemacht wird. Bei ihrer Anwendung auf die Vorgänge bei Bildung von Salzlösungen und Mischung von Flüssigkeiten werden die Kirchhoff'schen Formeln wenigstens angenähert bestätigt.

Chemnitz. Richard Rühlmann.

---

**Richard Rühlmann: Handbuch der mechanischen Wärmetheorie.** Bd. 2. Lief. 1. 320 S. mit in den Text eingedruckten Holzstichen. Braunschweig, Vieweg & Sohn 1878.

Diese Lieferung enthält die kinetische Gastheorie und die Einleitung in die Thermochemie. Nach einigen allgemeinen Vorbemerkungen über die Beziehungen der Molecularhypothese zur mech. Wth. werden die von Clausius gegebenen Begriffe: Disgregation und Entropie erläutert und die mathematische und physikalische Bedeutung der wahren Wärmecapacität festgestellt. Hierauf folgt eine Geschichte der Moleculartheorie, insbesondere der Gase. Daran schliesst sich die Darstellung der Clausius'schen Gastheorie, welche wesentlich von der Annahme ausgeht, dass es in einer ersten Annäherung gestattet sei, die Geschwindigkeiten der Gasmolecüle als gleich gross anzusehen. Auch die Ableitung der neueren Clausius'schen Formel für die mittlere Weglänge, welche auf den von den Molecülen selbst ausgefüllten Raum und darauf Rücksicht nimmt, dass fortwährend eine Anzahl Molecüle nicht gegen andere Molecüle, sondern gegen die festen Winde des einschliessenden Gefässes stossen, ist mit aufgenommen worden.

Von den beiden Gastheorien Maxwell's ist nur die ältere wiedergegeben, da die neuere, welche eine abstossende Kraft umgekehrt proportional der fünften Potenz des Abstandes zwischen den Molecülen annimmt, ohne grössere Uebereinstimmung mit den Erfahrungsthatsachen zu ergeben, wesentlich complicirter ist. Auch scheint die Thatsache, dass es möglich ist, alle Gase zu condensiren, sowie mehrere andere Gründe gegen die Berechtigung einer derartigen Annahme zu sprechen.

Nach Ableitung der Theorie der inneren Reibung aus dem Maxwell'schen Vertheilungsgesetze der Geschwindigkeiten werden die O. E. Meyer'schen Pendelversuche zur Bestimmung der Coefficienten der inneren Reibung der Gase, die Versuche desselben Physikers, sowie die von Maxwell, von Kundt und Warburg und von Puluj mit schwingenden Scheiben zur Bestimmung dieser Constanten mitgetheilt und ihr Genauigkeitsgrad discutirt. Hieran schliessen sich die Bestimmungen dieser Constanten durch Transspirationsversuche von Graham, O. E. Meyer, Puluj, Obermayer und Holman und die Untersuchungen dieser letztgenannten Physiker über die Abhängigkeit dieser Coefficienten von der Temperatur. Es zeigt sich, dass die einfachen Grundlagen der Maxwell'schen Gastheorie nicht ausreichend sind, um die Abhängigkeit der Reibungscoefficienten, sowie auch der Wärmeleitungscoefficienten von der Temperatur ohne Hinzunahme neuer Hypothesen über die Beschaffenheit der Molecüle zu erklären. Das einfache Maxwell'sche Vertheilungsgesetz der Geschwindigkeiten führt für den bei der absoluten Temperatur $T$ gültigen Reibungscoefficienten $\eta_T$ auf die Formel:

$$\eta_T = \eta_{T_0} \left(\frac{T}{T_0}\right)^{\frac{1}{2}},$$

während die Erfahrung:

$$\eta_T = \eta_{T_0} \left(\frac{T}{T_0}\right)^x$$

ergiebt, wobei $x$ für verschiedene Gase verschieden ist und zwischen den Grenzen 0,70 (für Wasserstoff) und 0,98 (für Aethylchlorid) liegt.

Die kinetische Theorie der Diffussion ergiebt eine nahezu vollkommene Uebereinstimmung der theoretischen Resultate mit den Experimentaluntersuchungen von Loschmidt.

Bei Behandlung der Wärmeleitung der Gase werden zunächst die älteren Versuche von Magnus und hierauf die neueren Arbeiten von Narr, die epochemachenden Untersuchungen von Stefan auf diesem Gebiete, sowie die Versuche von Plank, von Kundt und Warburg und von Winkelmann mitgetheilt. Auch die Ergebnisse von Winkelmanns Messungen der Abhängigkeit der Wärmeleitungscoefficienten von der Temperatur werden berichtet. Die Theorie der Wärmeleitung ist nach Clausius gegeben, da diese Ableitung die leichtestverständlichste ist und ihre Resultate denselben Grad von Uebereinstimmung mit der Erfahrung zeigen, wie die Entwickelungen von Maxwell und O. E. Meyer. Die Arbeiten des letzteren erschienen auch erst, als die betreffenden Bogen des Buches bereits im Drucke beendet waren.

Im nächsten Capitel ist gezeigt, dass die kinetische Gastheorie auch geeignet ist, über die Fortpflanzung des Schalles Aufschluss zu geben. Die neueren Arbeiten von Roiti und Brussoti konnten leider nicht mehr berücksichtigt werden. Im letzten Capitel der Moleculartheorie sind mit Hilfe der bekannten Formel:

$$\lambda = \frac{1}{\sqrt{2}} \cdot \frac{\delta^3}{\pi \, . \, \varrho^2}$$

die Summen der Molecularquerschnitte für verschiedene Gase berechnet worden. In diesem Ausdrucke bezeichnet $\lambda$ die mittlere Länge des Weges eines Molecüles, $\delta$ den mittleren Abstand zweier Molecüle, $\varrho$ den Radius der Wirkungssphäre. Es ergiebt sich diese

Summe der Molecularquerschnitte, da $N \cdot \delta^3 = 1$, wenn $N$ die Anzahl der Molecule in der Volumeneinheit ist:

$$\frac{N \cdot \varrho^2 \cdot \pi}{4} = \frac{1}{4 \cdot \sqrt{2} \cdot \lambda}.$$

Das Resultat dieser Rechnung ist vielleicht nicht ohne einiges allgemeinere Interesse. Der Vergleich der gefundenen Zahlen zeigt nämlich gewisse, auffällige Beziehungen. Da aber nach dem Avogadro'schen Gesetze gleiche Volumina verschiedener Gase unter gleichen Druck und Temperaturverhältnissen gleichviel Molecüle enthalten, so sind die Verhältnisse der Querschnittssummen ohne Weiteres Verhältnisse der Querschnitte der Molecüle selbst. Mit Rücksicht hierauf wird man (da die durchschnittliche Genauigkeit der gefundenen Zahlen ungefähr 8 Procent beträgt) die für zweiatomige Molecüle, mit Ausnahme des Chlors, Wasserstoffs und Chlorwasserstoffs, gefundenen Zahlen als unter sich gleich und den Querschnitt des Wasserstoffmolecüles für halb und den des Chlors für doppelt so gross anzusehen berechtigt sein. Die dreiatomigen Molecüle der Kohlensäure, des Stickoxyduls, des Wasserdampfes und des Schwefelwasserstoffes besitzen wiederum gleiche Molecularquerschnitte und zwar verhalten sich dieselben zu denjenigen der Mehrzahl der zweiatomigen Gase wie 3 : 2, wie die Anzahl der Atome. Eine Ausnahme macht die schweflige Säure, deren Molecularquerschnitt gleich dem des Chlors ist. Eine besondere Stellung nehmen Ammoniak und Chlorwasserstoff ein, ihnen schliesst sich vielleicht auch Sumpfgas an, denn das Mittel dieser drei Zahlen verhält sich zum Molecularquerschnitt der zweiatomigen Molecüle ungefähr wie 4 : 3.

Ebenso ist man versucht, die Molecularquerschnitte des Aethylens, der schwefligen Säure, des Chlors und des Chlormethyls wiederum als gleich anzunehmen und für das Doppelte von denen der zweiatomigen Molecüle anzusehen.

Nachstehende Tabelle enthält für einige Gase die Querschnittssumme der Molecüle in Quadratcentimetern, bezogen auf die im Cubikcentimeter enthaltenen Gasmolecüle.

| | | | | | | |
|---|---|---|---|---|---|---|
| | Wasserstoff | $H_2$ 9100 | angenähert | gleich | 9000 | $= 1 \times 9000$ |
| zweiatomig | Sauerstoff | $O_2$ 16900 | „ | „ | 18000 | $= 2 \times 9000$ |
| zweiatomig | Stickstoff | $N_2$ 18000 | „ | „ | 18000 | |
| zweiatomig | Kohlenoxyd | $CO$ 18200 | „ | „ | 18000 | |
| zweiatomig | Stickoxyd | $NO$ 18700 | „ | „ | 18000 | |

| | | | | | |
|---|---|---|---|---|---|
| drei-atomig | Kohlensäure | $CO_2$ | 26700 | angenähert gleich 27000 | $=3\times9000$ |
| | Stickoxydul | $N_2O$ | 26800 | „ „ 27000 | |
| | Wasserdampf | $H_2O$ | 26400 | „ „ 27000 | |
| | Schwefelwasserstoff | $H_2S$ | 28600 | „ „ 27000 | |
| | Sumpfgas(?) | $CH_4$ | 21600 | „ „ 24000 | $=\frac{8}{3}\times9000$ |
| | Ammoniak | $H_3N$ | 23400 | „ „ 24000 | |
| | Chlorwasserstoff | $HCl$ | 24300 | „ „ 24000 | |
| | Aethylen (?) | $C_2H_4$ | 31600 | „ „ 36000 | $=4\times9000$ |
| | schweflige Säure | $SO_2$ | 36700 | „ „ 36000 | |
| | Chlor | $Cl_2$ | 36700 | „ „ 36000 | |
| | Chlormethyl | $CH_3Cl$ | 39300 | „ „ 36000 | |

O. E. Meyer ist bekanntlich in seiner kinetischen Gastheorie bezüglich dieser Zahlen zu anderen Resultaten gelangt; er glaubt in denselben eine Bestätigung der Kekulé'schen Anschauung, nach welcher die Molecüle chemischer Verbindungen durch eine kettenartige Verknüpfung der Atome gebildet werden, erkennen zu sollen.

Den Bestimmungen der Verhältnisse der Volumina und Durchmesser der Molecüle aus den Summen der Molecularquerschnitte legen wir nur geringe Bedeutung bei, da deren theoretische Grundlagen ziemlich anfechtbar sein dürften.

Mit Hilfe der vollständigeren Formeln für die mittlere Weglänge der Molecüle, welche von Clausius, van der Waals und O. E. Meyer gegeben worden sind, gelingt es aus den von Regnault beobachteten Abweichungen der Gase vom Boyle-Mariotte'schen Gesetze und den Versuchen von Andrews und Cailletet über die kritischen Temperaturen, angenähert die absoluten Werthe der Durchmesser der Molecüle einiger Gase zu berechnen. Es findet sich:

der Durchmesser $\varrho$ eines Stickstoffmolecüles $= 34.10^{-9}$ cm.
„ „ $\varrho$ „ Kohlensäure „ $= 16.10^{-9}$ cm.
„ „ $\varrho$ „ Wasserstoff „ $= 41.10^{-9}$ cm.

Benutzt man diese Werthe für $\varrho$, so kann man mit deren Hilfe aus den früher berechneten Querschnittssummen der Molecüle deren Anzahl bestimmen und zwar findet man, dass bei $0^0$ und 760mm Druck ungefähr 100 Trillionen Gasmolecüle in einem Cubikcentimeter enthalten sind. Man findet ferner, dass unter diesen Umständen die Molecule selbst ungefähr den dreitausendsten Theil des vom Gase erfüllten Raumes einnehmen. Clausius hatte (i. J. 1857), in einer Zeit, in welcher man die zu dieser Bestimmung nöthigen experimentellen Daten noch nicht kannte, mit genialem Vorausblick diesen Quotienten auf $\frac{1}{1000}$ geschätzt. Das absolute Gewicht eines Wasserstoffmolecüles ergiebt sich zu $15.10^{-23}$ g. und das specifische Gewicht desselben gleich 360.

Die Thermochemie, welcher der zweite Abschnitt dieses Bandes gewidmet ist, beginnt mit der Bestimmung der Atomgewichte, der Ableitung des Avogadro'schen Gesetzes aus der kinetischen Gastheorie und den bekannten Beziehungen zwischen Atomgewicht und specifischer Wärme. Es wird an der Hand der von Boltzmann gegebenen Gleichungen gezeigt, dass die wahre Wärmecapacität gleich dem Producte aus einer Constanten mit der Anzahl der in der Gewichtseinheit enthaltenen Atome ist. Daraus folgt, dass das Product aus wahrer specifischer Wärme und Atomgewicht eine Constante sein muss. Ferner hat Boltzmann nachgewiesen, dass bei festen Körpern, welche den normalen Elasticitätsgesetzen folgen, die wahre Wärmecapacität nahezu die Hälfte der durch Beobachtung gefundenen specifischen Wärme ist und damit ist das Dulong-Petit'sche, respective Neumann'sche Gesetz über specifische Wärme aus mechanischen Principien hergeleitet. Die selbstverständlich nur als erste rohe Annäherung gültige Behauptung, dass die wahre Wärmecapacität gleich der Hälfte der specifischen Wärme fester Körper sei, findet übrigens bei einigen Substanzen eine überraschende Bestätigung. Berechnet man nämlich nach den bekannten von Kopp und Lothar Meyer entwickelten Principien die specifische Wärme der starren Körper und vergleicht diese mit der specifischen Wärme der Gase bei constantem Volumen, welch' letztere bei vollkommenen Gasen mit der wahren Wärmecapacität identisch ist, so findet man zum Beispiel

| | specifische Wärme | |
|---|---|---|
| | starr | gasförmig |
| Stickstoff . . . . | 0,36 | 0,173 |
| Chlor . . . . . | 0,18 | 0,093 |
| Brom . . . . . | 0,084 | 0,042 |
| Quecksilber . . . | 0,032 | 0,015 |

Allerdings wollen wir nicht verschweigen, dass Sauerstoff und Wasserstoff zur Zeit noch als Ausnahmen erscheinen. Es ist:

| | specifische Wärme | | |
|---|---|---|---|
| | starr | gasförmig | Verhältniss |
| Wasserstoff . . . . | 2,3 | 2,41 | 1 : 1 |
| Sauerstoff . . . . | 0,25 | 0,156 | 5 : 3 |

Mit Rücksicht auf den Clausius'schen Satz: „Die innere kinetische Energie eines Körpers ist lediglich eine Function der Temperatur und unabhängig von der Anordnung der Molecüle und der Anordnung der Atome in den Molecülen (Boltzmann)", ergiebt sich aus dem rationell begründeten Dulong-Petit'schen Gesetz als einfache Consequenz der bekannte Erfahrungssatz: Dem Moleculargewichte jeder Verbindung entspricht im festen Aggregatzustande eine specifische Wärme, welche angenähert gleich der Summe der specifischen Wärmen der im Molecüle enthaltenen Atome ist. Sämmtliche Erfahrungsthatsachen über gesetzmässige Beziehungen zwischen specifischen Wärmen und Atomgewichten finden also durch die mechanische Wärmetheorie, ausgehend vom Maxwell'schen Gesetze der Vertheilung der Geschwindigkeiten, ihre rationelle Begründung.

Den Schluss dieser Lieferung bildet eine Sammlung der wichtigsten Zahlwerthe über Verbindungswärmen, welche am Anfange der nächsten Lieferung noch vervollständigt werden wird.

Chemnitz. Richard Rühlmann.

---

**S. Gundelfinger: Ueber die Transformation von Differentialausdrücken vermittelst elliptischer Coordinaten.** (Borchardt's Journal, Bd. 85, S. 80 ff.)

Hesse hat in der 22. Vorlesung seiner analytischen Geometrie des Raumes ein Uebertragungsprincip angegeben, welches gewisse Differentialausdrücke der rechtwinkeligen Coordinaten in solche der elliptischen Coordinaten transformiren lehrt, indem man an den beim Hauptaxenproblem der Flächen zweiter Ordnung auftretenden Formeln passende Veränderungen vornimmt. Die Integration der Differentialgleichungen für die Krümmungscurven und die geodätischen Linien auf den letzterwähnten Flächen wird hierdurch fast ohne alle Rechnung geleistet. In der vorliegenden Arbeit ist gezeigt, dass die Integration dieser und verwandter Differentialgleichungen vermittelst eines ähnlichen Uebertragungsprincips sich auch knüpfen lässt an das Hauptaxenproblem der ebenen Schnitte einer Oberfläche zweiter Ordnung:

$$(1)\qquad \begin{aligned} f(x,y,z) &\equiv a_{00}x^2 + 2a_{01}xy + \cdots + a_{22}z^2 \\ &\quad + 2a_{03}x + 2a_{13}y + 2a_{23}z + a_{33} \\ &\equiv \varphi(x,y,z) + 2a_{03}x + 2a_{13}y + 2a_{23}z + a_{33}\,. \end{aligned}$$

Es seien, um hierauf näher einzugehen, $a$, $b$, $c$ die Cosinus der Winkel, welche die Normale der Fläche im Punkte $x$, $y$, $z$ gegen die Coordinatenaxen bildet, sowie $a'$, $b'$, $c'$ und $a''$, $b''$, $c''$ die Cosinus der Tangenten an die beiden durch diesen Punkt gehenden Krümmungslinien von (1). Diese drei Systeme von Cosinus lassen sich offenbar betrachten als die Coefficienten einer linearen homogenen, orthogonalen Substitution:

$$(2)\qquad \begin{gathered} \xi = aX + a'Y + a''Z \quad \eta = bX + b'Y + b''Z \\ \zeta = cX + c'Y + c''Z, \end{gathered}$$

welche für beliebige, von den $x$, $y$, $z$ unabhängige Werthe der $\xi$, $\eta$, $\zeta$ die Function $\varphi(\xi,\eta,\zeta)$ überführt in:

$$(2\text{a})\qquad \varphi(\xi,\eta,\zeta) = \lambda_1 Y^2 + \lambda_2 Z^2 + \mu X^2 - 2\mu' XY - 2\mu'' XZ.$$

Ueber eine derartige Substitution sind ausführliche Untersuchungen in der 28. Vorlesung von Hesse's Raumgeometrie mitgetheilt. Insbesondere bedeuten nach denselben $\lambda_1$ und $\lambda_2$ die Wurzeln der quadratischen Gleichung:

$$D(\lambda) \equiv \begin{vmatrix} a_{00}-\lambda & a_{01} & a_{02} & \dfrac{\partial f}{\partial x} \\ a_{10} & a_{11}-\lambda & a_{12} & \dfrac{\partial f}{\partial y} \\ a_{20} & a_{21} & a_{22}-\lambda & \dfrac{\partial f}{\partial z} \\ \dfrac{\partial f}{\partial x} & \dfrac{\partial f}{\partial y} & \dfrac{\partial f}{\partial z} & 0 \end{vmatrix} = 0,$$

während $\mu'$ und $\mu''$ mit Anwendung des Zeichens

$$\varDelta(\lambda) \text{ für } \begin{vmatrix} a_{00}-\lambda & a_{01} & a_{02} \\ a_{11} & a_{11}-\lambda & a_{12} \\ a_{20} & a_{21} & a_{22}-\lambda \end{vmatrix}$$

durch die Formeln gegeben sind:

$$\mu' = \sqrt{\varDelta(\lambda_1):(\lambda_1-\lambda_2)} \qquad \mu'' = \sqrt{\varDelta(\lambda_2):(\lambda_2-\lambda_1)}.$$

Führt man ausserdem das Symbol $\nu$ durch die Gleichung ein:

$$\nu = \sqrt{-\Sigma \pm (a_{00}\,a_{11}\,a_{22}\,a_{33}):(\lambda_1\lambda_2)},$$

so kann man das neue Uebertragungsprincip folgendermassen aussprechen:

Man denke sich aus den drei Gleichungen

$$D(\lambda_1) = 0 \quad D(\lambda_2) = 0 \quad f(x, y, z) = 0$$

die Coordinaten eines veränderlichen Punktes $x, y, z$ auf der Fläche (1) als Functionen von $\lambda_1$ und $\lambda_2$ dargestellt. Alsdann ist es erlaubt, in der durch (2) und (2a) näher definirten orthogonalen Substitution, sowie in allen aus ihr folgenden Gleichungen an Stelle der Grössen:

$$\xi, \eta, \zeta; \quad X, Y, Z$$

beziehungsweise zu setzen:

$$dx, dy, dz; \quad 0, \quad d\lambda_1 \cdot (2\lambda_1 \mu' \nu)^{-1}, \quad d\lambda_2 \cdot (2\lambda_2 \mu'' \nu)^{-1}.$$

Wenn $\Sigma \pm (a_{00} a_{11} a_{22} a_{33})$, also auch eine Wurzel der quadratischen Gleichung $D(\lambda) = 0$ — etwa $\lambda_2$ — verschwindet, so ist in dieser Fassung des Uebertragungsprincips an Stelle von $(2\lambda_2 \mu'' \nu)^{-1} d\lambda_2$ zu substituiren: $\nu (2\lambda_1 \mu')^{-1} dB$,

$$4B = \varphi\left(\frac{\partial f}{\partial x}, \frac{\partial f}{\partial y}, \frac{\partial f}{\partial z}\right) - \left[\left(\frac{\partial f}{\partial x}\right)^2 + \left(\frac{\partial f}{\partial y}\right)^2 + \left(\frac{\partial f}{\partial z}\right)^2\right](a_{00} + a_{11} + a_{22})$$

angenommen. Die Beweise, sowie mehrere Anwendungen sind in der Abhandlung ausführlich mitgetheilt.

Tübingen. S. Gundelfinger.

---

**S. Günther: Studien zur Geschichte der mathematischen und physikalischen Geographie.** Halle, Nebert.

1. Heft. Die Lehre von der Erdrundung und Erdbewegung im Mittelalter bei den Occidentalen 1877.
2. Heft. Die Lehre von der Erdrundung und Erdbewegung im Mittelalter bei den Arabern und Hebräern 1877.
3. Heft. Aeltere und neuere Hypothesen über die chronische Versetzung des Erdschwerpunktes durch Wassermassen 1878.

Die beiden ersten Hefte bilden ein geschlossenes Ganze, welches sich möglichst an die analogen Untersuchungen von Ukert und Schiaparelli anzuschliessen bestimmt ist. Es wird demzufolge zuerst des trüben Zustandes des geographischen Wissens in der patristischen Periode gedacht, alsdann die Reform des Virgilius von Salzburg und Adam von Bremen geschildert und der endliche Durchbruch richtiger Anschauungen in seinen verschiedenen literarischen Aeusserungen (Omons, Sacrobosco) wie auch in den Erzeugnissen damaliger Kartographie verfolgt. Einzelne Spuren der Kenntniss von der Bewegung der Erde finden sich allerdings bereits bei den Scholastikern, wogegen Dante, dessen Kosmographie hier eingehend besprochen wird, sich noch durchaus conservativ verhält, obwohl er die Lehre des Philolaus kennt. Eine wirkliche Axendrehung der Erde lehrte Nicolaus Cusanus, dessen freisinnig kosmologischer Standpunkt hier zum ersten Male seinem wahren Werthe nach gewürdigt wird. Regiomontan und Domenica Maria können blos indirect unter den Vorläufern des Copernicus genannt werden, ebenso Fracastor, dessen Theorie homocentrischer Sphären auf Eudoxus zurücklenkt. Hingegen ist Lionardo da Vinci selbstständig auf die Bewegung der Erde gekommen, die er in mathematisch interessanter Weise behandelt. Als unmittetbare Vorcopernicaner erscheinen Widmannstadt und Celio Calcagnini. — Der zweite Absehnitt beginnt mit einer ausführlichen Besprechung der ersten arabischen Gradmessungen, beschäftigt sich weiter mit den Schriften jener Mathematiker, welche die Kugelgestalt der Erde wissenschaftlich behandelten, erörtert die graphischen Erddarstellungen jener Periode und zieht auch die besonders aus dem Compendium des Kazwîni zu entnehmenden unwissenschaftlichen Hypothesen orientalischer Schriftsteller bei. Die Drehung der Erde lehrte Ibn el Wardi, und Katibi setzt die für und gegen eine solche sprechenden Gründe ausführlich auseinander, ohne sich jedoch zu ihren Gunsten zu entscheiden. Hierauf wird ein Ueberblick über die entsprechenden Neuerungen auf theoretisch-astronomischem Gebiete gegeben; die sogenannte Trepidationstheorie, die Sphärenlehre des Alpetragius und die weniger energischen Angriffe des Arzachel und Geber gegen Ptolemaeus finden hier ihre Stelle. Den Schluss des Abschnittes bilden der bisher fast gar nicht bekannt gewordene Ibn Badja, der Excenter und Epicyklen verwarf, und König Alfons XII, in dessen „Libros del saber“ dem Planeten Mercur eine elliptische Umlaufsbahn zugewiesen wird. — Die Hebräer waren, wie aus den verschiedenen „Baraitha's“ hervorgeht, im achten Jahrhundert unserer Zeitrechnung gewiss vollkommen mit der wahren Gestalt des Erdkörpers bekannt. Im elften Jahrhundert schrieb Abraham ben Chija eine verdienstliche mathematische Geographie, deren Beweismethoden zum Theile heute noch von Werth sind, der Umfang der Erde war bekannt, und Schriften wie diejenigen des Esthori und

Isaak ben Joseph verrathen eine respectable Bekanntschaft mit geographischer Ortsbestimmung und Parallaxenrechnung. Andererseits freilich herrschten im Talmud und anderen religionsphilosophischen Schriften auch gar viele abenteuerliche Hypothesen, welche im Anschluss an den „Augenspiegel" Asarja de Rossi's aus Mantua durchmustert werden. Anspielungen auf die Erdrotation finden sich bei Schemtob und im kabbalistischen Buch Sohar. Die Planetentheorie der älteren Juden endlich wird nach dem „Wegweiser der Irrenden" von Maimonides dargestellt. Zu den beiden letzten Abschnitten hat Moritz Steinschneider in der von ihm redigirten „hebräischen Bibliographie" einige Correctionen mitgetheilt, welche vielleicht bei späterer Gelegenheit passende Verwendung finden.

Das dritte Heft knüpft an eine im ersten gelegentlich besprochene mittelalterliche Hypothese an, welcher zufolge die Erde und die zu ihr gehörigen Wassermassen zwei excentrisch in einander geschobene Sphären darstellen sollten. Die ersten Keime dieser Irrlehre gehen bis ins Alterthum zurück, wo Strabo die Ansicht, als hätte das Meer nicht überall das gleiche Niveau, bekämpfen zu müssen glaubte. Seneca liess durch eine plötzliche Aenderung dieser Art seine Weltkatastrophen entstehen. Was die Scholastiker anlangt, so huldigten sie durchweg der richtigen Anschauung, dass das flüssige Element in Form einer concentrischen Kugelschale das feste umschliesse, erst Vincenz von Beauvais geht theilweise von ihr ab. Dazu kam, dass arabische Naturforscher eine Anziehung der Erdgewässer nach dem Südpol hin unter dem anziehenden Einfluss der in excentrischer Bahn die Erde umlaufenden Sonne postulirten. Auch Reiseberichte sprachen für eine centrale Anschwellung der Erdfeste in Hochasien, und so bildete sich die Meinung aus, unter dem reichgestirnten Nordhimmel strebe die feste Erde, unter dem sternarmen Südhimmel ein Wasserberg empor. Hiefür erklärten sich besonders Brunetto Latini und Ristoro von Arezzo, wogegen Dante die Ausschreitungen der Lehre energisch bekämpft und bei diesem Bestreben ansehnliche Kenntnisse in Physik und Mechanik an den Tag legt. Einzelne Gelehrte, wie Paulus Burgensis und Capuanus de Manfredonia sprechen sich noch im Sinne dieser Excentricitätshypothese aus, und der Naturphilosoph Patritius hat sich ein selbstständiges von derselben wenigstens nicht weit abweichendes System gebildet, ja Columbus glaubte am Orinoko jene locale Wasseranschwellung wirklich gefunden zu haben.

Gesund und von mathematischer Schärfe sind hier wie allenthalben die Ansichten Copernic's und Lionardo da Vinci's. Weiter wird auseinandergesetzt, wie im vergangenen Jahrhundert durch Lacaille die Vermuthung aufkam, dass die nördliche und südliche Erdhalbkugel sich nicht symmetrisch zu einander verhielten, wie diese Vermuthung in den Hypothesen Wrede's und Lamarck's einen Widerhall fand, welch letztere auf einem Auseinanderliegen des geometrischen und physischen Mittelpunktes beruhte. Endlich werden noch die bekannten zur Erklärung der Eiszeiten ausgesonnenen Theorien Adhémar's und Schmick's einer gedrängten Darlegung und Kritik unterzogen und besonders hervorgehoben, dass eine mathematische Prüfung der letzteren wesentlich den Punkt im Auge zu behalten hat, ob die durch die Attraction der nächsten Himmelskörper beeinflusste flüssige Hülle der Erde eine den Bedingungen der Niveaufläche genügende Oberfläche besitze, oder nicht.

Ansbach. S. Günther.

---

**Der Thibaut'sche Beweis für das elfte Axiom, historisch und kritisch erörtert.** (Ansbacher Gymnasialprogramm für 1876/77.)

Thibaut hatte in seinem genetischen Lehrbuche der Elementarmathematik zuerst den Satz von der Winkelsumme des Dreiecks dadurch bewiesen, dass er einen Strahl successive die drei Aussenwinkel durchlaufen und schliesslich nach einer Drehung von $360^0$ in seine Anfangslage zurückkommen liess. Hier wird gezeigt, dass auf dieses Verfahren sowohl in einer selbstständigen Abhandlung von Germar, als auch in den Unterrichtswerken von Kunze und Fischer-Schröder die Parallelentheorie zu begründen versucht worden ist, und dass ihrerseits auch die „Ausdehnungslehre" Grassmann's von einem ganz ähnlichen Verfahren Gebrauch macht. Zum theoretischen Theile seines Planes übergehend weist der Aufsatz nach, dass der fragliche Beweis von einer bekannten die Vertauschung von Rotation und Translation betreffenden Wahrheit der Kinematik abhängig ist, welche selbst nur wieder mit Hülfe gewisser Eigenschaften des Parallelogramms bewiesen werden kann. Es empfiehlt sich deshalb, jenen Satz in axiomatischer Form an die Spitze des planimetrischen Unterrichtes zu stellen, denn derselbe hat gewiss in hohem Grade die Eigenschaft der Leichtverständlichkeit, aber eine natürliche Consequenz der Anschauung unseres Raumes als einer in sich congruenten dreifach ausgedehnten Mannigfaltigkeit, wie von gewisser Seite behauptet werden wollte, ist er nicht. Dies wird durch ausführliche Erörterung der Bewegungsverhältnisse auf der Fläche von constanter negativer Krümmung dargethan. Man gelangt so von einer wesentlich anderen Seite her zu der freilich längst anderweit gewonnenen Ueberzeugung, dass die Forderung, durch ebene Constructionen die Parallelenlehre causal zu begründen, einen Widerspruch in sich schliesst.

Ansbach. S. Günther.

---

**Grundlehren der mathematischen Geographie und elementaren Astronomie.** (München, Ackermann.)

Obwohl speciell auf Wunsch bayerischer Collegen und für die Gymnasialverhältnisse des engeren Vaterlandes bearbeitet, sucht sich diese Schrift doch auch dadurch ein grösseres Publicum, dass sie den gewiss einzig correcten didactischen Gedanken, den historischen Entwickelungsgang der Astronomie auch beim Unterrichte zur Geltung zu bringen, consequenter durchführt, als dies in vielen Schriften von ähnlicher Tendenz geschieht. Sämmtliche Probleme werden stets dann behandelt, wenn die sämmtlichen empirischen Hülfsmittel zu ihrer Lösung bereit vorliegen. So tritt naturgemäss die sphärische Astronomie in den Vordergrund. Topographische Astronomie und Astrophysik, Chronologie und Kartenprojection werden mehr nur anhangsweise behandelt; überall tritt die mathematische Seite des Gegenstandes soweit hervor, als es die angenommenen Vorkenntnisse, darunter natürlich auch sphärische Trigonometrie, nur irgend gestatten. Verf. hat genau nach dem in diesem Buche eingehaltenen Lehrgang mehrfach akademische Vorlesungen gehalten und hält denselben in Folge dessen für vollkommen geeignet, auch diesem erweiterten Zwecke als erste Grundlage zu dienen.

Ansbach. S. Günther.

---

**Ueber die Reduction elementarer astronomischer Probleme auf planimetrische Betrachtungen.** (Erscheint in der „Zeitschr. f. math. u. naturw. Unterricht".)

Bei der Ausarbeitung des vorstehend erwähnten Leitfadens drängte sich vielfach die Ueberzeugung auf, dass sehr häufig den meist etwas mechanischen Operationen der Raumtrigonometrie mit grossem Vortheil eine planimetrische substituirt werden könne. Die Note stellt fest, dass dies speciell bei solchen Aufgaben aus pädagogischen Gründen zu geschehen habe, in welchen Bögen kleiner Kugelkreise als integrirende Bestandtheile auftreten. Um einen Anhaltspunkt zu haben, wird eine ziemlich umfassende Aufgabe dieser Art (zur Zeit $t$ nach dem Aufgang eines Gestirnes soll dessen Azimuth und Höhe gefunden werden) einerseits descriptiv, andererseits mit Hülfe der ebenen Trigonometrie behandelt und die Lösung mit der durch sphärische Trigonometrie erzielten in Parallele gesetzt.

Ansbach. S. Günther.

---

**Ueber näherungsweise Kreistheilung.** (Zeitschr. f. d. Realschulwesen, 3. Band.)

Eine eingehende Discussion der zur approximativen Einschreibung regulärer Vielecke einzig bekannten Generalregeln von Renaldin und von Herzog Bernhard von Sachsen-Weimar. Nachgewiesen wird, dass manche andere Methoden, welche anscheinend einen selbstständigen Charakter tragen, mit der erstgenannten identisch seien, so diejenige, welche Steczkowski im 25. Bande von Grunert's Archiv und diejenige, welche V. Schlegel im 22. Bande von Schömilch's Zeitschrift untersucht haben.*) Die Fehlercurven beider Verfahrungsweisen werden construirt und erklärt; beide bieten merkwürdige Erscheinungen.

Ansbach. S. Günther.

*) Als ein immerhin bemerkenswerther historischer Fund möge die bei diesem Anlass constatirte Thatsache bezeichnet werden, dass die Unrichtigkeit der Renaldin'schen Vorschrift nicht, wie man bisher allgemein annahm, zuerst von Jacob Bernoulli, sondern mehrere Jahre früher in einer Königsberger Dissertation bewiesen ward.

**Die Anschauungen des Thomas von Aquin über die Grundsätze der mechanischen Physik.** (Kosmos, 1. Jahrg. 3. Heft.)

Dass auch der in der Geschichte der Naturwissenschaften verhältnissmässig wenig genannte Schüler des Albertus Magnus, Thomas Aquinas, über gewisse Hauptfragen in einer überraschend richtigen Weise geurtheilt habe, diess zu zeigen ist der Endzweck dieser Note. Nachdem in kurzen Zügen das Wesen der aristotelischen Physik gekennzeichnet worden, wird Thomas' Stellung zu der Frage vom Perpetuum mobile als eine durchaus negative geschildert, hierauf wird nach den betreffenden Quellen erhärtet, dass er das Erwärmtwerden schnell bewegter Körper durchaus richtig „ex vehementia motus" ableitet und überhaupt die Wärme, die er als vom Lichte unzertrennlich betrachtet, als eine oscillatorische Bewegung definirt, eine Erklärungsweise, welche er der angeblich von Demokrit verfochtenen Emanationstheorie ausdrücklich gegenüberstellt.

Ansbach. S. Günther.

---

**Antike Näherungsmethoden im Lichte moderner Mathematik.** (Abhandlungen d. kgl. böhm. Gesellschaft d. Wissenschaften, 6. Folge, 9. Band.)

Diese Studie ist der weiteren Ausführung einer in der ersten Sektion der Münchener Naturforscherversammlung gegebenen und in deren Berichten enthaltenen Notiz gewidmet. Obschon auf historischem Boden beruhend ist sie gleichwohl selbst zunächst nicht geschichtlicher Natur, sondern sie soll lediglich ersehen lassen, wie die bei alten Mathematikern vorkommenden Näherungswerthe heutzutage auf möglichst kurzem und elegantem Wege eruirt werden können. Der erste Abschnitt beschäftigt sich mit der Sarosperiode der Babylonier und der altaegyptischen Verhältnisszahl $\pi = \frac{256}{81}$, der zweite mit den chronologischen Reformen des Cleostratus und Meton nnd besonders ausführlich mit den Quadratwurzeln des Heron Alexandrinus. Alsdann kommen die archimedischen Irrationalzahlen und diejenigen neueren Versuche an die Reihe, welche die Entstehung jener divinatorisch zu begründen bestimmt waren; dieselben rühren von Lagny, Hauber und Buzengeiger her und kommen sämmtlich in einer mehr oder minder versteckt liegenden

Kettenbruchentwickelung überein. Die sechzigtheilige Berechnung der Quadratwurzel, welche von Theon angegeben worden, wird, was bis jetzt noch niemals versucht worden zu sein scheint, in algebraische Formeln gekleidet. Zum Schlusse wird ein in den mathematischen Sammlungen des Pappus gelehrtes Constructionsverfahren zur Auflösung des delischen Problemes, resp. zur Extraction von Cubikwurzeln, analytisch untersucht und als ein consequent mit sehr rascher Convergenz fortschreitender Algorithmus erkannt.

Ansbach. S. Günther.

---

**Ferrini: Fisica tecnologica — Elettricità e magnetismo.** (Di Rinaldo Ferrini, prof. nel R. Istituto Tecnico Superiore di Milano. Milano, Hoepli 1878.)

Questo libro contiene l'esposizione delle principali applicazioni dell' elettricità e del magnetismo fondata sulla teoria dei potenziali che vi è premessa. L'autore ha cercato di mettersi a livello dello stato attuale della scienza e delle applicazioni, estendendosi particolarmente sui metodi di misurazione che offrono tanta importanza sia dal lato teorico che da quello pratico. Parecchie questioni sono trattate ex-novo.

---

**Sulla resistenza delle eliche degli elettromagneti telegrafici.** (Nota del prof. R. Ferrini letta al R. Istituto Lombardo di Scienze e lettere il 31 Gennajo 1878.)

Lo scopo di questa Nota è di mostrare che le divergenze tra i dettami della esperienza e quelli della teoria intorno la piú utile resistenza delle eliche degli elettromagneti telegrafici sono di pura apparenza e derivano dal modo improprio di calcolare la resistenza delle linee telegrafiche.

Mailand. Ferrini.

---

**E. Bertini: Una nuova proprietà delle curve di ordine $n$ con un punto $(n-2)^{\text{uplo}}$.** (Transunti della R. Accad. dei Lincei, Vol. I, Serie III.)

La proprietà è la seguente: — Data una curva $\Gamma$ d'ordine $n$ $(\geq 2t)$ con un punto $(n-2)^{\text{uplo}}$ $O$, esiste un sistema $\Sigma^{(2t)}$ (lineare

$\infty^{n-2t}$, di curve, di ordine $n-t$, aventi in $O$ un punto $(n-t-2)^{\text{uplo}}$ e passanti pei punti di contatto delle tangenti a $\Gamma$ partenti da $O$ —.

Se $\Gamma$ possiede punti doppï (oltre $O$) le curve del sistema $\Sigma^{(2t)}$ passano per essi ed hanno in ciascuno per tangente la conjugata armonica della retta che congiunge il punto doppio con $O$ rispetto alle due tangenti nel punto doppio.

Pel sistema $\Sigma^{(2t)}$, delle condizioni espresse dai punti fissi comuni alle curve del sistema, $s-1$ sono conseguenza delle rimanenti.

---

**E. Bertini: Sulle curve razionali per le quali si possono assegnare arbitrariamente i punti multipli.** (Giornale di Matematiche. Vol. XV.)

1. La condizione necessaria e sufficiente affinché una curva razionale sia riducibile ad una retta per trasformazioni univoche (fra due piani), è che la curva goda della proprietà, che si possano assegnare arbitrariamente le posizioni di tutti i suoi punti multipli. Questo teorema racchiude i teoremi noti relativi alla riducibilità di un fascio e di una rete di curve razionali ad un fascio e ad una rete di rette.

2. Una curva dotata della precedente proprietà e inoltre di avere la somma delle moltiplicità dei tre punti multipli piùelevati eguale all' ordine accresciuto di 1, è necessariamente una della seguenti (oltre la retta):

Una curva di $5^0$ ordine con sei punti doppï.

Una curva di $6^0$ ordine con un punto triplo e sette punti doppï.

Una curva di $8^0$ ordine con sette punti tripli;

Una curva di $11^0$ ordine con sette punti quadrupli e un punto triplo;

Una curva del $17^0$ ordine con otto punti sestupli;

Una curva del $20^0$ ordine con otto punti settupli ed un punto triplo;

Una curva di ordine $\nu$ $(\nu > 1)$ con un punto $(\nu-1)^{\text{uplo}}$

---

**E. Bertini: Ricerche sulle trasformazioni univoche involutorie nel piano.** (Annali di Matematica — Serie II, Tomo VIII).

Queste ricerche tendono alla soluzione del problema: — Indicare tutte le possibili trasformazioni involutorie nel piano che sono irriducibili, cioè non possono dedursi l'una dall' altra per una trasformazione univoca —.

Premessi (§ 1) alcuni teoremi che riguardano la riducibilità di un sistema lineare ad ordine inferiore per trasformazioni univoche, si dimostra che:

1. Ogni trasformazione involutoria è deducibile per trasformazioni univoche da altre aventi i punti fondamentali a distanze finite (Appendice, No. 51).

2. Ogni curva fondamentale che passa $\alpha$ volte pel punto fondamentale a cui corrisponde (in una trasformazione involutoria avente i punti fondamentali a distanze finite) può essere considerata come posizione particolare di una curva variabile in un sistema lineare, $\infty^{\alpha}$. Le curve di questo sistema sono di genere $\alpha-1$, si tagliano in $2\alpha-2$ punti variabili e sono corrispondenti fra loro o a sè medesime nella trasformazione involutoria. Per ciascuna trasformazione involutoria esiste sempre almeno uno di tali sistemi (§ 2).

3. Esaminando i casi $\alpha=1$, $\alpha=2$, $\alpha=3$ (§ 3, 4, 5) e, nell' ipotesi che le curve del precedente sistema corrispondano a sè medesime, il caso $\alpha>3$ (§ 6) le trasformazioni involutorie sono riducibili ai tipi seguenti:

a) Omologia armonica;

b) Trasformazioni involutorie (di Jonquières) di ordine $p+2$ con $2p+2$ punti semplici fondamentali distinti, aventi una curva punteggiata unita d'ordine $p+2$, di genere $p$ $(p>0)$, con un (solo) punto $p^{\text{plo}}$ nel punto $(p+1)^{\text{uplo}}$ della trasformazione;

c) Trasformazione involutoria dell' $8^0$ ordine con 7 punti tripli, avente una curva punteggiata unita di $6^0$ ordine, per la quale quei sette punti sono doppï;

d) Trasformazione involutoria del $17^0$ ordine con 8 punti sestupli, avente una curva punteggiata unita di $9^0$ ordine, per la quale quegli otto punti sono tripli. —

A completare la ricerca rimangono a discutere le trasformazioni involutorie, per le quali, essendo $\alpha>3$, si presentino soltanto sistemi di curve corrispondenti fra loro.

Pisa. E. Bertini.

**Wilh. Fiedler. 1) Ueber die Symmetrie nebst einigen andern geometrischen Bemerkungen.** Vierteljahrsschrift der Züricher Naturforschenden Gesellschaft. (Jahrg. 1876, p. 50—66.)

**2) Geometrie und Geomechanik.** Eine Uebersicht zur Kennzeichnung ihres Zusammenhanges nach seiner gegenwärtigen Entwicklung. (Ibid. Jahrg. 1876, p. 186—228.)

**3) Die birationalen Transformationen in der Geometrie der Lage.** (Ibid. 1876, p. 369—383.)

**4) Zur Reform des geometrischen Unterrichts.** (Ibid. 1877, p. 82—97.)

Die erste der vorgenannten kleinen Arbeiten ward veranlasst durch die mir auffallenden Mängel der elementaren Darstellungen der Symmetrielehre, nämlich durch ihre Unvollständigkeit — denn sie vernachlässigen sämmtlich eine mit den übrigen gleichberechtigte Art der Symmetrie räumlicher Figuren, diejenige in Bezug auf eine Axe — und die offenbare Ursache derselben —, nämlich den Mangel eines elementaren anschaulichen Nachweises aller möglichen Symmetrielagen von zwei gleichgebildeten Figuren von drei Dimensionen.

Einen solchen elementaren Nachweis habe ich gegeben. Für die ebenen Figuren genügt die zweimalige Darstellung eines Polygons aus den gleichen Bestimmungsstücken in derselben Aufeinanderfolge und die Untersuchung der möglichen Vereinigungen in derselben Ebene bei Deckung eines Paares ihrer entsprechenden Seiten: Vier Lagen, von denen eine die Deckung, zwei die Symmetrielagen mit Axe und die letzte die Symmetrielage mit Centrum bilden; jene Seite und ihre senkrechte Halbirungslinie sind die Axen, ihr Halbirungspunkt ist das Centrum der Symmetrie.

Für drei Dimensionen bildet man aus drei congruenten Exemplaren eines Oberflächennetzes, welches etwa zur Erleichterung der Anschauung ein Rechteck $ABCD$ enthält, zwei (congruente) Polyeder I, II durch Benutzung derselben Seite der Netzebene als Aussenfläche, ein drittes (symmetrisches) III mit seiner entgegengesetzten Seite. Von der Deckungslage von I und II aus sind dann für II drei Drehungen um $180^0$ möglich um die Symmetrieaxen des Rechtecks und um die Normale seiner Ebene in seinem Mittelpunkte, so dass die neuen Lagen von II mit I axensymmetrisch sind, während die Flächen $ABCD$ vereinigt liegen. Und von der einfachsten möglichen Verbindung zwischen I und III bei Vereinigung dieser

Flächen unter Zusammenfallen ihrer gleichbenannten Ecken ausgehend erhält man durch die Drehung um $180^0$ um dieselben Axen drei weitere symmetrische Lagen, wovon zwei mit Symmetrieebene und die dritte mit Symmetriecentrum. Die drei Axensymmetrielagen der gleichsinnig congruenten Figuren, die drei Ebenensymmetrielagen und die centrische Symmetrielage der ungleichsinnig congruenten bilden mit der Deckung der ersten die acht Lagen, welche den Octanten um einen Punkt im Raum von drei Dimensionen entsprechen.

In der Geometrie der Lage erscheinen die Typen der elementaren Symmetrie als Specialfälle der Involution gleichartiger Gebilde von ein, zwei, drei Dimensionen — insbesondere der übersehene Typus der Axensymmetrie für Figuren von drei Dimensionen als Specialfall der geschaarten Involution oder der Collineation der Räume mit zwei windschiefen sich selbst entsprechenden Geraden. Ich habe nicht unterlassen, die Vortheile hervor zu heben, welche der analoge stufenweise Aufbau der elementaren Untersuchung für die Entwickelung der Raumanschauung darbietet. In der allgemeinen Form der Involution sieht man zugleich, dass die sich selbst entsprechenden Elemente die möglichen Combinationen dualer Paare der Elemente erschöpfen: Punkt und Gerade, oder Ebene und Gerade (im Bündel) für zwei Dimensionen, Punkt und Ebene, Gerade und Gerade für drei.

Auf die Symmetrien ungleichartiger Gebilde, die vor Allem die Metrik der Elementargeometrie liefern, habe ich nur kurz hingewiesen, da sie dem elementaren Zweck nicht entsprechen.

Im Uebrigen enthält der Aufsatz einige Bemerkungen im Zusammenhang mit meinem Buche: „Die darstellende Geometrie in organischer Verbindung mit der Geometrie der Lage“ (vergl. dieses Repertorium Bd. I, p. 205 f.); z. B. über metrische Specialisirungen der Construction projectivischer gerader Reihen und Strahlenbüschel; über die symmetrisch gleichen entsprechenden Reihen und Strahlbüschel in ebenen und über die symmetrisch gleichen entsprechenden Ebenen und Bündel in räumlichen centrisch collinearen Systemen. Eine derselben, über die Art, wie die Untersuchungen der Geometrie der Lage systematisch auf die eindeutigen Transformationen führen, habe ich in der unter 3) genannten Schrift etwas näher entwickelt: Es ist die Betrachtung des doppelt conjugirten Elements zu einem gegebenen bei in einander liegenden projectivischen Gebilden; man erhält alle Arten der birationalen Transformationen in der speciellen

Lage der Involution; die Projectivität der Räume führt besonders auf die Abbildungen des Punktraumes in den tetraedralen Complex — ohne jedoch Punktabbildungen auszuschliessen.

Ebenso schliesst sich das Schriftchen unter 4) an 1) an, die Erörterung meiner Ansicht über die wünschenswerthe Reform des gesammten geometrischen Unterrichts; veranlasst durch die zahlreichen neueren Veröffentlichungen in dieser Richtung, und insbesondere mit Bezug auf das Buch: „Geometrie der Ebene, systematisch entwickelt von Dr. F. Kruse" (Berlin 1875). Das Wesentliche meiner Ansicht, dass die Geometrie darstellend-geometrisch verfahren, dass sie in der mathematischen Abstraction unserer faktischen Orientirung im Raume ihre leitenden Ideen suchen soll, so dass eine Reform am besten in der engeren Verbindung von reiner und darstellender Geometrie zu finden wäre, was Alles hier besonders auch dem erwähnten Buche gegenüber ausgeführt wird, will ich nicht näher erörtern, weil sich die Kürze des Schriftchens nicht wohl noch weiter kürzen lässt. Aus dem Buche von Herrn Kruse ist zur Erläuterung der Abschnitt von der Affingleichheit ebener Figuren herangezogen; derselbe giebt Anlass zu der Ausführung, dass die Affingleichheit zu dem überall vernachlässigten speciellen Fall der centrischen Collineation ebener oder räumlicher Figuren gehört, bei welchem das Centrum in der Collineationsaxe, resp. Collineationsebene liegt, und dass daher die affingleichen Gebilde mit den axen- resp. ebenensymmetrischen verbunden sind durch den Satz: Zwischen dem einen von zwei affingleichen Systemen und dem zum andern in Bezug auf die Axe oder Ebene orthogonalsymmetrischen System findet schräge Symmetrie in Bezug auf dieselbe Axe oder Ebene statt. Und allgemein, die Lehre von den geometrischen Verwandtschaften dogmatisch einzuführen, anstatt sie aus ihrer natürlichen Quelle hervorgehen zu lassen, woraus sie auch historisch entsprungen ist, will mir als keine gute Reform erscheinen. Aber auch von systematischer Reform ganz abgesehen, will mich bedünken, dass zur Klärung und Festigung der Definitionen Uebungen ans dem Grenzgebiete zwischen der darstellenden Geometrie und dem Zeichnen etwa nach Stabmodellen höchst nützlich wären, wie diese: Eine drei- oder mehrseitige Ecke, ein Tetraeder, Parallelepided, Prisma, eine einfache oder Doppelpyramide etc. liegt etwa nach Stabmodell gezeichnet vor; man kennt von einer geraden Linie die beiden Punkte, in welchen sie zwei der zugehörigen Flächen durchstösst, von einer Ebene die Punkte auf drei Kanten, und soll die

Schnittpunkte der ersteren mit den übrigen Flächen resp. die vollständige Querschnittsfigur die letzteren verzeichnen; man soll durch einen Punkt in der in ersterer Weise bestimmten Geraden die Transversalen der Paare windschiefer Kanten des Körpers ziehen etc. in mannichfachen Variationen.

Die Schrift: „Geometrie und Geomechanik" unter 2) ist eine orientirende Uebersicht, gewissermassen auch Inhaltsangabe einer im Sommersemester 1876 zuletzt gehaltenen Vorlesung, über die Bedeutung der involutorischen Reciprocität des Nullsystems in der Statik, Kinematik und Dynamik, mit besonderem Bezug auf die seit 1871 veröffentlichten Arbeiten des englischen Gelehrten R. St. Ball. Ich habe mich bemüht, in Kürze möglichst klar und durch genaue Literaturnachweise genau verfolgbar den für diese Disciplinen wesentlichen Zusammenhang und seine allmählige Erkenntniss aufzuzeigen, welcher stattfindet zwischen der canonischen Form der Bewegung eines starren Systems, der durch ihre Axe, ihren Pfeil oder die Grösse der Verschiebung bei einer Drehung um die Winkeleinheit im Bogenmass, und ihre Amplitude bestimmten Schraubenbewegung oder der *Windung;* ferner der canonischen Form eines Systems von Kräften, dem durch die Axe der Einzelkraft, den Pfeil oder Quotienten aus dem Momente des in ihrer Normalebene wirkenden Paares durch die Intensität der Einzelkraft, und die Intensität der Letzteren bestimmten, gleichfalls unter dem Bilde der Schraube darstellbaren *Winder* und den rein geometrischen Beziehungen der einstimmigen Congruenz und des Nullsystems oder des linearen Complexes. Von Euler und d'Alembert ab bis auf die Gegenwart ist alles Wesentliche dieser Entwickelung aufgeführt und in der auf das Endziel weisenden Verbindung dargestellt. Dabei sind die geometrischen Consequenzen der Entwickelung nur historisch verzeichnet, während ihre Ausführung unterblieb — es ist ersichtlich, dass die zu sich selbst dualen Raumcurven, von denen in Bd. I, p. 224 berichtet ist, auch in ihre Reihe gehören —, um Raum zu haben für eine nähere Darlegung der Dynamik fester Körper von diesen Grundlagen aus, und für die verschiedenen Stufen der Bedingtheit resp. Freiheit der Bewegung, welche möglich sind. Auf die Lehre von der Zusammensetzung der Winder oder Windungen vermittelst des Cylindroids, einer metrisch specialisirten Regelfläche dritten Grades, und von der Reciprocität der Windungen und Winder oder der Involution der bezüglichen Schrauben oder linearen Complexe, folgt die Entwickelung der zweckmässigen Coordinatenbestimmung der Schrauben, in Bezug auf ein System von sechs reciprocalen Schrauben nämlich; dann treten mit der Einführung der Masse des Bewegten in die Untersuchung die Gruppen der materiell conjugirten oder der Hauptträgheitsschrauben, und der potentiell conjugirten Hauptschrauben, sowie schliesslich als zu beiden zugleich gehörig die der harmonischen Schrauben hervor. Die Ableitung der allgemeinen Differentialgleichungen der Dynamik unveränderlicher Systeme und die anschauliche Lösung des allgemeinen kinetischen Problems, sowie die nähere Erörterung des besonderen Falles, in welchem der Körper frei ist nach Windungen um alle Schrauben eines Systems dritter Stufe (was wieder die Rotation um einen festen Punkt als sehr speciellen Fall einschliesst), endigt die Abhandlung.

Ich wollte damit hauptsächlich der Verbreitung der vorgeführten Ideen dienen, an deren Weiterführung auf das Gebiet der Hydrodynamik etc. ich nicht zweifle, und mache daher keine Ansprüche auf Originalität. Immerhin glaube ich, dass mir der einfache Nachweis von der Existenz der Centralaxe einstimmig congruenter Räume durch Specialisirung der Collineation in Art. 1 angehört, aus dem die bekannte Chasles'sche Construction derselben aus zwei entsprechenden Dreiecken hervorgeht und dessen Grundidee zugleich die meisten der Sätze liefert, welche Chasles über die Bewegung starrer Systeme mitgetheilt hat.

Auch habe ich für die darstellend geometrische Behandlung des Cylindroids die zweckmässigsten Grundlagen und einen einfachen Beweis für seine wichtigste Eigenschaft gegeben, wonach die von einem Punkte aus auf seine geraden Erzeugenden gefällten Normalen — die Axen der zum Cylindroid reciproken Schrauben — einen Kegel zweiten Grades bilden, da ihre Fusspunkte in einer Ellipse liegen.

Einer meiner Herren Zuhörer in jener Vorlesung, Dr. A. Göbel, hat seither die Begründung der Lehre von der Zusammensetzung der Winder durch das Cylindroid vermittelst des Arbeitsprincips zum Gegenstand seiner Dissertation und einer besondern Veröffentlichung gemacht „Die wichtigsten Sätze der neuern Statik in elementarer Darstellung.“ Zürich 1877.

Zürich-Unterstrass. Wilh. Fiedler.

---

**Albert Fliegner: Die Bergbahn-Systeme vom Standpunkte der theoretischen Maschinenlehre.** Zürich, Orell, Füssli & Co. („Technishe Mitthlgn.“ 9. Heft.)

Die Arbeit ist ein vervollständigter Abdruck einer Reihe von Artikeln, die der Verfasser im VII. Bande der Zeitschrift „Die Eisenbahn“ veröffentlicht hatte.

Bei der Untersuchung und Vergleichung der verschiedenen Systeme ist auf die Anlage- und Unterhaltungskosten der Bahn keine Rücksicht genommen worden, da namentlich die letzte Grösse bei einigen Systemen noch nicht durch die Erfahrung festgestellt ist. Als Hauptfrage wurde vielmehr angesehen die Ausnutzung der an der Hauptwelle des Motors (Locomotive oder irgend eine stationäre Maschine) verfügbaren Arbeit auf Fortschaffung der Nutzlast, einschliesslich der Wagen. Es wurde daher bei den untersuchten Systemen das Verhältniss der Nutzleistung dividirt durch die effective Leistung des Motors, das sogenannte Güteverhältniss des Systems, ermittelt und zur besseren Uebersicht in einer Tabelle für einige Fälle berechnet.

Zunächst sind die Systeme mit beweglichem Motor untersucht, also die eigentlichen Locomotivbahnen (das gewöhnliche Adhäsionssystem, der Dampfomnibus, die Systeme von Flachat und Thouvenot, von Fell, das Zahnradsystem und das System Wetli). Auf einige andere hierher gehörende Systeme ist kurz hingewiesen. Bei allen diesen Systemen wird der Hauptarbeitsverlust hervorgebracht durch die Nothwendigkeit, die Locomotiven mit fortzubewegen. Das Güteverhältniss zeigt sich abhängig von Steigung und Geschwindigkeit, und zwar im Allgemeinen mit Zunahme dieser beiden Grössen abnehmend. Eine Vergleichung des Güteverhältnisses der einzelnen Systeme zeigt, dass wenn man die erhöhten Kosten des Oberbaues der Specialsysteme mit berücksichtigt, bis zu Steigungen von etwa 5% das gewöhnliche Adhäsionssystem (natürlich mit Tender-Locomotiven) den Vorzug verdient. Erst bei grösseren Steigungen ist man berechtigt und genöthigt, zu besonderen Systemen zu greifen. Mit diesen kann man dann noch bis zu Steigungen von etwa 30% gehen, bei noch grösseren wird die verfügbare Arbeit zu schlecht ausgenutzt. Mit Zunahme der Steigung ist übrigens eine Reduction der Geschwindigkeit nöthig.

Die zweite untersuchte Gruppe bilden die Drahtseilbahnen (das einfache Seil, das Doppelseil mit Berg- und Thalfahrt, dasselbe mit Locomotivbetrieb, das Seil ohne Ende mit Bergfahrt allein, dasselbe mit Berg- und Thalfahrt, die Bahnen von Hodgson, Agudio und Handysides. Der Arbeitsverlust hat seinen Grund in den Bewegungswiderständen des Seiles, wozu bei den Bahnen, die nicht ein Seil ohne Ende anwenden, noch das Heben des Seilgewichtes kommt. Das Güteverhältniss wird in Folge dessen wesentlich mit von der Länge der Bahn abhängig; der Einfluss der Steigung bleibt auch bestehen. Die Geschwindigkeit dagegen fällt entweder ganz aus der Formel heraus, oder ist doch von nur untergeordneter Bedeutung.

Wenn solche Bahnen ausser Verbindung mit anderen stehen, so kann man besonderes Betriebsmaterial mit Sicherheitsvorrichtungen für den Fall eines Seilbruches voraussetzen. Dann stellen sie sich sehr günstig, namentlich bei gleichzeitiger Berg- und Thalfahrt, weil in diesem Falle der hinunterfahrende Zug einen sehr bedeutenden Theil der nöthigen Arbeit übernimmt und den Motor so entlastet, dass sich dann meistens Güteverhältnisse grösser als 100 % finden. Diese Arbeit der Schwerkraft am thalwärtsfahrenden Zuge wird sonst durch Bremsen vernichtet, ist also hier reine Ersparniss an Betriebskosten. In diesen Fällen kann man auch vertical fördern.

Sind Drahtseilbahnen dagegen Theilstrecken anderer Bahnen die gewöhnliches durchgehendes Betriebsmaterial befördern müssen, so sind für den Fall eines Seilbruches besondere Sicherheitsvorrichtungen nicht am Platze, es muss vielmehr die Sicherheit durch eine in genügendem Masse verfügbare Bremskraft geboten sein; dann werden solche Systeme aber wesentlich ungünstiger, sogar ungünstiger, als die Systeme mit beweglichem Motor. Höchstens etwa das System von Agudio, aber nur in Anwendung auf einen zahnstangenartigen Fortbewegungsmechanismus, und dann auch das Doppelseil mit Locomotivbetrieb könnten für Theilstrecken jenen gegenüber in Frage kommen.

Bei den zuletzt untersuchten atmosphärischen und pneumatischen Bahnen mit verdünnter oder comprimirter Luft zeigt sich die Steigung ohne Einfluss auf das Güteverhältniss, dagegen die Länge und die Geschwindigkeit. Dabei wächst das Güteverhältniss mit abnehmender Länge und zunehmender Geschwindigkeit. Die atmosphärischen Bahnen, bei denen sich die treibende Luft in einer engen Röhre ausserhalb des Zuges befindet, ergeben ein so geringes Güteverhältniss, dass ihnen jede Existenzberechtigung vom ökonomischen Standpunkte aus abgesprochen werden muss. Für die pneumatischen Bahnen dagegen, bei welchen der ganze Zug von der Röhre umschlossen wird, und die in Folge davon mit wesentlich geringerem Luftüberdrucke arbeiten können, stellt sich das Güteverhältniss günstiger, so dass sie in manchen Fällen neben den weniger guten Seilbahnen und auch neben den Systemen mit beweglichem Motor in Frage kommen könnten.

Zum Schlusse ist noch darauf hingewiesen, dass, wenn man die Arbeit untersucht, die zum Heben einer Last auf eine bestimmte Höhe nöthig ist, man bei allen Systemen eine günstigste Steigung findet, die beim Adhäsionssystem etwa 15 ‰ beträgt, bei anderen Bahnen dagegen oft so gering ist, dass bei ihr ein besonderes System keine Berechtigung hätte. Dann bestimmt sich die Steigung namentlich mit Rücksicht auf die Anlagekosten und auf die voraussichtliche Frequenz der Bahn.

Zürich, März 1878. Prof. Albert Fliegner.

---

**Heinrich Streintz: „Berechnung der transversalmagnetisirenden Kraft eines einen Eisenstab durchfliessenden galvanischen Stromes".**

Ich habe unter dem Titel „Die elektrischen Nachströme transversal-magnetisirter Eisenstäbe" in dem LXXVI Bande der Sitzungsberichte der k. Acad. d. Wiss. zu Wien eine Abhandlung veröffentlicht, welche zuerst die Berechnung der Kraft enthält, mit welcher ein einen Eisenstab durchfliessender galvanischer Strom dessen Molecularmagnete zu drehen bestrebt ist und dann die Resultate einer Experimentaluntersuchung mittheilt, die ich in Gemeinschaft mit meinem Vetter Dr. Franz Streintz ausgeführt und sich auf die durch Erschütterung eines transversalmagnetisirten Stabes erzeugten Nachströme bezieht.

Hier soll in Kürze nur von dem ersten Theile die Rede sein.

Um zu erfahren, welche Wirkung der den Eisenstab durchfliessende Strom auf einen Molecularmagnet ausübt, denke man sich den Strom aus einzelnen Stromfäden bestehend, von denen nun jeder den Moleculamagnet zu richten bestrebt ist. Derselbe würde sich, wenn er vollkommen frei beweglich wäre, transversal gegen die Richtung des Stromes stellen, da alle auf ihn wirkenden Stromfäden parallel sind. Um die Stellung der Molecularmagnete noch weiters zu bestimmen, genügt eine Construktion, welche leicht zeigt, dass sich dieselben in concentrischen Kreisen um die Axe des Stabes anordnen werden und zwar so, dass wir die Axe des Stabes verkehrt wie die Zeiger der Uhr umkreisen, wenn wir von einem Molecularmagnet zum nächsten übergehen und uns in den Molecularmagneten stets vom Süd gegen den Nordpol bewegen, und der Strom von unten nach oben geht.

Wirklich erreichen können die Molecularmagnete jene Stellung natürlich nicht, da ausser der inneren Reibung noch die von Weber mit $D$ bezeichnete Directionskraft entgegenwirkt; sie werden sich aber umsomehr jener Grenzlage nähern, je grösser die Stromstärke des den Stab durchfliessenden Stromes ist.

Betrachtet man, was erlaubt ist, zur Berechnung der Kraft den Stab als unendlich lang, so bildet die Grundlage der Berechnung das Biot-Savart'sche Gesetz, nach welchem die Wirkung eines Stromfadens auf einen Pol eines Molecularmagnets verkehrt proportional ist dem Abstande des Pols vom Stromfaden; die an dem Pole angreifende Kraft steht senkrecht auf der durch den Leiter und den Pol bestimmten Ebene. Man kann sich nun auch denken, es befinde sich dort, wo das von dem Magnetpole auf den Stromfaden gefällte Perpendikel letzteren trifft, der Sitz der Kraft, welche nach dem obigen Kraftgesetze wirkt. Wenn wir dann weiteres von einem Stromfaden zu dem ganzen Strome übergehen, so werden wir für die Rechnung nur ein Problem der Ebene haben, nämlich die Wirkung eines Kreises (die untersuchten Stäbe hatten kreisförmigen Querschnitt) zu rechnen, dessen einzelne Punkte auf den in seiner Fläche gelegenen Magnetpol nach dem Kraftgesetze $\frac{C}{r}$ wirken.

Es ist aber dieses Kraftgesetz für die Ebene ein Analogon des Newton'schen Kraftgesetzes für den Raum. Eine gleichmässig mit Masse belegte Kreislinie wirkt auf einen Punkt im Inneren der Kreisfläche nicht, hingegen auf einen ausserhalb in derselben Ebene gelegenen gerade so, als wäre die Gesammtmasse der Kreislinie in deren Mittelpunkte vereinigt.

Befindet sich also der Magnetpol, dessen magnetische Masse $\mu$ sei, im Abstande $r$ von der Achse des Stabes, so wirkt auf ihn nur derjenige Theil des Stromes, der durch den Querschnitt vom Radius $r$ fliesst.

Ist die Stromstärke des den ganzen Stab durchfliessenden Stromes $i$, so fliesst durch den Querschnitt vom Radius $r$ ein Strom von der Intensität $\frac{ir^2}{a^2}$, und die Kraft, mit welcher der Pol afficirt wird ist $\frac{k\mu ir}{a^2}$, worin $a$ den Halbmesser des Querschnitts bedeutet. Nehmen wir nun an, in der Volumseinheit des Stabes seien $n$ Molecularmagnete gelegen, so befinden sich in derselben auch $n$ gleichnamige Pole und die Summe der auf alle gleichnamigen in dem Stabe enthaltenen Pole ausgeübten Richtkräfte wird $R = \frac{2}{3}\pi k n \mu i l a$, wenn $l$ die Länge des Stabes ist.

Es kann selbstverständlich $R$ auch als die Summe der Drehmomente angesehen werden, wenn man nur der Constanten $k$ eine etwas andere Bedeutung beilegt. Es lassen sich aus diesem Ausdrucke auch leicht einige Folgerungen ziehen.

Graz. H. Streintz.

---

**A. V. Bäcklund: Ueber partielle Differentialgleichungen höherer Ordnung, die intermediäre erste Integrale besitzen.** (Math. Annalen Bd. XI, p. 199—241.)

Diese Abhandlung beschäftigt sich einerseits mit den, in der vorangehenden Abhandlung desselben Verfassers im IX. Bd. der Math. Annalen skizzirten mehrdeutigen Flächentransformationen, andererseits mit denjenigen partiellen Differentialgleichungen höherer Ordnung, die solche intermediäre Integrale besitzen, die durch partielle Differentialgleichungen nächstniederer Ordnung sich ausdrücken.

Um zunächst das, was über die mehrdeutigen Flächentransformationen auseinandergesetzt wird, zu besprechen, will ich der Einfachheit wegen, nur den Fall von drei Variablen $x$, $y$, $z$ d. i. einen Raum von drei Dimensionen, in Betracht ziehen. — Zu einer Flächentransformation eines Raumes von drei Dimensionen führt etwa folgende Ueberlegung: Es seien $x, y, z$ die Coordinaten eines beliebigen Punktes des Raumes, dann ist die Gleichung $z = \varphi(x, y)$ der Repräsentant einer Fläche, und die partiellen Differentialquotienten $\frac{\partial z}{\partial x}$, $\frac{\partial z}{\partial y}$, $\frac{\partial^2 z}{\partial x^2}$, $\frac{\partial^2 z}{\partial x \partial y}$, etc. (wenn man in denselben für $x$, $y$ irgend ein beliebiges Werthsystem $x^0$, $y^0$ setzt) werden als Bestimmungsstücke der Fläche aufzufassen sein, indem die Reihe

$$z^0 + \frac{\partial z}{\partial x}(x - x^0) + \frac{\partial z}{\partial y}(y - y^0) + \frac{1}{2}\frac{\partial^2 z}{\partial x^2}(x - x^0)^2 + \text{etc.}$$

$\left(\frac{\partial z}{\partial x} = \varphi'(x^0) \text{ etc.}\right)$ in dem Bereiche, in dem sie convergiert, mit der durch $\varphi(x, y)$ definirten Function zusammenfällt. Statt

$$\frac{\partial z}{\partial x}, \frac{\partial z}{\partial y}, \frac{\partial^2 z}{\partial x^2}, \frac{\partial^2 z}{\partial x \partial y}, \frac{\partial^2 z}{\partial y^2}$$

ist geschrieben $p, q, r, s, t$ bez. Es gilt dann immer folgende Regel: Von einem beliebigen Werthsysteme $(z, x, y, p, q)$ aus kommt man zu den unendlich benachbarten Punkten $(z + dz, x + dx, y + dy)$ aller derjenigen Flächen, die im Punkte $(zxy)$ jene Werthe $p, q$ als Werthe von ihren $\frac{\partial z}{\partial x}, \frac{\partial z}{\partial y}$ haben, wenn man $dz$ bestimmt durch die Gleichung: $dz = pdx + qdy$. Und von einem beliebigen Werthsysteme $(z, x, y, p, q, r, s, t)$ aus kommt man zu den unendlich benachbarten Werthsystemen $(z + dz, \cdot\cdot\, q + dq)$ aller derjenigen Flächen, die dieselben Werthe $(z, p, q, r, s, t)$ für jenes Werthsystem von $x, y$ haben, wenn man $dz, dp, dq$ bestimmt durch die Gleichungen: $dz = pdx + qdy$, $dp = rdx + sdy$, $dq = sdx + tdy$.

Wird also verlangt zwischen den Figuren des Raumes eine solche Correspondenz zu etabliren, dass Flächen immer wiederum Flächen (oder Curven) entsprechen, und denkt man sich dabei den Raum zweifach von denselben Figuren erfüllt: einmal von den als bekannt gedachten Figuren, sodann von Figuren, die vermittelst der gesuchten Correspondenz aus diesen herzuleiten sind, so ist, wenn man die Bestimmungsstücke einer als bekannt gedachten Fläche durch

$$z, x, y, p, q, r, s, t, 3^{\text{te}}, 4^{\text{te}}, 5^{\text{te}} \text{ etc. Diffqu. v. } z;$$

und die Bestimmungsstücke der ihr correspondirenden durch

$$Z, X, Y, P, Q, R, S, T, 3^{\text{te}}, 4^{\text{te}}, 5^{\text{te}} \text{ etc. Diffqu. v. } Z$$

bezeichnet, die Correspondenz durch eine Reihe von Gleichungen zwischen jenen und diesen Bestimmungsstücken auszudrücken.

Aber diese Reihe von Gleichungen ist keineswegs eine beliebige. Sie muss vielmehr, falls die Correspondenz alle Flächen betreffen soll, nach dem eben Auseinandergesetzten so eingerichtet sein, dass man gleichzeitig hat

(1) $dz = pdx + qdy$, $dp = rdx + sdy$, $dq = sdx + tdy$, etc. in inf.

und

(2) $$dZ = PdX + QdY,\ dP = RdX + SdY,$$
$$dQ = SdX + TdY, \text{ etc. in inf.}$$

Also: drei Gleichungen

$$Z = F\,(z, x, y, p, q, r, s, t, 3^{\text{te}}, 4^{\text{te}} \text{ etc. Diffqu. v. } z),$$
$$X = F_1(\qquad\qquad),$$
$$Y = F_2(\qquad\qquad),$$
(die Functionen $F$, $F_1$, $F_2$ ganz beliebig)

bestimmen vollständig eine Correspondenz der fraglichen Art. Sie wird als eine Transformation von Flächen in $(zxy)$ in Flächen in $(ZXY)$ bezeichnet. In der Regel ist dies eine mehrdeutige Flächentransformation; immer verwandelt sie eine jede Fläche in $(zxy)$ in eine Fläche in $(ZXY)$, aber umgekehrt werden einer Fläche in $(ZXY)$ unendlich viele Flächen in $(zxy)$ entsprechen. Z. B. die Transformation, die in der angeführten Abhandlung im IX. Bd. der Math. Ann. discutirt worden ist: $Z = q$, $X = x$, $Y = y$ lässt der Fläche $Z = F(X, Y)$ die Gesammtheit der Integralflächen der partiellen Differentialgleichung $q = F(x, y)$ entsprechen.

Insbesondere wird die Flächentransformation behandelt, die durch drei solche Gleichungen:

(3) $$Z = F\,(z, x, y, p, q, r, s, t),\quad X = F_1(\qquad),\quad Y = F_2(\qquad),$$

bestimmt ist, dass man, bei Anwendung des Satzes von dem gleichzeitigen Bestehen der Relationen (1), (2) zu Werthen $P$, $Q$ kommt, die nicht — wie dies für beliebige $F$, $F_1$, $F_2$ der Fall ist — dritte Differentialquotienten von $z$ enthalten, so dass man erhält:

$$P = \varphi\,(z, x, y, p, q, r, s, t),$$
$$Q = \psi\,(\qquad\qquad),$$

Es wird gezeigt, dass jede der partiellen Differentialgleichungen zweiter Ordnung: $F = C$, $F_1 = C$, $F_2 = C$ $\infty^2$ erste Integrale besitzt, d. h. dass z. B. für $F = c^0$ eine Gleichungsschaar existirt:

$$f(z, x, y, p, q, \lambda, \mu) = 0,$$

(wo $\lambda, \mu$ willkührliche Constanten sind), die durch vollständige Differentiation in Bezug auf $x, y$ Werthe für $r$, $s$, $t$ giebt, die der Gleichung 2. O. $F = c^0$ genügen. Weiter müssen je zwei der Gleichungen

$F = c^0$, $F_1 = c'$, $F_2 = c''$ $\infty^1$ erste Integrale und alle drei ein erstes Integral gemeinsam besitzen. Dies sind für die Functionen $F$, $F_1$, $F_2$ nothwendige und hinreichende Bedingungen.

Aehnliche Beziehungen gelten für die Functionen $F$, $F_1$, $F_2$ einer Flächentransformation:

$$\begin{aligned} Z &= F\,(z,\ x,\ y,\ p,\ q\ 2^{\text{te}},\ 3^{\text{te}},\ 4^{\text{te}} \text{ etc. Diffqu. v. } z),\\ X &= F_1\,( \qquad\qquad\qquad\qquad\qquad\qquad\qquad ),\\ Y &= F_2\,( \qquad\qquad\qquad\qquad\qquad\qquad\qquad ), \end{aligned}$$

wenn die Gleichungen für $P$, $Q$ nicht höhere Differentialquotienten von $z$ enthalten sollen, als in $F$, $F_1$, $F_2$ vorkommen. Es wird gezeigt, dass niemals die zugehörigen Werthe von $R$, $S$, $T$ nur diejenigen Differentialquotienten von $z$, die schon in $F$, $F_1$, $F_2$ eingehen, enthalten können (so dass sie von den höheren Differentialquotienten von $z$ frei wären), — und daraus wird (S. 213) geschlossen, dass es keine anderen eindeutigen Flächentransformationen giebt, als diejenigen, die von Lie behandelt und von ihm mit dem Namen von Berührungstransformationen belegt worden sind. Die Lie'schen Berührungstransformationen sind sonach die einzigen Flächentransformationen, die nicht nur eine jede Fläche in $(zxy)$ in eine Fläche in $(ZXY)$,*) sondern auch umgekehrt eine jede Fläche in $(ZXY)$ in nur eine Fläche in $(zxy)$ überführen. (Geometrisch bewiesen in der Abh. im IX. Bd. der Annalen).

Die Flächentransformation (3) ist übrigens von der Beschaffenheit, dass sie die Flächen in $(ZXY)$ in partielle Differentialgleichungen 1. O. in $(zxy)$ verwandelt, so dass eine Fläche in $(ZXY)$ allen denjenigen Flächen entspricht, die Integrale einer (entsprechenden) partiellen Differentialgleichung 1. O. sind. Darum führt sie eine jede partielle Differentialgleichung 1. O. in $(ZXY)$ in eine partielle Differentialgleichung 2. O. in $(zxy)$ über, die erste Integrale — durch partielle Differentialgleichungen 1. O. ausgedrückt, die den Integralflächen der partiellen Differentialgleichung 1. O. in $(ZXY)$ entsprechen — besitzt. Angewandt auf eine partielle Differentialgleichung 2. O. dieser Art in $(ZXY)$, führt die Transformation (3) auf eine partielle Differentialgleichung 3. O. in $(zxy)$, die sowohl erste Integrale — durch partielle Differentialgleichungen 2. O. ausgedrückt — als auch zweite Integrale — durch partielle Differentialgleichungen 1. O. ausgedrückt — zu einer solchen Zahl besitzt, dass jede Integralfläche der Gleichung 3. O. in einem zweiten und, vermittelst desselben, in einem ersten Integrale enthalten ist.

*) Wegen dieser Ausdrucksweise vergleiche man das Vorhergehende.

Es wird nun weiter angedeutet, wie man die Integrationstheorie der partiellen Differentialgleichungen 1. O. in eine Integrationstheorie der genannten Gleichungen zweiter Ordnung transformiren kann, — aber diese Theorie wird gleich nachher unabhängig von der Theorie der Transformation (3) entwickelt.

Jetzt komme ich zu dem zweiten Abschnitte dieser Abhandlung und halte mich auch hier nur bei dem Falle von drei Variablen $x$, $y$, $z$ auf.

Es werden $r$, $s$, $t$ — die zweiten Differentialquotienten von $z$ — als Coordinaten der Punkte eines Raumes $R'_3$ interpretirt. Dann stellt eine partielle Differentialgleichung 2. O. $f(z, x, y, p, q, r, s, t) = 0$ eine Schaar mit fünf willkürlichen Parametern ($z$, $x$, $y$, $p$, $q$) von Flächen in $R'_3$ dar; oder es wird durch die partielle Differentialgleichung 2. O. jedem Werthsysteme von $z$, $x$, $y$, $p$, $q$ eine gewisse Fläche in $R'_3$ zugeordnet.

Soll die partielle Differentialgleichung 2. O. ein erstes Integral mit zwei willkürlichen Constanten (oder, kurz gesagt, $\infty^2$ erste Integrale) haben, so muss jede dieser Flächen eine Linienfläche sein. Die Erzeugenden der Fläche müssen dem speciellen Plücker'schen Complexe zweiten Grades:

(4) $$\varrho\tau - \sigma^2 = 0$$

angehören, wenn $\varrho$, $\sigma$, $\tau$, $\alpha$, $\beta$ homogene Liniencoordinaten bedeuten, in denen die Punktgleichungen der Geraden sich so stellen:

$$\tau x = \varrho z + \alpha, \quad \tau y = \sigma z + \beta.$$

Schliesslich muss die von den Flächen gebildete fünffache Schaar ($z, x, y, p, q$ variable Parameter der Schaar) folgende charakteristische Eigenschaft haben. Schreibt man (ich wende die in meiner Note über diesen Gegenstand in den Sitzungsberichten der phys.-medic. Societät zu Erlangen (6. März 1876) gebrauchte Bezeichnung an) die Gleichungen der bezeichneten Linienflächenschaar in Complexliniencoordinaten $m$, $\mu$, $\nu$*) so:

$$A(z, x, y, p, q, m, \mu, \nu) = 0,$$
$$B(\qquad\qquad\qquad\qquad) = 0,$$

und führt sodann statt $x, y, z, p, q$ die Buchstaben $x_1$, $x_2$, $x_3$, $\xi$, $x_4$ ein und setzt $m = p_4$, $\mu = p_1 + \xi p_3$, $\nu = p_2 + x_4 p_3$, wo $p_i = \frac{\partial \xi}{\partial x_i}$, so hat man die obigen Gleichungen $A = 0$, $B = 0$ in zwei partielle

*) Eine Linie des Complexes (4) ist in Punktcoordinaten so auszudrücken: $x = my + \mu$, $y = mz + \nu$; wo $m$, $\mu$, $\nu$ beliebig sind.

Differentialgleichungen 1. Ordnung mit $x_1$, $x_2$, $x_3$, $x_4$ als unabhängigen Variablen verwandelt, und diese Gleichungen müssen $\infty^2$ gemeinsame Lösungen besitzen. Alle diese gemeinsamen Lösungen werden erste Integrale der partiellen Differentialgleichung 2. O., und hierauf beruht eben die Integration derselben.

Es werden ferner alle partiellen Differentialgleichungen 2. O. aufgestellt, deren Linienflächen einer und derselben beliebigen Congruenz des Complexes (4) zugehören, und ihr gegenseitiges Verhältniss untersucht; es wird gezeigt, dass die Gleichungen $F=c$, $F_1=c$, $F_2=c$, $\Phi=c$, $\Psi=c$, der Flächentransformation (3) zu (einer Gruppe in) einer und derselben Congruenz gehören. Auch wird bemerkt, dass die ersten Integrale einer solchen partiellen Differential-Gleichung 3. O., die, wie die oben betrachtete, sowohl erste als auch zweite Integrale zu einer grösstmöglichen Zahl besitzt, durch partielle Differential-Gleichungen 2. Ordnung ausgedrückt sind, die einer und derselben Congruenz angehören.

Zum Schluss wird das Problem von der Ermittelung der ersten Integrale einer partiellen Differentialgleichung beliebiger Ordnung mit einer beliebigen Zahl von Variablen erledigt.

A. V. Bäcklund.

---

**A. V. Bäcklund: Ueber partielle Differentialgleichungen höherer Ordnung, die intermediäre erste Integrale besitzen.** (Zweite Abhandlung. Math. Annalen Bd. XIII. p. 69—108.)

Diese zweite Abhandlung beschäftigt sich gerade so wie die eben angezeigte, sowohl mit der mehrdeutigen Flächentransformation (3)*), als auchmit den partiellen Differentialgleichungen höherer Ordnung.

Die mehrdeutige Flächentransformation (3) ist in der ersten Abhandlung auf die Figuren in $(ZXY)$ als primäre angewandt worden. Hier wird die Bestimmung derjenigen Figuren in $(ZXY)$, die den Figuren in $(zxy)$ entsprechen, an einigen Beispielen durchgeführt. — So stellt sich die partielle Differentialgleichung 1. O. $F(z,x,y,p,q)=0$ als Bild einer Configuration in $(ZXY)$ dar, die analytisch durch zwei partielle Differentialgleichungen 2. O. definirt ist, die einem jeden Werthsysteme von $(Z, X, Y, P, Q)$ einen gewissen gemeinsamen charakteristischen Streifen zuordnen.*) Je zwei Streifen,

*) Man vergleiche das vorangehende Referat.

**) Ein charakteristischer Streifen einer partiellen Differentialgleichung 2. O.

die bestimmt sind: der eine durch ein beliebiges Werthsystem $(Z, X, Y, P, Q)$, der andere durch ein solches Werthsystem $(Z + dZ, X + dX, Y + dY, P + dP, Q + dQ)$ für welches $dZ = PdX + QdY$, $dP = RdX + SdY$, $dQ = SdX + TdY$, — unter $R, S, T$ ein Werthsystem der zweiten Differentialquotienten von $Z$ vestanden, das beide Gleichungen 2. O. erfüllt, — werden Streifen einer und derselben Fläche sein. In Folge dessen haben die beiden Gleichungen 2. O. eine unbegränzt unendliche Schaar **) von Integralflächen gemeinsam. Diese machen die Bilder der Integralflächen von $F(z, x, y, p\, q) = 0$ aus.

Dieses Paar von Gleichungen 2. O. gehört derjenigen Gattung von Gleichungspaaren an, die jedem gemeinsamen Werthsysteme von $(z, x, y, p, q, r, s, t)$ ***) einen Streifen zuordnen, der ein für beide Gleichungen charakteristischer Streifen ist. Je zwei Gleichungen 2. O., die ein solches Paar bilden, haben unbegränzt unendlich viele Integralflächen gemein; und die Gleichungen 2. O. sind als erste Integrale verschiedener Schaaren einer und derselben partiellen Differential-Gleichung 3. O., die in den dritten Differentialquotienten $(u, v, w, \omega)$ von $z$ von folgender Form ist:

$$Au + Bv + Cw + D\omega + E + F(uw - v^2) + G(u\omega - vw) + H(v\omega - w^2) = 0,$$

aufzufassen. Es werden nun, und das ist der Hauptgegenstand der Abhandlung, diejenigen partiellen Differential-Gleichungen höherer Ordnung untersucht, die solche erste Integrale besitzen, die durch partielle Differential-Gleichungen nächstniederer Ordnung von folgender Form sich ausdrücken:

(a) eine arb. Function von $(f_1(zxypqrst\ldots.), f_2(zxypqrst\ldots.)) = 0$, wo $f_1, f_2$ determinirte Functionen bezeichnen.

Folgender Satz wird (S. 98) beweisen:

Eine lineare partielle Differentialgleichung $n$. Ordnung kann $n$ verschiedene Schaaren von ersten Integralen, jede Schaar durch eine

---

$F(Z, X, Y, P, Q, R, S, T) = 0$ wird analytisch durch folgendes Gleichungsystem definirt: $\frac{dY}{dX} = u$, $F'(R)u^2 - F'(S)u + F'(T) = 0$, $dZ = (P + Qu)\, dX$, $dP = (R + Su)\, dX$, $dQ = (S + Tu)\, dX$, $dR = (\frac{d^3Z}{dX^3} + \frac{d^3Z}{dX^2 dY} u)\, dX$, etc. — für $R, S, T, \frac{d^3Z}{dX^3}$ etc. Werthe gesetzt, die der Gleichung $F = 0$ und ihren Derivirten in Bez. auf $X, Y$ genügen. — Der Streifen wird geometrisch als ein unendlich schmales Stück von endlicher oder unendlicher Länge einer Fläche aufgefasst. Der Name rührt, wenn ich nicht irre, von Klein her.

**) Die Schaar wird als eine unbegränzt unendliche bezeichnet, weil sie eine arbiträre Function enthält.

***) Statt der grossen Buchstaben wende ich jetzt die kleinen an.

Gleichung (a) ausgedrückt, besitzen. Es ist möglich, das $n-k$ erste, zu $n-k$ verschiedenen Schaaren zugehörende Integrale ein durch eine partielle Differential-Gleichung $k$. O. ausgedrücktes Integral gemein haben. Wenn $\varphi_1, \varphi_2, \ldots \varphi_k$ solche erste Integrale der partiellen Differential-Gleichung $n$. O. bezeichnen, die in je einer der übriggebliebenen $k$ Integralschaaren enthalten sind, so steht die genannte partielle Differential-Gleichung $k$. O. in folgender Beziehung zu ihnen. Sie hat mit der Gleichung $n-1$ O., durch die irgend eins der $\varphi$ ausgedrückt ist, unbegränzt unendlich viele Integralflächen gemein, und zwar so dass jedem gemeinsamen Werthsysteme von ($z, x, y, p, q, r, s, t$, 3te ... $n-1$ste Diffqu. v. $z$) der beiden Gleichungen $k$. und $n-1$. Ordnung charakteristische Richtungen zugeordnet werden, von denen $k-1$ für beide Gleichungen gemeinsame charakteristische Richtungen sind. Mit je $k-1$ der Gleichungen $n-1$. Ordnung, durch welche $k-1$ der $\varphi$ ausgedrückt sind, hat die Gleichung $k$. O. ebenfalls unbegränzt unendlich viele Integralflächen gemein. Es giebt zu jedem gemeinsamen Werthsysteme von ($z, x, y, p, q$, 2te ... $n-1$ste Diffqu. v. $z$) der $k$ Gleichungen einen ganz bestimmten charakteristischen Streifen. In Folge dessen wird die Bestimmung der genannten Integralflächen durch Systeme von $\varkappa$ gewöhnlichen Differentialgleichungen mit $\varkappa + 1$ Variablen erzielt. — Die analytischen Bedingungen einer solchen Gleichung $k$. O. werden ebenfalls (S. 98 die zweite Note) angegeben.

Die Beziehung dieser Untersuchung zu der von Darboux in den Comptes rendus etc. *T. LXX* dargelegten Theorie ist in der Abhandlung erwähnt.

Auch wird einer Erweiterung auf den Fall von $n$ unabhängigen Variablen gedacht. A. V. Bäcklund.

---

**A. V. Bäcklund: Ueber Systeme partieller Differentialgleichungen erster Ordnung.** (Math. Annalen. Bd. XI.)

Ausgehend von der Theorie der Lie'schen Berührungstransformationen erledigt der Verfasser das folgende Pfaff'sche Problem. Es sei vorgelegt das Gleichungssystem

$$(A)\qquad \left\{\begin{array}{l} f(z x_1 \ldots x_n p_1 \ldots p_n) = 0, \\ f_1(\qquad\qquad\qquad) = 0, \\ \ldots\ldots\ldots\ldots \\ f_{n-1}(\qquad\qquad\quad) = 0, \end{array}\right.$$

man verlangt die Reduction des auf dasselbe sich beziehenden

Differentialausdrucks: $dz - p_1 dx_1 - \cdots p_n dx^n$ auf eine Form $U_1 du_1 + U_2 du_2 + \cdots$ mit der kleinstmöglichen Anzahl von Gliedern. Durch das Gleichungssystem $u_1 = C$, $u_2 = C$ etc. wird eine Integralmannigfaltigkeit der grösstmöglichen Dimensionszahl des Systemes (A) repräsentirt. In Zummenhange hiermit wird die allgemeinste Transformation angegeben, die das System (A) in irgend ein anderes System von P. Gleichungen 1. Ordnung so überführt, dass zu gleicher Zeit die Integralmannigfaltigkeiten grösstmöglicher Dimensionszahl des einen in die des anderen übergehen. A. V. Bäcklund.

---

A. V. Bäcklund: **Zur Theorie der Charakteristiken der partiellen Differentialgleichungen zweiter Ordnung.** (Math. Annalen Bd. XIII.)

Der Verfasser giebt eine Erweiterung der für partielle Gleichungen 2. O. mit zwei unabhängigen Variablen bekannten Charakteristikentheorie auf partielle Gleichungen 2. Ordnung mit $n$ unabhängigen Variablen. — Zum Schluss findet sich der Satz: Zwei partielle Differentialgleichungen 2. Ordnung mit $n$ unabhängigen Variablen $x_1, x_2, \ldots x_n$, von deren ersten Derivirten in Bezug auf $x_1 \ldots x_n$, die eine eine algebraische Folge der anderen ist, haben Integrale $z = \varphi(x_1, \ldots x_n)$ zu einer unbegränzt unendlichen Zahl gemein. Diese Integrale sind von, für beide Gleichungen gemeinsamen charakteristischen $M_1$ erzeugt.

Eine $M_1$ wird analytisch definirt durch ein Gleichungssystem von der Form:

$$(\alpha) \qquad dz = p_1 dx_1 + p_2 dx_2 + \ldots p_n dx_n,$$

$$(\beta) \qquad dp_i = p_{i1} dx_1 + p_{i2} dx_2 + \ldots p_{in} dx_n,$$

$$(\gamma) \qquad dp_{ik} = p_{ik1} dx_1 + p_{ik2} dx_2 + \ldots \ldots p_{ikn} dx_n,$$

wo jedes $\frac{dx_i}{dx_n}$ eine determinirte Function von $(z, x, p_i, p_{ik})$ ist, und unter $p_i, p_{ik}, p_{ikl}$ die Differentialquotienten $\frac{dz}{dx_i}, \frac{d^2z}{dx_i\,dx_k}, \frac{d^3z}{dx_i\,dx_k\,dx_l}$, verstanden werden. Sie heisst eine für eine partielle Differential-Gleichung 2. Ordnung charakteristische $M_1$, falls, — wenn für die in ihren Gleichungen stehenden $p_{ik}$ Werthe gesetzt werden, die der Gleichung 2. O. genügen, — alle Werthe der $p_{ikl}$, die die Gleichungen $(\gamma)$ erfüllen, auch den ersten Derivirten der Gleichung 2. O. in Bez. auf $x_1, \ldots x_n$ genügen.

Lund. A. V. Bäcklund.

---

**V. Schlegel. Hermann Grassmann. Sein Leben und seine Werke.** (Leipzig. Brockhaus. 1878. M. 2. —.)

Versuch einer biographischen Darstellung, in welcher der Entwickelungsgang der mathematischen Studien Grassmanns verfolgt, und dargelegt wird, wie die Entdeckungen auf dem Gebiete der Ausdehnungslehre ihn veranlassten, seinem theologischen Berufe zu entsagen, wie der Mangel an Anerkennung seitens der Mathematiker ihn später den Sanskrit-Studien zuführte, und wie er erst in den letzten Jahren seines Lebens, in Folge des Umschwungs in der Beurtheilung seiner mathematischen Verdienste, zur Mathematik zurückkehrte. Es wird ausserdem gezeigt, wie auch einige wichtige physicalische Entdeckungen, die er schon in früheren Jahren veröffentlicht, unbeachtet blieben, und ebenfalls erst in der neuesten Zeit ans Licht gezogen, resp. von anderer Seite bestätigt wurden.

**V. Schlegel. Lehrbuch der elementaren Mathematik. Erster Theil: Arithmetik und Combinatorik.** (Wolfenbüttel. Zwissler. 1878. M. 2. 40.)

Auf dem Gebiete der Elementar-Mathematik hat die Literatur der letzten Jahrzehnte in pädagogischer Hinsicht die mannigfachsten Fortschritte aufzuweisen; gleichwohl ist, wie allseitig anerkannt, der gegenwärtige Stand dieses Fundamentes der Mathematik noch kein befriedigender, weil die wissenschaftliche Ausbildung desselben nur geringe Fortschritte gemacht hat. Den neuerdings mehrfach unternommenen Versuchen, diesem Mangel abzuhelfen, reiht sich, jedoch auf wesentlich neuen Principien beruhend, das oben genannte Buch an, in welchem die scheinbare Einfachheit der Euclid'schen Darstellungsweise durch die wahre Einfachheit des genetischen Verfahrens, und die Gruppirung des Stoffes nach äusserlichen Rücksichten durch Vertheilung desselben in ein logisch gegliedertes System ersetzt werden soll. Im Wesentlichen aus längerer Schulpraxis hervorgegangen, umfasst das Buch den Lehrstoff der höheren Schulen, zieht aber die Grenzen der Elemente mitunter etwas weiter. In erster Linie zum Schulbuch bestimmt, wird es auch dem Studirenden nützlich sein, insofern es ihn die Elemente von einer ebenso wissenschaftlichen Seite erfassen lehrt, wie er sie in den Darstellungen der höheren Mathematik kennen lernt. Dass aber der künftige Lehrer der Mathematik auch auf diesem elementaren Gebiete seine Studien mache, ist unerlässlich, wenn nicht noch auf unabsehbare Zeit hinaus im mathematischen Unterrichte weitaus der meisten Schulen alles beim alten bleiben soll. — Hinsichtlich der speciellen Eigenthümlichkeiten des ersten Theiles wird an dieser Stelle auf den von der Verlagshandlung versendeten Prospect verwiesen.

Waren. V. Schlegel.

---

**L. Koenigsberger: Vorlesungen über die Theorie der hyperelliptischen Integrale.** (Teubner 1878.)

Nachdem ich in den letzten Jahren eine Reihe von Arbeiten über die Theorie der hyperelliptischen Integrale veröffentlicht habe, welche die behandelten Gegenstände theils nur kurz und mit Voraussetzung von Verallgemeinerungen früher gegebener Sätze darstellten, theils auch nur die Resultate einzelner Untersuchungen brachten, hielt ich es für zweckmässig, meine Vorlesungen über die Theorie der hyperelliptischen Integrale in zusammenhängender Darstellung zu veröffentlichen, um einerseits auch der Theorie der Integrale an sich und den mit ihnen zusammenhängenden Problemen der Integralrechnung einige Aufmerksamkeit zuzuwenden, andererseits aber auch dieselbe als Basis für eine grössere und eingehendere Bearbeitung der Theorie der hyperelliptischen Functionen benutzen zu können.

Ich will im Folgenden den Inhalt der einzelnen Vorlesungen skizziren und auf die über dieselben Gegenstände angestellten Untersuchungen anderer Mathematiker hinweisen.

Die gesammte Darstellung legt die von Riemann eingeführten Vorstellungen und allgemeinen Sätze aus der Theorie der Functionen, soweit sie in meiner Einleitung zu den „Vorlesungen über die Theorie der elliptischen Functionen“ auseinandergesetzt worden, zu Grunde und ist in ihrem ersten Theile nur eine unmittelbare Verallgemeinerung der dort für elliptische Integrale entwickelten Sätze.

Nachdem in der ersten Vorlesung gezeigt worden, dass, wenn $R(z)$ ein Polynom $2p+1^{\text{ten}}$ oder $2p+2^{\text{ten}}$ Grades bedeutet, sich jede wie $\sqrt{R(z)}$ verzweigte Function rational aus $z$ und $\sqrt{R(z)}$ zusammensetzen lässt, wird die Frage aufgeworfen, ob man für eine zu bildende, in $z$ und $\sqrt{R(z)}$ rationale Function die Unstetigkeiten, welche für gewisse Punkte nur auf einem, für andere auf beiden Blättern stattfinden können, in ihrer Anzahl und Lage beliebig annehmen kann, und man findet, dass, wenn die Function in $\varrho$ Unstetigkeitspunkten in nur einem Blatte von der

$$m_1,\ m_2,\ \ldots\ m_\varrho^{\text{ten}}$$

Ordnung, in $\sigma$ Unstetigkeitspunkten auf dem einen Blatte von der

$$n_1,\ n_2,\ \ldots\ n_\sigma^{\text{ten}},$$

auf dem andern Blatte von der

$$\nu_1,\ \nu_2,\ \ldots\ \nu_\sigma^{\text{ten}}$$

Ordnung, ferner in den Verzweigungspunkten von der

$$\frac{k_1}{2},\ \frac{k_2}{2},\ldots\ \frac{k_{2p+1}}{2},\ \frac{k_{2p+2}}{2}^{\text{ten}}$$

Ordnung unendlich sein soll, worin, wenn das Polynom $R(z)$ vom $2p+1^{\text{ten}}$ Grade ist, $k_{2p+2}=0$ zu setzen ist, wenn die Function endlich der Bedingung unterworfen wird, dass sie im unendlich entfernten Punkte, wenn $R(z)$ vom $2p+2^{\text{ten}}$ Grade ist, auf dem einen Blatte vom $\tau_1{}^{\text{ten}}$, auf dem andern von der $\tau_2{}^{\text{ten}}$ Ordnung unendlich wird, während sie, wenn $R(z)$ vom $2p+1^{\text{ten}}$ Grade ist, in dem unendlich entfernten Verzweigungspunkte von der $\frac{k}{2}^{\text{ten}}$ Ordnung unendlich werden soll, — als nothwendige und hinreichende Bedingungen für die Existenz einer in $z$ und $\sqrt{R(z)}$ rationalen und in der verlangten Weise unstetigen Function die folgenden:

I. wenn $R(z)$ vom $2p+2^{\text{ten}}$ Grade,

$$\sum_1^\varrho{}_r\, m_r+\sum_1^\sigma{}_r\, n_r+\sum_1^{2p+2}{}_r\left(\frac{k_r+1}{2}\right)+\tau_1-p-1\geqq 0,$$

II. wenn $R(z)$ vom $2p+1^{\text{ten}}$ Grade,

$$\sum_1^\varrho{}_r\, m_r+\sum_1^\sigma{}_r\, n_r+\sum_1^{2p+1}{}_r\left(\frac{k_r+1}{2}\right)+\left.\begin{array}{ll}\left(\frac{k}{2}\right)-p-1 & \text{wenn } k \text{ gerade,}\\ \left(\frac{k}{2}\right)-p & \text{wenn } k \text{ ungerade,}\end{array}\right\}$$

worin

$$\left(\frac{k_r+1}{2}\right)$$

die grösste in $\frac{k_r+1}{2}$ enthaltene ganze Zahl bedeutet.

Am Schlusse der Vorlesung wird die bekannte Umformung einer in $\zeta$ und $\sqrt{\varphi(\zeta)}$ rationalen Function, in welcher $\varphi(\zeta)$ ein Polynom vom $2p+2^{\text{ten}}$ Grade ist, in eine rationale Function von $z$ und $\sqrt{R(z)}$ gegeben, worin $R(z)$ ein ganzes Polynom des $2p+1^{\text{ten}}$ Grades darstellt.

Die zweite Vorlesung beschäftigt sich unter Annahme eines unpaaren Grades $2p+1$ von $R(z)$ mit der Aufstellung der hyperelliptischen Integrale erster, zweiter und dritter Gattung nach den von Riemann für diese drei Gattungen gegebenen Definitionen, und man findet für die stets endlich bleibenden Integrale die schon von Jacobi hervorgehobenen Formen der Integrale erster Gattung

$$\int \frac{dz}{\sqrt{R(z)}}, \int \frac{z\,dz}{\sqrt{R(z)}}, \ldots \int \frac{z^{p-1}\,dz}{\sqrt{R(z)}},$$

für das im Punkte $z_1$, $\varepsilon_1 R(z_1)^{\frac{1}{2}}$, worin $\varepsilon_1$ die positive oder negative Einheit bedeutet, und nur in diesem algebraisch von der ersten Ordnung unendlich werdende Integral zweiter Gattung

$$E(z) = M \int \left[ \frac{1}{(z-z_1)^2} + \frac{\frac{R'(z_1)}{2\varepsilon_1 R(z_1)^{\frac{1}{2}}}(z-z_1) + \varepsilon_1 R(z_1)^{\frac{1}{2}}}{(z-z_1)^2 \sqrt{R(z)}} \right] dz + J(z),$$

worin $M$ eine willkürliche Constante, und $J(z)$ das allgemeine hyperelliptische Integral erster Gattung bedeutet; endlich stellt sich das Integral dritter Gattung, welches für zwei beliebig gewählte Punkte der Fläche $z_1$ und $z_2$ logarithmisch unendlich wird und zwar wie die Unstetigkeitsfunctionen

$$A_1 \log(z-z_1) \text{ und } -A_1 \log(z-z_2),$$

in der Form dar

$$\Pi(z) = M \int \left[ \frac{1}{(z-z_1)(z-z_2)} + \frac{\frac{\varepsilon_2 R(z_2)^{\frac{1}{2}}}{z_2-z_1}(z-z_1) + \frac{\varepsilon_1 R(z_1)^{\frac{1}{2}}}{z_1-z_2}(z-z_2)}{(z-z_1)(z-z_2)\sqrt{R(z)}} \right] dz + J(z)$$

oder

$$\Pi(z) = M \int \left[ \frac{R(z)^{\frac{1}{2}} + \varepsilon_1 R(z_1)^{\frac{1}{2}}}{z-z_1} - \frac{R(z)^{\frac{1}{2}} + \varepsilon_2 R(z_2)^{\frac{1}{2}}}{z-z_2} \right] \frac{dz}{\sqrt{R(z)}} + J(z),$$

und das specielle Integral dritter Gattung, in welchem

$$M = \frac{z_1 - z_2}{2},$$

oder in welchem die Coefficienten der logarithmischen Glieder die positive oder die negative Einheit sind, wird das hyperelliptische Hauptintegral dritter Gattung genannt.

Die Form des Integrals zeigt unmittelbar, dass, wie Riemann für alle Abel'schen Integrale hervorhebt, und Weierstrass schon früher für die hyperelliptischen Integrale ausgesprochen, dass sich das allgemeine hyperelliptische Integral zweiter Gattung mit dem Discontinuitätspunkte erster Ordnung $z_1$ von einem Integrale erster

Gattung abgesehen als das Product einer Constanten in den nach $z_1$ genommenen Differentialquotienten eines hyperelliptischen Hauptintegrales dritter Gattung darstellen lässt, dessen zweiter logarithmischer Unstetigkeitspunkt ein völlig willkürlicher ist.

Aus diesen Integralen der drei Gattungen wird in der dritten Vorlesung die analytische Form desjenigen hyperelliptischen Integrales hergeleitet, welches in den $\nu$ Punkten $z_1, z_2, \ldots z_\nu$ und zwar in $z_\alpha$ wie

$$A_\alpha \log(z - z_\alpha) + B_\alpha (z - z_\alpha)^{-1} + C_\alpha (z - z_\alpha)^{-2} + \cdots + K_\alpha (z - z_\alpha)^{-k_\alpha}$$

unendlich wird, wobei die zur Existenz eines hyperelliptischen Integrales nothwendige Bedingung, wie sie Riemann für alle Abel'schen Integrale gibt,

$$A_1 + A_2 + \cdots + A_\nu = 0$$

vorausgesetzt wird; es bleiben in dem aus hyperelliptischen Integralen dritter Gattung und deren nach den Unstetigkeitspunkten genommenen Differentialquotienten der verschiedenen Ordnungen noch die Coefficienten der oben aufgestellten Fundamentalintegrale erster Gattung unbestimmt, und es wird gezeigt, dass man diese Coefficienten so bestimmen kann, dass das hyperelliptische Integral gegebene reelle Theile der $2p$ Periodicitätsmoduln oder gegebene $p$ Periodicitätsmoduln an den $a$- oder an den $b$-Querschnitten besitzt; zugleich folgt aber auch, dass jede andere Function, welche alle diese Eigenschaften, welche die Unstetigkeitswerthe und Periodicitätsmoduln betreffen, mit dem hyperelliptischen Integrale gemein hat, sich von eben diesem Integrale nur um eine additive Constante unterscheiden kann. Dieser Satz ist für die vorgelegte Fläche die Darstellung und wirkliche Ausführung des von Riemann in die Functionentheorie eingeführten Dirichlet'schen Princips.

Nachdem noch die Form der in den Verzweigungspunkten algebraisch und logarithmisch unendlich werdenden Integrale aufgestellt worden, wird noch eine in dem oben gegebenen Beweise des Dirichlet'schen Princips gebliebene Lücke ausgefüllt, nämlich der Nachweis des Satzes, dass die Determinante des zur Bestimmung der Coefficienten der ersten Integrale aufgestellten linearen Gleichungssystems nicht verschwinden kann, und zwar wird, wie Riemann ebenfalls für alle Abel'schen Integrale nachgewiesen und Neumann für die hyperelliptischen Integrale ausgeführt hat, gezeigt, dass, wenn die Periodicitätsmoduln eines hyperelliptischen Integrales erster Gattung

$$\int \frac{C_0 + C_1 z + C_2 z^2 + \cdots + C_{p-1} z^{p-1}}{\sqrt{R(z)}} dz$$

an den Querschnitten $a_k$ in bestimmter Ueberschreitungsrichtung mit $\alpha_k + \gamma_k i$, an den Querschnitten $b_k$ mit $\beta_k + \delta_k i$ bezeichnet werden, die Ungleichheit besteht

$$\sum_1^p{}_\nu (\alpha_\nu \delta_\nu - \beta_\nu \gamma_\nu) > 0.$$

Endlich werden in dieser Vorlesung noch die Periodicitätsmoduln durch Integrale, welche zwischen den Verzweigungspunkten auf der einfach zusammenhängenden Riemann'schen Fläche oder gradlinig zwischen diesen verlaufen, ausgedrückt, wie es zuerst von Prym in seiner „Theorie der Functionen in einer zweiblättrigen Fläche" geschehen.

Die vierte Vorlesung beschäftigt sich mit der Reduction der allgemeinen hyperelliptischen Integrale auf drei Arten von Normalintegralen nach der von Weierstrass für elliptische Integrale in seinen Vorlesungen angegebenen Methode und führt, wenn $z_1, z_2, \ldots z_n$ die Unstetigkeitspunkte der Function $F(z)$ bedeuten, zu dem Resultate

$$\int \frac{F(z)\,dz}{\sqrt{R(z)}}$$

$$= C_1 \int \frac{\sqrt{R(z_1)}\,dz}{(z-z_1)\sqrt{R(z)}} + C_2 \int \frac{\sqrt{R(z_2)}\,dz}{(z-z_2)\sqrt{R(z)}} + \cdots + C_n \int \frac{\sqrt{R(z_n)}\,dz}{(z-z_n)\sqrt{R(z)}}$$

$$+ l^{(0)} \int \frac{z^{2p-1}\,dz}{\sqrt{R(z)}} + l^{(1)} \int \frac{z^{2p-2}\,dz}{\sqrt{R(z)}} + \cdots + l^{(p-1)} \int \frac{z^p\,dz}{\sqrt{R(z)}}$$

$$+ k^{(p)} \int \frac{z^{p-1}\,dz}{\sqrt{R(z)}} + k^{(p+1)} \int \frac{z^{p-2}\,dz}{\sqrt{R(z)}} + \cdots + k^{(2p-1)} \int \frac{dz}{\sqrt{R(z)}}$$

$$+ f(z)\sqrt{R(z)},$$

worin

$$\int \frac{z^{p-\alpha}\,dz}{\sqrt{R(z)}}$$

ein Integral erster Gattung,

$$\int \frac{z^{p+\alpha}\,dz}{\sqrt{R(z)}}$$

ein im unendlich entfernten Verzweigungspunkte von der $2\alpha + 1^{\text{ten}}$ Ordnung unendlich werdendes Integral, endlich

$$\int \frac{dz}{(z-z_\varrho)\sqrt{R(z)}}$$

ein in $z = z_\varrho$ und zwar auf beiden Blättern logarithmisch unendlich werdendes Integral bedeutet; die Coefficienten der obigen Normalintegrale sind mit Anwendung des bekannten Zeichens für den Coefficienten einer bestimmten Potenz einer Reihenentwicklung durch die Ausdrücke bestimmt:

$$\left[\frac{F(t)}{\sqrt{R(t)}}\right]_{(t-z_\alpha)^{-1}} = C_\alpha$$

$$\left[\frac{F(t)}{\sqrt{R(t)}}\int_{z_\alpha}\frac{F_r(t)\,dt}{\sqrt{R(t)}}\right]_{(t-z_\alpha)^{-1}} = l_\alpha^{(r)}, \qquad \left[\frac{F(t)}{\sqrt{R(t)}}\int_{\infty}\frac{F_r(t)\,dt}{\sqrt{R(t)}}\right]_{t^{-1}} = l_0^{(r)},$$

worin $r = 0, 1, \ldots p-1$,

$$\left[\frac{F(t)}{\sqrt{R(t)}}\int_{z_\alpha}\frac{F_r(t)\,dt}{\sqrt{R(t)}}\right]_{(t-z_\alpha)^{-1}} = k_\alpha^{(r)}, \qquad \left[\frac{F(t)}{\sqrt{R(t)}}\int_{\infty}\frac{F_r(t)\,dt}{\sqrt{R(t)}}\right]_{t^{-1}} = k_0^{(r)},$$

wenn $r = p, p+1, \ldots 2p-1$, ferner

$$\left[\frac{F(t)}{\sqrt{R(t)}}\int_{z_\alpha}\frac{dt}{(t-z)\sqrt{R(t)}}\right]_{(t-z_\alpha)^{-1}} = f_\alpha(z), \qquad \left[\frac{F(t)}{\sqrt{R(t)}}\int_{\infty}\frac{dt}{(t-z)\sqrt{R(t)}}\right]_{t^{-1}} = f_0(z),$$

wenn

$$l_1^{(r)} + l_2^{(r)} + \cdots + l_n^{(r)} - l_0^{(r)} = l^{(r)}$$

$$k_1^{(r)} + k_2^{(r)} + \cdots + k_n^{(r)} - k_0^{(r)} = k^{(r)}$$

$$f_1(z) + f_2(z) + \cdots + f_n(z) - f_0(z) = f(z)$$

gesetzt wird, und

$$R(z) = A_0 z^{2p+1} + B_0 z^{2p} + B_1 z^{2p-1} + \cdots + B_{2p-1} z + B_{2p},$$

$$F_r(t) = \frac{2p-2r-1}{2} A t^r + \frac{2p-2r}{2} B_0 t^{r-1} + \frac{2p-2r+1}{2} B_1 t^{r-2} + \cdots + \frac{2p-r-2}{2} B_{r-2} t + \frac{2p-r-1}{2} B_{r-1}$$

ist.

Eine genauere Discussion der Coefficienten der Normalintegrale führt zu dem Resultat, dass, wenn $z_\alpha$ einer der Verzweigungswerthe ist, $C_\alpha = 0$ wird, dass ferner das vorgelegte Integral gar kein Integral erster Gattung enthält, wenn $F(z)$ für keine Wurzel von $R(z)$ unendlich wird, in seinen Discontinuitätspunkten von der ersten Ordnung unendlich gross und zu gleicher Zeit echt gebrochen ist, dass ferner die in den Verzweigungswerthen algebraisch unendlich werdenden in der obigen Reductionsformel vorkommenden Normalintegrale fehlen, wenn $F(z)$ für keine Lösung von $R(z)$ unendlich wird, für seine Discontinuitätspunkte von der ersten Ordnung unendlich gross, und der Grad des Zählers kleiner ist als der um $p$ Einheiten vermehrte Grad des Nenners, dass endlich $f(z)$ eine rationale Function von $z$ und $z_\alpha$ darstellt, welche verschwindet, wenn $F(z)$ in $z_\alpha$ von der ersten Ordnung unendlich wird, während die rationale Function $f_0(z)$ Null wird, wenn der Grad des Zählers nicht mindestens den des Nenners um die Zahl $2p$ übertrifft.

Endlich wird noch auf Grund dieser Reductionsformel eine für alle hyperelliptischen Integrale geltende Beziehung abgeleitet, die von Hermite und Thomae für die elliptischen Integrale erkannt worden, wonach, wenn

$$\int \frac{z^n dz}{\sqrt{R(z)}} = l_n^{(0)} \int \frac{z^{2p-1} dz}{\sqrt{R(z)}} + l_n^{(1)} \int \frac{z^{2p-2} dz}{\sqrt{R(z)}} + \cdots + l_n^{(p-1)} \int \frac{z^p dz}{\sqrt{R(z)}}$$
$$+ k_n^{(p)} \int \frac{z^{p-1} dz}{\sqrt{R(z)}} + k_n^{(p+1)} \int \frac{z^{p-2} dz}{\sqrt{R(z)}} + \cdots + k_n^{(2p-1)} \int \frac{dz}{\sqrt{R(z)}}$$
$$+ f_n(z) \sqrt{R(z)}$$

gesetzt wird, zwischen den Coefficienten $l$ und $k$ dieser Reductionsformel und den Coefficienten der um den unendlich entfernten Punkt gültigen Reihenentwicklung bestimmter Integrale die Beziehung besteht: wenn $r = 0, 1, 2, \ldots p-1$

$$\int_\infty \frac{F_r(t)\,dt}{\sqrt{R(t)}} = -(t^{r-2p} + m_1 t^{r-2p-1} + \cdots + m_{r-1} t^{-2p}) \sqrt{R(t)}$$
$$- \sqrt{R(t)} \sum_0^\infty {}_\nu\, l_{2p+\nu}^{(r)} t^{-2p-\nu-1}$$

und, wenn $r = p, p+1, \ldots 2p-1$,

$$\int_\infty \frac{F_r(t)\,dt}{\sqrt{R(t)}} = -(n_0 t^{r-2p} + n_1 t^{r-2p-2} + \cdots + n_{r-1} t^{-2p}) \sqrt{R(t)}$$
$$- \sqrt{R(t)} \sum_0^\infty {}_\nu\, k_{2p-\nu}^{(r)} t^{-2p-\nu-1}.$$

Am Schlusse der Vorlesung wird das hyperelliptische Integral durch die lineare Transformation

$$\zeta = \frac{z - \alpha_2}{\alpha_1 - \alpha_2}$$

in die Form

$$\int F\left(\zeta, \sqrt{\zeta(1-\zeta)(1-\varkappa_1^2\zeta)(1-\varkappa_2^2\zeta)\cdots(1-\varkappa_{2p-1}^2\zeta)}\right) d\zeta$$

umgesetzt.

Die von Legendre aufgestellte Beziehung zwischen den Periodicitätsmoduln der elliptischen Integrale erster und zweiter Gattung wurde bekanntlich von Weierstrass für alle hyperelliptischen Integrale erweitert, und Riemann führte zur Herleitung einer Beziehung für die Perioden der Abel'schen Integrale erster Gattung die Methode der Integration von

$$\int w\,dw'$$

ein, worin $w$ und $w'$ Abel'sche Integrale erster Gattung bedeuten, und die Integration über die gesammte Begränzung der Riemann'schen Fläche auszuführen ist; Clebsch und Gordan dehnen diese Methode auf zwei Integrale dritter Gattung aus, um unter anderem den Satz von der Vertauschung der Parameter und Unstetigkeitswerthe herzuleiten. In der fünften Vorlesung werden zwei allgemeine hyperelliptische Integrale

$$J(z,\ z_\alpha) \text{ und } J(z,\ \zeta_\alpha)$$

zu Grunde gelegt, von denen das erste in den Punkten

$$\mathfrak{z}_1,\ \mathfrak{z}_2,\ \ldots\ \mathfrak{z}_\mu,\ z_1,\ z_2,\ \ldots\ z_m,\ \alpha_1,\ \alpha_2,\ \ldots\ \alpha_{2p+1},\ \infty$$

unendlich werden soll, wie die Functionen

$$\mathfrak{A}_\varrho \log(z-\mathfrak{z}_\varrho) + \mathfrak{B}_\varrho (z-\mathfrak{z}_\varrho)^{-1} + \mathfrak{C}_\varrho (z-\mathfrak{z}_\varrho)^{-2} + \cdots + \mathfrak{K}_\varrho (z-\mathfrak{z}_\varrho)^{-\mathfrak{k}_\varrho}$$

$$A_\varrho \log(z-z_\varrho) + B_\varrho (z-z_\varrho)^{-1} + C_\varrho (z-z_\varrho)^{-2} + \cdots + K_\varrho (z-z_\varrho)^{-k_\varrho}$$

$$a_\varrho \log(z-\alpha_\varrho)^{\frac{1}{2}} + b_\varrho (z-\alpha_\varrho)^{-\frac{1}{2}} + c_\varrho (z-\alpha_\varrho)^{-\frac{2}{2}} + \cdots + h_\varrho (z-\alpha_\varrho)^{-\frac{\lambda_\varrho}{2}}$$

$$M_0 \log z^{\frac{1}{2}} + M_1 z^{\frac{1}{2}} + M_2 z^{\frac{2}{2}} + \cdots + M_\delta z^{\frac{\delta}{2}},$$

das zweite in den Punkten

$$\mathfrak{z}_1,\ \mathfrak{z}_2,\ \ldots\ \mathfrak{z}_\mu,\ \zeta_1,\ \zeta_2,\ \ldots\ \zeta_n,\ \alpha_1,\ \alpha_2,\ \ldots\ \alpha_{2p+1},\ \infty$$

wie die Functionen

$$\mathfrak{A}'_\varrho \log(z-\mathfrak{z}_\varrho) + \mathfrak{B}'_\varrho (z-\mathfrak{z}_\varrho)^{-1} + \mathfrak{C}'_\varrho (z-\mathfrak{z}_\varrho)^{-2} + \cdots + \mathfrak{K}'_\varrho (z-\mathfrak{z}_\varrho)^{-\mathfrak{k}'_\varrho}$$

$$A'_\varrho \log(z-\zeta_\varrho) + B'_\varrho (z-\zeta_\varrho)^{-1} + C'_\varrho (z-\zeta_\varrho)^{-2} + \cdots + K'_\varrho (z-\zeta_\varrho)^{-k'_\varrho}$$

$$a'_\varrho \log(z-\alpha_\varrho)^{\frac{1}{2}} + b'_\varrho (z-\alpha_\varrho)^{-\frac{1}{2}} + c'_\varrho (z-\alpha_\varrho)^{-\frac{2}{2}} + \cdots + h'_\varrho (z-\alpha_\varrho)^{-\frac{\lambda'_\varrho}{2}}$$

$$M_0' \log z^{\frac{1}{2}} + M_1' z^{\frac{1}{2}} + M_2' z^{\frac{2}{2}} + \cdots + M'_\delta z^{\frac{\delta'}{2}},$$

und das Integral

$$\int J(z,\ z_\alpha)\, dJ(z,\ \zeta_\alpha)$$

ausgedehnt über die gesammte Begränzung der einfach zusammenhängenden Fläche, welche aus der durch die bekannten Querschnitte

$$a_1,\ a_2,\ \ldots\ a_p,\ b_1,\ b_2,\ \ldots\ b_p,\ c_1,\ c_2,\ \ldots\ c_{p-1}$$

zerlegten Riemann'schen Fläche von $\sqrt{R(z)}$ durch neue

$$\mu + m + n + 2p + 2$$

Querschnitte entsteht, welche jeden der die Punkte

$$\mathfrak{z}_1, \mathfrak{z}_2, \ldots \mathfrak{z}_\mu, z_1, z_2, \ldots z_m, \zeta_1, \zeta_2, \ldots \zeta_n$$

umschliessenden unendlich kleinen einfachen Kreise und jeden der die Punkte

$$\alpha_1, \alpha_2, \ldots \alpha_{2p+1}, \infty$$

umgebenden unendlich kleinen Doppelkreise mit demselben Punkte $A$ der früher erhaltenen Begränzung verbinden.

Man findet, dass, wenn das Resultat der Integration ein endliches sein soll, $J(z, z_\alpha)$ in $\mathfrak{z}_\varrho$ nur algebraisch unendlich werden darf; nimmt man sodann die Entwicklung der Function $J(z, z_\alpha)$ in der Nähe der in Betracht kommenden singulären Punkte in der Form an

$$\mathfrak{A}_\varrho \log(z - \mathfrak{z}_\varrho) + \cdots + \mathfrak{K}_\varrho (z - \mathfrak{z}_\varrho)^{-\mathfrak{k}_\varrho} + m_0^{(\varrho)} + m_1^{(\varrho)}(z - \mathfrak{z}_\varrho) + \cdots$$
$$+ m_{\mathfrak{k}_\varrho'}^{(\varrho)}(z - \mathfrak{z}_\varrho)^{\mathfrak{k}_\varrho'} + \cdots$$

$$A_\varrho \log(z - z_\varrho) + \cdots + K_\varrho (z - z_\varrho)^{-\mathfrak{k}_\varrho} + \cdots$$

$$p_0^{(\varrho)} + p_1^{(\varrho)}(z - \zeta_\varrho) + p_2^{(\varrho)}(z - \zeta_\varrho)^2 + \cdots + p_{k_\varrho'}^{(\varrho)}(z - \zeta_\varrho)^{k_\varrho'} + \cdots$$

$$a_\varrho \log(z - \alpha_\varrho)^{\frac{1}{2}} + \cdots + h_\varrho (z - \alpha_\varrho)^{-\frac{\lambda_\varrho}{2}} + \mu_0^{(\varrho)} + \mu_1^{(\varrho)}(z - \alpha_\varrho)^{\frac{1}{2}} + \cdots$$
$$+ \mu_{\lambda_\varrho'}^{(\varrho)}(z - \alpha_\varrho)^{\frac{\lambda_\varrho'}{2}} + \cdots$$

$$M_0 \log z^{\frac{1}{2}} + \cdots + M_\delta z^{\frac{\delta}{2}} + P_0 + P_1 z^{-\frac{1}{2}} + \cdots + P_{\delta'} z^{-\frac{\delta'}{2}} + \cdots,$$

die von $J(z, \zeta_\alpha)$ in der Form

$$\mathfrak{A}_\varrho' \log(z - \mathfrak{z}_\varrho) + \cdots + \mathfrak{K}_\varrho'(z - \mathfrak{z}_\varrho)^{-\mathfrak{k}_\varrho'} + n_0^{(\varrho)} + n_1^{(\varrho)}(z - \mathfrak{z}_\varrho) + \cdots$$
$$+ n_{\mathfrak{k}_\varrho}^{(\varrho)}(z - \mathfrak{z}_\varrho)^{\mathfrak{k}_\varrho} + \cdots$$

$$\pi_0^{(\varrho)} + \pi_1^{(\varrho)}(z - z_\varrho) + \pi_2^{(\varrho)}(z - z_\varrho)^2 + \cdots + \pi_{k_\varrho}^{(\varrho)}(z - z_\varrho)^{k_\varrho} + \cdots$$

$$A_\varrho' \log(z - \zeta_\varrho) + \cdots + K_\varrho'(z - \zeta_\varrho)^{-k_\varrho'}$$

$$a_\varrho' \log(z - \alpha_\varrho)^{\frac{1}{2}} + \cdots + h_\varrho'(z - \alpha_\varrho)^{-\frac{\lambda_\varrho'}{2}} + \nu_0^{(\varrho)} + \nu_1^{(\varrho)}(z - \alpha_\varrho)^{\frac{1}{2}} + \cdots$$
$$+ \nu_{\lambda_\varrho}^{(\varrho)}(z - \alpha_\varrho)^{\frac{\lambda_\varrho}{2}} + \cdots$$

$$M_0' \log z^{\frac{1}{2}} + \cdots + M_{\delta'}' z^{\frac{\delta'}{2}} + P_0' + P_1' z^{-\frac{1}{2}} + \cdots + P_\delta' z^{-\frac{\delta}{2}} + \cdots,$$

und bezeichnet die Stetigkeitssprünge von

$$J(z, z_\alpha) \text{ an } a_k \text{ mit } J_{a_k}, \text{ an } b_k \text{ mit } J_{b_k},$$

n

$$J(z, \zeta_\alpha) \text{ an } a_k \text{ mit } I_{a_k}, \text{ an } b_k \text{ mit } I_{b_k},$$

erhält man die nachfolgende allgemeine Periodenrelation

$$\pi i \sum_1^p{}^{\nu} (J_{a_\nu} I_{b_\nu} - J_{b_\nu} I_{a_\nu}) = -\sum_1^\mu{}^{\varrho} \Big[ n_1^{(\varrho)} \mathfrak{B}_\varrho + 2 n_2^{(\varrho)} \mathfrak{C}_\varrho + \cdots + \mathfrak{k}_\varrho n_{\mathfrak{k}_\varrho}^{(\varrho)} \mathfrak{K}_\varrho$$

$$+ m_0^{(\varrho)} \mathfrak{A}'_\varrho - m_1^{(\varrho)} \mathfrak{B}'_\varrho - 2 m_2^{(\varrho)} \mathfrak{C}'_\varrho - \cdots - \mathfrak{k}'_\varrho m_{\mathfrak{k}'_\varrho}^{(\varrho)} \mathfrak{K}'_\varrho \Big]$$

$$- \sum_1^n{}^{\varrho} \Big[ p_0^{(\varrho)} A'_\varrho - p_1^{(\varrho)} B'_\varrho - 2 p_2^{(\varrho)} C'_\varrho - \cdots - k'_\varrho p_{k'_\varrho}^{(\varrho)} K'_\varrho \Big]$$

$$- \sum_1^m{}^{\varrho} \Big[ \pi_1^{(\varrho)} B_\varrho + 2 \pi_2^{(\varrho)} C_\varrho + \cdots + k_\varrho \pi_{k_\varrho}^{(\varrho)} K_\varrho \Big] + \sum_1^m{}^{\varrho} A_\varrho \int_A^{z_\varrho} dJ(z, \zeta_\alpha)$$

$$- \sum_1^{2p+1}{}^{\varrho} \Big[ b_\varrho \nu_1^{(\varrho)} + 2 c_\varrho \nu_2^{(\varrho)} + \cdots + \lambda_\varrho h_\varrho \nu_{\lambda_\varrho}^{(\varrho)}$$

$$+ a'_\varrho \mu_0^{(\varrho)} - b'_\varrho \mu_1^{(\varrho)} - 2 c'_\varrho \mu_2^{(\varrho)} - \cdots - \lambda'_\varrho h'_\varrho \mu_{\lambda'_\varrho}^{(\varrho)} \Big]$$

$$+ \sum_1^{2p+1}{}^{\varrho} a_\varrho \int_A^{\alpha_\varrho} dJ(z, \zeta_\alpha) - 2\pi i \sum_1^{2p+1}{}^{\varrho} a'_\varrho (A_1 + A_2 + \cdots + A_m + a_1 + a_2 + \cdots + a_{\varrho-1})$$

$$- [P_0 M_0' + P_1 M_1' + P_2 M_2' + 3 P_3 M_3' + \cdots$$

$$+ \delta' P_{\delta'} M'_{\delta'} - P'_1 M_1 - 2 P'_2 M_2 - \cdots - \delta P'_\delta M_\delta]$$

$$- 2\pi i M'_0 (A_1 + A_2 + \cdots + A_m + a_1 + a_2 + \cdots + a_{2p+1}) - M_0 \int_A^\infty dJ(z, \zeta_\alpha),$$

worin, wenn $a_\varrho$ oder $M_0$ von Null verschieden,

$$a'_\varrho = b'_\varrho = \cdots = h'_\varrho = 0 \quad \text{resp.} \quad M'_0 = M'_1 = \cdots = M'_{\delta'} = 0$$

anzunehmen sind.

Specialisirungen der gefundenen Periodenrelation liefern den Satz, dass zwei Hauptintegrale dritter Gattung, bei denen die Gränzen des einen die Parameter des andern sind, eine nur von den Periodicitätsmoduln abhängige Differenz besitzen, und dass sich ein Hauptintegral, welches an den $p$ Querschnitten $a_1, a_2, \ldots a_p$ den Periodicitätsmodul Null hat, nicht ändert, wenn die Gränzen mit den Unstetigkeitspunkten vertauscht werden, ein schon von Jacobi bewiesenes Theorem.

Für zwei Integrale erster Gattung

$$J^{(\alpha)}(z)=\int\frac{z^{p-\alpha-1}\,dz}{\sqrt{R(z)}},\qquad J^{(\beta)}(z)=\int\frac{z^{p-\beta-1}\,dz}{\sqrt{R(z)}}$$

folgt aus der obigen allgemeinen Beziehung die Periodenrelation

$$\sum_1^p{}_\nu\left(J^{(\alpha)}_{a_\nu}J^{(\beta)}_{b_\nu}-J^{(\alpha)}_{b_\nu}J^{(\beta)}_{a_\nu}\right)=0,$$

und für Integrale erster und zweiter Gattung, wenn

$$E^{(\alpha)}(z)=\int\frac{z^{p+\alpha}\,dz}{\sqrt{R(z)}}$$

gesetzt wird, und die Entwicklung der Integrale $J^{(\beta)}(z)$ und $E^{(\alpha)}(z)$ in der Umgebung des unendlich entfernten Punktes in der Form angenommen wird

$$E^{(\alpha)}(z)=M_{2\alpha+1}z^{\frac{2\alpha+1}{2}}+M_{2\alpha-1}z^{\frac{2\alpha-1}{2}}+\cdots+M_1z^{\frac{1}{2}}+\cdots$$

$$J^{(\beta)}(z)=P'_{2\beta+1}z^{\frac{-2\beta-1}{2}}+P'_{2\beta+3}z^{\frac{-2\beta-3}{2}}+\cdots,$$

also, wenn

$$\frac{1}{\sqrt{R(z)}}=z^{-p-\frac{1}{2}}\{f_0+f_1z^{-1}+f_2z^{-2}+\cdots\}$$

gesetzt wird,

$$M_{2\alpha+1}=\frac{2f_0}{2\alpha+1},\quad M_{2\alpha-1}=\frac{2f_1}{2\alpha-1},\quad M_{2\alpha-3}=\frac{2f_2}{2\alpha-3},\ \cdots$$

$$P'_{2\beta+1}=-\frac{2f_0}{2\beta+1},\quad P'_{2\beta+3}=-\frac{2f_1}{2\beta+3},\quad P'_{2\beta+5}=-\frac{2f_2}{2\beta+5},\ \cdots$$

ist, die Periodenbeziehung:

I. $\alpha\geqq\beta$

$$\frac{1}{2\pi i}\sum_1^p{}_\nu\left(E^{(\alpha)}_{a_\nu}J^{(\beta)}_{b_\nu}-E^{(\alpha)}_{b_\nu}J^{(\beta)}_{a_\nu}\right)$$

$$=(2\beta+1)P'_{2\beta+1}M_{2\beta+1}+(2\beta+3)P'_{2\beta+3}M_{2\beta+3}+\cdots+(2\alpha+1)P'_{2\alpha+1}M_{2\alpha+1}$$

und

II. $\alpha<\beta$

$$\sum_1^p{}_\nu\left(E^{(\alpha)}_{a_\nu}J^{(\beta)}_{b_\nu}-E^{(\alpha)}_{b_\nu}J^{(\beta)}_{a_\nu}\right)=0.$$

Endlich wird noch der Werth derjenigen Determinante untersucht, welche aus sämmtlichen Periodicitätsmoduln der $2p$ Integrale $J^{(\beta)}(z)$ und $E^{(\alpha)}(z)$ gebildet ist, und der später bei der Reduction der hyperelliptischen Integrale auf niedere Transcendente zur Anwendung kommt. Dieser Werth ist zuerst von Fuchs für den Fall complexer Verzweigungswerthe von $\sqrt{R(z)}$ mit Hülfe der Differentialgleichungen, welchen die Periodicitätsmoduln der hyperelliptischen Integrale genügen, hergeleitet worden, ich wähle hier einen andern Weg, indem ich zuerst zeige, dass die Determinante eine eindeutige Function der Verzweigungswerthe ist, und indem ich nachweise, dass sie nie verschwinden kann, folgt aus einem bekannten Satze der Functionentheorie, dass die Determinante eine constante, von den Verzweigungswerthen unabhängige Grösse ist. Der constante Werth selbst wird, wie auch Fuchs gethan, durch die einfachsten hyperelliptischen Integrale derselben Ordnung also durch die Integrale mit der Irrationalität

$$\sqrt{z^{2p+1}-1}$$

bestimmt werden, und diese Bestimmung führe ich, um eine Anwendung der vorher entwickelten Periodenrelationen zu geben, mit Hülfe der früheren Formeln für die Verbindungen der Perioden der hyperelliptischen Integrale erster und zweiter Gattung aus; es ergiebt sich das für reelle Verzweigungswerthe schon längst bekannte Resultat

$$\begin{vmatrix} J_{b_1}^{(0)} & J_{a_1}^{(0)} & J_{b_2}^{(0)} & J_{a_2}^{(0)} & \ldots & J_{b_p}^{(0)} & J_{a_p}^{(0)} \\ J_{b_1}^{(1)} & J_{a_1}^{(1)} & J_{b_2}^{(1)} & J_{a_2}^{(1)} & \ldots & J_{b_p}^{(1)} & J_{a_p}^{(1)} \\ \cdot & \cdot & \cdot & \cdot & \cdot & \cdot & \cdot \\ J_{b_1}^{(p-1)} & J_{a_1}^{(p-1)} & J_{b_2}^{(p-1)} & J_{a_2}^{(p-1)} & \ldots & J_{b_p}^{(p-1)} & J_{a_p}^{(p-1)} \\ E_{b_1}^{(p)} & E_{a_1}^{(p)} & E_{b_2}^{(p)} & E_{a_2}^{(p)} & \ldots & E_{b_p}^{(p)} & E_{a_p}^{(p)} \\ E_{b_1}^{(p+1)} & E_{a_1}^{(p+1)} & E_{b_2}^{(p+1)} & E_{a_2}^{(p+1)} & \ldots & E_{b_p}^{(p+1)} & E_{a_p}^{(p+1)} \\ \cdot & \cdot & \cdot & \cdot & \cdot & \cdot & \cdot \\ E_{b_1}^{(2p-1)} & E_{a_1}^{(2p-1)} & E_{b_2}^{(2p-1)} & E_{a_2}^{(2p-1)} & \ldots & E_{b_p}^{(2p-1)} & E_{a_p}^{(2p-1)} \end{vmatrix} = \frac{(-1)^{\frac{p}{2}} 2^{3p} \pi^p}{1 \cdot 3 \ldots (2p-1)}.$$

Die sechste Vorlesung behandelt das Abel'sche Theorem der hyperelliptischen Integrale zunächst für Integrale erster und dritter Gattung und leitet hieraus mit Hülfe der in der dritten Vorlesung ausgeführten Bildungsweise des allgemeinen Integrales aus den Integralen dieser beiden Gattungen den Abel'schen Satz in der nachfolgenden Form ab: Bezeichnet

$$J(z, c_1, c_2, \ldots c_\nu)$$

ein hyperelliptisches Integral, welches in $c_\varrho$ unendlich wird wie

$$A_\varrho \log(z-c_\varrho) + B_\varrho(z-c_\varrho)^{-1} + C_\varrho(z-c_\varrho)^{-2} + \cdots + M_\varrho(z-c_\varrho)^{-m_\varrho},$$

so wird sich die Summe von $2m$ solchen gleichartigen hyperelliptischen Integralen, deren obere Gränzen die Lösungen $z_1, z_2, \ldots z_{2m}$ der Gleichung

$$p^2 - q^2 R(z) = 0,$$

und deren untere Gränzen $z_1', z_2', \ldots z_{2m}'$ die Lösungen der Gleichung

$$p_1^2 - q_1^2 R(z) = 0$$

sind, worin $p$ und $p_1$ beliebige ganze Polynome $m^{\text{ten}}$ Grades, $q$ und $q_1$ beliebige ganze Polynome höchstens vom $m-p-1^{\text{ten}}$ Grade sind, durch den Ausdruck darstellen lassen

$$\sum_1^{2m}{}_\alpha \int_{z_\alpha'}^{z_\alpha} dJ(z, c_1, c_2, \ldots c_\nu) = \sum_1^{\nu}{}_\varrho A_\varrho \log\left\{\frac{p(c_\varrho) - q(c_\varrho)\varepsilon_\varrho \sqrt{R(c_\varrho)}}{p_1(c_\varrho) - q_1(c_\varrho)\varepsilon_\varrho \sqrt{R(c_\varrho)}}\right\}$$

$$- \sum_1^{\nu}{}_\varrho B_\varrho \frac{d}{dc_\varrho} \log\left\{\frac{p(c_\varrho) - q(c_\varrho)\varepsilon_\varrho \sqrt{R(c_\varrho)}}{p_1(c_\varrho) - q_1(c_\varrho)\varepsilon_\varrho \sqrt{R(c_\varrho)}}\right\}$$

$$- \sum_1^{\nu}{}_\varrho \frac{C_\varrho}{1} \frac{d^2}{dc_\varrho^2} \log\left\{\frac{p(c_\varrho) - q(c_\varrho)\varepsilon_\varrho \sqrt{R(c_\varrho)}}{p_1(c_\varrho) - q_1(c_\varrho)\varepsilon_\varrho \sqrt{R(c_\varrho)}}\right\}$$

$$- \cdots - \sum_1^{\nu}{}_\varrho \frac{M_\varrho}{1\cdot 2 \cdots (m_\varrho - 1)} \frac{d^{m_\varrho}}{dc_\varrho^{m_\varrho}} \log\left\{\frac{p(c_\varrho) - q(c_\varrho)\varepsilon_\varrho \sqrt{R(c_\varrho)}}{p_1(c_\varrho) - q_1(c_\varrho)\varepsilon_\varrho \sqrt{R(c_\varrho)}}\right\},$$

worin der Werth der zu den einzelnen $z$-Werthen gehörigen Irrationalität durch die Gleichung

$$\sqrt{R(z)} = \frac{p(z)}{q(z)}$$

bestimmt ist.

In anderer Form lässt sich dieses Resultat auch so aussprechen, dass sich $2m-p$ gleichartige hyperelliptische Integrale zu $p$ eben solchen Integralen vereinigen lassen, deren Gränzen Lösungen von Gleichungen $p^{\text{ten}}$ Grades sind, deren Coefficienten rational aus den $2m-p$ willkührlich angenommenen Gränzen und zugehörigen Irrationalitäten zusammengesetzt sind, und deren Irrationalitäten sich mit Hülfe der willkührlich angenommenen Gränzen und Irrationalitäten rational durch die entsprechende Gränze ausdrücken.

Schliesslich wird noch der Fall der gleichen Integralgränzen auf den früheren zurückgeführt.

Nachdem gezeigt worden, dass einer additiven Verbindung gleichartiger hyperelliptischer Integrale eine algebraische Beziehung zwischen den oberen Gränzen dieser Integrale entsprechen kann, wird in der siebenten Vorlesung die Betrachtung auf die allgemeinsten algebraischen Beziehungen ausgedehnt, welche zwischen hyperelliptischen Integralen überhaupt bestehen können, sie mögen gleichartig oder ungleichartig sein, d. h. zu derselben oder verschiedenen Riemann'schen Flächen gehören, wenn auch zwischen den Gränzen dieser Integrale algebraische Beziehungen stattfinden sollen.

Es wird der Nachweis geführt, dass die allgemeinste Form einer algebraischen Beziehung zwischen $n$ Integralen eine lineare Function dieser Integrale ist, deren Coefficienten constante Grössen sind, vermehrt um eine Grösse, welche von den Integralen frei ist, aber von den unabhängigen Variabeln algebraisch abhängen wird, und diese lineare Beziehung wird nun der weiteren Untersuchung zu Grunde gelegt.

Durch Erweiterung einer von Abel in der Transformationstheorie der elliptischen Integrale angewandten Methode wird gezeigt, dass die Beziehungsgleichung

$$\begin{aligned}
&\int^{z_{2p+1}^{(1)}} F_{2p+1}^{(1)}\left(z, \sqrt{R_{2p+1}^{(1)}(z)}\right) dz \\
&+\int^{z_{2p+1}^{(2)}} F_{2p+1}^{(2)}\left(z, \sqrt{R_{2p+1}^{(2)}(z)}\right) dz + \cdots \\
&+\int^{z_{2p+1}^{(a)}} F_{2p+1}^{(a)}\left(z, \sqrt{R_{2p+1}^{(a)}(z)}\right) dz \\
&+\int^{z_{2p-1}^{(1)}} F_{2p-1}^{(1)}\left(z, \sqrt{R_{2p-1}^{(1)}(z)}\right) dz \\
&+\int^{z_{2p-1}^{(2)}} F_{2p-1}^{(2)}\left(z, \sqrt{R_{2p-1}^{(2)}(z)}\right) dz + \cdots \\
&+\int^{z_{2p-1}^{(b)}} F_{2p-1}^{(b)}\left(z, \sqrt{R_{2p-1}^{(b)}(z)}\right) dz \\
&\quad \cdot\; \cdot\; \cdot\; \cdot\; \cdot\; \cdot\; \cdot\; \cdot\; \cdot\; \cdot\; \cdot\; \cdot\; \cdot\; \cdot\; \cdot\; \cdot \\
&+\int^{z_{3}^{(1)}} F_{3}^{(1)}\left(z, \sqrt{R_{3}^{(1)}(z)}\right) dz \\
&+\int^{z_{3}^{(2)}} F_{3}^{(2)}\left(z, \sqrt{R_{3}^{(2)}(z)}\right) dz + \cdots \\
&+\int^{z_{3}^{(r)}} F_{3}^{(r)}\left(z, \sqrt{R_{3}^{(r)}(z)}\right) dz \\
&= u + A_1 \log v_1 + A_2 \log v_2 + \cdots + A_\nu \log v_\nu ,
\end{aligned}$$

in welcher

$$R^{(\varrho)}_{2p+1}(z) = (z-\alpha^{(\varrho)}_1)(z-\alpha^{(\varrho)}_2)\cdots(z-\alpha^{(\varrho)}_{2p+1})$$
$$R^{(\varrho)}_{2p-1}(z) = (z-\beta^{(\varrho)}_1)(z-\beta^{(\varrho)}_2)\cdots(z-\beta^{(\varrho)}_{2p-1})$$
$$\cdots\cdots\cdots\cdots\cdots,$$

ferner

$$F(z, \sqrt{R(z)})$$

eine rationale Function von $z$ und $\sqrt{R(z)}$ bedeutet, endlich,

$$u,\ v_1,\ v_2,\ \ldots\ v_\nu$$

algebraische Functionen von

$$z^{(1)}_{2p+1}\ldots z^{(a)}_{2p+1},\quad z^{(1)}_{2p-1}\ldots z^{(b)}_{2p-1},\quad \ldots\ z^{(1)}_3\ldots z^{(r)}_3$$

vorstellen, reducirt werden kann auf die ihr völlig aequivalente

$$\delta\int^{z^{(1)}_{2p+1}} F^{(1)}_{2p+1}\left(z, \sqrt{R^{(1)}_{2p+1}(z)}\right)dz$$
$$= -\sum_1^{p-h}{}_\alpha \int^{\zeta^{(g+1)}_{2p-2h+1}{}^{(\alpha)}} F^{(g+1)}_{2p-2h+1}\left(z, \sqrt{R^{(g+1)}_{2p-2h+1}(z)}\right)dz - \cdots$$
$$-\sum_1^{p-h}{}_\alpha \int^{\zeta^{(k)}_{2p-2h+1}{}^{(\alpha)}} F^{(k)}_{2p-2h+1}\left(z, \sqrt{R^{(k)}_{2p-2h+1}(z)}\right)dz$$
$$\cdots\cdots\cdots\cdots\cdots$$
$$-\sum_1^{1}{}_\alpha \int^{\zeta^{(1)}_3{}^{(\alpha)}} F^{(1)}_3\left(z, \sqrt{R^{(1)}_3(z)}\right)dz - \cdots$$
$$-\sum_1^{1}{}_\alpha \int^{\zeta^{(r)}_3{}^{(\alpha)}} F^{(r)}_3\left(z, \sqrt{R^{(r)}_3(z)}\right)dz$$
$$+ U' + B_1'\log V_1' + B_2'\log V_2' + \cdots + B_\varrho'\log V_\varrho',$$

worin die zu je einer Summe gehörigen $\zeta$-Werthe Lösungen von Gleichungen des durch die obere Gränze des Summationszeichens gegebenen Grades sind, deren Coefficienten rational aus den Grössen

$$z^{(1)}_{2p+1} \text{ und } \sqrt{R^{(1)}_{2p+1}(z^{(1)}_{2p+1})}$$

zusammengesetzt sind, und die Irrationalitäten sich mit Hülfe eben dieser Grössen rational durch die zugehörige $\zeta$-Grösse ausdrücken lassen, während

$$U_1',\ V_1',\ V_2',\ \ldots\ V_\sigma'$$

rationale Functionen eben dieser Grössen sind.

Eine Reihe der eben charakterisirten Werthe, welche einer Gleichung

$$y^\sigma + f_1(z_1, \sqrt{R(z_1)})\, y^{\sigma-1} + \cdots + f_{\sigma-1}(z_1, \sqrt{R(z_1)})\, y + f_\sigma(z_1, \sqrt{R(z_1)}) = 0$$

genügen, und für welche

$$\sqrt{R_1(y_\alpha)}$$

sich als rationale Function von $z_1$, $\sqrt{R(z_1)}$ und $y_\alpha$ darstellen lässt, hat weiter die Eigenschaft, dass sie ein System von Differentialgleichungen der Form befriedigen

$$\frac{dy_1}{\sqrt{R_1(y_1)}} + \frac{dy_2}{\sqrt{R_1(y_2)}} + \cdots + \frac{dy_\sigma}{\sqrt{R_1(y_\sigma)}} = \frac{F_0(z_1)\,dz_1}{\sqrt{R(z_1)}},$$

$$\frac{y_1\,dy_1}{\sqrt{R_1(y_1)}} + \frac{y_2\,dy_2}{\sqrt{R_1(y_2)}} + \cdots + \frac{y_\sigma\,dy_\sigma}{\sqrt{R_1(y_\sigma)}} = \frac{F_1(z_1)\,dz_1}{\sqrt{R(z_1)}},$$

$$\cdots\cdots\cdots\cdots\cdots\cdots\cdots\cdots\cdots$$

$$\frac{y_1^{\sigma-1}\,dy_1}{\sqrt{R_1(y_1)}} + \frac{y_2^{\sigma-1}\,dy_2}{\sqrt{R_1(y_2)}} + \cdots + \frac{y_\sigma^{\sigma-1}\,dy_\sigma}{\sqrt{R_1(y_\sigma)}} = \frac{F_{\sigma-1}(z_1)\,dz_1}{\sqrt{R(z_1)}},$$

also eine Transformationsbeziehung der zugehörigen Integrale erster Gattung liefern, oder wenn $\sigma$ nicht kleiner als $p$ ist, dem Systeme

$$\frac{dz_1}{\sqrt{R(z_1)}} + \frac{dz_2}{\sqrt{R(z_2)}} + \cdots + \frac{dz_p}{\sqrt{R(z_p)}}$$
$$= \frac{f_0(Y_1)\,dY_1}{\sqrt{R_1(Y_1)}} + \frac{f_0(Y_2)\,dY_2}{\sqrt{R_1(Y_2)}} + \cdots + \frac{f_0(Y_\sigma)\,dY_\sigma}{\sqrt{R_1(Y_\sigma)}},$$

$$\frac{z_1\,dz_1}{\sqrt{R(z_1)}} + \frac{z_2\,dz_2}{\sqrt{R(z_2)}} + \cdots + \frac{z_p\,dz_p}{\sqrt{R(z_p)}}$$
$$= \frac{f_1(Y_1)\,dY_1}{\sqrt{R_1(Y_1)}} + \frac{f_1(Y_2)\,dY_2}{\sqrt{R_1(Y_2)}} + \cdots + \frac{f_1(Y_\sigma)\,dY_\sigma}{\sqrt{R_1(Y_\sigma)}},$$

$$\cdots\cdots\cdots\cdots\cdots\cdots\cdots\cdots$$

$$\frac{z_1^{p-1}\,dz_1}{\sqrt{R(z_1)}} + \frac{z_2^{p-1}\,dz_2}{\sqrt{R(z_2)}} + \cdots + \frac{z_p^{p-1}\,dz_p}{\sqrt{R(z_p)}}$$
$$= \frac{f_{p-1}(Y_1)\,dY_1}{\sqrt{R_1(Y_1)}} + \frac{f_{p-1}(Y_2)\,dY_2}{\sqrt{R_1(Y_2)}} + \cdots + \frac{f_{p-1}(Y_\sigma)\,dY_\sigma}{\sqrt{R_1(Y_\sigma)}},$$

in welchen

$$Y_1,\ Y_2,\ \cdots\ Y_\sigma$$

die Lösungen einer Gleichung $\sigma^{\text{ten}}$ Grades sein sollen, deren Coefficienten rational und symmetrisch aus

$$z_1,\ z_2,\ \cdots\ z_p,\ \sqrt{R(z_1)},\ \sqrt{R(z_2)},\ \cdots\ \sqrt{R(z_p)}$$

zusammengesetzt sind, während die zugehörigen Irrationalitäten mit Hülfe eben dieser Grössen rational mit den resp. $Y$ zusammenhängen.

Doch lässt diese Form des Transformationsproblems der Integrale noch eine wesentliche Vereinfachung zu, indem sich durch einfache Betrachtungen zeigen lässt, dass das oben aufgestellte System hyperelliptischer Differentialgleichungen sich in allen Fällen durch das folgende

$$\frac{dY_1}{\sqrt{R_1(Y_1)}} + \frac{dY_2}{\sqrt{R_1(Y_2)}} + \cdots + \frac{dY_\sigma}{\sqrt{R_1(Y_\sigma)}} = 2\,\frac{F_0(z_1)\,dz_1}{\sqrt{R(z_1)}}$$

$$\frac{Y_1\,dY_1}{\sqrt{R_1(Y_1)}} + \frac{Y_2\,dY_2}{\sqrt{R_1(Y_2)}} + \cdots + \frac{Y_\sigma\,dY_\sigma}{\sqrt{R_1(Y_\sigma)}} = 2\,\frac{F_1(z_1)\,dz_1}{\sqrt{R(z_1)}}$$

$$\cdots\cdots\cdots\cdots\cdots\cdots\cdots\cdots$$

$$\frac{Y_1^{\sigma-1}\,dY_1}{\sqrt{R_1(Y_1)}} + \frac{Y_2^{\sigma-1}\,dY_2}{\sqrt{R_1(Y_2)}} + \cdots + \frac{Y_\sigma^{\sigma-1}\,dY_\sigma}{\sqrt{R_1(Y_\sigma)}} = 2\,\frac{F_{\sigma-1}(z_1)\,dz_1}{\sqrt{R(z_1)}}$$

ersetzen lässt, in welchem

$$Y_1,\ Y_2,\ \ldots\ Y_\sigma$$

die Lösungen einer algebraischen Gleichung

$$y_\sigma + \chi_1(z_1)y^{\sigma-1} + \cdots + \chi_\sigma(z_1) = 0$$

darstellen, deren Coefficienten rationale Functionen von $z_1$ sind, und

$$\sqrt{R_1(Y_1)},\ \sqrt{R_1(Y_2)},\ \ldots\ \sqrt{R_1(Y_\sigma)}$$

sich als rationale Functionen der zugehörigen $Y$-Grössen und $z_1$ ausdrücken lassen, multiplicirt mit $\sqrt{R(z_1)}$.

Naturgemäss schliesst sich an die Behandlung des Transformationsproblems die Frage nach den allgemeinsten Beziehungen der hyperelliptischen Integrale derselben Ordnung und algebraisch-logarithmischen Functionen, eine Frage, die von Abel in seiner unvollendet gebliebenen Arbeit für elliptische Integrale beantwortet worden, und die Anwendung des oben hervorgehobenen Satzes von der Vertauschung der Gränzen und Unstetigkeitspunkte der Hauptintegrale sowie des Abel'schen Theorems führt zu dem Resultat, dass diese allgemeinste Beziehung die Form haben muss

$$m_1\int_{\zeta_1}^{z_1}\frac{\pm\sqrt{R(a_1)}\,dz}{(z-a_1)\sqrt{R(z)}} + m_2\int_{\zeta_1}^{z_1}\frac{\pm\sqrt{R(a_2)}\,dz}{(z-a_2)\sqrt{R(z)}} + \cdots + m_r\int_{\zeta_1}^{z_1}\frac{\pm\sqrt{R(a_r)}\,dz}{(z-a_r)\sqrt{R(z)}}$$

$$+\beta_0\int_{\zeta_1}^{z_1}\frac{dz}{\sqrt{R(z)}} + \beta_1\int_{\zeta_1}^{z_1}\frac{z\,dz}{\sqrt{R(z)}} + \cdots + \beta_{p-1}\int_{\zeta_1}^{z_1}\frac{z^{p-1}\,dz}{\sqrt{R(z)}}$$

$$= \log\left\{\frac{f_\varrho(z_1) - g_\varrho(z_1)\sqrt{R(z_1)}}{f_\varrho(z_1) + g_\varrho(z_1)\sqrt{R(z_1)}}\cdot\frac{f_\varrho(\zeta_1) + g_\varrho(\zeta_1)\sqrt{R(\zeta_1)}}{f_\varrho(\zeta_1) - g_\varrho(\zeta_1)\sqrt{R(\zeta_1)}}\right\},$$

worin $m_1, m_2, \ldots m_r$ ganze Zahlen, $\beta_0, \beta_1, \ldots \beta_{p-1}$ Constanten vorstellen, deren Bedeutung dort näher angegeben wird.

Endlich wird noch die Frage aufgeworfen, ob in algebraische Relationen zwischen hyperelliptischen Integralen auch jene eindeutigen Umkehrungsfunctionen der Integrale niederer Gattung, also die Exponentialfunctionen, die trigonometrischen und elliptischen Functionen eintreten können, und zwar wird diese Frage mit Hülfe eines allgemeinen von mir aufgestellten Satzes über Differentialgleichungen beantwortet, der für den vorliegenden Zweck specialisirt folgendermassen lautet: wenn zwischen den Integralen

$$Z \text{ und } Z_1, Z_2, \ldots Z_r$$

der irreductibeln Differentialgleichungen

$$f\left(x, z, \frac{dz}{dx}\right) = 0$$

nd

$$\left(\frac{dz_1}{dx}\right)^{k_1} + \varphi_1(x, z_1)\left(\frac{dz_1}{dx}\right)^{k_1-1} + \cdots + \varphi_{k_1-1}(x, z_1)\frac{dz_1}{dx} + \varphi_{k_1}(x, z_1) = 0$$

$$\left(\frac{dz_2}{dx}\right)^{k_2} + \psi_1(x, z_2)\left(\frac{dz_2}{dx}\right)^{k_2-1} + \cdots + \psi_{k_2-1}(x, z_2)\frac{dz_2}{dx} + \psi_{k_2}(x, z_2) = 0,$$

$$\cdots\cdots\cdots\cdots\cdots\cdots\cdots\cdots$$

$$\left(\frac{dz_r}{dx}\right)^{k_r} + \chi_1(x, z_r)\left(\frac{dz_r}{dx}\right)^{k_r-1} + \cdots + \chi_{k_r-1}(x, z_r)\frac{dz_r}{dx} + \chi_{k_r}(x, z_r) = 0,$$

ein algebraischer Zusammenhang stattfindet, und man setzt statt der Grössen $Z_1, Z_2, \ldots Z_r$ $r$ beliebige andere Integrale der Differentialgleichungen, so wird die algebraische Beziehung noch fortbestehen, wenn für $Z$ ein gewisses anderes Integral $Z'$ der ersten Differentialgleichung gesetzt wird.

Die Anwendung dieses Satzes führt die oben aufgeworfene Frage auf die Untersuchung von Functionalgleichungen zurück, und liefert das Resultat, dass weder die Exponentialfunction noch die trigonometrischen und elliptischen Functionen in jenen algebraischen Beziehungen vorkommen können.

Mit den vorausgegangenen Untersuchungen sind nun die Mittel gegeben, um die Beantwortung der Fragen der Integralrechnung anzugreifen, welche die Reduction der hyperelliptischen Integrale einer gewissen Ordnung auf solche niederer Ordnung zum Gegenstande haben, und zwar liefert die achte Vorlesung die nothwendigen und hinreichenden Bedingungen, unter denen ein hyperelliptisches Integral irgend welcher Ordnung auf algebraisch-logarithmische Functionen reducirbar ist, eine Frage, die für elliptische Integrale von

Tchebichef im Anschluss an die Untersuchungen von Abel, von Weierstrass mit Hülfe der Umkehrungsfunctionen behandelt worden ist.

Die Bedingungen dafür, dass das Integral

$$\int \frac{F(z)\,dz}{\sqrt{R(z)}}$$

auf algebraische Functionen reducirbar ist, sind unter Benutzung schon oben in diesem Referate erklärter Zeichen die folgenden:

$$\left[\frac{F(t)}{\sqrt{R(t)}}\right]_{(t-z_1)^{-1}} = 0, \quad \left[\frac{F(t)}{\sqrt{R(t)}}\right]_{(t-z_2)^{-1}} = 0, \ldots \left[\frac{F(t)}{\sqrt{R(t)}}\right]_{(t-z_n)^{-1}} = 0,$$

$$\sum_1^n{}_\alpha \left[\frac{F(t)}{\sqrt{R(t)}} \int_{z_\alpha} \frac{F_r(t)\,dt}{\sqrt{R(t)}}\right]_{(t-z_\alpha)^{-1}} - \left[\frac{F(t)}{\sqrt{R(t)}} \int_\infty \frac{F_r(t)\,dt}{\sqrt{R(t)}}\right]_{t^{-1}} = 0,$$

worin $r = 0, 1, 2, \ldots 2p-1$ zu setzen ist; der algebraische Werth des hyperelliptischen Integrales ist dann durch den Ausdruck gegeben

$$\left\{\sum_1^n{}_\alpha \left[\frac{F(t)}{\sqrt{R(t)}} \int_{z_\alpha} \frac{dt}{(t-z)\sqrt{R(t)}}\right]_{(t-z_\alpha)^{-1}} - \left[\frac{F(t)}{\sqrt{R(t)}} \int_\infty \frac{dt}{(t-z)\sqrt{R(t)}}\right]_{t^{-1}}\right\} \sqrt{R(z)}.$$

Weit schwieriger ist die Frage nach der Reducirbarkeit auf Logarithmen, und eine genaue Untersuchung der nothwendigen und hinreichenden Bedingungen liefert das folgende Verfahren zur Beantwortung der Frage, ob ein hyperelliptisches Integral von der Form

$$\int \frac{F(z)\,dz}{\sqrt{R(z)}}$$

auf algebraisch-logarithmische Functionen reducirbar ist.

Man bilde die Gleichung

$$T_1 \left[\frac{F(t)}{\sqrt{R(t)}}\right]_{(t-z_1)^{-1}} + T_2 \left[\frac{F(t)}{\sqrt{R(t)}}\right]_{(t-z_2)^{-1}} + \cdots + T_n \left[\frac{F(t)}{\sqrt{R(t)}}\right]_{(t-z_n)^{-1}} = 0,$$

und suche dieselbe durch Systeme von ganzen Zahlen $T_1, T_2, \ldots T_n$ zu befriedigen; mögen sich nun $n-k$ solcher Systeme finden lassen

$$\begin{array}{llll} T_{11}, & T_{12}, & \ldots & T_{1n}, \\ T_{21}, & T_{22}, & \ldots & T_{2n}, \\ \cdot & \cdot & \cdot & \cdot \\ T_{n-k1}, & T_{n-k2}, & \ldots & T_{n-kn}, \end{array}$$

welche von einander unabhängig sind, und mögen sich aus diesen $n-k$ Gleichungen die Relationen ergeben

$$D\left[\frac{F(t)}{\sqrt{R(t)}}\right]_{(t-z_{k+1})^{-1}} = \lambda_{11}\left[\frac{F(t)}{\sqrt{R(t)}}\right]_{(t-z_1)^{-1}} + \cdots + \lambda_{1k}\left[\frac{F(t)}{\sqrt{R(t)}}\right]_{(t-z_k)^{-1}}$$

$$\cdots\cdots\cdots\cdots\cdots\cdots\cdots$$

$$D\left[\frac{F(t)}{\sqrt{R(t)}}\right]_{(t-z_n)^{-1}} = \lambda_{n-k1}\left[\frac{F(t)}{\sqrt{R(t)}}\right]_{(t-z_1)^{-1}} + \cdots + \lambda_{n-kk}\left[\frac{F(t)}{\sqrt{R(t)}}\right]_{(t-z_k)^{-1}},$$

so suche man den grössten gemeinsamen Theiler zwischen den Zahlen

$$D,\ \lambda_{1i},\ \lambda_{2i},\ \ldots\ \lambda_{n-ki},$$

worin $i$ eine der Zahlen $1, 2, \ldots k$ bedeuten soll; sei derselbe $\delta_i$, und werde

$$\frac{D}{\delta_i} = t_0^{(i)},\quad \frac{\lambda_{1i}}{\delta_i} = t_1^{(i)},\quad \frac{\lambda_{2i}}{\delta_i} = t_2^{(i)},\ \ldots\ \frac{\lambda_{n-ki}}{\delta_i} = t_{n-k}^{(i)}$$

gesetzt, so muss

$$t_0^{(i)} + t_1^{(i)} + \cdots + t_{n-k}^{(i)} > p$$

sein, wenn $R(z)$ vom $2p+1^{\text{ten}}$ Grade ist; lassen sich nun Gleichungen von der Form

$$P^{(1)^2} - Q^{(1)^2}R(z) = 0,\ P^{(2)^2} - Q^{(2)^2}R(z) = 0,\ \ldots\ P^{(k)^2} - Q^{(k)^2}R(z) = 0$$

finden, welche ausser den resp. Werthen

$$\begin{array}{l} z_1,\ z_{k+1},\ \ldots\ z_n \\ z_2,\ z_{k+1},\ \ldots\ z_n \\ \cdots\cdots\cdots \\ z_k,\ z_{k+1},\ \ldots\ z_n \end{array}$$

mit der entsprechenden Vielfachheit

$$\begin{array}{l} t_0^{(1)},\ t_1^{(1)},\ \ldots\ t_{n-k}^{(1)} \\ t_0^{(2)},\ t_1^{(2)},\ \ldots\ t_{n-k}^{(2)} \\ \cdots\cdots\cdots \\ t_0^{(k)},\ t_1^{(k)},\ \ldots\ t_{n-k}^{(k)} \end{array}$$

nur noch die Verzweigungswerthe zu Lösungen haben, so bilde man die Summe

$$\frac{1}{t_0^{(1)}}\left[\frac{F(t)}{\sqrt{R(t)}}\right]_{(t-z_1)^{-1}} \log\left(\frac{P^{(1)} - Q^{(1)}\sqrt{R(z)}}{P^{(1)} + Q^{(1)}\sqrt{R(z)}}\right) + \frac{1}{t_0^{(2)}}\left[\frac{F(t)}{\sqrt{R(t)}}\right]_{(t-z_2)^{-1}} \log\left(\frac{P^{(2)} - Q^{(2)}\sqrt{R(z)}}{P^{(2)} + Q^{(2)}\sqrt{R(z)}}\right)$$

$$+ \cdots + \frac{1}{t_0^{(k)}}\left[\frac{F(t)}{\sqrt{R(t)}}\right]_{(t-z_k)^{-1}} \log\left(\frac{P^{(k)} - Q^{(k)}\sqrt{R(z)}}{P^{(k)} + Q^{(k)}\sqrt{R(z)}}\right) = L(z),$$

dann wird $L(z)$ das Aggregat der im reducirbaren hyperelliptischen Integrale vorkommenden logarithmischen Glieder darstellen; setzt man sodann

$$\frac{dL(z)}{dz}=\sum_1^k\left\{\frac{1}{t_0^{(i)}}\left[\frac{F(t)}{\sqrt{R(t)}}\right]_{(t-z_i)^{-1}}\frac{2R(z)\left[Q^{(i)}\frac{dP^{(i)}(z)}{dz}-P^{(i)}\frac{dQ^{(i)}(z)}{dz}\right]-P^{(i)}Q^{(i)}\frac{dR(z)}{dz}}{P^{(i)^2}-Q^{(i)^2}R(z)}\cdot\frac{1}{\sqrt{R(z)}}\right\}$$

$$=\frac{\varphi(z)}{\sqrt{R(z)}},$$

so müssen ferner mit Zugrundelegung der früher eingeführten Bezeichnungen noch die Bedingungen befriedigt sein

$$\sum_1^n{}_\alpha\left[\frac{F(t)}{\sqrt{R(t)}}\int_{z_\alpha}\frac{F_r(t)\,dt}{\sqrt{R(t)}}\right]_{(t-z_\alpha)^{-1}}-\left[\frac{F(t)}{\sqrt{R(t)}}\int_\infty\frac{F_r(t)\,dt}{\sqrt{R(t)}}\right]_{t^{-1}}=0$$

für die Werthe 0, 1, 2, . . . $p-1$, und

$$\sum_1^n{}_\alpha\left[\frac{F(t)-\varphi(t)}{\sqrt{R(t)}}\int_{z_\alpha}\frac{F_r(t)\,dt}{\sqrt{R(t)}}\right]_{(t-z_\alpha)^{-1}}-\left[\frac{F(t)-\varphi(t)}{\sqrt{R(t)}}\int_\infty\frac{F_r(t)\,dt}{\sqrt{R(t)}}\right]_{t^{-1}}=0$$

für die Werthe $r=p,\ p+1,\ldots 2p-1$; sind alle diese Bedingungen erfüllt, so ist der Werth des algebraischen Theiles jenes hyperelliptischen Integrales

$$\left\{\sum_1^n{}_\alpha\left[\frac{F(t)}{\sqrt{R(t)}}\int_{z_\alpha}\frac{dt}{(t-z)\sqrt{R(t)}}\right]_{(t-z_\alpha)^{-1}}-\left[\frac{F(t)}{\sqrt{R(t)}}\int_\infty\frac{dt}{(t-z)\sqrt{R(t)}}\right]_{t^{-1}}\right\}\sqrt{R(z)},$$

welcher mit $L(z)$ vereinigt die algebraisch-logarithmische Darstellung des gegebenen Integrales liefert.

Die Frage, welche hyperelliptische Integrale auf elliptische oder auf hyperelliptische niederer Ordnung reducirbar sind, ist in diesen Vorlesungen nicht behandelt; der vollständigen Beantwortung dieser Frage stehen noch grosse Schwierigkeiten im Wege, die sich möglicherweise nur mit Hülfe der Umkehrungsfunctionen der hyperelliptischen Integrale oder der $\vartheta$-Functionen mit mehreren Variabeln werden überwinden lassen.

Endlich behandelt die neunte Vorlesung das Multiplicationstheorem — nichts anderes als das Abel'sche Theorem für gleiche Integrale und nur nach dem oben behandelten Transformationsprincip in verschiedenen Formen dargestellt — und das Divisionsproblem, das bereits von Hermite für hyperelliptische Integrale erster Ordnung und von Clebsch und Gordan für alle Abel'schen Integrale erledigt worden ist; ich beweise durch Verallgemeinerung der von Hermite befolgten Methode den bekannten Satz, dass die Grössen

$$x_1,\ x_2,\ \ldots\ x_p,$$

welche der Gleichung

$$\int^{x_1}\frac{f(x)\,dx}{\sqrt{R(x)}}+\cdots+\int^{x_p}\frac{f(x)\,dx}{\sqrt{R(x)}}=\frac{1}{n}\int^{\xi_1}\frac{f(x)\,dx}{\sqrt{R(x)}}+\cdots+\frac{1}{n}\int^{\xi_p}\frac{f(x)\,dx}{\sqrt{R(x)}}$$

genügen, die Lösungen einer Gleichung $p^{\text{ten}}$ Grades sind, deren Coefficienten sich als lineare Functionen von $n^{\text{ten}}$ Wurzeln aus Functionen darstellen lassen, welche rational aus

$$\xi_1,\ \xi_2,\ \ldots\ \xi_p,\ \sqrt{R(\xi_1)},\ \sqrt{R(\xi_2)},\ \ldots\ \sqrt{R(\xi_p)}$$

zusammengesetzt sind.

Am Schlusse dieser letzten Vorlesung wird gezeigt, dass das Theilungsproblem der Perioden, welches beim allgemeinen Divisionsproblem als gelöst betrachtet wird, sich auf die Theilung derselben durch eine einfache Primzahl zurückführen lässt, und dass für diesen Fall das Problem auf die Auflösung einer Gleichung

$$\frac{n^{2p}-1}{n-1}^{\text{ten}}$$

Grades zurückführbar ist, aus deren Lösungen sich durch Wurzelziehen die Coefficienten der verschiedenen Gleichungen $p^{\text{ten}}$ Grades bilden lassen, deren Wurzeln die Grössen

$$\eta_1,\ \eta_2,\ \ldots\ \eta_p$$

sind, welche der Gleichung

$$m\left(\frac{\mu_1}{n}J_1+\frac{\mu_2}{n}J_2+\cdots+\frac{\mu_{k-1}}{n}J_{k-1}+\frac{1}{n}J_k\right)$$
$$=\int^{\eta_1}\frac{f(x)\,dx}{\sqrt{R(x)}}+\int^{\eta_2}\frac{f(x)\,dx}{\sqrt{R(x)}}+\cdots+\int^{\eta_p}\frac{f(x)\,dx}{\sqrt{R(x)}}$$

genügen, in welcher

$$J_1,\ J_2,\ \ldots$$

die Periodicitätsmoduln, $k$ jeden Werth von 1 bis $2p$, die Grössen $\mu_1,\ \mu_2,\ \ldots\ \mu_{k-1}$ alle Zahlen $0,\ 1,\ 2,\ \ldots\ (n-1)$ vorstellen, und $m$ aus der Werthereihe $1,\ 2,\ \ldots\ n-1$ zu nehmen ist.

Die weiteren wesentlichen Punkte, welche die Theorie der allgemeinen hyperelliptischen Integrale und der Periodicitätsmoduln derselben betreffen, gehören naturgemäss in die Theorie der hyperelliptischen Functionen, welche sich bekanntlich als Integrale eines Systems von hyperelliptischen Differentialgleichungen ergeben und zu noch weit ausgedehnteren und für die Algebra und Zahlentheorie ebenso wichtigen Untersuchungen führen als es bei den elliptischen Functionen der Fall gewesen.

Wien. **Leo Koenigsberger.**

---

**Chr. Wiener: Ueber die Stärke der Bestrahlung der Erde durch die Sonne in ihren verschiedenen Breiten und Jahreszeiten.** (Zeitschr. f. Math. u. Phys. 22. Bd. 1877.)

In dieser Abhandlung sind die Stärken der Sonnenbestrahlung eines Punktes der Erde unter verschiedenen Breitegraden, und zwar zu den verschiedenen Zeiten des Tages, an den verschiedenen Tagen des Jahres, in verschiedenen Abschnitten des Jahres, und endlich von ausgedehnten Theilen der Erdoberfläche in gewissen Abschnitten des Jahres bestimmt. Dabei ist die Bestrahlungsstärke der Flächeneinheit der überall horizontal gedachten Erdoberfläche nur von dem Einfallswinkel der Strahlen, von dem Abstande der Sonne und von der Bestrahlungsdauer abhängig gemacht, nicht aber von dem nicht sicher bekannten Einflusse der Atmosphäre. Dieser Gegenstand ist schon von Poisson, Lambert, Meech u. A. behandelt und von beiden letzteren bis zur Berechnung von Tabellen fortgeführt worden, aber in nicht so umfassender Weise, wie in der vorliegenden Arbeit; namentlich wurden dort keine andern Jahresabschnitte als die astronomischen Jahreszeiten gewählt, weil diese bedeutend weniger Schwierigkeiten bei dem Auswerthen der elliptischen Integrale bieten.

In der vorliegenden Abhandlung ist zuerst die verhältnissmässige Intensität der Bestrahlung eines Punktes der Erdoberfläche zu den verschiedenen Zeiten eines Tages bestimmt, welche durch den Cosinus des Einfallswinkels ausgedrückt und graphisch durch denjenigen Theil einer Cosinuslinie dargestellt ist, der dem Tagesbogen entspricht. Sodann ist die Stärke der Bestrahlung an einem Tage in den verschiedenen Breiten und zu den verschiedenen Zeiten des Jahres ermittelt. Es sind Tabellen für Breiteunterschiede von $10^0$ und für 16 Tage des Jahres berechnet, für welche der Unterschied der Längen der Sonne je $22^1/_2{}^0$ beträgt. Danach sind zweierlei Curven construirt, welche die Abhängigkeit der Bestrahlungsstärke einmal von der wechselnden Breite an bestimmten Tagen, das anderemal von den wechselnden Tagen in bestimmten Breiten veranschaulichen. Es mögen einige der Ergebnisse angeführt werden. Die stärkste Sonnenbestrahlung innerhalb eines Tages (24 Stunden), welche überhaupt auf der Erde vorkommt, haben zur Zeit der Sonnenwende merkwürdiger Weise die Pole zu erleiden, und zwar der Südpol mit der Stärke 0,412 und der Nordpol mit 0,385, wenn man als Einheit die Stärke der Bestrahlung innerhalb 24 Stunden bei stets senkrecht auffallenden Strahlen und bei dem mittleren Abstande der Sonne wählt. Am 21. Juni, an welchem Tage also die Stärke der Bestrahlung für den Nordpol = 0,385 ist, beträgt sie für einen Punkt des nördlichen Polarkreises 0,353, bei etwa $62^0$ n. Breite 0,350 (ein Minimum), bei etwa $43\frac{1}{2}^0$ n. Breite 0,355 (ein Maximum), auf dem Aequator 0,283, am südlichen Polarkreis 0. Die stärkste Tagesbestrahlung auf dem Aequator findet in der Nähe der Zeit der Tag- und Nachtgleichen statt; sie steigt im October bis 0,317, im Februar bis 0, 321.

Die Bestimmung der Stärke der Bestrahlung innerhalb eines Abschnittes des Jahres führt auf elliptische Integrale, die von allen 3 Gattungen auftreten; dieselben wurden mit Hülfe des Legendre'schen Tafelwerkes berechnet, nachdem vorher der Weg der mechanischen Quadratur und der der Simpson'schen Regel, die wegen nicht ganz gleicher Abscissenabschnitte etwas modificirt werden musste, eingeschlagen worden war. Die dreierlei Ergebnisse stimmten gut überein. Es wurden die Berechnungen für die 8 nahezu gleichen Theile des Jahres vorgenommen, in denen die Länge der Sonne von $0^0$ anfangend um je $45^0$ zunimmt. Dabei schlägt der Verfasser vor, neben den 4 astronomischen Jahreszeiten als meteorologische diejenigen Abschnitte einzuführen, deren Grenzen in die Zeitpunkte fallen, in denen die Sonnenlängen 45, 135, 225, $315^0$ sind. Nahezu in der Mitte des meteorologischen Sommervierteljahres läge dann der längste Tag. Als Einheit wurde die Stärke der Bestrahlung innerhalb eines ganzen Jahres bei stets senkrecht auffallenden Strahlen und dem mittleren Abstande der Sonne gewählt. Zunächst ergab sich, dass die Stärke der Jahresbestrahlung eines Punktes der Erde in nördlicher Breite genau eben so gross ist, wie die eines Punktes von gleicher südlicher Breite; dass die Bestrahlung eines nördlichen Punktes im astronomischen Frühlingsvierteljahre (20. März bis 21. Juni) gleich ist derjenigen im Sommervierteljahre (21. Juni bis 23. Sept.), gleich derjenigen eines Punktes von gleicher, aber südlicher Breite im Herbstvierteljahre (23. Sept. bis 21. Dec.) und im Wintervierteljahre (21. Dec. bis 20. März). Ausser den Zahlen zeigt auch die Theorie, dass sich die Wirkung der längeren Dauer des nördlichen Sommerhalbjahres ($7\frac{1}{2}$ Tage länger) mit der des grösseren Sonnenabstandes während desselben vollkommen ausgleicht. Die Bestrahlungsstärke im ganzen Jahre ist für einen Punkt in der nördlichen oder südlichen Breite von 0, 30, 60, $90^0$ der Reihe nach 0,305; 0,268; 0,174; 0,127. Besonders bemerkenswerth sind die Bestrahlungsstärken in den meteorologischen Vierteljahren; sie ist z. B. für Punkte unter den nördlichen oder südlichen Breiten von 90, 60, 30, $0^0$ im Frühlings- oder Herbstvierteljahr der Reihe nach 0,019; 0,041; 0,068; 0,078; für die Breiten (+ = nördlich) + 90, + 60, + 30, 0, — 30, — 60, — 90 im Sommervierteljahr der Reihe nach 0,089; 0,084; 0,088; 0,074; 0,043; 0,007; 0. Die letztere Reihe zeigt, dass nicht nur an unserem längsten Sommertage, sondern auch während des ganzen Sommervierteljahres die Sonnenbestrahlung des Nordpoles grösser ist als diejenige irgend eines andern Punktes der Erde; und es rührt dies daher, dass in diesem Quartale die tägliche Sonnenbestrahlung in 56 Tagen am Pole grösser ist, als die gleichzeitige an irgend einem andern Punkte der Erde.

Es ist dann noch die Stärke der Bestrahlung von Theilen der Erdoberfläche während gewisser Abschnitte des Jahres bestimmt und dabei z. B. gefunden, dass die auf die ganze Erde fallende Strahlenmenge mit der Zunahme der Länge der Sonne proportional, also für alle astronomischen und meteorologischen Vierteljahre dieselbe ist; dass die auf die nördliche und südliche Erdhälfte auffallenden Strahlenmengen in deren Sommer- und Wintervierteljahren sich nahezu wie 5 : 3 verhalten.

Carlsruhe. Chr. Wiener.

**Edm. Hess. Ueber vier Archimedeische Polyeder höherer Art.** (Kassel. Th. Kay. 1878.)

In der genannten Abhandlung werden zwei Methoden kurz entwickelt, welche zu der Bestimmung der Arten und Varietäten der gleichflächigen, sowie der gleicheckigen Polyeder dienen, und von denen jede, je nachdem sie auf die ersteren oder die letzteren Körper bezogen wird, wiederum zwei besondere Arten des Verfahrens ergibt.

Die erste Methode besteht darin, die entsprechenden Körper erster Art als bekannt vorauszusetzen und die vollständigen Raumfiguren zu betrachten, welche bei den gleichflächigen Polyedern durch die Ebenen der Grenzflächen, bei den gleicheckigen durch die Eckpunkte gebildet werden.

Im ersteren Falle kann man ein sehr einfaches, rein constructives Verfahren benutzen, indem man auf einer der gleichen Grenzflächen die Schnittlinien (Spuren) sämmtlicher übrigen Grenzflächen construirt. Im zweiten Falle — für die gleicheckigen Polyeder — lässt sich die analoge Untersuchung ebenfalls sehr anschaulich durchführen, wenn man die sphärischen Figuren und Netze betrachtet, welche durch Verbindung der auf einer Kugelfläche liegenden Eckpunkte durch Hauptkreise entstehen.

Eine zweite Methode gründet sich darauf, dass die gleicheckigen Polyeder durch Abstumpfung der Ecken und Kanten der regulären Polyeder sich erhalten lassen, dass dieselben also Combinationsgestalten von regulären und von bestimmten einfachen gleichflächigen Polyedern sind, während die gleichflächigen Körper durch bestimmte Combinationen der Eckpunkte von regulären und von einfachen gleicheckigen Polyedern hergeleitet werden können.

Diese beiden Methoden werden nun zur Herleitung von vier Archimedeischen Polyedern höherer Art, nämlich der beiden höheren Arten des Triacontaeders und der beiden diesen polar entsprechenden gleicheckigen Polyeder angewendet.

Man erhält auf diese Weise ausser dem Triacontaeder der $1^{ten}$ Art, das passend als

$T_1 \cdots (12 + 20\text{-})$eckiges 30-Flach der $1^{ten}$ Art

bezeichnet wird, einmal ein Triacontaeder der $3^{ten}$ Art oder ein

$T_3 \cdots$ (stern-12 + 12-)eckiges 30-Flach der $3^{ten}$ Art;

welches 12 regulär-fünfflächige Ecken der $2^{ten}$ Art (Sternecken) und 12 regulär-fünfflächige Ecken der $1^{ten}$ Art hat und von 30 congruenten Rhomben begrenzt ist. Zweitens resultirt ein Triacontaeder der $7^{ten}$ Art oder ein

$T_7 \cdots$ (stern-12 + 20-)eckiges 30-Flach der $7^{ten}$ Art

mit 12 regulär-fünfflächigen Ecken der $2^{ten}$ Art und 20 regulär-dreiflächigen Ecken, das ebenfalls von 30 congruenten Rhomben begrenzt ist.

Die beiden Polyeder $T_3$ und $T_7$ sind sowohl nach der ersten Methode, vermöge welcher auch leicht die vollständigen Figuren der Grenzflächen gezeichnet werden können, als auch mit Benutzung der zweiten Methode hergeleitet, nach welcher sich dieselben durch bestimmte Combinationen der Eckpunkte eines Icosaeders mit den Eckpunkten eines Kepler'schen 12-eckigen Stern-12-Flachs der $3^{ten}$ Art und ebenso mit denen eines Kepler'schen 20-eckigen Stern-12-Flachs der $7^{ten}$ Art ergeben.

Endlich sind auch die Werthe für die Flächenwinkel, Kanten, Radien der umgeschriebenen Kugeln, Oberflächen und cubischen Inhalte der 3 Triacontaeder $T_1$, $T_3$, $T_7$ kurz zusammengestellt.

Den beiden Polyedern $T_3$ und $T_7$ entsprechen polar (in Beziehung auf eine concentrische Kugel) zwei gleicheckige Polyeder $\mathfrak{T}_3$ und $\mathfrak{T}_7$, welche die beiden höheren Arten des dem Triacontaeder $1^{ter}$ Art polar entsprechenden Polyeders, nämlich des

$\mathfrak{T}_1 \cdots (12 + 20\text{-})$flächigen 30-Ecks

darstellen.

Das Polyeder

$\mathfrak{T}_3 \cdots$ das (stern-12 + 12-)flächige 30 Eck der $3^{ten}$ Art

ist von 12 regulären Fünfecken der $2^{ten}$ Art und von 12 regulären Fünfecken der $1^{ten}$ Art, deren Ebenen bezüglich zu denen der ersteren parallel sind, begrenzt und hat 30 congruente vierflächige Ecken.

Das dem Polyeder $T_7$ polar entsprechende

$\mathfrak{T}_7 \cdots$ das (stern-12 + 20-)flächige 30-Eck der $7^{ten}$ Art ist von 12 regulären Fünfecken der 2ten Art und 20 regulären Dreiecken begrenzt und hat ebenfalls 30 congruente 4flächige Ecken.

Diese beiden Polyeder $\mathfrak{T}_3$ und $\mathfrak{T}_7$ werden direct unter Angabe ihrer wichtigsten Eigenschaften einmal aus den bezüglichen sphärischen Netzen, nämlich aus der Figur eines sphärischen sogenannten 10fach Brianchon'schen Sechsecks hergeleitet, dessen ebene Projection gelegentlich anderer Untersuchungen von Clebsch*) und neuerdings von Herrn F. Klein**) betrachtet wurde.

Andererseits wird auch die zweite Art der Entstehung der Polyeder $\mathfrak{T}_3$ und $\mathfrak{T}_7$ kurz erwähnt, nach welcher dieselben resultiren, wenn beziehungsweise die Ecken eines Poinsot'schen 12flächigen Stern-12-Ecks 3ter Art und ebenso die eines Poinsot'schen 20flächigen Stern-12-Ecks 7ter Art durch die Flächen eines Pentagondodecaeders bis zum Verschwinden der Kanten abgestumpft werden.

**Ueber zwei concentrisch-regelmässige Anordnungen von Kepler-Poinsot'schen Polyedern.** (Sitzungsber. der Gesellsch. z. Beförd. d. gesammt. Naturwissensch. zu Marburg. Mai 1878. S. 16—23.)

In Folge der von dem Verfasser aufgestellten Erweiterung des Begriffs eines regelmässigen Körpers — als eines zugleich gleicheckigen und gleichflächigen — (vgl. Repertorium Band I. S. 227 ff.) ergibt sich, dass nur solche concentrische Gruppirungen dieser Polyeder als regelmässige anzusehen sind, bei welchen der innere Kern ein gleichflächiges, die äussere Hülle ein gleicheckiges Polyeder der ersten Art ist.

Die hiernach möglichen concentrischen Gruppirungen der regelmässigen Körper erster Art sind, wie schon bei anderer Gelegenheit gezeigt wurde, einmal diejenigen von regulären Tetraedern zu 2, 5 und 10, ferner die von je 5 Würfeln und von 5 regulären Octaedern und endlich zahlreiche Anordnungen von tetragonalen und rhombischen Sphenoiden.

Die vorliegende Mittheilung bezieht sich auf zwei bisher nicht bekannte concentrisch regelmässige Anordnungen von zweien der Kepler-Poinsot'schen Polyeder. Der Verfasser wurde auf dieselben durch eine genauere Betrachtung der Figur eines sphärischen 10fach Brianchon'schen Sechsecks geführt. (Vgl. den vorhergehenden Bericht.)

*) Mathem. Annalen IV S. 336—338.

**) Mathem. Annalen XII S. 530 ff.

Die durch jene Figur, sowie durch die ihr polar entsprechende, bestimmten sphärischen Netze bedingen zum Theil neue Lösungen des Problems der Kugeltheilung, mit welchen dann die Construction gleichflächiger und gleicheckiger Polyeder in engem Zusammenhange steht. (Vgl. auch Schwarz: Borchardts Journal Bd. 75 S. 321 ff.)

In der angegebenen Figur treten u. A. 60 (durch $F$ bezeichnete) Schnittpunkte auf, die wie die Eckpunkte eines bestimmten gleicheckigen Polyeders (eines (12 + 20 + 30) flächigen 60 Ecks) liegen, und denen 30 (durch $f$ bezeichnete) Hauptkreise als Aequatoren entsprechen.

Es ergibt sich nun, dass diese 60 Punkte $F$ die Eckpunkte zweier concentrischen Systeme von 5 Kepler'schen 12 eckigen Stern-12-Flachen und von 5 Poinsot'schen 12 flächigen Stern-12-Ecken sind. Denn bei beiden Systemen liegen die 60 fünfflächigen Ecken wie die Eckpunkte des angegebenen gleicheckigen Polyeders, und die 60 fünfeckigen Grenzflächen, welche parallel zu den Ebenen der 30 Hauptkreise $f$ sind, schliessen als inneren Kern ein bestimmtes gleichflächiges Polyeder (ein (12 + 20 + 30)-eckiges 60 Flach, ein Deltoidhexecontaeder) ein. Dabei entspricht der innere Kern bei jedem dieser beiden Systeme, die sich polar entsprechen, auch polar der äusseren Hülle.

Bemerkenswerth erscheint noch, dass das System von 5 concentrischen Pentagondodecaedern, das durch die Grenzflächen jener beiden Systeme gebildet wird, und ebenso das System von 5 concentrischen Icosaedern, dessen Eckpunkte mit denen jener beiden Systeme zusammenfallen, keine in dem angegebenen Sinne regelmässigen Anordnungen darstellen, indem für jedes immer nur eine der beiden oben aufgestellten Bedingungen erfüllt ist.

Marburg. Edm. Hess.

---

**Milinowski: „Zur synthetischen Behandlung der ebenen Curven III. O". und „Zur synthetischen Behandlung der ebenen Curven IV. O.".** (Zeitschrift für Mathematik und Physik.)

Seit dem Erscheinen der v. Staudt'schen Geometrie der Lage hat sich in der Geometrie das Bestreben geltend gemacht, die geometrischen Wahrheiten ohne jede Rechnung, ohne irgendwelche Massbeziehungen, also ohne Benutzung des Gleichheitszeichens abzuleiten. Für die Gebilde II. O. war dieses Streben vom durchschlagendsten Erfolge begleitet, für die Gebilde höherer Ordnung aber eine rein synthetische Theorie noch nicht gegeben. Die fundamentalen Sätze wurden entweder der analytischen Geometrie entlehnt oder durch Rechnung bewiesen oder geradezu als Grundsätze aufgestellt, so in den bekannten Werken von Durège: „Die ebenen Curven III. O.“ und Cremona: „Einleitung in eine geometrische Theorie der ebenen Curven“. Durège benutzt die analytische Geometrie, Cremona leitet die Theorie der harmonischen Mittelpunkte aus den Beziehungen zwischen den Wurzeln und Coefficienten einer algebraischen Gleichung her und aus ihr dann die Theorie der Polaren der algebraischen Curven. Von diesen nimmt er als selbstverständlich an, dass die Zahl ihrer Schnittpunkte nur von ihrer Ordnung abhängig, also gleich dem Product ihrer Ordnungszahlen ist. Auf fast gleiche Weise wird die Anzahl der Punkte gefunden, welche eine Curve bestimmen. Weil $n$ Gerade, die sich in einem Punkte treffen, als eine Curve $n^{\text{ter}}$ O. mit einem $n$fachen Punkte angesehen werden können, ein $n$facher Punkt aber für $\frac{1}{2}n(n+1)$ Bedingungen gilt, und die Geraden sämmtlich bestimmt sind, sobald von jeder noch ein weiterer Punkt gegeben ist, so ist eine Curve $n^{\text{ter}}$ O. durch $\frac{1}{2}n(n+3)$ Punkte bestimmt. Einen weiteren Hauptsatz für die Theorie der Curven, dass durch die Schnittpunkte zweier Curven von gleicher Ordnung sich unzählig viele Curven von derselben Ordnung legen lassen, beweist Cremona analytisch. Man ersieht, dass die Methoden Cremonas von den Forderungen der Geometrie der Lage vollständig abweichen und seine Theorie im Sinne der letzteren keine geometrische Theorie ist. — Der Zweck beider Abhandlungen ist nun der, die genannten fundamentalen Sätze allein mit denjenigen Hilfsmitteln, welche die Geometrie der Lage gestattet, für Curven III. O. und IV. O. abzuleiten. Es liegt im Wesen dieser Geometrie, dass diese Herleitung nur eine Folge der Erzeugung der Curven sein kann. Ausgegangen bin ich bei den Curven III. O. von der Chasles'schen Erzeugungsart vermittelst zweier projectivischen Büschel II. und I. O. und habe zuerst den Fundamentalsatz bewiesen: „Jede Curve III. O., welche durch zwei projectivische Büschel II. und I. O. erzeugt ist, kann auf unendlich viele Arten durch zwei solche Büschel erzeugt werden, wobei 4 Grundpunkte auf der Curve beliebig gewählt werden können.“ — Hier muss ich bemerken, dass Reye in seiner „Geometrie der Lage“ II. Theil, Seite 188 und 189 einen Beweis dieses Satzes gibt. Derselbe beruht aber auf räumlichen Betrachtungen und ist nicht allgemein, denn die Grundpunkte des Kegelschnittbüschels sind von einander abhängig. Die Fläche $F$ III. O. ist der Ort der Schnittpunkte homologer Ebenen dreier Strahlenbündel, die collinear auf einander bezogen sind; drei projectivische Ebenenbüschel derselben erzeugen eine auf $F$ liegende Raumcurve $k$ III. O. Jeder ebene Schnitt von $F$ ist eine Curve $C$ III. O., in deren Punkten sich homologe Strahlen von 3 collinearen ebenen Systemen treffen. Die Schnittpunkte der Ebene von $C$ mit der Raumcurve $k$ erscheinen (vgl. Ueber eine reciproke Verwandtschaft II. Grades von Milinowski, Crelle-Borchardt. Bd. 79) als sich selbst entsprechende Punkte zweier der unendlich vielen collinearen Systeme, welche $C$ erzeugen oder, in bekannterer Weise ausgedrückt, als Tripel, wenn man $C$ als Tripelcurve betrachtet (vgl. Steiners Vorlesungen, herausgegeben von Schroeter, II. Th., Seite 500, 504). Die von Reye zum Beweise (vgl. Seite 189, a. a. O., vorletzte und letzte Zeile) hervorgerufene Collinearität der 3 Bündel $S$, $S_1$, $S_2$ scheint im Allgemeinen unmöglich, da diese Bündel 3 gegebene projectivische Strahlenbüschel als entsprechende haben und die nach 3 gegebenen Punkten ($PQR$) gezogenen Strahlen, also $SP, S_1P, S_2P - SQ, S_1Q, S_2Q - SR, S_1R, S_2R$ homologe sein sollen. — Ein synthetischer Beweis des genannten Satzes war demnach noch nicht vorhanden. In meiner Abhandlung gebe ich zwei Beweise desselben, den einen Seite 434—435, den anderen Seite 427—433, in welchem ich zugleich nachweise, dass jede auf die Chasles'sche Art erzeugte Curve III. O. als Tripelcurve angesehen und umgekehrt jede Tripelcurve durch 2 projectivische Büschel II. und I. O. erzeugt werden kann, von deren Grundpunkten 4 beliebig auf der Curve gewählt werden können. — Einen anderen Weg die Identität beider Arten von Curven III. O. nachzuweisen, habe ich in dem Programme des Weissenburger Gymnasiums vom Jahre 1875 in der Abhandlung „Ueber die Haupterzeugungsarten der ebenen Curven III. O.“ eingeschlagen. — Ein vereinfachter Beweis des obigen Fundamentalsatzes soll in der Zeitschrift für Mathematik und Physik veröffentlicht werden. Aus diesem Satze lassen sich für Curven III. O. jene eingangs erwähnten Sätze leicht folgern. (vgl. Reye, Geometrie der Lage.)

In Nr. 10 der ersten Abhandlung habe ich die Erzeugung der ebenen Curve III. O. durch 2 projectivische Kegelschnittbüschel besprochen und die Identität der auf diese Art erzeugten Curve mit der auf die Chasles'sche Art entstandenen nachgewiesen. Auf Seite 433 muss dabei von der vierten Zeile an verbessert werden in:

„Ebenso müssten die Polaren von $O$ nach $k_n^2$ und $\lambda_n^2$ in eine Gerade $o_n$ zusammenfallen, so dass also $O$ und der Schnittpunkt $(o_m\, o_n)$ conjugirte Punkte für beide Büschel wären."

Der zweite Theil der Abhandlung leitet auf rein synthetischem Wege die Hauptpolareigenschaften der Curven III. O. ab. Im Beweise des Satzes 12 kommt ein falscher Schluss vor, auf den mich Herr Professor Sturm in Darmstadt aufmerksam gemacht hat. Derselbe hat gleichzeitig den Beweis richtig gestellt und soll die Correctur in der Zeitschr. für Mathem. und Phys. erfolgen. — In der Herleitung des Satzes 23, welcher die Hauptpolareigenschaft eines Büschels III. O. enthält, ist in der 5, 27, 28ten Zeile $g$ statt $l$ zu lesen.

Die zweite Abhandlung hat den Zweck einige fundamentale Sätze aus der Theorie der Curven IV. O. synthetisch abzuleiten, nämlich die Sätze:

1. Ist eine Curve IV. O. durch 2 projectivische Büschel II. O. erzeugt, so kann sie auf unzählige Arten durch 2 solche Büschel erzeugt werden. Die sämmtlichen Grundpunkte des einen und einer des anderen sind auf der Curve beliebig anzunehmen.

2. Ist eine Curve IV. O. durch 2 projectivische Büschel I. und III. O. erzeugt, so kann sie auf unzählige Arten durch 2 solche Büschel erzeugt werden. Der Grundpunkt des Büschels I. O. und 6 Grundpunkte des Büschels III. O. sind beliebig auf der Curve anzunehmen.

3. Eine Curve IV. O., welche durch 2 projectivische Büschel II. O. erzeugt ist, kann auch durch 2 projectivische Büschel I. und III. O. erzeugt werden — und umgekehrt.

4. Alle auf eine der beiden Arten erzeugten Curven IV. O., welche 13 Punkte gemeinschaftlich haben, gehen ausserdem noch durch dieselben 3 Punkte.

5. Eine Curve IV. O. ist durch 14 Punkte bestimmt.

Synthetische Beweise dieser Sätze sind mir nicht bekannt geworden. „Der strenge Beweis des ersten Satzes (vgl. Kortum: Ueber geometrische Aufgaben III. und IV. Grades) mit allen seinen speciellen Fällen würde eine vollständige geometrische Theorie der Curven IV. O. involviren, also eine Arbeit, welche immer noch zu wünschen bleibt." Die eben genannte Schrift von Kortum, im Jahre 1868 mit dem Steiner'schen Preise gekrönt, löst die Aufgabe: „Durch 14 Punkte vermittelst zweier projectivischen Büschel II. O. eine Curve IV. O. zu legen" und benutzt dazu den Hilfssatz: „Legt man durch die Schnittpunkte der homologen Kegelschnitte projectivischer Büschel andere Kegelschnittbüschel, so lassen sich die Kegelschnitte derselben unendlich oft so zu neuen Büscheln gruppiren, dass zu jedem solchen aus jedem der vorigen Büschel ein Kegelschnitt gehört.“ Der Beweis desselben stützt sich auf den oben angegebenen ersten Satz von den Curven IV. O., den sie durch die analytische Geometrie als bewiesen voraussetzt. Die synthetische Geometrie muss den umgekehrten Weg einschlagen und jenen Hilfssatz aus den Eigenschaften der Kegelschnitte ableiten, was in Nr. 7 meiner Abhandlung geschehen ist. Zu bemerken ist, dass derselbe Satz sich auch für Curven höherer Ordnung aus den Eigenschaften des Curvennetzes ableiten lässt; für Curven III. O. ist diese Ableitung in Nr. 28 ausgeführt. Uebrigens ist zu erwähnen, dass jener Hilfssatz von den Kegelschnittbüscheln den anfangs genannten Hauptsatz aus der Theorie der Curven III. O. unmittelbar folgern lässt, wenn das eine Kegelschnittbüschel in ein Strahlenbüschel und eine Gerade degenerirt. — Um zu dem Satze 1. zu gelangen, musste ich aber einen Umweg einschlagen; es ist mir nicht gelungen, ihn wie den genannten Hilfssatz, nur aus den Eigenschaften der Kegelschnitte abzuleiten; ich musste Curven III. O. zu Hilfe nehmen. Zunächst zeige ich, dass der Ort der Schnittpunkte homologer Curven zweier projectivischen Büschel III. O. eine Curve VI. O. ist; dass zwei projectivische Büschel I. und III. O. eine Curve IV. O. erzeugen, welche auch in eine Gerade und eine Curve III. O. oder in zwei Curven II. O. zerfallen kann; dass diese Curve IV. O. auf unzählige Arten durch zwei projectivische Büschel I. und III. O. oder II. und II. O. erzeugt werden könne. In Verbindung mit diesem Satze folgt dann aus der Auflösung der Aufgabe: Durch 14 Punkte vermittelst zweier projectivischen Büschel I. und III. O. oder II. und II. O. Curven IV. O. zu legen, die Identität dieser Curven und somit der Satz 1. Eine weitere Ausführung einer geometrischen Theorie der Curven IV. O. würde nachweisen müssen, dass jede auf irgend eine Art entstandene Curve IV. O. durch projectivische Büschel I. und III. oder II. und II. O. erzeugt werden kann, da die Zurückführung auf dieselbe Erzeugungsart das einzige geometrische Mittel ist, die Identität zweier Curven nachzuweisen. Für die beiden Haupterzeugungsarten ist mir diese Umformung gelungen. Daraus aber ergeben sich die Sätze 4. und 5.

Die angewendeten Methoden gestatten eine Erweiterung auf Curven beliebiger Ordnung und so gelang es, folgende Sätze zu beweisen:

Ist eine Curve $C$ $n^{\text{ter}}$ O. durch zwei projectivische Büschel I. und $(n-1)^{\text{ter}}$ O. erzeugt, so kann sie auf unzählige Arten durch zwei solche Büschel oder auch durch zwei projectivische Büschel II. und $(n-2)^{\text{ter}}$ oder III. und $(n-3)^{\text{ter}}$ O. erzeugt werden und ist durch $\frac{1}{2}n(n+3)$ Punkte bestimmt.

Könnte man die Zahl der Schnittpunkte zweier Curven von beliebiger Ordnung bestimmen, so würde man den letzten Satz so erweitern können, dass die Curve $C$ auch durch projectivische Büschel $m^{\text{ter}}$ und $(n-m)^{\text{ter}}$ O. erzeugt werden kann. Es springt hier die Tragweite des Satzes, dass zwei Curven $p^{\text{ter}}$ und $q^{\text{ter}}$ O. $pq$ Schnittpunkte haben den Cremona als Grundsatz aufstellt, hervor.

Den Schluss der zweiten Abhandlung bildet wieder die synthetische Ableitung einiger Haupteigenschaften der Polaren einer Curve IV. O., die sich jedoch auf gleiche Art auch auf Curven beliebiger Ordnung übertragen lassen, weil man zu ihrer Herleitung den Satz von der Anzahl der Schnittpunkte zweier Curven nicht braucht.

Weissenburg. Milinowski.

---

**L. Fuchs: Sur quelques propriétés des intégrales des équations différentielles, auxquelles satisfont les modules de périodicité des intégrales elliptiques des deux premières espèces.** Extrait d'une lettre adressé à M. Hermite. (Borchardt's Journal der Mathematik B. 83 p. 13.)

1.

Der Verfasser behandelt zunächst nach den Principien seiner Abhandlung (Borchardts Journal B. 71 p. 91) die beiden Perioden des elliptischen Integrals erster Gattung als Functionen eines unbeschränkt veränderlichen Moduls $k$. Diese Functionen werden als Integrale einer linearen homogenen Differentialgleichung zweiter Ordnung, welcher sie bekanntlich genügen, definirt. Es sei nämlich $k^2 = \frac{1}{u}$ und es seien $v_{01}, v_{02}$; $v_{11}, v_{12}$; $v_{\infty 1}, v_{\infty 2}$ Fundamentalsysteme von Integralen der Differentialgleichung

$$\text{(A)} \qquad 2u(u-1)\frac{d^2\eta}{du^2} + 2(2u-1)\frac{d\eta}{du} + \tfrac{1}{2}\eta = 0,$$

welche resp. zu den singulären Punkten $u = 0$, $u = 1$, $u = \infty$

gehören (im Sinne der Arbeit des Verfassers Borchardts Journal B. 66 p. 139), so ergeben sich die folgenden gleichwerthigen Definitionen der Functionen $K$ und $K'$

$$K = \tfrac{1}{2}\sqrt{u}\cdot\eta_1, \qquad K' = \tfrac{1}{2}\sqrt{u}\cdot\eta_2$$

(B) $$\eta_1 = -v_{12}, \qquad \eta_2 = \pi v_{11}$$

(C) $$\eta_1 = \pi v_{\infty 1}; \qquad \eta_2 = -v_{\infty 2}$$

(D) $$\eta_1 = \pi v_{01} + i v_{02}, \quad \eta_2 = v_{02}.$$

Diese Relationen werden unter Zuhülfenahme der Arbeiten des Verfassers Borchardts Journal B. 75 p. 177 nach den Principien seiner Arbeiten B. 66 und B. 71 desselben Journals entwickelt. Dieselben gewähren die Möglichkeit den Verlauf der Functionen $\eta_1$, $\eta_2$, für die ganze $u$ Ebene festzustellen. Es ergiebt sich danach, dass, wenn zu einem beliebigen $u$ die Werthe $\eta_1$, $\eta_2$ gehören, die Gesammtheit der zu demselben Werthe $u$ gehörigen Werthe resp.

(E) $$\lambda\eta_1 + \mu i\eta_2, \quad \nu i\eta_1 + \varrho\eta_2$$

sind, wo $\lambda$, $\mu$, $\nu$, $\varrho$ reale ganze Zahlen sind, welche der Gleichung

(F) $$\lambda\varrho + \mu\nu = 1$$

genügen.

Für die Function $H = \frac{\eta_2}{\eta_1}$ wird aus diesen Resultaten gefolgert, dass dieselbe für $u = 0$, $u = 1$, $u = \infty$, und für beliebige Wege, auf welchen $u$ zu einem dieser Werthe gelangt, resp. die allgemeine Form:

$$\frac{\nu-\varrho}{\lambda-\mu}\cdot i, \quad \frac{\nu}{\lambda}\cdot i, \quad -\frac{\varrho}{\mu}\cdot i$$

annimmt, demzufolge die Werthe der Function $q = e^{-\pi H}$ für $u = 0$, und $u = 1$ und für beliebige Wege von $u$ einen Modul gleich der Einheit besitzen, während der Modul von $q$ für $u = \infty$ entweder verschwindet oder der Einheit gleich wird.

Es wird hierauf nachgewiesen, dass das Vorzeichen des realen Theiles von $H$ für einen beliebigen Werth von $u$ von dem Wege unabhängig ist, auf welchem man dahin gelangt. Insbesondere ist der reale Theil von $H$ für einen beliebigen Punkt je einer der Umgebungen $f_0$, $f_1$, $f_\infty$ der drei singulären Punkte 0, 1, $\infty$ positiv oder Null, also der Modul von $q$ kleiner oder gleich der Einheit, unabhängig von dem Wege, auf welchem $u$ zu einem dieser Punkte gelangt.

Hat $k$ einen bestimmten Werth, und werden $K$ und $K'$, wie es in der Theorie der elliptischen Functionen geschieht, als bestimmte Integrale gegeben, und wird $q = e^{-\pi\frac{K'}{K}}$ gesetzt, so ist bekannt, dass der Modul von $q$ kleiner ist als Eins. Dieser Satz ist jedoch nur ein besonderer Fall des in der vorliegenden Arbeit gegebenen, insofern hier $K$ und $K'$ als Functionen der unbeschränkt Veränderlichen $k$ aufgefasst werden. Der Beweis des allgemeineren Satzes enthält aber zu gleicher Zeit einen neuen Beweis dieser Thatsache der Theorie der elliptischen Functionen, welche daselbst nach Riemann durch die Theorie der Integrale algebraischer Functionen hergeleitet wird.

Es wird hierauf $u$ als Function von $q$ betrachtet, und mit Hülfe der Differentialgleichung

$$\text{(G)} \qquad \frac{du}{dq} = -\frac{u(u-1)}{\pi^2 q}\eta_1^2$$

gezeigt, dass innerhalb eines um den Punkt $q = 0$ mit dem Radius gleich der Längeneinheit beschriebenen Kreises $\mathfrak{K}$ $u$ eine eindeutige und ausser für $q = 0$, wo $u = \infty$, im Inneren überall stetige Function von $q$ ist, und keinen Werth annimmt, für welchen $\eta_1$ verschwindet. Innerhalb $\mathfrak{K}$ gilt die Gleichung

$$(1) \qquad \frac{1}{u} = 16q + q^2\varphi(q),$$

wo $\varphi(q)$ eine nach positiven ganzen Potenzen von $q$ fortschreitende Reihe darstellt.

Es ergiebt sich weiter die folgende merkwürdige Eigenschaft dieser Function. Wenn $q$ von $q = 0$ ausgehend einen beliebigen Radius des Kreises $\mathfrak{K}$ durchläuft, so geht $u$ von $u = \infty$ aus und gelangt schliesslich zu einem der Werthe $u = 0$, $u = 1$ gleichzeitig, wenn $q$ die Peripherie von $\mathfrak{K}$ erreicht.

Hieraus wird gefolgert, dass eine stetige Fortsetzung des Integrals der Differentialgleichung (G), welches für $q = 0$ unendlich wird, über die Peripherie von $\mathfrak{K}$ hinaus nicht möglich ist, und nachgewiesen, dass jedem endlichen oder unendlich grossen Werthe von $u$ Werthe von $q$ innerhalb $\mathfrak{K}$ oder auf der Peripherie von $\mathfrak{K}$ entsprechen.

Wird auch $\eta_1$ als Function von $q$ aufgefasst, so ergiebt sich, dass $\eta_1^2$ innerhalb $\mathfrak{K}$ eine eindeutige, endliche und stetige Function von $q$ ist, und dass $\eta_1$ von Null verschieden ist für alle Punkte des Innern von $\mathfrak{K}$, mit Ausnahme von $q = 0$, dagegen unendlich für jeden Punkt der Peripherie von $\mathfrak{K}$, was auch so ausgedrückt werden kann, dass $\eta_1$ als Function von $u$ nur für $u = \infty$ verschwindet und für $u = 0$, $u = 1$ unendlich wird, für jeden Weg auf welchem $u$ zu einem dieser Punkte gelangt ist.

Aus der Gleichung (1) lässt sich der bekannte Ausdruck

$$(2) \qquad \sqrt[4]{k} = \sqrt{2}\, q^{\frac{1}{8}} \frac{(1+q^2)(1+q^4)\cdots}{(1+q)(1+q^3)\cdots}$$

(Jacobi Fundamenta p. 89) herleiten.

Herr Hermite macht an dieser Stelle die folgende Anmerkung: N'y aurait-il point lieu d'observer qu'en faisant $k^2 = f(H)$, il résulte de votre analyse que toutes les solutions de l'équation $f(H) = f(H_0)$ sont données par la formule

$$H = \frac{\nu i + \varrho H_0}{\lambda + \mu i H_0}$$

en insistant sur l'extrème importance de ce résultat, pour la détermination des modules singuliers de M. Kronecker, et en remarquant que les belles découvertes de l'illustre géomètre, sur les applications de la théorie des fonctions elliptiques à l'arithmétique, paraissent reposer essentiellement sur cette proposition, dont la démonstration n'avait pas encore été donnée?

Es werden ferner zwei Wege angegeben, um den Ausdruck von $\eta_1$ als Function von $q$ gültig innerhalb $\mathfrak{K}$ herzuleiten. Es ergibt sich hierbei die Gleichung

$$(3) \qquad \sqrt{\frac{2K}{\pi}} = 1 + 2q + 2q^4 + 2q^9 + \cdots$$

(Jacobi Fundamenta p. 184).

## 2.

Die beiden Perioden des elliptischen Integrals zweiter Gattung werden alsdann als Functionen der unbeschränkt veränderlichen Grösse $k$ durch Vermittelung der bereits in ihrem Verhalten als Functionen von $u$ erforschten Functionen $\eta_1$, $\eta_2$, definirt. Es ergibt sich nämlich, wenn man setzt

$$J = \frac{1}{2\sqrt{u}} \cdot \zeta_1 , \quad J' = \frac{1}{2\sqrt{u}} \cdot \zeta_2 ,$$

$$(H) \quad \zeta_1 = 2\psi(u)\frac{d\eta_1}{du} + u\eta_1 ; \quad \zeta_2 = 2\psi(u)\frac{d\eta_2}{du} + u\eta_2 , \ \psi(u) = u(u-1),$$

Gleichungen, aus welchen sich unmittelbar die Legendre'sche Relation

$$KJ' - K'J = \frac{\pi}{2}$$

ergibt.

Die Function $q\zeta_1^2$ von $q$ ist innerhalb des Kreises $\mathfrak{K}$ eindeutig und continuirlich.

Die Functionen $\zeta_1$, $\zeta_2$ bilden ein Fundamentalsystem von Integralen der Differentialgleichung

$$2u(u-1)\frac{d^2\zeta}{du^2} + 2u\frac{d\zeta}{du} - \tfrac{1}{2}\zeta = 0 \tag{I}$$

(s. die bereits citirte Abhandlung B. 71 p. 91).

Sind wiederum $\omega_{01}$, $\omega_{02}$; $\omega_{11}$, $\omega_{12}$; $\omega_{\infty 1}$, $\omega_{\infty 2}$ resp. die zu den singulären Punkten $u = 0$, $u = 1$, $u = \infty$ gehörigen Fundamentalsysteme von Integralen derselben, so ergiebt sich

(K) $$\zeta_1 = \pi\omega_{01} + i\omega_{02}, \quad \zeta_2 = \omega_{02}$$
$$\zeta_1 = -\omega_{12}, \quad \zeta_2 = \pi\omega_{11}$$
$$\zeta_1 = \pi\omega_{\infty 1}, \quad \zeta_2 = -\omega_{\infty 2}$$

und für $u = 0$ $\zeta_1 = 2i$, $\zeta_2 = 2$

für $u = 1$ $\lim \zeta_1 = -2 + 4\log 2 - \lim\log(u-1)$, $\zeta_2 = \pi$

für $u = \infty$, $\zeta_2 = 0$, $\zeta_2 = \infty$.

Es wird hierauf

$$\frac{\zeta_1}{\zeta_2} = Z, \quad e^{-\pi Z} = s$$

gesetzt.

Bedeutet alsdann $Z_0$ einen der Werthe von $Z$ für ein beliebiges $u$, so sind die den verschiedenen Wegen von $u$ entsprechenden Werthe von $Z$ in der Form

$$\frac{\lambda + \mu i Z_0}{\nu i + \varrho Z_0}$$

enthalten. Insbesondere ist für $u = 0$ $Z = -\frac{\lambda - \mu}{\nu + \varrho} i$, für $u = 1$ $Z = \frac{\mu}{\varrho} i$ oder gleich einer Zahl, deren realer Theil positiv und unendlich ist, endlich für $u = \infty$ $Z = -\frac{\lambda}{\nu} i$, so dass die Moduln aller Werthe von $s$ für $u = 0, 1, \infty$ der Einheit gleich werden, den Werth $s = 0$ für $u = 1$ ausgenommen.

Es wird hierauf gezeigt, dass der Modul von $s$ in einem Punkte der Umgebung sowohl von $u = 0$ als von $u = \infty$ bald grösser bald kleiner als die Einheit werden kann, je nach dem Wege, auf welchem $u$ zu einem dieser Punkte gelangt. Dagegen für die Punkte in der Umgebung von $u = 1$ ist der Modul von $s$ für einen beliebigen Weg von $u$ kleiner als die Einheit.

Es ergiebt sich analog der Gleichung (G)

$$\frac{du}{ds} = \frac{(u-1)\zeta_2^2}{\pi^2 s}. \tag{G$^1$}$$

Aehnlich wie $u$ als Function von $q$ behandelt wurde, wird jetzt $u$ als Function von $s$ untersucht. Diese Function erweist sich als eindeutig und stetig innerhalb eines mit dem Radius Eins um $s=0$ beschriebenen Kreises $\mathfrak{L}$. Für keinen Werth innerhalb $\mathfrak{L}$ erlangt $u$ einen Werth, für welchen $\zeta_2$ verschwindet.

Die der Gleichung (1) analoge Gleichung

$$(1^1) \qquad u-1=e^{4\log 2-2}\cdot s+s^2h(s)$$

stellt $u$ als Function von $s$ innerhalb $\mathfrak{L}$ dar, wo $h(s)$ eine nach positiven ganzen Potenzen von $s$ fortschreitende Reihe bedeutet.

Aehnlich wie für die Function $H$ ergibt sich, dass das Vorzeichen des realen Theiles von $Z$ für einen beliebigen Werth von $u$ unabhängig ist von den Umläufen, welche $u$ um die Punkte $u=0$, $u=1$, $u=\infty$ vollzogen hat, wenn es zu jenem Werthe gelangt.

Die durch die Gleichung $e^{-\pi Z}=s$ definirte Function $u-1$ von $s$, welche für $s=0$ verschwindet, und innerhalb $\mathfrak{L}$ durch die Gleichung $(1^1)$ dargestellt wird, kann auf stetige Weise über die Peripherie von $\mathfrak{L}$ hinaus fortgesetzt werden. Die Werthe von $u$, welche den Werthen von $s$ innerhalb $\mathfrak{L}$ entsprechen, erschöpfen nicht die ganze $u$ Ebene. Setzt man $u$ über die Peripherie hinaus stetig fort, und verbleibt alsdann im Aeusseren von $\mathfrak{L}$, so ist $u$ eindeutig und stetig innerhalb eines Theiles der $s$ Ebene, welcher zwischen der Peripherie von $\mathfrak{L}$ und derjenigen eines concentrischen Kreises enthalten ist, dessen Radius einen beliebigen die Einheit überschreitenden Werth hat.

Heidelberg. L. Fuchs.

---

**A. Minin: Ueber die numerischen Reihen, welche mit numerischen Integralen verbunden sind.** (Vorgetragen in der Moskauer Mathematischen Gesellschaft.)

In der von mir soeben herausgegebenen Broschüre „Ueber die mit numerischen Integralen verbundenen numerischen Reihen“ weise ich auf die numerischen Reihen solcher Gestalt:

$$(1) \quad F(n)=Q(1)\varphi(n,1)+Q(2)\varphi(n,2)+Q(3)\varphi(n,3)+\cdots+Q(k)\varphi(n,k),$$

wo $F(n)$ eine solche Function ist, welche $=0$ für $n=0$; $\varphi(n,k)$ — die numerische Function von $n$ und $k$; $Q(1)$, $Q(2)$, $Q(3)\ldots$ — die Coefficienten der Entwickelung.

Jede Function $F(n)$, die $= 0$ für $n = 0$, kann für alle ganzen und positiven Werthe des Argumentes in die erwähnten Reihen entwickelt werden. Einige particuläre Formen solcher Reihen kann man aus der einfachen von mir gefundenen Identität:

$$(2) \quad F(n) = \xi_1^{-1} Q(x) + \xi_2^{-1} Q(x) + \xi_3^{-1} Q(x) + \cdots + \xi_n^{-1} Q(x),$$

wo $\xi_n^{-1}$ das von mir eingeführte Symbol der numerischen Integrale ist, erhalten.

Ich weise auf einige Eigenschaften der Reihen (1) und ich erhalte aus der Identität (2) zwei Reihen:

$$F(n) = Q(1)n + Q(2)(n-1) + Q(3)(n-2) + \cdots + Q(k)(n+1-k) + \cdots,$$

$$F(n) = Q_1(1) E\frac{n}{1} + Q_1(2) E\frac{n}{2} + Q_1(3) E\frac{n}{3} + \cdots + Q_1(k) E\frac{n}{k} + \cdots$$

Moskau. A. Minin.

---

**D. Tessari: La Teoria delle Ombre e del Chiaro-scuro.** Fascicolo I. pag. 168 in 8.; fig. 81 su 14 tavole. Torino 1878. Camilla e Bertolero Editori. Lire 6.

I pochi Trattati speciali, relativi alla teoria delle ombre, come quelli di Tramontini, Bordoni, Vallée, Hachette, Olivier, Leroy, Adhemar, Hummel, Burg, Schreiber, Warren, per citare solo i principali, o di maggior mole*), lasciano a quanto mi sembra, alcunchè a desiderare, per ciò che riguarda l'esposizione scientifica della materia.

Questi libri, per quanto a me pare, difettano di quei principii generali, di quelle vedute sintetiche, della teoria indiscorso, le quali, come tanti fari, possano orientare e dirigere, chi si accinge alla risoluzione dei problemi delle ombre, negli innumerevoli, anzi infiniti casi particolari, che si presentano, o che si possono presentare nella pratica. Se io non m'inganno, manca in codesti libri una

---

*) Le opericciuole di Landriani, Giamb. Berti, Astori Peri, Cicconetti, Pillet, Appel, Raetz, Weishaupt, Dietzel, Klingenfeld, Kreuszel, sebbese più o meno discrete per lo scopo a cui sono destinate, sono però troppo piccole, perchè io le possa quì sopra annoverare.

Tralascio pure di citare per il momento, le bellissime opere di Tilscher, Burmester, Riess, Delabar, che trattano soltanto la teoria del chiaroscuro, e delle quali discorrerò nel secondo fascicolo della sopra indicata mia opera, d'imminente pubblicazione, e nel relativo cenno bibliografico che ne farò per questo Repertorium.

partizione razionale, organica, sistematica della materia; per cui avviene che in alcuni di essi, sono trattate a bel principio delle quistioni complesse, che secondo me, solo più tardi, potrebbero essere svolte ampiamente; e per converso, talune delle quistioni più semplici e rudimentali, sono trattate appena nel mezzo, o verso il fine. Codesti libri non dànno secondo il mio modo di vedere, un esame abbastanza minuto e particola-reggiato delle varie linee d'ombra, si proprie come portate; e neppure le regole più convenienti per poterle tracciare con sicurezza, anche con soli pochi dei loro punti principali.

In nessuno di questi libri è fatto, nè poteva farsi, stante le loro rispettive date, il benchè minimo o fugace cenno degli ultimi risultati della geometria moderna, i quali tanto giovano a semplificare le operazioni, ed a renderle così eleganti.

Pertanto io sono convinto, che deve essere attesa con grande impazienza, e vivamente desiderata, sia dai dotti come dagli studiosi di tale materia, un' opera, la quale fosse possibilmente immune dagli accennati inconvenienti.

A soddisfare tanto legittimo desiderio vorrebbe aspirare il sopra indicato mio libro, del quale ora esce alla luce il primo fascicolo. Lascio ai competenti nella materia il portare un giudizio su questo mio lavoro; io mi accontenterò di dare quì una succinta idea di questo primo fascicolo.

Nella Introduzione a tutta l'opera, parlo dello scopo della teoria delle ombre e del chiaro-scuro; e delle due parti principali in cui essa naturalmente si divide, cioè in quella che tratta delle ombre lineari, ed in quella che tratta del chiaro-scuro.

Il Capitolo I della *Prima parte,* dà le nozioni generali, sulle quali si fonda tutta la teoria delle ombre lineari. Definisco gli importanti concetti, di ombra; d'ombra propria e portata; della separatrice; del contorno dell' ombra portata; del cono o cilindro d'ombra; e della penombra.

Il Capitolo II tratta dell' ombra dei punti. Faccio vedere dapprima in generale, come si possa ottenere l'ombra portata da un punto materiale sopra un corpo qualunque, ed applico poscia questa regola a varii casi particolari, i quali dànno luogo a diversi Problemi, cioè: *di determinare l'ombra portata da un punto,* 1$^0$, sopra i piani di projezione; 2$^0$, sopra un piano qualunque; 3$^0$, sopra un poliedro; 4$^0$, sopra un cono o cilindro; 5$^0$, sopra una sfera; e 6$^0$ finalmente, sopra una superficie di rivoluzione qualunque.

Nel Capitolo III tratto dell' ombra delle rette. Definito il piano d'ombra corrispondente ad una data retta, passo a dimostrare, che l'ombra portata da questa retta, è una parte della intersezione di quel piano d'ombra, cogli oggetti circostanti. In seguito a ciò, risolvo i problemi dell'ombra portata da una retta, sopra i piani di projezione; sopra un piano qualunque; su di un poliedro qualunque; sopra un cono od un cilindro; sopra una sfera; e finalmente sopra una superficie di rivoluzione.

Il Capitolo IV tratta dell' ombra dei poligoni e delle curve. Dò in primo luogo il concetto della piramide o del prisma d'ombra corrispondente ad un dato poligono, dal che risulta immediatamente la definizione dell' ombra portata dal poligono stesso, sopra i corpi circostanti.

Dimostro che l' ombra portata da un poligono piano, sopra un piano di projezione, è un poligono *affine* alla projezione omonima di quel poligono. E più in generale, che le ombre portate da una figura obbiettina qualunque, sopra i due piani di projezione, sono due figure *affini*. Passo in seguito allo studio delle ombre delle curve, stabilendo anche quì gli analoghi concetti del cono o del cilindro d'ombra corrispondente ad una data curva, dai quali scaturisce poi la definizione dell' ombra portata dalla curva medesima sopra gli oggetti circostanti. Indico il modo di determinare le tangenti alle linee d'ombra portate dalle curve. Faccio vedere come si possano costruire i punti d' ombra portata da una curva, sopra un' altra curva.

Premessi questi principii per le curve in generale, passo in seguito a trattare particolarmente dell' ombra portata da un circolo sopra i piani di projezione. Suppongo in primo luogo, che il dato circolo sia orizzontale, talchè la sua ombra portate sul piano verticale risulta una ellisse. Espongo un modo semplicissimo di determinare direttamente gli assi della ellisse predetta. In secondo luogo suppongo il dato circolo perpendicolare alla linea di terra. Finalmente lo suppongo disposto in modo qualunque nello spazio. Indico le costruzione più adatte ai differenti casi, traendo alcune utili semplificazioni alle operazioni, dietro *l'affinità* esistente tra l'ombra del dato circolo, ed il circolo stesso ribaltato. Mostro particolarmente anche qui il modo di trovare direttamente gli assi della ellisse, formante l'ombra portata dal dato circolo. Quindi passo allo studio dell'ombra portata da un' elica cilindrica, sopra di un piano perpendicolare all' asse, la quale ombra è una cicloide allungata, ordinaria, od accorciata, a norma della inclinazione dei vaggi luminosi.

Occupatomi cosi come dissi, nei precedenti Capitoli, con la ricerca dell' ombra portata dai punti e dalle linee, passo nei successivi Capitoli allo studio delle ombre cagionate dai corpi.

Nel Capitolo V tratto dell' ombra dei poliedri. Esamino dapprima quella linea poligonale, che separa la parte illuminata del poliedro, da quella che rimane nell' ombra propria del medesimo, e che chiamo *separatrice.* Stabilita l' idea della separatrice, riesce facilissimo il concetto della piramide o del prisma d'ombra corrispondente ad un dato poliedro. Ricavo poi l'altro concetto importante dell' ombra portata, ossia sbattimento, di un poliedro; e dimostro come il contorno di detta ombra, risulti determinato dalla intersezione del prisma d' ombra cogli oggetti circostanti. Da ciò s'inferisce che il problema dell' ombra portata da un poliedro, è ridotto ad uno dei problemi trattati nel principio del Capitolo IV, quando però bene inteso, si sappia determinane previamente la separatrice di quel poliedro qalunque. Di quest' ultimo problema mi occupo con la dovuta estensione, prima in generale, e poscia in particolare ai prismi ed alle piramidi. Considerati dapprima i poliedri isolatamente, li passo dappoi ad esaminare raggruppati variamente tro loro, lo che mi porge occasione ad alcuni studii speciali d' ombre, importantissimi nella pratica. Termino questo capitolo accennando anche al modo di trovave l' ombra portata da un poliedro, sopra una superficie curva qualunque.

Il Capitolo VI tratta dell' ombra delle superficie curve in generale. Anche qui stabilisco dapprima il concetto, tanto importante della separatrice, cioè di quella linea che divide la parte illuminata, da quella in ombra della superficie data. Poscia l' idea del cilindro d' ombra corrispondente ad una data superficie. Dopo ciò nasce immediatamente l' idea del contorno dell' ombra portata da una superficie qualunque, sopra gli oggeti circostanti. Espongo in via generale i varii metodi stati proposti dai geometri, per costruire la separatrice di una data superficie, cioè il metodo dei *piani seganti*; quello dei *piani tangenziali*; quello delle *superficie invilluppate*; e quello finalmente delle *projezioni obblique*, o *centrali.*

Parlo del modo di determinare la tangente in un dato punto qualunque della separatrice, serverdomi del teorema delle tangenti conjugate di Dupin.

Esposte succintamente in questo capitolo le nozioni generali, relative alle ombre di una superficie qualsivoglia, ne faccio nei seguenti, le applicazioni alle principali famiglie di superficie.

Nel Capitolo VII tratto dell' ombra delle superficie sviluppabili. Di mostro che la separatrice delle superficie sviluppabili, è formata in generale, da un determinato numero di generatrici rettilinee delle medesime.

Considero in primo luogo il cilindro in varie posizioni, e ne determino l'ombra portata sui piani di projezione. Determino l'ombra portata da un semicilindro cavo, sopra se stesso. Infine studio le ombre portate da cilindri variamente combinati tra loro.

In secondo luogo considero il cono, del quale determino l'ombra portata sui piani di projezione; e poi l'ombra portata da un mezzo cono cavo sopra se stesso. Quindi esamino le ombre portate da varii coni e cilindri raggruppati in diversi modi tra loro.

Per ultimo passo allo studio delle ombre delle superficie sviluppabili generali, facendo uso del cono direttore delle medesime.

Il Capitolo VIII tratta dell' ombra della sfera, e dell' ellissoide.

Dopo di aver dimostrato che la separatrice di una sfera è un circolo, insegno a determinare codesto circolo con due procedimenti diversi. Ottenuta la separatrice di una data sfera, insegno a trovarne l'ombra portata sui piani di projezione, e sopra di un cono. Passo in seguito ad esaminare le cavità sferiche, e qui mi si presenta l'occasione di trattare dell' ombra della nicchia e della cupola sferica.

Termino questo capitolo mostrando un modo semplicissimo di determinare la separatrice di un ellissoide qualunque, che è la ellise situata nel piano diametrale conjugato alla direzione dei raggi luminosi.

Il Capitolo IX tratta dell' ombra delle superficie di rivoluzione.

Incomincio ad esporre succintamente i tre metodi di determinare la separatrice delle superficie di rivoluzione servendosi: 1$^0$ dei *coni tangenti*; 2$^0$ dei *cilindri tangenti*, e 3$^0$ delle *sfere tangenti*. Questi tre metodi vengono in seguito applicati a particolari superficie di rivoluzione, e specialmente a quelle del secondo ordine. Discorro in seguito della simmetria della separatrice. Mostro di poi anche l'uso delle projezioni obblique, o centrale, per determinare la separatrice di una superficie di rivoluzione, lo che mi offre l'occasione di parlare di un bellissimo teorema dovuto a Dunesme.

Passo in seguito allo studio della separatrice del *toro*, considerato come la superficie inviluppante delle consecutive posizioni di una sfera, che ruota intorno ad una netta fissa, applicando il metodo delle superficie inviluppate. E con tale ricerca finisce il primo fascicolo.

Il secondo ed ultimo fascicolo dell' opera, che uscirà tra breve, conterrà il seguito dell' ombra delle superficie di rivoluzione; nonchè due Capitoli consacrati alle ombre delle superficie elicoidali, e delle superficie gobbe; ed oltre a ciò la trattazione completa della seconda parte dell' opera, cioè: del chiaro-scuro.

Torino, 15. Giugno 1878. Ing. D. Tessari,

Prof. al R. Museo Industriale di Torino.

---

**A. Brill: Ueber die Hesse'sche Curve.** Aus den Mathematischen Annalen Bd. XIII. p. 175.

Vorliegende Note beschäftigt sich mit den Eigenschaften des Schnittpunktsystems der Hesse'schen Curve $H$ einer algebraischen Curve $f$ in einem mehrfachen Punkt der Letzteren. Es wird namentlich das Verhalten bestimmt, welches in diesem Punkt einer anderen (etwa auch zerfallenden) Curve $\varphi$ vorgeschrieben werden muss, damit dieselbe durch die Hesse'sche Curve an dieser Stelle „ersetzt" werden könne, d. h. damit in der Umgebung des betreffenden Punktes die Identität bestehe:

$$H \equiv \alpha \cdot \varphi + \beta \cdot f,$$

wo $\alpha = 0$, $\beta = 0$ irgend andere Curven sind. In einem Doppelpunkt $D$ z. B. von $f$ hat $\varphi$ die gewünschte Eigenschaft, wenn $\varphi = 0$ durch $D$ überhaupt nicht oder nur ein- oder zweimal hindurchgeht. Besitzt $\varphi$ in $D$ einen dreifachen Punkt, so haben die Tangenten einer gewissen involutorischen Bedingung zu genügen.

Für die rationale Curve 4. Ordnung erfüllt diese Bedingung das Product aus den Verbindungslinien der drei Doppelpunkte in einen gewissen durch dieselben gehenden Kegelschnitt. Man kann hier die obige in der Nähe der Doppelpunkte erfüllte Identität durch einen linearen Factor, den man $H$ noch zufügt, in eine für die ganze Curve geltende verwandeln. $\alpha = 0$ ist dann die Gleichung eines durch die übrigen Schnittpunkte von $H$ mit $f$, d. h. durch die sechs Wendepunkte der rationalen Curve 4. Ordnung gehenden Kegelschnitts.

Hiermit ist ein früher von dem Verfasser gelegentlich gefundener Satz auf directem Wege bewiesen.

---

**Mathematische Modelle in Gips,** nach den im mathematischeu Institut der k. technischen Hochschule zu München ausgeführten Originalen. Mit begleitendem Text. Verlag von L. Brill in Darmstadt.

Serie I. Ausgeführt unter Leitung von Prof. Brill.

Serie II. Ausgeführt unter Leitung der Professoren Brill und Klein.

Diese von Studirenden der Mathematik angefertigten Modelle (die Autoren zugleich auch der beigefügten erläuternden Abhandlungen sind: J. Bacharach, A. v. Braunmühl, W. Dyck, K. Rohn, L. Schleiermacher) verdanken ihre Entstehung dem Wunsche, die Theilnehmer an den mathematischen Seminarien zu möglichst vollständiger, auch numerischer Durchführung eines und des anderen der behandelten Probleme anzuregen und so rückwirkend ein eingehenderes Studium desselben überhaupt zu veranlassen. Die Aufgaben, an welche die Modelle anknüpfen, sind dem Lehrstoff verschiedener Vorlesungen entnommen, welche an der technischen Hochschule gehalten werden. Die Modelle erheben also nicht den Anspruch, etwas in sich Abgeschlossenes zu geben, noch wollen sie allen Anforderungen eines weiteren Gesichtskreises genügen. Bei dem fühlbaren Mangel jedoch an derartigen Anschauungsmitteln konnte gegen eine von Seiten des Verlegers angebotene Vervielfältigung und Verbreitung der Modelle nichts erinnert werden, zumal da dieselben auch in dieser Form wohl manches Neue und des Interesses Werthe bieten, wie denn die beigefügten Abhandlungen zum Theil wirklich selbständige Untersuchungen darstellen.

München, im Juni 1878. A. Brill.

---

**L. Koenigsberger: Reduction des Transformationsproblems der hyperelliptischen Integrale.** (Clebsch's Annalen B. 13.)

In der im Journal für Mathematik B. 81. H. 3 veröffentlichten Arbeit „über die allgemeinsten Beziehungen zwischen hyperelliptischen Integralen“ zeigte ich, dass, wenn zwischen hyperelliptischen Integralen verschiedener Ordnung irgendeine in den Integralen lineare Relation mit constanten Coefficienten besteht (und diese ist nach dem von mir in demselben Journale B. 84. H. 4 bewiesenen allgemeinen Satze „über die algebraischen Beziehungen zwischen Integralen verschiedener Differentialgleichungen der allgemeinsten algebraischen Relation zwischen jenen Integralen aequivalent), für je zwei solche in der angenommenen Beziehung vorkommende hyperelliptische Integrale

$$\int^{z_1} f(z, \sqrt{R(z)})\, dz \quad \text{und} \quad \int^{y} F(y, \sqrt{R_1(y)})\, dy,$$

in denen

$$\sqrt{R(z)} = \sqrt{(z-a_1)(z-a_2)\cdots(z-a_{2p+1})}$$
$$\sqrt{R_1(y)} = \sqrt{(z-\alpha_1)(z-\alpha_2)\cdots(z-\alpha_{2\sigma+1})}$$

ist, zwischen den Differentialien der zugehörigen hyperelliptischen Integrale erster Gattung die Relation stattfindet

$$\frac{dy_1}{\sqrt{R_1(y_1)}} + \frac{dy_2}{\sqrt{R_1(y_2)}} + \cdots + \frac{dy_\sigma}{\sqrt{R_1(y_\sigma)}} = \frac{F_0(z_1)\,dz_1}{\sqrt{R(z_1)}},$$
$$\frac{y_1\,dy_1}{\sqrt{R_1(y_1)}} + \frac{y_2\,dy_2}{\sqrt{R_1(y_2)}} + \cdots + \frac{y_\sigma\,dy_\sigma}{\sqrt{R_1(y_\sigma)}} = \frac{F_1(z_1)\,dz_1}{\sqrt{R(z_1)}},$$
$$\cdots\cdots\cdots\cdots\cdots\cdots\cdots\cdots\cdots\cdots$$
$$\frac{y_1^{\sigma-1}\,dy_1}{\sqrt{R_1(y_1)}} + \frac{y_2^{\sigma-1}\,dy_2}{\sqrt{R_1(y_2)}} + \cdots + \frac{y_\sigma^{\sigma-1}\,dy_\sigma}{\sqrt{R_1(y_\sigma)}} = \frac{F_{\sigma-1}(z_1)\,dz_1}{\sqrt{R(z_1)}};$$

in derselben bedeuten

$$F_0(z_1),\ F_1(z_1),\ \ldots\ F_{\sigma-1}(z_1)$$

ganze Functionen $\sigma - 1^{\text{ten}}$ Grades von $z_1$,

$$y_1,\ y_2,\ \ldots\ y_\sigma$$

Lösungen einer algebraischen Gleichung

$$y^\sigma + f_1(z_1, \sqrt{R(z_1)})\,y^{\sigma-1} + \cdots + f_\sigma(z_1, \sqrt{R(z_1)}) = 0, \tag{2}$$

in welcher

$$f_1,\ f_2,\ \ldots\ f_\sigma$$

rationale Functionen von $z_1$ und $\sqrt{R(z_1)}$ vorstellen, und

$$\sqrt{R_1(y_1)},\ \sqrt{R_1(y_2)},\ \ldots\ \sqrt{R_1(y_\sigma)}$$

lassen sich mit Hülfe eben dieser Grössen $z_1$ und $\sqrt{R(z_1)}$ rational durch die resp. $y$ in der Form

$$\sqrt{R_1(y_r)} = \varphi(y_r,\ z_1,\ \sqrt{R(z_1)}) \tag{3}$$

ausdrücken.

Die Beziehungen zwischen den Integralgränzen lassen sich jedoch noch vereinfachen, und die folgende Reduction des Problems führt zu einem Ergebniss, welches weitere Einsicht in die allgemeine

Transformationstheorie gestattet und mir für die Behandlung der Frage der Integralrechnung, welche hyperelliptische Integrale irgend einer Ordnung auf solche von niederer Ordnung reducirbar sind, wesentlich zu sein scheint.

Es lässt sich nämlich dadurch, dass in der Gleichung

$$\frac{y_1^k\,dy_1}{\sqrt{R_1(y_1)}} + \frac{y_2^k\,dy_2}{\sqrt{R_1(y_2)}} + \cdots + \frac{y_\sigma^k\,dy_\sigma}{\sqrt{R_1(y_\sigma)}} = \frac{F_k(z_1)\,dz_1}{\sqrt{R_1(z_1)}}$$

die Irrationalität

$$-\sqrt{R(z_1)} \quad \text{statt} \quad \sqrt{R(z_1)}$$

gesetzt wird, durch Verbindung der so entstehenden Gleichung

$$\frac{\eta_1^k\,d\eta_1}{\sqrt{R_1(\eta_1)}} + \frac{\eta_2^k\,d\eta_2}{\sqrt{R_1(\eta_2)}} + \cdots + \frac{\eta_\sigma^k\,d\eta_\sigma}{\sqrt{R_1(\eta_\sigma)}} = -\frac{F_k(z_1)\,dz_1}{\sqrt{R(z_1)}}$$

mit der vorigen mit Hülfe unmittelbarer Anwendung des Abel'schen Theorems nachweisen,

*dass sich das oben aufgestellte System hyperelliptischer Differentialgleichungen in allen Fällen durch das folgende:*

$$\frac{dY_1}{\sqrt{R_1(Y_1)}} + \frac{dY_2}{\sqrt{R_1(Y_2)}} + \cdots + \frac{dY_\sigma}{\sqrt{R_1(Y_\sigma)}} = \frac{2F_0(z_1)\,dz_1}{\sqrt{R(z_1)}}$$

$$\frac{Y_1\,dY_1}{\sqrt{R_1(Y_1)}} + \frac{Y_2\,dY_2}{\sqrt{R_1(Y_2)}} + \cdots + \frac{Y_\sigma\,dY_\sigma}{\sqrt{R_1(Y_\sigma)}} = \frac{2F_1(z_1)\,dz_1}{\sqrt{R(z_1)}}$$

$$\cdots\cdots\cdots\cdots\cdots\cdots\cdots\cdots$$

$$\frac{Y_1^{\sigma-1}\,dY_1}{\sqrt{R_1(Y_1)}} + \frac{Y_2^{\sigma-1}\,dY_2}{\sqrt{R_1(Y_2)}} + \cdots + \frac{Y_\sigma^{\sigma-1}\,dY_\sigma}{\sqrt{R_1(Y_\sigma)}} = \frac{2F_{\sigma-1}(z_1)\,dz_1}{\sqrt{R(z_1)}}$$

*ersetzen lässt, in welchem*

$$Y_1,\ Y_2,\ \cdots\ Y_\sigma$$

*die Lösungen einer algebraischen Gleichung darstellen, deren Coefficienten rationale Functionen von $z_1$ sind, und*

$$\sqrt{R_1(Y_1)},\ \sqrt{R_1(Y_2)},\ \ldots\ \sqrt{R_1(Y_\sigma)}$$

*sich als rationale Functionen der zugehörigen Y-Grössen und $z_1$ ausdrücken lassen, multiplicirt mit $\sqrt{R(z_1)}$,*

ein Satz, der auch aus der Transformation der $\vartheta$-Functionen der hyperelliptischen Integrale hergeleitet werden kann.

Wie die eben besprochene Vereinfachung des Transformationsproblems zur Herstellung beliebig vieler hyperelliptischer Integrale verwendet werden kann, die auf ebensolche Integrale niederer Ordnung reducirt werden können, ist leicht einzusehen; ich referirte im vorigen Hefte des Repertoriums über eine Untersuchung, in welcher ich eine Anwendung des obigen Satzes auf die Ermittelung von hyperelliptischen Integralen gab, welche auf elliptische Integrale zurückführbar sind.

Wien. **Leo Koenigsberger.**

---

**F. Klein: Ueber die Transformation der elliptischen Functionen und die Auflösung der Gleichungen fünften Grades.**
(Math. Ann. Bd. XIV. p. 111 ff.)

Durch meine „*Untersuchungen über das Ikosaeder*" (Math. Ann. XII) und Gordans eng damit zusammenhängende Arbeit „*Ueber die Auflösungen der Gleichungen 5. Grades.*" (ebenda, Bd. XIII), sind zunächst nur die *algebraischen* Methoden, deren man bei Behandlung der allgemeinen Gleichungen fünften Grades bedarf, in neuer Klarheit dargelegt und weiter entwickelt worden. Ich wünschte in ähnlich anschaulicher Weise die Rolle zu kennzeichnen, welche die *elliptischen Functionen* in dieser Theorie spielen, und so ist die Abhandlung entstanden, über welche ich heute zu berichten habe. Zunächst bestimmt, meine früheren Untersuchen über Gleichungen fünften Grades zu vervollständigen, soll sie zugleich den Zugang zu umfassenderen Fragen eröffnen und also eine Vorarbeit für weitere Untersuchungen sein. Ich darf in dieser Beziehung anführen, dass ich in den Erlanger Berichten (März und Mai 1878) bereits zwei Noten über diejenigen Gleichungen *siebenten* Grades veröffentlichte, welche die Gruppe der Modulargleichung haben.

Mein Ausgangspunkt ist der, dass ich die functionentheoretische Abhängigkeit zwischen dem Periodenverhältniss $\omega = \frac{\omega_1}{\omega_2}$ des elliptischen Integrals $\int \frac{dx}{\sqrt{f(x)}}$ und der absoluten Invariante $J = \frac{g_2{}^3}{\varDelta}$ der binären biquadratischen Form $f(x)$ in geometrisch anschaulicher Weise erfasse. Durchläuft $J$ seine positive, oder negative Halbebene, so bewegt sich $\omega$ über ein Kreisbogendreieck, das Winkel $= \frac{\pi}{3}, \frac{\pi}{2}, 0$ besitzt, welche $J = 0, 1, \infty$ entsprechen. Derartiger Dreiecke legen sich in der $\omega$-Ebene unbegränzt viele nach dem Principe der Symmetrie lückenlos und einfach nebeneinander, wie es neuerdings auch von Hrn. Dedekind in seinem Aufsatze über

Modulfunctionen (Borchardt's Journal, Bd. 83) nachgewiesen ist, — und nun ist mein Grundgedanke, diese „Dreiecksfigur" in ähnlicher Weise, zunächst für die Transformationstheorie, zu benutzen, wie man es seit langer Zeit in der Theorie der doppeltperiodischen Functionen mit den aneinander gereihten Parallelogrammen macht. Es sei $J'$ die Invariante eines elliptischen Integrals, welches aus dem ursprünglichen durch Transformation $n^{\text{ter}}$ Ordnung hervorgeht, wo $n$ eine Primzahl bedeuten mag. Dann ist $J'$ mit $J$, wie bekannt, durch eine Gleichung $(n+1)^{\text{ten}}$ Grades verbunden. Um sie zu gewinnen, studire ich vor allen Dingen, mit Hülfe der Dreiecksfigur, die *Verzweigung,* welche $J'$ als Function von $J$ besitzt. Dabei erweist sich das Geschlecht $p$ der betreffenden Riemann'schen Fläche gleich *Null* für $p = 2, 3, 5, 7, 13$, und man kann also in diesen Fällen $J$ und $J'$ als rationale Functionen eines Parameters $\tau$ aufstellen. Nun sind diese rationalen Functionen, wie sich zeigt, durch die Vielfachheit gewisser Factoren völlig bestimmt — und es liegt also hier ein neuer Weg zur Aufstellung dieser Transformationsgleichungen vor, der ebensowohl von der Integrationsvariablen des elliptischen Integrals als auch von den Reihenentwickelungen absieht, welche $J$ mit $\omega$ verknüpfen. Ich stelle hier meine Formeln für $n = 5, 7, 13$ zusammen. Der Symmetrie wegen sind $J$ und $J'$ jedesmal durch zwei Grössen $\tau$ und $\tau'$ in durchaus gleicher Weise rational ausgedrückt, und dann die Relation zwischen $\tau$ und $\tau'$ angegeben.*)

1) *Transformation fünfter Ordnung.*

$$(1)\begin{cases} J:J-1:1=(\tau^2-10\tau+5)^3:(\tau^2-22\tau+125)(\tau^2-4\tau-1)^2:-1728\tau, \\ J' \text{ ebenso in } \tau', \\ \qquad \tau\tau'=125 \end{cases}$$

2) *Transformation siebenter Ordnung.*

$$(2)\begin{cases} J:J-1:1=(\tau^2+13\tau+49)(\tau^2+5\tau+1)^3 \\ \qquad\qquad :(\tau^4+14\tau^3+63\tau^2+70\tau-7)^2 \\ \qquad\qquad :\ 1728\tau, \\ J' \text{ ebenso in } \tau', \\ \qquad \tau\tau'=49 \end{cases}$$

---

*) Eben diese Formeln theilte ich am 10. Mai 1878 der London Mathematical Society mit.

3) *Transformation dreizehnter Ordnung.*

$$(3)\begin{cases} J:J-1:1=(\tau^2+5\tau+13)(\tau^4+7\tau^3+20\tau^2+19\tau+1)^3 \\ \qquad :(\tau^2+6\tau+13)(\tau^6+10\tau^5+46\tau^4+108\tau^3+122\tau^2+38\tau-1)^2 \\ \qquad : 1728\tau, \\ J' \text{ ebenso in } \tau', \\ \qquad \tau\tau' = 13. \end{cases}$$

Will man $\tau$ auf transcendentem Wege, als Function von $q = e^{i\pi\omega}$, berechnen, so ergibt sich für 1), 2), 3) bezüglich:

$$\tau = 125 M^3,\ 49 M^2,\ 13 M,$$

wo

$$M = \frac{1}{n} \cdot \frac{q^{\frac{1}{6n}} \cdot \Pi(1-q^{\frac{2\nu}{n}})^2}{q^{\frac{1}{6}} \cdot \Pi(1-q^{2\nu})^2}.$$

Die Frage, die ich nun vor Allem ins Auge fasse, ist diese: *Was haben die Jakobischen Gleichungen sechsten Grades, was hat weiterhin die Ikosaedergleichung mit der für $n = 5$ gewonnenen Transformationsgleichung (1) zu thun?*

Der Uebergang zu den Jakobischen Gleichungen sechsten Grades wird am einfachsten durch die Formel angegeben. Man setze in (1) $\tau = 125 M^3 = \mathfrak{z}^3$. So kommt:

$$\mathfrak{z}^6 - 10\mathfrak{z}^3 + 12 \frac{g_2}{\sqrt[3]{\Delta}} \cdot \mathfrak{z} + 5 = 0$$

und diess ist ohne Weiteres die Jakobische Gleichung mit „$A = 0$", welche Kronecker bei seiner Auflösung der Gleichungen fünften Grades benutzte. Sie erscheint bei ihm nur desshalb unter etwas complicirterer Form, weil er sich statt der rationalen Invarianten $g_2$, $\Delta$ des Moduls $k^2$ bediente.

Die *Ikosaedergleichung* aber erweist sich als *einfachste Form, deren die Galois'sche Resolvente der Transformationsgleichung (1) fähig ist.* Auch hier wieder untersuche ich zunächst, wie die Wurzel der Galois'schen Resolvente als Function von $J$ verzweigt ist. Man erhält eine 60-blättrige Fläche, deren Blätter bei $J = 0$ zu je 3, bei $J = 1$ zu je 2, bei $J = \infty$ zu je 5 zusammenhängen. In Folge dessen ist wieder $p = 0$, und man wird also die Galois'sche Resolvente in einfachster Form gewinnen, wenn man diejenige Function $\eta$ als Unbekannte einführt, welche in der Riemann'schen Fläche jeden Werth nur einmal annimmt. Das aber liefert genau die *Ikosaedergleichung*:

$$J : J - 1 : 1 = 1728\, H^3(\eta) : \tfrac{1}{12}\, T^2(\eta) : f^5(\eta),$$

wo $f$, homogen geschrieben, $= \eta_1 \eta_2 (\eta_1^{10} + 11 \eta_1^5 \eta_2^5 - \eta_2^{10})$ ist und $H$ die Hesse'sche Form von $f$, $T$ die Functionaldeterminante beider bedeutet. — Durch die Symmetrieebenen des Ikosaeders wird die Kugeloberfläche in 120 Dreiecke mit den Winkeln $\frac{\pi}{3}$, $\frac{\pi}{2}$, $\frac{\pi}{5}$ zerlegt. Die Beziehung zwischen $\eta$ und $\omega$ ist dann, geometrisch ausgesprochen, einfach die, dass sich $\eta$ über eins der 120 Dreiecke bewegt, wenn $\omega$ ein Dreieck der zu Eingang beschriebenen Art durchwandert. Analytisch aber erhält man:

$$\eta = q^{-\frac{2}{5}} \frac{1 + q^2 - q^6 - q^{14} - q^{16} - q^{28} + q^{40} + \cdots}{-1 + q^{10} + q^{20} - q^{50} + \cdots},$$

$$= -\, q^{-\frac{2}{5}} \frac{-1 + q^{10} + q^{20} - q^{50} + \cdots}{-1 + q^2 - q^4 + q^8 + q^{22} - q^{30} + q^{36} - q^{46} + \cdots}.$$

Ist so die Bedeutung, welche die Ikosaedergleichnng für die Transformation fünfter Ordnung (oder diese für jene) besitzt, scharf gekennzeichnet, so wende ich mich zum Schlusse dazu, diejenigen Formeln, welche Hermite und Brioschi bei der Auflösung der Gleichungen fünften Grades durch elliptische Functionen benutzen, vom Ikosaeder aus abzuleiten. Ich bedarf dabei des Nachweises, dass für die Ikosaederirrationalität *Modulargleichungen* bestehen und dass diese in den einfachsten Fällen auf Grund der Gordan'schen Untersuchungen (s. o.) ohne Weiteres hervorgehen. Sind $J$ und $J'$ durch Transformation $n^{\text{ter}}$ Ordnung verknüpft, wo $n$ eine von 5 verschiedene Primzahl ist, so besteht zwischen den zugehörigen Ikosaederirrationalitäten $\eta$, $\eta'$ eine Gleichung vom $(n+1)^{\text{ten}}$ Grade. Nimmt man insbesondere $n = 2$, so kommt eine Gleichung dritten Grades, und eben diese ist es, deren man beim Uebergang zur Jerrard'schen Form bedarf.

Wegen der näheren Ausführung und mannigfacher sich anknüpfender Fragestellungen muss ich auf die Arbeit selbst verweisen.

München, den 5. Juli 1878. F. Klein.

---

**M. Noether: Zur Theorie der Thetafunctionen von vier Argumenten.** (Mathem. Annal. XIV.)

Ich löse in dieser Abhandlung die Aufgabe, das Additionstheorem für die allgemeinen $\vartheta$-Functionen von vier Argumenten in expliciter Form aufzustellen. Man kennt bisher das Theorem für die hyperelliptischen $\vartheta$-Functionen, nach Weierstrass (Königsberger, Transformation der Abel'schen Functionen, Borch. J. 64), und für die allgemeinen $\vartheta$-Functionen von drei Argumenten durch Weber (Theorie der Abel'schen Functionen vom Geschlecht 3). Es hat sich nun darum gehandelt, die Theorie der Gruppirung der Charakteristiken der verschiedenen $\vartheta$-Functionen, welche in beiden Fällen zur Coefficientenbestimmung in dem Theorem geführt hat, weiter auszubilden.

Herr Weber hat die Charakteristiken

$$(\alpha) = \begin{pmatrix} n_1 & n_2 & n_3 \\ m_1 & m_2 & m_3 \end{pmatrix}$$

wo die $n_\alpha$ und $m_\alpha$ nur die Werthe 0 oder 1 annehmen, in Systeme von 7 geordnet, von folgenden Eigenschaften: Die Summe von irgend 3 oder 7 des Systems soll gerade, jede und die Summe von irgend 5 ungerade sein. Dabei ist unter Summe zweier Charakteristiken eine solche verstanden, deren Elemente die Summen entsprechender Elemente der beiden (mod. 2) sind, und $(\alpha)$ ist gerade oder ungerade, je nachdem $\Sigma\, n_\alpha\, m_\alpha$ gerade oder ungerade ist.

Ich erkenne nun überhaupt diesen Charakter des Geraden oder Ungeraden für die Summe irgend einer ungeraden Anzahl von Charakteristiken als die wesentliche Eigenschaft aller Charakteristikensysteme. Hierdurch werde ich dazu geführt, 7-Systeme und 8-Systeme ungerader vierreihiger Charakteristiken

$$(\alpha) = \begin{pmatrix} n_1 & n_2 & n_3 & n_4 \\ m_1 & m_2 & m_3 & m_4 \end{pmatrix}$$

zu betrachten, welche genau dieselben Eigenschaften haben, wie die ebengenannten 7-Systeme dreireihiger Charakteristiken. Für Summen einer geraden Anzahl von Charakteristiken ist nur eine gewisse Gruppenbeziehung zwischen zwei solchen Summen wesentlich; und man kommt hierbei zu $\frac{255 \cdot 64}{2}$ Systemen von je 28 ungeraden Charakteristiken, welche alle in ihren Gruppirungen völlig identisch sind mit denjenigen der 28 überhaupt existirenden ungeraden dreireihigen Charakteristiken. Von den genannten 8-Systemen existiren $255 \cdot 64 \cdot 36$ Systeme, die in 255 Gruppen, jede von 36 Klassen, jede dieser wieder von 64 Systemen zerfallen; und um alle Charakteristiken auszudrücken, genügte es, ein 8-System zu kennen, was von 3 Gleichungen der Grade 255, 36, 64 die Aufsuchung je einer Wurzel und die Lösung einer Gleichung $8^{\text{ten}}$ Grades verlangt.

Unter Zugrundelegung von $\vartheta$-Functionen, deren Indices mit diesen 8-Systemen zusammenhängen, nimmt nun das Additionstheorem eine sehr einfache Gestalt an. Man erhält

$$\vartheta(u + v + w) \ \vartheta(u - v)$$

linear ausgedrückt durch 16 $\vartheta$-Producte

$$\vartheta_\alpha(u + w) \cdot \vartheta_\alpha(u),$$

mit Coefficienten von der Form

$$B \cdot \vartheta_\beta(v + w) \, \vartheta_\beta(v) + C \cdot \vartheta_\gamma(v + w) \, \vartheta_\gamma(v),$$

während die $B$, $C$ nur von $w$ abhängen. Durch Specialisirung von $w$ kann man auch alle 16 Coefficienten eingliedrig machen, wodurch dann die Analogie mit den früher bekannten Theoremen vollständig wird. Für die 8-fach periodischen Functionen

$$\frac{\vartheta_\alpha(u + v)}{\vartheta(u + v)}$$

kann man dagegen diese Eingliedrigkeit nicht mehr für alle Coefficienten in Zähler und Nenner erzielen, wenn der Nenner der Ausdrücke für alle 256 Indices $(\alpha)$ derselbe sein soll.

Von besonderen Formeln, welche die allgemeine Theorie ergibt, sind besonders die Relationen zwischen vier Thetaproducten für die Argumente 0 hervorzuheben. Sie zeigen z. B., dass das Verschwinden von irgend drei geraden $\vartheta$-Functionen mit Nullargumenten, für welche die Summe der drei Charakteristiken ungerade ist, schon das Verschwinden von 7 weiteren solchen Functionen bewirkt, also hinreichend ist, dass die $\vartheta$-Functionen hyperelliptische werden.

Es scheint mir noch der Beachtung werth, dass der Hinweis auf die Gruppirungen unter den Charakteristiken, durch die allein die Aufstellung der Additionstheoreme der $\vartheta$-Functionen ermöglicht ist, durchaus von algebraischer Seite her erfolgt ist. Zunächst durch die Berührungsprobleme von Clebsch (vgl. C. Jordan's „traité des substitutions", p. 229 ff.); die 7-Systeme für $p = 3$ durch die 7-Systeme von Doppeltangenten bei Curven $4^{\text{ter}}$ Ordnung, die Aronhold (Monatsber. d. Berl. Akad. 1864) gefunden hat; die Systeme 4-reihiger Charakteristiken endlich durch algebraische Untersuchungen an speciellen Curven vom Geschlecht 4, die ich zum Theil schon in einer Note (Erlanger Berichte, vom Januar 1878) mitgetheilt habe, auf die ich aber erst bei einer anderen Gelegenheit zurückkommen werde.

Erlangen. M. Noether.

**August Weiler: Nachträge zu meinen Abhandlungen über Integration partieller Differentialgleichungen der ersten Ordnung.** (Zeitschrift für Math. und Physik. 1877. S. 100—125.)

1. Die Integration der partiellen Differentialgleichung erster Ordnung habe ich auf Betrachtungen gegründet, welche zum Theil verschieden sind von den Jacobi'schen. Zwei wichtige Resultate, zu welchen ich gelangt bin, liegen der Jacobi'schen Methode fern. Ich habe dieselben in diesem Repertorium Bd. I, S. 293—298 mitgetheilt. Es sind aber unterdessen Urtheile über meine Methode laut geworden, welche einen weniger günstigen Eindruck machen, und haben mich dieselben veranlasst, die oben erwähnten Nachträge zu schreiben.

Dem Leser des Repertoriums ist es bekannt, was Herr Mayer Bd. I, S. 75 über meine Methode gesagt hat. In seinem umfänglichen Werke über partielle Differentialgleichungen beabsichtigt Herr Mansion einen vollständigen Bericht über die bekannten Methoden zu geben. Der Verfasser kennt aber meine Methode nur aus der von Clebsch gegebenen Darstellung. Er würde dieser Darstellung sonst nicht ein so grosses Lob ertheilt haben (vgl. Repertorium Bd. I, S. 38, ferner 1875 §. 6). Auch anderseits ist es als ein Mangel erkannt worden, dass Herr Mansion meine Methode nicht in ihrer wahren Gestalt gegeben hat, und darf ich auf die Hist. lit. Abth. der Zeitschr. für Math. und Physik 1877, S. 41 verweisen. In seiner neuesten Abhandlung über partielle Differentialgleichungen bedauert Herr Sophus Lie, dass ihm meine Darstellung der Methode unzugänglich gewesen sei (Math. Annalen Bd. XI, S. 532).

Ich meinerseits bin der Ansicht, dass meine Methode einfach und auch leichtverständlich ist. Es liegen also Meinungsverschiedenheiten vor, und ich will annehmen, dass es für den Leser eine nicht leichte Aufgabe sei, ein selbständiges Urtheil über das zu bilden, was die Berichterstatter schwerverständlich und unzugänglich genannt haben. Ich habe neulich Resultate mitgetheilt; es möge mir gestattet sein, diesmal die Methode zu besprechen.

2. Die partielle Differentialgleichung

$$1)\qquad A_1 \frac{d\varphi}{dx_1} + A_2 \frac{d\varphi}{dx_2} + A_3 \frac{d\varphi}{dx_3} + \cdots + A_n \frac{d\varphi}{dx_n} = 0,$$

worin $\varphi$ eine gesuchte Function, und die Coefficienten $A_1\, A_2 \cdots A_n$ gegebene Functionen der $n$ unabhängigen Veränderlichen $x_1\, x_2\, x_3 \cdots x_n$

sind, hat bekanntlich $n-1$ verschiedene Lösungen. Hat man eine zweite partielle Differentialgleichung

$$2)\qquad B_1\frac{d\varphi}{dx_1}+B_2\frac{d\varphi}{dx_2}+B_3\frac{d\varphi}{dx_3}+\cdots+B_n\frac{d\varphi}{dx_n}=0,$$

so kann es gemeinsame Lösungen geben. Die Anzahl der gemeinsamen Lösungen ist aber höchstens $n-2$. Wenn es $n-2$ gemeinsame Lösungen gibt, so nennt man das System der 2 partiellen Differentialgleichungen ein vollständiges. Wenn $m$ derartige partielle Differentialgleichungen vorliegen, so bilden dieselben ein vollständiges System für den Fall, dass $n-m$ gemeinsame Lösungen vorhanden sind.

Wenn $m$ partielle Differentialgleichungen ein vollständiges System bilden, so darf man dasselbe durch eben so viele lineare Verbindungen ersetzen. Die neuen Differentialgleichungen bilden gleichfalls ein vollständiges System. Denn sie haben $n-m$ gemeinsame Lösungen. Man kann aber nicht behaupten, dass irgend $i$ dieser $m$ partiellen Differentialgleichungen für sich genommen ein vollständiges System bilden. Sie müssten dann $n-i$ gemeinsame Lösungen haben; aber man weiss nur, dass deren $n-m$ vorhanden sind.

Wenn $m$ partielle Differentialgleichungen von der obigen Form ein vollständiges System bilden, so entsteht durch die Elimination des Differentialquotienten $\frac{d\varphi}{dx_1}$ ein System von $m-1$ partiellen Differentialgleichungen, welches gleichfalls ein vollständiges ist. Es steht mir frei, die Grösse $x_1$ als Veränderliche mitzuzählen, also anzunehmen, dass auch das neue System die $n$ unabhängigen Veränderlichen $x_1\, x_2\, x_3 \cdots x_n$ habe. Das neue System hat die Lösung $\varphi = x_1$, welche nicht eine Lösung des ursprünglichen Systems ist. Es hat ausserdem die $n-m$ Lösungen des ursprünglichen Systems. Es ist ein vollständiges, weil es $n-m+1$ Lösungen hat. Eliminirt man die $i$ partiellen Differentialquotienten $\frac{d\varphi}{dx_1}, \frac{d\varphi}{dx_2} \cdots \frac{d\varphi}{dx_i}$ des ursprünglichen Systems, so erhält man ein System von $m-i$ partiellen Differentialgleichungen, welches gleichfalls ein vollständiges ist. Denn das neue System hat die Lösungen $\varphi = x_1$, $\varphi = x_2 \cdots \varphi = x_i$, welche nicht Lösungen des ursprünglichen Systems sind. Ausserdem hat es die $n-m$ Lösungen des ursprünglichen Systems. Es ist ein vollständiges, weil es $n-m+i$ Lösungen hat.

3. Die Integration der allgemeinen partiellen Differentialgleichung $\varphi_1(z x_1 x_2 \cdots x_n\, p_1\, p_2 \cdots p_n) = 0$, worin $p_i = \frac{dz}{dx_i}$ ist, lässt sich

auf die Integration vollständiger Systeme partieller Differentialgleichungen von linearer Form zurückführen. Bei der Integration des vollständigen Systems setzt Jacobi eine Eigenschaft voraus, welche nicht jedes vollständige System hat. Ich habe das vollständige System unabhängig von dieser besonderen Form integrirt, und dies hat mich in den Stand gesetzt, die Integration der allgemeinen partiellen Differentialgleichung $\varphi_1 = 0$ erfolgreicher durchzuführen, als es Jacobi möglich gewesen ist. Ich werde nun aus den oben aufgestellten Grundeigenschaften des vollständigen Systems einige Folgerungen ziehen, welche dem vorliegenden Zwecke dienlich sind.

Die Lösung des vollständigen Systems der Gleichungen 1 und 2, welche wir nun abkürzend $A(\varphi) = 0$, $B(\varphi) = 0$ schreiben, ist zunächst als eine Function der $n$ Veränderlichen $x_1\, x_2 \cdots x_n$ zu betrachten. Wenn aber die $n - 1$ Lösungen der Gleichung $B(\varphi) = 0$ bekannt sind, so ist sie eine Function von nur $n - 1$ veränderlichen Grössen. Man führe die $n - 1$ Lösungen $\varphi = \beta_1$, $\varphi = \beta_2 \cdots \varphi = \beta_{n-1}$ der Gleichung $B(\varphi) = 0$ als unabhängige Veränderliche in die Gleichung $A(\varphi) = 0$ ein, und es entsteht die transformirte Gleichung:

$$A(\beta_1)\frac{d\varphi}{d\beta_1} + A(\beta_2)\frac{d\varphi}{d\beta_2} + A(\beta_3)\frac{d\varphi}{d\beta_3} + \cdots + A(\beta_{n-1})\frac{d\varphi}{d\beta_{n-1}} = 0\,.$$

Man theile nun durch $A(\beta_1)$, damit der Coefficient von $\frac{d\varphi}{d\beta_1}$ zur Einheit werde. Alle übrigen Coefficienten gehen dann über in Functionen der $n - 1$ Veränderlichen $\beta_1\, \beta_2 \cdots \beta_{n-1}$. Eliminirt man vermittelst der Gleichungen $\varphi = \beta_1$, $\varphi = \beta_2 \cdots \varphi = \beta_{n-1}$ die ursprünglichen Veränderlichen $x_1\, x_2 \cdots x_{n-1}$ aus den Coefficienten, so fällt auch die Veränderliche $x_n$ aus denselben hinaus. Wenn nur 2 Lösungen $\varphi = \beta_1$, $\varphi = \beta_2$ der Gleichung $B(\varphi) = 0$ gegeben sind, so ist der Quotient der diesen 2 Veränderlichen entsprechenden Coefficienten der transformirten Gleichung, welcher sich $A(\beta_2) : A(\beta_1)$ schreibt, eine Function der $n - 1$ Veränderlichen $\beta_1\, \beta_2 \cdots \beta_{n-1}$ und daher auch eine Lösung der Gleichung $B(\varphi) = 0$. Auf diesem Wege gelange ich, wenn 2 Lösungen der Gleichung $B(\varphi) = 0$ gegeben sind, zu weiteren Lösungen dieser Gleichung. Ich erhalte, wenn nicht alle $n - 1$, jedenfalls doch so viele Lösungen der Gleichung $B(\varphi) = 0$, als nöthig sind, um die Lösung des Systems als Function davon darstellen zu können (Zeitschr. für Math. u. Ph. 1875 S. 87).

Die Lösung des vollständigen Systems von $i + 1$ partiellen Differentialgleichungen $A(\varphi) = 0$, $B(\varphi) = 0 \cdots K(\varphi) = 0$ ist zunächst wieder als eine Function der $n$ Veränderlichen $x_1\, x_2 \cdots x_n$ zu betrachten. Wenn aber die $n-i$ gemeinsamen Lösungen der Gleichungen $B(\varphi)=0 \cdots K(\varphi)=0$ bekannt sind, von welchen wir voraussetzen, dass sie ein vollständiges System bilden, so ist $\varphi$ eine Function von nur $n-i$ veränderlichen Grössen. Man führe die $n-i$ gemeinsamen Lösungen $\varphi=\beta_1,\ \varphi=\beta_2 \cdots \varphi=\beta_{n-i}$ der Gleichungen $B(\varphi)=0 \cdots K(\varphi)=0$ als unabhängige Veränderliche in die Gleichung $A(\varphi)=0$ ein, und man erhält die transformirte Gleichung:

$$A(\beta_1)\frac{d\varphi}{d\beta_1}+A(\beta_2)\frac{d\varphi}{d\beta_2}+A(\beta_3)\frac{d\varphi}{d\beta_3}+\cdots+A(\beta_{n-i})\frac{d\varphi}{d\beta_{n-i}}=0.$$

Man theile nun wieder durch $A(\beta_1)$, um den Coefficienten von $\frac{d\varphi}{d\beta_1}$ auf die Einheit zu bringen. Alle übrigen Coefficienten gehen dann über in Functionen der $n-i$ Veränderlichen $\beta_1\, \beta_2 \cdots \beta_{n-i}$. Eliminirt man vermittelst der Gleichungen $\varphi=\beta_1,\ \varphi=\beta_2 \ldots \varphi=\beta_{n-i}$ die ursprünglichen Veränderlichen $x_1\, x_2 \cdots x_{n-i}$ aus den Coefficienten, so fallen auch die Veränderlichen $x_{n-i+1} \cdots x_n$ aus denselben hinaus. Wenn nur 2 Lösungen $\varphi=\beta_1,\ \varphi=\beta_2$ bekannt sind, so ist der Quotient der diesen 2 Veränderlichen entsprechenden Coefficienten der transformirten Gleichung, welcher sich $A(\beta_2):A(\beta_1)$ schreibt, eine Function der $n-i$ Veränderlichen $\beta_1\beta_2\cdots\beta_{n-i}$, und daher auch eine gemeinsame Lösung der $i$ Gleichungen $B(\varphi)=0\cdots K(\varphi)=0$. Auf diesem Wege gelange ich, wenn 2 Lösungen des vollständigen Systems der Gleichungen $B(\varphi)=0\cdots K(\varphi)=0$ bekannt sind, zu weiteren Lösungen dieses Systems.

4. Es wird nun verlangt, dass man ein vollständiges Integral der Gleichung $\varphi_1(z\, x_1\, x_2 \cdots x_n\, p_1\, p_2 \cdots p_n)=0$ aufstelle. Lagrange hat dies für den Fall $n=2$, oder für die Gleichung $f(z\,x\,y\,p\,q)=0$ sehr einfach zu Stande gebracht. Als das Ziel der Unternehmung habe ich mir hier eine Methode gedacht, welche für den Fall $n=2$ die von Lagrange gegebene Lösung wiedergibt. Es sollen die partiellen Differentialquotienten $p_1\, p_2 \cdots p_n$ als Functionen der $n+1$ Veränderlichen $z\, x_1\, x_2 \cdots x_n$ und von $n-1$ willkürlichen Beständigen in solcher Weise bestimmt werden, dass die Gleichung

$$dz=p_1\,dx_1+p_2\,dx_2+\cdots+p_n\,dx_n$$

ein vollständiges Differential ist. In dieser Absicht sucht man neben der Gleichung $\varphi_1=0$ noch $n-1$ andere Gleichungen $\varphi_2=c_2$, $\varphi_3=c_3 \cdots \varphi_n=c_n$ auf, in welchen $\varphi_2\,\varphi_3 \cdots \varphi_n$ bestimmte Functionen der $2n+1$ Veränderlichen $z\, x_1\, x_2 \cdots x_n\, p_1\, p_2 \cdots p_n$, ferner $c_2\, c_3 \cdots c_n$

willkürliche Beständige sind. Die algebraische Auflösung dieser $n$ Gleichungen gibt die verlangten Werthe der partiellen Differentialquotienten.

Zur Bestimmung der $n - 1$ Functionen $\varphi_2\, \varphi_3 \cdots \varphi_n$ finde ich $n - 1$ partielle Differentialgleichungen von der Form:

$$\sum_{i=1}^{i=n}\left(\left(\frac{d\varphi_k}{dx_i}\right)\frac{d\varphi}{dp_i} - \frac{d\varphi_k}{dp_i}\left(\frac{d\varphi}{dx_i}\right)\right) = 0,$$

wo ich zum Behuf der Abkürzung

$$\left(\frac{d\varphi_k}{dx_i}\right) = \frac{d\varphi_k}{dz}\, p_i + \frac{d\varphi_k}{dx_i}, \qquad \left(\frac{d\varphi}{dx_i}\right) = \frac{d\varphi}{dz}\, p_i + \frac{d\varphi}{dx_i}$$

gesetzt habe, ferner $\varphi_k$ eine gegebene und $\varphi$ die gesuchte Function ist. Zum Behuf der weiteren Abkürzung schreibe ich diese Gleichungen auch $(\varphi_k\, \varphi) = 0$, und es ist erforderlich, dass jede der gesuchten Functionen eine gemeinsame Lösung einiger Gleichungen darstelle. Man erhält die gesuchten Functionen, wenn man die Forderung stellt, dass $\varphi = \varphi_2$ eine Lösung der Gleichung $(\varphi_1\, \varphi) = 0$ sei, dass $\varphi = \varphi_3$ eine gemeinsame Lösung der Gleichungen $(\varphi_1\, \varphi) = 0$, $(\varphi_2\, \varphi) = 0$, und $\varphi = \varphi_{i+2}$ eine gemeinsame Lösung der Gleichungen $(\varphi_1\, \varphi) = 0$, $(\varphi_2\, \varphi) = 0 \cdots (\varphi_{i+1}\, \varphi) = 0$ sei. (vgl. 1875 § 1.)

Die Art, wie ich diese Gleichungen hergeleitet habe, kann keinerlei Bedenken erregen. Aber die Art, wie ich bewiesen habe, dass die erwähnten Systeme zugleich vollständige sind, ist von der Jacobi'schen Methode sehr abweichend. Ich habe den Beweis aus dem Umstande hergeleitet, dass diese Systeme nicht bloss ein vollständiges Integral der Gleichung $\varphi_1 = 0$ geben, sondern auch dem allgemeinen Integral dieser Gleichung entsprechen. Die Beziehung auf diesen Umstand ist gewiss nicht eine weit hergeholte. Denn eigentlich ist es ja das allgemeine Integral der Gleichung $\varphi_1 = 0$, was bestimmt werden soll. Die Untersuchung ist aber sehr vereinfacht durch jenen längst bekannten merkwürdigen Satz, wonach man das allgemeine Integral der Gleichung $\varphi_1 = 0$ aus einem vollständigen Integral ableitet. Auf demselben Satze beruht der von mir gegebene Beweis, dass die obigen Systeme vollständige sind. Ich habe erwähnt, dass das vollständige Integral der Gleichung $\varphi_1 = 0$, welches wir in der Form $\varphi_{n+1} = c_{n+1}$ schreiben wollen, aus einer vollständigen Differentialgleichung gefunden wird, nachdem man die Functionen $\varphi_2\, \varphi_3 \cdots \varphi_n$ aufgestellt hat. Wenn man zu jenen $n - 1$ partiellen Differentialgleichungen $(\varphi_k\, \varphi) = 0$, aus welchen diese Functionen folgen, noch die Gleichung $(\varphi_n\, \varphi) = 0$

hinzufügt, so findet man auf demselben Wege, dass $\varphi = \varphi_{n+1}$ eine Lösung des vollständigen Systems der $n$ Gleichungen $(\varphi_1 \varphi) = 0$, $(\varphi_2 \varphi) = 0 \cdots (\varphi_n \varphi) = 0$ ist. (vgl. 1875 § 3.)

5. Es erübrigt noch, die Anwendung des Vorausgehenden auf die Integration der vorliegenden Systeme zu machen. Zur Bestimmung der Functionen $\varphi_2 \varphi_3 \cdots \varphi_n$ liegen die $n - 1$ partiellen Differentialgleichungen $(\varphi_1 \varphi) = 0$, $(\varphi_2 \varphi) = 0 \cdots (\varphi_{n-1}) = 0$ vor. Die Coefficienten der Gleichung $(\varphi_1 \varphi) = 0$ sind als Function der $2n + 1$ Veränderlichen $z\, x_1\, x_2 \cdots x_n\, p_1\, p_2 \cdots p_n$ gegeben. Nachdem man aber vermittelst $\varphi_1 = 0$ die Veränderliche $p_1$ eliminirt hat, kommen nur noch $2n$ Veränderliche vor, und man darf annehmen, dass alle Lösungen der Gleichung $(\varphi_1 \varphi) = 0$ unabhängig von $p_1$ sind. Man darf also $\frac{d\varphi_k}{dp_1} = 0$ setzen, wenn $k > 1$ ist. Daraus folgt, dass auch jedes der zu integrirenden Systeme nur $2n$ Veränderliche hat. Aus der Gleichung $\frac{d\varphi_k}{dp_1} = 0$ folgt auch, dass in allen Gleichungen $(\varphi_k \varphi) = 0$, in welchen $k > 1$ ist, der Differentialquotient $\frac{d\varphi}{dx_1}$ nicht vorkommt, dass also jede dieser Gleichungen die Lösung $\varphi = x_1$ hat. Wir bemerken noch, dass sich die Elimination von $p_1$ aus den Coefficienten von $(\varphi_1 \varphi) = 0$ von selbst bewerkstelligt, nachdem man der Gleichung $\varphi_1 = 0$ die geeignete Form gegeben hat. Aus $\varphi_1 = 0$ folgt $p_1 = f(z\, x_1\, x_2 \cdots x_n\, p_2 \cdots p_n)$. Wir schreiben daher die Gleichung $\varphi_1 = 0$ identisch mit $p_1 - f = 0$. Es ist dann $\frac{d\varphi_1}{dp_1} = 1$, und alle übrigen partiellen Differentialquotienten von $\varphi_1$ sind gleichfalls unabhängig von $p_1$.

Nachdem man eine Lösung $\varphi = \varphi_2$ der Gleichung $(\varphi_1 \varphi) = 0$ bestimmt hat, liegt zur Bestimmung der übrigen Functionen jedesmal ein System von partiellen Differentialgleichungen vor. Die erste Gleichung des Systems hat eine Ausnahmsstellung, und wir sagen daher, dass $\varphi = \varphi_{i+2}$, worin $i > 0$ gedacht wird, eine gemeinsame Lösung sei der Gleichung $(\varphi_1 \varphi) = 0$ und des vollständigen Systems $S_i$, welches letztere aus den $i$ Gleichungen $(\varphi_2 \varphi) = 0$, $(\varphi_3 \varphi) = 0 \cdots (\varphi_{i+1} \varphi) = 0$ besteht. Das System $S_i$ hat die Lösung $\varphi = x_1$, weil der Differentialquotient $\frac{d\varphi}{dx_1}$ nicht vorkommt. Ich nehme an, es sei eine zweite Lösung des Systems $S_i$ gegeben, und finde die übrigen Lösungen des Systems nach der in 3. aufgestellten Regel. Ich setze alle Lösungen des Systems $S_i$ als neue Veränderliche in die Gleichung $(\varphi_1 \varphi) = 0$ ein, und erhalte durch die Integration der transformirten Gleichung die Function $\varphi_{i+2}$. Das System $S_i$ besteht aus $i$ Gleichungen, und hat daher $2n - i$ Lösungen. Wenn man die Veränderlichen der transformirten Gleichung zählt, so müssen von jenen $2n - i$ Lösungen die $i$ Lösungen $\varphi = \varphi_2$, $\varphi = \varphi_3 \cdots \varphi = \varphi_{i+1}$ in Abrechnung gebracht werden, weil sie zugleich Lösungen von $(\varphi_1\,\varphi) = 0$ sind. Daraus folgt, dass die transformirte Gleichung $2n - 2i$ Veränderliche hat.

Ich zeige noch, dass zur Auffindung einer Lösung des Systems $S_i$ nicht mehr als eine Integration erforderlich ist. Für das System $S_1$, welches aus der einen Gleichung $(\varphi_2\,\varphi) = 0$ besteht, ist dies selbstverständlich. Die zu integrirende Gleichung wird in diesem Falle auf eine mit $2n - 2$ Veränderlichen zurückgeführt, weil 2 Lösungen dieser Gleichung $\varphi = \varphi_2$ und $\varphi = x_1$ bekannt sind. Das System $S_i$ besteht, wenn $i > 1$ ist, aus dem System $S_{i-1}$ und der Gleichung $(\varphi_{i+1}\,\varphi) = 0$. Nachdem man die Function $\varphi_{i+1}$ als gemeinsame Lösung des Systems $S_{i-1}$ und der Gleichung $(\varphi_1\,\varphi) = 0$ bestimmt hat, darf man die Lösungen des Systems $S_{i-1}$ als gegeben betrachten. Ich setze dieselben als neue Veränderliche in die Gleichung $(\varphi_{i+1}\,\varphi) = 0$ ein, und finde durch die Integration der transformirten Gleichung eine Lösung des Systems $S_i$. Man kann leicht sehen, dass die transformirte Gleichung wieder $2n - 2i$ Veränderliche hat. Denn das System $S_{i-1}$ hat $2n - i + 1$ Lösungen. Davon sind die $i$ Lösungen $\varphi = \varphi_2$, $\varphi = \varphi_3 \cdots \varphi = \varphi_{i+1}$ zugleich Lösungen von $(\varphi_{i+1}\,\varphi) = 0$. Die gleiche Bemerkung ist in Betreff der Lösung $\varphi = x_1$ zu machen. Die Zahl der Veränderlichen ist daher $2n - 2i$. (vgl. Nachträge § 5.)

6. Diese Auseinandersetzungen sind ausreichend, um meine Methode verstehen zu können. Aber ich muss nun fragen: was ist daran schwerverständlich, was ist unzugänglich? Als Clebsch es unternahm, die von mir gefundenen Resultate mit der Jacobi'schen Methode in Einklang zu bringen, ist er in Verwicklungen gerathen, welche meiner Methode fremd sind. Demungeachtet sind weitere Bemühungen gemacht worden, zur Erläuterung derselben von der Jacobi'schen Auffassungsweise auszugehen. Diese wenig erfolgreichen Versuche haben zu der Bemerkung geführt, dass meine Methode schwer verständlich sei. Ich sehe mich veranlasst, dem Berichte über meine Methode die Erklärung beizufügen, dass dieselbe zu ihrer Klarstellung der Jacobi'schen Hilfsmittel nicht bedarf, dass aber, wenn die letzteren doch herangezogen werden, das Verständniss nicht

gefördert wird, weil die von mir gebrauchten Hilfsmittel einfacher und elementarer sind als die Jacobi'schen.

7. Meine Absicht ist, den Leser in den Stand zu setzen, sich selbst ein Urtheil bilden zu können. Ich muss daher, nachdem ich vorstehend die Methode mitgetheilt habe, in dem Weiteren auf die Beschaffenheit der Resultate wieder eingehen. Ich erwähne zunächst, dass ich das System $S_i$, bestehend aus $i$ partiellen Differentialgleichungen durch eine einzige partielle Differentialgleichung ersetzt habe, was bei Jacobi nicht geschieht. Aber man wendet mir ein, dass dieses Ziel auch auf einem auderen Wege erreicht werde. Soll eine Lösung des vollständigen Systems partieller Differentialgleichungen bestimmt werden, so ist nach dem Mayer'schen Theorem in allen Fällen die Integration einer einzigen partiellen Differentialgleichung ausreichend. In der Reduction auf nur eine Integration stimmen die beiderseitigen Resultate überein. Bei der genauern Betrachtung aber zeigen sich Verschiedenheiten.

Die Lösung des Systems $S_i$ ist von vornherein als eine Function der $2n$ Veränderlichen $z\, x_1\, x_2 \cdots x_n\, p_2 \cdots p_n$ zu betrachten. Zum Behuf der Integration darf man die $2n - i + 1$ Lösungen des Systems $S_{i-1}$ als bekannt voraussetzen. Man führt dieselben als neue Veränderliche in die Gleichung $(\varphi_{i+1}\varphi) = 0$ ein. Wenn man damit von den $2n$ ursprünglichen Veränderlichen $2n - i + 1$ eliminirt, so fallen auch die übrigen $i-1$ Veränderlichen aus den Coefficienten der Gleichung hinaus. Die gesuchte Function ist daher nicht mehr von $2n$, sondern nur von $2n - i + 1$ Veränderlichen abhängig, und hat also eine einfachere Gestalt angenommen. Ich betrachte diese Vereinfachung der gesuchten Function als einen wesentlichen Fortschritt der Integration, und dieser Fortsehritt ist nicht ein bloss gelegentlicher, sondern ein für alle Fälle erzielter. Eine derartige Vereinfachung der gesuchten Function findet nicht statt, wenn die Integration des Systems $S_i$ nach dem Mayer'schen Theorem ausgeführt wird. Denn die eine zu integrirende Gleichung ist hier Nichts Anderes, als die nach einer bestimmten Regel gebildete lineare Verbindung der Gleichungen des Systems. Die gesuchte Function ist daher nach wie vor von den $2n$ Veränderlichen des Systems abhängig. (vgl. 1875 § 7, ferner Nachträge § 6, und anderseits Math. Ann. Bd. IX, S. 365—366.)

Man kann von dem Mayer'schen Theorem eigentlich nicht sagen, dass es das System $S_i$ durch eine einzige partielle Differentialgleichung ersetze. Denn es bestehen neben der einen zu integrirenden die übrigen partiellen Differentialgleichungen fort. Es sind so zu sagen alle Integrationsschwierigkeiten auf die eine Gleichung übertragen. Nachdem man eine Lösung dieser Gleichung durch Integration bestimmt hat, bedarf es noch gewisser Differentiationen und Eliminationen, um zu einer Lösung des Systems zu gelangen. Wäre die Integration einer partiellen Differentialgleichung eine bestimmt abgemessene Arbeit, so dürfte die Reduction auf nur eine Integration in allen Fällen als eine Abkürzung der Integrationsschwierigkeiten angesehen werden. Die Schwierigkeiten der Integration bemessen sich aber hauptsächlich nach der Beschaffenheit der Differentialgleichung. Man muss daher an den möglichen Fall denken, dass die Integration der nach dem Mayer'schen Theorem gebildeten linearen Verbinduug nicht gelingt, wiewohl sich andere lineare Verbindungen leicht integriren lassen. Wie merkwürdig die Mayer'sche Reduction an und für sich auch ist, so darf man doch nicht vergessen, dass dies ein Umstand ist, welcher ihr gegebenen Falles den Erfolg als Integrationsmethode verkümmert. In der von mir gegebenen Reduction kann der Uebelstand nicht eintreten, dass man nachträglich einen andern Weg vorziehen müsste. Denn es sind neben der einen zu integrirenden andere Differentialgleichungen gar nicht vorhanden. Die $i-1$ übrigen Gleichungen des Systems $S_i$ haben in der Elimination von eben so vielen Veränderlichen der gesuchten Function ihre Verwerthung gefunden. (Zeitschr. für Math. u. Phys. 1875, S. 92.)

8. Ich muss nun auf einen besonderen Fall eingehen, in welchem die oben aufgezeichneten Hilfsmittel nicht mehr ausreichend sind, wo aber meine Methode demungeachtet fortbesteht. Bei der Integration des Systems $S_i$ sind die Lösungen des Systems $S_{i-1}$ im Allgemeinen nicht vollzählig gegeben, sondern in einer unbestimmt beschränkenden Anzahl. In dem Obigen sind zwei Lösungen des Systems $S_{i-1}$ ausreichend, um eine Lösung des Systems $S_i$ durch Integration erhalten zu können. Wenn nur eine Lösung des Systems $S_{i-1}$ gegeben ist, so sind weitere Hilfsmittel erforderlich.

In seinen Untersuchungen über die Eigenschaften vollständiger Systeme ist Jacobi von der Voraussetzung ausgegangen, dass die Gleichungen die hier in Betracht gezogene Form:

$$(\varphi_k\,\varphi) = \sum_{i=1}^{i=n}\left(\left(\frac{d\varphi_k}{dx_i}\right)\frac{d\varphi}{dp_i} - \frac{d\varphi_k}{dp_i}\left(\frac{d\varphi}{dx_i}\right)\right) = 0$$

haben. Für den Fall, dass die abhängige Veränderliche $z$ in dem System nicht vorkommt, hat Jacobi gezeigt, dass man aus einer

Lösung der Gleichung $(\varphi_k \varphi) = 0$ weitere Lösungen dieser Gleichung herleiten kann. Wenn $\varphi = \beta_1$ eine Lösung der Gleichung $(\varphi_2 \varphi) = 0$ ist, so ist in dem erwähnten Falle auch $\varphi = (\varphi_3 \beta_1)$ eine Lösung dieser Gleichung. In den Bemühungen, auch hier die Jacobi'schen Hilfsmittel entbehren zu können, bin ich meinerseits gescheitert. Ich habe 1863 und 1875 den erwähnten Satz zwar auf einem anderen Wege bewiesen; aber angenommen, dass derselbe fortbestehe, wenn auch die abhängige Veränderliche $z$ vorkommt. Das Letztere ist nicht richtig. Die Jacobi'schen Untersuchungen sind in der That unersetzlich, wenn es darauf ankommt, aus einer Lösung der Gleichung $(\varphi_k \varphi) = 0$ weitere Lösungen dieser Gleichung herzuleiten. Vermittelst jener Gleichung, welche man die Jacobi'sche Identität nennt, gelangt man auch in der allgemeinen Aufgabe, wo die Anwesenheit der abhängigen Veränderlichen $z$ vorausgesetzt ist, ohne Schwierigkeit zu diesem Ziel. Wenn $\varphi = \beta_1$ eine Lösung der Gleichung $(\varphi_2 \varphi) = 0$ ist, so findet man, dass auch

$$\varphi = \frac{(\varphi_3 (\varphi_3 \beta_1)) + \frac{d\varphi_3}{dz} (\varphi_3 \beta_1)}{(\varphi_3 \beta_1)^2}$$

eine Lösung der Gleichung $(\varphi_2 \varphi) = 0$ ist. (vgl. Nachträge § 2 u. 3.)

Den Anlass zu dieser Berichtigung verdanke ich der Besprechung meiner Methode von Seiten des Herrn Mayer. Es gehört aber zur Sache, wenn ich noch hinzufüge, dass in jener Besprechung von einer Berichtigung nicht die Rede ist; dass sich vielmehr der Verfasser darauf beschränkt, im Hinweis auf den erwähnten Irrthum, meine Methode in der von mir vorausgesetzten Allgemeinheit für falsch zu erklären (Math. Ann. Bd. IX, S. 369—370). Ich würde gerne die letztere Bemerkung unterdrückt haben, wenn sich nicht Herr Mayer bemüht hätte, diese übereilte Beurtheilung aufrecht zu erhalten (Repert. Bd. I, S. 76).

9. Ich komme zu dem zweiten Punkte, in welchem meine Methode der Jacobi'schen voraus ist. Wenn die abhängige Veränderliche $z$ in der zu integrirenden Gleichung $\varphi_1 = 0$ vorkommt, so setzt Jacobi an deren Stelle eine andere Gleichung, welche nicht $n$, sondern $n + 1$ unabhängige Veränderliche hat, worin aber die abhängige Veränderliche wieder fehlt. In Folge dessen ist bei Jacobi die Anzahl der zu integrirenden Systeme um die Einheit grösser als bei mir, und ebenso ist die Anzahl der unabhängigen Veränderlichen in jedem der Jacobi'schen Systeme um die Einheit grösser als in dem gleichnamigen der von mir aufgestellten Systeme.

Um den Unterschied recht augenfällig zu machen, betrachte ich den Fall $n = 2$. Für diesen Fall führt meine Methode unmittelbar zu der von Lagrange gegebenen Lösung der Aufgabe, wonach eine partielle Differentialgleichung mit 4 unabhängigen Veränderlichen zu integriren ist. Nach Jacobi ist die Aufgabe auf diejenige zurückzuführen, welche dem Falle $n = 3$ entspricht, in welcher aber die abhängige Veränderliche nicht vorkommt. Es ist daher eine partielle Differentialgleichung mit 5 unabhängigen Veränderlichen zu integriren, und noch ein System von 2 partiellen Differentialgleichungen mit je 3 unabhängigen Veränderlichen. Man muss sich vergegenwärtigen, dass es sehr einfache Betrachtungen sind, welche zu der von Lagrange gegebenen Lösung führen; dass man aber eine lange Kette von Gedanken verfolgt, bevor man zu der Lösung jener andern Aufgabe gelangt, welche dem Falle $n = 3$ entspricht.

Jacobi hat an die Stelle der schönen Lösung, welche man Lagrange verdankt, die Lösung jener andern Aufgabe gesetzt, weil er in seinen Bemühungen, die Lösung der allgemeinen Aufgabe zu erhalten, wo $n$ eine unbestimmte Zahl ist, einen andern Weg nicht gekannt hat. Sonderbarer Weise wollen nun die Herren A. Mayer und Sophus Lie diese Jacobi'sche Methode aufrechterhalten. Ich sehe darin die Bestätigung meiner Ansicht, dass der von denselben eingenommene Standpunkt nicht geeignet ist, die von mir aufgefundenen Resultate zu geben.

Die Frage zu behandeln, welche von den bekannten Integrationsmethoden etwa den Vorzug verdiene, was andererseits versucht worden ist, scheint mir eine undankbare Unternehmung zu sein, weil diese Methoden so geartet sind, dass sie sich gegenseitig ergänzen. Aber ich kann behaupten, dass die von mir beschriebene Methode zwei werthvolle Resultate liefert, welche der Jacobi'schen Methode fern liegen, und welche keine andere der bekannten Methoden zu leisten im Stande ist.

Berichtigungen zu meiner Mittheilung im Repert. Bd. I.

S. 294 Z. 4 v. u. anst. $\varphi_1\ \varphi_2 \cdots$ lies: $\varphi_2\ \varphi_3 \cdots$

S. 295 Z. 17 v. u. anst. unabhängigen lies: abhängigen.

S. 296 S. 10 u. 19 v. u. zu streichen das Wort je.

Mannheim. Aug. Weiler.

**A. Mayer: Ueber das allgemeinste Problem der Variationsrechnung bei einer einzigen unabhängigen Variabeln.**

(Ber. d. Kgl. Sächs. Gesellsch. d. Wissensch. Juni 1878.)

Jede Aufgabe der Variationsrechnung, in der nur eine einzige unabhängige Variable auftritt, lässt sich auf die folgende Form bringen:

A) Man soll die den $m$ Differentialgleichungen 1. O.

$$\varphi_1 = 0, \ \varphi_2 = 0, \cdots \varphi_m = 0, \ (0 \leq m < n)$$

unterworfenen Variabeln $y_1, y_2, \cdots y_n$ als Functionen von $x$ so bestimmen, dass das Integral:

$$v = \int_{x_0}^{x_1} f(x, y_1, \cdots y_n, y_1', \cdots y_n')\, dx$$

ein Maximum oder Minimum werde.

Dies Problem ist aber an sich noch kein völlig bestimmtes, man muss ihm vielmehr, um es zu einem bestimmten zu machen, noch gewisse Grenzbedingungen hinzufügen. In der Regel gestattet es nun die Stellung der Aufgabe, sämmtliche Grenzwerthe, zunächst wenigstens, als fest gegeben zu betrachten, und dann stellt sich dieselbe als ein specieller Fall desjenigen Problems dar, welches aus A entsteht, wenn man festsetzt:

B) dass alle $n$ Functionen $y_1, y_2, \cdots y_n$ in den beiden gegebenen Grenzen $x_0$ und $x_1$ gegebene Werthe annehmen sollen.

Für das hiermit vollständig determinirte Problem $A$ habe ich unter der Voraussetzung, dass dasselbe bei festen, aber unbestimmten Grenzwerthen überhaupt lösbar sei, in Borchardts J. 69 die allgemeinen Kriterien des Maximums und Minimums abgeleitet.

Allein es giebt eine Klasse von Problemen, die eine solche Festlegung sämmtlicher Grenzwerthe nicht vertragen. Es sind dies diejenigen Probleme, als deren allgemeinster Ausdruck die folgende Aufgabe angesehen werden kann:

C) Gegeben sind zwischen der unabhängigen Variabeln $x$ und den $n$ unbekannten Functionen $y_1, y_2, \cdots y_n$ $m$ Differentialgleichungen 1. O.:

$$\varphi_1 = 0, \ \varphi_2 = 0, \cdots \varphi_m = 0, \ (1 \leq m < n).$$

Es handelt sich darum, diese Functionen so zu bestimmen, dass, während den Functionen $y_2, \cdots y_n$ für zwei gegebene Werthe $x_0$ und $x_1$ von $x$ gegebene Werthe vorgeschrieben sind, die Function $y_1$ für $x = x_0$ einen gegebenen Werth erhalte und für $x = x_1$ ein Maximum oder Minimum werde.

Hier ist es offenbar unmöglich, der Function $y_1$ auch für $x = x_1$ einen festen Werth vorzuschreiben. Das Problem $C$ lässt sich also nicht dem Probleme $A, B$ unterordnen, obgleich es, sobald man von den beiderseitigen Grenzbedingungen absieht, demjenigen besonderen Falle des Problems $A$ entspricht, in welchem sich die Function $f$ auf den Differentialquotienten $y_1'$ reducirt. Umgekehrt dagegen sieht man sofort, dass das Problem $A, B$ nur ein specieller Fall des Problems $C$ ist.

Es ist daher nicht, wie ich früher glaubte, das Problem $A, B$, sondern das Problem $C$ als das allgemeinste Problem der Variationsrechnung bei einer unabhängigen Variabeln zu betrachten. Für dies allgemeinste Problem, von dem bisher wohl nur die erste Variation näher untersucht worden ist, auch die Kriterien des Maximums und Minimums aufzustellen und damit meine früheren Arbeiten zu ergänzen, ist der Zweck des angezeigten Aufsatzes.

Leipzig. A. Mayer.

---

**Ch. A. Vogler: Anleitung zum Entwerfen graphischer Tafeln und zu deren Gebrauch beim Schnellrechnen sowie beim Schnellquotiren mit Aneroid und Tachymeter, für Ingenieure, Topographen und Alpenfreunde.** Mit 6 Lichtdrucktafeln und vielen in den Text eingedruckten Holzschnitten. Berlin 1877, Ernst & Korn.

Numerische Tafeln mit doppeltem Eingange sind weniger übersichtlich und weniger leicht zu interpoliren als graphische. Diese verdienen daher überall den Vorzug, wo kleine Correctionsglieder $z$, welche man nur auf drei Stellen genau zu kennen braucht, aus zwei Argumenten $x$ und $y$ zu berechnen sind. Die Gleichung $z = f(x, y)$ stellt, für $z =$ Constante, über rechtwinkeligen Coordinaten eine bestimmte Curve (Isoplethe) dar, und wenn man dem $z$ Werthe beilegt, welche von Stufe zu Stufe wachsen, eine Isoplethenschaar. Wird das Coordinatennetz mit geeigneter Maschenweite wirklich ausgezogen und werden die Isoplethen mit den zugehörigen Werthen von $z$ beschrieben, so kann an jedem Coordinatenschnitte $(x, y)$ der entsprechende Werth $z = f(x, y)$ unmittelbar oder durch Interpolation abgelesen werden.

Die Construction der Isoplethentafel ist am leichtesten und genauesten ausführbar, wenn die Isoplethen Gerade oder Kreise sind. Ist aber $F(u, v, w) = 0$ für $w =$ Constante die Gleichung einer anderen Curve, so kann dennoch in einer ganzen Reihe von Fällen durch die Substitution von Werthen $u, v, w$ aus

$$x = \varphi(u); \quad y = \psi(v); \quad z = \chi(w)$$

eine lineare Gleichung $z = f(x, y)$ gebildet werden. Indem man $z$ alle Werthe beilegt, welche es bei stufenweise wachsendem $w$ erhält, entsteht wieder eine geradlinige Isoplethenschaar mit den laufenden Coordinaten $x$ und $y$. Das Coordinatennetz wird jetzt aber nicht mehr mit gleichmässigen Maschen entworfen, sondern durch Punkte gezogen, welche auf der Abscissen- und Ordinatenachse vermöge $x = \varphi(u)$ und $y = \psi(v)$ für stufenweise wachsende $u$ und $v$ festgelegt und nach $u$ und $v$ beziffert werden. Die Ablesung der Isoplethen an den Coordinatenschnitten gibt $w$ aus den Argumenten $u$ und $v$.

Dieses „Ausstrecken der Isoplethen" lässt sich nicht auf alle Functionen von zwei unabhängig Variabeln, namentlich nicht auf diejenigen ausdehnen, deren mathematischer Bau unbekannt ist. Falls aber $z = f(x, y)$ eine lineare Gleichung, so kann das Coordinatennetz doch für die Punktreihen auf den Coordinatenachsen:

$$x = \varphi(u), \; y = \psi(v)$$

ausgezogen werden, wenn auch die Beziehungen des $x$ zu $u$ und des $y$ zu $v$ nur durch Beobachtung ohne Kenntniss ihrer mathematischen Form festgestellt wären.

In allen Fällen wird die Brauchbarkeit von Isoplethentafeln dadurch wesentlich gefördert, dass man sie in grossem Massstabe entwirft und photographisch verkleinert. Die 6 Tafeln, welche meiner Schrift beigegeben sind und nebst Gebrauchsanweisung auch abgesondert bezogen werden können, wurden auf solche Weise hergestellt und durch Lichtdruck vervielfältigt. Es findet sich darunter auch eine Tafel für blos ein Argument, welche in bekannter Weise aus zwei nebeneinander hinlaufenden Scalen besteht und bei bedeutendem Zahlenumfange nur geringen Raum einnimmt.

Das Buch zerfällt in drei Abschnitte. Im ersten werden die Fälle betrachtet, in welchen $F(u, v, w) = 0$ durch eine geradlinige Isoplethentafel darstellbar ist; sodann wird ein Vergleich gezogen zwischen den Diagrammen und den gebräuchlichsten Werkzeugen der mechanischen Rechnung, dem Gunter'schen logarithmischen Rechenschieber und der Thomas'schen Rechenmaschine; endlich die Genauigkeit untersucht, deren Ipsolethentafeln und Rechenschieber fähig sind. Die eingestreuten Beispiele graphischer Tafeln sind meist im Hinblick auf den Inhalt des zweiten und dritten Abschnittes gewählt. Eine Ausnahme macht, ihres Interesses wegen und weil sie als Muster zu ähnlichen dient, unter andern die logarithmische Rechentafel Lalanne's, des mehrfach preisgekrönten ersten Erfinders der Methode, Isoplethenschaaren auszustrecken. Obwohl sein Urheberrecht in der Vorrede meines Buches, der historischen Uebersicht und an mehreren andern hervorragenden Stellen deutlich gewahrt ist, hat Lalanne doch gegenüber der vorerwähnten Sonderausgabe meiner 6 Tafeln eine Prioritätsklage erhoben (Comptes rendus, 26. Nov. 1877) und auch, nachdem er mein Buch kennen gelernt hatte, theilweise aufrecht erhalten in einer Schrift, welche für das Publicum der Pariser Weltausstellung bestimmt ist. (Méthodes graphiques etc. par M. Léon Lalanne, extrait des notices relatives aux travaux des ponts et chaussées, publiées à l'occasion de l'exposition de 1878.) Dieser neue Angriff beruht nothwendig, wie der erste, auf Missverständnis, wie einige gewaltsam verknüpfte und sinnwidrig übersetzte Citate aus meinem Buche hinreichend beweisen. Wenn sodann Herr Lalanne behauptet, dass in meinem Buche nichts Wesentliches enthalten sei, was man nicht auch in seinen preisgekrönten Schriften finde, so vertraue ich vielmehr darauf, dass auch schon bei oberflächlichem, aber unbefangenem Vergleiche der Unterschied in die Augen springe, welcher in der Anlage der beiderseitigen Schriften besteht. Es handelte sich bei mir nicht um Aufzählung einer möglichst grossen Anzahl mathematischer Formeln, welche durch Isoplethentafeln dargestellt werden können, sondern um die Verwerthung solcher Tafeln in der Messkunde und um den Nachweis, dass ihre Genauigkeit in sehr vielen Fällen ausreicht, um numerische Reductionstafeln zu ersetzen, deren man sich beim Beobachten unausgesetzt bedienen muss. Während daher Lalanne eingehende Genauigkeitsbetrachtungen unterlassen konnte, widmet solchen schon der erste Abschnitt meines Buches ein ganzes Kapitel. Ebensowenig wie dieses ist der Stoff meiner beiden letzten Abschnitte von Lalanne schon bearbeitet worden.

Der zweite Abschnitt nämlich behandelt die Theorie und Praxis barometrischer Höhenmessung mit Aneroiden unter Anwendung von

Diagrammen an Stelle numerischer Tafeln; der dritte Abschnitt beschäftigt sich mit der tachymetrischen Messung, bei welcher Isoplethentafeln ebenfalls vortheilhafte Verwendung finden können. Unter den barometrischen Tafeln möchte sich besonders diejenige der Seehöhen (II) in Verbindung mit III, welche die zugehörige Temperaturcorrection liefert, zum Gebrauche eignen.

Aachen. Ch. A. Vogler.

---

**Zur Classification der Flächen dritter Ordnung. Von Carl Rodenberg in Plauen im Vogtlande.** (Mathematische Annalen Bd. 14, pag. 46 ff.)

Die vorliegende Arbeit behandelt die Frage nach den verschiedenen Arten von Flächen dritter Ordnung, welche einem und demselben Pentaeder angehören. Es werden mit Herrn Klein[1]) zu einer Art alle Flächen gerechnet, welche sich durch continuirliche Aenderung der Constanten in einander überführen lassen, ohne hierbei einen neuen oder höheren singulären Punkt, als ihn die Fläche etwa schon besitzt, nothwendig zu machen, wozu als weitere Bedingung nun noch die Erhaltung des Pentaeders kommt.

Kleins Artbegriff stimmt für Flächen ohne Singularitäten vollständig mit dem Schläfli'schen[2]), welcher an die Realität der geraden Linien und Dreiecksebenen anlehnt, überein. Diese Uebereinstimmung ist wesentlich darin begründet, dass für dieselbe Anzahl reeller Linien und Ebenen der Zusammenhang der Fläche immer derselbe ist. Eben desswegen gelingt auch die Ableitung dieser Arten aus der Fläche mit vier Knoten so einfach mit Hülfe zweier als „Verbinden" und „Trennen" bezeichneter Prozesse, welche die beiden möglichen Auflösungen eines Knotens vollziehen. Der Zusammenhang gewährt jedoch kein ausreichendes Kriterium mehr, sobald einige Knoten erhalten bleiben, da die Aenderung eines oder mehrerer derselben durch die biplanare Form, welche für den Zusammenhang ohne Einfluss ist, zu einer neuen Art führen kann. Hr. Klein nimmt an, dass dieses stets der Fall sei, ich zeige, dass nur dann eine von der frühern verschiedene Art erhalten wird, wenn

---

[1]) Ueber Flächen dritter Ordnung. Math. Ann. Bd. VI, pag. 551 ff.

[2]) On the Distribution of Surfaces of the third order etc. Philos. Transact. 1863, pag. 207 ff.

der Zusammenhang nicht grösser als zu dem bezeichneten Vorgange unbedingt nothwendig ist und eine ungerade Anzahl von Knoten von ihm betroffen wird. Bei Vornahme desselben muss von der Erhaltung des Pentaeders abgesehen werden, da dieses beim Auftreten von biplanaren Knoten äusserst specieller Natur ist (s. unten). Im Uebrigen giebt die eingeführte Beschränkung nur bei den Flächen mit drei reellen Linien und sieben reellen Ebenen Veranlassung zur Bildung von zwei Unterarten.

Das Pentaeder wird stets als gegeben angenommen und es knüpft demgemäss die Untersuchung an die Gleichung

$$\frac{x_1^3}{\alpha_1^2} + \frac{x_2^3}{\alpha_2^2} + \frac{x_3^3}{\alpha_3^2} + \frac{x_4^3}{\alpha_4^2} + \frac{x_5^3}{\alpha_5^2} = 0,$$

$$x_1 + x_2 + x_3 + x_4 + x_5 \equiv 0$$

an. Gerade diese Form gestattet eine ausserordentlich leichte Ausführung des „Verbindens“ und „Trennens“. Die Bedingung für einen Knoten ist nämlich

$$\alpha_1 + \alpha_2 + \alpha_3 + \alpha_4 + \alpha_5 = 0,$$

und diese lineare Form macht es möglich durch Abzählungen zwischen den $\alpha$ die Art einer vorgelegten Fläche zu erkennen.

Unter den Flächen mit einem vollständig reellen Pentaeder finden sich alle Arten ohne Singularitäten oder mit reellen konischen Knoten, gepaart kommen solche mit imaginären Knoten jedoch nicht vor und von letzteren giebt es höchstens zwei. Bei Pentaedern mit zwei conjugirt imaginären Ebenen fehlen, wie bekannt, die Flächen mit 27 reellen Geraden. Sind endlich zwei Paare solcher Ebenen vorhanden, so fehlen ausser den genannten auch noch diejenigen mit 3 reellen Linien und 15 reellen Dreiecksebenen und alle Flächen mit Knoten welche aus der mit vieren direct durch „Trennen“ erhalten werden. Die Ableitung vorstehender Resultate bildet den Inhalt der §§ 1—6.

In § 7 werden die getrennten Mannigfaltigkeiten aufgezählt, welche die verschiedenen Arten der Flächen eines Pentaeders constituiren und wird die Vertheilung der Knoten auf den Raum angegeben. Die isolirten Knoten erfüllen die 5 Räume, welche nur vier Ebenen zu ihrer Begrenzung erfordern, die nicht isolirten die übrigen 10. Die weiteren Abtheilungen werden durch Diagonalebenen des Pentaeders gebildet. Sofern mindestens drei Pentaederebenen reell sind, ist das Durchsetzen einer derselben mit einem

Knoten dessen Aenderung durch die biplanare Form äquivalent (als Uebergangsfläche erhält man freilich eine dreifache Ebene), bei nur einer reellen Ebene ist ein Ueberschreiten derselben wirkungslos, da keine ihrer Seiten vor der andern ausgezeichnet ist.

Die bis jetzt benutzte Gleichungsform setzt ein eigentliches Pentaeder voraus. Für die verschiedenen Fälle der vereinigten Lage von zweien oder mehr Ebenen lassen sich jedoch mit Hülfe eines in § 8 mitgetheilten Verfahrens Gleichungen aufstellen, welche der allgemeinen entsprechen. Mit der Untersuchung dieser Gattungen von Flächen befassen sich die §§ 9—15.

Das Auftreten einer zweifachen oder dreifachen Ebene genügt noch nicht zur Hervorrufung einer Singularität auf der Fläche, nur dass im letzten Falle der Schnittpunkt mit den beiden übrigen Ebenen Kreuzungspunkt von drei Geraden der Fläche ist. Erst das zweimalige Zusammenfallen von zwei Ebenen bewirkt das Auftreten eines biplanaren Punktes $B_3$. Seine Ebenen sind harmonisch zu den Doppelebenen. Die Vereinigung letzterer zur vierfachen — die dann nothwendig eine Ebene des Knotens ist — ist von keiner wesentlichen Aenderung der Fläche begleitet; jedoch kann durch eine Specialisirung der Constanten, welche die Pentaederebenen nicht alterirt, wohl aber die Ecken unbestimmt werden lässt, ein zweiter $B_3$ erzeugt werden. Eine dreifache und eine Doppelebene führen einen $B_4$ mit sich, die dreifache Ebene ist Tangentenebene längs der Axe. Eine fünffache Ebene giebt einen $B_5$ berührende Ebene des Knotens. Sind in diesem Falle die Ecken unbestimmt, so hat man einen $B_6$. Drei $B_3$, sowie die übrigen Singularitäten verlangen unbestimmte Pentaeder; aber es giebt andererseits Flächen von letzterer Eigenschaft, welche ohne Knoten sind, z. B. diejenigen mit einer völlig unbestimmten Ebene. Wir finden diese Arten (§ 17) unter den etwas allgemeinern, deren Pentaeder vier Ebenen durch einen Punkt besitzt. Wie Eckardt[1]) nachgewiesen hat, geht von der ausgezeichneten Ecke ein osculirender Kegel an die Fläche, dessen Berührungscurve in der fünften Ebene liegt. Ein Doppelpunkt dieser Curve ist ein $B_3$ der Fläche (konische Knoten sind unmöglich), es bedingt jedoch nur die Fläche mit drei solchen Punkten ein Pentaeder dieser Art.

Im Allgemeinen haben die vorliegenden Flächen drei reelle Gerade und 7 reelle Ebenen.

[1]) Ueber diejenigen Flächen dritter Ordnung, auf welchen sich drei gerade Linien in einem Punkte schneiden. Math. Ann. Bd. X, pag. 227 ff.

Ein besonderer Fall tritt ein, wenn die Aronhold'sche Invariante der Berührungscurve verschwindet. Dann sind nur vier Kuben zur Darstellung der Fläche erforderlich, und zwar lässt sich diese Reduction nur einmal ausführen (§ 18). Lässt man mehrere Ebenen des, den Flächen hiernach zugeordneten, Tetraeders sich vereinigen, so erhält man bei

einer Doppelebene eine Fläche mit $U_6$
einer dreifachen Ebene eine Fläche mit $U_8$
zwei Doppelebenen eine Regelfläche mit getrennten Directrixen
einer vierfachen Ebene eine „ „ vereinigten „

Die beiden Flächen mit $U_6$ sind nicht die allgemeinsten mit dieser Singularität, letztere bilden den Gegenstand des § 19. Man kann ihrer Gleichung auf unendlich viele Arten die Form

$$x_4(x_1+x_2+x_3)^2+\frac{x_1^3}{\alpha_1^2}+\frac{x_2^3}{\alpha_2^2}+\frac{x_3^3}{\alpha_3^2}=0$$

geben. Drei nicht völlig bestimmte Pentaederebenen $x_1$, $x_2$, $x_3$ gehen durch den Knoten, die beiden übrigen liegen vereinigt mit der Ebene desselben. Für

$$\alpha_1+\alpha_2+\alpha_3=0$$

erhält man die Uebergangsfläche mit $U_7$ zwischen den beiden Arten, welche es hinsichtlich der Realität der Geraden noch giebt.

Plauen. Carl Rodenberg.

---

**Bewegung von $n$ Massenpunkten auf einer geraden Linie, welche um ein festes, in ihr befindliches, attrahirendes Centrum drehbar ist.** (Inauguraldissertation zur Erlangung der Doctorwürde bei der philosophischen Facultät der Rheinischen Friedrich-Wilhelms-Universität zu Bonn, eingereicht und mit den beigefügten Thesen vertheidigt am 8. August 1878 von Albrecht Emmerich aus Zell.)

$n$ Massenpunkte $m_1, m_2, \cdots m_n$ seien gezwungen, auf einer in einem Punkte $O$ festen geraden Linie zu verbleiben, in Bezug auf ihre gegenseitige Bewegung dagegen durchaus ungehindert; der feste Punkt sei der Sitz einer späterhin zu determinirenden Centralkraft. Die Arbeit setzt sich den Zweck, die Bewegung der geraden Linie um den festen Punkt und die Bewegung der einzelnen Massenpunkte auf der Geraden zu bestimmen, selbstverständlich unter Voraussetzung eines gegebenen Anfangszustandes.

Zur Ortsbestimmung wird ein im Raume festes rechtwinkeliges Coordinatensystem mit dem Anfangspunkte $O$ gewählt. Da die Bedingungsgleichungen, denen die Massenpunkte unterworfen sind, beim Uebergange zu Kugelcoordinaten $r_i$, $\vartheta$, $\varphi$ (welche sich von gewöhnlichen Polarcoordinaten nur insofern unterscheiden, als $r_i$ positiv oder negativ ist, jenachdem $m_i$ sich auf der einen = positiven oder anderen = negativen Hälfte der Geraden befindet) identisch erfüllt werden, so gelangt man zur Darstellung der Differentialgleichungen des Problems vermittels der genannten Coordinaten. Als allgemeine Integrale des Systems von der $(2n+4)^{\text{ten}}$ Ordnung bieten sich neben dem der lebendigen Kraft die drei Flächensätze dar, welche den Nachweis zu liefern gestatten, dass die ganze Bewegung in einer Ebene verläuft. Durch Einführung des Drehungswinkels der Geraden $\omega$ und die Darstellung von $\vartheta$ und $\varphi$ durch $\omega$ vermindert sich die Ordnung des Systems um 2 Einheiten. Das reducirte System erweist sich integrabel unter Voraussetzung einer direct proportional der Entfernung abstossenden oder anziehenden Centralkraft. An die Darstellung von $\Sigma_i m_i r_i^2$ knüpft sich eine Discussion, welche den nicht stabilen resp. stabilen Charakter der Bewegung erschliesst, jenachdem die Kraft abstossend oder anziehend wirkt. Mit Hülfe des Flächensatzes erhält man sodann die Bestimmung des Drehungswinkels $\omega - \omega_0$; bei repulsiver Kraftwirkung beschreibt die Gerade höchstens einen stumpfen Winkel d. h. $\lim (\omega - \omega_0)_{(t=\infty)} < \pi$, im Falle der Attraction dagegen dreht sie sich unaufhörlich um das feste Centrum herum. Die Differentialgleichung II. Ordnung für $r_i$ ist homogen in $r_i$ und $r_i''$ und wird auf eine von der ersten Ordnung zurückgeführt; von letzterer werden zwei particuläre Integrale aufgesucht, aus denen sich deren allgemeines Integral linear zusammensetzt. Die endgültige Darstellung von $r_i$ findet mittels trigonometrischer Functionen eines Winkels statt, der sich von $\omega - \omega_0$ um einen constanten Factor unterscheidet. — Die Bahnen der Massenpunkte erweisen sich im Allgemeinen als transcendente und zwar sehr complicirte Curven; nur in einem speciellen Falle, der durch das Verschwinden einer Determinante bedingt ist und auch sonstiges Interesse gewährt, hat man es mit Hyperbelzweigen resp. Ellipsen zu thun.

Die Modification, welche die Aufgabe erleidet, wenn in $O$ keine beschleunigende Kraft als wirkend vorausgesetzt wird, ist als eine Specialisirung anzusehen; dieses speciellere Problem, welches von der Universität Bonn für das nun verflossene Studienjahr 1877/78 als Preisaufgabe ausgeschrieben war, gab den Anstoss zu der im Vorstehenden besprochenen Verallgemeinerung.

Trier, den 21. Aug. 1878. Dr. A. Emmerich.

**Dr. Oscar Kessler: Kaustische Linien in kinematischer Behandlung.** (Zeitschrift für Mathem. u. Physik. XXIII. Jahrg. 1878.)

Die Eigenschaften der kaustischen Linien sind bisher fast ausschliesslich mit den Hilfsmitteln der analytischen Geometrie untersucht worden. Die in ziemlich complicirten Formen auftretenden Gleichungen, welche hierbei als Grundlagen für die weiteren Entwickelungen dienen, lassen sich in den meisten Fällen nur sehr umständlich behandeln. Mannichfaltige Rechnungsoperationen sind allein zur Bestimmung der ausgezeichneten Punkte erforderlich; es ist deshalb sehr schwer, auf dem bisher betretenen Wege eine klare Vorstellung über die Gestalten der Brennlinien zu gewinnen. In der oben genannten Abhandlung sind die Principien der kinematischen Geometrie zur Untersuchung der kaustischen Linien, und zwar zunächst nur der durch Reflexion entstandenen, benutzt worden. Durch die gewählte Methode gelingt es, die verschiedenen Formen dieser Curven, ohne Benutzung der Gleichungen derselben, vollkommen übersichtlich darzustellen.

Als Grundlage für die Entwickelungen dient der schon früher bekannte und anderweitig ausgesprochene Satz: Die zu einem gegebenen strahlenden Punkte $P$ gehörige kaustische Linie einer Curve ist die Evolute derjenigen Roulette, welche ein Punkt $P_1$ beschreibt, der mit einer zweiten, der gegebenen congruenten Curve in symmetrischer Lage zu dem strahlenden Punkte $P$ fest verbunden ist, während diese zweite auf der gegebenen so abrollt, dass sich beide Curven stets in entsprechenden Punkten berühren. Mit Hilfe der kinematischen Geometrie lassen sich die Eigenschaften der erzeugten Roulette und der Evolute derselben leicht aus denjenigen der rollenden und der festen Curve ableiten.

Um die Anwendung der gewählten Methode zu zeigen, wurden zunächst die bekannten Eigenschaften der Brennlinien des Kreises für irgend eine Lage des strahlenden Punktes entwickelt. Hiernach folgt die Untersuchung der kaustischen Linien der Parabel; der strahlende Punkt $P$ ist auf der Axe, in der Entfernung $z$ vom Scheitel der Parabel angenommen. Von den Resultaten der Entwickelungen mögen einige hier angeführt werden:

Die einzelnen Punkte der Brennlinie findet man nach folgender Constructionsregel: Man zeichne im Einfallspunkte $\mathfrak{P}$ der Parabel die Normale; dieselbe schneide die Leitlinie im Punkte $O$; ferner trage man die Strecke $\mathfrak{P}O$ nach der entgegengesetzten Seite von $\mathfrak{P}$ auf der Normale ab bis zu einem Punkte $O_1$. Durch den Schnittpunkt $W$ der Verbindungslinie von $P$ mit $O_1$ und der in $\mathfrak{P}$ auf $P\mathfrak{P}$ senkrecht errichteten Linie ziehe man zur Normale der Parabel eine Parallele, so schneidet diese den von $\mathfrak{P}$ aus reflectirten Strahl in seinem Berührungspunkte mit der kaustischen Linie.

Die Brennlinie der Parabel hat zwei, zur Axe symmetrisch liegende Asymptoten. Die Abscisse des Parabelpunktes, aus welchem der von einem Punkte $P$ der Axe einfallende Strahl als Asymptote der zu $P$ gehörigen kaustischen Linie reflectirt wird, ist gleich einem Drittel des Abstandes des Punktes $P$ vom Scheitel der Parabel. Die Lage des Schnittpunktes der beiden Asymptoten und der Winkel, den eine Asymptote mit der Parabelaxe bildet, sind in der Abhandlung durch einfache Formeln bestimmt. Wenn der Abstand des strahlenden Punktes vom Scheitel der Parabel gleich dem $4\frac{1}{2}$fachen des Parameters ist, so fallen die beiden Asymptoten zu einer Geraden zusammen, welche auf der Axe senkrecht steht.

Die kaustische Linie der Parabel hat drei Rückkehrpunkte; die Tangenten in diesen Punkten sind diejenigen Strahlen, welche aus dem Scheitelpunkte der Parabel und andererseits aus den beiden Punkten derselben, welche mit dem strahlenden Punkte dieselbe Abscisse haben, reflectirt werden. Die Strecke zwischen dem Scheitel der Parabel und dem zugehörigen Krümmungsmittelpunkte wird durch den strahlenden Punkt und durch den ersten Rückkehrpunkt der Brennlinie harmonisch getheilt. Die beiden anderen Rückkehrpunkte findet man leicht durch folgende Construction: Man errichte in dem strahlenden Punkte eine Senkrechte zur Axe, welche die Parabel in $Q$ schneidet, im Punkte $Q$ eine andere Senkrechte auf dem Radiusvector $FQ$ bis zum Schnittpunkte $H$ mit der Axe; verlängert man $HQ$ über $Q$ hinaus um die eigene Länge, so ist der Endpunkt $I$ ein Rückkehrpunkt der Brennlinie und $HI$ ist die zugehörige Rückkehrtangente.

Die Abhandlung enthält nähere Bestimmungen der Curven, die Unterscheidung der objectiven und subjectiven Theile und die Rectification derselben; ferner eine durch Zeichnung erläuterte Uebersicht über die verschiedenen Gestalten, welche die kaustische Linie der Parabel allmählich annimmt, wenn der strahlende Punkt stetig fortschreitend alle Punkte der Axe durchläuft.

Hierauf folgt die Betrachtung der kaustischen Linien der Ellipse. Der strahlende Punkt liegt auf der grossen Axe in der Entfernung $z$ vom Mittelpunkte. Die Brennlinie hat im Allgemeinen vier, in der Abhandlung näher bestimmte Asymptoten, von denen je zwei symmetrisch zur grossen Axe liegen; ferner vier Rückkehrpunkte. Zwei dieser Punkte liegen auf der grossen Axe oder deren Verlängerung; die Strecken zwischen den Scheiteln der Ellipse und den zugehörigen Krümmungsmittelpunkten werden durch den strahlenden Punkt und durch je einen dieser beiden Rückkehrpunkte harmonisch getheilt. Die beiden anderen Rückkehrpunkte liegen symmetrisch zur grossen Axe; die Tangenten in diesen Punkten sind die reflectirten Strahlen, welche von den beiden Ellipsenpunkten ausgehen, deren Projection auf die grosse Axe der strahlende Punkt ist.

Die Gestalt der Brennlinie ist abhängig von den Verhältnissen der Entfernung des strahlenden Punktes vom Mittelpunkte, $z$, und der linearen Excentricität $c$ zur grossen Axe $2a$ der Ellipse. Es lassen sich folgende Fälle unterscheiden. 1) Wenn der Abstand $z$ kleiner als $\frac{a}{c}\sqrt{2c^2 - a^2}$ ist, so hat die kaustische Linie vier reelle Asymptoten; sie besteht aus zwei getrennten subjectiven und zwei ebenfalls getrennten objectiven Zweigen, welche je einen Rückkehrpunkt enthalten. 2) Ist $z$ gleich $\frac{a}{c}\sqrt{2c^2 - a^2}$, so hat die Curve zwei Asymptoten, welche durch den Mittelpunkt der Ellipse gehen und diese in zwei Punkten schneiden, deren Verbindungslinie senkrecht zur grossen Axe steht und den strahlenden Punkt enthält. Zwei Rückkehrpunkte liegen in diesem Falle unendlich fern. 3) Ist $z$ grösser als $\frac{a}{c}\sqrt{2c^2 - a^2}$, aber kleiner als $\frac{a^2+c^2}{2a}$, so ist die kaustische Linie eine geschlossene Curve mit vier Rückkehrpunkten und durchweg objectiv. 4) Ist $z$ gleich $\frac{a^2+c^2}{2a}$, so hat die Brennlinie nur eine reelle Asymptote, welche mit der grossen Axe zusammenfällt; der eine der beiden zur Axe gehörigen Rückkehrpunkte liegt jetzt unendlich fern. 5) Ist $z$ grösser als $\frac{a^2+c^2}{2a}$ und kleiner als $a$, so hat die Brennlinie wieder zwei reelle Asymptoten. Die Abhandlung enthält Untersuchungen und nähere Bestimmungen der verschiedenen Curven und die durch eine Zeichnung unterstützte Darstellung des Ueberganges der einzelnen Formen ineinander bei stetigem Fortrücken des strahlenden Punktes in der grossen Axe.

Görlitz. Dr. O. Kessler.

**Louis Huebner: Behandlung der Bewegung der Knoten der Planetenbahnen für drei Planeten durch Einführung elliptischer Functionen nebst Einleitung des allgemeinen Problems.** (Inauguraldissertation Königsberg 1878.)

Die vorgenannte Arbeit schliesst sich an die Abhandlung von Lagrange: sur le mouvements des noueds des orbites planétaires, mémoires de l'académie de Berlin, 1774. In dieser stützt sich Lagrange auf die im 2ten Bande seiner mécanique analytique aus der allgemeinen Störungsfunction durch Vernachlässigung der höheren Potenzen der Excentricität gefolgerte Annahme, dass, wenn ich die Ebene eines Planeten festhalte, sich die eines andern darauf bei gleichbleibender Neigung mit constanter Geschwindigkeit fortbewegt, und behandelt hiermit die Bewegung des Knotens zweier Planetenbahnen vollständig durch trigonometrische Functionen. Sodann leitet er das Problem für drei Planetenbahnen ein, stösst aber wegen seiner Unkenntniss der elliptischen Functionen sofort auf unüberwindliche Schwierigkeiten, und begnügt sich daher mit einer praktisch sehr brauchbaren Näherungsrechnung, die in gleicher Weise auch auf $n$ Planetenbahnen anwendbar ist, aber auf der von ihm nicht bewiesenen Voraussetzung der ewig fortdauernden Kleinheit der Neigungswinkel der Planetenbahnen zu einander basirt. Wenn Lagrange schliesslich aus den gewonnenen Formeln die stetige Kleinheit derselben folgert, so macht er einen Zirkelschluss. Ich habe nun das Problem zunächst für drei Planeten nochmals in folgender Weise angegriffen. Sind $P$, $Q$, $R$ drei grösste Kugelkreise, entsprechend den Ebenen der Planetenbahnen, so sind dieselben bestimmt durch ihre Neigungen $\xi$, $\eta$, $\zeta$ gegen einen festen Kreis und durch die Entfernungen ihrer Schnittpunkte mit diesem von einem festen Punkte auf ihm ($x$, $y$, $z$). Statt letzterer kann ich auch $\xi'$, $\eta'$, $\zeta'$, die Neigungen gegen einen zweiten mit ersterem einen rechten Winkel bildenden Kreis substituiren, woraus zu folgern, dass durch Lösung von Differentialgleichungen, in welchen $\xi$, $\eta$, $\zeta$ allein vorkommen, auch das ganze Problem gelöst ist. — In Nr. I meiner Arbeit werden nun die 6 simultanen Differentialgleichungen für $x$, $y$, $z$, $\xi$, $\eta$, $\zeta$ in neuer Form aufgestellt, in Nr. II sodann aus denselben die von Lagrange unmittelbarer gefundenen folgenden Differentialgleichungen für $\alpha$, $\beta$, $\gamma$, die Neigungen der drei Planetenbahnen gegen einander, abgeleitet:

$$1)\ \frac{d\cos\alpha}{dt} = a\cdot u, \quad 2)\ \frac{d\cos\beta}{dt} = b\cdot u, \quad 3)\ \frac{d\cos\gamma}{dt} = c\cdot u,$$

wo $u = \sqrt[2]{(1 - \cos^2\alpha - \cos^2\beta - \cos^2\gamma + 2\cos\alpha\cos\beta\cdot\cos\gamma)}$, auf welche, wie ich eben da zeige, auch folgende Differentialgleichungen zurückführbar sind:

$$\text{I)}\quad \frac{dx}{\sqrt{1-x^2}\cdot dt} = a + b\cdot\sqrt{\frac{1-x^2}{1-y^2}}\cdot z + c\cdot\sqrt{\frac{1-x^2}{1-z^2}}\cdot y,$$

$$\text{II)}\quad \frac{dy}{\sqrt{1-y^2}\cdot dt} = a\cdot\sqrt{\frac{1-y^2}{1-x^2}}\cdot z + b + c\cdot\sqrt{\frac{1-y^2}{1-z^2}}\cdot x,$$

$$\text{III)}\quad \frac{dz}{\sqrt{1-z^2}\cdot dt} = a\cdot\sqrt{\frac{1-z^2}{1-x^2}}\cdot y + b\cdot\sqrt{\frac{1-z^2}{1-y^2}}\cdot x + c.$$

In Nr. III gewinne ich durch umfangreiche Rechnungen aus den Gleichungen von Nr. I drei Differentialgleichungen für $\cos\xi$, $\cos\eta$, $\cos\zeta$ von der Form:

$$\text{I)}\quad \frac{d^2\cos\xi}{dt^2} = A_1\cos\xi + A_2\cos\eta + A_3\cos\zeta,$$

ebenso II) und III) für $\eta$, $\zeta$; worin die Coefficienten $A$ u. s. f. $= p\cdot\cos\alpha + q\cdot\cos\beta + r\cdot\cos\gamma + s$, wenn $p$, $q$, $r$, $s$ gegebene Constante sind. In Nr. IV entwickele ich zunächst eine Reihe interessanter Relationen zwischen den Winkeln, welche 4 sich schneidende grösste Kugelkreise bilden, wie die Determinantengleichung:

$$\begin{vmatrix} 1 & \cos\zeta & \cos\eta & \cos\xi \\ \cos\xi & 1 & \cos\gamma & \cos\beta \\ \cos\eta & \cos\gamma & 1 & \cos\alpha \\ \cos\zeta & \cos\beta & \cos\alpha & 1 \end{vmatrix} = 0$$

und benutze diese dann zur Ableitung von linearen Differentialgleichungen erster Ordnung für $\cos\xi$, $\cos\eta$, $\cos\zeta$ von der Form:

$$\frac{d\cos\xi}{dt} = A_1'\cos\xi + A_2'\cos\eta + A_3'\cos\zeta,$$

wo die $A$ aber complicirtere Ausdrücke in den Variabeln $\cos\alpha$, $\cos\beta$, $\cos\gamma$ sind. Letztere für mich nicht integrirbare Differentialgleichungen werden später nothwendig gebraucht zur Bestimmung der sechs willkührlichen Constanten der obigen Differentialgleichungen zweiter Ordnung durch den Anfangszustand, da nur $\xi_0$, $\eta_0$, $\zeta_0$ gegeben sind,

$$\left(\frac{d\xi}{dt}\right)_0,\quad \left(\frac{d\eta}{dt}\right)_0,\quad \left(\frac{d\zeta}{dt}\right)_0,$$

also durch diese ausgedrückt werden müssen.

In Nr. V werden in einfacher Weise bei den Differentialgleichungen für $\cos\alpha$, $\cos\beta$, $\cos\gamma$ zwei dieser Variabeln eliminirt und die Zeit als elliptisches Integral der dritten ausgedrückt. Die eingehende Discussion des vorkommenden Ausdrucks $3^{ten}$ Grades zeigt dann schon, dass das sphärische Dreieck, dessen Winkel $\alpha, \beta, \gamma$ sind, zwischen zwei Grenzzuständen periodisch hin- und herschwankt, bei welchen es in einen Punkt zusammengezogen erscheint. — Die Umformung und Umkehrung des Integrals führt dann auf die Lösung:

$$\cos\alpha = \cos\alpha_1 + (\cos\alpha_2 - \cos\alpha_1)\sin^2\operatorname{am}\frac{Kt}{T},$$

wo $\frac{K}{T} = \frac{\sqrt{-2bc(\xi - \cos\alpha_1)}}{2}$ und $\cos\alpha_1$, $\cos\alpha_2$, $\xi$ die Wurzeln jener kubischen Gleichung sind. In Nr. VI werden dieselben Differentialgleichungen in symmetrischer Form behandelt, indem $\int u dt = x$, wenn $u = \sqrt{(1 - \cos^2\alpha - \cos^2\beta - \cos^2\gamma + 2\cos\alpha\cos\beta\cos\gamma)}$ als neue Variabele eingeführt wird und daran ausser Anderem ein vollständig exacter Beweis angeschlossen, dass, wenn die Neigungswinkel $\alpha$, $\beta, \gamma$ einmal kleine Grössen sind, sie es immer bleiben. — In Nr. VII zeigt sich, wie durch Lösung der eben erwähnten simultanen drei Differenzialgleichungen auch folgende Differenzialgleichung $3^{ter}$ Ordnung mitgelöst ist:

$$u \cdot \frac{d^3u}{dt^3} - \frac{du}{dt} \cdot \frac{d^2u}{dt^2} = \text{Const. } u^3,$$

die nach einmaliger Integration auf die physikalisch wichtige Gleichung:

$$\frac{d^2x}{dt^2} = p + q \cdot x + r \cdot x^2$$

führt, auf die dann weiter die Lösung der physikalisch gleichfalls verwendbaren und von Lamé bereits verwandten Gleichung:

$$\frac{d^2u}{dt^2} = u\,\{p + q \cdot \sin^2\operatorname{am}(mt, k)\}$$

zurückgeführt ist. — Nr. VIII führt den Nachweis, dass die oben erwähnte Determinantengleichung ein particuläres Integral der Differentialgleichung für $\xi$, $\eta$, $\zeta$ ist. — Nr. IX bringt endlich die Integration der Differentialgleichung für $\xi$, $\eta$, $\zeta$. Es werden zunächst für $\cos\alpha$, $\cos\beta$, $\cos\gamma$ ihre vorhin gewonnenen Darstellungen als Functionen der Zeit eingesetzt und dann sieht man sogleich, dass, wenn jene kubische Gleichung zwei gleiche Wurzeln hat, für $\cos\xi$, $\cos\eta$, $\cos\zeta$ lineare Differentialgleichungen $2^{ter}$ Ordnung mit constanten Coefficienten folgen, welche bekanntlich exact trigonometrisch lösbar sind. — Führe ich dann für $\sin^2\operatorname{am}\frac{Kt}{T}$ die Reihenentwickelung nach Cosinus der Vielfachen ein, so zeigen sich, wenn ich bereits die erste Potenz des hier sehr kleinen $q = e^{-\frac{\pi . K'}{K}}$ vernachlässige, wieder Gleichungen der eben erwähnten Form für cos $\xi$, cos $\eta$, cos $\zeta$. Von der bekannten Lösung solcher Differentialgleichungen aus kann ich dann bei Berücksichtigung höherer Potenzen von $q$ durch die Methode der Variation der Constanten schnell zu jedem beliebigen Grade der Genauigkeit fortschreiten. — Nr. X zeigt noch, wie weit es mir bisher gelungen, bei $n$ Planeten analoge Differentialgleichungen aufzustellen. Integrationsversuche dürften schon bei 4 Planeten auf unüberwindliche Schwierigkeiten stossen.

Königsberg. Louis Huebner.

---

**A. Favaro: Notizie storico-critiche sulla costruzione delle equazioni.** (Memorie della R. Accademia di Scienze, Lettere ed Arti di Modena. Tomo XVIII.) Modena, 1878.

L'applicazione dei metodi costruttivi o grafici ai calcoli d'indole più elevata va facendo progressi continui, e, particolarmente in questi ultimi tempi si vennero proponendo d'ogni parte procedimenti atti a rappresentare mediante costruzioni geometriche le formule spesso le più ardue dell' analisi.

Facendo astrazione dal singolare favore in che sono oggidì gli studi geometrici, e che in altra circostanza l'Autore ha cercato di mettere in evidenza, vi sono due cause, le quali giustificano appieno e razionalmente questa manifesta tendenza. La prima si è che pressochè sempre una costruzione parla agli occhi un linguaggio assai più chiaro che non una formula, per quanto semplice: la seconda, che, quando col sussidio di simboli e di cifre si è compiuta la ricerca d'una soluzione matematica, ne rimangono traccie molto più difficili a seguirsi che non quando la soluzione stessa venne trovata mercè costruzioni, le quali dipendono le une dalle altre in un ordine necessario di successione. Le formule analitiche costituiscono indubbiamente mezzi potenti di investigazione: esse convengono in modo mirabile, allorquando si tratti di calcolare un risultato con un determinato grado di esattezza, anzi questa esattezza potrà, in generale, spingersi per tal via quanto si voglia, ma le costruzioni geometriche, d'ordinario assai più sollecite, presentano un requisito che le formule non possiedono se non teoricamente, quello cioè della continuità: i punti di una linea si succedono senza interruzioni; i risultati numerici calcolati col mezzo della formula che rappresenta la stessa linea, sono necessariamente discontinui.

I procedimenti costruttivi, è d'uopo riconoscerlo, non permettono di raggiungere l'esattezza, alla quale si può pervenire mercè i calcoli numerici, ma però forniscono una approssimazione più che sufficiente per i bisogni della pratica.

Nel presente lavoro, pur prendendo principalmente di mira lo sviluppo storico della costruzione delle equazioni, l'Autore non trascurò di porre in evidenza quanto in tale indagine gli si offerse di interessante così intorno all' uso dei metodi grafici in generale, come anche intorno a certe questioni di analisi geometrica che gli sembrarono più o meno strettamente legate all' argomento che egli si era proposto di svolgere.

Era dapprima intenzione dell' Autore di estendere le sue indagini a questo proposito dai tempi più antichi fino ai nostri giorni. Gli sembrava infatti che, atteso lo straordinario favore in che sono venuti in questi ultimi tempi i metodi costruttivi, non fosse senza qualche interesse il raccogliere sotto la forma modesta di inventario quanto finora venne fatto — anche per evitare, ciocchè troppo sovente accade oggidì perfino a coloro che vanno per la maggiore, di ripetere, più o meno scientemente, quanto venne già fatto per lo passato e talvolta anche meglio che non si faccia oggidì. Senonchè preoccupazioni diverse avendo impedito all' Autore di compiere il programma che s'era prestabilito, giudicò opportuno di pubblicare per intanto la prima parte del suo lavoro, che condotta secondo l'ordine cronologico, guinge fino a Vieta.

Questa prima parte venne dall' Autore divisa in quattro capitoli.

Nel primo egli si fa a studiare le prime traccie dei metodi costruttivi nella aritmetica pitagorica, nelle varie soluzioni grafiche e meccaniche dei due famosi problemi della duplicazione del cubo e della trisezione dell' angolo, negli *Elementi* e nei *Dati* di Euclide, nei commentarii di Eutocio al *Trattato della sfera e del cilindro* di Archimede, nell' uso che delle coniche fece Apollonio, nelle regole immaginate da Pitagora e da Platone per ottenere sistemi indeterminati di triangoli rettangoli, i cui lati sieno espressi mediante numeri interi ed in Diofanto.

Il secondo capitolo è particolarmente dedicato all' India ed ai materiali che per la costruzione delle equazioni offrono in ispecial modo gli scritti di Brahmegupta e di Bhascara.

Il terzo capitolo mette in evidenza i materiali che per lo sviluppo storico dell' argomento vengono offerti dagli scritti dei matematici arabi pervenuti fino a noi e con tanta erudizione e profondità illustrati dal Rosen e dal Woepcke.

Il quarto finalmente segue lo sviluppo dei metodi costruttivi in Italia per opera di Leonardo Pisano, di frate Luca Pacioli, di Tartaglia, di Cardano e di Giovanni Battista Benedetti.

Onde raggiungere pertanto quel più lato scopo che da principio l'Autore erasi prefissato, aveva egli avuto cura di incominciare già a raccogliere quel materiale, che era necessario a proseguire il lavoro fino ai giorni nostri. Questa parte di materiale, che finora era riuscito a raccogliere, pose egli sotto forma di appendice ed a tale aggiunta fu indotto nella lusinga che delle indicazioni da lui fornite possa giovarsi qualche altro il quale trovi l'argomento abbastanza interessante da meritare di spendervi le proprie fatiche. A proposito di questi materiali, l'Autore fa appello a quelli fra i suoi Colleghi di studio che vi getteranno gli occhi, affinchè col segnalargli le eventuali lacune, vogliano concorrere a facilitargli il compimento della seconda parte del suo lavoro, quando egli potrà di nuovo rivolgervi la sua attenzione.

Nella disposizione di questi materiali, l'Autore serbò l'ordine cronologico della pubblicazione, meno per quei casi nei quali questo fosse in notoria ed evidente opposizione coll' ordine cronologico della produzione, che in lavori d'indole storica non deve essere trascurato. I brevi schiarimenti aggiunti si propongono di porgere una idea sommaria del contenuto dei singoli lavori, particolarmente nel caso in cui il titolo dello scritto non lo dichiari abbastanza esplicitamente: tutte le volte pertanto in cui gli fu possibile, ai suoi personali apprezzamenti l'Autore sostituì o quelli dell' autore dello scritto o quelli di altri scrittori che in qualche occasione avevano esternato eventualmente il loro parere intorno al valore od al contenuto degli scritti citati.

---

**A. Favaro: Considerazioni intorno ad una statistica degli scienziati vissuti nei due ultimi secoli.** (Rivista Periodica della R. Accademia di Scienze, Lettere ed Arti in Padova. Volume XXVIII.) Padova, 1878.

Nel presente scritto l'Autore si è proposto di analizzare le conclusioni alle quali pervenne il signor Alfonso de Candolle nella ben nota sua opera: *Histoire des Sciences et des Savants depuis deux siècles*, che realmente non è se non una statistica illustrata dei più valenti scienziati che appartennero alle tre principali Accademie scientifiche, vale a dire all' Accademia delle Scienze di Parigi, alla Società Reale di Londra ed alla Accademia di Berlino.

---

A. Favaro: **Intorno alla pubblicazione fatta dal Dr. Carlo Malagola di alcuni documenti relativi a Niccolò Copernico e ad altri astronomi e matematici dei Secoli XV e XVI.** (Bulletino di Bibliografia e di Storia delle Scienze Matematiche e Fisiche. Tomo XI.) Roma, 1878.

La pubblicazione della quale quì si occupa l'Autore venne già annunciata due or sono all' incirca da questo medesimo periodico (Erster Band, S. 185—186). Il presente scritto tuttavia non è un analisi del volume pubblicato dal signor Malagola, ma bensì uno studio di tutto quanto nel detto volume si contiene di interessante per la Storia delle Matematiche. Quest' ultimo argomento per verità non entra se non per incidenza nel volume in discorso e vi si lega soltanto perchè, come tutto porta a credere, Niccolò Copernico fu scolaro di Antonio Urceo detto Codro, al quale l'opera del signor Malagola è precipuamente dedicata.

Ed infatti i documenti i quali interessano la Storia delle Matematiche abbondano nel volume medesimo: l'Autore della pubblicazione della quale si è riferito il titolo li analizza tutti e si giova di essi e di altre notizie raccolte in tale occasione per fissare alcuni punti ancora non bene definiti o per rettificare alcune inesattezze, nelle quali scrittori precedenti erano caduti.

Padova. A. Favaro.

---

L. Koenigsberger: **Ueber die Beziehung der complexen Multiplication der elliptischen Integrale zur Reduction gewisser Klassen Abel'scher Integrale auf elliptische.** (Borchardt's Journal für Mathematik.)

Nachdem von denjenigen Mathematikern des vorigen Jahrhunderts, welche, durch die Untersuchungen von Fagnano dazu veranlasst, sich mit dem Additions- und Multiplicationstheorem der elliptischen Integrale und gewisser Integrale von Functionen höherer Irrationalität beschäftigten, einzelne Integrale algebraischer Functionen auf elliptische Integrale zurückgeführt worden, war Legendre der erste, welcher in seinem „traité des fonctions elliptiques“ zwei Klassen solcher reducirbarer Integrale aufstellte, nämlich:

$$\text{(a)} \qquad \int f\left(z,\ \sqrt[3]{a_0 + a_1 z + a_2 z^2 + a_3 z^3}\right) dz$$

und

$$\text{(b)} \qquad \int f\left(z,\ \sqrt[4]{a_0 + a_1 z + a_2 z^2 + a_3 z^3 + a_4 z^4}\right) dz.$$

Die späteren Untersuchungen von Riemann und Clebsch haben das Problem von einer anderen und allgemeineren Seite aufgefasst, indem die algebraischen Gleichungen, welche den Abel'schen Integralen zu Grunde gelegt wurden, durch ihre Geschlechtszahl $p$ charakterisirt wurden, und als Abel'sche Integrale, welche auf elliptische reducirt werden können, solche bezeichnet wurden, für welche $p = 1$ ist. Davon verschieden ist jedoch die Frage nach den *einzelnen* Integralen, welche auf elliptische Integrale reducirbar sein können, ohne dass die Geschlechtszahl $p = 1$ zu sein braucht, und gerade diese Frage ist in der Integralrechnung von grosser Wichtigkeit und spielt in den Anwendungen eine wesentliche Rolle.

Ueber eine von mir angestellte Untersuchung über die Reduction hyperelliptischer Integrale auf elliptische habe ich im zweiten Hefte dieses Bandes referirt und bei Gelegenheit dieser Untersuchung kam ich naturgemäss auf die Frage der Reduction auf elliptische Integrale für die nächst höhere Gattung Abel'scher Integrale

$$\int F\left(z,\ \sqrt[n]{(z-\alpha_1)^{m_1}(z-\alpha_2)^{m_2}\cdots(z-\alpha_\varrho)^{m_\varrho}}\right) dz,$$

für welche mir nur der Fall der Legendre'schen Integrale bekannt war, und für diesen Fall ein von Roethig (Crelle's Journal B. 56) gefundenes, eigenthümliches Resultat, dass sich die Integrale von der Form (a) auf elliptische Integrale zurückführen lassen, deren Modul $\frac{1}{2}\sqrt{2 \pm \sqrt{3}}$ ist, die Integrale von der Form (b) auf elliptische Integrale mit dem Modul $\sqrt{\frac{1}{2}}$. Dieses letztere Resultat von Roethig war die Veranlassung zu der Arbeit, über die ich jetzt kurz referiren will.

Aus meinen früheren Arbeiten folgt der Satz, dass, wenn eine Gleichung von der Form

$$\int^{z_1} F(z, \sqrt[n]{R(z)})\,dz = \int^{x_1} f_1(x, \sqrt{\varphi_1(x)})\,dx + \int^{x_2} f_2(x, \sqrt{\varphi_2(x)})\,dx + \cdots$$
$$+ \int^{x_r} f_r(x, \sqrt{\varphi_r(x)})\,dx + u + A_1 \log v_1 + \cdots + A_\nu \log v_\nu$$

besteht, worin

$$\varphi_\alpha(x) = (1-x^2)(1-k_\alpha^2 x^2)$$

ist, *dann auch zur Irrationalität $\sqrt[n]{R(z)}$ gehörige Integrale erster Gattung existiren, welche auf je ein zu den elliptischen Integralen der rechten Seite gehöriges Integral erster Gattung reducirbar sind.*

Es folgt sodann die Darstellung der Integrale erster Gattung, welche zu $\sqrt[n]{R(z)}$ gehören, und es wird die allgemeine Frage darauf zurückgeführt, diejenigen *Fundamentalintegrale* erster Gattung zu charakterisiren, für welche

$$\int \psi_r(z)(\sqrt[n]{R(z)})^r\,dz = \int \frac{dy}{\sqrt{\varphi(y)}}$$
$$\int \psi_r(z)(\sqrt[n]{R(z)})^r\,dz + \int \psi_s(z)(\sqrt[n]{R(z)})^s\,dz = \int \frac{dy}{\sqrt{\varphi(y)}}$$
$$\cdots\cdots\cdots\cdots\cdots\cdots$$
$$\int \psi_1(z)\sqrt[n]{R(z)}\,dz + \int \psi_2(z)(\sqrt[n]{R(z)})^2\,dz + \cdots$$
$$+ \int \psi_{n-1}(z)(\sqrt[n]{R(z)})^{n-1}\,dz = \int \frac{dy}{\sqrt{\varphi(y)}}$$

ist.

Nachdem für die erste Klasse zu den bekannten Integralen noch die Beziehung

$$\int \frac{dz}{(\sqrt[6]{a+2bz+cz^2})^5} = \tfrac{3}{2}\int \frac{dx}{\sqrt{x(b^2+(x^3-a)c)}}$$

vermöge der Substitution

$$a + 2bz + cz^2 = x^3$$

hinzugefügt worden, wird der Satz bewiesen,

> *dass der Modul des elliptischen Integrales, auf welches ein Abel'sches Fundamentalintegral der obigen Art reducirbar ist, ein Modul der complexen Multiplication sein muss.*

Nach einer Darstellung des Abel'schen Satzes, dass der Multiplicator der complexen Multiplication von der Form $A + i\sqrt{B}$ sein muss, worin $A$ und $B$ rationale Zahlen bedeuten, von denen die letztere wesentlich positiv ist, wird gezeigt, dass gleiche Multiplicatoren nur dann zwei verschiedenen Moduln der complexen Multiplication zugehören können, wenn die Moduln ineinander transformirbar sind, und dass ferner die verschiedenen Multiplicatoren, welche demselben complexen Multiplicationsmodul angehören, in ganzer linearer Beziehung von einander abhängen, also die Form haben

$$a = P + iQ\sqrt{R} \quad \text{und} \quad a' = P' + iQ'\sqrt{R}.$$

Aus diesen Sätzen wird durch einfache Schlüsse gefolgert, *dass ein Abel'sches Fundamentalintegral der Form*

$$\int \psi(z) \left(\sqrt[n]{R(z)}\right)^r dz$$

*nur dann auf ein elliptisches Integral reducirbar sein kann, wenn $n = 2, 3, 4, 6$ ist.*

Diesen vier Fällen entsprechen die Gleichungen

$$\frac{d\eta}{\sqrt{\varphi(\eta)}} = -\frac{dy}{\sqrt{\varphi(y)}}$$

$$\frac{d\eta}{\sqrt{\varphi(\eta)}} = \left(\pm\frac{1}{2} + \frac{i}{2}\sqrt{3}\right)\frac{dy}{\sqrt{\varphi(y)}}$$

$$\frac{d\eta}{\sqrt{\varphi(\eta)}} = i\frac{dy}{\sqrt{\varphi(y)}}$$

von denen die erste uns hier nicht interessirt, während aus den beiden andern mit Hülfe der vorher entwickelten Sätze sich das folgende Theorem ergiebt:

*Wenn ein Abel'sches Integral erster Gattung von der Form*

$$\int \psi(z) \left(\sqrt[n]{R(z)}\right)^r dz,$$

*worin $n > 2$ auf ein elliptisches Integral reducirbar sein soll, so kann dies nur für $n = 3, 4, 6$ der Fall sein, und zwar haben die elliptischen Integrale, auf welche sich die Integrale*

$$\int \psi(z) \left(\sqrt[3]{R(z)}\right)^r dz, \quad \int \psi(z) \left(\sqrt[6]{R(z)}\right)^r dz$$

*reduciren lassen, den Modul der complexen Multiplication $\frac{1}{2}\sqrt{2+\sqrt{3}}$ oder einen aus diesem transformirten, während die elliptischen Integrale, auf welche die Abel'schen Integrale*

$$\int \psi(z) \left(\sqrt[4]{R(z)}\right)^r dz$$

*zurückführbar sein können, den complexen Multiplicationsmodul $\sqrt{\frac{1}{2}}$ oder einen aus diesem transformirten besitzen.*

Für den Fall der Reduction der Summe mehrerer Fundamentalintegrale auf *ein* elliptisches Integral wird zuerst das Beispiel aufgestellt

$$\frac{1}{\sqrt[4]{A}}\int\frac{dz}{(\sqrt[8]{a+2bz+cz^2})^5}+\int\frac{dz}{(\sqrt[8]{a+2bz+cz^2})^7}$$

$$=\frac{2}{\sqrt{c}\,(\sqrt[8]{A})^3}\int\frac{dx}{\sqrt{(x-1)(2x^2-1)}}$$

$$\frac{1}{\sqrt[4]{A}}\int\frac{dz}{(\sqrt[8]{a+2bz+cz^2})^5}-\int\frac{dz}{(\sqrt[8]{a+2bz+cz^2})^7}$$

$$=\frac{2}{\sqrt{c}\,(\sqrt[8]{A})^3}\int\frac{dx}{\sqrt{(x+1)(2x^2-1)}},$$

worin

$$A=\frac{b^2-ac}{a},\qquad a+2bz+cz^2=-Ax^4$$

ist, und für die allgemein zu untersuchende Gleichung

$$\psi_{r_1}(z)\left(\sqrt[n]{R(z)}\right)^{r_1}dz+\psi_{r_2}(z)\left(\sqrt[n]{R(z)}\right)^{r_2}dz+\cdots+\psi_{r_\nu}(z)\left(\sqrt[n]{R(z)}\right)^{r_\nu}dz,$$

wenn $\alpha=e^{\frac{2\pi i}{n}}$ gesetzt wird, die Bedingung gegeben

$$\text{(m)}\qquad\begin{vmatrix}1 & 1 & 1 & \cdots & 1 & \dfrac{dy}{\sqrt{\varphi(y)}}\\ \alpha^{r_1} & \alpha^{r_2} & \alpha^{r_3} & \cdots & \alpha^{r_\nu} & \dfrac{dy_1}{\sqrt{\varphi(y_1)}}\\ \alpha^{2r_1} & \alpha^{2r_2} & \alpha^{2r_3} & \cdots & \alpha^{2r_\nu} & \dfrac{dy_2}{\sqrt{\varphi(y_2)}}\\ \cdot & \cdot & \cdot & \cdot & \cdot & \cdot\\ \alpha^{\nu r_1} & \alpha^{\nu r_2} & \alpha^{\nu r_3} & \cdots & \alpha^{\nu r_\nu} & \dfrac{dy_\nu}{\sqrt{\varphi(y_\nu)}}\end{vmatrix}=0,$$

um aus derselben Folgerungen für den Modul der elliptischen Integrale abzuleiten.

Es wird gezeigt, dass, wenn $\nu=n-1$, die Bedingungsgleichung die Form annimmt

$$\frac{dy}{\sqrt{\varphi(y)}}+\frac{dy_1}{\sqrt{\varphi(y_1)}}+\cdots+\frac{dy_{n-1}}{\sqrt{\varphi(y_{n-1})}}=0,$$

und dass sich hieraus Eigenschaften der Moduln der elliptischen Integrale nicht ableiten lassen; ist jedoch $\nu<n-1$, so wird erst an einem Beispiele gezeigt, wie man wieder Folgerungen für den

Modul der Integrale ableiten kann, und sodann der Fall $\nu = 2$ allgemein untersucht, welcher der Gleichung

$$\alpha^{r_1+r_2} \frac{dy}{\sqrt{\varphi(y)}} - (\alpha^{r_1} + \alpha^{r_2}) \frac{dy_1}{\sqrt{\varphi(y_1)}} + \frac{dy_2}{\sqrt{\varphi(y_2)}} = 0$$

entspricht; für den Fall, dass $r_1 + r_2 = n$, schliesst man, dass die einzig möglichen Fälle mit Anwendung unmittelbar verständlicher Abkürzungen

$$\left(\sqrt{R(z)},\ \sqrt{R(z)}\right),\ \left(\sqrt[3]{R(z)},\ (\sqrt[3]{R(z)})^2\right),\ \left(\sqrt[4]{R(z)},\ (\sqrt[4]{R(z)})^3\right),$$
$$\left(\sqrt[6]{R(z)},\ (\sqrt[6]{R(z)})^5\right)$$

sind; für den Fall, dass $r_1 + r_2 = \frac{n}{2}, \frac{3n}{2}$, folgen als einzig mögliche Fälle

$$\left(\sqrt[6]{R(z)},\ (\sqrt[6]{R(z)})^2\right),\ \left((\sqrt[6]{R(z)})^4,\ (\sqrt[6]{R(z)})^5\right),\ \left(\sqrt[8]{R(z)},\ (\sqrt[8]{R(z)})^3\right),$$
$$\left((\sqrt[8]{R(z)})^5,\ (\sqrt[8]{R(z)})^7\right),\ \left(\sqrt[12]{R(z)},\ (\sqrt[12]{R(z)})^5\right),\ \left((\sqrt[12]{R(z)})^7,\ (\sqrt[12]{R(z)})^{11}\right),$$

wofür die elliptischen Integrale die complexe Multiplication besitzen, und zwar mit den für je zwei aufeinanderfolgende gültigen resp. Multiplicatoren

$$i\sqrt{3},\ i\sqrt{2},\ i$$

und somit auf Integrale mit den Moduln

$$\tfrac{1}{2}\sqrt{2+\sqrt{3}},\ \sqrt{2}-1,\ \sqrt{\tfrac{1}{2}}$$

reducirt werden können, wofür das Beispiel

$$B_2 \frac{dx}{\sqrt[12]{x^4(x+1)^{11}}} - A_2 \frac{x(x+1)^4 dx}{(\sqrt[12]{x^4(x+1)^{11}})^5} = (A_1 B_2 - A_2 B_1) \frac{dY_1}{\sqrt{(1-Y_1^2)(1-\frac{1}{2}Y_1^2)}}$$

entwickelt wird.

Ist nun $\alpha^{r_1+r_2}$ nicht reell, so ist die folgende Methode der Untersuchung anzuwenden, die zugleich für den allgemeinen Fall $\nu < n - 1$ ausgeführt ist; es wird gezeigt, dass aus der Gleichung (m) oder aus

$$A \frac{dy}{\sqrt{\varphi(y)}} + A_1 \frac{dy_1}{\sqrt{\varphi(y_1)}} + \cdots + A_{\nu-1} \frac{dy_{\nu-1}}{\sqrt{\varphi(y_{\nu-1})}} + A_\nu \frac{dy_\nu}{\sqrt{\varphi(y_\nu)}} = 0,$$

worin die $A$ aus den Potenzen der $n^{\text{ten}}$ Einheitswurzel $\alpha$ zusammengesetzt sind, mit Hülfe eines Abel'schen Satzes die Gleichung folgt

$$A\delta + m_1 A_1 + m_2 A_2 + \cdots + m_\nu A_\nu = 0,$$

worin $\delta$ eine positive ganze Zahl, $m_\alpha$, wenn es reell ist, ebenfalls eine ganze Zahl bedeutet, wenn es imaginär ist, die Form hat

$$\tfrac{1}{2}(\lambda_\alpha + i\sqrt{\mu_\alpha}),$$

worin $\lambda_\alpha$ und $\mu_\alpha$ ganze Zahlen vorstellen, von denen die letztere wesentlich positiv ist, und es fragt sich, ob aus dieser Gleichung weitere Folgerungen abgeleitet werden können.

Für $\nu = 2$ geht diese Gleichung in

$$\delta \alpha^{r_1 + r_2} - m_1 (\alpha^{r_1} + \alpha^{r_2}) + m_2 = 0$$

über, und es wird an diesem Falle der Gang der weiteren Untersuchung skizzirt und gezeigt, in welcher Verbindung diese Fragen mit der Kreistheilung stehen.

Wien. **Leo Koenigsberger.**

---

**L. Koenigsberger: Ueber die Erweiterung des Jacobi'schen Transformationsprincips.**

Bekanntlich hat Jacobi in seinen ersten Arbeiten über die Theorie der elliptischen Functionen nachgewiesen, dass, was auch $p$ für eine positive ganze Zahl sein mag, stets eine Substitution von der Form

$$y = \frac{a + a'x + a''x^2 + \cdots + a^{(p)}x^p}{b + b'x + b''x^2 + \cdots + b^{(p)}x^p}$$

bestimmt werden könne, welche

$$\frac{dy}{\sqrt{A' + B'y + C'y^2 + D'y^3 + E'y^4}} \text{ in } \frac{dx}{\sqrt{A + Bx + Cx^2 + Dx^3 + E x^4}}$$

überführt, und zwar wird der Beweis auf rein algebraischem Wege geführt durch Abzählung der Constanten und Aufsuchung der für dieselben bestehenden Bedingungsgleichungen. Wie Richelot in der ersten seiner beiden ausgezeichneten Arbeiten über die Transformation der Abel'schen Functionen nachgewiesen hat, ist es unmöglich für Polynome von höherem Grade als dem vierten eine solche rationale Transformation eines hyperelliptischen Integrales erster Gattung in ein anderes zu einem Polynome gleichen Grades gehöriges derselben Gattung herzustellen, und es war wieder Jacobi, welcher Richelot auf die Untersuchung irrationaler, durch quadratische Gleichungen definirter Substitutionen für die hyperelliptischen Integrale erster Ordnung führte, welche das Analogon zur Landen'schen Transformation der elliptischen Integrale bildeten. Diese

Untersuchungen wurden in keiner Weise weitergeführt, da die Methoden nur für jene specielle Substitution anwendbar waren, bis Hermite im Jahre 1855 diese Frage von einer ganz andern Seite her beleuchtete, indem er sich die Aufgabe der Transformation der zu den hyperelliptischen Integralen erster Ordnung gehörigen $\vartheta$-Functionen stellte und die Fundamentalsätze dieser Theorie entwickelte. Von dieser Arbeit Hermite's ausgehend habe ich selbst in einer Reihe früherer Arbeiten genauere Untersuchungen über die Transformation zweiten und dritten Grades angestellt und auch gezeigt, wie man von den Transformationsformeln der $\vartheta$-Functionen aus zu den von Richelot auf rein algebraischem Wege gefundenen Resultaten für eine Transformation zweiten Grades gelangen kann.

Dass jedoch die algebraische Behandlung des Transformationsproblems oder die Erweiterung des von Jacobi für die Transformation der elliptischen Integrale angewandten Princips bisher noch nicht versucht worden, liegt unzweifelhaft darin, dass man erst das Analogon zu dem von Abel für elliptische Integrale aufgestellten Satze haben musste, welcher zeigte, dass jede algebraische Transformation eines elliptischen Integrales durch eine rationale ersetzt werden könne. Nun habe ich in der siebenten Vorlesung meiner „Theorie der hyperelliptischen Integrale" nachgewiesen, dass, wenn eine Beziehung von der Form besteht

$$F(z, \sqrt{R(z)})\,dz = F_1(z_1, \sqrt{R_1(z_1)})\,dz_1 + u + A_1 \log v_1 + \cdots + A_\nu \log v_\nu,$$

worin
$$R(z) = (z-\alpha_1)(z-\alpha_2)\cdots(z-\alpha_{2p+1})$$
$$R_1(z_1) = (z_1-\beta_1)(z_1-\beta_2)\cdots(z_1-\beta_{2p+1})$$

ist, daraus die Beziehung hervorgeht

$$\frac{dY_1}{\sqrt{R_1(Y_1)}} + \frac{dY_2}{\sqrt{R_1(Y_2)}} + \cdots + \frac{dY_p}{\sqrt{R_1(Y_p)}} = 2\,\frac{F_1(z)\,dz}{\sqrt{R(z)}}$$
$$\frac{Y_1\,dY_1}{\sqrt{R_1(Y_1)}} + \frac{Y_2\,dY_2}{\sqrt{R_1(Y_2)}} + \cdots + \frac{Y_p\,dY_p}{\sqrt{R_1(Y_p)}} = 2\,\frac{F_2(z)\,dz}{\sqrt{R(z)}}$$
$$\cdots\cdots\cdots\cdots$$
$$\frac{Y_1^{p-1}\,dY_1}{\sqrt{R_1(Y_1)}} + \frac{Y_2^{p-1}\,dY_2}{\sqrt{R_1(Y_2)}} + \cdots + \frac{Y_p^{p-1}\,dY_p}{\sqrt{R_1(Y_p)}} = 2\,\frac{F_p(z)\,dz}{\sqrt{R(z)}},$$

worin

$$F_1(z),\ F_2(z),\ \ldots\ F_p(z)$$

ganze Functionen des $p-1^{\text{ten}}$ Grades,

$$Y_1,\ Y_2,\ \ldots\ Y_p$$

Lösungen der algebraischen Gleichung

$$Y^p + \chi_1(z)\,Y^{p-1} + \chi_2(z)\,Y^{p-2} + \cdots + \chi_p(z) = 0$$

sind, deren Coefficienten rationale Functionen von $z$ sind, und für welche

$$\sqrt{R_1(Y_1)},\ \sqrt{R_1(Y_2)},\ \ldots\ \sqrt{R_1(Y_p)}$$

sich als rationale Functionen der zugehörigen $Y$-Grössen und $z$ ausdrücken lassen multiplicirt mit $\sqrt{R(z)}$; es wird auch weiter die Umkehrung dieses Satzes bewiesen.

Wird nun dieser Satz zu Grunde gelegt, so ist die Untersuchung der Transformation der hyperelliptischen Integrale darauf zurückgeführt, in der Gleichung

$$\varphi_0(z)\,Y^p + \varphi_1(z)\,Y^{p-1} + \cdots + \varphi_{p-1}(z)\,Y + \varphi_p(z) = 0$$

die unbestimmten Coefficienten der ganzen Functionen

$$\varphi_0(z),\ \varphi_1(z),\ \ldots\ \varphi_p(z)$$

so zu bestimmen, dass der Quotient der Irrationalitäten

$$\frac{\sqrt{(Y-\beta_1)(Y-\beta_2)\cdots(Y-\beta_{2p+1})}}{\sqrt{(z-\alpha_1)(z-\alpha_2)\cdots(z-\alpha_{2p+1})}}$$

auf der die Grösse $Y$ als Function von $z$ darstellenden Riemann'schen Fläche eindeutig, also wie $Y$ verzweigt ist, und somit nach einem bekannten Riemann'schen Satze als rationale Function von $z$ und $Y$ dargestellt werden kann.

Die Untersuchung wird für gerade und ungerade $p$ mit Hülfe der Reihenentwickelungen um die Verzweigungspunkte herum angestellt und durch Abzählung der zur Verfügung stehenden Constanten und der durch das Problem gelieferten Bedingungen der Satz bewiesen,

> *dass das allgemeine Transformationsproblem in dem von Jacobi aufgestellten Sinne bei beliebig gewählten Lösungen des Polynoms $R(z)$ nur für die elliptischen Integrale und die hyperelliptischen Integrale erster Ordnung möglich ist,*

und durch den Gang der Untersuchung auch die Methode angegeben, wie man für die hyperelliptischen Integrale erster Ordnung die Transformation auf rein algebraischem Wege ausführen und somit ähnliche Untersuchungen anstellen kann, wie sie von Jacobi für elliptische Integrale in der algebraischen Herleitung der Transformationsausdrücke und der Bildung der Modulargleichungen gegeben worden.

Wien. **Leo Koenigsberger.**

**J. Hoüel: Cours de calcul infinitésimal.** (Tome premier. Paris 1878.)

Ce Traité est en grande partie la reproduction de mes Leçons autographiées, qui ont été publiées en 1871 et 1872, et tirées à un petit nombre d'exemplaires. Ce tirage, ayant été promptement épuisé, j'ai pensé qu'une édition plus complète, mise au courant des nouveaux programmes de l'Enseignement supérieur, pourrait rendre quelques services aux aspirants à la licence ès Sciences mathématiques, et j'ai profité du bienveillant concours que M. Gauthier-Villars s'est empressé de m'accorder pour cette publication.

L'Ouvrage est divisé en six Livres, précédés d'une Introduction, dans laquelle j'expose diverses notions préliminaires, utiles ou même nécessaires pour la lecture de ce qui suit.

Le premier des trois Chapitres qui composent cette Introduction contient les principes généraux du Calcul des opérations considérées au point de vue le plus abstrait, indépendamment de leur nature intrinsèque et de celle des quantités qui leur sont soumises, et en ayant égard uniquement à leurs propriétés *combinatoires.* Ces notions, que l'on peut d'ailleurs laisser de côté dans une première lecture de l'Ouvrage, m'ont paru indispensables pour le lecteur qui veut se familiariser avec les considérations, d'un degré d'abstraction de plus en plus élevé, qu'exigent les progrès de l'Analyse, à mesure que l'objet de ses recherches devient de plus en plus compliqué.

La méthode que j'ai adoptée est celle qu'a suivie Hankel dans ses *Vorlesungen über complexe Zahlen.* J'ai seulement remplacé les notations de cet auteur par celles dont Grassmann a fait usage dans ses ouvrages, et qui ont l'avantage de se prêter facilement à la généralisation, parce qu'elles ne rappellent par leur forme aucune des notations usuelles, tout en permettant de conserver aux calculs la disposition à laquelle on est habitué.

Ces notions sont éclaircies par l'application que j'en fais, dans le Chapitre suivant, à la généralisation de l'idée de quantité, conduisant successivement des quantités *arithmétiques* aux quantités *négatives* et aux quantités *imaginaires* ou *complexes.* On est amené à la considération de ces quantités par la résolution des équations du premier et du second degré, lorsqu'on veut étendre à tous les cas les propriétés reconnues dans les cas où ces équations sont arithmétiquement résolubles; on reconnaît ensuite que les mêmes symboles suffisent pour la résolution générale des équations algébriques de tous les degrés. Les opérations auxquelles ces symboles doivent être soumis ne diffèrent en rien par leurs propriétés*) des opérations analogues relatives aux quantités arithmétiques, et l'admission de ces symboles ne pouvant amener à aucune conséquence contradictoire, le calcul de ces quantités, considérées au point de vue purement abstrait, est assis dès lors sur des bases certaines, et ne peut conduire qu'à des résultats absolument vrais.

Mais, si les exigences de la Science pure se trouvent ainsi complétement satisfaites, il en est tout autrement des besoins de l'enseignement. Pour se classer dans l'esprit des commençants, les idées abstraites ne peuvent guère se passer d'une représentation par des images physiques, sans laquelle il serait bien difficile d'en comprendre la signification et l'utilité. Jusqu'à ce que Descartes eût représenté géométriquement les racines négatives des équations, on les appela *racines fausses.* Jusqu'au jour où les travaux d'Argand et de Gauss ont découvert la traduction géométrique des quantités complexes, elles n'ont cessé d'être regardées comme des symboles *imaginaires.*

L'objet du Chapitre II est d'établir la possibilité de cette représentation. Après avoir rappelé la théorie connue des quantités négatives, je démontre que les opérations sur le signe représentatif d'un point du plan ont des propriétés identiques à celles qu'il faut attribuer, en Algèbre, aux opérations portant sur le symbole $a + b\sqrt{-1}$. Il en résulte que ce symbole peut être pris comme représentation d'un point du plan, et ainsi les calculs sur les imaginaires trouvent maintenant leur réalisation géométrique. Cette interprétation a pour effet de guider et de rassurer l'esprit peu familier encore avec le monde de l'abstraction, et qui n'accepterait pas sans défiance l'usage que l'on ferait de symboles mystérieux et d'apparence contradictoire, pour servir de lien entre des notions réelles et palpables.

---

*) Sauf en ce qui concerne *l'uniformité* des opérations inverses de l'élévation aux puissances.

Le Chapitre III de l'Introduction avait été rédigé à une époque où la théorie des déterminants n'avait pas encore acquis droit de bourgeoisie dans notre enseignement élémentaire. J'ai cru devoir le conserver ici, pensant qu'il serait commode pour le lecteur d'avoir sous la main un résumé succinct de toutes les propositions de cette théorie qui seront invoquées dans la suite de ce Traité.

Le premier Livre traite des principes du Calcul infinitésimal. Comme l'indique le titre même de l'Ouvrage, j'ai renoncé, suivant l'exemple déjà donné dans d'excellents Traités, à la division de l'Analyse supérieure en *Calcul différentiel* et *Calcul intégral*; cette division ne m'a pas paru fondée sur le degré de difficulté de l'étude de ces deux branches, dont le point de départ est le même, et elle présente l'inconvénient de priver du secours mutuel que se prêtent dès le début les deux opérations, inverses l'une de l'autre, de la différentiation et de l'intégration. Enfin l'étude simultanée des premiers éléments des deux calculs permet à l'étudiant d'arriver plus vite à s'exercer sur les applications les plus variées du calcul à la Géométrie ou à la Mécanique.

En ce qui touche la méthode d'exposition des principes du Calcul infinitésimal, il n'y avait pas, en réalité, de choix à faire; il n'existe qu'une seule méthode rigoureuse, de quelque forme qu'on la revête et quelque nom qu'on lui donne, qu'on l'appelle *méthode des infiniment petits* ou *méthode des limites:* c'est la méthode de Cauchy et de Duhamel, que l'on peut exposer de bien des manières différentes, en mettant plus ou moins en relief le principe sur lequel on s'appuie, en déguisant plus ou moins le rôle que l'on fait jouer aux infiniment petits, en confondant même quelquefois la timidité du langage avec la rigueur du raisonnement.*)

On doit à Duhamel d'avoir, le premier, formulé nettement le principe qui identifie ces méthodes, si diverses qu'elles soient en apparence. Le but du Calcul infinitésimal est généralement la détermination des limites de rapports ou de sommes de certaines variables auxiliaires, appelées *quantités infiniment petites*, et le plus souvent ce but ne peut être atteint qu'en remplaçant ces variables par d'autres quantités susceptibles d'une expression plus simple, et conduisant au même résultat final. Le principe de Duhamel, que l'on peut nommer le *principe de substitution des infiniment petits*,

---

*) Dans un des Traités de *Calcul différentiel* les plus justement estimés, la *différentielle* d'une fonction n'est définie qu'au dernier Chapitre.

consiste en ce que, dans les deux cas cités, on peut remplacer un infiniment petit par un autre infiniment petit dont le rapport au premier ait pour limite l'unité. En ne perdant jamais de vue ce principe, on pourra se servir en toute sécurité du langage et de la notation des infiniment petits, qui a sur celui de la méthode dite *des limites* l'immense avantage de la concision et de la simplicité, et qui seul permet au géomètre de se laisser guider, comme moyen d'induction, par le sentiment de l'évidence tiré de la considération des grandeurs finies.

Mais, pour pouvoir appliquer ce principe, il faut être en mesure de reconnaître l'ordre de grandeur relative de deux infiniment petits, et de décider dans quels cas l'un d'eux peut être négligé, comme étant une fraction infiniment petite de l'autre. Cette question de limite de rapport se ramène à la recherche des dérivées, par l'étude desquelles il est nécessaire de commencer l'exposition de l'Analyse des infiniment petits. Je me suis efforcé d'introduire dans cette étude toute la rigueur que l'on rencontre dans les récents travaux sur ce sujet, et en particulier dans le Traité de M. J.-A. Serret. Je suis hautement redevable, pour cette partie, aux précieux conseils de MM. Darboux et H.-A. Schwarz.

Les bases de l'Analyse infinitésimale étant ainsi posées, on peut alors introduire dans le calcul les accroissements infiniment petits eux-mêmes ou les *différentielles*, sans passer par la considération étrangère des accroissements finis, et sans être obligé de substituer à la notion si simple de l'accroissement infinitésimal des conceptions artificielles, ayant pour seul but de donner aux équations entre quantités infiniment petites (ou infiniment grandes) une exactitude absolue, qu'il n'est pas dans leur nature de présenter, et qui n'aurait aucune influence sur le résultat final. Ces artifices, qui pouvaient avoir leur raison d'être à une époque où l'on mettait encore en doute la légitimité de la méthode infinitésimale, sont aujourd'hui devenus superflus. Ils ont même l'inconvénient de ne pas concorder en apparence avec le langage des infiniment petits, employé de tout temps dans les applications pratiques, et qui présente alors, aux yeux des commençants, l'aspect d'un simple procédé d'approximation.

Ces considérations m'ont fait revenir à la notation adoptée par Duhamel dans la première édition de son *Cours d'Analyse.* La différentielle d'une fonction $y=f(x)$ est définie comme l'accroissement infiniment petit de cette fonction, correspondant à l'accroissement infiniment petit $dx$ de la variable indépendante. Mais, si cet accroissement doit figurer dans la recherche d'une limite de rapport ou de somme, on peut, sans changer le résultat cherché, altérer la quantité $dy$ d'une fraction d'elle-même infiniment petite, et considérer en général les différentielles comme représentant, soit les accroissements eux-mêmes des variables, soit des quantités quelconques différant de ces accroissements respectifs de fractions d'elles-mêmes infiniment petites. Il m'a donc semblé superflu de désigner ces quantités tour à tour par deux caractéristiques différentes $\Delta$ et $d$; cette double notation ne pouvant avoir pour effet que d'obscurcir dans l'esprit des commençants la vraie notion de l'infiniment petit.

Dans l'exposition des principes, j'ai fait un continuel usage de la représentation géométrique, qui donne aux raisonnements abstraits une forme intuitive plus facile à suivre. Mais il faudrait bien se garder de confondre cet usage des *notations* géométriques avec une méthode de démonstration qui serait fondée sur les principes propres à la Géométrie pure. Dans nos raisonnements analytiques, la courbe qui représente une fonction n'existe qu'en vertu des propriétés de la relation analytique abstraite qui définit cette fonction, et c'est comme conséquence de ces propriétés que l'on peut concevoir une suite de points aussi rapprochés que l'on voudra, et tels que la droite qui joint un de ces points à un point voisin tende vers une direction déterminée. Les principes de la Géométrie pure nous fournissent seulement des constructions qui, jouissant des mêmes propriétés que les opérations abstraites, peuvent servir à les représenter, et à remplacer ainsi l'emploi des formules.

Après avoir défini les différentielles dans les cas d'une ou de plusieurs variables indépendantes, j'établis la notion des intégrales tant définies qu' indéfinies. J'expose ensuite les méthodes les plus simples de différentiation et d'intégration, et j'en fais l'application aux diverses fonctions élémentaires.

Je développe avec quelque étendue l'importante question du calcul direct des dérivées d'ordre quelconque; puis je passe à la représentation de ces dérivées au moyen des différentielles des ordres correspondants. Je traite ensuite du changement de variables dans les expressions différentielles, des propriétés les plus simples des déterminants fonctionnels, et du théorème d'Euler sur les fonctions homogènes.

Le Livre Ier, comme tous les suivants, est terminé par un recueil d'exercices faciles sur les divers sujets qui y ont été exposés.

Le Livre II est consacré aux applications analytiques du Calcul infinitésimal.

Le premier Chapitre traite du développement des fonctions en séries, et se termine par un complément aux éléments de la théorie des quantités complexes, où sont definies les fonctions exponentielles et circulaires de ces quantités.

Le Chapitre II a pour objet les applications analytiques de la différentiation: Détermination des vraies valeurs; maxima et minima; décomposition des fonctions rationnelles en fractions simples.

Le Chapitre III contient le développement et l'application des méthodes d'intégration indiquées dans le Livre I<sup>er</sup>; l'étude des cas singuliers des intégrales définies; la différentiation et l'intégration sous le signe $\int$, avec l'emploi de ces opérations dans le calcul des intégrales définies spéciales; le changement de variables dans les intégrales multiples; les propriétés les plus simples des intégrales eulériennes, et la formule de Maclaurin pour le calcul approché des intégrales définies.

Les deux volumes suivants contiendront les quatre derniers Livres, qui traiteront successivement des applications de l'Analyse infinitésimale à la Géométrie, des équations différentielles ordinaires, des équations aux dérivées partielles, des fonctions d'une variable complexe, et des éléments de la théorie des fonctions elliptiques. Le tome II est sous presse.

Bordeaux. J. Hoüel.

---

**J. Willard Gibbs: On the Equilibrium of Heterogeneous Substances.** (Transactions of the Connecticut Academy of Arts and Sciences, vol. III. pp. 108—248 and 343—524. 1876—1878.)

It is an inference naturally suggested by the general increase of entropy which accompanies the changes occurring in any isolated material system that when the entropy of the system has reached a maximum, the system will be in a state of equilibrium. Although this principle has by no means escaped the attention of physicists, its importance does not appear to have been duly appreciated. Little has been done to develop the principle as a foundation for the general theory of thermodynamic equilibrium.

The principle may be formulated as follows, constituting a criterion of equilibrium:

I. *For the equilibrium of any isolated system it is necessary and sufficient that in all possible variations of the state of the system which do not alter its energy, the variation of its entropy shall either vanish or be negative.*

The following form, which is easily shown to be equivalent to the preceding, is often more convenient in application:

II. *For the equilibrium of any isolated system it is necessary and sufficient that in all possible variations of the state of the system which do not alter its entropy, the variation of its energy shall either vanish or be positive.*

If we denote the energy and entropy of the system by $\varepsilon$ and $\eta$ respectively, the criterion of equilibrium may be expressed by either of the formulæ

(1) $$(\delta\eta)_\varepsilon \leqq 0,$$

(2) $$(\delta\varepsilon)_\eta \geqq 0.$$

Again, if we assume that the temperature of the system is uniform, and denote its absolute temperature by $t$, and set

(3) $$\psi = \varepsilon - t\eta,$$

the remaining conditions of equilibrium may be expressed by the formula

(4) $$(\delta\psi)_t \geqq 0,$$

the suffixed letter, as in the preceding cases, indicating that the quantity which it represents is constant. This condition, in connection with that of uniform temperature, may be shown to be equivalent to (1) or (2). The difference of the values of $\psi$ for two different states of the system which have the same temperature represents the work which would be expended in bringing the system from one state to the other by a reversible process and without change of temperature.

If the system is incapable of thermal changes, like the systems considered in theoretical mechanics, we may regard the entropy as having the constant value zero. Conditions (2) and (4) may then by written

$$\delta\varepsilon \geqq 0, \qquad \delta\psi \geqq 0,$$

and are obviously identical in signification, since in this case $\psi = \varepsilon$.

Conditions (2) and (4), as criteria of equilibrium, may therefore both be regarded as extensions of the criterion employed in ordinary statics to the more general case of a thermodynamic system. In fact, each of the quantities $-\varepsilon$ and $-\psi$ (relating to a system without sensible motion) may by regarded as a kind of force-function for the system, — the former as the force-function *for constant entropy* (i. e., when only such states of the system are considered as have the same entropy), and the latter as the force-function *for constant temperature* (i. e., when only such states of the system are considered as have the same uniform temperature).

In the deduction of the particular condition of equilibrium for any system, the general formula (4) has an evident advantage over (1) or (2) with respect to the brevity of the processes of reduction, since the limitation of constant temperature applies to every part of the system taken separately, and diminishes by one the number of independent variations in the state of these parts which we have to consider. Moreover, the transition from the systems considered in ordinary mechanics to thermodynamic systems is most naturally made by this formula, since it has always been customary to apply the principles of theoretical mechanics to real systems on the supposition (more or less distinctly conceived and expressed) that the temperature of the system remains constant, the mechanical properties of a thermodynamic system maintained at a constant temperature being such as might be imagined to belong to a purely mechanical system, and admitting of representation by a force-function, as follows directly from the fundamental laws of thermodynamics.

Notwithstanding these considerations, the author has preferred in general to use condition (2) as the criterion of equilibrium, believing that it would be useful to exhibit the conditions of equilibrium of thermodynamic systems in connection with those quantities which are most simple and most general in their definitions, and which appear most important in the general theory of such systems. The slightly different form in which the subject would develop itself, if condition (4) had been chosen as a point of departure instead of (2), is occasionally indicated.

*Equilibrium of masses in contact.* — The first problem to which the criterion is applied is the determination of the conditions of equilibrium for different masses in contact, when uninfluenced by gravity, electricity, distortion of the solid masses, or capillary tensions. The statement of the result is facilitated by the following definition.

If to any homogeneous mass in a state of hydrostatic stress

we suppose an infinitesimal quantity of any substance to be added, the mass remaining homogeneous and its entropy and volume remaining unchanged, the increase of the energy of the mass divided by the quantity of the substance added is the *potential* for that substance in the mass considered.

In addition to equality of temperature and pressure in the masses in contact, it is necessary for equilibrium that the potential for every substance which is an independently variable component of any of the different masses shall have the same value in all of which it is such a component, so far as they are in contact with one another. But if a substance, without being an actual component of a certain mass in the given state of the system, is capable of being absorbed by it, it is sufficient if the value of the potential for that substance in that mass is not less than in any contiguous mass of which the substance is an actual component. We may regard these conditions as sufficient for equilibrium with respect to infinitesimal variations in the composition and thermodynamic state of the different masses in contact. There are certain other conditions which relate to the possible formation of masses entirely different in composition or state from any initially existing. These conditions are best regarded as determining the stability of the system, and will be mentioned under that head.

Anything which restricts the free movement of the component substances, or of the masses as such, may diminish the number of conditions which are necessary for equilibrium.

*Equilibrium of osmotic forces.* — If we suppose two fluid masses to be separated by a diaphragm which is permeable to some of the component substances and not to others, of the conditions of equilibrium which have just been mentioned, those will still subsist which relate to temperature and the potentials for the substances to which the diaphragm is permeable, but those relating to the potentials for the substances to which the diaphragm is impermeable will no longer be necessary. Whether the pressure must be the same in the two fluids will depend upon the rigidity of the diaphragm. Even when the diaphragm is permeable to all the components without restriction, equality of pressure in the two fluids is not always necessary for equilibrium.

*Effect of gravity.* — In a system subject to the action of gravity, the potential for each substance, instead of having a uniform value throughout the system, so far as the substance actually occurs as an independently variable component, will decrease uniformly with increasing height, the difference of its values at different levels being equal to the difference of level multiplied by the force of gravity.

*Fundamental equations.* — Let $\varepsilon$, $\eta$, $v$, $t$ and $p$ denote respectively the energy, entropy, volume, (absolute) temperature, and pressure of a homogeneous mass, which may be either fluid or solid, provided that it is subject only to hydrostatic pressures, and let $m_1, m_2, \ldots m_n$ denote the quantities of its independently variable components, and $\mu_1, \mu_2, \ldots \mu_n$ the potentials for these components. It is easily shown that $\varepsilon$ is a function of $\eta$, $v$, $m_1$, $m_2, \ldots m_n$, and that the complete value of $d\varepsilon$ is given by the equation.

$$(5) \qquad d\varepsilon = t d\eta - p dv + \mu_1 dm_1 + \mu_2 dm_2 \cdots + \mu_n dm_n.$$

Now if $\varepsilon$ is known in terms of $\eta$, $v$, $m_1, \ldots m_n$, we can obtain by differentiation $t, p, \mu_1, \ldots \mu_n$ in terms of the same variables. This will make $n + 3$ independent known relations between the $2n + 5$ variables, $\varepsilon, \eta, v, m_1, m_2, \ldots m_n, t, p, \mu_1, \mu_2, \ldots \mu_n$. These are all that exist, for of these variables, $n + 2$ are evidently independent. Now upon these relations depend a very large class of the properties of the compound considered, — we may say in general, all its thermal, mechanical, and chemical properties, so far as *active tendencies* are concerned, in cases in which the form of the mass does not require consideration. A single equation from which all these relations may be deduced may be called a fundamental equation. An equation between $\varepsilon, \eta, v, m_1, m_2, \ldots m_n$ is a fundamental equation. But there are other equations which possess the same property.

If we suppose the quantity $\psi$ to be determined for such a mass as we are considering by equation (3), we may obtain by differentiation and comparison with (5)

$$(6) \quad d\psi = - \eta dt - p dv + \mu_1 dm_1 + m_2 dm_2 + \cdots + \mu_n dm_n.$$

If, then, $\psi$ is known as a function of $t, v, m_1, m_2, \ldots m_n$, we can find $\eta, p, \mu_1, \mu_2, \ldots \mu_n$ in terms of the same variables. If we then substitute for $\psi$ in our original equation its value taken from equation (3) we shall have again $n + 3$ independent relations between the same $2n + 5$ variables as before.

Let

$$(7) \qquad \zeta = \varepsilon - t\eta + pv,$$

then, by (5),

$$(8) \quad d\zeta = -\eta dt + vdp + \mu_1 dm_1 + \mu_2 dm_2 \cdots + \mu_n dm_n.$$

If, then, $\zeta$ is known as a function of $t$, $p$, $m_1$, $m_2$ ... $m_n$, wen can find $\eta$, $v$, $\mu_1$, $\mu_2$, ... $\mu_n$ in terms of the same variables. By eliminating $\zeta$, we may obtain again $n + 3$ independent relations between the same $2n + 5$ variables as at first.*)

If we integrate (5), (6) and (8), supposing the quantity of the compound substance considered to vary from zero to any finite value, its nature and state remaining unchanged, we obtain.

$$(9) \quad \varepsilon = t\eta - pv + \mu_1 m_1 + \mu_2 m_2 + \cdots + \mu_n m_n$$

$$(10) \quad \psi = -pv + \mu_1 m_1 + \mu_2 m_2 + \cdots + \mu_n m_n,$$

$$(11) \quad \zeta = \mu_1 m_1 + \mu_2 m_2 + \cdots + \mu_n m_n.$$

If we differentiate (9) in the most general manner, and compare the result with (5), we obtain

$$(12) \quad -vdp + \eta dt + m_1 d\mu_1 + m_2 d\mu_2 + \cdots + m_n d\mu_n = 0,$$

or

$$(13) \quad dp = \frac{\eta}{v} dt + \frac{m_1}{v} d\mu_1 + \frac{m_2}{v} d\mu_2 + \cdots + \frac{m_n}{v} d\mu_n = 0.$$

Hence, there is a relation between the $n + 2$ quantities $t$, $p$, $\mu_1$, $\mu_2$, $\cdots$ $\mu_n$, which, if known, will enable us to find in terms of these quantities all the ratios of the $n + 2$ quantities $\eta$, $v$, $m_1$, $m_2$, $\cdots$ $m_n$. With (9), this will make $n + 3$ independent relations between the same $2n + 5$ variables as at first.

Any equation, therefore, between the quantities

| | | | | | |
|---|---|---|---|---|---|
| | $\varepsilon$, | $\eta$, | $v$, | $m_1$, | $m_2$, ... $m_n$, |
| or | $\psi$, | $t$, | $v$, | $m_1$, | $m_2$, ... $m_n$, |
| or | $\zeta$, | $t$, | $p$, | $m_1$, | $m_2$, ... $m_n$, |
| or | | $t$, | $p$, | $\mu_1$, | $\mu_2$, ... $\mu_n$, |

*) The properties of the quantities $-\psi$ and $-\zeta$ regarded as functions of the temperature and volume, and temperature and pressure, respectively, the composition of the body being regarded as invariable, have been discussed by M. Massieu in a memoir entitled "Sur les fonctions carractéristiques des divers fluids et sur la théorie des vapeurs" (*Mém. Savants Etrang.* t. xxii.) A brief sketche of his method in a form slightly different from that ultimately adopted is given in *Comptes Rendus* t. lxix, (1869) pp. 858 and 1057, and a report on his memoir by M. Bertrand in *Comptes Rendus*, t. lxxi, p. 257. M. Massieu appears to have been the first to solve the problem of representing all the properties of a body of invariable composition which are concerned in reversible processes by means of a single function.

is a fundamental equation, and any such is entirely equivalent to any other.

*Coëxistent phases.* — In considering the different homogeneous bodies which can be formed out of any set of component substances, it is convenient to have a term which shall refer solely to the composition and thermodynamic state of any such body without regard to its size or form. The word *phase* has been chosen for this purpose. Such bodies as differ in composition or state are called different phases of the matter considered, all bodies which differ only in size and form being regarded as different examples of the same phase. Phases which can exist together, the dividing surfaces being plain, in an equilibrium which does not depend upon passive resistances to change, are called *coëxistent.*

The number of independent variations of which a system of coëxistent phases is capable is $n + 2 - r$, where $r$ denotes the number of phases, and $n$ the number of independently variable components in the whole system. For the system of phases is completely specified by the temperature, the pressure, and the $n$ potentials, and between these $n + 2$ quantities there are $r$ independent relations (one for each phase), which characterize the system of phases.

When the number of phases exceeds the number of components by unity, the system is capable of a single variation of phase. The pressure and all the potentials may be regarded as functions of the temperature. The determination of these functions depends upon the elimination of the proper quantities from the fundamental equations in $p$, $t$, $\mu_1$, $\mu_2$, etc. for the several members of the system. But without a knowledge of these fundamental equations, the values of the differential co-efficients such as $\frac{dp}{dt}$ may be expressed in terms of the entropies and volumes of the different bodies and the quantities of their several components. For this end we have only to eliminate the differentials of the potentials from the different equations of the form (12) relating to the different bodies. In the simplest case, when there is but one component, we obtain the wellknown formula

$$\frac{dp}{dt} = \frac{\eta' - \eta''}{v' - v''} = \frac{Q}{t(v'' - v')},$$

in which $v'$, $v''$, $\eta'$, $\eta''$, denote the volumes and entropies of a given quantity of the substance in the two phases, and $Q$ the heat which it absorbs in passing from one phase to the other.

It is easily shown that if the temperature of two coëxistent phases of two components is maintained constant, the pressure is in general a maximum or minimum when the composition of the phases is identical. In like manner, if the pressure of the phases is maintained constant, the temperature is in general a maximum or minimum when the composition of the phases is identical. The series of simultaneous values of $t$ and $p$ for which the composition of two coëxistent phases is identical separates those simultaneous values of $t$ and $p$ for which no coëxistent phases are possible from those for which there are two pairs of coëxistent phases.

If the temperature of three coëxistent phases of three components is maintained constant, the pressure is in general a maximum or minimum when the composition of one of the phases is such as can be produced by combining the other two. If the pressure is maintained constant, the temperature is in general a maximum or minimum when the same condition in regard to the composition of the phases is fulfilled.

*Stability of fluids.* — A criterion of the stability of a homogeneous fluid, or of a system of coëxistent fluid phases, is afforded by the expressirn

$$(14) \qquad \varepsilon - t'\eta + p'v - \mu_1'm_1 - \mu_2'm_2 - \cdots - \mu_n'm_n$$

in which the values of the accented letters are to be determined by the phase or system of phases of which the stability is in question, and the values of the unaccented letters by any other phase of the same components, the possible formation of which is in question. We may call the former constants, and the latter variables. Now if the value of the expression, thus determined, is always positive for any possible values of the variables, the phase or system of phases will be stable with respect to the formation of any new phases of its components. But if the expression is capable of a negative value, the phase or system is at least *practically* unstable. By this is meant that, although, strictly speaking, an infinitely small disturbance or change may not be sufficient to destroy the equilibrium, yet a very small change in the initial state will be sufficient to do so. The presence of a small portion of matter in a phase for which the above expression has a negative value will in general be sufficient to produce this result. In the case of a system of phases, it is of course supposed that their contiguity is such that the formation of the new phase does not involve any transportation of matter through finite distances.

The preceding criterion affords a convenient point of departure in the discussion of the stability of homogeneous fluids. Of the other forms in which the criterion may be expressed, the following is perhaps the most useful.

*If the pressure of a fluid is greater than that of any other phase of its independent variable components which has the same temperature and potentials, the fluid is stable with respect to the formation of any other phase of these components; but if its pressure is not as great as that of some such phase, it will be practically unstable.*

*Stability of fluids with respect to continuous changes of phase.* — In considering the changes which may take place in any mass, we have often to distinguish between infinitesimal changes in existing phases, and the formation of entirely new phases. A phase of a fluid may be stable with respect to the former kind of change, and unstable with respect to the latter. In this case, it may be capable of continued existence in virtne of properties which prevent the commencement of discontinuous changes. But a phase which is unstable with respect to continuous changes is evidently incapable of permanent existence on a large scale except in consequence of passive resistances to change. To obtain the conditions of stability with respect to continuous changes, we have only to limit the application of the variables in (14) to phases adjacent to the given phase. We obtain results of the following nature.

The stability of any phase with respect to continuous changes depends upon the same conditions with respect to the second and higher differential coefficients of the density of energy regarded as a function of the density of entropy and the densities of the several components, which would make the density of energy a minimum, if the necessary conditions with respect to the first differential coefficients were fulfilled.

Again, it is necessary and sufficient for the stability with respect to continuous changes of all the phases within any given limits, that within those limits the same conditions should be fulfilled with respect to the second and higher differential coefficients of the pressure regarded as a function of the temperature and the several potentials, which would make the pressure a minimum, if the necessary conditions with respect to the first differential coefficients were fulfilled.

The equation of the limits of stability with respect to continuous changes may be written

$$(15) \qquad \left(\frac{d\mu_n}{d\gamma_n}\right)_{t,\,\mu_1,\,\ldots\,\mu_{n-1}} = 0, \quad \text{or} \quad \left(\frac{d^2 p}{d\mu_n^2}\right)_{t,\,\mu_1,\,\ldots\,\mu_{n-1}} = \infty,$$

where $\gamma_n$ denotes the density of the component specified or $m_n \div v$. It is in general immaterial to what component the suffix $_n$ is regarded as relating.

*Critical phases.* — The variations of two coexistent phases are sometimes limited by the vanishing of the difference between them. Phases at which this occurs are called *critical phases.* A critical phase, like any other, is capable of $n+1$ independent variations, $n$ denoting the number of independently variable components. But when subject to the condition of remaining a critical phase, it is capable of only $n-1$ independent variations. There are therefore two independent equations which characterize critical phases. These may be written

$$(16) \qquad \left(\frac{d\mu_n}{d\gamma_n}\right)_{t,\,\mu_1,\,\ldots\,\mu_{n-1}} = 0, \quad \left(\frac{d^2\mu_n}{d\gamma_n^2}\right)_{t,\,\mu_1,\,\ldots\,\mu_{n-1}} = 0,$$

It will be observed that the first of these equations indent identical with the equation of the limit of stability with respect to continuous changes. In fact, stabile critical phases are situated at that limit. They are also situated at the limit of stability with respect to discontinuous changes. These limits are in general distinct, but touch each other at critical phases.

*Geometrical illustrations.* — In an earlier paper,*) the author has described a method of representing the thermodynamic properties of substances of invariable composition by means of surfaces. The volume, entropy, and energy of a constant quantity of the substance are represented by rectangular coördinates. This method corresponds to the first kind of fundamental equation described above. Any other kind of fundamental equation for a substance of invariable composition will suggest an analogous geometrical method. In the present paper, the method in which the coördinates represent temperature, pressure, and the potential, is briefly considered. But when the composition of the body in variable, the fundamental equation cannot be completely represented by any surface or finite number of surfaces. In the case of three components, if we regard the temperature and pressure as constant, as well as the total quantity of matter, the relations between $\zeta$, $m_1$, $m_2$, $m_3$ may be represented by a surface in which the distances of a point from the three sides of a triangular prism represent the quantities $m_1$,

*) Transactions of the Connecticut Academy, vol. ii, part 2.

$m_2$, $m_3$, and the distance of the point from the base of the prism represents the quantity $\zeta$. In the case of two components, analogous relations may be represented by a plane curve. Such methods are especially useful for illustrating the combinations and separations of the components, and the changes in states of aggregation, which take place when the substances are exposed in varying proportions to the temperature and pressure considered.

*Fundamental equations of ideal gases and gas-mixtures.* — From the physical properties which we attribute to ideal gases, it is easy to deduce their fundamental equations. The fundamental equation in $\varepsilon$, $\eta$, $v$, and $m$ for an ideal gas is

$$(17) \qquad c \log \frac{\varepsilon - Em}{cm} = \frac{\eta}{m} - H + a \log \frac{m}{v}:$$

that in $\psi$, $t$, $v$, and $m$ is

$$(18) \qquad \psi = Em + mt\left(c - H - c \log t + a \log \frac{m}{v}\right):$$

that in $p$, $t$, and $\mu$ is

$$(19) \qquad p = a e^{\frac{H - c - a}{a}} t^{\frac{c + a}{a}} e^{\frac{\mu - E}{at}},$$

where $e$ denotes the base of the Naperian system of logarithms. As for the other constants, $c$ denotes the specific heat of the gas at constant volume, $a$ denotes the constant value of $pv \div mt$, $E$ and $H$ depend upon the zeros of energy and entropy. The two last equations may be abbreviated by the use of different constants. The properties of fundamental equations mentioned above may easily be verified in each case by differentiation.

The law of Dalton respecting a mixture of different gases affords a point of departure for the discussion of such mixtures and the establishment of their fundamental eqüations. It is found convenient to give the law the following form:

*The pressure in a mixture of different gases is equal to the sum of the pressures of the different gases as existing each by itself at the same temperature and with the same value of its potential.*

A mixture of ideal gases which satisfies this law is called an *ideal gas-mixture.* Its fundamental equation in $p$, $t$, $\mu_1$, $\mu_2$, etc. is evidently of the form

$$(20) \qquad p = \Sigma_1\left(a_1 e^{\frac{H_1 - c_1 - a_1}{a_1}} t^{\frac{c_1 + a_1}{a_1}} e^{\frac{\mu_1 - E_1}{a_1 t}}\right),$$

where $\Sigma_1$ denotes summation with respect to the different components of the mixture. From this may be deduced other fundamental equations for ideal gas-mixtures. That in $\psi$, $t$, $v$, $m_1$, $m_2$, *etc.* is

$$(21)\quad \psi = \Sigma_1\Big(E_1 m_1 + m_1 t\Big(c_1 - H_1 - c_1 \log t + a_1 \log \frac{m_1}{v}\Big)\Big).$$

*Phases of dissipated energy of ideal gas-mixtures.* — When the proximate components of a gas-mixture are so related that some of them can be formed out of others, although not necessarily in the gas-mixture itself at the temperatures considered, there are certain phases of the gas-mixture which deserve especial attention. These are the *phases of dissipated energy*, i. e., those phases in which the energy of the mass has the least value consistent with its entropy and volume. An atmosphere of such a phase could not furnish a source of mechanical power to any machine or chemical engine working within it, as other phases of the same matter might do. Nor can such phases be affected by any catalytic agent. A *perfect catalytic agent* would reduce any other phase of the gas-mixture to a phase of dissipated energy. The condition which will make the energy a minimum is that the potentials for the proximate components shall satisfy an equation similar to that which expresses the relation between the units of weight of these components. For example, if the components were hydrogen, oxygen, and water, since one gram of hydrogen with eight grams of oxygen are chemically equivalent to nine grams of water, the potentials for these substances in a phase of dissipated energy must satisfy the relation

$$\mu_H + 8\mu_O = 9\mu_W.$$

*Gas-mixtures with convertible components.* — The theory of the phases of dissipated energy of an ideal gas-mixture derives an especial interest from its possible application to the case of those gas-mixtures in which the chemical composition and resolution of the components can take place in the gas-mixture itself, and actually does take place, so that the quantities of the proximate components are entirely determined by the quantities of a smaller number of ultimate components, with the temperature and pressure. These may be called *gas-mixtures with convertible components.* If the general laws of *ideal* gas-mixtures apply in any such case, it may easily be shown that the phases of dissipated energy are the only phases which can exist. We can form a fundamental equation which shall relate solely to these phases. For this end, we first form the equation in $p$, $t$, $\mu_1$, $\mu_2$, etc. for the gas-mixture, regarding its proximate components as *not* convertible. This equation will contain a potential for every proximate component of the gas-mixture. We then eliminate one (or more) of these potentials by means of the relations which exist between them in virtue of the convertibility of the components to which they relate, leaving the potentials which relate to those substances which naturally express the ultimate composition of the gas-mixture.

The validity of the results thus obtained depends upon the applicability of the laws of ideal gas-mixtures to cases in which chemical action takes place. Some of these laws are generally regarded as capable of such application, others are not so regarded. But it may be shown that in the very important case in which the components of a gas are convertible at certain temperatures, and not at others, the theory proposed may be established without other assumptions than such as are generally admitted.

It is, however, only by experiments upon gas-mixtures with convertible components, that the validity of any theorie concerning them can be satisfactorily established.

The vapor of the peroxide of nitrogen appears to be a mixture of two different vapors, of one of which the molecular formula is double that of the other. If we suppose that the vapor conforms to the laws of an ideal gas-mixture in a state of dissipated energy, we may obtain an equation between the temperature, pressure, and density of the vapor, which exhibits a somewhat striking agreement with the results of experiment.

*Equilibrium of stressed solids.* — The second paper commences with a discussion of the conditions of internal and external equilibrium for solids in contact with fluids with regard to all possible states of strain of the solids. These conditions are deduced by analytical processes from the general condition of equilibrium (2). The condition of equilibrium which relates to the dissolving of the solid at a surface where it meets a fluid may be expressed by the equation

$$\mu_1 = \frac{\varepsilon - t\eta + pv}{m}, \tag{22}$$

where $\varepsilon$, $\eta$, $v$, and $m_1$ denote respectively the energy, entropy, volume, and mass of the solid, if it is homogeneous in nature and state of strain, — otherwise, of any small portion which may be treated as thus homogeneous, — $\mu_1$ the potential in the fluid for the substance of which the solid consists, $p$ the pressure in the fluid and therefore one of the principal pressures in the solid, and $t$ the temperature. It will be observed that when the pressure in the solid is isotropic, the second member of this equation will represent the potential in the solid for the substance of which it consists [see (9)], and the condition reduces to the equality of the potential in the two masses, just as if it were a case of two fluids. But if the stresses in the solid are not isotropic, the value of the second member of the equation is not entirely determined by the nature and state of the solid, but has iu general three different values (for the same salid at the same temperature, and in the same state of strain) corresponding to the three principal pressures in the solid. If a solid in the form of a right parallelopiped is subject to different pressures on its three pairs of opposite sides by fluids in which it is soluble, it is in general necessary for equilibrium that the composition of the fluids shall be different.

The *fundamental equations* which have been described above are limited, in their application to solids, to the case in which the stresses in the solid are isotropic. An example of a more general form of fundamental equation for a solid, is afforded by an epuation between the energy and entropy of a given quantity of the solid, and the quantities which express its state of strain, or by an equation between $\psi$ [see (3)] as determined for a given quantity of the solid, the temperature, and the quantities which expressed the state of strain.

*Capillarity.* — The solution of the problems which precede may be regarded as a first approximation, in which the peculiar state of thermodynamic equilibrium about the surfaces of discontinuity is neglected. To take account of the condition of things at these surfaces, the following method is used. Let us suppose that two homogeneous fluid masses are separated by a surface of discontinuity, i. e., by a very thin non-homogeneous film. Now me may imagine a state of things in which each of the homogeneous masses extends without variation of the densities of its several components, or of the densities of energy and entropy, quite up to a geometrical surface (to be called the dividing surface) at which the masses meet. We may suppose this surface to be sensibly coincident with the physical surface of discontinuity. Now if we compare the actual state of things with the supposed state, there will be in the former in the vicinity of the surface a certain (positive or negative) excess of energy, of entropy, and of each of the component substances. These quantities are denoted by $\varepsilon^S$, $\eta^S$, $m_1^S$, $m_2^S$, etc. and are treated as belonging to the surface. The $^S$ is used simply as a distinguishing mark, and must not be taken for an algebraic exponent.

It is shown that the conditions of equilibrium already obtained relating to the temperature and the potentials of the homogeneous masses, are not affected by the surfaces of discontinuity, and that the complete value of $d\varepsilon^S$ is given by the equation

(23) $$\delta \varepsilon^S = t\delta\eta^S + \sigma\delta s + \mu_1\delta m_1^S + \mu_2\delta m_2^S + \text{etc.}$$

in which $s$ denotes the area of the surface considered, $t$ the temperature, $\mu_1$, $\mu_2$, etc. the potentials for the various components in the adjacent masses. It may be, however, that some of the components are found only at the surface of discontinuity, in which case the letter $\mu$ with the suffix relating to such a substance denotes, as the equation shows, the rate of increase of energy at the surface per unit of the substance added, when the entropy, the area of the surface, and the quantities of the other components are unchanged. The quantity $\sigma$ we may regard as defined by the equation itself, or by the following, which is obtained by integration:

(24) $$\varepsilon^S = t\eta^S + \sigma s + \mu_1 m_1^S + \mu_2 m_2^S + \text{etc.}$$

There are terms relating to variations of the curvatures of the surface which might be added, but it is shown that we can give the dividing surface such a position as to make these terms vanish, and it is found convenient to regard its position as thus determined. It is always sensibly coincident with the physical surface of discontinuity. (Yet in treating of plane surfaces, this supposition in regard to the position of the dividing surface is unnecessary, and it is sometimes convenient to suppose that its position is determined by other considerations.)

With the aid of (23), the remaining condition of equilibrium for contiguous homogeneous masses is found, viz:

(25) $$\sigma(c_1 + c_2) = p' - p'',$$

where $p'$, $p''$ denote the pressures in the two masses, and $c_1$, $c_2$ the principal curvatures of the surface. Since this equation has the same form as if a tension equal to $\sigma$ resided at the surface, the quantity $\sigma$ is called (as is usual) the *superficial tension*, and the dividing surface in the particular position above mentioned is called the *surface of tension*.

By differentiation of (24) and comparison with (23), we obtain

(26) $$d\sigma = -\eta_S\, dt - \Gamma_1 d\mu_1 - \Gamma_2 d\mu_2 - \text{etc.},$$

where $\eta_S$, $\Gamma_1$, $\Gamma_2$, etc., are written for $\frac{\eta^S}{s}$, $\frac{m_1^S}{s}$, $\frac{m_1^S}{s}$, etc., and denote the superficial densities of entropy and of the various substances. We may regard $\sigma$ as a function of $t$, $\mu_1$, $\mu_2$, etc., from which if known $\eta_S$, $\Gamma_1$, $\Gamma_2$, etc. may be determined in terms of the same variables. An equation between $\sigma$, $t$, $\mu_1$, $\mu_2$, etc. may therefore be called a *fundamental equation for the surface of discontinuity.* The same may be said of an equation between $\varepsilon_S$, $\eta_S$, $s$, $m_1^S$, $m_2^S$, etc.

It is necessary for the stability of a surface of discontinuity that its tension shall be as small as that of any other surface which can exist between the same homogeneous masses with the same temperature and potentials. Beside this condition, which relates to the nature of the surface of discontinuity, there are other conditions of stability, which relate to the possible motion of such surfaces. One of these is that the tension shall be positive. The others are of a less simple nature, depending upon the extent and form of the surface of discontinuity, and in general upon the whole system of which it is a part. The most simple case of a system with a surface of discontinuity is that of two coëxistent phases separated by a spherical surface, the outer mass being of indefinite extent. When the interior mass and the surface of discontinuity are formed entirely of substances which are components of the surrounding mass, the equilibrium is always unstable; in other cases, the equilibrium may be stable. Thus, the equilibrium of a drop of water in an atmosphere of vapor is unstable, but may be made stable by the addition of a little salt. The analytical conditions which determine the stability or instability of the system are easily found, when the temperature and potentials of the system are regarded as known, as well as the fundamental equations for the interior mass and the surface of discontinuity.

The study of surfaces of discontinuity throws considerable light upon the subject of the stability of such phases of fluids as have a less pressure than other phases of the same components with the same temperature and potentials. Let the pressure of the phase of which the stability is in question be denoted by $p'$, and that of the other phase of the same temperature and potentials by $p''$. A spherical mass of the second phase and of a radius determined by the equation

$$2\sigma = (p'' - p')r, \tag{27}$$

would be in equilibrium with a surrounding mass of the first phase.

This equilibrium, as we have just seen, is instable, when the surrounding mass is indefinitely extended. A spherical mass a little larger would tend to increase indefinitely. The work required to form such a spherical mass, by a reversible process, in the interior of an infinite mass of the other phase, is given by the equation

$$W = \sigma s - (p'' - p')v''. \tag{28}$$

The term $\sigma s$ represents the work spent in forming the surface, and the term $(p'' - p')v''$ the work gained in forming the interior mass. The second of these quantities is always equal to two-thirds of the first. The value of $W$ is therefore positive, and the phase is in strictness stable, the quantity $W$ affording a kind of measure of its stability. We may easily express the value of $W$ in a form which does not involve any geometrical magnitudes, viz:

$$W = \frac{16\pi\sigma^3}{3(p''-p')^2}, \tag{29}$$

where $p''$, $p'$ and $\sigma$ may be regarded as functions of the temperature and potentials. It will be seen that the stability, thus measured, is infinite for an infinitesimal difference of pressures, but decreases very rapidly as the difference of pressures increases. These conclusions are all, however, practically limited to the case in which the value of $r$, as determined by equation (27) is of sensible magnitude.

With respect to the somewhat similar problem of the stability of the surface of contact of two phases with respect to the formation of a new phase, the following results are obtained. Let the phases (supposed to have the same temperature and potentials) be denoted by $A$, $B$ and $C$; their pressures by $p_A$, $p_B$ and $p_C$; and the tensions of the three possible surfaces $\sigma_{AB}$, $\sigma_{BC}$, $\sigma_{AC}$. If $p_C$ is less than

$$\frac{\sigma_{BC} p_A + \sigma_{AC} p_B}{\sigma_{BC} + \sigma_{AC}},$$

there will be no tendency toward the formation of the new phase at the surface between $A$ and $B$. If the temperature or potentials are now varied until $p_C$ is equal to the above expression, there are two cases to be distinguished. The tension $\sigma_{AB}$ will be either equal to $\sigma_{AB} + \sigma_{BC}$ or less. (A greater value could only relate to an unstable and therefore unusual surface.) If $\sigma_{AB} = \sigma_{AC} + \sigma_{BC}$, a farther variation of the temperature or potentials, making $p_C$ greater than the above expression, would cause the phase $C$ to be formed at the surface between $A$ and $B$. But if $\sigma_{AB} < \sigma_{AC} + \sigma_{BC}$, the surface between $\Delta$ and $B$ would remain stable, but with rapidly diminishing stability, after $p_C$ has passed the limit mentioned.

The conditions of stability for a line where several surfaces of discontinuity meet, with respect to the possible formation of a new surface, are capable of a very simple expression. If the surfaces $A$-$B$, $B$-$C$, $C$-$D$ $D$-$A$, separating the masses $A$, $B$, $C$, $D$, meet along a line, it is necessary for equilibrium that their tensions and directions at any point of the line should be such that a quadrilateral $\alpha$, $\beta$, $\gamma$, $\delta$ may be formed with sides representing in direction and length the normals and tensions of the successive surfaces. For the stability of the system with reference to the possible formation of surfaces between $A$ and $C$, or between $B$ and $D$, it is farther necessary that the tensions $\sigma_{AC}$ and $\sigma_{BD}$ should be greater than the diagonals $\alpha\gamma$ and $\beta\delta$ respectively. The conditions of stability are entirely analogous in the case of a greater number of surfaces. For the conditions of stability relating to the formation of a new phase at a line in which three surfaces of discontinuity meet, or at a point where four different phases meet, the reader is referred to the original paper.

*Liquid films.* — When a fluid exists in the form of a very thin film between other fluids, the great inequality of is extension in different directions will give rise to certain peculiar properties, even when its thickness is sufficient for its interior to have the properties of matter in mass. The most important case is where the film is liquid and the contiguous fluids are gaseous. If we imagine the film to be divided into elements of the same order of magnitude as its thickness, each element extending through the film from side to side, it is evident that far less time will in general be required for the attainment of approximate equilibrium between the different parts of any such element and the contiguous gases than for the attainment of equilibrium between all the different elements of the film.

There will accordingly be a time, commencing shortly after the formation of the film, in which its separate elements may be regarded as satisfying the conditions of internal equilibrium, and of equilibrium with the contiguous gases, while they may not satisfy all the conditions of equilibrium with each other. It is when the changes due to this want of complete equilibrium take place so slowly that the film appears to be at rest, except so far as it accommodates itself to any change in the external conditions to which it is subjected, that the characteristic properties of the film are most striking and most sharply defined. It is from this point of view that these bodies are discussed. They are regarded as satisfying a certain welldefined class of conditions of equilibrium, but as not satisfying at all certain other conditions which would be necessary for complete equilibrium, in consequence of which they are subject to gradual changes, which ultimately determine their rupture.

The elasticity of a film (i. e., the increase of its tension when extended), is easily accounted for. It follows from the general relations given above that, when a film has more than one component, those components which diminish the tension will be found in greater proportion on the surfaces. When the film is extended, there will not be enough of these substances to keep up the same volume- and surface-densities as before, and the deficiency will cause a certain increase of tension. It does not follow that a thinner film has always a greater tension than a thicker formed of the same liquid. When the phases within the films as well as without are the same, and the surfaces of the films are also the same, there will be no difference of tension. Nor will the tension of the same film be altered, if a part of the interior drains away in the course of time, without affecting the surfaces. If the thickness of the film is reduced by evaporation, its tension may be either increased or diminished, according to the relative volatility of its different components.

Let us now suppose that the thickness of the film is reduced until the limit is reached at which the interior ceases to have the properties of matter in mass. The elasticity of the film, which determines its stability with respect to extension and contraction, does not vanish at this limit. But a certain kind of instability will generally arise, in virtue of which inequalities in the thickness of the film will tend to increase through currents in the interior of the film. This probably leads to the destruction of the film, in the case of most liquids. In a film of soap-water, the kind of instability described seems to be manifested in the breaking out of the black spots. But the sudden diminution in thickness which takes place in parts of the film is arrested by some unknown cause, possibly by viscous or gelatinous properties, so that the rupture of the film does not necessarily follow.

*Electromotive force.* — The conditions of equilibrium may be modified by electromotive force. Of such cases a galvanic or electrolytic cell may be regarded as the type. With respect to the potentials for the ions and the electrical potential the following relation may be noticed:

*When all the conditions of equilibrium are fulfilled in a galvanic or electrolytic cell, the electromotive force is equal to the difference in the values of the potential for any ion at the surfaces of the electrodes multiplied by the electro-chemical equivalent of that ion, the greater potential of an anion being at the same electrode as the greater electrical potential, and the reverse being true of a cation.*

The relation which exists between the electromotive force of a *perfect electro-chemical apparatus* (i. e., a galvanic or electrolytic cell which satisfies the condition of reversibility), and the changes in the cell which accompany the passage of electricity, may be expressed by the equation

(30) $$d\varepsilon = (V' - V'')\, de + t\, d\eta + d\, W_G + d\, W_P,$$

in which $d\varepsilon$ denotes the increment of the intrinsic energy in the apparatus, $d\eta$ the increment of entropy, $de$ the quantity of electricity which passes trough it, $V'$ and $V''$ the electrical potentials in pieces of the same kind of metal connected with the anode and cathode respectively, $d\, W_G$ the work done by gravity, and $d\, W_P$ the work donc by the pressures which act on the external surface of the apparatus. The term $d\, W_G$ may generally be neglected. The same is true of $d\, W_P$, when gases are not concerned. If no heat is supplied or withdrawn the term $t d\eta$ will vanish. But in the calculation of electromotive forces, which is the most important application of the equation, it is convenient and customary to suppose that the temperature is maintained constant. Now this term $t d\eta$, which represents the heat absorbed by the cell, is frequently neglected in the consideration of cells of which the temperature is supposed to remain constant. In other words, it is frequently assumed that neither heat or cold is produced by the passage of an electrical current through a perfect electro-chemical apparatus (except that heat which may be indefinitely diminished by increasing the time in which a given quantity of electricity passes), unless it be by processes of a secondary nature, which are not immediately or necessarily connected with the process of electrolysis.

That this assumption is incorrect is shown by the electromotive force of a gas battery charged with hydrogen and nitrogen, by the currents caused by differences in the concentration of the electrolyte, by electrodes of zinc and mercury in a solution of sulphate of zinc, by *a priori* considerations based on the phenomena exhibited in the direct combination of the elements of water or of hydrochloric acid, by the absorption of heat which M. Favre has in many cases observed in a galvanic or electrolytic cell, and by the fact that the solid or liquid state of an electrode (at its temperature of fusion) does not affect the electromotive force.

J. W. Gibbs.

---

**Pappi Alexandrini collectionis quae supersunt e libris manu scriptis edidit, Latina interpretatione et commentariis instruxit Fridericus Hultsch.** (Volumen I, enthaltend die Ueberreste von Buch 2—5, Berlin, Weidmannsche Buchhandlung 1876; Volumen II, enthaltend Buch 6 und 7, 1877; Voluminis III tomus I, enthaltend die Ueberreste des 8. Buches und verschiedene Supplemente, tomus II, enthaltend die Indices, 1878.

Die hohe Bedeutung, welche die mathematische Sammlung des Pappus von Alexandria als Quellenwerk auch für die neuere mathematische Forschung hat, ist zu keiner Zeit seit dem Wiedererwachen der Wissenschaften verkannt worden. Nachdem Commandini im J. 1588 [1]) seine lateinische Uebersetzung nebst ausführlichen Commentaren veröffentlicht hatte, verbreitete sich eine gewisse, freilich nur lückenhafte Kenntniss von dem Inhalte des Werkes bei den Forschern auf historisch-mathematischem Gebiete. Mehr als hundert Jahre waren seit dem Erscheinen der Commandinischen Bearbeitung vergangen, als die Erinnerung an Pappus von neuem wachgerufen und das Studium des Originaltextes zum erstenmale versucht wurde von Wallis und Halley. [2]) Insbesondere zeigte der letztere in seiner Ausgabe der Sectio rationis (λόγου ἀποτομή) und der Conica des Apollonius allenthalben, welche Wichtigkeit die Lemmen des Pappus für das Verständniss des Apollonius haben. Hierauf folgte die Re-

1) Das Jahr 1588 ist angegeben auf der Vorderseite des letzten Blattes. Der Titel trägt die Jahreszahl 1589. Bald darauf ist genau dieselbe Ausgabe unter anderem Titelblatt und mit der Jahreszahl 1602 zum Verkauf gestellt worden. Vergl. vol. I des hier besprochenen Werkes, Praefatio p. XVII.

2) Vergl. vol. I praef. p. XIX. XXI f.

stitution anderer Bücher des Apollonius nach Pappus Lemmen durch Simson (1749 und 1776), Horsley (1770), Camerer (1795) und andere. Die Porismen des Euklid wurden im engen Anschluss an den griechischen Text des Pappus zuerst von Simson (1776), dann in jüngster Zeit (1855—1860) von Breton, Vincent und Chasles behandelt.

So wichtig auch für das Verständniss des Pappus die Arbeiten der genannten Gelehrten des 18. Jahrhunderts waren, so wurde durch dieselben das Bedürfniss nach einer Gesammtausgabe des Originaltextes eher bei Seite geschoben als befördert. Man schien ein stillschweigendes Uebereinkommen dahin getroffen zu haben, dass alles, was in dem Sammelwerke des Pappus für die Gegenwart von Wichtigkeit ist, nunmehr behandelt sei und als Gesammtausgabe die Bearbeitung Commandinis genüge. Allein andrerseits erhoben sich doch manche Stimmen für die vollständige Veröffentlichung des griechischen Textes, da nur auf diese Weise eine zuverlässige Beurtheilung der bisher veröffentlichten Fragmente möglich sei. Denn wie konnte man mit Sicherheit über die Methode urtheilen, nach welcher die Lemmen des Pappus zur Wiederherstellung einer verloren gegangenen Schrift zu benutzen seien, wenn man nicht alle übrigen noch vorhandenen Theile des Sammelwerkes zur Vergleichung herbeizog? Wie konnte man über so viele schwierige, dunkle und mehrdeutige Ausdrücke klar werden, wenn man nicht einen gut beglaubigten Text vor sich hatte und mit Hülfe eines genauen lexicalischen Nachweises für jeden einzelnen Fall alle ähnlichen Stellen zugleich in Betracht zu ziehen im Stande war? Die Beantwortung dieser Fragen wird für niemanden zweifelhaft sein, nachdem die vollständige Ausgabe vorliegt.

Versuchen wir nun mit wenigen Worten darzustellen, nach welchen Seiten hin das Werk des Pappus für die gegenwärtige wissenschaftliche Forschung hauptsächlich von Wichtigkeit ist.

Zunächst sei das literar-historische Interesse hervorgehoben. Einige bisher unbekannte Namen alexandrinischer Mathematiker sind ans Licht gezogen worden[1]), mehrere fast verschollene Werke ge-

---

1) In dem *Index Scriptorum in Pappi mathematica collectione laudatorum,* welchen Fabricius Bibliotheca Graeca Lib. V cap. 22 giebt, fehlen die Namen der gelehrten Freunde des Pappus, Pandrosion und Megethion, welchen zwei Bücher der Sammlung gewidmet sind, ferner die auch anderweitig bekannten alexandrinischen Mathematiker Diodorus und Menelaus. Ein zu Pappus Zeit namhafter alexandrinischer Gelehrte hiess Hierius, nicht Hieronymus (wie bei Commandini und Fabricius). Ferner der Verfasser der Para-

langen nun wieder zu genauerer Kenntniss, eine Menge einzelner Fragen werden fortan durch Eindringen in den Originaltext (oft ist es ja nur eine Zeile, oft nur ein Wort, worin die Entscheidung liegt) klarer sich darstellen lassen. Auch das ist gewiss nicht gering anzuschlagen, dass wir aus Pappus Sammlung einen überraschenden Gesammtüberblick über die Blüthe der mathematischen Studien in dem Zeitalter des Schriftstellers[1]) erhalten; ja dieser Ueberblick erstreckt sich selbst noch auf die Zeit nach Pappus bis zum Ersterben der antiken Cultur in Aegypten, wenn anders unsere Vermuthung richtig ist, dass auch nach Pappus Tode seine Schule noch eine Zeit lang fortblühte, und dass die Sammlung, wie sie jetzt vorliegt, einige und zwar sachlich werthvolle Zusätze eines oder mehrerer späteren Bearbeiter enthält.

Für die Geschichte der Entwickelung der griechischen Mathematik bietet kaum irgend ein anderes Quellenwerk so reichliches und mannichfaltiges Material als die Sammlung des Pappus. Wenn von den Elementen der alten Mathematik gesprochen wird, so denkt man mit Recht vorerst an Euklid, der ja schon im Alterthume ὁ στοιχειωτής schlechthin genannt zu werden pflegte.[2]) Doch erkannte man nicht minder bereits im Alterthume, dass Euklids Bücher durchaus nicht sämmtliche Elemente der Mathematik umfassen. Es kann in dieser Beziehung vergleichsweise auf die von Simson und Späteren erweiterten Ausgaben des Euklid verwiesen werden, welche in England noch heutigen Tages dem mathematischen Unterrichte zu Grunde gelegt werden.[3]) Ganz ähnlich liesse sich ein griechischer erweiterter Euklid in der Weise herstellen,

---

doxa, welche im dritten Buche Propos. 28—42 behandelt werden, Erycinus, nicht Erycemus. Der Mathematiker Charmander ist zwar von Fabricius angeführt; er konnte aber in Ermangeluug einer griechischen Textvorlage nicht in Pape's Wörterbuch der griechischen Eigennamen (dritte Aufl., bearb. von Benseler) aufgenommen werden. Ausserdem ergaben sich als Beiträge aus Pappus zu diesem Lexicon die dort noch fehlenden Namen Ἐρύκινος, Μεγεθίων, Πανδροσίων.

1) In der Praefatio vol. III tom. I p. VI f. ist als wahrscheinlich nachgewiesen worden, dass Pappus nicht, wie man bisher annahm, zu Ende des vierten Jahrhunderts, sondern um nahezu ein Jahrhundert früher geblüht habe.

2) Man vergleiche den Index Graecitatis unter diesem Worte.

3) The Elements of Euclid — also the book of Euclid's Data, by Robert Simson. Referent hat benutzt die 11. Aufl., London 1801, und die 24. Aufl. v. J. 1834. Verkürzte Schulausgaben dieser Simson'schen Bearbeitung des Euklid erscheinen unter verschiedenen Titeln und bei verschiedenen Verlegern noch alljährlich in England.

dass an den geeigneten Stellen diejenigen ergänzenden Elementarsätze eingefügt würden, von denen sich nachweisen lässt, dass sie von alten Mathematikern bereits angewendet worden sind. Und gerade bei Pappus findet sich eine grosse Zahl solcher Sätze ausdrücklich mitgetheilt, während andere von Commandini, Simson und dem Herausgeber durch Vervollständigung der bei Pappus oft auf das äusserste abgekürzten Beweise restituirt worden sind. Aber selbst ein derartig erweiterter Euklid würde durchaus nicht alles enthalten, was die fortgeschrittene Mathematik des Alterthums unter dem Namen der Elemente zusammenfasste. Denn als *στοιχεῖα* im weiteren Sinne wurde eine Reihe grundlegender Werke, wie die Conica des Aristäus und vielleicht auch die des Apollonius, die Phänomena Euklids, die Schrift des Apollonius über die ebenen Oerter und andere bezeichnet, im Gegensatz zu welchen dann die Elemente Euklids *τὰ πρῶτα στοιχεῖα* genannt wurden.[1])

Ferner sind für die Entwickelungsgeschichte der griechischen Mathematik von besonderem Interesse solche Partien bei Pappus, wo eine Einzelfrage der elementaren Geometrie nach allen Seiten hin erweitert und möglichst abschliessend behandelt wird. Offenbar wurde also schon im Alterthum ein Anlauf genommen, von der Behandlung des einzelnen Falles, bei welchem allein die älteste Schule stehen geblieben war, überzugehen zur allgemeinen Betrachtung aller möglichen Fälle, und somit der neuern Methode sich zu nähern. So sind im fünften Buche die einzelnen Sätze, dass der Kreis grösser ist als ein isoperimetrisches Viereck, Fünfeck u. s. w., und dass ein reguläres Polygon grösser ist als ein isoperimetrisches irreguläres von derselben Seitenzahl, erweitert worden zu dem allgemeinen Satze, dass von allen Planfiguren und Volumen, welche gleichen Perimeter, bez. gleiche Oberfläche haben, der Kreis, bez. die Kugel die grössten sind, wobei nachweislich die Anschauung zu Grunde lag, dass der Kreis als ein reguläres Polygon von unendlich vielen Seiten und die Kugel als ein entsprechender Polyeder betrachtet werden können. Zu bemerken ist noch, dass Pappus Untersuchung über die isoperimetrischen Figuren, ausser im fünften Buche seiner Sammlung (wo eine derselben Frage gewidmete Specialschrift Zenodors zu Grunde gelegt ist) noch in der Ueberarbeitung eines anonymen Schriftstellers vorliegt, welche im dritten Bande der Ausgabe des Pappus S. 1189 ff. publicirt worden ist.

1) Der nähere Nachweis hierüber ist aus den im Index Graecitatis unter *στοιχεῖον* angeführten Stellen zu entnehmen.

Wegen der Methode in der Behandlung ist in demselben fünften Buche noch Propos. 28 hervorzuheben, in welcher die einzelnen Sätze des Archimedes über die gekrümmte Oberfläche der Halbkugel, sowie des grösseren und des kleineren Kugelsegments zu einem einzigen Satze zusammengefasst werden.[1])

Am förderlichsten ist die Methode der Zusammenfassung gewesen — und hiermit nähert sich unser Bericht mehr und mehr dem Gebiete der neuern Mathematik — bei den Sätzen analytischer Geometrie, welche in der Vorrede des siebenten Buches von Pappus aufgestellt worden sind. Als Beispiel mögen die bekannten Sätze von den Berührungen (vol. II p. 644, 25 und 648, 3) angeführt werden: „Wenn der Reihe nach drei Elemente, seien es nun Punkte oder Gerade oder Kreise, in derselben Ebene beliebig der Lage nach gegeben sind, so ist durch jeden der gegebenen Punkte (wenn nämlich Punkte gegeben sind) ein Kreis zu ziehen, welcher jede der gegebenen Linien berühre,“ und „Wenn von den ebengenannten Elementen je zwei gegeben sind, so ist ein Kreis von gegebenem Halbmesser zu beschreiben, welcher die gegebenen Punkte, Geraden oder Kreise berühre“. Wie aus dieser allgemeinen Fassung die einzelnen möglichen Fälle mit Nothwendigkeit sich ergeben, deutet Pappus an den angeführten Stellen zwar nur kurz an, aber es haben diese wenigen Worte nicht nur ausgereicht die geometrischen Einzelbeweise zu reconstruiren, sondern sie haben auch ein werthvolles Zeugniss dafür uns überliefert, dass die Anfänge combinatorischer Betrachtungen den griechischen Mathematikern nicht fremd gewesen sind.[2])

Indem wir einer späteren Gelegenheit es vorbehalten, weiter über diejenigen Sätze des Pappus zu sprechen, welche auch für den heutigen Standpunkt der mathematischen Wissenschaft, insoweit dieselbe auf alter Geometrie fusst, noch von Interesse sind, schieben wir jetzt zunächst einige Mittheilungen ein aus einer noch nicht veröffentlichten Jugendschrift Karl Gustav Jacobi's, deren Inhalt vielfache Berührungspunkte mit dem bisher von uns erstatteten Berichte zeigt. Die Abhandlung umfasst 22 Quartblätter und trägt den Titel:

---

1) Vergl. Anm. 1 zu S. 383 und besonders Anm. ** zu S. 387.

2) Vergl. Cantor, Zeitschr. für Math. u. Phys., XXII. Jahrgang, historisch-literarische Abth. S. 176 f. (wiederholt in der Ausgabe des Pappus vol. III p. 1257).

Pappi Alexandrini collectiones mathematicas descripsit explicavit C. G. Jacobi, semin. philol. sod., Berolini, Jan. mense a. 1824.

Wir haben es also mit einer Seminararbeit zu thun, welche Jacobi bald nach Erfüllung seines 19. Lebensjahres (er ist am 10. Dec. 1804 geboren) abgefasst hat.[1]) Dem Berichterstatter ist die Schrift schon seit längerer Zeit durch die Güte des Herrn Professor Borchardt in Berlin mit der Ermächtigung überlassen worden, daraus zu veröffentlichen, was noch jetzt von Interesse scheine. Denn von einem vollständigen Abdruck kann füglich abgesehen werden, weil vieles, was Jacobi bei der Kargheit des ihm damals vorliegenden Materials nur vermuthungsweise beurtheilen konnte, inzwischen durch die Herausgabe des Originaltextes seine quellenmässige Erledigung gefunden hat. Auch entbehrt das Manuscript jeder Bemerkung, aus welcher man etwa entnehmen könnte, dass dem Verfasser diese Erstlingsarbeit später wieder zu Gesicht gekommen sei — wäre dies aber der Fall gewesen, so würde sicherlich vieles geändert worden sein; und solche Stellen, welche der Verfasser selbst allem Vermuthen nach ganz umgeschrieben haben würde, wenn er je an eine Veröffentlichung gedacht hätte, nachträglich noch zu publiciren, dazu liegt doch wohl kein Anlass vor. Wohl aber sind heute noch von Interesse die Abschnitte, welche uns zeigen, wie der Wissens- und Schaffensdrang des Jünglings diejenigen Disciplinen, welche er später als Meister beherrschen sollte, in möglichst nahen Zusammenhang mit der Ueberlieferung der griechischen Mathematiker zu bringen strebte. Er beginnt die Untersuchung in Form einer Dedication an seine Seminargenossen folgendermassen:

'Miramini, commilitones suavissimi, philologum me vobis philologis dissertatiunculam proponere de Pappi Alexandrini collectionibus mathematicis.[2]) Fragmenta exspectatis collecta, monostrophica in stropham et antistropham disposita, alia eiusmodi: iam numeros videtis, figuras. Nec tanta fuisset audacia mea, tam aliena studiis vestris in medium proferre, nisi ingenii vestri excellentia fretus essem, qui bene scitis et, quaecunque ad antiquitatem pertinent, ad philologiam pertinere et post Alexandrum quoque vixisse Graecos. Est vero mathesis Graeca, quem-

1) Ueber den Entwickelungsgang Jacobis vergl. Gerhardt, Geschichte der Mathematik in Deutschland, München 1877, S. 246 f.

2) Diese Bezeichnung des Sammelwerkes des Pappus war die damals allein bekannte; erst später ist als Titel des Werkes Συναγωγή, also Singularform ohne weiteren Zusatz, ermittelt worden.

admodum[1]) Graeca philosophia, clarum ingenii humani documentum et, sicuti haec, perfectum aliquod[2]) et absolutum. Hinc pudere debet philologum eius disciplinae vel prima elementa ignorare, in qua tanti erant veteres, ne dicam, quod notum est, quantum Graecae matheseos cognitio ad Platonem, alios intelligendos faciat. Latius enim patet illa, quam vulgo putant philologi, qui elementa fortasse Euclidis — et ne haec quidem, ut fit, optime — reliquorum vero mathematicorum vix nomina cognoverunt. Diophanteam memorem arithmeticen, quae hodie adhuc ab auctore vocatur, tam insigne inventum, ut vix mente concipi possit, quomodo idem rem tantam et invenire et perficere potuerit, ut iure videatur quibusdam nomen Diophanto ab ingenio additum? Nam et hodie non ita multi inveniuntur mathematice[3]) docti, qui omnia eius facile resolvant problemata. Quid de Apollonio dicam Pergaeo, de quo proverbium ortum inter mathematicos: esto mihi magnus Apollonius? Qui theoremata de sectionibus conicis ab antiquioribus accepta tot ac tantis auxit, ut recentiorum operam fere superfluam reddiderit; ille et, quod haud ita notum est, quaestionum de maximis et minimis[4]) auctor, unde tantus fructus in nostram analysim redundavit. Quid de Archimede, regio[5]) illo ingenio, qui — ne de quadratura parabolae, helicis theorematis, aliis eius inventis dicam — primus naturae leges mathematicis rationibus subiecit.[6]) Cuius libros de insidentibus humido (sive de iis quae in aqua vehuntur), quorum alter quaerit, quemnam situm conoides[7]), quae conicarum sectionum circumvolutione gignuntur, aquae immersae occupent, ipso Lagrange iudice[8]), fere nihil a recentioribus additum est. Nec absque eius, quibus theoriae linearum curvarum fundamenta iecit, principiis, quae multo maioris momenti sunt quam nota illa Euclidis, vel hodie quidquam in rectificatione curvarum et trigonometricarum functionum evolutione perficere possumus. Ita Guldini quae vocatur regula, solidorum, quae volutione plani circa axem gignuntur, volumen aequale esse plano generanti[9]) in viam ducto, quam centrum eius gravitatis — nam et huius fere absolverat leges Archimedes — in circumvolutione

---

1) Dieses Wort ist mit Bleistift unterstrichen, aller Wahrscheinlichkeit nach von der Hand des Professors, welcher die Arbeit durchgesehen hat. Es ist leicht zu sehen, dass ein Ausdruck wie *vix minus quam* oder *similiter ac* passender gewesen wäre. 2) Der Verf. hat *aliquid* gemeint.

3) So der Verf. von zweiter Hand. Er wollte *mathematica.* Von erster Hand stand *mathematici* da. 4) Hierzu am Rande *lib. V. conic.*

5) Dieses Wort ist mit Bleistift unterstrichen. Dem lateinischen Sprachgebrauche würde *divino* besser entsprechen.

6) Auch dieses Wort ist unterstrichen. Vielleicht war *exegit* vorzuziehen.

7) Im Manuscr. *conoidae*, die Endung *ae* mit Bleistift unterstrichen.

8) Hiermit meinte der Verf., wie mir Herr Dr. Amthor in Dresden mittheilt, offenbar die Stelle in der Mécanique analytique, tome I p. 168 der 3. Ausgabe, Paris 1853.

9) So der Verf. durch Correctur aus *generatrici*, wofür zunächst *generatori*, dann das obige geändert worden ist.

transcurrit, iam a Pappo nostro inventa est.[1]) In quo et alia theoremata quae quaestiones Graecorum geometricas testantur, quas hodie ignoramus; de quibus infra. Cuius collectiones mathematicae quasi thesaurus sunt historiae veteris matheseos; nam et omnia ille ante eum inventa cognovit et insignis post eum mathematicus nemo vixit. Qua de causa, licet ille ne e longinquo quidem cum claris illis ingeniis, quae modo nominavi, comparandus sit, accuratius eas describendas delegi. Valete.'

Es folgen nun aus Fabricius Bibliotheca Graeca einige Notizen über das Zeitalter und die Werke des Pappus und eine ausführlichere Besprechung der Uebersetzung Commandinis. Es wird hervorgehoben, dass Commandini selbst nicht die letzte Hand an sein Werk habe legen können, sondern dass dasselbe erst nach seinem Tode mit Unterstützung des Herzog Francesco Maria II. von Urbino erschienen sei. Die Uebersetzung sei ganz wörtlich, oft auf Kosten der Latinität oder des Verständnisses. Mitten im Texte finden sich oft Lücken, 'nescio codicis an ipsius culpa'.[2]) Auf keinen Fall könne die Uebersetzung den griechischen Text ersetzen, und es sei zu wünschen, dass wenigstens die Vorreden der einzelnen Bücher und diejenigen Abschnitte, in welchen zusammenhängende Erörterungen und Untersuchungen (also keine geometrischen Sätze nebst Beweisen) niedergelegt sind, besonders herausgegeben würden. Die Verbesserungen Commandinis beschränken sich meist auf elementare Sachen, besonders auf die Zeichnung der Figuren; oft sei auch Verwirrung eingetreten, indem die Worte des Textes nicht auf die zunächststehende, sondern auf eine frühere Figur sich beziehen. Trotz aller dieser Mängel sei die Ausgabe, so lange der Originaltext fehle, auch für die Kritik brauchbar, da sie vielfach erkennen lasse, wie der griechische Text gelautet habe.

Es folgt nun unter der Ueberschrift 'Liber tertius' eine Angabe des Inhalts dieses Buches. Nach Commandiui sollte Pappus dieses

1) Im Manuscr. steht von erster Hand *in Pappo nostro legitur*, von zweiter *a Pappo nostro inventum est*, und dazu am Rande *lib. 7.* (p. 682, 7 der vorliegenden Ausgabe).

2) Nachdem die vorliegende Ausgabe erschienen, hat sich herausgestellt, dass die Lücken im Text fast alle bereits in der von Commandini benutzten griechischen Handschrift sich befanden. Nur ausnahmsweise hat er Abschnitte dieser Handschrift weggelassen. Anders steht es mit grösseren Lücken in den Commentaren, wo der Herausgeber Commandinis das Papier unbedruckt gelassen hat; hier fanden sich also unbeschriebene Stellen im Manuscript Commandinis, welche derselbe später auszufüllen gedachte. Diese Lücken betreffen meist, wie leicht erklärlich, besonders schwierige und dunkle Stellen des griechischen Textes.

Buch einem gewissen 'Cratistus' gewidmet haben. Scharfsinnig bemerkt Jacobi, dieses ὦ κράτιστε müsse Appellativum sein, es sei vielleicht die Anrede an Pappus Sohn Hermodorus, dem das 7. und 8. Buch gewidmet sind. Letztere Vermuthung hat sich nun zwar nicht bestätigt, wohl aber die Deutung von κράτιστος, denn das darauf folgende Nomen proprium Pandrosion (p. 30, 4 der vorliegenden Ausgabe) hatte Commandini einfach weggelassen. Weiter verfolgt Jacobi ziemlich ausführlich die Untersuchung, welche Pappus zu Anfang des dritten Buches über die Unterscheidung der Worte Theorem und Problem anstellt, sowie über die Unthunlichkeit gewisse Probleme durch Sätze der Planimetrie zu lösen. Ein solches Problem ist das bekannte Delische 'datis duabus rectis lineis duas medias proportionales in continua analogia invenire'. Hierüber referirt Jacobi folgendermassen, zunächst den Inhalt von Pappus Worten (p. 34 ff.) weiter angebend:

'Hoc quidam qui magnus geometra habebatur falso per planorum tantum considerationem, quod absurdum est, constructum nostro tradiderat, demonstrationem se additurum pollicitus. Quem Pappus, Hierio[1]) philosopho alias ignoto homine orante, refellit, ita ut demonstret, vera si foret eius constructio, absurdum aliquod consequuturum esse, et id quidem non geometrice tantum, sed etiam per numeros. Errant enim qui arithmeticam sive algebraicam geometriam ignoratam ab antiquis putent; immo in Pappo nostro valde exculta est, unde Fr. Vieta et Cartesius, qui primi recentiorum eam tractarunt, hanc disciplinam hauserunt.'

Es wird nun weiter über die verschiedenen Lösungen des Delischen Problems, welche theils bei Pappus theils bei anderen sich finden, gehandelt, und zuletzt dieser Abschnitt mit folgenden Worten geschlossen:

'Ceterum secundum antiquos tria problematum genera definit: 1. ἐπίπεδα, quae per rectas lineas et circulos qui in plano ortum habent, 2. στερεά, quae per sectionem conicam, 3. γραμμικά, quae per alias lineas curvas, veluti ἕλικας et τετραγωνιζούσας, construuntur. Nos diceremus primum genus aequationis secundi gradus[2]) (vel etiam primi), alterum tertii et quarti gradus, tertium altioris resolutionem poscere. Etenim curva $m^{ti}$ gradus, quam dicimus, et altera $n^{ti}$ gradus non plura quam $m \times n$ intersectionis puncta habere possunt; itaque per duarum (modo ne eiusdem generis sint) sectionum conicarum, quae omnes secundi gradus sunt, intersectiones omnes ad quartum usque gradum aequationes resolvi possunt.'

1) Im Manuscript Jacobis steht *Hieronymo* nach Commandini. Vergl. oben S. 321, Anm. 1.

2) Dieses Wort fehlt im Manuscript. Der Verf. wollte das nächstfolgende *gradus* auch hierher bezogen wissen.

Jacobi wendet sich nun zu dem zweiten derjenigen Probleme, welche im dritten Buche von Pappus kritisch erörtert werden. Dasselbe handelt von den *medietates*:

'Recte vero dicit omnem ἀναλογίαν etiam esse μεσότητα, non vice versa μεσότητα omnem etiam ἀναλογίαν. Harmonicam medietatem esse dicit, si medius terminus eadem parte alterum superet qua ab altero superetur, vel si, ut alter extremus ad alterum, ita primus excessus sit ad secundum. Prior definitio obscurior est. E posteriori discimus $a$, $b$, $c$ esse in harmonica ratione, si $a : c = b - a : c - b$, id est $\frac{b-a}{a} = \frac{c-b}{c}$; superat vero $b$ proximum terminum numero vel linea $b - a$, itaque $\frac{b-a}{a}$-ta parte ipsius $a$; $c$ vero superat $b$ quantitate $c - b$, itaque $\frac{c-b}{c}$-ta parte sui ipsius; hinc dicere poterat Pappus quae in priore definitione dixit; nam conditionem $\frac{b-a}{a} = \frac{c-b}{c}$ eandem esse atque $a : c = b - a : c - b$ analogiam iam diximus. Ipse numeros dat 2, 3, 6, qui minimi sunt integri, qui harmonicam medietatem efficiunt.'

Hiernach wird die geometrische Construction der drei Termini des harmonischen Mittels, wie sie Pappus Propos. 9—11 giebt, besprochen und dann die Darstellung der übrigen sieben *medietates* kurz berührt. In der darauf folgenden tabellarischen Uebersicht aller Medietäten, welche nach Commandini fol. 17 (p. 102 f. der vorliegenden Ausgabe) zusammen gestellt ist, werden die kleinsten Zahlen des siebenten Mittels übereinstimmend mit Commandini Propos. 24 auf 5, 3, 2 festgestellt, und dabei die abweichende Ansetzung 7, 4, 3, welche Commandini fol. 17 giebt, berichtigt. Von dem Berichterstatter sind in der vorliegenden Ausgabe p. 97 und 102 f. als kleinste Zahlen 3, 2, 1 (wie bei der zehnten Medietät) angenommen worden, eine Abweichung, worüber im Anhang vol. III p. 1218—20 noch einiges bemerkt worden ist. Indess scheint die Frage der siebenten Medietät noch definitiver Lösung zu bedürfen, wobei die gleich anzuführenden Bemerkungen Jacobis zu berücksichtigen sein werden. Der überlieferte Text bietet hier ebenso wie einmal im fünften Buche (Propos. 9) die interessante Erscheinung einer Lücke gerade da, wo eine ausserordentliche Schwierigkeit zu lösen war. Soll man annehmen, dass Pappus gestorben sei, ehe er die letzte Hand an sein Werk habe legen können? Einen solchen Eindruck macht im übrigen das nach einheitlichem Plan angelegte und sorgfältig ausgeführte Werk nicht. Vielleicht darf man annehmen, dass solche auffällige Lücken, wie wir sie soeben beschrieben haben (zu den angeführten Stellen kommt noch hinzu Propos. 19 des 3. Buches), herrühren von der Hand eines gelehrten Ueberarbeiters des Pappus, der an diesen Stellen (und wohl mit Recht) Irrthümer des Schriftstellers zu bemerken glaubte, deshalb diese Stellen entweder selbst tilgte oder eine Bemerkung beifügte, welche die Weglassung derselben beim Abschreiben veranlasste, selbst aber nicht im Stande war, etwas Besseres anstatt des Getilgten einzusetzen.

Wir kehren nun zu Jacobi zurück, welcher seiner tabellarischen Uebersicht der Medietäten folgende Bemerkungen beifügt:

'His formulis regula inest, qua has[1]) medietates semper in numeris integris invenire liceat. Id quod pertinet ad Diophanteam analysin sive theoriam numerorum. Maxime vero dolendum est Pappum viam non addidisse, qua ad hasce formulas pervenerit; qui enim ante Pappum lectum[2]) ipse eas invenire tentaverit, rem non ita facile expediri inveniet. Quatuor postremas a iunioribus esse inventas dicit. Unam vero omissam ab iis esse recte me animadvertisse credo. Poterant quidem plures videri, sed adnotandum proportiones

$$a - b : b - c = b : c, \text{ et } a - b : b - c = a : b$$

idem valere atque analogiam $a : b = b : c$, unde patet, cur quinta et sexta, scil. $a - b : b - c = c : b$, $a - b : b - c = b : a$ geometricae contrariae sint appellatae. Quatuor postremis contrariae absurdae fuissent, quia $a - c > a - b$, et $a - c > b - c$. Absurda etiam illa $a - c : b - c = a : b$, unde consequitur $a = b$. Itaque unica, quae adhuc reliqua, est $a - c : b - c = a : c$, quae dat

$$ac - c^2 = ab - ac$$
$$2ac - c^2 = ab$$
$$b = \frac{2ac - c^2}{a}.$$

Ut autem denominator evanescat, ponamus $a = AB^2$, $c = AB$; fit $b = 2AB - A$; et ita $AB^2$, $2AB - A$, $AB$ undecimam medietatem constituit, quae et ipsa, ut videmus, e divina analogia composita est. Ponendo $A = 1$, $B = 2$, minimi numeri evadunt 2, 3, 4, iidem quam nonae, a qua tamen diversam esse vidimus undecimam. Adnotandum vero neque scribarum neque autoris culpa omissam esse septimae formulam, sed apta ratione, id quod non vidit interpres[3]); est enim $a - c : a - b = b : c$ proportio nihil aliud quam $a = b + c$*). Ceterum quomodo undecimae formulam invenimus, ita reliquas fortasse invenerant veteres.'

---

1) Im Manuscript steht *hae*.

2) Der Verf. wollte offenbar *antequam Pappum legerit*.

3) Nämlich Commandini.

*) Jacobi scheint hier nicht beachtet zu haben, dass die von ihm verdächtigte Formel mitten im Text p. 86, 4 (womit p. 84, 26 bis 86, 3 zu vergleichen ist), und ohne dass man an ein Verderbniss denken kann, sich verzeichnet findet.

'Hoc problema fusius exposui, commilitones, quia harmonicae medietatis cognitio ad musices veterum theoriam intelligendam necessaria est.'

Aus der Untersuchung über das dritte Problem des dritten Buches und die damit verwandten Sätze (Propos. 28—42) heben wir nur eine Aeusserung hervor, welche in Uebereinstimmung mit dem, was zu Anfang dieses Berichtes hervorgehoben wurde, die Wichtigkeit der Sammlung des Pappus für die Geschichte der griechischen Mathematik hervorhebt:

'Quem Erycinum[1]) etsi alius nemo commemorat, idem nobis praestat Pappus, quasi liber eius ad nostra usque tempora devenisset. Et ita multorum mathematicorum Pappus non nomina tantum, sed etiam ipsa opera continet, ut appareat, quantum eius lectio ad veteris matheseos cognitionem faciat.'

Zu dem vierten Problem des dritten Buches (Propos. 43—58) wird folgendes bemerkt, und sodann unmittelbar zum vierten Buche übergegangen:

'Addit deinde Pappus problema, quod iam in decimo tertio libro Euclidis solutum legimus, "in data sphaera polyhedra describere". Hoc an et ipse dederit vir ille optimus[2]), an Pappus ex ingenio addiderit, non liquet. Saepius vero consilium Pappi, cur haec, cur illa tradiderit, in obscuro est[3]); raro enim ipse causam addit, sicuti initio huius libri. Neque igitur deesse aliquid affirmare licet.'

'Hoc problema libri tertii finem facit; et ad quartum venimus, qui omnium maxime coeca theorematum est aggregatio. E quorum tamen numero unum est tam pulcrum, ut, si et tota mathesis Graeca interiisset, vel hodie, si id unum tantum ad nos pervenisset, quanta fuerit Graecis rerum mathematicarum cognitio, inde divinare possemus. Et quod maxime dolendum est, ne nomen quidem viri scimus, qui egregium theorema invenit. Dicit enim Pappus tantum[4]) in quibusdam libris circumferri hance[5]) propositionem antiquam, quam deinde lemmatibus et theorematis paucis praemissis demonstrat[6]), quam acutissimam demonstrationem nescimus sitne a Pappo an ab auctore theorematis profecta. Quia vero haec propositio recentioribus mathematicis ignota esse videtur — neque enim in recentioribus libris legitur excepto Klügelii lexico mathematico v. Arbelus, sed absque demonstratione, quam tamen apponere ille

1) Jacobi schreibt mit Commandini *Erycemum.* Die richtige Namensform ist, wie oben bemerkt, erst später ermittelt worden.

2) Nämlich Euklid.

3) Hier ist es an der Stelle auf die treffenden Bemerkungen Cantors in der Zeitschr. f. Math. u. Phys. XXII, histor.-lit. Abth. S. 177 f. (wiederholt in der vorliegenden Ausgabe p. 1257 f.) zu verweisen.

4) Dieses Wort ist mit Bleistift unterstrichen, mithin als auffällig notirt.

5) Das Manuscript *hancce.*

6) Vergl. die vorliegende Ausgabe p. 208 f. und danach Propos. 13—18.

solet[1]), neque quos ipse rogavi mathematicos, eam noverant — tradidi olim amico, si quis alius acuto ingenio praeditus[2]) in geometricis *eius theorematis vim ac rationem perspiceret.*[3]) Qui plurima invenit egregia theoremata, quae partim ex eo consequuntur, partim arctius cum eo cohaerent[4]); quae et ipsa fortasse Graecis haud incognita erant. Vix enim credibile est hoc aliquem theorema invenire potuisse, nisi maxime versatus fuerit in quaestionibus quibusdam de tactionibus, longe difficilioribus quam[5]) Apollonii fuerant in libris περὶ ἐπαφῶν, quarum argumentum ex Pappi libro septimo cognoscimus, et quas egregie maximam partem restituit Franc. Vieta in tractatu suo Apollonio Gallo.[6]) Nec mirum tot ac tanta interiisse mathematicorum Graecorum opera, cum iam Pappus queratur rarissima eorum esse exemplaria et plurima manca.'[7])

Hierauf wendet sich Jacobi zu einer summarischen Besprechung derjenigen Haupttheoreme, welche in Propos. 1—18 des vierten Buches enthalten sind. Obgleich er, bereits dem Abschluss seiner Arbeit zueilend, meist sich damit begnügt, den Wortlaut der ein-

1) Offenbar soll stillschweigend ergänzt werden *aliis propositionibus* (scil. quarum demonstrationes ipse non ignorat).

2) Das Manuscript hat *praedito.*

3) Die cursiv gedruckten Worte fehlen im Manuscript, sie sind vom Berichterstatter vermuthungsweise hinzugefügt. Anstatt des folgenden Punktes und *Qui* (mit Initialem) steht im Manuscript Comma und *qui.*

4) Hierzu hat der Verfasser am Rande folgende Note beigefügt: 'Mox ille, spero, publici ea iuris faciet, unde Graeci ingenii laus haud exiguo augebitur'. Wer dieser Freund Jacobis gewesen sein möge und ob die angekündigte Abhandlung desselben später erschienen ist, hat Referent nicht ermitteln können. Nach einer Mittheilung des Herrn Dr. Amthor in Dresden ist das Wichtigste, was bald nach 1824 über diesen Gegenstand erschienen ist, der 80. Satz von Jac. Steiner, Systematische Entwickelung der Abhängigkeit geometrischer Gestalten, Erster Theil, S. 318 f., wiederholt aus Gergonne's Annales de mathématiques XVIII v. J. 1828.

5) Dieses Wort wiederum mit Bleistift unterstrichen; desgleichen ist die ganze Stelle von *de tactionibus* bis ἐπαφῶν durch einen senkrechten Bleistiftstrich am Rande notirt.

6) Vergl. Chasles, Aperçu historique sur les méthodes en géometrie, p. 52 der Pariser Ausgabe vom J. 1875.

7) Hiermit ist eine bereits von Fabricius (Bibl. Gr. Lib. V cap. 22, II gegen Ende) gemachte Bemerkung wiederholt. Die Stelle findet sich im 8. Buch (p. 1116, 5—7 der vorliegenden Ausgabe); sie rührt aber von einem späteren Bearbeiter der Sammlung des Pappus her, wie wir in der Abhandlung *De Heronis mechanicorum reliquiis in Pappi collectione servatis* in den *Commentationes Mommsenianae,* Berlin 1877, p. 117—120, nachgewiesen haben. Hiernach gilt obige Bemerkung Jacobis für die Zeit, in welcher jener Bearbeiter schrieb, also etwa für den Ausgang des fünften Jahrhunderts n. Chr., denn weiter abwärts lässt sich seine Epoche wohl schwerlich ansetzen.

zelnen Theoreme anzugeben, so finden sich immer noch einige bemerkenswerthe Aeusserungen eingestreut. So kommt er bei Besprechung der 1. Proposition auf die Wirksamkeit Euklids in Alexandria zu sprechen. Nachdem er im Auszuge angeführt hat, was Pappus selbst und sein Bearbeiter im achten Buche (cap. 33—35, p. 676 ff. der vorliegenden Ausgabe) uns mittheilen, fährt er fort, wie folgt:

'Quare quantum debeatur viro[1]), vix dici potest. Qui multo plura in mathematicis profecit, quam ex operibus eius quae extant colligitur.[2]) Nam et Apollonii conicorum quatuor libri primi eius sunt, quod e Pappo cognoscimus, et aliud eius opus exstitit, porismatum libri tres, cuius lemmata Pappus exhibuit in libro septimo, unde divinari quodammodo potest, quam praeclarum illud fuerit; restitutum vero postea est ex divinatione a Roberto Simson[3]), summi ingenii viro et mirum in modum Graecae matheseos perito. Alius quoque operis Euclidis, τόπων πρὸς ἐπιφάνειαν, locorum ad superficiem, duobus libris conscripti, fragmenta Pappus ad finem libri septimi exhibet; quod quam praeclarum fuerit, ex hoc uno theoremate elegantissimo apparet, quod Euclidis esse haud ita multi sciunt.'

Es wird nun Propos. 238 des 7. Buches ihrem Wortlaute nach angeführt. Welche Bedeutung Euklid, abgesehen von seinem Verdienst als Zusammensteller der Elemente, im Gebiete der analytischen Geometrie und der geometrischen Oerter hat, ist, seitdem Jacobi dies schrieb, mehr und mehr anerkannt worden.[4]) Seine eben angeführten Worte mögen also jetzt als veraltet erscheinen; aber immerhin sind sie werthvoll als Zeugniss für den Scharfblick, mit dem bereits der Jüngling durchschaute, auf welche Punkte hauptsächlich ein tieferes Eindringen in die Mathematik der Griechen sich richten müsse. Aus demselben Grunde ist schliesslich noch eine Bemerkung hervorzuheben, welche Jacobi zu Propos. 10 macht:

'Decimum theorema, ad quod demonstrandum septimum, octavum, nonum praemittit, circulum describi iubet, qui tres datos seque contingentes contingat.'

'Hoc vero theorema non construitur, sed algebraice deducitur, res quaesitas datas esse. Nam quod veteres dicunt demonstrare aliquid datum esse, id nobis analytica problematis solutio est. Quam vetus vero sit ea ἀνάλυσις, eo apparet, quod iam Euclides Δεδομένων librum scrip-

1) Nämlich dem Euklid.

2) Das Manuscript *collegitur*.

3) Das Manuscript hat *Simpson*.

4) Cantor, Euclid und sein Jahrhundert, Leipzig 1867, S. 14—26, Chasles, Aperçu historique etc. p. 12—15 und 274—284 der Pariser Ausgabe vom J. 1875, derselbe, Les trois livres de porismes d'Euclide, Paris 1860.

serat. *Δεδομένα* enim id genus theorematum vocat, quo demonstratur aliquid datum esse. Cuius generis etiam septimum est theorema[1]), satis difficile, datis quadrilateri, quod unum habeat angulum rectum, lateribus datas etiam esse diametros. Unumquodque datum recte animadvertit Pappus proponi posse sive ut theorema sive ut problema, scilicet si id inveniendum proponatur, quod datum esse demonstrandum est.'

Also auch die wichtige Thatsache ahnte Jacobi bereits, dass die Griechen in der analytischen Geometrie einen hohen Standpunkt erreicht haben, wie dies neuerdings, ausser von Cantor und Chasles (an den kurz vorher angeführten Stellen) und anderen, in einem an den Herausgeber gerichteten Schreiben (vol. III p. 1231 f.) von Herrn Professor Baltzer in Giessen ausgesprochen worden ist.[2])

Soll der Referent selbst, indem er dem Schlusse seines Berichtes sich nähert, es entschuldigen, dass er so lange einen anderen anstatt seiner hat sprechen lassen? Gewiss nicht. Es kam ja nur darauf an, in den Kreisen derjenigen Fachgelehrten, welche den Forschungen auf dem Gebiete der alten Mathematik ferner stehen, ein Interesse anzuregen für die Schätze der Ueberlieferung, welche nun endlich in authentischer Form erschienen sind, nachdem man so lange mit abgeleiteten Quellen sich hstte behelfen müssen. Und was vor einem halben Jahrhundert ein Studirender der Philologie, bereits sich zuwendend der hohen Wissenschaft, in welcher er bald so Grosses leisten sollte, als Erstlingsarbeit geschrieben hat; gilt es nicht fast alles noch jetzt, wenn man Beweise dafür sucht, dass eine Originalausgabe der Sammlung des Pappus ein wirkliches Bedürfniss war?

Was Referent noch ausserdem von Material sich gesammelt hatte, um andere Belege solcher Art hier beizubringen, muss nun allerdings vor der Hand zurückgelegt werden, um nicht die Grenzen des zugemessenen Raumes zu überschreiten. Es genügt aber vielleicht anstatt dieser Belege ein kurzer Hinweis auf die lexicalischen Sammlungen, welche den letzten Halbband der Ausgabe füllen. Da in den *Index Graecitatis* alles aufgenommen ist, was sprachlich oder

---

1) Propos. 7 des 4. Buches.

2) Auch Herr Dr. Curtze in Thorn äussert sich in einer an den Ref. gerichteten Zuschrift vom 27. XII. 78 über diese Frage, wobei er unter Berufung auf Günther, Geschichte des Coordinatenprincips, den Schwerpunkt der alten analytischen Geometrie in anderen Problemen als dem von Baltzer behandelten Archimedischen findet. Zu erwähnen ist an dieser Stelle noch die Restitution desselben Problems, welche J. L. Heiberg in der Zeitschr. f. Math. u. Phys. XXIII, hist.-lit. Abth. S. 117—120 giebt.

sachlich in dem Werke des Pappus irgend bemerkenswerth ist, so wird es in jedem einzelnen Falle, eventuell auch mit Zuhilfenahme des Sachregisters oder des Verzeichnisses der Autoren, leicht gelingen, diejenigen Stellen des Pappus aufzufinden, welche für die gerade vorliegende Frage etwa in Betracht kommen. Beispielshalber mögen zuletzt noch zwei Notizen dieser Art hier ihre Stelle finden. Zur geschichtlichen Entwickelung der Lehre von den Sternpolygonen, worüber kürzlich Günther[1]) so trefflich gehandelt hat, kommt die Frage in Betracht, wieweit die Griechen auch übergeeckte Figuren in den Bereich geometrischer Darstellung gezogen haben. Zu diesem Zwecke können im Pappus-Index die Artikel *κοιλογώνιον* und *ὕπτιος* zu Rathe gezogen werden. Ferner im Anschluss an die Pappusstelle, wo *τὰ ἐνὶ διαστήματι γραφόμενα* erwähnt werden (zu vergl. der Index unter *διάστημα*), theilte Herr Professor Cantor in Heidelberg dem Berichterstatter brieflich mit, dass durch jene Stelle offenbar der bisher noch nie beachtete Ursprung der Geometrie mit einer Zirkelöffnung nachgewiesen sei, einer Disciplin, von deren Existenz bei den Griechen allerdings sonst keine Spur bekannt sei, und die später plötzlich bei den Arabern, dann im XV. und XVI. Jahrhundert bei den Italienern auftauche.[2])

Dieses letzte Citat, sowie die frühere Erwähnung der Herren Borchardt und Baltzer giebt dem Berichterstatter willkommenen Anlass, nochmals seinen Dank für die Beiträge, welche mehrere befreundete Gelehrte dem Werke gespendet haben, öffentlich auszusprechen. Nicht minder fühlt sich der Herausgeber zu Danke verpflichtet sowohl für die Unterstützung, welche die Königl. Preussische Akademie der Wissenschaften zur Herstellung des Druckes bewilligt hat, als für die von der Verlagsbuchhandlung behufs würdiger Ausstattung des Werkes gebrachten Opfer.

1) Vermischte Untersuchungen zur Geschichte der mathem. Wissenschaften, Leipzig, 1876, S. 1—92, und früher in der S. 1 angeführten Abhandlung *Lo sviluppo storico dei poligoni stellati* etc.

2) Vergl. Cantor in der Zeitschr. für Mathem. u. Phys., XXII, histor.-liter. Abth. S. 146 f.

Dresden. Friederich Hultsch.

**F. Klein. Ueber die Erniedrigung der Modulargleichungen.** (Math. Annalen XIV pag. 417—427.)

**Ueber die Transformation siebenter Ordnung der elliptischen Functionen.** (Ebenda pag. 428—471.)

Eine neue Anwendung derjenigen functionentheoretischen Methoden, deren ich mich in meiner vorletzten Arbeit (Ueber die Transformation der elliptischen Functionen und die Auflösung der Gleichungen fünften Grades, Rep. Bd. 2 pag. 250) bediente, um die Modulargleichungen zu studiren und in den niedersten Fällen in neuer Form aufzustellen.

In dem ersten der beiden vorliegenden Aufsätze behandle ich in diesem Sinne diejenigen Resolventen $5^{\text{ten}}$, $7^{\text{ten}}$, $11^{\text{ten}}$ Grades, welche die Modulargleichungen $6^{\text{ten}}$, $8^{\text{ten}}$, $12^{\text{ten}}$ Grades einem berühmten Satze von Galois zufolge besitzen, und zeige, dass diese Resolventen in einfachster Form folgendermassen lauten:

$$J = \varphi(y),$$

wo $J$ die absolute Invariante des elliptischen Integrals, $y$ die Unbekannte und $\varphi$ eine ganze Function mit numerischen Coëfficienten bezüglich vom $5^{\text{ten}}$, $7^{\text{ten}}$, $11^{\text{ten}}$ Grade bedeutet. Diese Function $\varphi$ hat in den drei Fällen folgende charakteristische Eigenschaft:

*a*) bei $n=5$ enthält $\varphi(y)$ einen linearen Factor cubisch, $\varphi(y)-1$ einen quadratischen Factor doppelt,

*b*) bei $n = 7$ enthält $\varphi(y)$ einen quadratischen Factor cubisch, $\varphi(y) - 1$ einen quadratischen Factor doppelt,

*c*) bei $n = 11$ enthält $\varphi(y)$ einen cubischen Factor dreifach und $\varphi(y) - 1$ einen biquadratischen Factor doppelt.

In Folge dessen erhält man durch elementaren Ansatz:

1) bei $n = 5$: $$J : J - 1 : 1 = (y^2 - 11y + 64)(y - 3)^3 : y(y^2 - 10y + 45)^2 : -1728,$$

2) bei $n = 7$: $$J : J - 1 : 1 = y\left(y^2 + 7y + \frac{77 \pm \sqrt{-7}}{8}\right)^3 : \left(y^3 + 13y^2 + \frac{425 \pm 19\sqrt{-7}}{8}\, y + \frac{135 \pm 27\sqrt{-7}}{2}\right) \cdot \left(y^2 + 4y + \frac{11 \pm \sqrt{-7}}{8}\right)^2 : -\frac{27}{4}(13 \pm 7\sqrt{-7})$$

Bei $n = 11$ wird die Rechnung weitläufig und ich habe sie noch nicht zum Abschlusse gebracht; ich hoffe die Schlussformel bald auf anderem Wege zu erhalten.

Die Gleichungen 1), 2) sind übrigens nicht eigentlich neu. Schreibt man nämlich in 1) statt $J - 1$ $\frac{27 g_3^2}{\triangle}$, statt $y$ $x^2$ und zieht aus

$$J - 1 = \varphi(y) - 1$$

beiderseits die Quadratwurzel, so kommt Brioschi's bekannte Gleichung fünften Grades in der Form:

$$x^5 - 10x^3 + 45x = \frac{216\, g_3}{\sqrt{-\triangle}};$$

setzt man andererseits in 2) $\frac{g_2^3}{\triangle}$ statt $J$, $\frac{x^3}{-2^2 \cdot 7(7 \mp \sqrt{-7})}$ statt $y$ und zieht aus

$$J = \varphi(y)$$

beiderseits die Cubikwurzel, so folgt:

$$x^7 - 2^2 \cdot 7^2 (7 \mp \sqrt{-7}) x^4 + 2^5 \cdot 7^4 (5 \mp \sqrt{-7}) z \mp 2^9 \cdot 3 \cdot 7^3 \cdot \sqrt{-7} \cdot \frac{g_2}{\sqrt[3]{\triangle}} = 0,$$

und dies ist im Wesentlichen dieselbe Gleichung, welche Hermite im 2. Bande von Tortolini's Annali di Matematica (pag. 59) mitgetheilt hat.

In dem zweiten der hier zu besprechenden Aufsätze stelle ich das Problem: für die Transformation 7^ter^ Ordnung die *Galois*'sche Resolvente 168^ten^ Grades in zweckmässigster Form zu bilden, und von ihr aus die früher von mir untersuchte Modulargleichung 8^ten^ Grades, so wie die im vorhergehenden Aufsatze studirte Resolvente 7^ten^ Grades abzuleiten. — Der functionentheoretische Ansatz zeigt ohne Weiteres, dass die Wurzel $\eta$ dieser Resolvente mit der absoluten Invariante durch eine Gleichung vom Geschlechte $p = 3$ zusammenhängt, und dass diese Gleichung durch 168 eindeutige Transformationen von a priori angebbarer Gruppirung in sich übergeht. Es gelingt daraufhin, durch eine Reihe einfacher Schlüsse die Normalcurve niederster Ordnung zu finden, auf welche man die gesuchte Gleichung eindeutig beziehen kann; sie hat folgende Gleichung:

$$f = \lambda^3 \mu + \mu^3 \nu + \nu^3 \lambda = 0,$$

und geht durch 168 Collineationen der Ebene in sich über, welche sich aus folgenden drei durch Wiederholung und Combination zusammensetzen lassen:

$$1)\quad \lambda' = \gamma\lambda\,,\; \mu' = \gamma^4\mu\,,\; \nu' = \gamma^2\nu\,, \qquad \left(\gamma = e^{\frac{2i\pi}{7}}\right)$$

$$2)\quad \lambda' = \mu\,,\quad \mu' = \nu\,,\quad \nu' = \lambda\,,$$

$$3)\quad \begin{cases} \sqrt{-7}\cdot\lambda' = (\gamma^6-\gamma)\,\lambda + (\gamma^5-\gamma^2)\,\mu + (\gamma^3-\gamma^4)\nu\,, \\ \sqrt{-7}\cdot\mu' = (\gamma^5-\gamma^2)\,\lambda + (\gamma^3-\gamma^4)\,\mu + (\gamma^6-\gamma)\nu\,, \\ \sqrt{-7}\cdot\nu' = (\gamma^3-\gamma^4)\,\lambda + (\gamma^6-\gamma)\,\mu + (\gamma^5-\gamma^2)\nu\,. \end{cases}$$

Das volle System derjenigen ganzen Functionen von $\lambda$, $\mu$, $\nu$, welche bei diesen Collineationen ungeändert bleiben (und die zugleich das volle System der Cavarianten von $f$ ausmachen), ist leicht anzugeben. Es umfasst ausser $f$ nur noch die Hesse'sche Form sechster Ordnung:

$$\nabla = \frac{1}{54}\begin{vmatrix} \frac{\partial^2 f}{\partial\lambda^2} & \frac{\partial^2 f}{\partial\lambda\partial\mu} & \frac{\partial^2 f}{\partial\lambda\partial\nu} \\ \frac{\partial^2 f}{\partial\mu\partial\lambda} & \frac{\partial^2 f}{\partial\mu^2} & \frac{\partial^2 f}{\partial\mu\partial\nu} \\ \frac{\partial^2 f}{\partial\nu\partial\lambda} & \frac{\partial^2 f}{\partial\nu\partial\mu} & \frac{\partial^2 f}{\partial\nu^2} \end{vmatrix},$$

die Form vierzehnter Ordnung:

$$C = \frac{1}{9}\begin{vmatrix} \frac{\partial^2 f}{\partial\lambda^2} & \frac{\partial^2 f}{\partial\lambda\partial\mu} & \frac{\partial^2 f}{\partial\lambda\partial\nu} & \frac{\partial\nabla}{\partial\lambda} \\ \frac{\partial^2 f}{\partial\mu\partial\lambda} & \frac{\partial^2 f}{\partial\mu^2} & \frac{\partial^2 f}{\partial\mu\partial\nu} & \frac{\partial\nabla}{\partial\mu} \\ \frac{\partial^2 f}{\partial\nu\partial\lambda} & \frac{\partial^2 f}{\partial\nu\partial\mu} & \frac{\partial^2 f}{\partial\nu^2} & \frac{\partial\nabla}{\partial\nu} \\ \frac{\partial\nabla}{\partial\lambda} & \frac{\partial\nabla}{\partial\mu} & \frac{\partial\nabla}{\partial\nu} & 0 \end{vmatrix}$$

und die Functionaldeterminante von der 21ten Ordnung:

$$K = \frac{1}{14}\begin{vmatrix} \frac{\partial f}{\partial\lambda} & \frac{\partial\nabla}{\partial\lambda} & \frac{\partial C}{\partial\lambda} \\ \frac{\partial f}{\partial\mu} & \frac{\partial\nabla}{\partial\mu} & \frac{\partial C}{\partial\mu} \\ \frac{\partial f}{\partial\nu} & \frac{\partial\nabla}{\partial\nu} & \frac{\partial C}{\partial\nu} \end{vmatrix},$$

zwischen denen, vermöge $f = 0$, folgende eine Identität besteht:

$$(-\nabla)^7 = \left(\frac{C}{12}\right)^3 - 27\left(\frac{K}{216}\right)^2.$$

In Folge dessen kann man der Gleichung 168ten Grades eine sehr übersichtliche Form ertheilen. Man setze einfach

$$J : J-1 : 1 = \left(\frac{C}{12}\right)^3 : 27\left(\frac{K}{216}\right)^2 : -\nabla^7\,,$$

während gleichzeitig

$$f=0$$

ist, und betrachte in diesem Gleichungssysteme die *beiden* Verhältnisse $\lambda:\mu:\nu$ als Unbekannte.

Für die Modulargleichung achten Grades und die Resolvente siebenten Grades ergiebt sich jetzt eine explicite Darstellung der Wurzeln durch eine Lösung $\lambda:\mu:\nu$. Ich hatte der Modulargleichung achten Grades früher die Form ertheilt:

$$J:J-1:1=(\tau^2+13\tau+49)(\tau^2+5\tau+1)^3 \\ :(\tau^4+14\tau^3+63\tau^2+70\tau-7)^2 \\ :1728\tau\,.$$

Jetzt finde ich für die acht Wurzeln $\tau_\infty,\ \tau_0,\ \cdots\tau_6$ folgende Werthe:

$$\tau_\infty=-\frac{49\lambda^2\mu^2\nu^2}{\nabla},$$

$$\tau_x=-\frac{\left\{\begin{matrix}\lambda\mu\nu-(\gamma^{3x}\lambda^3+\gamma^{5x}\mu^3+\gamma^{6x}\nu^3)+(\gamma^{6x}\lambda^2\mu+\gamma^{3x}\mu^2\nu+\gamma^{5x}\nu^2\lambda)\\+2(\gamma^{4x}\lambda^2\nu+\gamma^{x}\nu^2\mu+\gamma^{2x}\mu^2\lambda)\end{matrix}\right\}^2}{\nabla}$$

$$(x=0,1,2,\cdots 6)\,.$$

Ich finde ferner für die Wurzeln $y_0,\ y_1,\ \cdots y_6$ der zu Anfang dieses Referates mitgetheilten Gleichung siebenten Grades:

$$y_x=\frac{\mp 56\sqrt{-7}\left\{(\gamma^{2x}\lambda^2+\gamma^{x}\mu^2+\gamma^{4x}\nu^2)+\frac{-1\mp\sqrt{-7}}{2}(\gamma^{6x}\mu\nu+\gamma^{3x}\nu\lambda+\gamma^{5x}\lambda\mu)\right\}^3}{\nabla}.$$

Zum Beweise dieser Formeln gebrauche ich gewisse Eigenschaften der Wendetangenten und Doppeltangenten der Curve $f=0$, auf die ich hier der Kürze wegen nicht eingehen kann; ebenso will ich nur erwähnen, dass die früher bereits von mir hervorgehobene Eigenthümlichkeit der Modulargleichung achten Grades, eine Jakobi'sche Gleichung zu sein, hier darauf zurückkommt, dass bei der Curve $f=0$ ein System von Berührungscurven dritter Ordnung mit gerader Charakteristik ausgezeichnet ist. — Meine Arbeit enthält ausserdem eine genaue Darlegung der auf die verschiedenen Irrationalitäten bezüglichen Verzweigungen, wobei ich, wie früher, in ausgiebiger Weise die Darstellung durch Figuren verwende. Diese Figuren sollen für die Probleme siebenten Grades dieselbe Bedeutung beanspruchen, wie die Gestalt des Ikosaeders für die Probleme fünften Grades.

Die hauptsächlichen der hiermit berührten Resultate habe ich bereits früher in zwei Noten veröffentlicht, welche ich am 4. März und 20. Mai vorigen Jahres der Erlanger Societät vorlegte. Ich zeigte dort ausserdem, dass sich nunmehr die Zurückführung derjenigen Gleichungen siebenten Grades, welche die Gruppe der Modulargleichung haben, auf eben diese Modulargleichung explicite bewerkstelligen lässt (wegen der Problemstellung vergl. Kronecker: „Ueber Gleichungen siebenten Grades" in den Berliner Monatsberichten von 1858.) Hierauf bin ich in den gegenwärtig vorliegenden Aufsätzen noch nicht eingegangen; ich hoffe demnächst ausführlicher auf diese und verwandte Fragen zurückkommen zu können.

München, den 9. Februar 1879.

F. Klein.

---

**G. Eneström: Differenskalkylens historia. I.** (Upsala Universitets Årsscrift 1879. Matematik och Naturvetenskap. I.) Upsala 1878. (4. u. 71 S. 8.

Die ersten Spuren der Differenzenrechnung müssen aus den Untersuchungen über Interpolation, Reihen und Theorie der Differentiale zusammengesucht werden. Newton gab erst 1687 in Philosophia naturalis principia mathematica die allgemeine Interpolationsformel

$$u_x = u_0 + x\triangle u_0 + \frac{x(x-1)}{1\cdot 2}\triangle^2 u_0 + \cdots$$
$$+ \frac{x(x-1)(x-2)\cdots(x-n+2)}{1\cdot 2\cdot 3\cdots n-1}\triangle^{n-1}u_0$$

als Lösung des Problems: Eine parabolische Curve durch gegebene Punkte zu ziehen. Zwei andere verwandte Formeln finden sich in seiner Methodus differentialis (1711). Etwas später als Newton versuchten auch Hermann, Cotes und Craig das Interpolationsproblem zu lösen. Auf der andern Seite gelang es Leibniz, Montmort und Jakob Bernoulli durch Untersuchungen über die Reihen ein willkürliches Glied durch die Differenzen des ersten Gliedes, oder eine willkürliche Differenz durch die Glieder auszudrücken; freilich muss zugestanden werden, dass die allgemeinen Formeln nicht gegeben sind. Der letztere verdient besonders hier erwähnt zu werden als Erfinder der nach ihm benannten Bernoullischen Zahlen, welche bekanntlich in der umgekehrten Differenzenrechnung häufig gebraucht werden. In methodischer Hinsicht ist zuletzt das Hervortreten der Differenzenrechnung durch die Ausbildung der Differentialrechnung wesentlich befördert worden. Dagegen finden sich vor 1715 gar keine Spuren einer Theorie der Differenzengleichungen.

Sehr wenig war also für die Differenzenrechnung gethan, als Taylor (geb. in Edmonton 1685, gest. zu London 1731) seine tiefgehende aber schwer verständliche Methodus incrementorum directa et inversa, 1715 (neue Titelausg. 1717, Aufl. 2 1862) veröffentlichte, welche die erste systematische Darstellung der Differenzenrechnung enthält. Taylor bezeichnet die erste Differenz (incrementum) der variablen Quantität $x$ durch $\underset{\cdot}{x}$, die zweite Differenz durch $\underset{\cdot\cdot}{x}$ oder $\underset{2}{x}$, u. s. w., so dass die $n^{\text{te}}$ Differenz ist $\underset{n}{x}$. Die successiven Werthe bezeichnet er durch Accente, so dass, wenn $x = u_z$ ist,

$$\overset{\prime\prime}{x} = u_{z-2}\,,\ \overset{\prime}{x} = u_{z-1}\,,\ x = u_z\,,\ \underset{\prime}{x} = u_{z+1}\,,\ \underset{\prime\prime}{x} = u_{z+2}\,,\ \text{u. s. w.}$$

Die Theorie der endlichen Differenzen wird von Taylor hauptsächlich als eine Theorie der Differenzengleichungen gegeben; lautet ja schon der erste Satz: data aequatione quantitates variabiles involvente invenire incrementa, obgleich er thatsächlich nur enthält, dass

$$\Delta^n u_x = u_{x+n} - n\,u_{x+n-1} + \cdots\cdots + (-1)^n u_x\,.$$

In den folgenden Sätzen zeigt Taylor, dass

$$\Delta x^{(m)} = m x^{(m-1)}\,,\quad \Sigma x^{(m)} = \frac{x^{(m+1)}}{m+1}$$

$$\Delta x^{(-m)} = -\,m x^{(-m-1)}\,,\quad \Sigma x^{(-m)} = -\,\frac{x^{(-m+1)}}{m-1}\,,$$

ferner dass, wenn

$$h = \Delta x\,,\ u_{x+nh} = u_x + n\Delta u_x + \frac{n\,(n-1)}{1\cdot 2}\,\Delta^2 u_x + \cdots + \Delta^n u_x$$

und
$$u_{x+h} = u_x + \frac{h}{1}\,\frac{d\,u_x}{d\,x} + \frac{h^2}{1\cdot 2}\,\frac{d^2 u_x}{d\,x^2} + \cdots\,.$$

Noch beweist er, dass eine Differenzengleichung nothwendiger Weise ein Integral haben muss, und dass das allgemeine Integral einer Differenzengleichung $r^{\text{ter}}$ Ordnung $r$ arbiträre Constante hat, giebt einige specielle Integrationsmethoden und wendet die Differenzenrechnung auf Summirung, Interpolation und Bestimmung gewisser Coefficienten an. Für die nähere Formulirung dieser und der übrigen Sätze Taylors verweise ich auf die Abhandlung; ich erwähne nur, dass Taylor bei der Coefficientenbestimmung die Gleichungen

$$u_{x+1} = (2x + 1)u_x,$$
$$w_{x+1} = (2x + 1)w_x + (x + 1)u_x$$

integrirt, und dass seine Methode auf die allgemeine Gleichung

$$u_{x+1} = A_x u_x + B_x$$

angewendet werden kann.

Weitere Beiträge zur Differenzenrechnung giebt Taylor in Philosophical Transactions 1717 und in Moivres Miscellanea Analytica; zwar zeigt er auf der letzten Stelle nur eine sehr specielle Integrationsmethode an. Dagegen hat er in Philosophical Transactions 1717 ein neues Zeichen eingeführt; ihm ist nämlich

$$[x] = \Sigma x$$

und allgemein

$${}^n[x] = \Sigma^n x.$$

Ferner hat er hier noch die gewöhnlichen Ausdrücke für

$$\triangle(u_x v_x),\ \triangle^n(u_x v_x),\ \Sigma(u_x v_x),\ \Sigma^n(u_x v_x),\ \Sigma^n a^x \text{ und } \Sigma a^x \varphi(x)$$

hergeleitet.

Dies alles hat Taylor also zur Ausbildung der Differenzenrechnung geleistet. Die Fehler seiner Darstellung sind dagegen, dass er die Differenzenrechnung in allzu nahe Beziehung zur Differentialrechnung gebracht hat, und dass seine Bezeichnung sehr unbequem, seine Ausdrucksweise sehr dunkel und schwerverständlich ist. Aber dennoch ist sein Verdienst um die Differenzenrechnung so gross, dass beinahe ein halbes Jahrhundert verging, ehe dieselbe weiter geführt ward, und wenn einige Verfasser Nicole als Miterfinder der Differenzenrechnung nennen, so beweist dies nur, dass sie die Schriften Taylors nicht gelesen oder nicht verstanden haben.

Die zweite noch nicht erschienene Abtheilung behandelt die Geschichte der Differenzenrechnung bis zu Laplace und Condorcet; die zwei noch folgenden Abtheilungen werden die Ausbildung derselben bis auf unsere Zeit verfolgen.

G. Eneström.

**R. Beez: Ueber das Riemann'sche Krümmungsmass höherer Mannigfaltigkeiten.** (Zeitschrift für Mathematik und Physik Bd. XXIV, S. 1—17, 65—82.)

Die epochemachende Schrift B. Riemann's: „Ueber die Hypothesen, welche der Geometrie zu Grunde liegen" hat durch die von H. Weber und R. Dedekind in den gesammelten Werken Riemann's zum ersten Male veröffentlichte Abhandlung: „Commentatio mathematica, qua respondere tentatur quaestioni ab illustrissima Academia Parisiensi propositae" eine wichtige Ergänzung und in analytischer Beziehung einen höchst befriedigenden Abschluss erhalten. Obwohl diese Arbeit nämlich in der Hauptsache von isothermen Linien in einem erwärmten unbegrenzten Körper handelt, so enthält sie doch im zweiten Theil einen rein mathematischen Excurs mit der Ueberschrift: „De transformatione expressionis $\Sigma_{\iota\iota'} b_{\iota\iota'} ds_\iota ds_{\iota'}$, in formam datam $\Sigma_{\iota\iota'} a_{\iota\iota'} dx_\iota dx_{\iota'}$, welcher in knappester Form die Frage erörtert, wann es möglich sei, die wesentlich positive quadratische Form $\Sigma b_{\iota\iota'} ds_\iota ds_{\iota'}$ der $n$ Differentiale $ds_1, ds_2, \cdots ds_n$, bei welcher die Coefficienten $b_{\iota\iota'}$ Functionen der $n$ Variabelen $s_1, s_2, \cdots s_n$ sind, in die quadratische Form $\Sigma_{\iota\iota'} a_{\iota\iota'} dx_\iota dx_{\iota'}$ von ebenso viel Differentialen $dx_1, dx_2, \cdots dx_n$ zu verwandeln, bei welcher die Coefficienten $a_{ik}$ constant und eventuell der Einheit gleich sind. Die Bedingung für die Möglichkeit dieser speciellen Transformation wird dahin bestimmt, dass die Coefficienten $b_{\iota\iota'}$ nebst ihren ersten und zweiten Derivirten der Gleichung

$$\text{I)} \qquad \frac{\partial^2 b_{\iota\iota''}}{\partial s_{\iota'} \partial s_{\iota'''}} + \frac{\partial^2 b_{\iota'\iota'''}}{\partial s_\iota \partial s_{\iota''}} - \frac{\partial^2 b_{\iota\iota'''}}{\partial s_{\iota'} \partial s_{\iota''}} - \frac{\partial^2 b_{\iota'\iota''}}{\partial s_\iota \partial s_{\iota'''}}$$

$$+ \frac{1}{2} \sum{}_{\nu\nu'} (p_{\nu\iota'\iota'''} p_{\nu'\iota\iota''} - p_{\nu\iota\iota'''} p_{\nu'\iota'\iota''}) \frac{\beta_{\nu\nu'}}{B} = 0,$$

in welcher

$$p_{\iota\iota'\iota''} = \frac{\partial b_{\iota\iota'}}{\partial s_{\iota'}} + \frac{\partial b_{\iota\iota}}{\partial s_{\iota'}} - \frac{\partial b_{\iota'\iota''}}{\partial s_\iota}$$

$$B = \begin{vmatrix} b_{11} & \cdots & b_{1n} \\ \cdot & & \cdot \\ \cdot & & \cdot \\ b_{n1} & & b_{nn} \end{vmatrix}$$

$$\beta_{\nu\nu'} = \frac{\partial B}{\partial b_{\nu\nu'}},$$

gesetzt ist und sämmtliche $\iota$ und $\nu$ die Zahlenreihe $1, 2, \cdots n$ durchlaufen, identisch genügen müssen. Schreibt man die linke

Seite der Gleichung I) zur Abkürzung $(\iota\iota'\iota''\iota''')$, so lässt sich in dem allgemeinen Falle, dass die Coefficienten $b_{\iota\iota'}$ und ihre ersten und zweiten Derivirten die Gleichung I) nicht befriedigen, ein zu der quadratischen Form $\Sigma_{\iota\iota'} b_{\iota\iota'} ds_\iota ds_{\iota'}$ covarianter Ausdruck

A) $$\delta^2 \Sigma b_{\iota\iota'} ds_\iota ds_{\iota'} - 2 d\delta\, \Sigma b_{\iota\iota'} ds_\iota \delta s_{\iota'} + d^2 \Sigma b_{\iota\iota'} \delta s_\iota \delta s_{\iota'}$$

aufstellen, welcher, wenn man die Variationen der zweiten Ordnung $d^2$, $d\delta$, $\delta^2$ so bestimmt, dass die Gleichungen stattfinden:

$$\delta' \Sigma b_{\iota\iota'} ds_\iota \delta s_{\iota'} - \delta\, \Sigma b_{\iota\iota'} ds_\iota \delta' s_{\iota'} - d\Sigma b_{\iota\iota'} \delta s_\iota \delta s_{\iota'} = 0$$
$$\delta' \Sigma b_{\iota\iota'} ds_\iota ds_{\iota'} - 2 d \Sigma b_{\iota\iota'} ds_\iota \delta' s_{\iota'} = 0$$
$$\delta' \Sigma b_{\iota\iota'} \delta s_\iota \delta s_{\iota'} - 2 \delta \Sigma b_{\iota\iota'} \delta s_\iota \delta' s_{\iota'} = 0,$$

in die ebenfalls covariante quadrilineare Form

II) $$\Sigma(\iota\iota'\iota''\iota''')(ds_\iota \delta s_{\iota'} - ds_{\iota'} \delta s_\iota)(ds_{\iota''} \delta s_{\iota'''} - ds_{\iota'''} \delta s_{\iota''})$$

übergeht. Wenn daher die quadratische Form $\Sigma b_{\iota\iota'} ds_\iota ds_{\iota'}$ durch die Substitution neuer Variabeln $x$ in die quadratische Form

$$\Sigma a_{\iota\iota'} dx_\iota dx_{\iota'}$$

transformirt wird, so geht auch die aus der ersteren abgeleitete quadrilineare Form II) in die aus der zweiten abgeleitete entsprechende quadrilineare Form über. Sollen im speciellen Falle die Coefficienten $a_{\iota\iota'}$ ohne Ausnahme constant sein, so verschwinden sämmtliche Coefficienten der zweiten quadrilinearen Form. Dies aber zieht das identische Verschwinden der ersten quadrilinearen Form nach sich, was wiederum nur dann eintreten kann, wenn sämmtliche Coefficienten $(\iota\iota'\iota''\iota''')$ identisch Null werden.

Die im Vorstehenden notirten Resultate — bis auf das von Riemann gegebene Schema A) zur Bildung der quadrilinearen Covariante II) hat unabhängig von Riemann auch Lipschitz gefunden und in seiner vom 4. Januar 1869 datirten berühmten Abhandlung „Untersuchungen im Betreff der ganzen homogenen Functionen von $n$ Differentialen" in Borchardt's Journal Bd. 69 veröffentlicht. Aus einer neueren Abhandlung desselben Verfassers: „Bemerkungen zu dem Princip des kleinsten Zwanges", Borch. J. Bd. 82, erfahren wir aber ferner, dass ihm auch der Umstand, auf welchem der eigenthümliche Algorithmus Riemanns beruht, bereits seit einigen Jahren bekannt war und dass man von seinen Formeln ohne Schwierigkeit zu dem Riemann'schen Schema A) gelangen könne.

Wenn trotzdem der Ref. in der obigen Abhandlung — allerdings gestützt auf die Lipschitz'schen Arbeiten — eine directe Verification der Riemann'schen Form A) unternommen hat, so ist dies aus dem

Grunde geschehen, weil dieselbe ungleich leichter sich bewerkstelligen lässt als die Ableitung der Lipschitz'schen Gleichung 37), Borch. J. Bd. 72 S. 16, beziehentlich der Gleichung 74[a] Bd. 70 p. 99, aus welchen Lipschitz den Riemann'schen Ausdruck A) deducirt. Diese Verification nebst dem Beweis, dass die Coefficienten $(\iota\iota'\iota''\iota''')$ nicht unabhängig von einander verschwinden, auch wenn die Form $\Sigma b_{\iota\iota'} ds_\iota ds_{\iota'}$ von $n$ Differentialen nicht aus einer Form $\Sigma dy_\iota^2$ von $n+1$ Differentialen mit Zuhilfenahme einer Gleichung

$$f(y_1 y_2 \cdots y_{n+1}) = 0$$

entstanden ist — was Lipschitz in seinem „Beitrag zur Theorie der Krümmung", Borch. J. Bd. 81 S. 240 in Zweifel zieht — bilden den Inhalt des zweiten und dritten Abschnitts der obigen Abhandlung, nachdem im ersten die Ableitung der Gleichung I) ausführlich reproducirt worden ist.

Der vierte Abschnitt handelt von der Beziehung der quadrilinearen Covariante II) zum Gauss'schen Krümmungsmass. Riemann nimmt ohne jegliches Bedenken an, dass auch wenn die Form II) nicht verschwindet, der Ausdruck

$$\text{III)} \qquad -\frac{1}{2}\,\frac{\Sigma(\iota\iota'\iota''\iota''')(ds_\iota\delta s_{\iota'} - ds_{\iota'}\delta s_\iota)(ds_{\iota''}\delta s_{\iota'''} - ds_{\iota'''}\delta s_{\iota''})}{\Sigma b_{\iota\iota'} ds_\iota ds_{\iota'}\,\Sigma b_{\iota\iota'}\delta s_\iota \delta s_{\iota'} - (\Sigma b_{\iota\iota'} ds_\iota \delta s_{\iota'})^2}$$

das Krümmungsmass einer Fläche bedeute, deren Linearelement in einem Raume von $n$ Dimensionen durch $\sqrt{\Sigma b_{\iota\iota'} ds_\iota ds_{\iota'}}$ gegeben sei und welche sich so umbiegen lasse, dass sie in unseren Anschauungsraum hineinfalle. Diese Fläche würde erhalten, wenn man vom Punkte $s_1, s_2 \cdots s_n$ alle kürzesten Linien ziehe, in deren Anfangselementen die Variationen der $s$ in dem Verhältniss:

$$\alpha ds_1 + \beta\delta s_1 : \alpha ds_2 + \beta\delta s_2 : \cdots\cdot : \alpha ds_n + \beta\delta s_n$$

stehen, worin $\alpha$ und $\beta$ unabhängige Parameter bedeuten. Man hat also nach Riemann's eigener Angabe es mit Flächen zu thun, welche in einem Raum von $n$ Dimensionen enthalten sind.

Bekanntlich hat aber Gauss sein Krümmungsmass nur für gewöhnliche d. h. solche Flächen entwickelt, welche in einem ebenen Raume von drei Dimensionen liegen und für diese den Satz abgeleitet, dass sie sich beliebig umbiegen lassen, ohne dass ihr Krümmungsmass geändert wird, dass sie also, wenn das Krümmungsmass constant ist, sich mit Biegung in sich selbst verschieben lassen. Eine Ausdehnung dieser Sätze auf gewundene Flächen, d. h. solche Flächen, welche einen Raum von mehr als drei Dimensionen durchsetzen, ist aber gewiss nicht ohne Weiteres zulässig. Man müsste doch wenigstens für den nächst einfachen Fall, dass nämlich die betrachtete Fläche in einem ebenen Raume von vier Dimensionen enthalten ist — also analytisch durch zwei Gleichungen $f(x_1\ x_2\ x_3\ x_4)$ $\varphi(x_1\ x_2\ x_3\ x_4)$ zwischen vier Variabeln gegeben ist, nachweisen können, dass sich ihr Krümmungsmass auf die Form bringen lasse, welche Gauss im XI. Artikel der disquisitiones circa superficies curvas für die gewöhnliche Fläche aufgestellt hat. Nachdem Ref. schon früher diesen kritischen Punkt der Riemann'schen Krümmungstheorie angedeutet hat (s. Schlömilch Ztschr. f. Math. u. Physik XXI p. 392), glaubt er jetzt den Beweis erbracht zu haben, dass es überhaupt unmöglich ist, die Theorie des Gauss'schen Krümmungsmasses auf gewundene Flächen auszudehnen, da der Osculationsraum derselben — das Analogon der Osculationsebene einer Linie doppelter Krümmung — nicht eindeutig bestimmt werden kann, sondern sich mit der Richtung ändert, in der man von einem Punkt zu einem benachbarten der Fläche fortschreitet.

Zum Schluss gestattet sich Ref. noch eine kurze Bemerkung über die Tendenz seiner Arbeiten. Wenn es sich bei der mathematischen Theorie des Krümmungsmasses lediglich um eine rein analytische Verallgemeinerung handelte, so dass die Bezeichnung „Krümmungsmass" nur ein symbolischer Ausdruck, eine „façon de parler" wäre, wie wenn man in der neuern Geometrie von unendlich entfernten oder imaginären Punkten, Geraden, krummen Linien etc. redet oder wie wenn der Analytiker sich der Sprache der Geometrie bedient, um Sätze, die für Zahlenmannigfaltigkeiten gelten, kurz und so zu sagen anschaulich (!) auszudrücken — dann könnte man ohne Bedenken die Formel III) als das Krümmungsmass der quadratischen Form $\Sigma b_{\iota\iota'} ds_\iota ds_{\iota'}$ bezeichnen. Soll aber die Formel III) als Grundlage für metaphysische Speculationen über den Raum dienen, dann ist es Pflicht der Wissenschaft, bei aller Verehrung für den Genius Riemann's, offen die Haltlosigkeit dieser Interpretation aufzudecken. Dabei erkennt aber Ref. ebenso aufrichtig es als das unbestreitbare Verdienst Riemann's an, dass er der mathematisch-philosophischen Speculation über den Raum durch die Aufstellung des Begriffs eines ebenen Raumes — der in der That ein völlig neuer ist — überhaupt erst die Bahn geöffnet hat. An Riemann also knüpfen die neueren Untersuchungen über den Raum an und wer auch mit denselben gegenwärtig sich beschäftigt — mag er nun zu gleichen Resultaten wie Riemann gelangen oder nicht — immer wird er, wenn er ehrlich ist, offen und dankbar bekennen müssen, dass Riemann ihm zu seinen Speculationen den Weg gebahnt hat.

Plauen i. V. R. Beez.

---

**M. Noether: Ueber die Gleichungen 8ten Grades und ihr Auftreten in der Theorie der Curven 4ter Ordnung.** (Mathem. Ann. XV.)

Dieser Aufsatz soll zunächst gewisse, bei der Curve 4ter Ordnung auftretende, aber bisher noch nicht behandelte Kegelschnittsysteme untersuchen. Man kann nämlich die 28 Doppeltangenten so in sieben mal vier zerlegen, dass durch die Berührungspunkte je vier solcher ein Kegelschnitt geht, was, jeder Zerlegung entsprechend, ein System von 7 Kegelschnitten liefert. Nun sind von diesen 7-Systemen 24 · 315 uneigentliche, indem bei denselben je ein Kegelschnitt ausgezeichnet auftritt, aber ausserdem existiren 135 eigentliche Systeme.

Um die Beziehungen dieser letzteren Systeme zu einander und zu anderen Systemen vollständig zu behandeln, mussten zwei verschiedene Theorieen entwickelt werden, die ich indess eingehender, über den unmittelbaren Zweck hinaus, darlege, um sie allgemeiner anwendbar zu machen. Die gewöhnliche Bezeichnungsweise der Doppeltangenten, durch die Paare von 8 Grössen, wie sie nach den Arbeiten von Hesse, Aronhold und Cayley (vgl. Salmon's „höhere Curven") angewandt wird, zeichnet eine der 36 Schaaren von Berührungspunkten 3ter Ordnung vor den übrigen aus. Diese Weise musste daher so ausgebildet werden, dass sie nun für alle Uebergänge zu beliebigen Systemen bequem verwerthbar wird.

Ferner hat die Auszeichnung der einen der 36 Schaaren zur Folge, dass die Gleichung für die Doppeltangenten sich auf eine Gleichung achten Grades reducirt, für welche unser Kegelschnittsystem, wenn man ein solches adjungirt, eine wichtige Resolvente liefert — nämlich eine Gleichung 7ten Grades, deren Wurzeln sich zu Tripeln ordnen. Aber es existiren schon seit lange Untersuchungen über specielle Gleichungen achten Grades; zunächst von Galois, Betti, Kronecker, Hermite über die Modulargleichung 8ten Grades, welche der Transformation 7ter Ordnung der elliptischen Functionen entspricht. Diese Gleichung hat eine Resolvente 7ten Grades, mit einer Gruppe von 168 Substitutionen; aber die wesentlichste Eigenschaft dieser speciellen Gleichung, die ich bisher nicht ausgesprochen finde, ist wiederum die oben bezeichnete Anordnung der Wurzeln in 7 Tripel. Ferner hat Mathieu die Gleichungen achten Grades behandelt, deren Wurzeln in Quadrupelpaaren geordnet sind: auch diese besitzen die Resolvente 7ten Grades mit der Tripeleigenschaft. Da diese Zusammenhänge bisher nicht klargelegt worden sind, war es nöthig, dieselben zu entwickeln, was durch sehr einfache Betrachtungen geschieht. Es mag dabei bemerkt werden, dass die allgemeinen Gleichungen 7ten Grades mit Tripeleigenschaft eben jene sind, welche, nach neueren Mittheilungen von F. Klein, durch elliptische Functionen gelöst werden können.

Erlangen. M. Noether.

---

**Giambattista Biadego: Pietro Maggi matematico e poeta veronese (1809—1854).** Verona, H. F. Münster. 1879.

Pietro maggi fu uno dè più distinti matematici italiani del presente secolo (1809—1854). Il suo nome è molto poco conosciuto nella scienza, e però l'A. si è proposto di esporre i suoi lavori che sono molteplici.

La biografia si divide in tre parti: la prima è puramente biografica; la seconda discorre degli scritti scientifici del Maggi; la terza dei suoi lavori letterarii.

La vita del Maggi a un interesse non solo cittadino ma nazionale. Uno dè suoi fratelli morì nelle carceri di Mantova, martire della patria.

Quanto alla sua vita come scienziato deve ricordarsi ch' egli, discepolo del Bordoni d' Pavia, tenne le veci del suo maestro l'ab. Giuseppe Zamboni, il celebre inventore della pila a secco, nella cattedra di Fisica al Liceo di Verona: e che poi fu professore di matematica applicata (meccanica ed idraulica) all' Università di Padova, dove succedette a Carlo Conti di Legnago.

Il Maggi si occupè specialmente di Fisica e di geometria analitica, Trattò le quistioni geometriche che interessano la fisica-matematica.

Il primo suo lavoro è un *Saggio* sulla Teoria delle induzioni elettrodinamiche, nel quale egli diede per primo, sulle orme di Ampère, la teoria di questi fenomeni (1832). In questo lavoro egli formulè quella legge fisica che poscia prese il nome del Lenz, che la dimostrè poco dopo (Poggendorff's Annalen. 31. Bd.).

Ira i molti suoi lavori di fisica va ricordato quello in cui descrive una sua sperienza, mediante la quale dimostrò l'influenza della magnetizzazione sulla conducibilità calorifica del ferro dolce. Egli descrive questa sperienza anche in una lettera al De la Rive inserita nella Biblioth. univ. de Genève to. XIV a. 1850.

I primi suoi lavori geometrici sono l'uno su una nuova maniera di evolute e di evolventi e di un sistema di rette nello spazio. In questo lavoro egli suppone che il filo per mezzo del quale si descrive l'evolvente si fisso ad ambedue i suoi copi: chiama evolventi ed evolute ellittiche questa nuova maniera di curve: e dimostra in questo lavoro il teorema del Dupin che nel sistema di raggi lucidi che ammettono trajettoria ortogonale questa à luogo eziandio dopo un numero qualunque di riflessioni e rifrazioni.

Altro suo lavoro tratta delle linee di stringimento e d'allargamento, e contiene poi alcune applicazioni meccaniche ed idrauliche.

Il Maggi fu Membro Effettivo dell' Istituto Veneto di scienze lettere ed arti, e vi lesse nel 1852 un suo rimarcherale ed importantessimo lavoro sugli avvicinamenti (contatti) di vario ordine dei sistemi a 3 dimensioni. Ira l'altre cose egli dimostra in questo lavoro in forma più generale il teorema del Babinet sulla media fra le curvature d' più linee disegnate in una superficie e passanti per uno stesso punto, nonchè altro da cui deduce quelle del Lamé quando le tre famiglie di superficie sono a vicenda normali esse si tagliano continuamente sulle loro linee di massima e minima curvatura.

Più tardi egli generalizzò il teorema seguente di Joachimsthal (Journ. de Crelle Vol. XXX) „se una linea di curvatura principale d'una superficie sarà piana l'angolo compreso dalla superficie stessa e dal piano che sulla detta linea la può tagliare si serba per tutto il corso di questa invariabile".

La presente biografia che contiene un resoconto dei suoi lavori è pure corredata da una completa bibliografia degli scritti editi ed inediti. Vi sono pubblicate alcune cose inedite, come ad es. alcune lettere e la Prefazione ad un suo trattato giovanile sulle sezioni coniche. V' à pure una notizia d'una sua memoria inedita in cui combatte i principii di meccanica molecolare del Fusinieri.

Verona. G. B. Biadego.

---

**O. Schmitz-Dumont: Die mathematischen Elemente der Erkenntnisstheorie. Grundriss einer Philosophie der mathematischen Wissenschaften.** (Berlin. Carl Duncker's Verlag. 1878. XV. 452 S. 8. M. 12.)

Vorliegende Arbeit entstand aus Untersuchungen über die logischen Formen, welche den Formeln der mathematischen Analysis correspondiren, um daraus ein endgültiges Urtheil über die Deutungen zu erlangen, welche diesen Formeln gegeben werden können. Hierzu war eine eingehende Kritik und theilweise neue Feststellung der mathematischen Grundbegriffe nothwendig, was seinerseits wieder ein Zurückgehen auf die Elemente der Begriffbildung überhaupt und demgemäss eine neue Grundlegung der gesammten Erkenntnisstheorie erforderte. Als Ausgangspunkt hierzu diente die Thatsache, dass überhaupt Etwas existirt, welche Thatsache in dem Gegensatz „Denken — Empfinden" formulirt wurde, entgegen dem in der Logik gewöhnlich üblichen Gegensatz „Denken — Sein"; alle von der gewöhnlichen Entwickelung der Erkenntnisstheorie hier als verschieden gefundenen Resultate sind reine Consequenzen jenes als Leitprinzip benutzten Gegensatzes. Als Gesammtresultat der logisch metaphysischen Untersuchungen in den Abtheilungen *A* und *E* und der mathematischen in *B, C, D* ergab sich der strenge Beweis des von Leibnitz aufgestellten, von den neueren Philosophen und Mathematikern bestrittenen Satzes, dass alle mathematischen Disciplinen incl. der Mechanik, sowohl ihren Grundbegriffen wie Combinationen nach aus dem Identitätsatze als einzigem Denkgesetze abgeleitet werden können, ohne irgend eine specifische Erfahrung zu Hülfe zu nehmen. Zur Bestätigung des Beweisverfahrens dienen verschiedene neue mathematische Resultate, welche sich auf höchst einfache Weise und ungesucht aus dem Grundprincip ergeben.

In Abtheilung *B.* Arithmetik, ergiebt dies Princip, dass alle combinatorischen Gebilde des Denkactes, sowohl in ihrer einfachsten Gestalt als Zahlen, wie auch in den verwickeltsten analytischen Formeln, einer zwiefachen Betrachtungsweise zugänglich sind, nach dem Begriff der Quantität und dem der Qualität; und dass diese zwei Betrachtungsweisen nothwendig sind, wenn man alle bei den analytischen Formeln zulässigen Deutungen finden will. Es wird gezeigt, dass die qualitative Betrachtung heute schon bei vielen mathematischen Untersuchungen versteckterweise ausgeführt wird, dass sie aber zu einem allgemeinen Princip erhoben werden muss, wenn sie ihre ganze Fruchtbarkeit entfalten soll, und dass damit zugleich alle metamathematischen Unbegreiflichkeiten verschwinden. Es ergiebt sich eine allgemein logische Interpretation der Imaginärformen, woraus die Fundamentalsätze der Gleichungen als einfache Corollare hervorgehen. Als ein Resultat der qualitativen Zahlbetrachtung zeigt sich, dass nur Complexe von 2, 3 und 4 Einheiten eine eindeutige Vertauschbarkeit ihrer Elemente besitzen können, und dass die Unlösbarkeit einer allgemeineu Gleichung von höherem Grade als dem vierten auf demselben logischen Grunde beruht wie die Undenkbarkeit eines Raumes von mehr als drei zueinander senkrechten Richtungen. Der ausgedehnteste Gebrauch qualitativer Betrachtungsweise wird in der Infinitesimalrechnung gemacht, demzufolge Formenrechnung genannt, weil die Hauptbedeutung derselben von der Form der analytischen Ausdrücke abhängt und nicht von der Grösse der hier gebrauchten Factoren. Hierdurch wird eine Entwickelung der Differenzenmethode ermöglicht, welche die Begriffe des Unendlichkleinen und -Grossen als unnöthig und alogisch principiell ausschliesst, ohne bei irgend einer Anwendung der Analysis zu versagen.

In Abtheilung *C.* Geometrie, wird die denknothwendige Ableitung der Begriffe „Grösse der Ausdehnung, Richtung der Ausdehnung“ gegeben, wodurch das Euklidische Parallelenaxiom sich in eine Nominaldefinition verwandelt. Aus dieser genauen Definition des Richtungsbegriffes folgt ein arithmetischer Beweis der Dreidimensionalität des Raumes, d. h.: das zu Betrachtungen der Lage nothwendige Continuum, dessen eine G e o m e t r i e überhaupt zur Aufnahme ihrer Gebilde bedarf, kann nur 3 dimensionale Unterscheidungen zulassen. Die Ursache der neueren metamathematischen Speculationen stellt sich dabei heraus als: die nicht erkannte oder beachtete Vieldeutigkeit mehrerer analytischer Symbole. Dieselbe

Ursache erweist auch die Unvollkommenheit der Euklidischen Methode bei Aufstellung der Sätze über Congruenz. Dem gegenüber wird hier eine streng logische Definition der Congruenz gegeben, wodurch die symmetrischen Figuren als incongruent sich herausstellen, und die geometrischen Paradoxien symmetrischer Körper verschwinden. Weiterhin wird gegeben eine philosophische Deutung des Princips der Dualität, der Osculationen, und im Anschluss an das arithmetisch Imaginäre eine generelle und rein logische Interpretation des geometrisch Imaginären, woraus sich dessen Bedeutung für die analytische Behandlung mechanischer Probleme ergiebt.

Ebenso wie durch die Lösung des Raumproblems die Geometrie, so werden durch Analyse der Begriffe „Masse, Bewegung, Kraft“ die Betrachtungen der Mechanik in die allgemeine Logik eingeführt. Bewegung ergiebt sich dabei als Quotient von Zeit und Raum, Masse als Zahlfactor, und der Kraftbegriff der reinen Mechanik als die einfach logische Beziehung von Masse und Bewegung, die eben deshalb nur eine eindeutige sein kann, nicht verschiedene Arten von Kraft zulässt; die empirischen Kräfte dagegen sind verschiedene oft irrthümliche Anwendungen dieses rein logischen Kraftbegriffes auf Einzelreihen von Erscheinungen, denen wir, zuweilen mit Recht, zuweilen mit Unrecht, eine gemeinsame Natur zuschreiben. Dadurch werden die sogenannten Principien der Mechanik als rein logische Sätze erwiesen, die ihren Schein von Empirismus nur durch das mangelhafte Verständniss der ihnen zu Grunde liegenden Begriffe, speziell durch die nicht ausgeführte Trennung des logischen (Kraft-)Functionalbegriffes von seinen empirischen Anwendungen erhielten.

Die weitere Entwickelung dieser Sätze führt sodann (Abtheilung *E*) zu einer atomistischen Theorie von absoluter Einfachheit, oder wie man zu sagen pflegt, zu einer Construction der Körperwelt mit Hülfe einer einzigen Kraft oder Stoffart. Diese Theorie erweist sich also fähig, die bisherigen allgemein anerkannten Spezialerklärungen der Physik in sich aufzunehmen, und lässt ausserdem noch einen grossen Spielraum für neue Constructionen; die hier gegebenen beanspruchen nur das Stadium eines ersten Versuches.

O. Schmitz-Dumont.

**F. Folie: Eléments d'une théorie des Faisceaux, par F. Folie, administrateur-inspecteur de l'université de Liége, chargé du cours de géométrie supérieure, membre de l'académie de Belgique.** Liége, A. Decq, libraire.

Die wichtigsten, in diesem Werke enthaltenen Sätze, sind folgende. Wir geben sie nur für die Curven dritter Ordnung an, obgleich sie in dem Werke bis auf die fünfte ausgedehnt sind, und sich noch weiter ausdehnen lassen. Die correlativen Sätze für die Curven dritter Classe wird man gleich aus den ersteren ableiten können.

Vermittelst dieser Sätze wird man eine, durch neun Punkte bestimmte Curve dritter Ordnung, sehr einfach beschreiben können. Die Auflösung ist doch in dem, ganz theoretischen, Werke nicht enthalten.

I. *Pappus'scher Satz. Sind zwei conjugirte Dreiseite einer Curve 3ter Ordnung eingeschrieben*), so sind die Producte der Abstände eines beliebigen Punktes der Curve von den Seiten eines jeden Dreiseit analogisch**).*

II. *Desargues'scher Satz. In demselben Falle schneidet eine beliebige Gerade die Curve und die Seiten der beiden Dreiseite in drei ternen Punkten der Involution.*

III. *Pascal'scher Satz. In einem Systeme von zwei, einer Curve 3ter Ordnung conjugirten Vierseiten, begegnen sich die vier Paare entgegengesetzter Seiten in vier Punkten, welche auf derselben Geraden liegen.*

IV. *Satz. Wenn man drei mit drei, in beliebiger Ordnung, die Paare entgegengesetzter Seiten von zwei, einer Curve 3ter Ordnung conjugirten Vierseiten zusammensetzt, so bekommt man ein Pascal'sches Hexagon.*

V. *Satz. In einem System von zwei einer Curve 3ter Ordnung conjugirten n Seiten schneiden sich die Paare nicht adjacenter Seiten in $n(n-3)$ Punkten, welche auf einer Curve $(n-3)$ter Ordnung liegen.*

VI. *Satz. Anharmonische Eigenschaft 3ter Ordnung. Wenn man einen beliebigen Punkt einer Curve 3ter Ordnung mit den Ecken von zwei derselben conjugirten Dreiseiten verbindet, so ist das anharmonische Verhältniss des gebildeten Strahlbüschels constant; und dieses Verhältniss ist gleich demjenigen der Abstände zwischen den Durchschnittspunkten der Strahlen mit einer beliebigen Geraden.*

---

*) Siehe Fondements d'une géométrie supérieure Cartésienne, par F. Folie.

**) Ibid.

Der Ausdruck dieses anharmonischen Verhältnisses $3^{\text{ter}}$ Ordnung ist folgender, wenn man die sechs Strahlen mit $1 \cdots 6$ und den Sinus der, zwischen den Strahlen 1 und 2, u. s. w., enthaltenen Winkel mit (12), u. s. w. bezeichnet:

$$r_3 = \frac{(12) \cdot (34) \cdot (56)}{(61) \cdot (23) \cdot (45)},$$

welcher Ausdruck einfacher geschrieben wird:

$$r_3 = (1\,2\,3\,4\,5\,6).$$

VII. *Satz.* In demselben Falle, wie im Satze VI *ist auch das Verhältniss des Productes der Sinusse der im ersten Dreiseit, von seinen Seiten ab bis zu den anstossenden Strahlen gerechneten Winkel, mit dem Producte der Sinusse der in dem zweiten Dreiseit ebenso gerechneten Winkel eine constante Grösse.*

VIII. *Satz. Evolutorische Eigenschaft.* *Wenn ein vollständiges Vierseit einer Curve $3^{\text{ter}}$ Ordnung eingeschrieben ist, und man zieht durch drei beliebige Ecken desselben die Tangenten der Curve, so schneidet eine beliebige Gerade die Seiten der beiden, durch diese drei Ecken und diese drei Tangenten bestimmten Dreiecke, in 3 Paaren Punkten der Evolution*;

das heisst, wenn diese 3 Paare Punkte mit $1 \cdot\cdot 3$, $1' \cdot\cdot 3'$ bezeichnet werden: $$12' \cdot 23' \cdot 31' = +\, 1'2 \cdot 2'3 \cdot 3'1.$$

Derselbe Satz gilt auch, wenn das eine Dreieck einem Kegelschnitte eingeschrieben, und das andere durch seine Ecken umgeschrieben ist. — Ferner findet man in dem erwähnten Buche eine vorläufige Forschung über die Involution und das anharmonische Verhältniss $3^{\text{ter}}$ Ordnung, so z. B. den Ausdruck der ersteren mittelst des zweiten:

$$(11'21''31''') \cdot (12'22''32''') \cdot (13'23''33''') = -1, \quad \text{u. s. w.}$$

F. Folie.

---

**Friedrich Polster: Geometrie der Ebene (Planimetrie) bis zum Abschlusse der Parallelen-Theorie.** (Würzburg 1877/78. Staudinger.) (Auszug aus dem Vorworte.)

In einem Artikel über „Parallelen-Theorie“, welcher in dem 8. Hefte des XIII. Bandes der „Blätter für das Bayerische Gymnasial- und Realschulwesen“ i. J. 1877 erschienen ist, habe ich gezeigt, dass die Geometrie bei unbedingter Nebeneinanderstellung des 8. und des 9. Axioms Euklid's nicht in sich widerspruchsfrei sei, wenn Euklid's Beschränkung auf Raumgrössen von vollständiger Begrenzung aufgehoben wird, wie es dem neueren Standpunkte der Geometrie entspricht. Demnach ist die unvermittelte Nebeneinanderstellung der beiden citirten Axiome unvereinbar mit Bertrand's Definition des Winkels. Daher habe ich in dem allegirten Artikel eine andere Fassung des 9. Axioms Euklid's vorgeschlagen, durch deren Anerkennung jeder Widerspruch auf dem neueren Standpunkte der Geometrie ausgeschlossen wird.

Da ich Euklid's Definition des Winkels für unfruchtbar halte, so habe ich mich der Definition Bertrand's angeschlossen, durch welche mit Hilfe der modificirten Fassung des 9. Axioms das 11. Axiom Euklid's (oder ein Aequivalent desselben) als Axiom entbehrlich, als Theorem streng beweisbar wird.

Mein „Versuch einer Parallelen-Theorie" fällt in eine Zeit, welche in Folge der Vergeblichkeit zahlreicher Versuche, besonders der hervorragendsten, von berühmten Mathematikern der neueren Zeit (wie Bertrand und Legendre) unternommenen Versuche, die 2000 Jahre alte Lücke in der Parallelen-Theorie auszufüllen und dadurch die sogenannte „crux geometrica" aus der Welt zu schaffen, in vielen Fachkreisen eine gewisse Resignation gereift hat, so dass ihnen im Sinne von Gauss die absolute Aussichtslosigkeit aller hierauf gerichteten Bestrebungen als Dogma gilt. Dass ich als ein Mann ohne Namen in der Wissenschaft durch diesen ungünstigen Umstand von meinem Versuche nicht abgeschreckt worden bin, verdanke ich der mich beherrschenden Ueberzeugung, dass in der Wissenschaft eine selbst von der grössten wissenschaftliche Autorität approbirte Resignation keine Berechtigung habe, weil sie den Fortschritt der Wissenschaft hemme, und dass es im Interesse der Wissenschaft ihrem geringsten Anhänger nicht verwehrt sein dürfe, seinen Versuch zu ihrer Förderung beizutragen.

Seit der Veröffentlichung des allegirten Artikels ist mir ein Einwand gegen meinen Versuch einer Parallelen-Theorie nicht bekannt geworden. So lange ein begründeter Einwurf hiegegen nicht erhoben wird, bin ich wohl befugt, diesen Versuch als gelungen zu erachten.

Wenn meine Discussion in dem allegirten Artikel das Richtige getroffen hat, so ist implicite der Standpunkt der sogenannten „Pangeometrie" überwunden, welcher, auf der Grundlage der Resignation erwachsen, in der jüngsten Zeit vorzugsweise als streng wissenschaftlich gegolten hat.

In gewissem Sinne haben durch meine Parallelen-Theorie diejenigen Mathematiker nicht Unrecht erhalten, welche die weit verbreitete Ueberzeugung getheilt haben, dass der Parallelen-Theorie ohne Annahme eines besonderen Axioms, über dessen Form die Ansichten auseinander gegangen sind, eine in sich logisch geordnete Behandlung niemals zu Theil werden könne. Der Kern ihrer Intention, dass bei Aufhebung des 11. Axioms Euklid's mit denjenigen von den übrigen Axiomen desselben, welche heute noch als solche allgemein anerkannt werden, in der überlieferten Form unmöglich auszukommen sei, ist durch meine Theorie acceptirt. Nur wird man überrascht sein, dass sich die Sache einfacher gestaltet hat, als man wohl gedacht haben mag. Eine präcisere Fassung eines dieser Axiome, welche sich (selbst abgesehen von der Parallelen-Theorie) unentbehrlich gezeigt hat zur Vermeidung von Widersprüchen, reicht für die Parallelen-Theorie aus, was gewiss vom wissenschaftlichen Standpunkte aus, welcher ein Minimum von Axiomen erheischt, allgemein befriedigen wird.

Würzburg. Friedrich Polster.

---

**P. Mansion: (Deux) Leçons d'analyse infinitésimale.** (Gand. Hoste. 1876. 32 p. in-8$^0$.)

**Elementary Demonstration of a Fundamental Principle of the Theory of Functions.** (From the Report of the British Association for the Advancement of Sciences for 1876.) $1^1/_2$ page in-8$^0$.

**Elementary demonstration of Taylor's Theorem for Functions of an imaginary Variable.** (From the Messenger of Mathematics, New Series, No. 86, June 1878). $2^1/_2$ pages in-8$^0$.

**Résumé du cours d'analyse infinitésimale de l'université de Gand (Objet et méthode de l'analyse infinitésimale. Principes fondamentaux).** (Gand. Hoste. 1877. 32 pages in-8$^0$.)

**Note sur quelques principes fondamentaux d'analyse.** (Sera publié dans le t. III des Annales de la Société scientifique de Bruxelles, 1879.) Bruxelles, F. Hayer. 8 pages in-8$^0$.

Ces divers écrits contiennent, sous une forme plus rigoureuse que la plupart des Manuels élémentaires, un exposé des principes fondamentaux de l'analyse infinitésimale. Voici les principales matières traitées dans ces opuscules et notes.

1. L'analyse élémentaire a pour objet l'étude des fonctions rencontrées dans les éléments, c'est-à-dire, les fonctions algébriques rationnelles ou exprimables par radicaux, les fonctions exponentielles et logarithmiques et les fonctions circulaires, *que la variable indépendante soit réelle ou imaginaire.* 2. L'analyse infinitésimale se distingue de l'analyse algébrique, qui étudie les mêmes fonctions, en ce qu'elle emploie comme principal procédé d'investigation la méthode des limites ou la méthode infinitésimale, qui est équivalente. 3. Exposé des principes de la méthode des limites en admettant *explicitement*, comme point de départ, le postulat fondamental: *une quantité toujours croissante a une limite finie ou infinie* (c'est-à-dire, que la quantité inverse a pour limite zéro, toutes les expressions où entre le mot infini ayant un sens conventionnel). Limite d'une fonction élémentaire quelconque de quantités variables: elle s'obtient en remplaçant les variables par leurs limites, sauf si l'on est conduit ainsi à une forme indéterminée. Limite de $[\sin x : x]$, $[l\,(1 + x) : x)$ pour $x = 0$. 4. Principe de substitution des infiniment petits ou méthode infinitésimale (d'après *Duhamel*). 5. Définitions et propriétés des fonctions hyperboliques, des exponentielles imaginaires, des logarithmes imaginaires etc., sans l'emploi des séries: si $z = x + yi$, $e^z = e^x (\cos x + i \sin y)$, par définition. Démonstration élémentaire du théorème: $\lim\ [(e^z - 1) : z] = 1$, si $\lim\ z = 0$, même quand $(y : x)$ n'a pas de limite. 6. Continuité des fonctions. Théorème de Cauchy: Une fonction d'une variable réelle, continue entre deux valeurs, passe par toutes les valeurs intermédiaires. Théorème de Heine: Une fonction $fx$ continue de $x_0$ à $X$ l'est *également* entre ces limites. Ce théorème est indispensable pour établir rigoureusement les principes du calcul intégral. 7. Dérivée: définition dans le cas ordinaire, puis quand la fonction ou la variable deviennent infinies. Démonstration élémentaire et rigoureuse du théorème: Si une fonction a une dérivée unique et égale à une constante $a$, cette fonction est de la forme $ax + b$, $b$ étant une constante; cas où $a = 0$. 8. Les démonstrations ordinaires de la formule

$$\frac{dF(u,v)}{dx} = \frac{\delta F}{\delta u}\frac{du}{dx} + \frac{\delta F}{\delta v}\frac{dv}{dx},$$

contiennent un postulat, que l'on peut éviter en démontrant successivement cette formule pour toutes les fonctions composées considérées en analyse élémentaire. 9. La limite de $Sf(x)\triangle x$, de $x_0$ à $X$, est une quantité parfaitement déterminée, quelque soit le mode de subdivision de l'intervalle de $x_0$ à $X$, pourvu que $f(x)$ soit continue, (ou même discontinue de manière les produits $f(x)\triangle x$, là ou elle est discontinue, aient une somme indéfiniment décroissante) (d'après *Cauchy*). Extension aux limites de sommes doubles ou triples. Intégrales. 10. La démonstration ordinaire de la formule

$$\frac{d}{d\alpha}\int_{x_0}^{x} f(x,\ \alpha)\,dx = \int_{x_0}^{x} \frac{df(x,\ \alpha)}{d\alpha}\,dx$$

n'est pas rigoureuse, même si $x_0$, $X$ sont finis, et $f(x,\ \alpha)$ fonction continue de $x$ et de $\alpha$. 11. Principes fondamentaux de la théorie des séries; théorème de *Riemann* (*Werke*, p. 221), avec des exemples élémentaires; conditions pour qu'une série soit intégrable (d'après *Darboux*). Distinction entre les caractères de convergence

$$\mathrm{Lim}\ \left[\lim\ (u_{n+1} + \cdots + u_{n+p})_{p=\infty}\right]_{n=\infty}$$

la limite pour $p = \infty$ étant prise avant la limite pour $n = \infty$, et

$$\lim\ (u_{n+1} + \cdots + u_{n+p})_{p=\infty\ ,\ n=\infty}$$

$p$ et $n$ croissant indéfiniment en même temps. Le premier caractère est nécessaire et suffisant, le second nécessaire, pour que $u_1+u_2+u_3+$ etc. soit une série convergente. 12. Théorème de Rolle ou théorèmes équivalents de Lagrange et de Cauchy:

$$\frac{\triangle Fx}{\triangle x} = F'(x+\vartheta\triangle x),\quad \frac{\triangle Fx}{\triangle fx} = \frac{F'(x+\vartheta\triangle x)}{f'(x+\vartheta\triangle x)},\quad 0<\vartheta<1\,.$$

Le théorème de Rolle peut se démontrer, par la méthode qui sert à établir la proposition fondamentale du No. 7, base du calcul intégral. Cela provient de ce que le théorème de Rolle est équivalent à cette proposition fondamentale, écrite sous la forme

$$Fx - Fx_0 = \lim \overset{x}{\underset{x_0}{S}} F'x\triangle x.$$

Les théorèmes de Rolle, de Lagrange, de Cauchy sont la traduction de cette proposition géométrique: *Si une courbe $AIB$, continue entre les points $A$ et $B$, et dont la tangente s'infléchit d'une manière continue entre ces points est coupée par la sécante $AB$, il y a un point intermédiaire $I$ où la tangente est parallèle à $AB$.* 13. Le théorème de Rolle s'étend sans peine aux fonctions d'une variable imaginaire. On trouve ainsi

$$FZ - Fz_0 = \lim \overset{Z}{\underset{z_0}{S}} F' z \delta z = R[(Z - z_0)F' z_1] + I[(Z - z_0)F' z_2],$$

en posant $\alpha = R(\alpha + \beta i)$, $\beta i = I(\alpha + \beta i)$, et $z_1$, $z_2$ étant tels que $z_1 = z_0 + \vartheta_1 (Z - z_0)$, $z_2 = z_0 + \vartheta_2 (Z_1 - z_0)$, $0 < \vartheta_1$ ou $\vartheta_2 < 1$. 14. Par le procédé de *Cox*, le variable étant réelle ou imaginaire, on déduit du théorème précédent, celui de Taylor avec les formes du reste de Lagrange, de Cauchy, de Schlömilch, de Darboux, de Falk et de Laplace. 15. On peut trouver ainsi, même en ne s'appuyant que sur le lemme géométrique du no. 13, les développements en série infinie de $e^z$, $\log(1 + z)$, $(1 + z)^m$, chaque fois qu'ils existent. 16. Dans la discussion du reste

$$r_n = \frac{x^n}{1 \cdot 2 \cdots n} F^n(\vartheta x)$$

de Lagrange, quand $x$ est réel, il ne suffit pas de prouver que $F^n x$, a une limite finie, quand $n$ croit indéfiniment, *$x$ étant donné*, pour que $\lim r_n = 0$; en effet, $F^n(\vartheta x)$, où $\vartheta x$ est fonction de $n$, pourrait avoir, pour $n = \infty$, une limite différente de celle de $F^n x$, pour n'importe quelle valeur de $x$.

**Elemente der Theorie der Determinanten mit vielen Uebungsaufgaben.** Leipzig, B. G. Teubner. 1878. VI u. 50 S.

**Sur l'élimination.** (Comptes rendus de l'académie des sciences de Paris, t. LXXXVII, p. 975—978; 16 décembre 1878.)

Le premier de ces deux écrits est la traduction, revue et corrigée, de l'opuscule annoncé, page 41 du tome Ier du *Repertorium*. Cette traduction a été faite par le Dr. *Horn* de Munich, et le Professeur *S. Günther* a bien voulu en surveiller l'impression et ajouter une préface et quelques exercices. L'édition allemande diffère de l'édition française en ce qu'elle contient beaucoup plus d'exercices et une discussion, d'après *Rouché*, d'un système d'équations linéaires. Nous signalons à ce propos, une petite faute que nous avons oublié d'indiquer dans les Errata. A la page 41, ligne 23, après *R*, il faut ajouter: (no. 28); de même, p. 25, ligne 27, p. 37 ligne 30, on doit intercaler les mots: *im Allgemeinen.*

Le second écrit est le complément du premier. Nous exposons, par une méthode extrêmement élémentaire, les conditions nécessaires et suffisantes pour que deux équations algébriques aient un nombre déterminé de racines communes. L'idée fondamentale est la suivante: Si $\alpha$, $\beta$, $\gamma$ sont des racines de $F(x) = 0$, le déterminant

$$\begin{vmatrix} \alpha^p F(\alpha), & \alpha^q, & \alpha^r \\ \beta^p F(\beta), & \beta^q, & \beta^r \\ \gamma^p F(\gamma), & \gamma^q, & \gamma^r \end{vmatrix}$$

est identiquement nul. Des déterminants analogues égalés à zéro, conduisent aisément aux conditions pour que deux équations aient $k$ racines communes, par un procédé semblable à celui de Sylvester, dans la méthode dialytique. Cette idée nouvelle permet, d'ailleurs, de simplifier aussi bien le méthode de Bézout et Cauchy que celle d'Euler et de Sylvester.

**Sur la Théorie des Nombres.** 28 pages in 8.
**Démonstration d'une théorème relatif à un déterminant remarquable.** (Extrait du Bulletin de décembre 1878 de l'Académie de Belgique.) 8 pages in-8$^0$.

Le premier de ces opuscules est la réunion de quelques articles, en général, d'un caractère purement pédagogique. 1. *Note sur un principe élémentaire d'arithmétique.* Rectification d'une erreur de Poinsot relative au théorème: Si l'on a $N$ points rangés en cercle et qu'on les joigne de $h$ en $h$, $h$ étant premier à $N$, on passe nécessairement par les $N$ points avant de retomber sur le point de départ. 2. *Généralisation du théorème de Nicomaque:* la puissance $k^{ième}$ d'un nombre entier $n$ est la somme de $n$ nombres impairs consécutifs, savoir, ceux qui sont les plus voisins de $n^{k-1}$. 3. *Généralisation d'un théorème de M. H.-J.-S. Smith.* Le théorème de M. Smith consiste dans l'égalité:

$$\begin{vmatrix} [1,\,1], & [1,\,2], & \cdots, & [1,\,n] \\ [2,\,1], & [2,\,2], & \cdots, & [2,\,n] \\ [\cdot & \cdots & \cdots & \cdots \\ [n,\,1], & [n,\,2], & \cdots, & [n,\,n] \end{vmatrix} = \varphi(1)\varphi(2)\cdots\varphi(n),$$

$[i,\,k]$ désignant le plus grand comme diviseur de $i$ et $k$, $\varphi(i)$ étant la fonction numérique bien connue qui indique combien il y a de nombres premiers et non supérieurs à $i$. Le déterminant de M. Smith est symétrique et tel que le $k^{ième}$ élément de la $i^{ième}$ ligne, est égal au $(k-i)^{ième}$ élément de cette ligne, si $k > i$; de plus les éléments de la diagonale sont $1, 2, \cdots, n$. Dans l'article, on donne la valeur d'un déterminant formé d'après cette loi, mais où les éléments de la diagonale sont quelconques; on en déduit le moyen de mettre un produit de $n$ facteurs sous forme d'un déterminant de ce genre. Ce dernier résultat est établi directement, par multiplication de deux déterminants, dans la note de l'Académie de Belgique, dont le titre est donné ci-dessus. 4. *Sur le théorème de Fermat* ($B^{\varphi(N)} - 1$ est divisible par $N$, si $B$ est premier à $N$). Notice historique: la seconde démonstration d'Euler est identique au principe fondamental de la théorie des fractions périodiques. La démonstration dite de Poinsot appartient en réalité à Catalan ou même à Gauss. 5. *Loi de réciprocité des résidus quadratiques.* Démonstration extrêmement simple formée en rapprochant des théorèmes connus; elle ne suppose aucune connaissance préliminaire en arithmétique, autre que celle de la théorie du plus grand commun diviseur. Voici l'ordre suivi: Lemme de Gauss. On en déduit le théorème de Fermat. Celui-ci, à son tour donne le criterium d'Euler pour distinguer les résidus des non-résidus. Le reste de la démonstration s'achève d'après Zeller.

Le 3e de ces articles contient, par inadvertance, une démonstration complétement erronée, et d'ailleurs inutile, de la formule $\varphi(ab) = \varphi(a)\varphi(b)$, quand $a$ et $b$ sont premiers entre eux. Cette erreur est rectifiée dans une note, qui contient, en outre, une démonstration simple, due à Catalan, de la formule $2\sigma(n) = n\varphi(n)$, où $\sigma(n)$ est la somme des $\varphi(n)$ nombres premiers et non supérieurs à $n$.

P. Mansion.

---

**L. Koenigsberger: Ueber die Reduction Abel'scher Integrale auf elliptische und hyperelliptische.** (Mathematische Annalen.)

Im 4ten Hefte des 86ten Bandes des Borchardt'schen Journals habe ich die Frage behandelt, ob sich von vornherein charakteristische Eigenschaften für die Moduln derjenigen elliptischen Integrale angeben lassen, auf welche sich gewisse Abel'sche Integrale von der Form

$$\int f(x, \sqrt{R(x)})\, dx$$

reduciren lassen, worin $f$ eine rationale und $R$ eine ganze Function von $z$ bedeutet. Ich spreche in dieser neuen Arbeit eines der dort gefundenen Resultate etwas anders in der folgenden Form aus: die Integrale von der Gestalt

$$\int \psi(x) (\sqrt[n]{R(x)})^r dx,$$

in denen $n$ und $r$ relativ prim liefern als einzig mögliche Reductionsformeln auf elliptische Integrale

$$\int \psi(x) (\sqrt[3]{R(x)})^r \, dx = \int \frac{dz}{\sqrt{z^3-1}}, \int \psi(x) (\sqrt[4]{R(x)})^r dx = \int \frac{dz}{\sqrt{z^4-1}}$$

$$\int \psi(x) (\sqrt[6]{R(x)})^r \, dx = \int \frac{dz}{\sqrt{z^6-1}},$$

von denen die letzte wegen der Transformirbarkeit des rechtsstehenden elliptischen Integrales mit der ersten zusammenfällt.

Es wird nun gezeigt, dass genau dieselben Sätze bestehen, wenn es sich um die Reduction ähnlicher Integralformen für algebraisch auflösbare Gleichungen überhaupt handelt d. h. um Integrale von der Form

$$\int Q_\varrho p^{-\frac{\varrho}{n}} dx,$$

worin $Q_\varrho$ und $p$ algebraische Functionen einer bestimmten Ordnung bezeichnen, und nun die Frage in Angriff genommen, wie man alle reducirbaren Integrale der angegebenen Form wirklich aufstellen kann. Man findet zuerst — wenn der Einfachheit wegen in der Aufzählung der Resultate wieder $Q_\varrho$ und $p$ als rationale Functionen vorausgesetzt werden —, dass, wenn zwei Functionen $f(x)$ und $R(x)$ so bestimmt werden, dass

$$\left(1 - f^2(x) R(x)\right) \left(1 - k^2 f^2(x) R(x)\right)$$

nur Doppelfactoren besitzt, alle auf je ein elliptisches Integral reducirbaren hyperelliptischen Integrale erster Gattung, wenn

$$\sqrt{\left(1 - f^2(x)R(x)\right) \left(1 - k^2 f^2(x) R(x)\right)} = F(x)$$

gesetzt wird und $F$ eine rationale Function bedeutet, erhalten werden in der Form

$$\int \frac{\frac{1}{2} f(x) R'(x) + f'(x) R(x)}{R(x) F(x)} \sqrt{R(x)} \, dx = \int \frac{dz}{\sqrt{(1-z^2)(1-k^2 z^2)}}$$

und zwar durch die Substitution $z = f(x)\sqrt{R(x)}$.

Mit Berücksichtigung der complexen Multiplication der in Frage kommenden elliptischen Integrale und mit Hülfe des Abel'schen Theorems findet man ferner, dass, wenn $f(x)$ und $R(x)$ so gewählt werden, dass der Ausdruck

$$f(x)^3 R(x)^\varrho - 1 = F(x)^2$$

nur Doppelfactoren besitzt, sämmtliche Abel'sche Integrale der verlangten Form, welche auf elliptische Integrale reducirbar sind, in dem Ausdruck enthalten sind

$$\int \frac{\frac{\varrho}{3} f(x) R'(x) + f'(x) R(x)}{R(x) F(x)} \left(\sqrt[3]{R(x)}\right)^{\varrho} dx\,,$$

und zwar werden dieselben dann durch die Substitution

$$Z = f(x) \left(\sqrt[3]{R(x)}\right)^{\varrho}$$

auf das elliptische Integral

$$\int \frac{dz}{\sqrt{z^3 - 1}}$$

zurückgeführt; für die Reductionsformel

$$\int \psi(x) \left(\sqrt[6]{R(x)}\right)^{\varrho} dx = \int \frac{dz}{\sqrt{z^6 - 1}}$$

bleibt alles unverändert, nur ist $f(x)$ und $R(x)$ so zu bestimmen, dass

$$f(x) \left[f(x)^3 R(x)^{\varrho} - 1\right]$$

ein vollständiges Quadrat ist.

Endlich ergiebt sich durch wiederholte Anwendung des Abel'schen Theorems, dass für die als nothwendig erkannte Gestalt der Reductionsformel

$$\int \psi(x) \left(\sqrt[4]{R(x)}\right)^{\varrho} dx = \int \frac{dz}{\sqrt{z^4 - 1}}$$

alle reducirbaren Integrale erhalten werden, wenn man

$$\psi(x) = \frac{\frac{\varrho}{4} f(x) R'(x) + f'(x) R(x)}{R(x) F(x)}$$

setzt, worin die rationale Function $f(x)$ und die ganze Function $R(x)$ der Bedingung zu unterwerfen sind, dass

$$f(x)^4 R(x)^{\varrho} - 1$$

das Quadrat einer rationalen Function $F(x)$ ist.

Es wird ferner noch die Frage der Reduction der in der obigen Form enthaltenen Abel'schen Integrale auf hyperelliptische Integrale behandelt, und die Gleichung charakterisirt, welcher der complexe Multiplicator der hyperelliptischen Reductionsintegrale genügen muss; sodann wird die Reductionsgleichung untersucht

$$\int \psi(x) \left(\sqrt[2p+1]{R(x)}\right)^{r} dx = \int \frac{f(z_1)\, dz_1}{\sqrt{z_1^{2p+1} - 1}} + \int \frac{f(z_2)\, dz_2}{\sqrt{z_2^{2p+1} - 1}} + \cdots + \int \frac{f(z_p)\, dz_p}{\sqrt{z_p^{2p+1} - 1}}\,,$$

in welcher, wie aus allgemeinen Sätzen der Transformationstheorie der Abel'schen Integrale folgt, die Grössen $z_1, z_2, \cdots z_p$ die Lösungen einer Gleichung $p^{\text{ten}}$ Grades

$$z^p + f_1\left(x, (\sqrt[2p+1]{R(x)})^r\right) z^{p-1} + \cdots + f_p\left(x, (\sqrt[2p+1]{R(x)})^r\right) = 0$$

bedeuten, worin $f_1, f_2, \cdots f_p$ rational aus den in ihnen enthaltenen Grössen zusammengesetzt sind, und die zu jenen $z$-Grössen gehörigen Irrationalitäten durch einen Ausdruck von der Form bestimmt sind

$$\sqrt{z_\varrho^{2p+1} - 1} = F\left(z_\varrho, x, (\sqrt[2p+1]{R(x)})^r\right),$$

in welchem $F$ wiederum eine rationale Function vorstellt.

Es wird wieder mit Hülfe geschlossener Umläufe der Variabeln $x$ die obige Gleichung auf eine andere der Form

$$(2p+1)\int \psi(x)\left(\sqrt[2p+1]{R(x)}\right)^r dx = \sum_0^{p-1}{}_k A_k \sum_0^{2p}{}_s \alpha^{-s} \sum_1^{p}{}_\varrho \int \frac{z_{\varrho s}^k \, dz_{\varrho s}}{\sqrt{z_{\varrho s}^{2p+1} - 1}}$$

zurückgeführt, wenn

$$f(z) = A_0 + A_1 z + A_2 z^2 + \cdots + A_{p-1} z^{p-1}$$

gesetzt wird, und eine solche vermöge der Substitution

$$z_{\varrho s} = \alpha^{m_s} t_{\varrho s},$$

in welcher $\alpha$ eine $2p+1^{\text{te}}$ primitive Einheitswurzel und $m_s$ der Congruenz genügt

$$m_s(k+1) \equiv s \bmod (2p+1),$$

hergeleitete Summe

$$\sum_0^{2p}{}_s \sum_1^{p}{}_\varrho \int \frac{t_{\varrho s}^k \, dt_{\varrho s}}{\sqrt{t_{\varrho s}^{2p+1} - 1}}$$

nach dem Abel'schen Theorem behandelt, indem man die Form der unbestimmten Coefficienten des Abel'schen Theorems zu bestimmen sucht. Es mag hier genügen, das Resultat in Folgendem anzugeben: Die Gleichung

$$\sum_0^{2p}{}_s \sum_1^{p}{}_\varrho \int \frac{t_{\varrho s}^k \, dt_{\varrho s}}{\sqrt{t_{\varrho s}^{2p+1} - 1}} = \int \frac{Z_1^k \, dZ_1}{\sqrt{Z_1^{2p+1} - 1}} + \cdots + \int \frac{Z_p^k \, dZ_p}{\sqrt{Z_p^{2p+1} - 1}}$$

ist so beschaffen, dass, wenn man

$$Z_\varrho = W_\varrho y^\lambda$$

setzt, worin

$$y = \left(\sqrt[2p+1]{R(x)}\right)^r \text{ und } \lambda\,(k+1) \equiv 1 \bmod (2p+1)$$

ist, die Grössen

$$W_1,\ W_2,\ \ldots\ W_p$$

die Lösungen einer Gleichung

$$W^p + \mathfrak{M}_1 W^{p-1} + \cdots + \mathfrak{M}_{p-1} W + \mathfrak{M}_p = 0$$

sind, deren Coefficienten rational aus $x$ zusammengesetzt sind, während die Irrationalitäten

$$\sqrt{W_\varrho^{2p+1} y^{\lambda(2p+1)} - 1} = \sqrt{W_\varrho^{2p+1} R(x)^{\lambda r} - 1}$$

sich als rationale Functionen von $W_\varrho$ darstellen lassen, deren Coefficienten wiederum rational aus $x$ zusammengesetzt sind; ferner wird gezeigt, dass in den obigen Formeln auch sämmtliche Beziehungen enthalten sind, welche derartige Transformationen liefern.

Es wird sodann die Behandlung des Problems für hyperelliptische Integrale erster Ordnung zu Ende geführt; wie für hyperelliptische Integrale höherer Ordnung die Bedingungsgleichungen herzustellen sind, denen nach den obigen Gleichungen die Coefficienten der Substitutionsfunctionen $\mathfrak{M}_1, \mathfrak{M}_2, \cdots \mathfrak{M}_p$ und des Polynoms des Abel'schen Integrals unterliegen müssen, zeige ich in einer demnächst im 3ten Hefte des 87ten Bandes von Borchardt's Journal erscheinenden Arbeit: „Erweiterung des Jacobi'schen Transformationsprincips", über die ich bereits im letzten Hefte des Repertoriums referirte, und ich behalte mir die Anwendung der dort gegebenen Methoden auf die oben behandelten Probleme bis zum Erscheinen dieser Arbeit vor.

Wien. L. Koenigsberger.

---

**Otto Hesse: Ueber Sechsecke im Raume.** (Aus den hinterlassenen Papieren von Otto Hesse mitgetheilt durch S. Gundelfinger. Borchardt's Journal Bd. 85 S. 304—314.)

In dieser Abhandlung giebt Hesse einen analytischen Beweis des Satzes:

„Wenn im Raume irgend ein Sechseck $U$ und ein Punkt $U_0$ gegeben ist, und wenn man drei gerade Linien zieht, welche die gegenüberliegenden Seiten des Sechsecks paarweise schneiden, so sind die Schnittpunkte auf den aufeinanderfolgenden Seiten des Sechsecks $U$ die aufeinanderfolgenden Ecken eines Brianchon'schen Sechsecks $V$, dem der Brianchon'sche Punkt $U_0$ zugehört. Das einbeschriebene Sechseck $V$ bestimmt unzweideutig ein Hyperboloid, auf dem es liegt. Dieses Hyperboloid wird von den Seiten des gegebenen Sechsecks $U$ überdies noch in sechs Punkten geschnitten, die in derselben Reihenfolge die Ecken sind eines zweiten, dem gegebenen einbeschriebenen und auf dem Hyperboloide liegenden Brianchon'schen Sechsecks $V$ mit einem Brianchon'schen Punkte $U_7$".

Im Verlaufe des Beweises werden in aller Ausführlichkeit Methoden entwickelt, welche die Coordinaten dieses Punktes $U_7$ durch die Coordinaten der 7 gegebenen Punkte $U_0$, $U_1 \cdot \cdot \cdot U_6$ ausdrücken lehren und welche ohne vollständige Wiedergabe hier nicht wohl mitgetheilt werden können. Nach einem bekannten Satze Hesse's (cfr. Borchardt's Journal Bd. 73 S. 370) ist durch die vorliegende Arbeit gleichzeitig in neuer und directer Weise das Problem gelöst: Wenn sieben Schnittpunkte ($U_0$, $U_1 \cdot \cdot U_6$) dreier Oberflächen zweiter Ordnung gegeben sind, den achten Schnittpunkt ($U_7$) zu bestimmen.

Tübingen. S. Gundelfinger.

**S. Gundelfinger: Ueber die Transformation einer gewissen Gattung von Differentialgleichungen in krummlinige Coordinaten.** (Borchardt's Journal Bd. 85 S. 295—303.)

Im 36. Bande des Crelle'schen Journals, S. 119, hat Jacobi, theilweise nach Lamé's Vorgang, gezeigt, dass es zur Transformation der Potentialgleichung: $\frac{\partial^2 V}{\partial x^2} + \frac{\partial^2 V}{\partial y^2} + \frac{\partial^2 V}{\partial z^2} = 0$ in beliebige allgemeine (orthogonale oder anorthogonale) Coordinaten hinreicht, das Quadrat des Linienelementes zu transformiren. Diese Eigenschaft der Potentialgleichung bildet nur einen speciellen Fall eines allgemeinen Satzes, welcher, zusammen mit einigen daran geknüpften Anwendungen, den Gegenstand der in der Ueberschrift bezeichneten Arbeit bildet und folgendermassen ausgesprochen werden kann:

Es seien $\xi_0, \xi_1, \cdots \xi_n$; $x_0, x_1, \cdots x_n$ zwei Reihen willkürlicher und von einander vollkommen unabhängiger Variabeln. Ferner bedeute $V$ eine Function der $x_0, x_1, \cdots x_n$, und $J$ irgend eine simultane Invariante, welche man aus dem Systeme algebraischer Formen der $\xi_0, \xi_1 \cdots \xi_n$:

$$\text{I)} \quad \begin{aligned} &\xi_0^2 + \xi_1^2 + \cdots + \xi_n^2, \\ &\xi_0 \frac{\partial V}{\partial x_0} + \xi_1 \frac{\partial V}{\partial x_1} + \cdots + \xi_n \frac{\partial V}{\partial x_n}, \\ &\xi_0^2 \frac{\partial^2 V}{\partial x_0^2} + 2\xi_0 \xi_1 \frac{\partial^2 V}{\partial x_0 \partial x_1} + \cdots + \xi_0^2 \frac{\partial^2 V}{\partial x_n^2}, \\ &\xi_0^3 \frac{\partial^3 V}{\partial x_0^3} + 3\xi_0^2 \xi_1 \frac{\partial^3 V}{\partial x_0^2 \partial x_1} + \cdots + \xi_n^3 \frac{\partial^3 V}{\partial x_n^3}, \\ &\cdots\cdots\cdots\cdots \end{aligned}$$

bilden kann, indem man die Differentialquotienten

$$\frac{\partial V}{\partial x_k}, \quad \frac{\partial^2 V}{\partial x_k \partial x_l}, \quad \frac{\partial^3 V}{\partial x_k \partial x_l \partial x_m}, \quad \cdots (k, l, m = 0, 1 \cdot\cdot n)$$

als constant betrachtet. Um alsdann die Differentialgleichung $J = 0$ in irgend welche krummlinigen, durch die Substitutionen

$$x_0 = \varphi_0 (\varrho_0, \varrho_1 \cdot\cdot \varrho_n), \cdots x_n = \varphi_n (\varrho_0, \varrho_1, \cdot\cdot \varrho_n)$$

definirten Coordinaten zu transformiren, genügt es, in dem Ausdrucke für das Quadrat des Linienelementes:

$$dx_0^2 + dx_1^2 + \cdot\cdot + dx_n^2 = e_{00}\, d\varrho_0^2 + 2e_{01} d\varrho_0 d\varrho_1 + \cdots + e_{nn}\, d\varrho_n^2$$

die Coefficienten $e_{kl}$ zu kennen.

Der Beweis wird in der Art geführt, dass man ein System von Grössen $X_0, X_1 \cdot\cdot X_n$ einführt, welche mit den $\xi_k$ genau ebenso zusammenhängen, wie die $d\varrho_k$ mit den $dx_k$, und welche also die Gleichung befriedigen:

$$\xi_0^2 + \xi_1^2 + \cdot + \xi_n^2 = e_{00} X_0^2 + 2e_{01} X_0 X_1 + \cdots + e_{nn} X_n^2.$$

Setzt man dann im Anschlusse an eine von Herrn Christoffel eingeführte Bezeichnungsweise

$$\begin{bmatrix} lm \\ i \end{bmatrix} = \frac{1}{2}\left(\frac{\partial e_{mi}}{\partial \varrho_l} + \frac{\partial e_{li}}{\partial \varrho_m} - \frac{\partial e_{lm}}{\partial \varrho_i}\right), \quad i = 0 \cdots n,$$

$$E = \Sigma \pm (e_{00} e_{11} e_{22} \cdots e_{nn}),$$

$$\frac{\partial E}{\partial e_{0k}} \begin{bmatrix} lm \\ 0 \end{bmatrix} + \frac{\partial E}{\partial e_{1k}} \begin{bmatrix} lm \\ 1 \end{bmatrix} + \cdots + \frac{\partial E}{\partial e_{nk}} \begin{bmatrix} lm \\ n \end{bmatrix} = E \cdot \begin{Bmatrix} lm \\ k \end{Bmatrix},$$

so ergiebt sich:

$$\frac{\partial X_k}{\partial x_0}\xi_0 + \frac{\partial X_k}{\partial x_1}\xi_1 + \cdot + \frac{\partial X_k}{\partial x_n}\xi_n = -\begin{Bmatrix} 00 \\ k \end{Bmatrix} X_0^2 - 2\begin{Bmatrix} 01 \\ k \end{Bmatrix} X_0 X_1 - \cdots - \begin{Bmatrix} nn \\ k \end{Bmatrix} X_n^2,$$

$$\sum_k \frac{\partial V}{\partial x_k}\xi_k = \sum_k \frac{\partial V}{\partial \varrho_k} X_k,$$

$$\sum_k \sum_l \frac{\partial^2 V}{\partial x_k \partial x_l}\xi_k \xi_l = \sum_l \sum_m \left(\frac{\partial^2 V}{\partial \varrho_l \partial \varrho_m} - \sum_k \begin{Bmatrix} lm \\ k \end{Bmatrix} \frac{\partial V}{\partial \varrho_k}\right) X_l X_m$$

. . . . . . . . . . . . . . . . . . . . . . .

Diese Relationen lehren auf Grund der charakteristischen Eigenschaft einer Invariante die Differentialgleichung $J = 0$ sofort in die krummlinigen Coordinaten $\varrho_k$ transformiren.

Das Verfahren wird an zwei einfachen Beispielen beleuchtet, nämlich an der Transformation der Summe $\sum_k \frac{\partial^2 V}{\partial x_k^2}$, sowie der Ausdrücke für die Hauptkrümmungsradien einer Fläche

$$V(x_0, x_1, x_2) = \text{const.}$$

im Punkte $x_0, x_1, x_2$.

Tübingen. S. Gundelfinger.

**Albert Fliegner: Versuche über das Ausströmen der atmosphärischen Luft durch Mündungen in dünner Wand.** (Civilingenieur, XXIV. Bd., S. 201.)

Die Versuche sind mit sechs verschiedenen Mündungen angestellt, deren Durchmesser zwischen 3,17 und $11{,}36^{\mathrm{mm}}$ lagen. Es sind die directen Versuchsresultate mitgetheilt, und daran eine Discussion derselben angeschlossen. Darin ist zunächst nachgewiesen, dass eine strenge Formel für den Ausfluss durch eine derartige Mündung nicht aufzustellen geht. In die gewöhnliche Formel für das Ausflussgewicht darf man nämlich nicht den Mündungsquerschnitt als obere Grenze der Integration einführen, weil in ihm hier convergirende Geschwindigkeitsrichtungen vorhanden sind. Den kleinsten Strahlquerschnitt darf man aber eigentlich auch nicht benutzen, weil in ihm die Pressung nicht constant ist, sondern nach innen zu wächst. Auch ist die Zustandsänderung der Luft bis in diesen Querschnitt nicht mehr umkehrbar.

Will man doch die Contractionsverhältnisse einigermassen untersuchen, so muss man Annäherungen machen. Man muss den kleinsten Strahlquerschnitt als Integrationsgrenze einführen, in ihm einen mittleren constanten Druck annehmen, der angenähert so gross zu erwarten ist, wie in der Ebene einer gut abgerundeten Mündung bei derselben inneren und äusseren Pressung. Die Nichtumkehrbarkeit des Processes muss vernachlässigt werden. Der Ausflussexponent $n$ lässt sich nicht genau bestimmen, da zwar die inneren Widerstände angenähert dieselben sind, wie bei einer gut abgerundeten Mündung, eine Wärmemittheilung von aussen dagegen hier in nur verschwindend kleinem Betrage zu erwarten ist. $n$ ist von beiden Umständen abhängig, man kann aber ihren Einfluss nicht quantitativ trennen, jedenfalls muss $n$ aber zwischen 1,37, dem Werthe für gut abgerundete Messingmündungen und $k = 1{,}41$ für vollkommen adiabatisches Ausströmen liegen. Hiernach kann man Grenzen für den Contractionscoefficienten ($\alpha$) aus den Versuchen berechnen.

Dieser Coefficient zeigte sich nun abhängig vom Durchmesser der Mündung ($D$) und dem Verhältnisse der äusseren Pressung, $p_0$, zur inneren, $p_m$. Durch angenäherte Rechnungen ist nachgewiesen, dass $\alpha$ innerhalb engerer Grenzen mit $D$ so zusammenhängen muss, dass

$$\alpha = \beta\,(1 - \gamma D)$$

ist, wobei $\beta$ eine Function der Pressungen, $\gamma$ eine absolute Constante bedeutet. Die Gestalt der Function $\beta$ lässt sich nicht durch Rechnung finden, doch kann man schliessen, dass sie mit abnehmendem Ueberdrucke auch abnehmen muss. Aus den Versuchen ergab sich, dass man mit genügender Genauigkeit

$$\beta = a + b \cos \frac{p_0}{p_m} \pi$$

setzen kann ($a$ und $b$ constant).

Schliesslich ist noch eine empirische Formel für das Ausflussgewicht entwickelt

$$G = (3465 - 10000\, D)\, F \sqrt{\frac{p_m^2 - p_0^2}{T_m}},$$

worin alle Längen in Metern, die Pressungen in Atmosphären einzusetzen sind ($F$ ist der Mündungsquerschnitt, $T_m$ die innere Temperatur). Es ist noch gezeigt, dass die vorhandenen Abweichungen der directen Beobachtungsresultate von dieser Formel sich leicht aus den unvermeidlichen Beobachtungsfehlern herleiten lassen.

Zürich. A. Fliegner.

---

**Milinowski: 1) Die Abbildung von Kegelschnitten auf Kreisen, 2) Zur Theorie der Kegelschnitte, 3) Die Kegelschnitte behandelt für die oberen Classen höherer Lehranstalten von Simon und Milinowski. Zweite Abtheilung: Ellipse und Hyperbel von Milinowski.** (Berlin, Calvary.)

Die beiden ersten Abhandlungen (Journal für die reine und angewandte Mathematik Bd. 86) und der zuletzt genannte Leitfaden verfolgen denselben Zweck, die bisher der elementar-synthetischen Behandlung nicht recht zugänglichen Eigenschaften der Kegelschnitte, nämlich die Polareigenschaften und die Sätze von Pascal und Brianchon auf elementarem Wege herzuleiten.

Beschreibt man um den einen Brennpunkt mit der grossen Axe des Kegelschnitts einen Kreis, so schneidet jeder Radius desselben Kreis und Kegelschnitt in zwei Punkten; der erstere heisse das Bild des zweiten, die Tangente in jenem das Bild der Tangente in letzterem. Durch die so hergestellte centrale Abbildung übertragen sich die Kreiseigenschaften unmittelbar auf den Kegelschnitt.

Eine andere Art der Abbildung, welche auch für die Parabel gilt, beruht auf der Erzeugung eines Kegelschnitts als Ort des Mittelpunktes eines Kreises, der zwei feste Kreise berührt. Ist $A$

ein Punkt des Kegelschnitts, so lässt sich um ihn ein Kreis beschreiben, der die festen Kreise berührt. Den Berührungspunkt 𝔄 mit dem einen derselben nenne man das Bild von $A$, die Tangente im ersten das Bild der Tangente in $A$, so folgt sofort, dass das Bild eines harmonischen Gebildes wieder ein solches ist. Daraus aber ergeben sich die Polareigenschaften.

In der zweiten Abhandlung wird zur Ableitung dieser Eigenschaften die harmonische oder involutorische Verwandtschaft gebraucht (vgl. Reye, Geometrie der Lage, Zweite Abtheilung, S. 106), ein Princip, welches, wie ich einer Mittheilung des Hrn. Professor Schröter entnehme, von Möbius in den Berichten der sächsischen Gesellschaft der Wissenschaften (25. Oct. 1856) unter dem Titel „Theorie der collinearen Involution von Punktepaaren in der Ebene und im Raume" zuerst dargelegt ist. Beschreibt man nämlich um einen Kegelschnitt mit seinem halben Parameter einen Kreis, so bildet dieser mit dem Kegelschnitte eine involutorische Curve (Reye a. a. O. Seite 110). Das Involutionscentrum ist der Brennpunkt; die Involutionsaxe wird dadurch leicht bestimmt, dass die zum Brennpunkte gehörende Leitlinie die Mittelsenkrechte dieser Axe und des Brennpunktes ist. — Vor den zuerst genannten Abbildungen hat dieses Princip deshalb den Vorzug, weil es einen elementaren Beweis des Satzes liefert, dass durch fünf Punkte ein Kegelschnitt bestimmt ist.

Die letzte Methode ist zur Herstellung eines Leitfadens der Kegelschnitte benutzt worden, welcher auf elementarem Wege die Hauptsätze aus der Theorie der Kegelschnitte ableitet. Sie leistet übrigens mehr, indem sie ohne Schwierigkeit auch die Eigenschaften der Kegelschnittbüschel und einige Haupteigenschaften der Oberflächen II. O., namentlich in Bezug auf ihre Axen und Kreisschnitte in elementarer Weise entwickeln lässt.

---

Zu dem Referate über die Abhandlung: Zur synthetischen Behandlung der ebenen Curven III. O. muss ich die Bemerkung, dass der von Reye gegebene Beweis des Satzes: Jede Curve III. O., welche durch zwei projectivische Büschel I und II. O. erzeugt ist, kann auf unendlich viele Arten durch solche Büschel erzeugt werden, nicht allgemein ist, berichtigen. Dieser Beweis ist allgemein, denn die im Referate genannten Strahlen $SP$ und $SQ, \ldots$ dürfen nicht homologe sein.

Milinowski.

**U. Dini: Fondamenti per la teorica delle funzioni di variabili reali.** (Pisa Nistri 1878.)

Gli studî accurati che in questi ultimi anni furono intrapresi da alcuni scienziati tedeschi intorno ai principii fondamentali dell' Analisi, posero in chiaro che in questi principii non si era portato quel rigore che si richiede nella matematica. Tutti i trattati di Calcolo infinitesimale pubblicati sin ora presentano quà e là dei difetti; perocchè, esaminate accuratamente molte delle dimostrazioni che in essi si danno, si riconosce che non sono complete, che vi sono dei teoremi che non possono minimamente considerarsi come dimostrati, ed altri, quando non si vogliano cangiare i metodi di dimostrazione usati, richiedono delle restrizioni delle quali non si fà mai parola; e poichè alcuni di questi teoremi possono considerarsi come fondamentali per l'Analisi infinitesimale, ben s' intende come sia pregio dell' opera il cercare fino a qual punto i teoremi stessi possano riguardarsi come giusti, e se altri teoremi siano da sostituirsi a quelli che un accurato esame avesse mostrato pienamente difettosi. — Io perciò, che fino dal principio della mia vita scientifica mi ero elevato dei dubbii intorno ad alcuni dei principii dell' Analisi che pure vedeva comunemente accettati come indiscutibili, incoraggiato dalla lettura dei lavori tedeschi, e dopo di essere riuscito a rendere rigorosi alcuni dei teoremi sui quali potevano farsi obiezioni, pensai far cosa utile di pubblicare un libro nel quale venissero raccolte alcune teorie e osservazioni generali che possono dirsi fondamentali per gli studii analitici, e venisse mostrato come dovessero modificarsi, sia nelle dimostrazioni, sia negli enunciati, i teoremi principali dell' Analisi infinitesimale, onde porli al coperto di qualunque obiezione. Questo pertanto fu lo scopo che io mi prefissi nell' accingermi alla pubblicazione del mio libro; ma per circostanze sopravvenute dipoi, io dovei cangiare alquanto il mio piano, e limitarmi a trattare solo una parte di ciò che aveva pensato dapprima di fare. Nel mio libro perciò io mi limito a esaminare soltanto i punti veramente fondamentali della scienza per le funzioni di variabili reali, e poichè penso ora di pubblicare un trattato completo di Calcolo differenziale e integrale del quale un primo abbozzo fu già autografato per uso dei miei studenti, mi riserbo di mostrare in questo trattato che seguendo i principii e i metodi da me sviluppati nel presente libro, tutti i dubbii, tutte le obiezioni che giustamente si erano sollevati intorno agli antichi processi, infirmano sì alcuni dei teoremi che erano stati fin ora riguardati come fondamentali, come ad es: quello della esistenza in generale della derivata delle funzioni finite e continue, ma si possono ancora enunciare in un modo del tutto rigoroso e spesso anche più generale di quello che si fosse fatto fin quì, la maggior parte degli altri teoremi dell' Analisi infinitesimale; nè questo, sebbene aumenti notevolmente l'estensione del trattato, può dirsi a carico della chiarezza; che anzi, almeno per quanto ne sò dall' esperienza che ne ho fatto nelle mie lezioni, si riducono così estremamente chiari quei principii dell' Analisi che si erano trovati sempre astrusi, e non bene intelligibili.

Lo ripeto dunque, il libro che ho pubblicato non tocca tutti i punti contestati dall' Analisi; pero esso tocca quelli che possono riguardarsi come fondamentali, e i metodi che ho seguito, oltre a portarvi abbastanza chiarezza, sono utili anche per la trattazione di molte questioni importanti dell' Analisi superiore.

Venendo ora ai particolari, dirò che avendo voluto prendere le mosse dai primi fondamenti dell' Analisi, nel primo capitolo del mio libro ho trattato dei numeri incommensurabili, introducendoli nella scienza col rigore che si trova nei lavori di Dedekind, Heine e Cantor su questo soggetto.

Data allora in modo chiaro e preciso la nozione di numero, ho potuto esporre con pieno rigore nel capitolo terzo la teoria dei limiti, dopo di avere trattato nel secondo dei gruppi di numeri e di punti (*Punktmenge*) di Cantor. Dei teoremi che io espongo sui limiti alcuni li credo nuovi, e per essi, come pel metodo tenuto nell' esporli, trovo che anche le altre teorie possono venire trattate in modo molto chiaro, e preciso.

Lo studio generale che io voleva fare, dovendo essere indipendente da ogni concetto sulla possibilità o nò della rappresentazione analitica e geometrica delle quantità da considerarsi, è stato naturale che per la definizione di funzione io adottassi quella che chiamo di Dirichlet, per la ragione che a questo celebre matematico si deve l'averla data pel primo facendo astrazione da ogni idea di dipendenza analitica e geometrica fra la funzione stessa e la variabile. Io espongo nel quarto capitolo questo concetto di funzione; nel quinto dò le proprietà generali delle funzioni finite e continue in tutto un intervallo, e nel sesto tratto delle funzioni che chiamo infinite volte discontinue (funzioni linearmente discontinue di Hankel), per passare poi nel settimo e nell' ottavo ad esporre alcuni studî generali sulle derivate e sulle serie; occupandomi specialmente della convergenza in ugual grado delle serie, dei loro limiti, e della loro derivazione termine a termine; e i risultati di questi studii li credo noti soltanto in parte. Il lettore troverà che in questi capitoli e, segnatamente nel quinto, io ho cercato di dimostrare molte proprietà che fin ora si erano considerate come di una evidenza intuitiva, ma ciò non sarà trovato inutile da chi abbia famigliarità con questo genere di studj. Gli errori che si erano commessi fin ora provengono appunto dai concetti troppo limitati che erano, può dirsi, cresciuti con noi, sia per essere stati alle prime apparenze, sia per essersi voluti di troppo ajutare colla rappresentazione analitica e geometrica delle funzioni, ritenendo che dovesse accadere sempre ciò che accadeva per le funzioni che ordinariamente erano venute in considerazione; era quindi naturale che in un libro il cui scopo principale era quello di riportare il rigore in molti dei principii della scienza, si dovesse incominciare col bandire tutto ciò che a questa mancanza di rigore aveva dato origine.

La memoria di Hankel sulle funzioni che hanno infinite oscillazioni è a dirsi pregievolissima, non ostante gli errori che quà e là vi si trovano, perocchè in essa questo illustre matematico, troppo presto rapito alla scienza, mostrò pel primo come col suo teorema della condensazione della singolarità possano costruirsi infinite funzioni analitiche che presentano infinite discontinuità e infinite oscillazioni in un intervallo finito, o che essendo sempre continue mancano di derivata in infiniti punti di qualsiasi porzione dell' intervallo che si considera. Io espongo perciò nel $9^0$ capitolo questo principio di Hankel della condensazione delle singolarità, riducendolo perfettamente rigoroso con valermi dei teoremi generali sulle serie esposti nel capitolo precedente; e nel capitolo $10^0$ poi mostro come possano aversi infinite funzioni pure analitiche che mancano di derivata in ogni punto di un intervallo finito, ritrovando fra queste funzioni anche quella data dal Du Bois-Reymond nel Vol. 79 del giornale di Borchardt.

Nel capitolo $11^0$ poi, tornando a fare studj generali intorno alla esistenza delle derivate delle funzioni $f(x)$ finite e continue, trovo utile valermi dei rapporti $\frac{f(x \pm h) - f(x)}{\pm h}$ che chiamo *rapporti incrementali*, e di certi numeri che da essi dipendono che io chiamo gli *estremi oscillatorii* dei rapporti medesimi. La considerazione di questi estremi oscillatorii mi ha condotto a rinvenire molti teoremi sulle funzioni continue, in parte relativi alla esistenza delle derivate, e m' è stata pure d'immenso giovamento nel capitolo seguente nel quale tratto diffusamente delle proprietà degli integrali definiti, della integrazione per parti, della integrazione per serie ec...; e ove col mezzo degli estremi oscillatorii ho potuto ottenere varii teoremi generali ai quali dapprima neppure avrei pensato di poter giungere.

Il Capitolo sugli integrali definiti segna la fine del mio libro nel quale io pure riconosco varii difetti, primo dei quali una certa mancanza di ordine nella trattazione delle materie; il chè deve specialmente attribuirsi alle varie ciscostanze che non mi hanno permesso di procedere regolarmente nella pubblicazione, costringendomi invece a interromperla di sovente.

Nel piano più esteso che io mi era formato dapprima, io aveva stabilito di aggiungervi alcuni studj sulla rappresentazione analitica delle funzioni per serie di Fourier, per serie di funzioni sferiche,.... e sulle funzioni di più variabili, per trattare poi rigorosamente degli integrali multipli, della derivazione e integrazione sotto il segno integrale, della continuità degli integrali ec....

La lentezza però colla quale procedeva la pubblicazione che era stata incominciata fino dal 1875, il pensare che, dopo avere esposti nel libro i concetti generali e fondamentali, avrei potuto riservare le altre cose ad altri trattati speciali da pubblicarsi in appresso, mi consigliarono a limitare come ho fatto il libro stesso. Ed ora appunto, fermo nei proponimenti fatti ho incominciato la stampa di un libro nel quale tratto della rappresentazione analitica delle funzioni per serie di Fourier e, più estesamente, per serie formate di funzioni speciali come ad es: quelle di Bessel, le sferiche, le circolari nelle quali figurano come valori di un parametro variabile le radici di una equazione trascendente; e mi riservo poi di pubblicare il trattato completo di Calcolo differenziale e integrale di cui dissi in principio essere già stato autografato un abbozzo, e nel quale si trovano molti degli studii indicati sopra.

Pel libro che ora ho pubblicato, debbo, come già ho fatto nell' introduzione, rendere sentite grazie al Sig. Schwarz, alle cui gentili communicazioni io devo la conoscenza di alcuni teoremi e di alcuni metodi di dimostrazione; come debbo altresi scusarmi presso quei matematici che avendo ottenuto risultati simili o uguali ai miei non sono stati da me neppure ricordati, o lo sono stati erroneamente.*)

---

*) Così ad es: io ho attribuito al Sig. Weierstrass la formula (28) della

Le circostanze nelle quali la publicazione facevasi, e la gran quantità di lavori scientifici che via si pubblicavano, facevano sì che io non potessi sapere se altri prima di me avesse pubblicato qualche cosa di simile, o, sapendolo, non sempre fossi ben sicuro intorno al primo scopritore; talchè credei miglior partito quello da me adottato di tacermi generalmente senz' altro.

Pisa. Ulisse Dini.

---

**August Weiler: Die Bewegung des Punktes, welcher von einem abgeplatteten Sphäroid angezogen wird.** (Astronomische Nachrichten Nr. 2203, 4, 5.)

1. Die mathematischen Wissenschaften erfreuen sich jetzt einer allgemeineren Beachtung, als in einer früheren Zeit. Die Grenzen ihres Gebietes rücken immer weiter hinaus, und es ist unmöglich vorauszusehen, welches Ziel ihrer Herrschaft gesteckt ist. Doch ist hervorzuheben, dass die Antriebe, welche dem Forscher den Weg vorzeichnen, aus zwei verschiedenen Quellen entspringen. Auf dem Gebiete der Mathematik kann sich Jeder selbst eine Aufgabe stellen, indem er, von Bekanntem ausgehend, eine gegebene Richtung weiter verfolgt. Das Anderemal ist der Anschluss an bekannte Vorstellungen nicht gegeben; aber es ist die Welt der äusseren Erscheinungen, welche zu einer mathematischen Untersuchung die Aufforderung gibt.

Die Aufgabe der ersten Art erweist sich für den Unternehmer in der Regel als die dankbare. Sie wird nach einem im Voraus entworfenen Plane durchgeführt, und die fertige Arbeit findet eine willige Aufnahme. Die andere Aufgabe ist von vornherein schon eine dornenvolle Unternehmung, wenn ihre Bewältigung den bekannten Hilfsmitteln Trotz bietet. Nachdem alle denkbaren Versuche gescheitert sind, findet sich der Unternehmer bereit, Zugeständnisse zu machen, welche er von vornherein abgelehnt haben würde, und wird unversehens auf ein fremdes Gebiet gedrängt. Wenn ihm hier endlich ein Erfolg zu Theil geworden ist, so begegnet er neuen

---

Pag. 296, mentre per essere preciso avrei dovuto dire che il Sig. Du Bois-Reymond la pubblicò pel primo e ne mostrò la importanza colle sue utili applicazioni nei suoi studii sulla serie di Fourier; e il Sig. Weierstrass la trovò egli pure e la comunicò ai suoi studenti senza pero pubblicarla.

Schwierigkeiten in seiner Absicht, denselben auch Andern zugänglich zu machen. Er hat so viele Vorstellungen, auf welche er seine Untersuchung stützen wollte, über Bord werfen müssen, und nun soll er den Gedankengang wiedergeben, welcher ihm den Erfolg gebracht hat. Wenn ihm auch dies gelungen ist, so hat er doch nur eine widerstrebende Aufnahme zu erwarten. Der Unvorbereitete wird den ihm geläufigen Standpunkt festzuhalten bemüht sein und, wenn derselbe umgangen ist, vorerst abgeneigt sein. Ich bitte den geehrten Leser, nicht unbillig zu urtheilen, wenn ich es unternehme, über eine Aufgabe der letzteren Art zu berichten.

2. Wenn die Bewegung zweier homogenen kugelförmigen Massen keinem andern Einfluss unterliegt als der gegenseitigen Anziehung, so erfolgt sie in derselben Weise, wie wenn jede Masse in dem Mittelpunkt der Kugel vereinigt wäre, und ist durch die Kepler'schen Gesetze bestimmt. Die Weltkörper sind aber keine Kugeln, und insbesondere ist die Gestalt der Erde die eines abgeplatteten Sphäroids. Ich denke mir nun, der Mond habe die Kugelgestalt, und es soll die Bewegung des Mondes bestimmt werden unter der Voraussetzung, dass derselbe keinem andern Einflusse unterworfen sei als der Anziehung des Erdsphäroids.

Die Mathematiker sind gewöhnt, ein Problem der Mechanik, dessen Lösung von der Integration gegebener Differentialgleichungen abhängt, auf die sogenannte Quadratur oder auf die Integration solcher Ausdrücke zurückzuführen, welche Funktionen einer einzigen Veränderlichen sind. Es kann aber Niemand beweisen, dass jedes Problem der Mechanik diese Eigenschaft hat, und ich glaube annehmen zu dürfen, dass die vorliegende Aufgabe diese Eigenschaft nicht habe. Man kann aber die Lösung dieser Aufgabe in der Form von unendlichen Reihen geben, welche sich als Funktionen einer einzigen veränderlichen Grösse darstellen. Nimmt man die Aufgabe in der allgemeinen Gestalt, wie sie in der Ueberschrift dieser Abhandlung ausgesprochen ist, so könnte vielleicht die Convergenz dieser Reihen in einem gegebenen Falle in Zweifel gezogen werden. Unter denjenigen Voraussetzungen aber, welche in der Bewegung des Mondes um das Erdsphäroid vorliegen, sind schon wenige Glieder dieser Reihen ausreichend, um dem Resultat eine grosse Genauigkeit zu geben. Um die Lösung der Aufgabe in dieser einfachen Gestalt zu erhalten, gehe ich von der Voraussetzung aus, dass die Abplattung des Sphäroids ein kleiner Bruchwerth sei, dass ferner die linearen Ausmessungen des Sphäroids kleine Bruchtheile der Entfernung des angezogenen Punktes seien, und dass dies während des ganzen Verlaufs der Bewegungserscheinung so bleibe.

Ich erhalte die Lösung der Aufgabe vermittelst der bei den Astronomen üblichen Methode der Störungen. Hiernach bestimmen sich die gesuchten Veränderlichen durch die Integration von Ausdrücken, welche Funktionen einer unabhängigen und zugleich der gesuchten Veränderlichen sind. Die gesuchten Veränderlichen müssen die Eigenschaft haben, dass für jeden unendlich kleinen Zeitraum ihre Variationen kleine Bruchtheile der Variation der unabhängigen Veränderlichen sind. Es sollen also, um dies in die Sprache der Analysis zu übertragen, die Derivirten der gesuchten Veränderlichen nach der unabhängen Veränderlichen kleine Bruchwerthe sein. Die so beschaffenen Veränderlichen heissen die Elemente der Störung, und man gelangt zu einer ersten Näherung, indem man unter dem Integralzeichen die Elemente der Störung als beständige Grössen ansieht. Durch die Variation dieser Constanten gelangt man zu einer zweiten Näherung, und man kann eine beliebige Grenze der Genauigkeit erreichen, indem man die Variation der Constanten wiederholt in Anwendung bringt.

Wenn ein Massenpunkt von einem zweiten Massenpunkte angezogen wird, so beschreibt er eine Ellipse, in deren einem Brennpunkte der zweite Massenpunkt liegt. Bezogen auf den Ort des zweiten Massenpunktes hat die Ellipse eine unveränderliche Lage im Raum. Der Leitstrahl der angezogenen Masse beschreibt in gleichen Zeiten gleiche Flächenräume. Dies ist aus den Kepler'schen Gesetzen bekannt. Wird ein Massenpunkt von einem abgeplatteten Sphäroid angezogen, so ist unter der Voraussetzung, dass die Abplattung des Sphäroids ein kleiner Bruchwerth sei, dass ferner die linearen Ausmessungen des Sphäroids kleine Bruchtheile der Entfernung des angezogenen Punktes seien, die Bahn des angezogenen Punktes wenig verschieden von einer Ellipse, deren einer Brennpunkt mit dem Mittelpunkt des abgeplatteten Sphäroids zusammenfällt. Die Wahl der Veränderlichen, durch welche die ungestörte Ellipse in die Bahn des angezogenen Punktes übergeführt wird, ist für den Fortgang der Rechnung von Wichtigkeit. Ich betrachte den Parameter der Ellipse als veränderlich. Das Achsenverhältniss, und daher auch das Exzentrizitätsverhältniss, welches von den Astronomen schlechtweg die Exzentrizität der Ellipse genannt wird, soll unveränderlich sein. Ich stelle ferner die Forderung, dass jene Gleichung, durch welche in der ungestörten Ellipse die wahre Anomalie als Funktion der Zeit gegeben ist, in der gestörten Ellipse unverändert fortbestehe. Dagegen ist für die grosse Achse der Ellipse eine Drehung um den Brennpunkt vorgesehen. Auch die Ebene der Ellipse soll ihre Lage im Raum ändern. In Bezug auf eine im Raum festangenommene Ebene ist sie durch die Neigung der Ebenen zu einander und durch die Richtung der Knotenlinie bestimmt. Hiernach sind die von mir in die Aufgabe eingeführten Elemente der Störung der Parameter der Ellipse und die Bewegung der grossen Achse, ferner die Neigung und der Knoten der Bahn.

3. Der Mittelpunkt des abgeplatteten Sphäroids werde als Nullpunkt eines rechtwinkeligen Coordinatensystems, dessen Ebene der $xy$ mit dem Aequator des Sphäroids zusammenfällt, angenommen. Die Achse der $z$ fällt dann mit der Umdrehungsachse des Sphäroids zusammen und die Differentialgleichungen der Bewegung des angezogenen Punktes sind auf Grund bekannter Sätze die folgenden:

$$-\frac{d^2x}{dt^2} = \frac{3mx}{\varrho^3}\int_0^1 \frac{u^2\,du}{\left(1+\frac{\lambda u^2}{\varrho^2}\right)^2}$$

$$-\frac{d^2y}{dt^2} = \frac{3my}{\varrho^3}\int_0^1 \frac{u^2\,du}{\left(1+\frac{\lambda u^2}{\varrho^2}\right)^2}$$

$$-\frac{d^2z}{dt^2} = \frac{3mz}{\varrho^3}\int_0^1 \frac{u^2\,du}{1+\frac{\lambda u^2}{\varrho^2}}.$$

Es ist $m$ eine positive Beständige, ebenso $\lambda = a_1^2 - b_1^2$, worin $a_1$ und $b_1$ die grosse und die kleine Halbachse des Sphäroids bezeichnen. Ferner ist $\varrho$ die kleine Halbachse desjenigen Sphäroids, welches durch den angezogenen Punkt geht, und zugleich dem gegebenen Sphäroid homofokal ist. Zur Bestimmung von $\varrho$ ist daher die Gleichung gegeben:

$$\frac{x^2+y^2}{\varrho^2+\lambda} + \frac{z^2}{\varrho^2} = 1.$$

Ich entwickele nun die in den Differentialgleichungen der Bewegung vorkommenden bestimmten Integrale nach Potenzen des Verhältnisses $\frac{\lambda}{\varrho^2}$, und drücke alsdann die Veränderliche $\varrho$ durch die neuen Veränderlichen $r^2 = x^2 + y^2 + z^2$ und $s = \frac{z}{r}$ aus. Es ist $r$

die Entfernung des angezogenen Punktes von dem Mittelpunkt des Sphäroids, oder der Leitstrahl des angezogenen Punktes, und $s$ bezeichnet den Sinus des Winkels, welchen der Leitstrahl mit der Ebene des Aequators bildet. Die Differentialgleichungen der Bewegung schreiben sich dann in der kanonischen Form:

$$\frac{d^2x}{dt^2} = \frac{dW}{dx} = \frac{x}{r}\left(\frac{dW}{dr} - \frac{s}{r}\frac{dW}{ds}\right)$$

$$\frac{d^2y}{dt^2} = \frac{dW}{dy} = \frac{y}{r}\left(\frac{dW}{dr} - \frac{s}{r}\frac{dW}{ds}\right)$$

$$\frac{d^2z}{dt^2} = \frac{dW}{dz} = \frac{z}{r}\left(\frac{dW}{dr} - \frac{s}{r}\frac{dW}{ds}\right) + \frac{1}{r}\frac{dW}{ds},$$

in welcher die Kräftefunktion $W$ sich, nachdem man alle Potenzen von $\frac{\lambda}{r^2}$, welche den zweiten Grad übersteigen, vernachlässigt hat, in der folgenden Form darstellt:

$$W = \frac{m}{r} + \frac{1}{10}\frac{m\lambda}{r^3}(1 - 3s^2) + \frac{3}{8}\frac{m\lambda^2}{r^5}\left(\frac{3}{35} - \frac{6}{7}s^2 + s^4\right).$$

Unserer Voraussetzung zufolge ist $\frac{\lambda}{r^2}$ ein kleiner Bruchwerth; und wenn insbesondere die Bewegung des Mondes um die Erde betrachtet wird, so ist beiläufig

$$\frac{\lambda}{a_1^2} = \frac{1}{150}, \quad \frac{a_1^2}{r^2} = \frac{1}{3600}, \quad \text{folglich } \frac{\lambda}{r^2} = \frac{1}{540000}.$$

Es ist hier die Integration eines Systems gewöhnlicher Differentialgleichungen der sechsten Ordnung verlangt. Zwei Integrale des Systems lassen sich sehr einfach in geschlossener Form darstellen. Man findet die beiden Integrale

1) $$x'^2 + y'^2 + z'^2 + a = 2W$$

2) $$xy' - yx' = b,$$

wo $a$ und $b$ die Integrationsbeständigen sind, und die oben gestrichenen Buchstaben die ersten Derivirten nach der Zeit bezeichnen. Mit Hilfe dieser Integrale kann man das System der sechsten Ordnung auf ein System der vierten Ordnung zurückführen. Diese Reduktion wird wesentlich gefördert, wenn man an die Stelle der rechtwinkeligen Coordinaten des angezogenen Punktes Polarcoordinaten in die Gleichungen einführt.

4. Durch den Leitstrahl $r$ legen wir eine Ebene, welche mit der Ebene des Aequators den Winkel $i$ bildet. Der Winkel, welchen der Leitstrahl mit der Knotenlinie bildet, sei $u$, ferner $\vartheta$ der Winkel,

welchen die Knotenlinie mit der Achse der $x$ bildet. Man erhält dann zum Behuf der Transformation die Gleichungen:

3) $$\frac{x}{r} = \cos\vartheta \cos u - \cos i \sin\vartheta \sin u$$

4) $$\frac{y}{r} = \sin\vartheta \cos u + \cos i \cos\vartheta \sin u$$

5) $$\frac{z}{r} = \sin i \sin u .$$

Die Forderung, dass die durch den Leitstrahl gelegte Ebene zugleich die Ebene der Bahn des angezogenen Punktes sei, führt zu der Differentialgleichung

6) $$(yz' - zy') \cos\vartheta - (xz' - zx') \sin\vartheta = 0 .$$

Wir zerlegen diese Gleichung in die beiden einfacheren:

7) $$yz' - zy' = n \sin i \sin\vartheta$$

8) $$xz' - zx' = n \sin i \cos\vartheta ,$$

wo $n$ eine noch unbestimmte Veränderliche ist. Aus 7 und 8 folgt die weitere Gleichung

9) $$xy' - yx' = n \cos i ,$$

und das Integral 2 geht über in

10) $$n \cos i = b .$$

Ferner geht in Folge der Gleichungen 7, 8, 9 das Integral 1 über in

11) $$r'^2 + \frac{n^2}{r^2} + a = 2W.$$

Aus den Gleichungen 3, 4, 5 bilden wir die Differentialgleichungen

12) $$i' = \sin i \cot u \, \vartheta'$$

13) $$u' + \cos i \, \vartheta' = \frac{n}{r^2} ,$$

und durch die Differentiation die Gleichung 6 noch die Gleichung

14) $$b\vartheta' = \cot^2 i \, s \frac{dW}{ds} .$$

Die Bedeutung der Veränderlichen $n$ ist aus der Gleichung 13 ersichtlich. Sie bezeichnet die Flächengeschwindigkeit des Leitstrahls in der Ebene der Bahn, und ist wohl zu unterscheiden von der Flächengeschwindigkeit des Leitstrahls gegen die grosse Achse der Ellipse, weil wir auch der grossen Achse der Ellipse eine Bewegung in der Ebene der Bahn zugetheilt haben.

Durch die Gleichungen 11, 12, 13, 14 sind, nachdem man die

Veränderliche $n$ vermittelst 10 eliminirt hat, die Derivirten von $r\,i\,u\,\vartheta$ als Functionen dieser Veränderlichen gegeben. Diese Gleichungen bilden daher das noch zu integrirende System der vierten Ordnung. Wir bemerken, dass die Veränderliche $\vartheta$ in den Gleichungen nicht vorkommt, woraus folgt, dass zur Bestimmung der Veränderlichen $r\,i\,u$ ein System der dritten Ordnung vorliegt. Nachdem man das System der dritten Ordnung integrirt hat, erhält man die Veränderliche $\vartheta$ durch eine Quadratur.

Auch die unabhängige Veränderliche $t$ kommt in den oben erwähnten vier Differentialgleichungen nicht vor. Wenn man anstatt $t$ die unabhängige Veränderliche $u$ in die Gleichungen 11 und 12 einführt, so erhält man ein System der zweiten Ordnung, durch welches die Veränderlichen $r$ und $i$ als Function von $u$ bestimmt sind. Ich glaube indessen nicht, dass Jemand einen Vortheil erlangen wird, wenn er die Integration dieses Systems der zweiten Ordnung in Angriff nimmt.

Das zu integrirende System der dritten Ordnung besteht aus den Gleichungen 11, 12, 13, und man kann aus denselben die Veränderlichen $r\,i\,u$ als Funktion der Zeit bestimmen, nachdem man die Veränderliche $n$ vermittelst 10 eliminirt hat. Man findet aber, dass es vortheilhafter ist, die Gleichung 10 zur Elimination von $i$ zu verwenden. Ich ersetze daher die Gleichung 12, durch welche die Derivirte $i'$ gegeben ist, durch die folgende

15) $$n' = \frac{ds}{du}\frac{dW}{ds}.$$

Das zu integrirende System der dritten Ordnung besteht dann aus den Gleichungen 11, 13, 15.

5. Wenn das Sphäroid zur Kugel wird, wenn also $\lambda = 0$ ist, so hat man $W = \frac{m}{r}$ und $\frac{dW}{ds} = 0$. Aus den Gleichungen 10, 12, 14 folgt dann, dass die Veränderlichen $n\,i\,\vartheta$ in die Beständigen $n_0 i_0 \vartheta_0$ übergehen, und es bleiben nur zwei Differentialgleichungen übrig. Ferner ist $u' = v'$, und die Gleichungen 11 und 13 gehen über in

16) $$r'^2 + \frac{n_0^2}{r^2} + a = \frac{2m}{r}$$

17) $$v' = \frac{n_0}{r^2},$$

aus welchen die ungestörte elliptische Bewegung folgt.

Auch für den Fall, dass die Bahn des angezogenen Punktes in die

Ebene des Aequators hineinfällt, hat man nur die zwei Differentialgleichungen 11 und 13 zu integriren. Denn es ist dann $i = 0$, $s = 0$ und daher auch $\frac{dW}{ds} = 0$. Ferner folgt aus den Gleichungen 10 und 14, dass die Veränderlichen $n$ und $\vartheta$ in die Beständigen $n_0$ und $\vartheta_0$ übergehn. In der vorliegenden allgemeineren Aufgabe aber eliminire ich die Veränderliche $n$ aus der Gleichung 11 vermittelst der Gleichung 15, und erhalte zur Bestimmung des Leitstrahls $r$ eine Differentialgleichung der zweiten Ordnung. Ich setze noch $W = \frac{1}{r^2} V$, und erhalte die Differentialgleichung der zweiten Ordnung

18) $$(rr')' + a = \frac{1}{r} \frac{dV}{dr},$$

Das zu integrirende System der dritten Ordnung besteht nun aus den Gleichungen 13 und 18, und diese Gleichungen sollen nach der Methode der Störungen integrirt werden.

Wir haben in 2. angenommen, die Bahn des angezogenen Punktes sei wenig verschieden von einer Ellipse, deren einer Brennpunkt mit dem Mittelpunkt des abgeplatteten Sphäroids zusammenfällt. Ich schreibe die Gleichung der Ellipse $\frac{p}{r} = 1 + e \cos v$, und nehme an, dass die Excentricität $e$ eine Beständige, der Parameter $p$ eine Veränderliche sei. Um die wahre Anomalie $v$ als Function der Zeit darzustellen, bediene ich mich der Gleichung $cv' = \left(\frac{p}{r}\right)^2$, wo $c$ gleichfalls eine Beständige ist. Hiernach ist die Flächengeschwindigkeit des Leitstrahls gegen die grosse Achse der Ellipse proportional dem Quadrate des Parameters, und die Gleichung $cv' = (1 + e \cos v)^2$ ist identisch mit derjenigen, welche für die ungestörte elliptische Bewegung gefunden wird. Ihre Integration verlangt, dass man die wahre Anomalie $v$ durch die exzentrische $\varepsilon$ ersetze. Man setzt $\operatorname{tg} \frac{v}{2} = \sqrt{\frac{1+e}{1-e}} \operatorname{tg} \frac{\varepsilon}{2}$, und erhält das Integral in der bekannten Form:

$$\frac{(1-e^2)^{\frac{3}{2}}}{c} (t - t_0) = \varepsilon - e \sin \varepsilon .$$

Aus der Bedeutung der Winkel $u$ und $v$ folgt, dass die Differenz $w = u - v$ die Bewegung der grossen Achse der Ellipse gegen die Knotenlinie ausdrückt. Die aus dem Systeme der dritten Ordnung zu bestimmenden Elemente der Störung sind daher der Parameter

$p$ und des Perigäum $w$. Eliminirt man die Veränderlichen $r$ und $u$ vermittelst der Gleichungen $\frac{p}{r} = 1 + e\cos v$ und $w = u - v$, so geht die Gleichung 18 in eine Differentialgleichung der zweiten Ordnung über, aus welcher der Parameter $p$ als Function von $v$ gefunden wird. Nachdem man den Parameter in dieser Weise bestimmt hat, erhält man die Veränderliche $n$ in endlicher Gestalt aus der Gleichung 11. Ferner wird durch die Elimination der Veränderlichen $n\ r\ u$ die Gleichung 13 in eine Differentialgleichung der ersten Ordnung übergeführt, aus welcher das Perigäum $w$ als Function von $v$ folgt.

Wenn $\lambda = 0$ gesetzt wird, so ist die Bahn des angezogenen Punktes eine ungestörte Ellipse, und die Veränderliche $p$ geht in die Beständige $p_0$ über. Die oben angenommenen Gleichungen sind dann $\frac{p_0}{r} = 1 + e\cos v$ und $cv' = \left(\frac{p_0}{r}\right)^2$, und müssen in dieser Form übereinstimmen mit den Gleichungen 16 und 17. Diese Forderung hat einige Beziehungen zwischen den bis dahin eingeführten unbestimmten Beständigen zur Folge. Man findet die drei Gleichungen:

$$\frac{1}{c} = \sqrt{\frac{m}{p_0^3}}, \quad n_0 = \frac{p_0^2}{c} = \sqrt{m p_0}$$

$$a = \left(\frac{p_0}{c}\right)^2 (1 - e^2) = \frac{m}{p_0}(1 - e^2).$$

Hiernach sind die Beständigen $c\, n_0 a$ als Funktionen von $e$ und $p_0$ dargestellt. Man kann sich denken, die Integrationsbeständige $a$ sei durch die neue Beständige $e$ ersetzt worden. Es ist aber bemerkenswerth, dass durch die Elimination von $r$ vermittelst der Gleichung $\frac{p}{r} = 1 + e\cos v$, wo $v$ bestimmt ist durch die Gleichung $cv' = \left(\frac{p}{r}\right)^2$, neben der Veränderlichen $p$ die unbestimmte Beständige $p_0$ in die Störungsgleichungen eingeführt wird.

6. Dem Bisherigen zufolge ist die Differenz $\frac{p^2}{p_0^2} - 1$ eine kleine Grösse, welche wir ein Störungsglied nennen. Ich setze abkürzend $\left(\frac{r}{p}\right)^2 \left(\frac{p^2}{p_0^2} - 1\right) = 2\zeta$, und führe die Gleichung 18, indem ich den Leitstrahl eliminire, über in

$$19)\qquad c^2\zeta'' + \left(\frac{p}{r}\right)^3 \zeta = \frac{p_0^2}{r}\frac{d\Omega}{dr} + P.$$

Für den Fall $\lambda = 0$ geht die Veränderliche $V = r^2 W$ über in $V = mr$. Ich setze daher $V = mr + mp_0 \Omega$ und finde

$$\Omega = q \frac{p_0}{r}(1 - 3s^2) + \frac{15}{2} q^2 \left(\frac{p_0}{r}\right)^3 \left(\frac{3}{7} - \frac{30}{7} s^2 + 5s^4\right),$$

wo noch abkürzend $\frac{1}{10}\frac{\lambda}{p_0^2} = q$ gesetzt ist. Ferner ist auf der rechten Seite der Gleichung 19 einzusetzen:

$$P = \frac{1}{2}\frac{p}{r}\left(\frac{p}{p_0} - 1\right)^2 \left(1 + \frac{2p_0}{p}\right).$$

Da sich $\frac{p}{p_0} - 1$ als ein Störungsglied der ersten Ordnung darstellt, so ist $P$ als ein Störungsglied der zweiten Ordnung zu betrachten. In der Gleichung 19 sind alle Störungsglieder der ersten Ordnung bekannte Funktionen von $v$. Durch zwei Quadraturen bestimmt sich die erste Näherung von $\zeta$. Nachdem man die erste Näherung aufgefunden hat, ergeben sich durch die Variation der Constanten auch die Störungsglieder der zweiten Ordnung als Funktion von $v$, und durch weitere Quadraturen kann man die zweite Näherung des Integrals erhalten.

Die Gleichung 19 integrirt sich nach bekannten Methoden. Die einfachere Gleichung $c^2\zeta'' + \left(\frac{p}{r}\right)^3 \zeta = 0$ hat die partikularen Integrale $\zeta = \frac{r}{p}\cos v$ und $\zeta = \frac{r}{p}\sin v$. Ich setze daher, um das Integral der Gleichung 19 zu erhalten,

$$\zeta = \frac{r}{p}(k \cos v + h \sin v),$$

und finde alsdann zur Bestimmung der Veränderlichen $k$ und $h$ die Gleichungen

20) $$-\frac{dk}{dv} = \left(\frac{r}{p}\right)^3 \sin v \left(\frac{p_0^2}{r}\frac{d\Omega}{dr} + P\right)$$

21) $$\frac{dh}{dv} = \left(\frac{r}{p}\right)^3 \cos v \left(\frac{p_0^2}{r}\frac{d\Omega}{dr} + P\right).$$

Den Parameter der gestörten Ellipse erhält man alsdann aus der Gleichung

22) $$\frac{p^2}{p_0^2} - 1 = 2\frac{p}{r}(k \cos v + h \sin v).$$

Auch die Derivirte $p'$ ist nun als gegeben zu betrachten. Man hat die Gleichung

23) $$-c\left(\frac{r}{p}\right)^2 \frac{pp'}{p_0^2} = \frac{p}{r}(k \sin v - h \cos v) + e \sin v (k \cos v + h \sin v).$$

Es ist bemerkenswerth, dass in diesem Werthe $p$ zwei überzählige willkürliche Beständige vorkommen. Die Integration der Differentialgleichung zweiter Ordnung hat zwei willkürliche Beständige im Gefolge. Als solche kann man die Grössen $p_0$ und $t_0$ betrachten, von welchen die letztere durch die Integration der Gleichung $cv' = \left(\frac{p}{r}\right)^2$ eingeführt wird. Ausser $p_0$ und $t_0$ kann man noch die Integrationsbeständigen $k_0$ und $h_0$ in den Werth $p$ aufnehmen. Diese Beständigen $k_0$ und $h_6$ dürfen zwar den Betrag eines Störungsgliedes der ersten Ordnung nicht überschreiten, weil sonst die Convergenz der unendlichen Reihen, durch welche das Integral der Gleichung 19 ausgedrückt ist, geschwächt würde. Im Uebrigen aber sind sie willkürlich, und man kann leicht zeigen, dass die Beständige $h_0$ mit einer Correction der Beständigen $t_0$ zusammenfällt, dass ferner die Beständige $k_0$ eine Correktion der Beständigen $p_0$ und $e$ zur Folge hat, in solcher Weise, dass der Quotient $\frac{1-e^2}{p_0}$ unveränderlich ist.

7. Wir haben $\frac{1}{10}\frac{\lambda}{p_0^2} = q$ gesetzt, und es ist daher für die Verhältnisse der Mondbahn beiläufig $q = \frac{1}{5400000}$. Es hat den Anschein, dass man eine grosse Genauigkeit im Resultat erreiche, wenn alle Störungsglieder der zweiten Ordnung vernachlässigt werden, weil dieselben mit $q^2$ multiplizirt sind. Es sind aber dabei noch andere Einflüsse entscheidend. Wir bemerken, dass sich die Störungsglieder als trigonometrische Funktionen von $v$ und $w$ darstellen, dass sich also ihre numerischen Werthe zwischen gewissen Grenzen bewegen. Die Störungsglieder werden integrirt, und die Grenzwerthe des Integrals liegen nicht weit entfernt von den Grenzwerthen des Störungsgliedes. Dies ist nicht mehr richtig für den Fall, dass das Störungsglied Funktion von $w$ allein ist. Unter den Störungsgliedern der ersten Ordnung gibt es keine, welche diese Beschaffenheit haben. Dagegen finden sich unter den Störungsgliedern der zweiten Ordnung in den Gleichungen 20 und 21 beziehungsweise die Glieder $\sin 2w$ und $\cos 2w$. Es wird sich unten zeigen, dass die Veränderliche $w$ neben trigonometrischen Gliedern auch ein der Zeit proportionales Glied enthält. In diesem Glied ist der Coefficient der Zeit ein sehr kleiner Bruch, welcher nach vollzogener Integration des Störungsgliedes als Nenner mit demselben verbunden ist. Daher kommt es, dass das Integral der oben er-

wähnten Störungsglieder zweiter Ordnung nicht mehr mit $q^2$, sondern nur noch mit $q$ multiplizirt, und in Folge dessen gleichwerthig einem Störungsgliede der ersten Ordnung ist. Indem ich die erwähnten Störungsglieder der zweiten Ordnung bei der Integration der Gleichungen 20 und 21 berücksichtige, erhalte ich die Integrale:

$$24)\quad k = -q\left(1 - \frac{3}{2}\sin^2 i\right)\cos v$$
$$- \frac{1}{4} q \sin^2 i\,(\cos(2u + v) - 3\cos(2u - v) + 2l\cos 2w)$$

$$25)\quad h = -q\left(1 - \frac{3}{2}\sin^2 i\right)\sin v$$
$$- \frac{1}{4} q \sin^2 i\,(\sin(2u + v) + 3\sin(2u - v) - 2l\sin 2w).$$

Der beständige Coeffizient $l$ folgt aus den Störungsgliedern der zweiten Ordnung, und ich finde

$$-\frac{l}{e} = \frac{22}{7} + \frac{1}{7}\,\frac{5\sin^2 i}{4 - 5\sin^2 i}.$$

Da nun die Veränderlichen $k$ und $h$ bekannt sind, so kennt man auch die Veränderlichen $p$ und $p'$ auf Grund der Gleichungen 22 und 23. Man bildet daher die Gleichungen: 26) und 27)

$$k\cos v + h\sin v = -q\left(1 - \frac{3}{2}\sin^2 i\right) + \frac{1}{2} q\sin^2 i\,(\cos 2u - l\cos(2u - v))$$
$$k\sin v - h\cos v = \qquad + q\sin^2 i\left(\sin 2u - \frac{1}{2} l\sin(2u - v)\right).$$

Ferner findet man die Veränderliche $n$, durch welche die Flächengeschwindigkeit des Leitstrahls in der Ebene der Bahn ausgedrückt ist, vermittelst der Gleichung 11. Indem man $r'$ durch $p'$ ersetzt, führt man die Gleichung 11 über in die folgende:

$$28)\quad \frac{n^2}{n_0^2} - 1 = 2\Omega + 2ek\frac{p^2}{p_0^2} - \left(\frac{p^2}{p_0^2} - 1\right)^2 + 2\left(\frac{r}{p_0}\right)^2 P - c^2\left(\frac{r}{p_0}\right)^4 \frac{p'^2}{p^2}.$$

Endlich erhält man noch, wenn $n$ bekannt ist, die Veränderliche $i$ aus der Gleichung 10. Man findet die Gleichung: 29)

$$\frac{\cos i}{\cos i_0} - 1 = -\frac{1}{2} q\sin^2 i\left(3\cos 2u + e\cos(2u + v) + 3e\cos(2u - v) - le\cos 2w\right).$$

8. Wir gehen jetzt zur Integration der Gleichung 13 über, aus welcher die Veränderliche $w = u - v$, oder die Bewegung der grossen Achse der Ellipse gegen die Knotenlinie zu bestimmen ist. Indem ich den Werth $n$ in die Gleichung 13 einsetze, führe ich dieselbe über in:

$$30)\quad \frac{dw}{dv} + \cos i\,\frac{d\vartheta}{dv} = \frac{p_0^2}{p^2}\,\Omega - \left(\frac{p^2}{p_0^2} - 1 - ek\right) + N.$$

Die Grösse $N$ enthält nur Störungsglieder der zweiten und höheren Ordnungen. Indem ich wie bisher die Störungsglieder vernachlässige, welche die zweite Ordnung überschreiten, erhalte ich den folgenden Werth:

$$N = -\frac{1}{2}(\Omega + ek)^2 + \frac{1}{2}\left(\frac{p^2}{p_0^2} - 1\right)^2 + \left(\frac{r}{p}\right)^2 P - \frac{c^2}{2}\left(\frac{r}{p}\right)^4 \frac{p'^2}{p_0^2}.$$

Durch die Integration der Gleichung 30 entsteht:

$$31)\qquad w + \cos i\,\vartheta = w_0 + 3q\left(1 - \frac{3}{2}\sin^2 i\right)\left(v + \frac{2}{3}e\sin v\right)$$

$$+ q\sin^2 i\left(\frac{1}{4}(1 + le)\sin 2u + (l + e)\sin(2u - v) + g\sin 2w\right),$$

wo der beständige Coefficient $g$ den Störungsgliedern der zweiten Ordnung entnommen ist. Aus dem mit $v$ multiplizirten Gliede ersieht man, dass die säkulare Bewegung der grossen Achse der Ellipse in derselben Richtung erfolgt, wie die Bewegung des Leitstrahls der angezogenen Masse, aber sehr viel langsamer als diese.

Schliesslich erhalten wir die Veränderliche $\vartheta$ durch die Integration der Gleichung 13. Wir finden das Integral:

$$32)\qquad \vartheta - \vartheta_0 = -3q\cos i\,(v + e\sin v)$$

$$+ \frac{1}{2}q\cos i\left(3\sin 2u + e\sin(2u + v) + 3e\sin(2u - v) + f\sin 2w\right),$$

wo der beständige Coefficient $f$ aus den Störungsgliedern der zweiten Ordnung folgt. Das mit $v$ multiplizirte Glied des Integrals zeigt eine rückgängige Bewegung der Knotenlinie an.

9. Ich habe nun die Integrale der Differentialgleichungen aufgestellt, aus welchen die Bewegung eines von dem abgeplatteten Sphäroid angezogenen Massenpunktes folgt. Wiewohl ich nur die allerersten Glieder der unendlichen Reihen aufgezeichnet habe, so ist damit doch eine beträchtliche Genauigkeit erreicht. Die vernachlässigten Glieder sind sehr viel kleiner als die vorliegenden, weil sie den Faktor $q^2$ haben. Eine starke Convergenz der Reihen erfordert übrigens nicht gleichzeitig jene beiden in der Bewegung des Mondes sich erfüllenden Voraussetzungen. Ausreichend ist die Forderung, dass der in 3. definirte Quotient $\frac{\lambda}{r^2}$ ein kleiner Bruchwerth sei, was noch vereinbar ist mit einem Abplattungsverhältniss, welches nahe bei der Einheit liegt. Die Gültigkeit der Integrale erstreckt sich über jeden wenn auch noch so grossen Zeitraum.

In den Integralen 26, 27, 31 sind die Coefficienten auch derjenigen Glieder, welche als Funktionen von $v$ eine kurze Periode haben, von den Störungsgliedern der zweiten Ordnung abhängig. Daraus folgt, dass die Integrale, wenn man die Störungsglieder der zweiten Ordnung vernachlässigen wollte, selbst für einen kurzen Zeitraum in ihrer numerischen Bedeutung eine andere Gestalt erhalten würden. Dieser Umstand ist den Astronomen entgangen, und auch Hansen, welcher viel Sorgfalt auf die Aufgabe verwendet hat, kannte ihn nicht. Es war für mich leichter, die Analysis so weit zu verfolgen, weil ich dieselbe auf geometrische Betrachtungen gegründet habe, welche einfacher sind als die bei den Astronomen bisher üblichen.

In den obigen Integralen haben alle Glieder den Faktor $q$, und die meisten Glieder haben ausserdem noch den Faktor $\sin^2 i$. Es ist $i$ der Winkel, welchen die Ebene der Bahn des angezogenen Punktes mit der Ebene des Aequators bildet. Wenn man die Anwendung auf die Mondbahn macht, so ist zu bemerken, dass dieser Winkel in der Wirklichkeit ausser der oben bestimmten noch andere grössere Variationen erleidet. Die letzteren sind aber eine Folge der störenden Anziehung der Sonnenmasse, und müssen daher in der von uns behandelten Aufgabe als nicht vorhanden angesehen werden. Wir geben dem Winkel $i$ den mittleren Werth $23^0 28'$, und daraus folgt $\sin^2 i = \frac{4}{25}$. Aber der Faktor $q$ allein schon ist ausreichend, um zu bewirken, dass alle periodischen Glieder der obigen Integrale für die Beobachtung durchaus unmerklich sind. Denn es ist beiläufig $q = \frac{1}{5400000} = \frac{1''}{27}$. Nur die mit $v$ multiplizirten Glieder der Integrale haben nach einer mässig grossen Anzahl von Umläufen des Mondes einen für die Beoabachtung merklichen Betrag.

Wenn ich in dem Vorstehenden nachgewiesen habe, dass die Astronomen die vorliegende Aufgabe fehlerhaft gelöst haben, so kann es anderseits den Anschein haben, als sei diese Berichtigung für die Theorie des Mondes bedeutungslos, weil es sich nur um unmerkliche Grössen handele. Ich sehe aber die vorliegende Aufgabe als die Vorarbeit zu einer verwickelteren Aufgabe an, welche ich ein andermal zu behandeln mir vorbehalte. Wenn nämlich bei der Bestimmung der Mondbahn neben der sphäroidischen Gestalt der Erde auch die Anziehung der Sonnenmasse berücksichtigt wird, so ergeben sich Störungsglieder der zweiten Ordnung, welche sehr viel beträchtlicher sind als die in der obigen Aufgabe vorkommenden. Für den Fall, dass sich unter diesen Störungsgliedern der zweiten Ordnung wieder solche finden, welche Funktionen von $w$ allein sind, gelangt man vielleicht zu dem nicht befremdlichen Resultate, dass auch die periodischen Glieder der Mondbahn durch den Einfluss der sphäroidischen Gestalt der Erde Störungen erleiden, welche wohl merklich sind.

Berichtigungen zu meiner Mittheilung im Repert. Bd. II.

S. 260 Z. 12 v. o. anst. einiger lies: aller.
S. 264 Z. 9 v. u. anst. durch lies: durch eine.
S. 266 Z. 17 v. u. anst. aufrecht erhalten lies: vorziehen.

Mannheim. Aug. Weiler.

---

**L. Kiepert: Auflösung der Gleichungen fünften Grades.** (Borchardt's Journal Bd. 87 S. 114—133.)

Die algebraischen Untersuchungen, welche bisher zur Auflösung der Gleichungen fünften Grades durchgeführt sind, liefern wesentlich einfachere Resultate, wenn man die von Herrn Weierstrass für die Theorie der elliptischen Functionen gegebenen Methoden*) benutzt statt der Jacobi'schen, weil der Jacobi'sche Modul $k$, der zu einer allgemeinen Form 4. Grades gehört, keine rationale Function von den Coefficienten dieser Form ist, sondern von ihren Linearfactoren abhängt, während die von Herrn Weierstrass benutzten Invarianten $g_2$ und $g_3$ rationale Functionen der Coefficienten sind.

Es sei die elliptische Function definirt durch die Gleichung

1) $$p'^2u = 4p^3u - g_2pu - g_3$$

und

2) $$\varDelta = g_2^3 - 27g_3^2.$$

Die 6 Grössen, welche aus $\varDelta$ durch Transformation 5. Grades hervorgehen, seien

---

*) Die wichtigsten Formeln, die sich auf die von Herrn Weierstrass in seinen Vorlesungen eingeführte Function $pu$ beziehen, habe ich in meiner Abhandlung „Wirkliche Ausführung der ganzzahligen Multiplication der elliptischen Functionen" vorausgeschickt. (Borchardt's Journal Bd. 76 p. 21—33.)

$$D,\ D_0,\ D_1,\ D_2,\ D_3,\ D_4,$$

und zwar sollen diese Grössen bezüglich den Perioden

$$\frac{2\omega}{5},\quad \frac{2\omega'}{5},\quad \frac{2\omega'+48\omega}{5},\quad \frac{2\omega'+96\omega}{5},\quad \frac{2\omega'+144\omega}{5},\quad \frac{2\omega'+192\omega}{5}$$

entsprechen, wenn $2\omega$ und $2\omega'$ die ursprünglichen Fundamentalperioden sind. Es lässt sich dann zeigen, dass

$$3)\quad \begin{cases} f=\left(\frac{D}{\varDelta^5}\right)^{\frac{1}{24}}=\frac{1}{p\left(\frac{2\omega}{5}\right)-p\left(\frac{4\omega}{5}\right)} \\ \quad = e^{-\frac{2\eta\omega}{5}}\,\sigma\left(\frac{2\omega}{5}\right)\sigma\left(\frac{4\omega}{5}\right)=\frac{\sqrt{5}\cdot h^{\frac{5}{12}}\prod\limits_{\nu=1}^{\infty}\left(1-h^{10\nu}\right)}{\varDelta^{\frac{1}{6}}\cdot h^{\frac{1}{12}}\prod\limits_{\nu=1}^{\infty}\left(1-h^{2\nu}\right)} \\ \quad =\frac{\sqrt{5}\sum\limits_{\lambda=-\infty}^{+\infty}(-1)^{\lambda}h^{\frac{5(6\lambda+1)^2}{12}}}{\varDelta^{\frac{1}{6}}\sum\limits_{\lambda=-\infty}^{+\infty}(-1)^{\lambda}h^{\frac{(6\lambda+1)^2}{12}}}, \end{cases}$$

und

$$4)\quad f_r=\left(\frac{D_r}{\varDelta^5}\right)^{\frac{1}{24}}=\frac{1}{p\left(\frac{2\omega'+48r\omega}{5}\right)-p\left(\frac{4\omega'+96r\omega}{5}\right)}$$

$$=e^{-(2\eta'+48r\eta)\frac{\omega'+24r\omega}{5}}\,\sigma\left(\frac{2\omega+48r\omega}{5}\right)\sigma\left(\frac{4\omega'+96r\omega}{5}\right)$$

$$=\frac{-\varepsilon^r h^{\frac{1}{60}}\prod\limits_{\nu=1}^{\infty}\left(1-h^{\frac{2\nu}{5}}\varepsilon^{24r\nu}\right)}{\varDelta^{\frac{1}{6}}h^{\frac{1}{12}}\prod\limits_{\nu=1}^{\infty}\left(1-h^{2\nu}\right)}=\frac{-\sum\limits_{\lambda=-\infty}^{+\infty}(-1)^{\lambda}\varepsilon^{r(\lambda+1)^2}h^{\frac{(6\lambda+1)^2}{60}}}{\varDelta^{\frac{1}{6}}\sum\limits_{\lambda=-\infty}^{+\infty}(-1)^{\lambda}h^{\frac{(6\lambda+1)^2}{60}}}$$

wird, wobei

$$\varepsilon=e^{\frac{2\pi i}{5}},\quad h=e^{\frac{\omega'\pi i}{\omega}}$$

ist. Aus dieser Summenentwicklung folgen dann unmittelbar die Relationen

$$5)\quad \begin{cases} f_0 + f_1 + f_2 + f_3 + f_4 = f\sqrt{5}, \\ f_0 + \varepsilon^2 f_1 + \varepsilon^4 f_2 + \varepsilon f_3 + \varepsilon^3 f_4 = 0, \\ f_0 + \varepsilon^3 f_1 + \varepsilon f_2 + \varepsilon^4 f_3 + \varepsilon^2 f_4 = 0, \end{cases}$$

und damit ist bewiesen, dass $f^2, f_0^2, f_1^2, f_2^2, f_3^2, f_4^2$ die Wurzeln einer Gleichung sind von der Form

$$6)\quad (f^2+a)^5(f^2+5a)+10b(f^2+a)^3+4c(f^2+a)+5b^2-4ac=0.$$

Eine solche Gleichung, die nur von den drei Konstanten $a$, $b$, $c$ abhängig ist, wird eine Jacobi-Kronecker'sche Resolvente genannt. In dem vorliegenden Fall wird

$$a = 0, \quad b = \frac{1}{\Delta} \text{ und } c = -\frac{3g_2}{\Delta^2},$$

also

$$6^{a})\quad \Delta^2 f^{12} + 10\Delta f^6 - 12g_2 f^2 + 5 = 0.$$

Andre Ausdrücke, die gleichfalls einer Jacobi-Kronecker'schen Resolvente genügen, sind

$$7)\quad \begin{cases} f' = \frac{1}{2}(\Delta f^5 - 5f^{-1}), \quad f'' = \frac{1}{2}(\Delta f^9 + 9f^3), \\ \varphi = \frac{1}{2}(\Delta f^5 + 5f^{-1}), \quad \varphi' = f^3, \quad \varphi'' = \frac{1}{2}(\Delta f^7 + 7f). \end{cases}$$

Die allgemeinsten Ausdrücke von dieser Eigenschaft haben dann die Form

$$pf + gf' + rf''$$

oder

$$p_1\varphi + q_1\varphi' + r_1\varphi'',$$

wo $p, q, r, p_1, q_1, r_1$ noch ganz beliebige Konstanten sind.

Die Jacobi-Kronecker'sche Resolvente (6) oder ($6^{a}$) lässt sich noch auf den fünften Grad herabdrücken, indem man nach dem Vorgange von Herrn Brioschi

$$8)\quad y_r = \frac{1}{\sqrt[4]{5}}\left[\left(f^2 - f_r^2\right)\left(f_{r+2}^2 - f_{r+3}^2\right)\left(f_{r+4}^2 - f_{r+1}^2\right)\right]^{\frac{1}{2}}$$

$$= \frac{\sqrt{-(\varepsilon^2+\varepsilon^3)}}{\sqrt[4]{5}}\left(f^2 - f_r^2\right)\left(f_{r+4} - f_{r+1}\right)$$

$$(r = 0, 1, 2, 3, 4)$$

setzt. Es werden dann $y_0, y_1, y_2, y_3, y_4$ die Wurzeln der Gleichung

$$9)\quad \Delta^3 y^5 + 10\Delta^2 y^3 + 45\Delta y - 216 g_3 = 0.$$

Auf diese Brioschi'sche Resolvente lässt sich aber die Auflösung einer allgemeinen Gleichung fünften Grades zurückführen. Diese sei

10) $$x^5 + Ax^4 + Bx^3 + Cx^2 + Dx + E = 0$$

und habe die Wurzeln $x_0, x_1, x_2, x_3, x_4$. Setzt man nun

11) $$z = x^2 - ux + v,$$

so wird $z$ wieder die Wurzel einer Gleichung fünften Grades, in der man aber durch passende Wahl der Grössen $u$ und $v$ die Koefficienten von $z^4$ und $z^3$ gleich Null machen kann, so dass die Gleichung übergeht in

12) $$z^5 + 5lz^2 - 5mz + n = 0.$$

Dabei ist $u$ die Wurzel der quadratischen Gleichung

13) $$(2A^2 - 5B)u^2 + (4A^3 - 13AB + 15C)u + (2A^4 - 8A^2B + 10AC + 3B^2 - 10D) = 0,$$

während

14) $$\begin{cases} 5v = -Au - A^2 + 2B, \\ 5l = -C(u^3 + Au^2 + C) + D(4u^2 + 3Au + 2B) \\ \qquad - E(5u + 2A) - 10v^3, \\ 5m = -D(u^4 + Au^3 + Bu^2 + Cu + D) \\ \qquad + E(5u^3 + 4Au^2 + 3Bu + 2C) + 5v^4 + 10lv, \\ n = -E(u^5 + Au^4 + Bu^3 + Cu^2 + Du + E) \\ \qquad - v^5 - 5lv^2 + 5mv. \end{cases}$$

Führt man jetzt noch die Grössen $\alpha$, $\beta$, $g_2$ und $\Delta$ durch die Gleichungen

15) $$\begin{cases} 2(l^4 - lmn + m^3)\alpha = -(11l^3 + ln^2 - 2m^2n) \pm l\sqrt{\Delta'}, \\ \pm\beta^2 = l^3[l^2\alpha^2 + 11lm\alpha + 64m^2 - 27ln], \\ \pm 12g_2 = l\alpha^2 + 3m\alpha - n, \\ \pm\Delta = l^2[(ln - m^2)\alpha + mn] \end{cases}$$

ein, wo $\Delta'$ die Discriminante der Gleichung (12) ist, so geht die Gleichung (12) durch die Substitution

16) $$z = -\frac{\alpha + \beta y}{3 + \Delta y^2}$$

über in die Gleichung (9).

*Zur vollständigen Auflösung der allgemeinen Gleichung fünften Grades hat man also mit Hülfe der Formeln (13), (14) und (15) die Grössen $u$, $v$, $\alpha$, $\beta$, $g_2$ und $\Delta$ zu berechnen, dann findet man $h = e^{\frac{\omega'\pi i}{\omega}}$ mit Anwendung einer hypergeometrischen Reihe als Function von $\frac{g_2^3}{\Delta}$ und* *die Grössen* $f$, $f_0$, $f_1$, $f_2$, $f_3$, $f_4$ *durch die Formeln* (3) *und* (4); *bestimmt man schliesslich aus der Gleichung* (8) *den Werth von* $y_r$, *und dann aus der Gleichung* (16) *den Werth von* $z_r$, *so wird für* $r = 0$, 1, 2, 3, 4

$$x_r = -\frac{E + (z_r - v)(u^3 + Au^2 + Bu + C) + (z_r - v)^2(2u + A)}{u^4 + Au^3 + Bu^2 + Cu + D + (z_r - v)(3u^2 + 2Au + B) + (z_r - v)^2}.$$

---

**L. Kiepert: Zur Transformationstheorie der elliptischen Functionen.** (Borchardt's Journal Bd. 87 S. 199—216.)

Das, was in meiner Abhandlung über die Auflösung der Gleichungen fünften Grades von der Transformation fünften Grades gesagt ist, lässt sich verallgemeinern und auf die Transformation $n$ten Grades übertragen. Man erhält dadurch die Modulargleichungen in einer Form, die eine verhältnissmässig einfache Berechnung derselben möglich macht, und für die Theorie der algebraischen Gleichungen von Wichtigkeit ist.

Sind nämlich $2\omega$, $2\omega'$ die Fundamentalperioden der elliptischen Function $pu$, und ist die Primzahl $n$ grösser als 3, so wird

$$1)\qquad P = \prod_{\alpha=1}^{\frac{n-1}{2}}\left[p\left(\frac{2\alpha\omega}{n}\right) - p\left(\frac{4\alpha\omega}{n}\right)\right]$$

eine symmetrische Function der Grössen

$$p\left(\frac{2\omega}{n}\right),\quad p\left(\frac{4\omega}{n}\right),\quad \cdots p\left(\frac{n-1}{n}\,\omega\right)$$

und deshalb die Wurzel einer Gleichung $(n+1)$ten Grades, deren Coefficienten ganze rationale Functionen von $g_2$ und $g_3$ sind. Setzt man nun noch

$$2)\qquad f = \frac{\sqrt{n}}{\Delta^{\frac{n-1}{24}}}\cdot\frac{h^{\frac{n}{12}}\prod\limits_{\nu=8}^{\infty}(1-h^{2n\nu})}{h^{\frac{1}{12}}\prod\limits_{\nu=1}^{\infty}(1-h^{2\nu})} = \frac{\sqrt{n}}{\Delta^{\frac{n-1}{24}}}\cdot\frac{\sum\limits_{\lambda=-\infty}^{+\infty}(-1)^{\lambda}h^{\frac{n(6\lambda+1)^2}{12}}}{\sum\limits_{\lambda=-\infty}^{+\infty}(-1)^{\lambda}h^{\frac{(6\lambda+1)^2}{12}}},$$

so lässt sich zeigen, dass

$$f^{-2} = (-1)^g P$$

wird. Dabei ist

$$\varDelta = g_2^3 - 27 g_3^2 \,, \quad h = e^{\frac{\omega' \pi i}{\omega}} \,, \quad n = 6g \pm 1 \,.$$

Die Gleichung, welcher $f^2$ genügt, nenne ich die Transformationsgleichung und finde für die andern Wurzeln dieser Gleichung $f_0^2, f_1^2, f_2^2, \cdots f_{n-1}^2$, wenn $e^{\frac{2\pi i}{n}} = \varepsilon$ gesetzt wird,

$$3)\ f_r = \frac{i^{\frac{n-1}{2}}}{\varDelta^{\frac{n-1}{24}}} \cdot \frac{\varepsilon^r h^{\frac{1}{12n}} \prod\limits_{\nu=1}^{\infty} \left(1 - h^{\frac{2\nu}{n}} \varepsilon^{24 r \nu}\right)}{h^{\frac{1}{12}} \prod\limits_{\nu=1}^{\infty} \left(1 - h^{2\nu}\right)} = \frac{i^{\frac{n-1}{2}}}{\varDelta^{\frac{n-1}{24}}} \cdot \frac{\sum\limits_{\lambda=-\infty}^{+\infty} (-1)^{\lambda} \varepsilon^{r(6\lambda+1)^2} h^{\frac{(6\lambda+1)^2}{12n}}}{\sum\limits_{\lambda=-\infty}^{+\infty} (-1)^{\lambda} h^{\frac{(6\lambda+1)^2}{12}}} \,.$$

Bezeichnet man mit $D, D_0, D_1, \ldots D_{n-1}$ die Grössen, welche durch Transformation $n$ten Grades aus $\varDelta$ hervorgehen, so hat man auch

$$4) \qquad f = \left(\frac{D}{\varDelta^n}\right)^{\frac{1}{24}}, \qquad f_r = i^{\frac{n-1}{2}} \left(\frac{D_r}{\varDelta^n}\right)^{\frac{1}{24}} \,.$$

Durch Summation folgt nun aus den Gleichungen (2) und (3) unmittelbar

$$5) \quad \begin{cases} f_0 + f_1 + f_2 + \cdots + f_{n-1} = (-1)^g f \sqrt{(-1)^{\frac{n-1}{2}} n} \,, \\ f_0 + \varepsilon^{-\beta} f_1 + \varepsilon^{-2\beta} f_2 + \cdots + \varepsilon^{-(n-1)\beta} f_{n-1} = 0 \,, \end{cases}$$

wo man für $\beta$ jeden beliebigen Nichtrest von $n$ setzen kann, so dass die Gleichungen (5) im Ganzen $\frac{n+1}{2}$ lineare Relationen zwischen den Grössen $f, f_0, f_1, \cdots f_{n-1}$ geben, welche ich die Jacobi'schen Relationen nenne, weil sie Jacobi in ähnlicher Weise für die reciproken Werthe des Multiplicators bei der Transformation $n$ten Grades aufgestellt hat (Crelle's Journal Bd. III S. 308). Ganz ebenso bestehen auch zwischen $f^3, f_0^3, f_1^3, \cdots f_{n-1}^3$ $\frac{n+1}{2}$ lineare Jacobi'sche Relationen, denn es ist, wenn man den gemeinschaftlichen Nenner der $f$ mit $N$ bezeichnet,

$$N^3 f^3 = n \sqrt{n} h^{\frac{n}{4}} \prod_{\nu=1}^{\infty} (1 - h^{2n\nu})^3 = n \sqrt{n} \sum_{\lambda=0}^{\infty} (-1)^{\lambda} (2\lambda + 1) h^{\frac{n(2\lambda+1)^2}{4}} \,,$$

$$N^3 f_r^3 = (-i)^{\frac{n-1}{2}} \varepsilon^{3r} h^{\frac{1}{4n}} \prod_{\nu=1}^{\infty} (1 - h^{\frac{2\nu}{n}} \varepsilon^{24 r n})^3$$

$$= (-i)^{\frac{n-1}{2}} \sum_{\lambda=0}^{\infty} (-1)^{\lambda} (2\lambda + 1) \varepsilon^{3r(2\lambda+1)^2} h^{\frac{(2\lambda+1)^2}{4n}}$$

Hieraus ergiebt sich durch Summation unmittelbar

$$6)\quad \begin{cases} f_0^3 + f_1^3 + f_2^3 + \cdots + f_{n-1}^3 = f^3 \sqrt{(-1)^{\frac{n-1}{2}} n}, \\ f_0^3 + \varepsilon^{-3\beta} f_1^3 + \varepsilon^{-6\beta} f_2^3 + \cdots + \varepsilon^{-3(n-1)\beta} f_{n-1}^3 = 0. \end{cases}$$

Aus den Gleichungen (2) und (3) folgt auch ohne Weiteres, dass das letzte Glied der Transformationsgleichung

$$\frac{(-1)^{\frac{n-1}{2}} \cdot n}{\Delta^{\frac{n^2-1}{12}}}$$

wird. Da nun $f^{-2}$ die Wurzel einer Gleichung $(n+1)$ten Grades ist, deren Coefficienten ganze rationale Functionen von $g_2$ und $g_3$ sind, so werden die Coefficienten der Gleichung für $f^{+2}$ auch ganze rationale Functionen von $g_2$ und $g_3$, dividirt durch eine Potenz von $\Delta$, deren Exponent eine ganze Zahl ist. Diesen Exponenten kann man aber von vorn herein bestimmen, wenn man beachtet, dass

$$7)\quad \begin{cases} f^2 = \left(\frac{D}{\Delta^n}\right)^{\frac{1}{12}} = \dfrac{n h^{\frac{n}{6}} \prod\limits_{\nu=1}^{\infty}\left(1 - h^{2n\nu}\right)^2}{\Delta^{\frac{n-1}{12}} h^{\frac{1}{6}} \prod\limits_{\nu=1}^{\infty}\left(1 - h^{2\nu}\right)^2}, \\ f_r^2 = (-1)^{\frac{n-1}{2}} \left(\frac{D_r}{\Delta^n}\right)^{\frac{1}{12}} = \dfrac{(-1)^{\frac{n-1}{2}} h^{\frac{1}{6n}} \prod\limits_{\nu=1}^{\infty}\left(1 - h^{\frac{2\nu}{n}} \varepsilon^{24r\nu}\right)^2}{\Delta^{\frac{n-1}{12}} h^{\frac{1}{6}} \prod\limits_{\nu=1}^{\infty}\left(1 - h^{2\nu}\right)^2}, \\ \Delta^{\frac{1}{12}} = \frac{\pi}{\omega} h^{\frac{1}{6}} \prod\limits_{\nu=1}^{\infty}(1 - h^{2\nu})^2 \end{cases}$$

ist. Nennt man nämlich die Coefficienten der Transformationsgleichung $\mathfrak{g}_1, \mathfrak{g}_2, \cdots \mathfrak{g}_{n+1}$, so muss in dem Nenner von $\mathfrak{g}_\alpha$ der Exponent von $\Delta$ nothwendiger Weise zwischen

$$\frac{\alpha(n-1)}{12} \text{ und } \frac{\alpha n}{12}$$

liegen. Da aber dieser Exponent eine ganze Zahl ist, so wird $\mathfrak{g}_\alpha$ gleich Null, wenn zwischen $\frac{\alpha(n-1)}{12}$ und $\frac{\alpha n}{12}$ keine ganze Zahl liegt. Durch diesen Umstand fallen von vorn herein viele Glieder der

Transformationsgleichung fort. In den übrigen sind die Zähler der Coefficienten homogene ganze Functionen von $g_2$ und $g_3$, wenn man $g_2$ den Grad 2 und $g_3$ den Grad 3 beilegt. Wie aus den Gleichungen (7) hervorgeht, wird der Grad dieser homogenen Functionen

$$\begin{array}{llll}
\text{gleich } 0, & \text{wenn } \alpha(n-1) & \text{ein Vielfaches von} & 12, \\
\quad ,, \;\; 1, & \;\; ,, \;\; \alpha(n-1)+2 & \;\; ,, \qquad ,, & 12, \\
\quad ,, \;\; 2, & \;\; ,, \;\; \alpha(n-1)+4 & \;\; ,, \qquad ,, & 12, \\
\ldots & \ldots & \ldots & \ldots \\
\quad ,, \;\; \frac{\alpha}{2}, & \;\; ,, \;\; \alpha(n-1)+\alpha=\alpha n & \;\; ,, \qquad ,, & 12
\end{array}$$

ist. Dadurch erhält die Transformationsgleichung z. B. für $n=11$ ohne jede Rechnung die Gestalt

$$f^{24}+\frac{c}{\varDelta^5}f^{12}+\frac{c_1 g_2}{\varDelta^7}f^8+\frac{c_2 g_3}{\varDelta^8}f^6+\frac{c_3 g_2^2}{\varDelta^9}f^4+\frac{c_4 g_2 g_3}{\varDelta^{10}}f^2-\frac{11}{\varDelta^{10}}=0,$$

wo es nur noch übrig bleibt, die Zahlcoefficienten $c$, $c_1$, $c_2$, $c_3$, $c_4$, zu bestimmen.

Dies geschieht durch Entwicklung der Grössen $f$ nach Potenzen von $h$ und durch Einsetzen in die Newton'schen Formeln oder in die Gleichung selbst, wobei

$$8)\quad \begin{cases} g_2=\left(\frac{\pi}{\omega}\right)^4\left[\frac{1}{12}+20(h^2+9h^4+28h^6+73h^8+\cdots)\right], \\ g_3=\left(\frac{\pi}{\omega}\right)^6\left[\frac{1}{216}-\frac{7}{3}(h^2+33h^4+244h^6+1057h^8+\cdots)\right], \\ \varDelta^{\frac{1}{12}}=\left(\frac{\pi}{\omega}\right)h^{\frac{1}{6}}\,[1-h^2-h^4+h^{10}+h^{14}--+\cdots] \end{cases}$$

ist. Am besten ist es, die ersten Coefficienten durch Anwendung der Newton'schen Formeln und die letzten durch Einsetzen in die Gleichung selbst zu bestimmen.

Auf diese Weise machte es mir keine grosse Mühe, die Transformationsgleichungen für

$$n=5,\ 7,\ 11,\ 13,\ 17,\ 19$$

vollständig auszurechnen.

Die Herstellung dieser Gleichungen wird aber noch wesentlich leichter durch Anwendung der complexen Multiplication der elliptischen Functionen, wie ich in einer späteren Untersuchung zeigen werde. Ebenso werde ich in einer bald folgenden Abhandlung nachweisen, wie leicht sich alle übrigen, bei der Transformation auftretenden Grössen rational durch $f$ ausdrücken lassen.

Es giebt ausser den Grössen $f$ noch unendlich viele Ausdrücke, die den Jacobi'schen Relationen genügen. Unter vielen andern sind es die Grössen

$$f(u) = \frac{F(u)}{\Phi(u)^n}, \quad f_r(u) = \frac{F_r(u)}{\Phi(u)^n},$$

wo das eine Mal

$$9) \begin{cases} \Phi(u) = \left(\frac{\pi}{\omega}\right)^{\frac{1}{2}} \sum_{\lambda=-\infty}^{\infty} (-1)^\lambda h^{\frac{(6\lambda+1)^2}{12}} \cos(6\lambda+1)\frac{u\pi}{2\omega}, \\ F(u) = \left(\frac{n\pi}{\omega}\right)^{\frac{1}{2}} \sum_{\lambda=-\infty}^{+\infty} (-1)^\lambda h^{\frac{n(6\lambda+1)^2}{12}} \cos(6\lambda+1)\frac{nu\pi}{2\omega}, \\ F_r(u) = i^{\frac{n-1}{2}} \left(\frac{\pi}{\omega}\right)^{\frac{1}{2}} \sum_{\lambda=-\infty}^{+\infty} (-1)^\lambda \varepsilon^{r(6\lambda+1)^2} h^{\frac{(6\lambda+1)^2}{12n}} \cos(6\lambda+1)\frac{u\pi}{2\omega}, \end{cases}$$

das andre Mal

$$10) \begin{cases} \Phi(u) = \left(\frac{\pi}{\omega}\right)^{\frac{3}{2}} \sum_{\lambda=0}^{\infty} (-1)^\lambda (2\lambda+1) h^{\frac{(2\lambda+1)^2}{4}} \cos(2\lambda+1)\frac{u\pi}{2\omega}, \\ F(u) = \left(\frac{n\pi}{\omega}\right)^{\frac{3}{2}} \sum_{\lambda=0}^{\infty} (-1)^\lambda (2\lambda+1) h^{\frac{n(2\lambda+1)^2}{4}} \cos(2\lambda+1)\frac{nu\pi}{2\omega}, \\ F_r(u) = (-i)^{\frac{n-1}{2}} \left(\frac{\pi}{\omega}\right)^{\frac{3}{2}} \sum_{\lambda=0}^{\infty} (-1)^\lambda (2\lambda+1) \varepsilon^{3r(2\lambda+1)^2} h^{\frac{(2\lambda+1)^2}{4n}} \sin(2\lambda+1)\frac{u\pi}{2\omega}, \end{cases}$$

und das dritte Mal

$$11) \begin{cases} \Phi(u) = \left(\frac{\pi}{\omega}\right)^{\frac{1}{2}} \cdot 2\sum_{\lambda=0}^{\infty} (-1)^\lambda h^{\frac{(2\lambda+1)^2}{4}} \sin(2\lambda+1)\frac{u\pi}{2\omega}, \\ F(u) = \left(\frac{n\pi}{\omega}\right)^{\frac{1}{2}} \cdot 2\sum_{\lambda=0}^{\infty} (-1)^\lambda h^{\frac{n(2\lambda+1)^2}{4}} \sin(2\lambda+1)\frac{nu\pi}{2\omega}, \\ F_r(u) = (-i)^{\frac{n-1}{2}} \left(\frac{\pi}{\omega}\right)^{\frac{1}{2}} \cdot 2\sum_{\lambda=0}^{\infty} (-1)^\lambda \varepsilon^{3r(2\lambda+1)^2} h^{\frac{(2\lambda+1)^2}{4n}} \sin(2\lambda+1)\frac{u\pi}{2\omega} \end{cases}$$

gesetzt wird.

Der Nachweis, dass diese Grössen $f(u)$ und $f_r(u)$ den Jacobi'schen Relationen genügen, wird durch einfache Summation der Reihen geführt. Im Uebrigen sind $f(u)$ und $f_r(u)$ doppelt periodische Functionen von $u$ und gehen, wenn man nur die Gleichungen (9) und (10) berücksichtigt, für $u$ gleich Null in die oben behandelten Grössen

$f$ resp. $f^3$ über. Sie hängen also von zwei variabeln Parametern $h$ und $u$ ab, ein Umstand, der für manche Untersuchungen Vortheile bietet.

Darmstadt. L. Kiepert.

---

**F. Klein: Sulle equazioni modulari.** (Rendiconti des R. Istituto Lombardo, Sitzung vom 2. Januar 1879; zum Theil abgedruckt in den math. Annalen Bd. XV, S. 86—88.)

Bezeichnet man mit $g_2$, $g_3$, $\Delta$ die Invarianten des gegebenen elliptischen Integrals, mit $g'_2$, $g'_3$, $\Delta'$ die Invarianten des transformirten, so kann man auf Grund der Betrachtungen, über die S. 251—252 dieses Repertoriums referirt ist, leicht zeigen, dass schon für $\sqrt[12]{\Delta'}$ bei Primzahltransformation $n^{\text{ter}}$ Ordnung ($n>3$) Gleichungen $(n+1)^{\text{ten}}$ Grades bestehen, deren Coefficienten ganze Functionen von $g_2$, $g_3$, $\sqrt[12]{\Delta}$ sind. Ich gebe Regeln, nach denen man die Coefficienten dieser Gleichungen zweckmässig berechnet, und entwickele einige ihrer einfachsten zahlentheoretischen Eigenschaften. Bei $n=5$, 7, 13 erhält man so dieselben Gleichungen, welche ich schon früher in den math. Annalen XIV, S. 147, 148, 149 auf Grund anderer Betrachtungen mittheilte. Bei $n=11$ berechnet sich

$$z^{12} - 90 \cdot 11 \cdot \sqrt[2]{\Delta} \cdot z^6 + 40 \cdot 11 \cdot 12 g_2 \cdot \sqrt[3]{\Delta} \cdot z^4 - 15 \cdot 11 \cdot 216 g_3 \cdot \sqrt[4]{\Delta} \cdot z^3$$
$$+ 2 \cdot 11 \cdot (12 g_2)^2 \cdot \sqrt[6]{\Delta} \cdot z^2 - 12 g_2 \cdot 216 g_3 \cdot \sqrt[12]{\Delta} \cdot z - 11 \cdot \Delta = 0$$

(für $z = \sqrt[12]{\Delta'}$), in Uebereinstimmung mit gewissen Schlussfolgerungen, welche Hr. Brioschi kurz vorher hinsichtlich der Form dieser Gleichung auf anderem Wege abgeleitet hatte (Annali di Matematica, ser. 2, t. IX pag. 172). — Da ich nicht zweifeln kann, dass diese Gleichungen bei ihrer grossen Einfachheit in der Transformationstheorie der elliptischen Functionen eine wichtige Rolle spielen werden, so will ich hier auf die ungefähr gleichzeitige, inzwischen erschienene Arbeit von Kiepert aufmerksam machen (Borchardt's Journal Bd. 87 S. 199—217), in der dieselben ebenfalls behandelt werden.

Der Schluss meiner Notiz bezieht sich auf gewisse endliche Systeme linearer Substitutionen bei $\frac{n-1}{2}$ Variablen, welche für die

Primzahltransformation $n^{ter}$ Ordnung dieselbe Rolle spielen sollen, wie die Ikosaedersubstitutionen bei $n = 5$ oder die 168 ternären Substitutionen bei $n = 7$.

**F. Klein: Ueber die Auflösung gewisser Gleichungen vom siebenten und achten Grade.** (Math. Annalen XV S. 251—282.)

Diese Arbeit schliesst sich als Fortsetzung an meine Untersuchungen über die Transformation siebenter Ordnung, über welche S. 336—340 dieses Repertoriums Bericht erstattet wurde, und hat dem entsprechend zunächst den Zweck, zu zeigen, dass sich und wie sich die Auflösung solcher Gleichungen siebenten und achten Grades, welche die Gruppe der Modulargleichung haben, auf die Auflösung der Modulargleichung selbst zurückführen lässt. Aber die Darlegung der dabei nöthigen Ueberlegungen gewinnt von selbst einen allgemeineren Charakter, und so will meine Arbeit zugleich ein Programm sein für die Behandlung aller Gleichungen beliebigen Affectes, ein Programm, das ebensowohl die Auflösung der cyclischen Gleichungen durch Wurzelzeichen als die Kronecker-Brioschi'sche Theorie der Gleichungen fünften Grades in sich fasst. Ohne hier auf die Darlegung dieser allgemeinen Gesichtspuncte einzugehen, oder verschiedene neue Formeln aufzuzählen, welche ich zur Behandlung der Gleichungen fünften Grades, der Jacobi'schen Gleichungen achten Grades, des allgemeinen Transformationsproblems der elliptischen Functionen etc. angebe, will ich mich hier darauf beschränken, in kurzen Zügen nur für die Gleichungen siebenten Grades mit 168 Substitutionen die wirkliche Auflösungsmethode zu skizziren.

Schon in meinem vorigen Referate sprach ich von dem Systeme der 168 ternären linearen Substitutionen, welches durch Wiederholung und Combination folgender Operationen entsteht:

1) $$\lambda' = \gamma^{\lambda}, \quad \mu' = \gamma^4\mu, \quad \nu' = \gamma^2\nu, \qquad \left(\gamma = e^{\frac{2i\pi}{7}}\right)$$

2) $$\lambda' = \mu, \quad \mu' = \nu, \quad \nu' = \lambda',$$

3) $$\begin{cases} \sqrt{-7}\cdot\lambda' = (\gamma^6-\gamma)\lambda + (\gamma^5-\gamma^2)\mu + (\gamma^3-\gamma^4)\nu, \\ \sqrt{-7}\cdot\mu' = (\gamma^5-\gamma^2)\lambda + (\gamma^3-\gamma^4)\mu + (\gamma^6-\gamma)\nu, \\ \sqrt{-7}\cdot\nu' = (\gamma^3-\gamma^4)\lambda + (\gamma^6-\gamma)\mu + (\gamma^5-\gamma^2)\nu, \end{cases}$$

und von den vier dabei ungeändert bleibenden ganzen Functionen der $\lambda$, $\mu$, $\nu$: $f$, $\nabla$, $C$, $K$. Die Modulargleichung liess sich dabei durch das Gleichungssystem ersetzen:

$$f = 0, \qquad \frac{-C^3}{1728 \nabla^7} = J.$$

Es seien nun $x_0, x_1, \cdots x_6$ die sieben Wurzeln einer Gleichung siebenten Grades mit 168 Substitutionen. Dann ist der erste Schritt der, dass man solche 3 rationale Functionen $\lambda$, $\mu$, $\nu$ der $x$ bildet, welche bei den 168 Permutationen der $x$ die eben angegebenen ternären linearen Substitutionen erfahren. Dies kann durch Processe der Invariantentheorie auf sehr mannigfache Weise geschehen.

Es seien z. B. $X$, $X'$ $X''$ irgend drei rationale Functionen von $x$, welche für $x = x_0, x_1, \cdots x_6$ die Werthe $X_0, X_1, \cdots X_6$ etc. annehmen. Man setze, unter $\gamma$ wieder eine siebente Einheitswurzel verstanden, zur Abkürzung:

$$\Sigma \gamma^{\nu} X_{\nu} = p_1, \qquad \Sigma \gamma^{4\nu} X_{\nu} = p_4,$$

$$\frac{-1+\sqrt{-7}}{4} \cdot \Sigma \gamma^{6\nu} X_{\nu} = p_6, \qquad \frac{-1+\sqrt{-7}}{4} \Sigma \gamma^{3\nu} X_{\nu} = p_3,$$

$$\Sigma \gamma^{2\nu} = p_2,$$

$$\frac{-1+\sqrt{-7}}{4} \Sigma \gamma^{5\nu} X_{\nu} = p_5,$$

ebenso $\Sigma \gamma^{\nu} X'_{\nu} = p'_1$ etc. Endlich schreibe man statt der Determinante:

$$\begin{vmatrix} p_i & p_k & p_l \\ p'_i & p'_k & p'_l \\ p''_i & p''_k & p''_l \end{vmatrix}$$

einfach $(i, k, l)$. Dann sind drei Functionen der gesuchten Beschaffenheit durch folgende Formeln gegeben:

$$\begin{cases} \lambda = (4, 3, 5) + (1, 6, 5) + (4, 2, 6), \\ \mu = (2, 5, 6) + (4, 3, 6) + (2, 1, 3), \\ \nu = (1, 6, 3) + (2, 5, 3) + (1, 4, 5). \end{cases}$$

Berechnet man jetzt für diese $\lambda$, $\mu$, $\nu$ die Formen $f$, $\nabla$, $C$, $K$, so werden Ausdrücke entstehen, die sich bei den 168 Permutationen der $x$ nicht ändern, die also rational bekannt sind. Die Auflösung der Gleichung siebenten Grades für die $x$ ist demnach auf das „Problem der $\lambda$, $\mu$, $\nu$“ zurückgeführt: aus den bekannten Werthen von $f$, $\nabla$, $C$, $K$ die $\lambda$, $\mu$, $\nu$ zu berechnen, und zwar rational zurückgeführt.

Nun ist, sofern man nur auf die Verhältnisse der $\lambda$, $\mu$, $\nu$

achten will, die Modulargleichung in der oben mitgetheilten Form ein specieller Fall dieses Problems: derjenige, in welchem $f$ insbesondere den Werth Null hat. Die Frage ist also nur noch, wie man das allgemeine Problem der $\lambda$, $\mu$, $\nu$ auf dieses specielle zurückführt? Dies geschieht mit Hülfe einer Gleichung vierten Grades, die sich, wie man aus den Eigenschaften der Curve $f = 0$ zeigen kann, nicht vermeiden lässt. Es seien nämlich $\lambda'$, $\mu'$, $\nu'$ die Unbekannten des „speciellen" Problems; $f'$, $\nabla'$ etc. seien die Werthe, welche $f$, $\nabla$, $\cdots$ annehmen, wenn man $\lambda'$, $\mu'$, $\nu'$ in sie einträgt. So schreibe man folgende Gleichungen:

$$f' = 0,$$

$$\lambda'\lambda + \mu'\mu + \nu'\nu = 0,$$

$$\frac{-C'^3}{1728\,\nabla'^7} = J.$$

Dann giebt die Elimination von $\lambda' : \mu' : \nu'$ für $J$ eine Gleichung vierten Grades, deren Coefficienten ganze Functionen von $f$, $\nabla$, $C$, $K$ d. h. von bekannten Grössen sind, die man also a priori aufstellen kann. Eine Wurzel dieser Hülfsgleichung vierten Grades hat man zu bestimmen; sie heisse $J_1$. Dann hat man die Modulargleichung:

$$f' = 0, \qquad \frac{-C'^3}{1728\,\nabla'^7} = J_1,$$

und berechnet, wenn man sie gelöst hat, die $\lambda$, $\mu$, $\nu$ des ursprünglichen Problems und also die $x_0$, $x_1$, $\cdots x_6$ der vorgelegten Gleichung siebenten Grades auf rationalem Wege.

München. F. Klein.

---

**Siegm. Günther: Studien zur Geschichte der mathematischen und physikalischen Geographie.** (Halle, Verlag von Louis Nebert.) IV. Heft. **Analyse einiger kosmographischer Codices der Münchener Hof- und Staatsbibliothek. 1878.** V. Heft. **Johann Werner aus Nürnberg und seine Beziehungen zur Geschichte der mathematischen und physischen Erdkunde. 1878.** VI. (Schluss-) Heft. **Geschichte der loxodromischen Curve. 1879.**

Das 4. Heft der Sammlung beschäftigt sich mit drei mittelalterlichen Handschriften. Aus der ersten derselben werden mehrere meteorologische und astronomische Daten — insbesondere über die Eintheilung der Windrose, die Grössenverhältnisse der Planetensphären u. a. — mitgetheilt, welche für die Geschichte dieser Wissenschaften Interesse bieten. Der zweite Codex enthält eine detaillirte Anweisung zur Verzeichniss solcher Plattkarten, wie sie das Mittelalter fast ausschliesslich anwandte. Wir finden hier ein Verzeichniss geographischer Ortsbestimmungen, eine Eintheilung des Grades in Centesimaltheile und eine Regel zur Messung der Entfernung $d$ zweier durch Breite $\beta_1$, $\beta_2$ und Länge $\lambda_1$, $\lambda_2$ fixirten Erdorte, welche mit der bekannten Formel der Coordinatengeometrie

$$d = \sqrt{(\beta_1 - \beta_2)^2 + (\lambda_1 - \lambda_2)^2}$$

identisch ist. An dritter Stelle wird ein Bruchstück aus einer theologischen Abhandlung Johann's von Gmünden mitgetheilt und besprochen, welches einen gedrängten Ueberblick über die kosmographischen Anschauungen des beginnenden fünfzehnten Jahrhunderts bietet.

Der Nürnberger Mathematiker Werner (1470—1530) hat in seiner Bearbeitung des ersten Buches von Ptolemaeus' Geographie mit vielen Fragen fördernd sich beschäftigt, deren Stellung in der Geschichte bislang nicht gehörig gewürdigt schien. Werner ist es, der die Bestimmung der Polhöhe durch Beobachtung der beiden Culminationen eines Circumpolarsternes lehrte, der für die Bestimmung der Breite ein neues handlicheres Instrument angab und dessen Fehler zu berichtigen versuchte, der endlich eine Reihe neuer, scharfsinniger Projektionsmethoden erfand, von denen eine mit dem Charakter der Aequivalenz ausgestattet ist. In seinen Anhängen zur mathematischen Geographie des Amiruccius hat Werner die Fundamentalprobleme der sphärischen Trigonometrie in durchaus origineller Weise behandelt. Schliesslich ward auf das richtiger Gedanken keineswegs baare astrometeorologische System des eifrigen Witterungsbeobachters näher eingegangen. Hingegen blieb die bekannte Monographie über die Eigenbewegung der achten Sphäre und das gegen diese gerichtete Sendschreiben Coppernic's an Wapowski absichtlich ausser Acht, da diese Gegenstände dem Gebiete der reinen Astronomie zu nahe liegen.

Die Loxodrome galt bis zur Mitte des sechszehnten Säkulums ganz allgemein und noch zwei Jahrhunderte länger beim grossen Haufen der Praktiker als gerade Linie, resp. als Stück eines grössten Kreises. Raymundus Lullus und der anonyme Verfasser des für die Geschichte der Mathematik hochwichtigen „Martologio“ behandeln sonach die loxodromische Curve als Spezialfall der gewöhnlichen Trigonometrie. Pedro Nunez erkannte die Eigenart der Schifffahrtscurve, Stevin behandelte dieselbe zuerst mathematisch, in Snellius' „Tiphys Batavus“ ward die Theorie der nunmehr als „Loxodrome“ bezeichneten Linie systematisch dargestellt, und durch Mercator-Wright kam die hohe Bedeutung derselben für die cylindrische Projection zur Geltung. Indess krankten noch sämmtliche theoretische Betrachtungen an dem Uebelstand, das zwei charakteristische Curvendreiecke ohne Rücksicht auf deren Lage als congruent angenommen wurden, während sie doch thatsächlich nur einander ähnlich sind. Leibnitz und Jakob Bernoulli halfen diesem Mangel ab und wandten auf das ihnen sehr willkommene Objekt die neue Differentialrechnung an. Die Ausdehnung der loxodromischen Aufgabe auf beliebige Rotationsflächen bahnte Walz an, während Halley den Satz auffand, dass das stereographische Abbild der Kugel-Loxodrome eine logarithmische Spirale ist. Den Fall des Sphäroides, als den für die Praxis interessantesten, studirten eingehend Maclaurin, Simpson, Maupertuis und Schubert. Kästner stellte das bis zu seiner Zeit Geleistete für den Gebrauch des Mathematikers zusammen, Bouguer, Kaschub und Robertson thaten ein Gleiches zum Besten der Schifffahrt. Im neunzehnten Jahrhundert endlich war es besonders Grunert, dessen Arbeiten einen wichtigen Fortschritt charakterisiren; eine neue Perspektive eröffnet der loxodromischen Theorie deren neueste Verallgemeinerung durch Biehringer. — Referent bedauert lebhaft, die zweite Auflage der bekannten Breusing'schen Monographie über Mercator nicht mehr haben benützen zu können, welche mehrfach neues Material für seine Zwecke beibringt, und auf welche, als Ergänzung, demnach hier ausdrücklich hingewiesen werden möge.

Ansbach. S. Günther.

**Siegm. Günther: Von der expliciten Darstellung regulärer Determinanten aus Binomialcöefficienten.** (Zeitschr. f. Math. u. Phys. 24. Jahrgang, 2. Heft.)

„Regulär“ wird hier eine Determinante von folgender Struktur genannt:

$$\begin{vmatrix} \binom{m_1}{n_1} & \binom{m_1}{n_2} & \binom{m_1}{n_3} & \cdots & \binom{m_1}{n_p} \\ \binom{m_2}{n_1} & \binom{m_2}{n_2} & \binom{m_2}{n_3} & \cdots & \binom{m_2}{n_p} \\ \binom{m_3}{n_1} & \binom{m_3}{n_2} & \binom{m_3}{n_3} & \cdots & \binom{m_3}{n_p} \\ \cdot & \cdot & \cdot & \cdot & \cdot \\ \binom{m_p}{n_1} & \binom{m_p}{n_2} & \binom{m_p}{n_3} & \cdots & \binom{m_p}{n_p} \end{vmatrix}$$

Es wird gezeigt, dass und wie eine solche Determinante auf eine bekannte und von Naegelsbach eingehend erörterte Funktion zurückgeführt werden kann. Auf Aggregate solcher Determinanten reduciren sich aber auch die Bernoulli'schen Zahlen.

Ansbach. S. Günther.

**Siegm. Günther: Eine Relation zwischen Determinanten und Potenzen.** (Zeitschr. f. Math. u. Phys. 24. Jahrgang, 4. Heft.)

Eliminirt man $x$ aus der Function

$$f_{(x)} \equiv x^n + x^{n-1} + \cdots + x^2 + x + 1$$

und deren erster Ableitung

$$f'_{(x)} = n x^{n-1} + (n-1)x^{n-2} + \cdots + 2x + 1$$

im Sinne der dialytischen Methode, so hat die resultirende Determinante den Werth

$$(2+n)^n.$$

Ansbach. S. Günther.

**Siegm. Günther: Einfache Methode der Berechnung der regulären Körper.** (Zeitschr. f. d. Realschulwesen. 4. Jahrgang, 1. Heft.)

Im Gegensatz zu allen bisherigen Verfahrungsweisen stereometrischer Natur wird hier von der Eintheilung der Sphäre in congruente Figuren ausgegangen. Fast ohne Rechnung gelingt es, die allgemeinen Ausdrücke für die Radien der einbeschriebenen, umbeschriebenen und kantenberührenden Kugeln hinzuschreiben. Die sphärische Trigonomotrie participirt dabei lediglich mit der einfachen Aufgabe: Aus den Winkeln eines gleichschenkligen sphärischen Dreiecks dessen Basis zu berechnen.

Ansbach. S. Günther.

**Siegm. Günther: Beitrag zur Theorie der congruenten Zahlen.** (Sitzungsberichte der k. böhm. Gesellsch. d. Wissenschaften, November 1878.)

„Congruent“ wird nach Woepcke's Vorgang eine ganze Zahl $a$ dann genannt, wenn das System zweier simultanen Gleichungen

$$x^2 + a = y^2, \quad x^2 - a = z^2$$

rationale Auflösungen zulässt. Es wird dargethan, dass die Lösung dieses Systemes, sowie die Untersuchung des Charakters von $a$ auf eine Generalisirung des Pell'schen Problemes, resp. auf die Diskussion des Wurzelausdruckes

$$\sqrt{\frac{a}{m - m^3}}$$

hinausläuft. Zahlreiche Beispiele sprechen für die bequeme Verwendbarkeit dieser Formel.

Ansbach. S. Günther.

**Siegm. Günther: Anwendung schiefwinkliger Coordinaten auf ein Problem der Potentialtheorie.** (Sitzungsberichte der k. böhm. Gesellsch. d. Wissenschaften, Januar 1879.)

Nach einer geschichtlichen Einleitung über die frühere Verwendung schiefwinkliger Coordinatensysteme wird das Potential eines homogenen Tetraëders für einen seiner Endpunkte aufgestellt und nachgewiesen, dass das bezügliche dreifache Integral elementar ausgewerthet werden kann. Hierauf wird ein anscheinend neuer Lehrsatz bewiesen, aus welchem die Anziehung des Tetraëders — und damit auch eines willkürlichen Polyëders — ohne jede weitere Integration abgeleitet werden kann, sobald sie für einen der Eckpunkte gefunden ist.

Ansbach. S. Günther.

**Siegm. Günther: Das mathematische Grundgesetz im Bau des Pflanzenkörpers.** (Kosmos. 4. Band.)

In der historischen Entwickelung der bekannten Theorie, welcher zufolge die Anordnung der Blattstiele an Pflanzenstengeln, der Schuppen an Nadelholzzapfen u. s. w. nach bestimmten mathematischen Gesetzen sich richtet, werden drei verschiedene Stadien unterschieden. Schimper und Braun fixirten die von Bonnet blos geahnte Idee mit Hülfe der Kettenbrüche, resp. der Lamé'schen Reihen, Zeising brachte diese Erfahrungsthatsache in allerdings noch sehr phantastischer Weise mit dem goldenen Schnitt in Verbindung, Schwendener endlich deckte die mechanischen Fundamentalbeziehungen zwischen der einen und anderen Auffassung auf. Zumal auf die arithmetischen Eigenschaften der Blattstellung wird in der Abhandlung im Detail eingegangen.

Ansbach. S. Günther.

**Siegm. Günther: Die mathematische Sammlung des germanischen Museums zu Nürnberg.** (Leopoldina 1878.)

Bericht über diese vom Referenten neu geordnete Sammlung. Von interessanteren Stücken derselben werden ein geodätisches Universalinstrument, die Planetenuhr des bekannten Pfarrers Hahn und eine von dem Nürnberger Astronomen Wurzelbauer herrührende Collektion grösserer Instrumente (zum Theil mit Tycho'schen Circulartransversalen) hervorgehoben.

Ansbach. S. Günther.

---

**Sophus Lie: Neue Integrationsmethode der Monge-Ampère'schen Gleichung.** (Archiv for Math. og Naturvidenskab, Bd. 2, p. 1—9. Christiania 1876—1877.)

Eine partielle Differentialgleichung 2. O. der Form

$$rt - s^2 + Ar + Bs + Ct + D = 0 \qquad (1)$$

mit zwei distincten und allgemeinen intermediären Integralen

$$u_1 - f(v_1) = 0\,, \qquad u_2 - \varphi(v_2) = 0$$

erhält durch eine zweckmässige Berührungstransformation die Form

$$s = 0.$$

Wünscht man eine solche Gleichung (1) zu integriren, so bildet man nach Bour die beiden vollständigen Systeme, deren Lösungen bez. $u_1 v_1$ und $u_2 v_2$ sind. Gelingt es, zu jedem Systeme *eine* Lösung zu finden, so verlangt die Integration von (1) nur eine Anzahl Quadraturen.

**Sophus Lie: Theorie des Pfaff'schen Problems.** (Archiv for Math. og Naturv. Bd. 2, p. 338—379. Christiania 1876—1877.)

Die Reductibilität eines Pfaff'schen Ausdrucks

$$X_1 dx_1 + \cdots + X_n dx_n$$

auf die bekannten Normalformen wird in einer neuen einfachen Weise nachgewiesen. Der Verfasser behauptet, dass die Kriterien, die zwischen den verschiedenen Typen des Ausdrucks $\Sigma X dx$ scheiden, zuerst von Grassmann in seiner Ausdehnungslehre (1861) gegeben sind. Im Uebrigen giebt die Abhandlung eine ausführliche Darstellung einer Integrationsmethode des Pfaff'schen Problems, die der Verfasser schon 1873 skizzirte.

**Sophus Lie: Die Störungstheorie und die Berührungstransformationen.** (Archiv for Math. og Naturv. Bd. 2, p. 1—28. Christiania 1877.)

Die allgemeinste Transformation

$$\left.\begin{aligned} x_k' &= X_k(x_1 \cdot\cdot x_n p_1 \cdots p_n) \\ p_k' &= P_k(x_1 \cdot\cdot x_n p_1 \cdots p_n) \end{aligned}\right\} \tag{1}$$

die gleichzeitig sämmtliche simultane Systeme der Form

$$dx_k = \frac{dF}{dp_k} dt, \quad dp_k = -\frac{dF}{dx_k} dt \tag{2}$$

in Systeme derselben Form umwandelt, wird nach Jacobi und Bour bestimmt durch die Gleichungen

$$(X_i X_k) = (X_i P_k) = (P_i P_k) = 0, \quad (X_k P_k) = 1 \tag{3}$$

Nach den Untersuchungen des Verfassers über Berührungstransformationen bestimmen die soeben geschriebenen Relationen zugleich das allgemeinste Grössensystem $X_i P_i$, das eine Bedingungsgleichung der Form

$$P_1 dX_1 + \cdots + P_n dX_n = p_1 dx_1 + \cdots + p_n dx_n + d\Omega$$

erfüllt. Die Abhandlung sucht den inneren Grund dieses Zusammenhanges zwischen der Störungstheorie und der Theorie der Berührungstransformationen.

Verlangt man die allgemeinste Transformation, die nur *ein* System (2) in ein ähnliches System umwandelt, so sind die Relationen (3) nicht mehr nothwendig. Alle Transformationen, die eine solche Forderung erfüllen, werden bestimmt.

**Sophus Lie: Petite contribution à la théorie de la surface Steinerienne.** (Archiv for Math. og Naturv. Bd. 3, p. 84—91. Christiania 1878.)

Versteht man unter dem Pol einer Ebene hinsichtlich eines Kegelschnitts den Pol der Durchschnittsgeraden der gegebenen Ebene mit der Ebene des Kegelschnitts, so besteht der Satz: Der Ort der Pole einer festen Ebene hinsichtlich aller Kegelschnitte, die auf einer Steiner'schen Fläche vierter Ordnung dritter Classe liegen, ist im Allgemeinen eine andere solche Fläche. Wenn jedoch die Ebene die vorgelegte Fläche berührt, so ist die erzeugte Fläche eine Fläche zweiten Grades.

Zu jeder Steiner'schen Fläche vierter Ordnung dritter Classe gehören somit $\infty^2$ Flächen zweiten Grades und $\infty^3$ Steiner'sche Flächen vierter Ordnung dritter Classe.

Diese Sätze bestehen noch, wenn die vorgelegte Fläche in eine Linienfläche dritter Ordnung ausartet.

**Sophus Lie: Synthetische Untersuchungen über Minimalflächen. I.** (Archiv for Math. og Naturv. Bd. 2, p. 1—42. Christiania 1877.)
**Beiträge zur Theorie der Minimalflächen. I.** (Math. Ann. Bd. XIV, p. 331—416.)

Nimmt man zwei Raumcurven $c$ und $k$, die einen Punkt $p$ gemein haben, und verschiebt $c$ parallel mit sich selbst derart, dass $p$ die Curve $k$ durchläuft, so kann die erzeugte Fläche zugleich durch Translationsbewegung der Curve $k$ erzeugt werden. Sie enthält daher $\infty^1$ Curven $c$ und zugleich $\infty^1$ Curven $k$. In jedem Punkte der Fläche liegen die beiden Haupttangenten harmonisch hinsichtlich der hindurchgehenden Curven $c$ und $k$. Jede solche Fläche besitzt die Gleichungsform

$$x = A(t) + A_1(\tau);\; y = B(t) + B_1(\tau);\; z = C(t) + C_1(\tau).$$

Setzt man insbesondere voraus, dass

$$dA^2 + dB^2 + dC^2 = 0 = dA_1^2 + dB_1^2 + dC_1^2$$

ist, so ist die Fläche nach Monge eine Minimalfläche. Sind die Curven $c$ und $k$ congruent und zugleich gleichgestellt, so bilden die beiden besprochenen Curven-Schaaren eine irreductible Schaar. Eine solche Minimalfläche nennt der Verfasser eine Doppelfläche.

Ausgehend von diesen geometrischen Betrachtungen sucht der Verfasser eine allgemeine projectivische Theorie der algebraischen Minimalflächen zu entwickeln. Unter seinen Resultaten mögen hier nur die folgenden genannt werden. Sei $R$ der Rang der Curve $c$, und $M$ die Multiplicität des Kugelkreises auf $c$'s Developpable; und seien $R'$ und $M'$ die entsprechenden Zahlen der Curve $k$. Alsdann ist die Classe $C$ der erzeugten Minimalfläche gleich

$$M'(R - M) + M(R' - M').$$

Ist die Fläche eine Doppelfläche, so ist

$$C = M(R - M);$$

ist sie reell und keine Doppelfläche, so kommt

$$C = 2M(R - M).$$

Die Zahlen $M$ und $R$ befriedigen die Relationen

$$R - M \overline{\gtrless} 3\,;\; M \overline{\lessgtr} R - M.$$

Vermöge dieser Formeln ist es nun häufig leicht, alle Minimalflächen von gegebener Classe zu bestimmen. Soll z. B. $C = 3$ sein, so muss $C = M(R - M)$, $M = 1$, $R = 4$ sein. Die entsprechende Minimalfläche ist eine Cayley'sche Linienfläche dritter Ordnung und dritter Classe, die jedoch immer imaginär ist. Soll überhaupt die Classe einer reellen Minimalfläche eine Primzahl sein, so ist $M = 1$, und $C = R - 1$. Die entsprechenden Flächen werden sämmtlich bestimmt. Soll die Classe dividirt mit 2 eine Primzahl sein, so ist $C = 2M(R - M)$, $M = 1$. Auch diese sind in jedem einzelnen Falle leicht zu bestimmen.

Ist die Ordnung von $c$ und $k$ bez. gleich $o$ und $\omega$, so ist die Ordnung der Fläche gleich $o\omega - \varrho$, wo $\varrho$ nach einer bemerkenswerthen Regel zu berechnen ist. Die Zahl $\varrho$ ist immer gleich Null, wenn $c$ und $k$ keinen gemeinsamen unendlich entfernten Punkt haben. Es giebt keine *reelle* Minimalfläche, deren Ordnung gleich 2, 3, 4, 5, 7, 8 ist. Dagegen bleibt es unentschieden, ob es reelle Flächen sechster Ordnung giebt. Ist dies der Fall, so ist die Classe einer jeden solchen Fläche gleich 9.

Der Schnitt mit der unendlich entfernten Ebene besteht nur aus geraden Linien, die man erhält, wenn man die unendlich entfernten Punkte der Curve $c$ mit den entsprechenden Punkten der Curve $k$ durch Gerade verbindet. Die Ordnung einer umgeschriebenen Cylinderfläche ist gleich

$$M\omega + M'o.$$

Die Multiplicität der unendlich entfernten Ebene als Tangentenebene ist gleich

$$M'(R - 2M) + M(R' - 2M').$$

**Sophus Lie: Sätze über Minimalflächen I, II, III.** (Archiv for Math. og Naturv. Bd. III, p. 166—176, 224—233, 340—351. Christiania 1878.)

**Beiträge zur Theorie der Minimalflächen. II.** (Math. Ann. [noch nicht erschienen]).

„Enthält eine Minimalfläche eine ebene Krümmungslinie*), so ist die Fläche algebraisch, wenn die Curve die Evolute einer ebenen algebraischen Curve ist, und nur in diesem Falle. Berührt eine Minimalfläche eine Cylinderfläche nach einer nicht ebenen geodätischen Curve, so ist die Fläche nur dann algebraisch, wenn die Curve selbst algebraisch ist. Die Minimalfläche, die die Evolute (Polarfläche) einer algebraischen Raumcurve $C$ nach dem Orte der Krümmungsmittelpunkte berührt, ist algebraisch. Eine solche Fläche ist zugleich eingeschrieben in den Evoluten von $C$'s Focalcurven. Zu jeder algebraischen Minimalfläche gehören jedenfalls $\infty^4$ algebraische Raumcurven, deren Evoluten um die Fläche umgeschrieben sind. Insbesondere giebt es $\infty^3$ Evoluten, die nach dem Orte der Krümmungsmittelpunkte berührt.

Die Tangentenkegel einer Minimalfläche berühren dieselbe nach $\infty^3$ Curven. Zu diesen Curven entsprechen auf der Bonnet'schen Biegungsfläche diejenigen $\infty^3$ Curven, nach denen die letzte Fläche die soeben besprochenen Evoluten algebraischer Raumcurven berührt. Jeder algebraische Kegel ist umschrieben um $\infty^\infty$ algebraische Minimalflächen, die durch eine gemeinsame elegante Construction bestimmt werden.

Nimmt man unter den Tangentenebenen einer algebraischen Minimalfläche nach einem arbiträren algebraischen Gesetze einfach unendlich viele, so ist die hervorgehende Developpable immer um $\infty^\infty$ algebraische Minimalflächen umgeschrieben. Dieselben werden durch eine elegante Construction bestimmt. Die Evolute einer algebraischen Raumcurve ist somit um $\infty^\infty$ algebraische Minimalflächen umgeschrieben.

Die allgemeinste Minimalfläche, die auf $\infty^1$ mit ihr ähnlichen Flächen abgewickelt werden kann, wird erhalten, wenn man die Weierstrass'sche Function $F(s)$ gleich

$$(C_1 + C_2 i)\, s^{m_1 + m_2 i}$$

setzt. Ist insbesondere $m_2 = 0$, so erhält man bekanntlich die auf Rotationsflächen abwickelbaren Minimalflächen.

**Sophus Lie: Theorie der Transformationsgruppen III. Bestimmung aller Gruppen einer zweifach ausgedehnten Punkt-Mannigfaltigkeit.** (Archiv for Math. og Naturv. Bd. III, p. 93—165. Christiania 1878.)

---

*) Setzt man im ersten Punktum statt „Krümmungslinie" insbesondere „geodätische Curve", so erhält man einen von Henneberg herrührenden Satz.

Diese Abhandlung schliesst sich als Fortsetzung an zwei frühere (Archiv for Math., Bd. I. 1876). Sie zerfällt in zwei Abschnitte. In dem ersten Abschnitte entwickelt der Verfasser allgemeine Sätze, die sich auf Transformationsgruppen eines $n$-fach ausgedehnten Raumes beziehen. Unter denselben möge hier nur der folgende seinen Platz finden.

Seien $A_1 f \cdots A_i f$ Ausdrücke der Form

$$A_i f = X_{i1} \frac{\partial f}{\partial x_1} + \cdots + X_{in} \frac{\partial f}{\partial x_n},$$

die paarweise Relationen der Form

$$A_i\big(A_k(f)\big) - A_k\big(A_i(f)\big) = \Sigma c_{iks} A_s f \, (c_{iks} = \text{Const.})$$

erfüllen. Und seien $A_1' f \cdots A_r' f$ analoge Ausdrücke in $x_1' \cdots x_n'$, die ebenso Relationen der Form

$$A_i'\big(A_k'(f)\big) - A_k'\big(A_i'(f)\big) = \Sigma d_{iks} A_s' f \, (d_{iks} = \text{Const.})$$

erfüllen. Setzen wir voraus, dass die $n$ Gleichungen

$$A_1 f = A_1' f \cdots A_r f = A_r' f$$

durch eine *Berührungs*-Transformation zwischen $x_1 \cdot\cdot x_n p_1 \cdot\cdot p_n$ und $x_1' \cdot\cdot x_n' p_1' \cdot\cdot p_n'$ erfüllt werden können. Sollen diese Gleichungen insbesondere durch eine *Punkt*transformation zwischen $x_1 \cdot\cdot x_n$ und $x_1' \cdots x_n'$ befriedigt werden können, so ist es hierzu nothwendig und hinreichend, dass die beiden $r$-gliedrigen Gleichungssysteme $A_i f = 0$ und $A_i' f = 0$ gleichviele unabhängige Gleichungen enthalten.

Dieser Satz erlaubt immer zu entscheiden, ob eine vorgelegte Transformationsgruppe durch Einführung von zweckmässigen Variabeln auf eine vorgelegte Form gebracht werden kann.

Der zweite Abschnitt giebt die Bestimmung von allen Gruppen von Punkttransformationen einer Ebene. Die angewandte Methode beruht auf folgender Bemerkung. Seien $A_1 f \cdots A_r f$, wo

$$A_i f = \xi_i(xy)p + \eta_i(xy)q$$

$r$ unabhängige inf. Transformationen einer $r$-gliedrigen Gruppe. Alsdann besitzt die allgemeinste inf. Transformation der Gruppe die Form

$$c_1 A_1 f + \cdots + c_r A_1 f,$$

wo die $c$ arbiträre Constanten sind. Man denke sich jetzt die $\xi_i$ und $\eta_i$ nach den Potenzen von $x$ und $y$ entwickelt. Setzt man voraus, dass $r > 2$ ist, so kann man immer die $c_i$ derart wählen, dass die inf. Transformation $\Sigma c A f$ nur Glieder von erster und höherer Ordnung hinsichtlich $x$ und $y$ enthält. Hierbei bleiben sogar jedenfalls $r-2$ Constanten $c$ vollständig unbestimmt. Es giebt daher jedenfalls $r-2$ inf. Transformationen, die in der Umgebung des Werthsystems $x=0$ $y=0$ von erster Ordnung hinsichtlich $x$ und $y$ sind. In entsprechender Weise findet man jedenfalls $r-6$ inf. Transformationen von zweiter Ordnung, $r-12$ Transformationen von dritter Ordnung u. s. w.

Bildet man nach diesen Vorbereitungen die Gleichungen

$$A_i\big(A_k(f)\big)-A_k\big(A_i(f)\big)=\Sigma c_{iks}A_sf,$$

die bekanntlich bestehen sollen, so erkennt man, dass der Werth von einigen Constanten $c_{iks}$ a priori angegeben werden kann. Ist in der That $A_if$ eine Transformation $i^{\text{ter}}$ Ordnung und $A_kf$ eine Transformation $k^{\text{ter}}$ Ordnung, so ist $A_i\big(A_k(f)\big)-A_k\big(A_i(f)\big)$ von $(i+k-1)^{\text{ter}}$ oder noch höherer Ordnung, und daher enthält die rechte Seite der letzten Gleichung nur Grössen $A_sf$, deren Ordnung gleich oder grösser als $i+k-1$ ist.

Diese Betrachtung giebt durch verhältnissmässig einfache Rechnungen die Bestimmung aller Gruppen von Punkt-Transformationen einer Ebene.

**Sophus Lie: Theorie der Transformationsgruppen. IV.** (Archiv for Math. og Naturv. Bd. 3, p. 375—460. Christiania 1878.)

Auch diese Fortsetzung der vorangehenden Abhandlung zerfällt in zwei Abschnitte. Im ersten Abschnitte wird gezeigt, dass jede Gruppe von Punkttransformationen eines $n$-fach ausgedehnten Raumes, die $n^2$ oder $n^2-1$ inf. Transformationen erster Ordnung (siehe das Referat der vorangehenden Abhandlung) enthält, durch Einführung von zweckmässigen unabhängigen Variabeln in die allgemeine lineare Gruppe oder in eine Untergruppe derselben übergeführt werden kann. Eine solche Gruppe hat keine inf. Transformationen von dritter oder höherer Ordnung. Sie hat entweder keine oder auch $n$ Transformationen zweiter Ordnung.

Der letzte Abschnitt bestimmt alle Gruppen von Berührungstransformationen einer Ebene. Es giebt nur drei solche Gruppen, die sich nicht in Gruppen von *Punkt*transformationen umwandeln lassen. Typen derselben sind die zehngliedrige Gruppe, die alle Kreise der Ebene in Kreise umwandelt, zusammen mit einer siebenund einer sechsgliedrigen Untergruppe derselben.

Wenn eine Gruppe vorgelegt ist, kann man immer jede Differentialgleichung

$$f(xyy' \cdots y^{(n)}) = 0$$

angeben, die die Gruppe gestattet. Hierauf gründet sich, wie der Verfasser schon 1874 (Göttinger Nachr. Nr. 22) angegeben hat, eine Classification der gewöhnlichen Differentialgleichungen zwischen zwei Variabeln, und zugleich eine rationelle Integrationsmethode solcher Gleichungen, die überhaupt eine Transformationsgruppe besitzen.

**Sophus Lie: Classification der Flächen nach der Transformationsgruppe ihrer geodätischen Curven.** (Universitätsprogramm, p. 1—45. Christiania.)

Der Verfasser beschäftigt sich schon seit 1872 mit der Bestimmung solcher Eigenschaften der Differentialgleichungen, die bei allen analytischen Umformungen ungeändert bleiben. Um die Tragweite und überhaupt das Wesen seiner Untersuchungsmethode an einem guten und gleichzeitig wichtigen Beispiele auseinanderzusetzen, nimmt er die Differentialgleichung der geodätischen Curven und sucht die Transformationsgruppe derselben.

Ist das Bogenelement einer Fläche bestimmt durch die Gleichung

$$ds^2 = F(xy)\,dx\,dy\,,$$

so werden die geodätischen Curven dieser Fläche definirt durch die Differentialgleichung 2. O.

$$F\,\frac{d^2y}{dx} = \frac{dF}{dx}\,\frac{dy}{dx} - \frac{dF}{dy}\left(\frac{dy}{dx}\right)^2.$$

Ist nun $F$ eine arbiträre Function von $x$ und $y$, so gestattet diese Gleichung gar keine inf. Punkttransformation. Das heisst: es ist in diesem allgemeinen Falle unmöglich, den Grössen $x$ und $y$ solche Incremente

$$\delta x = \xi(xy)\delta t, \quad \delta y = \eta(xy)\delta t$$

zu geben, dass jede geodätische Curve in eine eben solche, inf. benachbarte Curve übergeführt wird.

Es stellt sich daher die Aufgabe, die Grösse $F$ in allgemeinster Weise derart zu bestimmen, dass die Differentialgleichung der geodätischen Curven eine inf. Transformation gestattet. Es giebt drei Flächenclassen, die diese Forderung erfüllen. Entweder kann $F$ durch Einführung von zweckmässigen Grössen $x'(x)$ und $y'(y)$ als neue $x$ und neue $y$ die Form

$$F = e^{\alpha x}\Phi(x - y) \qquad (\alpha = \text{Const.}) \qquad \text{(A)}$$

erhalten. Jede hierher gehörige Fläche besitzt die charakteristische Eigenschaft, auf $\infty^1$ mit ihr ähnlichen Flächen abwickelbar zu sein. Oder auch kann $F$ die Form

$$y\varphi(\alpha) + \Phi(x) \tag{B}$$

erhalten. Dabei sind $\varphi$ und $\Phi$ näher bestimmt durch zwei gewöhnliche Differentialgleichungen, die in der Abhandlung integrirt werden. Oder endlich kann $F$ die Form

$$\varphi(x+y) + \Phi(x-y) \tag{C}$$

erhalten. Dabei sind wiederum $\varphi$ und $\Phi$ durch gewöhnliche Differentialgleichungen als Functionen ihrer Argumente bestimmt. Von diesen Gleichungen werden mehrere Particularlösungen angegeben.

Gestattet die Gleichung der geodätischen Curven mehrere inf. Transformationen, so bilden dieselben eine Gruppe, die entweder 2 oder 3 oder 8 unabhängige inf. Transformationen enthält. Im letzten Falle hat die Fläche constantes Krümmungsmass. Die beiden anderen Fälle führen auf eine Reihe Flächenfamilien, die sämmtlich bestimmt werden.

Kann $F$ in zwei Weisen die Form (A) erhalten, so kann man setzen

$$F = (x-y)^m .$$

Kann $F$ sowohl die Form (A) wie die Form (B) erhalten, so ist

$$F = yx + 1 ;$$

in diesem Falle kann $F$ zugleich die Form (C) erhalten; die betreffenden Flächen gestatten *drei* inf. Transformationen. Sie sind die einzigen Flächen, die gleichzeitig der Classe (B) und der Classe (C) gehören. Kann endlich $F$ sowohl die Form (A) wie die Form (C) erhalten, so hat $F$ eine der folgenden Formen

$$F = x + iy\,, \quad F = \frac{A}{(x+y^2)} + \frac{B}{(x-y)^2}\,, \quad F = \Omega\,(x-y)$$

wobei $\Omega$ durch eine integrirbare Differentialgleichung bestimmt ist.

Gehört eine Fläche der Classe (C), so verlangt die Bestimmung ihrer geodätischen Curven nur Differentiation; gehört sie der Classe (B), so ist noch eine Quadratur erforderlich. Gehört sie endlich der Classe (A), so muss man eine gewöhnliche Differentialgleichung erster Ordnung integriren.

---

Paris, Juillet 1879.

**A Monsieur Hermite,**
Membre de l'Académie des Sciences.

Très cher et très-honoré Confrère.

Vous avez bien voulu me communiquer la 4e livraison du 2e volume du Répertoire de Mathématiques pures et appliquées publié à Leipzig par MM. le Dr. Leo Koenigsberger et le Dr. Gustave Zeuner, en attirant mon attention sur un article relatif à une publication de M. le Dr. A. Vogler intitulée: *Instruction sur la construction et l'usage des tables graphiques* etc. et qui a paru à Berlin en 1877.*) Dans cette courte analyse que M. le Dr. Vogler donne lui-même de son livre, il se plaint que j'aie formulé des réclamations de priorité d'abord dans les *Comptes rendus* de l'Académie des sciences (Séance du 26 Novembre 1877, tome LXXXV p. 1012) ensuite dans le *Résumé historique* relatif aux méthodes graphiques, qui figure dans le volume intitulé: *Notices sur les modèles, cartes et dessins relatifs aux travaux des Ponts-et-Chaussées réunis par les soins du Ministère des Travaux publics* pour l'Exposition universelle à Paris en 1878, *imprimerie Nationale.* Ces attaques, comme il les appelle (*Angriff*), n'ont d'autre fondement, suivant lui, que de fausses interprétations de certains passages de son livre, et des rapprochements forcés. Son livre étant divisé en trois parties dont la seconde traite des instruments de calcul, et la troisième de l'approximation que l'on obtient en usant soit de ces instruments, soit des tables graphiques, il ne comprend pas que j'aie pu avancer „qu'aucun principe nouveau n'a été énoncé dans ce livre; — que les figures les plus importantes sont la reproduction ou l'imitation de celles qui sont annexées au mémoire inséré dans les Annales des Ponts-et-Chaussées de 1846..“ Il excipe de l'existence de la seconde et de la deuxième partie de son ouvrage, et du chapitre qu'il a consacré dans la première à la recherche de l'approximation obtenue, pour dire que les différences sautent aux yeux; et comme il a nettement établi mes droits dans la Préface de son ouvrage, dans sa notice historique et dans plusieurs passages, il s'étonne de la persistance de ma réclamation.

J'aurais voulu ne pas rentrer dans un débat que je croyais complétement clos depuis la publication de mon *Résumé histo-*

*) Anleitung zum Entwerfen graphischer Tafeln und zu deren Gebrauch etc.

*rique* dont un exemplaire est ci-joint. Mais, puisque M. Vogler ne se tient-pas pour satisfait, je ne vais pas comme lui, m'en tenir à des allégations vagues, mais indiquer avec précision les faits qui ont motivé ma plainte.

Vers la fin de l'année 1877, on mit sous mes yeux un recueil de six planches intitulé *sechs graphische Tafeln* etc. (six tables graphiques pour abréger les calculs) publié cette année même à Berlin par M. A. Vogler, avec quelques pages de texte, et je reconnus immédiatement dans la première de ces planches une reproduction de l'Abaque que j'ai présenté à l'Académie des sciences en 1843. Comme mon nom n'était cité ni sur la figure ni dans le texte, je crus devoir signaler le fait à l'Académie. *Comptes rendus* T. LXXXV, p. 1012.

M. Vogler, ému de ma communication, m'écrivit le 20 Décembre en m'adressant l'ouvrage complet dont il avait extrait, pour en faire une édition séparée, les six tables en question; il déclara qu'il reconnaissait parfaitement mes droits de priorité, me renvoya aux passages du texte où il les fait ressortir, s'excusa sur la brièveté de l'explication placée en tête de l'édition séparée de n'y avoir pas mentionné mon nom et, repoussant jusqu'à l'ombre d'un soupçon d'indélicatesse littéraire me pria de le justifier auprès des lecteurs des comptes rendus. Une note insérée au Compte rendu de la séance du 24 décembre 1877 fit droit au désir de M. Vogler, au delà même de ce qu'il m'était possible de concéder, en disant: „L'ouvrage complet, qui a été adressé à M. Lalanne, donne pleine satisfaction à la réclamation du savant français". On aurait dû ajouter „suivant M. Vogler".

Je ne pouvais guère, en effet, partager l'avis du réclamant, après avoir pris connaissance des passages qu'il m'indiquait comme me faisant une juste part dans l'ordre d'idées dont il traite. Il cite sa préface: or j'y vois annoncer que depuis 1867, déjà, il était en possession des méthodes à l'aide des quelles on substitue des constructions graphiques à des tables numériques à double entrée, et même du principe de *l'anamorphose géométrique.* Un certain, M. Herrmann (dont j'aurai un mot à dire tout à l'heure), a bien attiré son attention „sur le système de coordonnées logarithmiques de Lalanne; . . . . mais ce qui m'a *surtout* intéressé, ajoute-t-il, c'est la lecture d'une note de M. Kapteyn dont l'auteur, également sans avoir connaissance des travaux antérieurs, est arrivé *par la même méthode que moi (sic)* à remplacer les courbes des tableaux par des lignes droites“.

Cette méthode, M. Vogler, oublie de le dire, est celle qui a été présentée à l'Academie en 1843, qui a été l'objet d'un rapport très-favorable de Cauchy, au nom d'une commission dont Elie de Beaumont et Lamé faisaient aussi partie (*Comptes rendus* T. XVII p. 492), c'est la méthode de *l'anamorphose géométrique* fondée sur l'emploi de coordonnées convenablement graduées.

Comment M. Herrman nétait-il à même de renseigner M. Vogler à mon endroit? Par la raison toute simple qu'il avait, en 1875, publié à Brunswick, sous le titre de multiplication graphique (*Das graphische Einmaleins* etc.) une reproduction pure et simple de mon Abaque, de cette même figure qui, formellement spécifiée dans le rapport de Cauchy, éditée en français, en allemand et anglais des 1846, avait déjà été répandue à un très grand nombre d'exemplaires en divers pays: je me hâte d'ajouter que M. Herrmann, qui avait été compris dans ma réclamation de priorité, s'est empressé de s'excuser et d'exprimer de sincères regrets. Il me faisait remarquer que, de l'aveu même de M. Vogler, c'était lui Herrmann qui avait signalé à celui-ci mon système de coordonnées. Je mets donc aujourd'hui M. Herrmann hors du débat; mais j'ai le droit de demander comment, instruit de l'origine de la géométrie anamorphique, c'est *surtout* le mémoire de M. Kapteyn publié en 1876, 33 ans après le rapport de M. Cauchy, 30 ans après le mien, qui inspire à M. Vogler un si vif intérêt? Pourquoi, ayant reproduit *mon Abaque*, c'est à M. Herrmann qu'il renvoie ses lecteurs (page 40)? Pourquoi, il a consacré à la prétendue invention de M. Herrmann, dans un Recueil périodique publié à Stuttgard*), un article dans lequel il ne fait pas la moindre allusion au véritable auteur, où rien n'indique qu'il s'agit de la reproduction pure et simple d'une publication faite trente ans auparavant? Pourquoi, ayant sous les yeux mon mémoire de 1846, il attribue à M. Helmert une anamorphose qui donne des cercles au lieu de lignes droites, genre de transformation qui est formellement expliquée dans ce mémoire? (p. 45). Pourquoi, plaçant au commencement de son livre, une figure du genre de celles que j'ai publiées pour la première fois en 1842, dans l'appendice à la traduction de la météorologie de Kaemtz, pourquoi m'empruntant la théorie générale des tables graphiques et de l'anamorphose géo-

---

*) Zeitschrift zum Vermessungswesen etc. V. Band, 1. Heft, Februar 1876.

métrique, il se garde de mentionner ces imitations et ces emprunts et se borne à citer comme une simple „*Notice* assez étendue où l'on trouve plusieurs exemples intéressants, les uns au point de vue théorique, les autres au point de vue de leur application possible", mon mémoire de 1846, celui que, sur le rapport des illustres maîtres cités plus haut, l'Académie a jugé digne de l'insertion au Recueil des Savants étrangers?

Tels sont les points sur lesquels j'avais appelé l'attention des juges impartiaux dans le *Résumé historique* déjà cité et sur aucun desquels M. Vogler ne s'est expliqué. Qu'importe, après ce silence significatif, qu'il vienne dire que son livre ne se borne pas à la théorie des tables graphiques et de l'anamorphose? Je n'ai jamais revendiqué, dans ce livre, que la part qui m'y appartient et je n'hésite pas à répéter que c'est elle qui lui donne sa raison d'être et son principal intérêt. Il aurait été plus habile à l'auteur de le reconnaître loyalement que de dissimuler sous les voiles que je viens de déchirer les emprunts qu'il m'a faits.

Heureusement pour moi, des témoignages qu'on peut citer même après l'accueil que l'Académie avait fait à mon mémoire, m'ont rendu en divers pays meilleure justice. M. Culmann, de Zurich, M. Favaro, de Padoue, m'ont fait, dans leurs beaux livres sur la statique graphique, une part dont je ne puis que leur être reconnaissant. En publiant une édition américaine de l'Abaque, le lieutenant William Bixby, de West-Point, me l'adressait naguère avec une lettre où il m'annonce qu'elle est „constructed in accordance with the Method for which the world over you its thankes". Enfin le jury international des récompenses, pour la classe 66, décernait, l'année dernière, à l'ensemble de mes méthodes graphiques, le diplôme d'honneur, la plus haute récompense dont il put disposer. S'il s'en était tenu à la part que me fait M. Vogler, dans son livre, il n'est guère probable que j'eusse été aussi bien traité.

Tels sont, très cher et très honoré confrère, les faits que je livre à votre appréciation, et à celle du monde savant, qui jugera entre M. Vogler et moi.

Agréez, je vous prie, l'expression de mes sentiments de haute considération et d'affectueux dévouement

L. Lalanne.

**H. G. Zeuthen: Om Flader af fjerde Orden med Dobbeltkeglesnit*).**
Publié à la célébration de l'anniversaire quatre-centenaire de l'université de Copenhague. Copenhague 1879, librairie de Gyldendal (51 p.).

Les surfaces du quatrième ordre à une conique double ont été étudiées par MM. Kummer, Clebsch, Geiser, Cremona, R. Sturm, et, comme ou peut déduire par une transformation homographique, les propriétés des surfaces générales de celles des surfaces anallagmatiques, aussi par MM. Moutard, Laguerre, Darboux et par plusieurs autres savants. J'y suis revenu en appliquant à l'étude des surfaces de nouveaux moyens, qui font ressortir très-simplement les propriétés générales (celles où il n'est pas question de réalité), étudiées jusqu'à présent, et qui servent en même temps à resoudre les questions de réalité et à déterminer les formes des surfaces, ce qu'on n'avait fait que pour les surfaces anallagmatiques.

Dans la *première* partie j'applique la circonstance que le contour apparent de la surface, projetée d'un point de la conique double, est une courbe générale du quatrième ordre, à l'étude des propriétés générales de la surface. Les propriétés des 28 tangentes doubles du contour montrent les faits connus, que la surface contient 16 droites, et que l'enveloppe des plans dont les courbes d'intersection sont composées de deux coniques se décompose en cinq cônes (les cônes Kummeriens). Les projections de ces coniques forment 10 des 63 systèmes de coniques tangentes quatre fois au contour. Une courbe de la surface aura en général pour projection une courbe tangente au contour en tous les points où elle le rencontre.

Certaines courbes de la surface se présentent plus commodément lorsqu'on la projette du sommet d'un cône de Kummer. Alors le contour apparent sera composé de la trace du cône prise deux fois, et d'une courbe du quatrième ordre à deux points doubles tangente quatre fois à la trace. Cette représentation conduit, dans la *deuxième* section, à la construction suivante de la surface*): Soit $P$ un point fixe, et $\sigma_2$ et $\delta_2$ deux surfaces du second ordre, et désignons par $SS'$ et $DD'$ les points d'intersection de ces surfaces avec une droite variable par $P$; déterminons ensuite deux couples de points de cette droite $M_1M_2$ et $M_1'M_2'$, qui sont — toutes deux — harmo-

*) Sur les surfaces du quatrième ordre à une conique double.

**) Si $\delta_2$ est une sphère au centre $P$, cette construction se reduira à celle qu'indique M. Darboux à la p. 122 de son ouvrage: Sur une classe remarquable etc.

niquement conjuguées par rapport à $DD'$, pendant que l'une est harmoniquement conjuguée par rapport à $PS$, l'autre par rapport à $PS'$. Alors le lieu du point $M$ est une surface du quatrième ordre, ayant pour conique double la ligne de contact de la surface $\delta_2$ avec son cône circonscrit au sommet $P$, ayant le cône circonscrit à $\sigma_2$ au sommet $P$ pour cône Kummerien, et tangente le long de la courbe d'intersection de $\sigma_2$ et $\delta_2$ à un cône au sommet $P$. Les sommets des quatre autres cônes Kummeriens sont les sommets des cônes du second ordre par la courbe d'intersection de $\sigma_2$ et $\delta_2$. On obtient ainsi une représentation de la surface par une surface double du second ordre ($\sigma_2$).

Dans la *troisième* et *quatrième* section je m'occupe des questions de réalité et de forme, en y appliquant respectivement la projection d'un centre placé sur la conique double, et la représentation par une surface double ($\sigma_2$) que je viens de nommer. Je fais usage alors de résultats trouvés antérieurement par moi et par M. Crone sur la réalité des tangentes doubles d'une courbe du quatrième ordre et des systèmes de coniques qui y sont quatre fois tangentes. Je trouve que nos surfaces appartiennent toujours à une des 6 formes que je vais énumérer. Dans cette énumération je dis (avec M. Klein) qu'une nappe d'ordre pair a le type de point lorsqu'elle ne contient aucune branche de courbe d'ordre impair, et qu'elle a le type de droite lorsqu'elle en contient, et j'indique (avec MM. Schläfli et Klein) la connexion d'une nappe par le double du nombre des courbes formées de la nappe qui ne la décomposent pas*):

*A*. Surfaces à 16 droites réelles, à 5 cônes Kummeriens réels et à 10 systèmes réels de coniques planes, dont chacun contient 4 couples de droites réelles. Les surfaces ont une seule nappe du type de droite et de la connexion 6, qui se trouve au dehors de tous les cônes Kummeriens.

*B*. Surfaces à 8 droites réelles, à 3 cônes Kummeriens réels et à 6 systèmes réels de coniques, dont chacun contient 2 couples de droites réelles. Les 8 droites imaginaires n'ont aucun point réel. Les surfaces ont une seule nappe du type de droite et de la connexion 4, qui se trouve au dehors de tous les cônes Kummeriens.

*C*. Surfaces à 4 droites réelles, à un seul cône Kummerien réel et à deux systèmes de coniques réels, dont l'un contient 2

*) Nous appelons un cône réel lorsque son équation est réelle, quand même son seul point réel est son sommet. Une conique réelle n'a pas toujours des points réels, mais son plan est réel.

couples de droites réelles et 2 couples de droites imaginaires conjuguées. 8 des droites imaginaires n'ont aucun point réel. Les surfaces ont une seule nappe du type de droite et de la connexion 2, qui se trouve au dehors du cône Kummerien.

*D*. Surfaces sans aucune droite réelle, à 5 cônes Kummeriens réels et à 6 systèmes réels de coniques. Les droites n'ont aucun point réel. Les surfaces peuvent ou avoir une seule nappe du type de point et de la connexion 2, qui se trouve au dehors de 3 des cônes Kummeriens, ou n'avoir aucune nappe réelle.

*E*. Surfaces sans aucune droite réelle, à 5 cônes Kummeriens réels et à 2 systèmes réels de coniques, dont chacun contient 4 couples de droites imaginaires conjuguées. Les surfaces ont deux nappes du type de point et de la connexion 0, qui se trouvent au dehors d'un seul cône Kummerien.

*F*. Surfaces sans aucune droite réelle, à 3 cônes Kummeriens réels et à 2 systèmes réels de coniques, dont chacun contient 2 couples de droites imaginaires conjuguées. Les autres 8 droites n'ont aucun point réel. Les surfaces ont une seule nappe du type de point et de la connexion 0, qui se trouve au dehors d'un seul cône Kummerien.

H. G. Zeuthen.

**H. G. Zeuthen: Nogle Egenskaber ved Kurver af fjerde Orden med to Dobbeltpunkter.*) Avec un résumé en français.**

(Oversigt over det K. Danske Videnskabernes Selskabs Forhandlinger 1879 p. 89—122.)

Une courbe plane $k_4$ du quatrième ordre peut toujours être regardée comme la projection centrale de la courbe d'intersection de deux surfaces du second ordre. Il est donc possible de déduire ses propriétés de celles d'une courbe gauche du quatrième ordre et de la première espèce. Par cette courbe gauche passe un faisceau de surfaces $\varphi_2$ du second ordre: les contours apparents $f_2$ de ces surfaces formeront un système — dit singulier parce qu'il en existe d'autres — de coniques tangentes quatre fois à $k_4$. Les propriétés de ce système, et leur déduction stéréométrique font l'objet du mémoire.

Une partie de ces propriétés résulteraient aussi d'une particu-

---

*) Sur quelques-unes des propriétés des courbes du quatrième ordre à deux points doubles.

larisation de théorèmes plus on moins connus sur les systèmes de coniques tangentes quatre fois à une courbe générale du quatrième ordre. On aurait pu obtenir par cette voie les théorèmes, déduits stéreometriquement dans le mémoire, sur le réseau de coniques passant par les points de contact des coniques $f_2$ du système, sur l'enveloppe des polaires d'un point fixe, et sur le lieu des pôles d'une droite fixe, par rapport aux coniques $f_2$. Une partie des autres théorèmes, qui nous semblent nouveaux, indiquent des générations de la courbe $k_4$ par l'intersection de coniques variables ayant des contacts doubles, ou de droites ayant des contacts simples, avec des coniques fixes du système singulier. Soit, par exemple, $t$ et $t'$ des tangentes variables aux coniques fixes $f_2$ et $f_2'$, et soit donnée entre les paramètres (rapports anharmoniques) qui déterminent $t$ et $t'$ une relation de la forme

$$(ax^2+2bx+c)x'^2+2(a'x^2+2b'x+c')x+a''x^2+2b''x+c''=0;$$

alors le lieu des points d'intersection de $t$ et $t'$ — qui est en général une courbe du 8me ordre à 20 points doubles — sera une courbe $k_4$ si les coefficients, sont assujettis aux quatre conditions qu'on obtient en substituant à $x$ et $x'$ les paramètres des quatre tangentes communes à $f_2$ et $f_2'$. — Si les coniques $f_2$ et $f_2'$ coïncident, les coefficients de l'équation peuvent être quelconques.

On voit que deux coniques données du système singulier et 4 points donnés déterminent 64 courbes $k_4$, tandis qu'une seule conique et 8 points en déterminent 128.

Nous citerons encore le théorème suivant: La collection des 8 tangentes communes à $k_4$ et à une conique $f_2$ (à des points de contact séparés) se décompose en deux groupes de 4, et tous les groupes qu'on obtient ainsi ont, sur les coniques respectives $f_2$, des rapports anharmoniques constants.

Si les points doubles sont les points cycliques à l'infini, les points de contact des coniques $f_2$ seront déterminés par un faisceau de cercles concentriques.

H. G. Zeuthen.

**H. G. Zeuthen: Skelet af en elementaer geometrisk Keglesnitslaere.*)** (Tidsskrift for Mathematik 1878 pp. 33—54, 65—76, 109—124, 132—148.)

Cet article, qui est le résumé d'un cours à l'université, a un but semblable à celui des leçons de Steiner, publiées par M. Geiser

*) Squelette d'une théorie géométrique et élémentaire des sections coniques.

sous le titre de „Die Theorie der Kegelschnitte in elementarer Darstellung“; mais le detail diffère beaucoup de celui de cet excellent livre.

Le point de départ est la définition des trois coniques par leurs propriétés focales, et les démonstrations se font, jusqu'au point où j'étudie les sections planes d'un cône droit, par les moyens de la géométrie plane la plus élémentaire. La discussion de la construction d'un cercle passant par un point donné, tangent à un cercle donné et ayant le centre sur une droite donnée conduit aux propriétés fondamentales des tangentes, et en particulier, pour l'hyperbole, à celles des asymptotes. On en déduit les autres propriétés qui ont des rapports avec les foyers, et les applique ensuite à des constructions soit de tangentes, soit de coniques satisfaisant à des conditions données. La théorie des coniques confocales se présente ici; mais comme on y a aussi besoin de théorèmes qui ne sont pas encore développés, il a été nécessaire d'y revenir dans une addition à la fin de l'article.

Les résultats déjà obtenus suffisent pour construire les théories des directrices et des diamètres. Pour compléter ces théories j'introduis — sans sortir encore du plan — une transformation identique à celle qu'on obtiendrait par projection parallèle. Je l'applique notamment à déduire les propriétés particulières à l'ellipse de celles du cercle et à la détermination des aires limitées d'arcs de coniques et de droites; la plupart des propriétés particulières à l'hyperbole se déduisent de théorèmes déjà trouvés sur les asymptotes.

J'étudie ensuite de la manière ordinaire les sections planes de cônes droits, et j'obtiens ainsi une nouvelle transformation qui me permet d'étendre les théorèmes de Pascal et Brianchon, et la théorie des pôles et polaires, prouvés pour un cercle, à une conique quelconque. (J'emploie la demonstration de Steiner pour établir le théorème de Pascal sur un cercle, et une belle démonstration analogue à celle-ci, que je dois à M. Bing, pour établir le théorème de Brianchon.)

Au moyen du théorème de Pascal et du théorème inverse j'obtiens les propriétés des sections d'un cône oblique.

H. G. Zeuthen.

**H. G. Zeuthen: Om Konstruktion af Tovpolygoner til givne Kraefter i Rummet.***) (Tidsskrift for Mathematik 1879; pp. 46—57, 96—101.)

Ce mémoire fait suite, en quelque sorte, aux exercises de statique graphique, insérés 1877 au même journal, où je m'occupais de la construction de polygones funiculaires dans le plan. Dans l'espace il faut que tout côté du polygone funiculaire rencontre la force consécutive, de façon qu'une force donnée impose une condition même à la partie du polygone qui la précède et au „pôle" correspondant au polygone dans „la figure de forces", qui a les mêmes rapports avec les forces données et avec le polygone funiculaire que dans le plan.

S'il y a trois forces données, le lieu du pôle sera un hyperboloïde gauche, et chaque côté du polygone funiculaire — aussi le premier et dernier — rencontrera deux droites fixes. — S'il y a quatre forces données, le lieu du pôle sera une conique plane, et les lieux des côtés des polygones seront des hyperboloides. — S'il y a cinq forces données on ne trouve, en général, que deux polygones funiculaires (qui peuvent être imaginaires).

Dans le cas où — à côté de forces données — on connaît les moments des tensions de certains côtés du polygone cherché par rapport à des droites données, on peut réduire la question à celle où toutes les conditions sont des forces données.

Je m'occupe à la fin du mémoire du cas où l'on connaît les moments de côtés par rapport à des points fixes.

H. G. Zeuthen.

---

**F. Klein: Ueber die Transformation elfter Ordnung der elliptischen Functionen.** (Math. Ann. XV p. 533—555.)

Durch functionentheoretische Betrachtungen bin ich für die Transformation elfter Ordnung zu folgenden Resultaten gelangt:

1. *Aufstellung der Galois'schen Resolvente 660*$^{ten}$ *Grades der Modulargleichung.*

---

*) Sur la construction de polygones funiculaires à des forces données dans l'espace.

Man unterwerfe fünf Variable*):

$$y_1,\ y_4,\ y_5,\ y_9,\ y_3$$

den fünfzehn Gleichungen, welche aus folgenden drei

$$\begin{cases} 0 = y_4 y_5 y_9 y_3 - y_1^2 y_5 y_3 + y_1^2 y_4^2 + y_3^3 y_1\,, \\ 0 = y_1^2 y_5 y_9 - y_4^2 y_5 y_3 - y_3^2 y_1 y_9\,, \\ 0 = y_4^3 y_9 + y_9^3 y_5 + y_3^3 y_1 \end{cases}$$

durch cyclische Vertauschung der $y$ hervorgehen, — man setze andererseits:

$$J = \frac{C^3}{\nabla^{11}}\,,$$

wo $J$ die absolute Invariante $\frac{g_2^3}{\Delta}$ des elliptischen Integrals ist, $C$ eine sogleich noch näher zu definirende Function $11^{\text{ten}}$ Grades der $y$ bezeichnet:

$$C = (y_1^{11} + y_4^{11} + y_5^{11} + y_9^{11} + y_3^{11}) + \cdot\cdot\,,$$

und $\triangle$ folgende Function $3^{\text{ten}}$ Grades vorstellt:

$$\triangle = y_1^2 y_9 + y_4^2 y_3 + y_5^2 y_1 + y_9^2 y_4 + y_3^2 y_5\,.$$

Dann giebt es 660 Lösungssysteme

$$y_1 : y_4 : y_5 : y_9 : y_3\,,$$

welche aus einem derselben durch Wiederholung und Combination folgender linearer Substitutionen hervorgehen: $\left(\varrho = e^{\frac{2i\pi}{11}}\right)$

$$S)\quad y_1' = \varrho y_1\,,\quad y_4' = \varrho^4 y_4\,,\quad y_5' = \varrho^5 y_5\,,\quad y_9' = \varrho^9 y_9\,,\quad y_3' = \varrho^3 y_3\,;$$

$$T)\begin{cases} \sqrt{-11}\cdot y_1' = (\varrho^9 - \varrho^2)\, y_1 + (\varrho^4 - \varrho^7)\, y_4 + (\varrho^3 - \varrho^8)\, y_5 \\ \qquad\qquad + (\varrho^5 - \varrho^6)\, y_9 + (\varrho^1 - \varrho^{10})\, y_3\,, \\ \sqrt{-11}\cdot y_4' = (\varrho^4 - \varrho^7)\, y_1 + (\varrho^3 - \varrho^8)\, y_4 + (\varrho^5 - \varrho^6)\, y_5 \\ \qquad\qquad + (\varrho^1 - \varrho^{10})\, y_9 + (\varrho^9 - \varrho^2)\, y_3\,, \\ \sqrt{-11}\cdot y_5' = (\varrho^3 - \varrho^8)\, y_1 + (\varrho^5 - \varrho^6)\, y_4 + (\varrho^1 - \varrho^{10})\, y_5 \\ \qquad\qquad + (\varrho^9 - \varrho^2)\, y_9 + (\varrho^4 - \varrho^7)\, y_3\,, \\ \sqrt{-11}\cdot y_9' = (\varrho^5 - \varrho^6)\, y_1 + (\varrho^1 - \varrho^{10})\, y_4 + (\varrho^9 - \varrho^2)\, y_5 \\ \qquad\qquad + (\varrho^4 - \varrho^7)\, y_9 + (\varrho^3 - \varrho^8)\, y_3\,, \\ \sqrt{-11}\cdot y_3' = (\varrho^1 - \varrho^{10})\, y_1 + (\varrho^9 - \varrho^2)\, y_4 + (\varrho^4 - \varrho^7)\, y_5 \\ \qquad\qquad + (\varrho^3 - \varrho^8)\, y_9 + (\varrho^5 - \varrho^6)\, y_3\,, \end{cases}$$

---

*) Als Indices wähle ich die zum Modul 11 gehörigen quadratischen Reste.

*und es kann die Aufgabe, bei gegebenem $J$ die zugehörigen Lösungssysteme $y$ zu berechnen, als Galois'sche Resolvente der Modulargleichung betrachtet werden.* — Die bereits genannte Function $C$ ist ein numerisches Multiplum der Summe der elften Potenzen derjenigen 660 Ausdrücke, welche vermöge der vorgenannten Substitutionen an die Stelle etwa von $y_1$ treten:

$$C = \frac{11}{124}(\Sigma y^{11}).$$

2. *Aufstellung der Resolvente elften Grades.* Es giebt zwei einfachste Formen der Resolvente elften Grades. Die eine ist folgende:

$$J:J-1:1 = \left(\mathfrak{z}^2-3\mathfrak{z}+(5\pm\sqrt{-11})\right)\left(\mathfrak{z}^3+\mathfrak{z}^2-3\cdot\frac{1\mp\sqrt{-11}}{2}\cdot\mathfrak{z}+\frac{7\pm\sqrt{-11}}{2}\right)^3$$
$$:\left(\mathfrak{z}^3+4\mathfrak{z}^2+\frac{7\pm5\sqrt{-11}}{2}\cdot\mathfrak{z}+(4\pm6\sqrt{-11})\right)\cdot$$
$$\cdot\left(\mathfrak{z}^4-2\mathfrak{z}^3+3\cdot\frac{1\pm\sqrt{-11}}{2}\cdot\mathfrak{z}^2+(5\mp\sqrt{-11})\,\mathfrak{z}-3\cdot\frac{5\mp\sqrt{-11}}{2}\right)^2$$
$$:-1728,$$

die andere lautet:

$$0=\xi^{11}-22\xi^8+11(9\pm2\sqrt{-11})\,\xi^5-11\cdot\frac{12g_2}{\sqrt[3]{\Delta}}\cdot\xi^4\mp88\sqrt{-11}\,.\,\xi^2$$
$$+11\cdot\frac{3\pm\sqrt{-11}}{2}\cdot\frac{12g_2}{\sqrt[3]{\Delta}}\cdot\xi-\frac{144g_2^2}{\sqrt[3]{\Delta^2}};$$

man geht von der einen zur andern über, indem man setzt:

$$\xi^3=\mathfrak{z}^2-3\,\mathfrak{z}+(3\pm\sqrt{-11}).$$

Vermöge der soeben definirten $y$ drücken sich die 11 Wurzeln $\mathfrak{z}$, resp. $\xi$ folgendermassen aus. Man hat für einen Werth von $\mathfrak{z}$:

$$\begin{aligned}\nabla\cdot\mathfrak{z} = {} & (y_1^3+y_4^3+y_5^3+y_9^3+y_3^3)\\ & -(1\mp\sqrt{-11})(y_1^2y_4+y_4^2y_5+y_5^2y_9+y_9^2y_3+y_3^2y_1)\\ & +\left(\frac{1\mp\sqrt{-11}}{2}\right)(y_1^2y_5+y_4^2y_9+y_5^2y_3+y_9^2y_1+y_3^2y_4)\\ & +3\,(y_1^2y_3+y_4^2y_1+y_5^2y_4+y_9^2y_5+y_3^2y_9)\\ & -3\,(y_1y_4y_9+y_4y_5y_3+y_5y_9y_1+y_9y_3y_4+y_3y_1y_5)\\ & -\left(\frac{1\mp\sqrt{-11}}{2}\right)(y_1y_4y_5+y_4y_5y_9+y_5y_9y_3+y_9y_3y_1+y_3y_1y_4),\end{aligned}$$

für den entsprechenden Werth von $\xi$:

$$\begin{aligned}\nabla^{2/3}\cdot\xi = {} & (y_1^2+y_4^2+y_5^2+y_9^2+y_3^2)\\ & -(y_1y_9+y_4y_3+y_5y_1+y_9y_4+y_3y_5)\\ & -\left(\frac{1\pm\sqrt{-11}}{2}\right)(y_1y_4+y_4y_5+y_5y_9+y_9y_3+y_3y_1),\end{aligned}$$

und die übrigen zehn Werthe von $\mathfrak{z}$, resp. $\mathfrak{x}$ ergeben sich, wenn man auf die rechter Hand stehenden Ausdrücke die soeben genannte Substitution $S$ wiederholt anwendet.

3. *Transcendente Aufklärung der mitgetheilten Gleichungen.* Der Jacobi'schen Gleichung zwölften Grades entsprechend, die ich neuerdings mittheilte (Repertorium Band 2), setze man, unter $\mu$ einen Proportionalitätsfactor verstanden:

$$\mu A_0 = q^{\frac{11}{12}} \cdot \sum_{-\infty}^{+\infty} (-1)^{h+1} \cdot q^{33h^2+55h+22}$$

$$\mu A_1 = q^{\frac{1}{132}} \cdot \left\{ \sum_{-\infty}^{+\infty} (-1)^h \cdot q^{33h^2+h} + \sum_{-\infty}^{+\infty} (-1)^{h+1} \cdot q^{33h^2+43h+14} \right\},$$

$$\mu A_4 = q^{\frac{37}{132}} \cdot \left\{ \sum_{-\infty}^{+\infty} (-1)^h \cdot q^{33h^2+13h+1} + \sum_{-\infty}^{+\infty} (-1)^{h+1} \cdot q^{33h^2+31h+7} \right\},$$

$$\mu A_5 = q^{\frac{49}{132}} \cdot \left\{ \sum_{-\infty}^{+\infty} (-1)^h \cdot q^{33h^2+37h+10} + \sum_{-\infty}^{+\infty} (-1)^{h+1} \cdot q^{33h^2+7h} \right\},$$

$$\mu A_9 = q^{\frac{97}{132}} \cdot \left\{ \sum_{-\infty}^{+\infty} (-1)^{h+1} \cdot q^{33h^2+19h+2} + \sum_{-\infty}^{+\infty} (-1)^h \cdot q^{33h^2+25h+4} \right\},$$

$$\mu A_3 = q^{\frac{25}{132}} \cdot \left\{ \sum_{-\infty}^{+\infty} (-1)^h \cdot q^{33h^2+49h+18} + \sum_{-\infty}^{+8} (-1)^h \cdot q^{33h^2+61h+28} \right\}.$$

Dann hat man zur Bestimmung der Verhältnisse der $y$:

$$\frac{y_4}{y_5} = -\frac{A_0}{A_1}, \quad \frac{y_5}{y_9} = -\frac{A_0}{A_4}, \quad \frac{y_9}{y_3} = -\frac{A_0}{A_5}, \quad \frac{y_3}{y_1} = -\frac{A_0}{A_9}, \quad \frac{y_1}{y_4} = -\frac{A_0}{A_3}.$$

Ebenhausen, den 16. August 1879.

F. Klein.

---

**K. Lasswitz: Ueber Wirbelatome und stetige Raumerfüllung.**

Vierteljahrsschrift f. wiss. Philosophie. III. Jahrg. 2. H. S. 206—215 und 3. H. S. 275—293.

Nach einer Darstellung der mathematischen und physikalischen Grundlagen der Thomson'schen Wirbeltheorie wird dieselbe mit der physikalischen Theorie der Materie von Descartes in Beziehung gesetzt und an die Geschichte der letzteren die Kritik der Thomson'schen Hypothese angeschlossen. Es zeigt sich dabei, dass die Annahme Thomson's, die Materie sei eine vollkommene Flüssigkeit, welche durch die vorhandene Wirbelbewegung für gewisse Theile constante Eigenschaften besitze, unser nach Anschauung strebendes Erkenntnissbedürfniss nicht befriedigen kann, weil die zu beantwortende Frage nur weiter zurückgeschoben wird und die Veränderlichkeit und Beweglichkeit der Theilchen der Wirbelatome wieder unbegreiflich bleibt. Das Denken verlangt den Begriff eines in aller Erfahrung Unveränderlichen, nach Grösse und Gestalt Beharrenden, wie er nur im starren Atom zu finden ist. Dagegen dürften die Helmholtz'schen Untersuchungen über Wirbelringe, auf eine im Grunde atomistisch constituirte Flüssigkeit angewendet, sich wohl zur Grundlage einer physikalisch wie erkenntniss-theoretisch befriedigenden Theorie der Materie eignen.

Gotha. K. Lasswitz.

---

**J. Hoüel: Cours de calcul infinitésimal.** (Tome II. 1879. Grand in-8. 475 pages.)

Ce volume contient le Livre III, qui traite de l'application de l'Analyse infinitésimale à la Géometrie, et la première partie du Livre IV, consacrée à l'étude des équations différentielles entre deux variables.

Le Livre III est divisé en trois Chapitres, dont le premier a pour objet l'application du Calcul différentiel à l'étude des courbes planes. Je me suis attaché à y faire usage autant que possible des méthodes fondées sur la considération des infiniment petits, de préférence à celles qui reposent sur les développements algébriques.

J'ai défini la tangente à une courbe par sa propriété essentielle, d'approcher infiniment plus de la courbe, dans le voisinage du point de contact, que toute autre droite menée par ce même point, et cette définition, d'où découlent naturellement toutes les autres propriétés, s'étend d'elle-même aux cas du plan tangent à une surface et du plan osculateur à une courbe gauche.

Je traite ensuite des asymptotes rectilignes aux courbes planes, et j'examine, dans le cas le plus simple, les conditions d'identité de l'asymptote avec la tangente à l'infini.

La notion de la *longueur* d'un arc de courbe est une de celles qui demandent à être établies avec le plus de soin, en s'appuyant sur des considérations de Géométrie infinitésimale. Ici la marche rationnelle n'allonge en rien les raisonnements nécessaires; elle ne fait que ranger dans l'ordre logique les opérations qu'exige le calcul pratique, quelque voie que l'on choisisse, et l'on n'abrége en rien par le sacrifice de la rigueur.

Viennent ensuite l'expression de l'angle de contingence, la détermination du sens de la concavité d'une courbe, l'étude de la mesure de la courbure, celle des divers ordres de contact et des courbes osculatrices, avec des remarques sur l'identification du cercle de courbure et du cercle osculateur par des considérations de Géometrie infinitésimale; les théories des développées et des développantes, des courbes enveloppes, et des points singuliers des courbes planes.

Le Chapitre se termine par un exposé succinct de la méthode d'Analyse géométrique à laquelle M. Bellavitis, son fondateur, a donné le nom de *Méthode des Équipollences*, et qui, par une heureuse application de l'algorithme des quantités complexes, donne la solution la plus directe et la plus élégante de certaines classes de problèmes de Géométrie plane. La nécessité d'observer dans toute l'étendue de mon Ouvrage un système uniforme de notation m'a fait renoncer à l'usage des signes spéciaux imaginés par l'inventeur, et auxquels j'ai substitué les notations généralement usitées dans la théorie des quantités complexes.

Dans le Chapitre II, qui contient les applications du Calcul différentiel à la Géométrie des trois dimensions, je traite d'abord les questions de tangence et de courbure relatives aux courbes et aux surfaces. Je donne ensuite des notions sur la mesure de la courbure des surfaces d'après la théorie de Gauss, avec quelques exemples de l'emploi des coordonnées curvilignes.

Le Chapitre III renferme les applications de l'intégration aux questions de quadrature et de rectification des lignes et des surfaces, ainsi qu'aux questions analogues relatives à la détermination des centres de gravité, des moments d'inertie, etc. Vient ensuite un recueil d'Exercices sur les matières traitées dans le Livre III.

La première partie du Livre IV, contenue dans ce volume, a pour objet la théorie des équations différentielles des divers ordres entre deux variables.

Dans le Chapitre I, je commence par traiter de l'intégration des expressions différentielles du premier ordre et du premier degré, contenant deux ou plusieurs variables indépendantes. J'étudie ensuite la formation d'une équation différentielle entre deux variables par l'élimination d'une ou de plusieurs constantes arbitraires entre une équation finie et ses différentielles, la considération de ces exemples de formation directe pouvant éclairer sur les moyens de procéder plus tard à l'opération inverse, c'est-à-dire à l'intégration d'une équation différentielle donnée, et faire mieux saisir la dépendance qui existe entre cette équation et ses diverses espèces de solutions.

A la suite de ces préliminaires, je donne, avec quelques modifications, la démonstration, due à Cauchy*), de ce théorème fondamental, qu'une équation différentielle, soit du premier ordre, soit d'un ordre quelconque, remplissant entre des limites données certaines conditions de continuité, détermine entre ces limites une fonction implicite de la variable indépendante, exprimable ou non par les signes de l'Analyse, mais possédant une suite de valeurs représentables par la limite d'un polygone infinitésimal, que l'équation différentielle peut faire connaître avec une approximation indéfinie.

Le Chapitre II traite des principales méthodes pour l'intégration des équations différentielles du premier ordre: équations dont le premier membre est immédiatement intégrable, équations homogènes, équations linéaires, etc.

Je développe ensuite plusieurs exemples d'application de l'intégration des équations différentielles du premier ordre à la recherche de la formule d'addition des transcendantes logarithmiques, circulaires et elliptiques.

Puis j'expose la théorie du multiplicateur des équations du premier ordre, avec ses applications les plus simples à l'intégration de ces équations. J'ai profité des nombrenx exemples que contient le *Treatise on Differential Equations* de Boole.

De là je passe à l'intégration des équations différentielles du premier ordre et d'un degré en $\frac{dy}{dx}$ supérieur ou premier.

La fin du Chapitre est consacrée à la théorie des solutions singulières des équations différentielles du premier ordre, et à la recherche des caractères distinctifs entre ces solutions et les intégrales particulières. J'expose à cet effet une méthode inédite, due à P.-H. Blanchet, qui me l'avait communiquée en 1846. Cette méthode remarquable conduit à une suite indéfinie de critériums, comparables à ceux que l'on rencontre dans la question de la conver-

---

*) Voir Moigno, *Leçons de Calcul intégral*, t. II.

gence des séries, et dont chacun répond au cas où le précédent est en défaut.

Dans le Chapitre III, je traite quelques cas généraux où l'on peut intégrer complétement des équations différentielles d'ordre supérieur au premier. J'indique ensuite d'autre cas où l'on peut abaisser leur ordre, savoir, lorsque le premier membre de l'équation est une différentielle exacte, ou lorsqu'il est homogène par rapport à l'une des variables et à ses différentielles, ou par rapport aux deux variables et à leurs différentielles.

Le Chapitre IV a pour objet l'importante théorie des équations différentielles linéaires d'ordre quelconque. J'expose les propriétés générales de cette classe d'équations, en insistant particulièrement sur le cas des équations à coefficients constants et sur les cas qui s'y ramènent. Les calculs se simplifient notablement par l'emploi des fonctions symboliques de la caractérictique de dérivation $D_x$, emploi fondé sur de simples identités algébriques, et qui, dans les cas traités, n'est sujet à aucune exception.

Cet algorithme symbolique s'applique également au cas où les puissances de la caractéristique $D_x$ seraient remplacées par des factorielles. Sans vouloir donner à ce système de notation toute l'extension qu'il a reçue de Cauchy et des géomètres anglais, on peut affirmer que son adoption dans une certaine mesure offrirait de grands avantages dans l'enseignement élémentaire de l'Analyse, en se bornant aux cas où cette notation n'est qu'une abréviation d'écriture, dont la traduction se présente d'elle-même à chaque phase du calcul.

Le dernier paragraphe est consacré à une classe d'équations linéaires du second ordre, à laquelle peut se ramener l'équation de Riccati, et qui a été l'objet de nombreux travaux dans ces dernières années. J'ai exposé, pour ce cas particulier, la méthode générale fondée par Euler et Laplace, telle qu'elle a été développée par M. S. Spitzer dans ses *Vorlesungen über lineare Differentialgleichungen.*

Bordeaux. J. Hoüel.

---

**H. Schubert: Tangentensingularitäten der allgemeinen Ordnungsfläche.** (Mathematische Annalen, Bd. 11, p. 347—378.)

Der Verfasser hatte schon früher, nämlich in den Gött. Nachr. vom Februar 1876 und in § 27 seiner Beiträge zur abzählenden Geometrie (Math. Ann. Bd. 10, pag. 98—106, dieses Repertorium Bd. 1, pag. 362), die 5 Salmon'schen Probleme $\beta, \gamma, \delta, \varepsilon, \zeta$ (cf. Salmon-Fiedler, II. Theil, Artikel 462) mit Hilfe seiner Abzählungsmethode gelöst. Er setzt hier diese Untersuchungen fort, indem er namentlich die Zahlen für diejenigen Stellen einer punktallgemeinen Fläche $n^{ten}$ Grades aufsucht, in denen zwei singuläre Tangenten berühren. Von den Resultaten mögen hier die folgenden beispielsweise Platz finden:

1) Die Zahl derjenigen Doppeltangentialebenen, einer Fläche $n^{ten}$ Grades, bei denen der Verbindungsstrahl der beiden Berührungspunkte in einem dieser Berührungspunkte dreipunktig berührt, beträgt:

$$n(n-2)(n-4)(n^3+3n^2+13n-48).$$

2) Die Zahl derjenigen Punkte einer Fläche $n^{ten}$ Grades, in denen die beiden Haupttangenten vierpunktig berühren, ohne zusammenzufallen, beträgt:

$$5n\,.\,(7n^2-28n+30),$$

eine Zahl, welche von Clebsch in Crelle-Borchardt's Journal, Bd. 63 (cf. auch Salmon-Fiedler, Artikel 463) auf algebraischem Wege um den Grad der Regelfläche der vierpunktig berührenden Tangenten zu gross bestimmt war.

3) Die Zahl derjenigen Punkte einer Fläche $n^{ten}$ Grades, in welchen nicht zusammenfallende Haupttangenten berühren, von denen jede die Fläche noch anderswo berührt, beträgt:

$$n(n-4)(4n^5-4n^4-95n^3+99n^2+544n-840).$$

4) Die Curve vierpunktiger Berührung berührt auf jeder Fläche die Curve der mehrfachen Berührungspunkte der drei-zweipunktigen Tangenten, und zwar in den Berührungspunkten der fünfpunktigen Tangenten, und schneidet sie ausserdem noch einfach erstens in dem mehrfachen Berührungspunkte jeder vier-zweipunktigen Tangente, zweitens in denjenigen Punkten der Fläche, welche zwei Haupttangenten besitzen, von denen die eine dort vierpunktig berührt, die andere dort dreipunktig und anderswo zweipunktig berührt.

Neuerdings hat Krey in Göttingen (Math. Ann. Bd. 15, pag. 211) zu mehreren von diesen Anzahlen diejenigen Reductionen hinzugefügt, welche sie erleiden, wenn vorausgesetzt wird, dass die Fläche nicht punkt-allgemein ist, sondern die von Cayley und Zeuthen studirten Singularitäten besitzt.

**H. Schubert: 1) Das Correspondenzprincip für Gruppen von $n$ Punkten und von $n$ Strahlen.** (Mathemat. Ann. Bd. 12, pag. 180—201.)

**2) Singularitäten des Complexes $n^{\text{ten}}$ Grades.** (Math. Ann. Bd. 12, pag. 202—221.)

Der Verfasser hatte im III. Abschnitt seiner Beiträge zur abzählenden Geometrie (Math. Ann. Bd. 10, pag. 1—112 und dieses Repertorium Bd. 1, pag. 358 u. 359) durch Rechnen mit Bedingungszeichen aus dem Chasles'schen Correspondenzprincip alle möglichen Formeln abgeleitet, welche die Grundbedingungen des allgemeinen *Punktepaars* mit den Grundbedingungen seiner *Coincidenz* verbinden, d. h. desjenigen spezielleren Punktepaars, bei welchem die beiden Punkte *unendlich nahe* liegen. Ebenso wurde dort das Strahlenpaar behandelt, und so wurden schliesslich alle Correspondenzprobleme erledigt, welche auf *nur zwei* Hauptelemente Bezug nehmen. Hier wird nun an die Stelle des Punktepaars eine Gruppe von $n$ in gerader Linie befindlichen Punkten gesetzt, und namentlich die Zahl derjenigen speziellen Punktgruppen aufgesucht, bei denen sämmtliche $n$ Punkte unendlich nahe liegen. Ebenso wird nachher für das aus einem Strahlbüschel mit $n$ Strahlen bestehende Gebilde die $(n-1)$-fache Bedingung, dass die $n$ Strahlen coincidiren, durch die $(n-1)$-fachen Grundbedingungen dieses Gebildes ausgedrückt. Mit Hilfe der erhaltenen, eleganten Coincidenzformeln werden endlich die Zahlen für alle eine Fläche an einer oder mehr Stellen zwei- oder mehrpunktig berührenden Tangenten, und die liniengeometrischen Analoga dieser Zahlen auf naturgemässe Weise direct aus der Definition der Fläche resp. des Complexes abgeleitet.

**H. Schubert: Ueber geometrische Erweiterungen des Bezout'schen Fundamentalsatzes.** (Gött. Nachr. Juli 1877, p. 401—426.)

Betrachtet man statt des Punktes das Gebilde $\Gamma$ als Raumelement, so wird aus der Aufgabe:

„*Die Zahl der gemeinsamen Punkte einer Curve und einer Fläche durch ihre Gradzahlen auszudrücken*"

das folgende Problem, welches ich das *Charakteristikenproblem* für das Gebilde $\Gamma$ genannt habe:

„*Das Gebilde $\Gamma$ habe die Constantenzahl c und sei Element zweier von einander unabhängigen Systeme $\Sigma_\alpha$ und $\Sigma'_{c-\alpha}$, von denen das erste α-stufig sei, d. h. $\infty^\alpha$ Gebilde enthalte, und das zweite $(c-\alpha)$-stufig* *sei. Anzugeben ist die Zahl der den beiden Systemen gemeinsamen Gebilde als algebraische Summe der Produkte von je zwei Anzahlen — Charakteristiken —, von denen die eine immer von $\Sigma_\alpha$, die andere von $\Sigma'_{c-\alpha}$ allein abhängt.*"

Ausser der Punktgeometrie und der ihr dual entsprechenden Ebenengeometrie hat auch die Liniengeometrie ihr Charakteristikenproblem vollständig gelöst. Hier ist dasselbe für den Strahlbüschel und für mehrere andere Gebilde gelöst, welche aus einzelnen Punkten, Ebenen und Strahlen zusammengesetzt sind. Die Anwendungen der aufgestellten Charakteristikenformeln erledigen auf äusserst einfache Weise mehrere Probleme, welche bis dahin nur mit Heranziehung fremder Hilfsmittel lösbar erschienen, und machen ausserdem ein Fragen-Gebiet zugänglich, welches der herkömmlichen, analytisch-geometrischen Methode unüberwindliche Schwierigkeiten entgegenstellt.

Die Formeln sind hier ohne Beweis mitgetheilt. Die Beweise findet man im VI. Abschn. meines „Kalküls der abzählenden Geometrie" (Teubner 1879) (Cf. hier pag. 436).

**H. Schubert: Die fundamentalen Anzahlen und Ausartungen der cubischen Plancurven nullten Geschlechts.** (Math. Ann. Bd. 13, pag. 429—539.)

Diese Abhandlung ist die Fortsetzung meiner im 10. Bande der Math. Ann. (pag. 1—112) begonnenen „*Beiträge zur abzählenden Geometrie*", über welche ich schon im 1. Bande dieses Repertoriums (pag. 349—363) eingehend referirt habe. In dieser zweiten Abhandlung werden die in jener ersten Abhandlung entwickelten allgemeinen Incidenzformeln und Coincidenzformeln dazu verwerthet, die Anzahlen für Kegelschnitte, für Plancurven dritter Ordnung dritten Ranges, und für Plancurven dritter Ordnung vierten Ranges durch die Anzahlen auszudrücken, welche sich auf die *Ausartungen* dieser Gebilde beziehen. Die mit Hilfe einer speciellen homographischen Abbildung erlangte Kenntniss der Eigenschaften der Ausartungen ermöglicht die Zurückführung der Ausartungsanzahlen auf die axiomatischen Anzahlen des Raumes, und dadurch die Berechnung der Anzahlen für die allgemeineren Gebilde. Den im Raume gedachten Plancurven werden nicht bloss die elementaren Bedingungen: eine gegebene Gerade zu schneiden, eine gegebene Ebene zu berühren, durch einen gegebenen Punkt zu gehen, die Ebene durch einen gegebenen Punkt zu schicken, etc., sondern auch alle diejenigen Bedingungen auferlegt, welche über die Lage der singulären Punkte und Tangenten etwas festsetzen. Bei der Berechnung seiner Anzahlen hatte der Verfasser zwei Ziele im Auge, erstens die Erkenntniss der Lage-Beziehungen zwischen den singulären und nichtsingulären Punkten und Tangenten sowohl auf den ausgearteten, wie auf den allgemeinen Curven, und zweitens die numerische Ausrechnung aller derjenigen Anzahlen, durch welche die Anzahlen der cubischen Raumcurve ausgedrückt werden können. Die analoge Behandlung des letztgenannten Gebildes hatte ich in einer dritten Abhandlung publiciren wollen. Dieselbe werde ich jedoch nicht mehr veröffentlichen, weil ihre wichtigsten Resultate in meinem (September, 1879) bei Teubner erschienenen „Kalkül der abzählenden Geometrie“ (pag. 163—184) Platz gefunden haben. Statt der dritten Abhandlung wird aber eine kurze Beschreibung der 11 Ausartungen der Raumcurve dritter Ordnung in den Math. Ann. Bd. 15 erscheinen.

**H. Schubert: Kalkül der abzählenden Geometrie.** (Leipzig, Teubner 1879.)

Dieses Buch will den Leser mit den Vorstellungen, Problemen und Resultaten eines neuen Gebiets der Geometrie vertraut machen, in welchem man, unter Verzichtleistung auf die eigentliche Construction der Gebilde, nur immer zu berechnen trachtet, *wieviel* Gebilde von bestimmter Definition gewisse gegebene Bedingungen erfüllen, um dadurch einerseits der analytisch-geometrischen Forschung wichtige Frage-Stellungen und Vorarbeiten zu liefern, andererseits die Eigenschaften der räumlichen Gebilde in einem neuen Lichte erscheinen zu lassen. Zu den gesuchten Anzahlen gelangt man leicht durch einen eigenthümlichen Kalkül, welcher, dem Zwecke der abzählenden Geometrie angepasst, die geometrischen Bedingungen selbst gewissen Operationen unterwirft, die als Addition, Subtraction und Multiplication zu bezeichnen sind. In den ersten drei Abschnitten habe ich den didactischen Zweck und die Propaganda der Methode vornehmlich im Auge gehabt, und desshalb alle Definitionen, Sätze und Formeln durch einfache und complicirte, bekannte und neue Beispiele und Anwendungen erläutert. Gegenüber meinen früheren Abhandlungen auf dem Gebiete des Abzählungskalküls in den „Göttinger Nachrichten“ und „Mathemathematischen Annalen“ giebt das Buch theils eine consequentere und fruchtbarere Durchführung der Methode, theils auch manche, noch nicht publicirte Untersuchungen.

Im *ersten Abschnitt* sind die Begriffe Constantenzahl eines Gebildes, Dimension einer Bedingung, Stufe eines Systems erläutert, und feste Symbole für die am häufigsten vorkommenden Lage-Bedingungen eingeführt. Das Princip von der Erhaltung der Anzahl ist dann in vier verschiedenen Formen ausgesprochen, und durch Beispiele verdeutlicht. Endlich sind die Grundregeln für das Rechnen mit den Bedingungssymbolen entwickelt.

Der *zweite Abschnitt* leitet aus dem Princip von der Erhaltung der Anzahl die fundamentalen Formeln ab, welche zwischen den Grundbedingungen incidenter Hauptelemente (d. h. Punkt, Strahl oder Ebene) bestehen (Incidenzformeln). Incident heissen nämlich Punkt und Strahl, wenn der Punkt auf dem Strahle liegt, Ebene und Strahl, wenn der Strahl in der Ebene liegt, Punkt und Ebene, wenn der Punkt in der Ebene liegt, Strahl und Strahl, wenn beide sich schneiden. Von den zahlreichen Anwendungen der Incidenzformeln sind besonders diejenigen hervorgehoben, welche bei Curven auf Tangente und zugehörigen Berührungspunkt, bei Flächen auf Punkt und zugehörige Tangentialebene Bezug nehmen.

Im *dritten Abschnitt* werden die Punktepaare, Strahlenpaare und überhaupt die *Paare* von Hauptelementen behandelt, und namentlich wird die invariante Bedingung, dass die beiden Hauptelemente eines Paares unendlich nahe liegen (coincidiren) mit den Lage-Bedingungen in Beziehung gebracht (Coincidenzformeln). Die entwickelten Formeln führen leicht zu den Bezout'schen und Halphen'-schen Sätzen über die gemeinsamen Elemente gegebener Punktsysteme (Curven und Flächen) und Strahlensysteme (Regelflächen, Congruenzen, Complexe). Andere Anwendungen beziehen sich auf die Berührung von Curven und Flächen aus gegebenen Systemen solcher Gebilde, auf die beiden Regelschaaren, welche in einer Fläche zweiten Grades liegen, auf die Brennfläche einer Congruenz, auf das $\alpha$- $\beta$-deutige Entsprechen der Punkte des Raums mit den Strahlen eines gegebenen Complexes, endlich auch auf die Ableitung der Cayley-Brill'schen Correspondenzformel für Curven $p$-ten Geschlechtes aus den Coincidenzformeln des Verfassers.

Der umfangreiche *vierte Abschnitt* zeigt die Berechnung der Anzahlen durch die *Ausartungen* der Gebilde. Die Anzahl für jede einem Gebilde $\Gamma$ auferlegte Bedingung wird vermittelst der Incidenzformeln und Coincidenzformeln schliesslich durch Anzahlen ausgedrückt, welche specielleren Gebilden $\Gamma$ zugehören, und desshalb von Anzahlen einfacherer Gebilde abhängen, die als schon berechnet vorausgesetzt werden dürfen. Nach dieser Methode sind in dem vorliegenden Buche berechnet:

1) die bekannten Anzahlen für Kegelschnitte im Raume;

2) die bekannten Anzahlen für Flächen zweiten Grades;

3) die Anzahlen für die im Raume gedachte Plancurve dritter Ordnung mit Spitze, mit Berücksichtigung aller möglichen Bedingungen, die sich auf die Lage der Spitze, der Rückkehrtangente, des Wendepunktes und der Wendetangente beziehen (cf. Math. Ann. Bd. 13, pag. 451—509);

4) die Anzahlen für die im Raume gedachte Plancurve dritter Ordnung mit Doppelpunkt, mit besonderer Rücksichtnahme auf die Bedingungen, welche über die Lage der Wendetangenten etwas festsetzen (cf. Math. Ann. Bd. 13, pag. 509—537);

5) die Anzahlen für cubische Raumcurven (Auszug aus der nicht veröffentlichten, von der Kgl. Dänischen Akademie gekrönten Preisschrift des Verfassers);

6) die von Zeuthen (in d. Naturw. og math. Afd. 10, Bd. IV, 1873) berechneten Anzahlen für Plancurven vierter Ordnung in fester Ebene;

7) die Anzahlen für die lineare Congruenz mit beliebig liegenden und mit unendlich nahen Axen;

8) die Anzahlen für die Gebilde, welche aus zwei Geraden bestehen, deren Punkte oder Ebenen *projectiv* sind;

9) die Anzahlen für zwei einander projective Strahlbüschel;

10) die Anzahlen für zwei einander collineare Bündel;

11) die von Hirst (Proc. of the London Math. Soc. Bd. 5 u. Bd. 8) und ausführlicher von Sturm (Math. Ann. Bd. 12, pag. 254—368) berechneten Anzahlen für zwei einander correlative Bündel.

Bei der Berechnung der Anzahlen für alle diese Gebilde ist besondere Aufmerksamkeit den Eigenschaften der Ausartungen, und bei den Plancurven auch den Lage-Beziehungen der singulären Punkte und Tangenten zugewandt.

Der *fünfte Abschnitt* behandelt die Bedingungen, welche aussprechen, dass von $n$ in gerader Linie liegenden Punkten mehrere an einer oder mehr Stellen coincidiren, und die analogen Bedingungen für $n$ in einem Strahlbüschel liegende Strahlen. Die gefundenen höheren Coincidenzformeln liefern leicht eine grosse Menge von Singularitätenzahlen sowohl für die punktallgemeine Fläche, wie auch für den strahlallgemeinen Complex. Vermöge seines Kalküls drückt der Verfasser jede der Anzahlen für Flächen-Singularitäten *direct* durch gewisse 5 Stammzahlen aus, deren Werthe sich unmittelbar aus der Definition der Fläche ergeben, wenn man dieselbe als ein zweistufiges Punktsystem auffasst, von dessen Punkten auf jeden Strahl des Raums $n$ fallen. Bemerken möchte ich hier noch, dass ich die Coincidenz von 3 oder mehr *nicht* in gerader Linie befindlichen Punkten in meinem Buche noch gar nicht berücksichtigt habe, dass ich jedoch hoffe, diesen schwierigeren Fall bald in einer besonderen Abhandlung erörtern zu können.

Im *sechsten Abschnitt* wird zunächst für ein beliebiges Gebilde $\Gamma$ das Charakteristikenproblem in folgender Weise definirt:

„Ein Gebilde $\Gamma$ mit der Constantenzahl $c$ sei Element eines ganz beliebigen $i$-stufigen Systems $\Sigma$ und auch Element eines ganz beliebigen $(c - i)$-stufigen Systems $\Sigma'$. Beiden Systemen ist eine endliche Anzahl $x$ von Gebilden $\Gamma$ gemeinsam. Es wird für alle möglichen Werthe von $i$ verlangt, die Anzahl $x$ als Summe von $m$ Producten darzustellen, deren jedes aus zwei Faktoren besteht, so dass der erste Factor immer angiebt, wieviel Gebilde aus $\Sigma$ eine $i$-fache Bedingung erfüllen, der zweite Factor dagegen angiebt, wieviel Gebilde aus $\Sigma'$ eine $(c - i)$-fache Bedingung erfüllen. Das Problem gilt als gelöst, gleichviel, wie gross die Zahl $m$ werden mag, und gleichviel welche $i$-fachen und welche $(c - i)$-fachen Bedingungen zur Bildung der Producte verwandt werden mussten. Namentlich könnten diese Bedingungen auch Ausartungsbedingungen (invariant) sein."

Es werden dann die Charakteristikenformeln für folgende Gebilde abgeleitet:

1) für den Punkt, die Ebene und den Strahl;

2) für den Kegelschnitt, wobei auf die von Halphen gefundene Modification, welche die Charakteristikenformeln in gewissen Fällen erleiden, noch keine Rücksicht genommen werden konnte;

3) für das Gebilde, welches aus einem Strahle und einem darin liegenden Punkte besteht;

4) für den Strahlbüschel;

5) für das Gebilde, welches aus einem Strahle, einem auf dem Strahle liegenden Punkte und einer durch den Strahl gehenden Ebene besteht;

6) für das Gebilde, welches aus einer Geraden und $n$ darin befindlichen Punkten besteht;

7) für das Gebilde, welches aus einem Strahlbüschel und $n$ darin befindlichen Strahlen besteht.

Die Anwendung der in den Fällen 3) bis 7) gefundenen Charakteristikenformeln führt theilweise zu einer einfacheren Ableitung bekannter Resultate, theils auch zu ganz neuen Resultaten, z. B. zu gewissen Singularitäten der Congruenz, die zweien gegebenen Complexen gemeinsam ist.

Das nächste Ziel der eigentlichen Charakteristikentheorie dürfte die Aufstellung der Charakteristikenformeln für das Dreieck und das Viereck sein, und im Anschluss daran, die Berücksichtigung der Halphen'schen Ausartungen in den Charakteristikenformeln des Kegelschnitts im Raume und der Fläche zweiter Ordnung.

Den Schluss des Buches bilden ein Literaturverzeichniss, ein Wortregister und ein Autorenregister. Etwaige Lücken im Literaturverzeichniss verzeihe man dem Verfasser, welcher sein Buch in einer Stadt abfasste, deren grosse Bibliotheken für reine Mathematik zur Zeit noch werthlos sind.

Hamburg. H. Schubert.

---

**L. Koenigsberger: Zur Geschichte der Theorie der elliptischen Transcendenten in den Jahren 1826—29.** (Teubner, 1879.)

Veranlasst durch das fünfzigjährige Jubiläum, welches in diesem Jahre die *„Fundamenta nova theoriae functionum ellipticarum“* von Jacobi feiern, deren Erscheinen zusammenfiel mit dem Tode Abel's, des andern grossen Schöpfers der Theorie der Transcendenten, habe ich in einer kurzen freien Zeit aus früheren Notizen eine gedrängte Zusammenstellung und Vergleichung der von Abel und Jacobi in den Jahren 1826—29 gemachten Untersuchungen, welche die Theorie der elliptischen Transcendenten betreffen, geliefert, welche eingeleitet ist durch eine Besprechung des Inhaltes des *„Traité des fonctions elliptiques“* von Legendre, und deren Schluss eine kurze Erwähnung der durch Herrn Schering veröffentlichten, auf die Theorie der elliptischen Functionen bezüglichen Nachlassarbeiten von Gauss bildet. Ich habe mich auf die Jahre 1826—29 beschränkt, weil einerseits in jenem Zeitraume fast alle wichtigeren und umfangreicheren Theile der elliptischen Transcendenten entstanden sind, andererseits der durch die Herren Bertrand und Borchardt veröffentlichte wichtige und überaus interessante Briefwechsel zwischen Legendre und Jacobi eine klare Einsicht in die Folge und den Zusammenhang der Entdeckungen Abel's und Jacobi's gestattet; übrigens liefert das verdienstvolle Werk des Herrn Enneper „*Elliptische Functionen*, Theorie und Geschichte" hinreichendes und gut geordnetes Material zur Orientirung in der weiteren Geschichte der Theorie der Transcendenten.

Wien, im October 1879. L. Koenigsberger.

**L. Koenigsberger: Ueber die Reduction Abel'scher Integrale auf niedere Integralformen, speciell auf elliptische Integrale.** (Borchardt's Journal für Mathematik.)

Die Arbeit geht von der Untersuchung der allgemeinsten Relation zwischen Abel'schen Integralen aus, welche in der Form

$$F\left\{\varphi_1(f_1), \varphi_2(f_2), \ldots \varphi_k(f_k), J_1, J_2, \ldots J_n, x_1, x_2, \ldots x_n\right\} = 0$$

dargestellt wird, worin $J_1, J_2, \ldots J_n$ beliebige Abel'sche Integrale der resp. Variabeln $x_1, x_2, \ldots x_n$,

$$f_1, f_2, \ldots f_k$$

beliebige algebraische Verbindungen dieser Integrale mit den Variabeln,

$$\varphi_1, \varphi_2, \ldots \varphi_k$$

transcendente Functionen bedeuten, welche durch Integrale algebraischer Differentialgleichungen definirt werden und endlich $F$ eine algebraische Function der in ihr enthaltenen Grössen vorstellt. Nachdem mit Hülfe von Betrachtungen, welche einer Arbeit des Verfassers über den algebraischen Zusammenhang von Integralen verschiedener Differentialgleichungen entnommen sind, die allgemeine Relation auf die lineare

$$a_1 J_1 + a_2 J_2 + \cdots + a_n J_n = u$$

zurückgeführt worden, in welcher $u$ eine algebraische Function der Variabeln bedeutet, wird auf Grund von Umformungen, wie sie

Abel zuerst für elliptische Integrale angegeben, für die in der Form

$$\int^{x_1} F_1(x, y_1)\, dx + \int^{x_2} F_2(x, y_2)\, dx + \cdots + \int^{x_m} F_m(x, y_m)\, dx$$

$$= -\int^{x_{m+1}} F_{m+1}(x, y_{m+1})\, dx - \cdots\cdots - \int^{x_n} F_n(x, y_n)\, dx + u$$

angesetzte Beziehung, in welcher $x_1, x_2, \ldots x_m$ die unabhängigen Variabeln bedeuten, der Satz bewiesen,

*dass jeder Art von Abel'schen Integralen, welche auf der rechten Seite dieser Transformationsgleichung vorkommen, ein System von Integralen erster Gattung zugehört, deren Zahl durch die den Integralen zukommende charakteristische Zahl $\varrho_{m+\alpha}$ bestimmt wird, deren Summe gleich einem Integrale erster Gattung ist, welches einem der auf der linken Seite der Transformationsgleichung befindlichen Abel'schen Integrale angehört, und deren Grenzen die Lösungen einer algebraischen Gleichung*

$$z^{\varrho_{m+\alpha}} + \varphi_1(x_1, Y_1)\, z^{\varrho_{m+\alpha}-1} + \cdots + \varphi_{\varrho_{m+\alpha}}(x_1, Y_1) = 0$$

*sind, während die diesen Grenzen zugehörigen algebraischen Irrationalitäten rational durch die zugehörige Lösung dieser algebraischen Gleichung und $x_1$, $Y_1$ ausdrückbar sind.*

Handelt es sich somit um die auf elliptische Integrale zurückführbaren Abel'schen Integrale, so wird

*jedes elliptische Integral erster Gattung, welches einem der in der Reductionsformel vorkommenden elliptischen Integrale zugehört, gleich sein müssen einem, dem betrachteten Abel'schen Integrale zugehörigen Integrale erster Gattung, oder es wird die Beziehung stattfinden müssen*

$$\int^{\zeta} \frac{dx}{\sqrt{(1-x^2)(1-c^2x^2)}} = \int^{x_1} F(x,y)\, dx,$$

*worin $\zeta$ eine rationale Function von $x_1$ und $y_1$, wenn $y_1$ den Werth von $y$ für $x = x_1$ bezeichnet, und die zu $\zeta$ gehörige Irrationalität*

$$y = \sqrt{(1-\zeta^2)(1-c^2\zeta^2)}$$

*sich ebenfalls rational durch $x_1, y_1$ ausdrücken lässt.*

Wir betrachten zuerst Abel'sche Integrale erster Gattung von der Form

$$\int^{x_1} Y dx,$$

worin $Y$ um einen Verzweigungspunkt $\alpha$ herum eine Entwicklung von der Form

$$Y = \psi(x)(x-\alpha)^{\frac{r}{m}}$$

besitzt, in der $\psi(x)$ um $\alpha$ herum eindeutig ist, $Y$ also die Lösung einer Gleichung von der Form

$$F_0(x)\, Y^{km} + F_m(x)\, Y^{(k-1)m} + F_{2m}(x)\, Y^{(k-2)m} + \cdots F_{km}(x) = 0$$

ist, und finden,

*dass das obige Integral nur dann auf ein elliptisches Integral reducirbar sein kann, wenn $m = 2, 3, 4, 6$ ist, und dann sind in den drei letzten Fällen die elliptischen Reductionsintegrale:*

$$\int \frac{dZ}{\sqrt{Z^3-1}}, \quad \int \frac{dZ}{\sqrt{Z^4-1}}, \quad \int \frac{dZ}{\sqrt{Z^6-1}} = \frac{1}{2}\int \frac{dt}{\sqrt{t(t^3-1)}}.$$

Nachdem für diese Fälle durch wiederholte Anwendung des Abel'schen Theorems gezeigt worden, dass man die Form der Transformationen vereinfachen kann, dass also z. B.

*in der Reductionsgleichung*

$$Y_1 dx_1 = \frac{dZ}{\sqrt{Z^3-1}}$$

*stets angenommen werden darf, dass*

$$Z = T\,.\,Y_1, \quad \sqrt{Z^3-1} = T_1,$$

*worin $T$ und $T_1$ rationale Functionen von $x_1$ und $Y_1^3$ sind,*

und ähnliche Sätze für die andern Integralformen, werden für alle vier Fälle auch die hinreichenden Bedingungen für die Reducirbarkeit auf ein elliptisches Integral entwickelt und zwar mit Hülfe der Reihenentwicklungen der algebraischen Functionen.

Die Untersuchung wendet sich dann zu dem allgemeinen Falle, in welchem die Entwicklung von $Y_1$ um einen Verzweigungspunkt $x_1 = \alpha$ herum die Form hat

$$\text{(a)} \quad Y_1 = \psi_1(x_1)(x_1-\alpha)^{\frac{r_1}{m}} + \psi_2(x_1)(x_1-\alpha)^{\frac{r_2}{m}} + \cdots \psi_\mu(x_1)(x_1-\alpha)^{\frac{r_\mu}{m}},$$

worin die $\psi$ eindeutige Functionen von $x_1$ sind, und *wir gelangen* mit Hülfe von Sätzen, die Abel in seinem „précis d'une théorie des fonctions elliptiques" bewiesen, zu dem folgenden Resultat:

*Ist ein Abel'sches Integral $\int^{x_1} Y dx$ erster Gattung auf ein elliptisches Integral erster Gattung reducirbar, und kommen in der Entwicklung* (a) *von $Y_1$ um nur einen seiner Verzweigungspunkte $\alpha$, der ein $m$-facher Windungspunkt sein mag und für den $m$ eine Primzahl sein soll, nicht alle gebrochenen Potenzen*

$$(x_1-\alpha)^{\frac{1}{m}}, \ (x_1-\alpha)^{\frac{2}{m}}, \ \ldots \ (x_1-\alpha)^{\frac{m-1}{m}}$$

*vor, so ist der Modul des elliptischen Integrales stets ein Modul complexer Multiplication.*

Die Annahme nun, dass der Integralmodul ein solcher complexer Multiplication ist, führt unmittelbar zur Vergleichung der sich aus der Integralrelation ergebenden Gleichungen mit den Beziehungen, welche die Kreistheilung für die Einheitswurzeln liefert, und ergiebt das folgende Theorem:

*Ist* $\int^{x_1} Y dx$ *auf ein elliptisches Integral reducirbar, und hat* $Y$ *einen* $m$*-fachen Windungspunkt, worin* $m$ *eine Primzahl* $\equiv 3$ *(mod. 4), in dessen Umgebung* $Y$ *eine Entwicklung besitzt, in welcher nicht alle Potenzen*

$$(x_1 - \alpha)^{\frac{1}{m}},\ (x_1 - \alpha)^{\frac{2}{m}}, \ldots . (x_1 - \alpha)^{\frac{m-1}{m}}$$

*vorkommen, so wird einerseits der Modul des elliptischen Reductionsintegrales ein Modul complexer Multiplication sein müssen, andererseits folgt, dass die Entwicklungsform von* $Y_1$

$$Y_1 = \psi_1(x_1)(x_1 - \alpha)^{\frac{\varrho_1}{m}} + \psi_2(x_1)(x_1 - \alpha)^{\frac{\varrho_2}{m}} + \cdots + \psi_{\frac{m-1}{2}}(x_1 - \alpha)^{\frac{\varrho_{\frac{m-1}{2}}}{m}}$$

*sein muss, worin die* $\varrho$ *entweder alle* $\frac{m-1}{2}$ *quadratischen Reste oder alle* $\frac{m-1}{2}$ *quadratischen Nichtreste von* $m$ *bedeuten; zugleich ergiebt sich, dass* $\sqrt{-m}$ *der Multiplicator der complexen Multiplication des elliptischen Integrales sein wird, und dass somit auch der Integralmodul bis auf die durch algebraische Transformation aus diesem herleitbaren bestimmt ist.*

Ist $m \equiv 1$ (mod. 4), so hat man wieder die Fälle $m \equiv 1$ oder $\equiv 5$ (mod. 8) zu unterscheiden und gelangt zu ähnlichen Resultaten durch Zusammenstellung mit den Factoren der Kreistheilungsgleichung vom $\frac{m-1}{4}$ten Grade; auf diese Weise lässt sich eine Reihe interessanter Sätze entwickeln, welche die Reduction Abel'scher Integrale auf elliptische in Verbindung bringen mit der Form der Entwicklung der algebraischen Functionen um deren Verzweigungspunkte herum, und diese wiederum mit den Fundamentalsätzen der Kreistheilung, der Zerlegung der Kreistheilungsgleichung in Factoren niederer Grade und der Irreductibilität dieser Theilgleichungen in Bezug auf die rationalen Ausdrücke in den Perioden.

Wien. Leo Koenigsberger.

# Inhaltsverzeichniss.


Seite

**A. V. Bäcklund:** Ueber partielle Differentialgleichungen höherer Ordnung, die intermediäre erste Integrale besitzen . . . . . . . . . . . . . . 192

——— Ueber partielle Differentialgleichungen höherer Ordnung, die intermediäre erste Integrale besitzen. (Zweite Abhandlung.) . . . . 197

——— Ueber Systeme partieller Differentialgleichungen erster Ordnung 199

——— Zur Theorie der Charakteristiken der partiellen Differentialgleichungen zweiter Ordnung . . . . . . . . . . . . . . . . . . . . 200

**J. Karl Becker:** Die Elemente der Geometrie auf neuer Grundlage streng deduktiv dargestellt. Erster Theil. . . . . . . . . . . . . . . . . . 35

**R. Beez:** Ueber das Riemann'sche Krümmungsmass höherer Mannigfaltigkeiten . . . . . . . . . . . . . . . . . . . . . . . . . . . . 343

**E. Bertini:** Una nuova proprietà delle curve di ordine $n$ con un punto $(n-2)^{\text{uplo}}$ . . . . . . . . . . . . . . . . . . . . . . . . . . 180

——— Sulle curve razionali per le quali si possono assegnare arbitrariamente i punti multipli . . . . . . . . . . . . . . . . . . . . . 181

——— Ricerche sulle trasformazioni univoche involutorie nel piano . 181

**Giambattista Biadego:** Pietro Maggi matematico e poeta veronese (1809—1854). . . . . . . . . . . . . . . . . . . . . . . . . . . . . 348

**A. Brill:** Ueber Systeme von Curven und Flächen . . . . . . . . . . 6

——— Ueber die Discriminante . . . . . . . . . . . . . . . . . . . . 7

——— Ueber rationale Curven vierter Ordnung . . . . . . . . . . 7

——— Ueber die Hesse'sche Curve . . . . . . . . . . . . . . . . . . 246

——— Mathematische Modelle in Gips . . . . . . . . . . . . . . . 247

**L. Cremona:** Teoremi stereometrici dai quali si deducono le proprietà dell' esagrammo di Pascal. — Ueber Polsechsflache bei Flächen dritter Ordnung . . . . . . . . . . . . . . . . . . . . . . . . . . . . . 87

**S. Dienger:** Der mittlere Gewinn oder Verlust bei der Lebensversicherung für die ganze Versicherungsdauer . . . . . . . . . . . . . . . . 89

**U. Dini:** Fondamenti per la teorica delle funzioni di variabili reali . . 372

**A. Emmerich:** Bewegung von $n$ Massenpunkten auf einer geraden Linie, welche um ein festes, in ihr befindliches, attrahirendes Centrum drehbar ist. . . . . . . . . . . . . . . . . . . . . . . . . . . . 274

**G. Eneström:** Differenskalkylens historia. I. . . . . . . . . . . . . . 340

**Benno Erdmann:** Die Axiome der Geometrie . . . . . . . . . . . . 39

**A. Favaro:** Intorno ad uno strumento ordinato a calcolare i risultati d'osservazione ottenuti mediante apparecchi autografici . . . . . . 57

Seite

**A. Favaro:** Intorno alla soluzione grafica di alcuni problemi pratici dipendenti dalla teoria delle probabilità . . . . . . . . . . . . . . . . 58
——— Sulla teoria dei poligoni funicolari secondo Lamé e Clapeyron nei suoi rapporti coi metodi della Statica grafica . . . . . . . . . 59
——— Intorno ad un recente lavoro del Dr. Cantor sugli agrimensori romani . . . . . . . . . . . . . . . . . . . . . . . . . 60
——— Niccolò Copernico e l'Archivio Universitario di Padova . . . 60
——— Intorno ad alcuni lavori sulla storia delle scienze matematiche e fisiche recentemente pubblicati dal prof. Sigismondo Günther. . . 61
——— Intorno ad uno scritto su Andalò di Negro pubblicato da D. B. Boncompagni . . . . . . . . . . . . . . . . . . . . . . 61

**R. Ferrini:** Sulla composizione più economica dell' elettromotore capace di un dato effetto . . . . . . . . . . . . . . . . . . . . . 50
——— Fisica tecnologica — Elettricità e magnetismo . . . . . . . 180
——— Sulla resistenza delle eliche degli elettromagneti telegrafici . 180

**Wilh. Fiedler:** 1) Ueber die Symmetrie nebst einigen andern geometrischen Bemerkungen. . . . . . . . . . . . . . . . . . . . . . . . 183
——— 2) Geometrie und Geomechanik . . . . . . . . . . . . . . 183
——— 3) Die birationalen Transformationen in der Geometrie der Lage 183
——— 4) Zur Reform des geometrischen Unterrichts . . . . . . . . 183

**Albert Fliegner:** Versuche über das Ausströmen der atmosphärischen Luft durch gut abgerundete Mündungen . . . . . . . . . . . . . . . 54
——— Die Bergbahn-Systeme vom Standpunkte der theoretischen Maschinenlehre . . . . . . . . . . . . . . . . . . . . . . . . 188
——— Versuche über das Ausströmen der atmosphärischen Luft durch Mündungen in dünner Wand . . . . . . . . . . . . . . . 369

**F. Folie:** Eléments d'une théorie des Faisceaux . . . . . . . . . . . 353

**L. Fuchs:** Sur quelques propriétés des intégrales des équations différentielles, auxquelles satisfont les modules de périodicité des intégrales elliptiques des deux premières espéces . . . . . . . . . . . . . 235

**J. Willard Gibbs:** On the Equilibrium of Heterogeneous Substances . . 300

**S. W. L. Glaisher:** Preliminary account of an enumeration of the primes in Burckhardt's tables (1 to 3,000,000) and Dase's tables (6,000,000 to 9,000,000) . . . . . . . . . . . . . . . . . . . . . . . . 92

**P. Gordan:** Ueber endliche Gruppen linearer Transformationen . . . . 42
——— Ueber bilineare Formen mit verschwindenden Covarianten . . 45
——— Ueber die Auflösung der Gleichungen 5. Grades. . . . . . . . 152

**H. Grassmann:** Zur Elektrodynamik . . . . . . . . . . . . . . . . 3
——— Die Mechanik nach den Principien der Ausdehnungslehre . . 62

**C. M. Guldberg** et **H. Mohn:** Études sur les mouvements de l'atmosphère. I. Partie . . . . . . . . . . . . . . . . . . . . . . . . . . . 18

**S. Gundelfinger:** Ueber das Schliessungsproblem bei zwei Kegelschnitten 8
——— Ueber die Transformation von Differentialausdrücken vermittelst elliptischer Coordinaten . . . . . . . . . . . . . . . . . . . . 171
——— Ueber die Transformation einer gewissen Gattung von Differentialgleichungen in krummlinige Coordinaten . . . . . . . . . . . . 367

Seite

**S. Günther:** Studien zur Geschichte der mathematischen und physikalischen Geographie . . . . . . . . . . . . . . . . . . . . . . . . . 173

——— Der Thibaut'sche Beweis für das elfte Axiom, historisch und kritisch erörtert . . . . . . . . . . . . . . . . . . . . . . . 176

——— Grundlehren der mathematischen Geographie und elementaren Astronomie . . . . . . . . . . . . . . . . . . . . . . . . . 177

——— Ueber die Reduction elementarer astronomischer Probleme auf planimetrische Betrachtungen . . . . . . . . . . . . . . . . . . 178

——— Ueber näherungsweise Kreistheilung . . . . . . . . . . . . 178

——— Die Anschauungen des Thomas von Aquin über die Grundsätze der mechanischen Physik . . . . . . . . . . . . . . . . . . . . 179

——— Antike Näherungsmethoden im Lichte moderner Mathematik . 179

——— Studien zur Geschichte der mathematischen und physikalischen Geographie. IV. Heft. Analyse einiger kosmographischer Codices der Münchener Hof- und Staatsbibliothek. 1878. V. Heft. Johann Werner aus Nürnberg und seine Beziehungen zur Geschichte der mathematischen und physischen Erdkunde. 1878. VI. (Schluss-) Heft. Geschichte der loxodromischen Curve. 1879 . . . . . . . . . . . 402

——— Von der expliciten Darstellung regulärer Determinanten aus Binomialcoëfficienten . . . . . . . . . . . . . . . . . . . . . . 404

——— Eine Relation zwischen Determinanten und Potenzen . . . . 405

——— Einfache Methode der Berechnung der regulären Körper. . . 405

——— Beitrag zur Theorie der congruenten Zahlen . . . . . . . . 406

——— Anwendung schiefwinkliger Coordinaten auf ein Problem der Potentialtheorie . . . . . . . . . . . . . . . . . . . . . . . . 406

——— Das mathematische Grundgesetz im Bau des Pflanzenkörpers. 406

——— Die mathematische Sammlung des germanischen Museums zu Nürnberg . . . . . . . . . . . . . . . . . . . . . . . . . . . 407

**Hamburger:** Ueber ein Princip zur Darstellung des Verhaltens mehrdeutiger Functionen einer complexen Variablen, insbesondere der Integrale linearer Differentialgleichungen in der Umgebung singulärer Punkte 75

**Ax. Harnack:** Ueber die Vieltheiligkeit der ebenen algebraischen Curven 11

——— Ueber die Darstellung der Raumcurve vierter Ordnung erster Species und ihres Secantensystems durch doppelt periodische Functionen 12

**Edm. Hess:** Ueber vier Archimedeische Polyeder höherer Art . . . 227

——— Ueber zwei concentr.-regelmässige Anordnungen von Kepler-Poinsot'schen Polyedern . . . . . . . . . . . . . . . . . . . . 229

**Otto Hesse** (s. Gundelfinger): Ueber Sechsecke im Raume . . . . . . . 365

**G. Holzmüller:** I. Ueber die Abbildung $x + yi = \sqrt[n]{X + Yi}$ und die lemniscatischen Coordinaten $n^{\text{ter}}$ Ordnung . . . . . . . . . . . 71

——— II. Lemniscatische Geometrie, Verwandtschaft und Kinematik, abgeleitet mit Hilfe der Function complexen Arguments $Z = \sqrt{z}$ . 71

**R. Hoppe:** Principien der Flächentheorie . . . . . . . . . . . . . 27

——— Geometrische Deutung der Fundamentalgrössen zweiter Ordnung der Flächentheorie . . . . . . . . . . . . . . . . . . . . 29

——— Minimum-Oberflächen der drei ersten Classen von Polyedern . 29

——— Bemerkung über die Berechnung vielstelliger Logarithmen. . 29

Seite

**R. Hoppe:** Ein Theorem über die conforme Abbildung der Flächen auf Ebenen 30
——— Beispiel der Bestimmung einer Fläche aus der Indicatrix der Normale . . . 31
——— Kugel von excentrischer Masse und centrischer Trägheit . . . 31
——— Ueber den Raumbegriff . . . 31
——— Grund der mathematischen Evidenz . . . 32
——— Tafel zur dreissigstelligen logarithmischen Rechnung . . . 32
**J. Hoüel:** Cours de calcul infinitésimal . . . 295. 429
**Fr. Hultsch** s. Pappus.
**E. Hunyady:** Ueber die verschiedenen Formen der Bedingungsgleichung, welche ausdrückt, dass sechs Punkte auf einem Kegelschnitte liegen . . . 69
**J. Illeck:** Hypothese über die Condensation und Wiederverdampfung im Cylinder der Dampfmaschine . . . 22
——— Ueber die reale Expansionslinie im Cylinder der Dampfmaschine und deren Beeinflussung durch den Dampfmantel . . . 25
**Dr. Oskar Kessler:** Kaustische Linien in kinematischer Behandlung . . . 276
**L. Kiepert:** Auflösung der Gleichungen fünften Grades . . . 390
——— Zur Transformationstheorie der elliptischen Functionen . . . 394
**G. Kirchhoff:** Zur Theorie des Condensators . . . 48
**F. Klein:** Ueber lineare Differentialgleichungen . . . 50
——— Weitere Untersuchungen über das Ikosaeder . . . 51
——— Ueber die Transformation der elliptischen Functionen und die Auflösung der Gleichungen fünften Grades . . . 250
——— Ueber die Erniedrigung der Modulargleichungen . . . 336
——— Ueber die Transformation siebenter Ordnung der elliptischen Functionen . . . 336
——— Sulle equazioni modulari . . . 399
——— Ueber die Auflösung gewisser Gleichungen vom siebenten und achten Grade . . . 400
——— Ueber die Transformation elfter Ordnung der elliptischen Functionen . . . 425
**H. Klein:** Theorie der Elasticität, Akustik und Optik . . . 99
**L. Koenigsberger:** Ueber algebraische Beziehungen zwischen den Integralen verschiedener Differentialgleichungen . . . 158
——— Ueber die Reduction hyperelliptischer Integrale auf elliptische 160
——— Vorlesungen über die Theorie der hyperelliptischen Integrale 202
——— Reduction des Transformationsproblems der hyperelliptischen Integrale . . . 247
——— Ueber die Reduction Abel'scher Integrale auf elliptische und hyperelliptische . . . 361
——— Zur Geschichte der Theorie der elliptischen Transcendenten in den Jahren 1826—29 . . . 440
——— Ueber die Reduction Abel'scher Integrale auf niedere Integralformen, speciell auf elliptische Integrale . . . 441
**E. Koutny:** Die Normalenflächen der Flächen 2. O. längs ebener Schnitte derselben . . . 96

Seite

**M. Krause:** Ueber die Modulargleichungen der elliptischen Functionen und ihre Anwendung auf die Zahlentheorie . . . . . . . . . . . . 74
**L. Lalanne:** A Monsieur Hermite . . . . . . . . . . . . . . . . . . 416
**K. Lasswitz:** Atomistik und Kriticismus . . . . . . . . . . . . . . . . 98
——— Ueber Wirbelatome und stetige Raumerfüllung . . . . . . . . 428
**Sophus Lie:** Theorie der Transformationsgruppen I. II. . . . . . . . . . 66
——— Resumé einer neuen Integrationstheorie. . . . . . . . . . . 67
——— Verallgemeinerung und neue Verwerthung des Jacobi'schen Multiplicators . . . . . . . . . . . . . . . . . . . . . . . 67
——— Discussion aller Integrationsmethoden der partiellen Differentialgleichungen I. O.. . . . . . . . . . . . . . . . . . . . . 67
——— Allgemeine Theorie der partiellen Differentialgleichungen I. O. II 67
——— Neue Integrationsmethode der Monge-Ampère'schen Gleichung 407
——— Theorie des Pfaff'schen Problems . . . . . . . . . . . . . 407
——— Die Störungstheorie und die Berührungstransformationen . . 408
——— Petite contribution à la théorie de la surface Steinerienne . . 408
——— Synthetische Untersuchungen über Minimalflächen. I. Beiträge zur Theorie der Minimalflächen. I. . . . . . . . . . . . . . . . 409
——— Sätze über Minimalflächen I, II, III. Beiträge zur Theorie der Minimalflächen. II.. . . . . . . . . . . . . . . . . . . . . . . 410
——— Theorie der Transformationsgruppen III. Bestimmung aller Gruppen einer zweifach ausgedehnten Punkt-Mannigfaltigkeit . . . 411
——— Theorie der Transformationsgruppen. IV. . . . . . . . . . . 413
——— Classification der Flächen nach der Transformationsgruppe ihrer geodätischen Curven . . . . . . . . . . . . . . . . . . . 414
**S. Lüroth:** Ueber cyclisch-projectivische Punktgruppen in der Ebene und im Raume . . . . . . . . . . . . . . . . . . . . . . . . . 158
**P. Mansion:** (Deux) Leçons d'analyse infinitésimale . . . . . . . . . . 356
——— Elementary Demonstration of a Fundamental Principle of the Theory of Functions . . . . . . . . . . . . . . . . . . . . . 356
——— Elementary demonstration of Taylor's Theorem for Functions of an imaginary Variable . . . . . . . . . . . . . . . . . . . 356
——— Résumé du cours d'analyse infinitésimale de l'université de Gand (Objet et méthode de l'analyse infinitésimale. Principes fondamentaux) . . . . . . . . . . . . . . . . . . . . . . . . 356
——— Note sur quelques principes fondamentaux d'analyse . . . . . 356
——— Elemente der Theorie der Determinanten mit vielen Uebungsaufgaben. . . . . . . . . . . . . . . . . . . . . . . . . . . 359
——— Sur l'élimination . . . . . . . . . . . . . . . . . . . . . 359
——— Sur la Théorie des Nombres . . . . . . . . . . . . . . . . 360
——— Démonstration d'une théorème relatif à un déterminant remarquable. . . . . . . . . . . . . . . . . . . . . . . . . . . . 360
**W. Mantel:** Traité de trigonométrie analytique . . . . . . . . . . . . 17
**A. Mayer:** Geschichte des Princips der kleinsten Action. . . . . . . . 9
——— Ueber den Multiplicator eines Jacobi'schen Systems . . . . . 10
——— Ueber den allgemeinsten Ausdruck der inneren Potentialkräfte eines Systems bewegter materieller Punkte . . . . . . . . . . . 11

Seite

**A. Mayer:** Die Kriterien des Maximums und Minimums der einfachen Integrale in den isoperimetrischen Problemen . . . . . . . . . . . . 65

——— Ueber das allgemeinste Problem der Variationsrechnung bei einer einzigen unabhängigen Variabeln . . . . . . . . . . . . . . 267

**Osk. Emil Meyer:** Die kinetische Theorie der Gase. In elementarer Darstellung, mit mathematischen Zusätzen . . . . . . . . . . . . . . 32

**Milinowski:** „Zur synthetischen Behandlung der ebenen Curven III. O." und „Zur synthetischen Behandlung der ebenen Curven IV. O." . . 230

——— 1) Die Abbildung von Kegelschnitten auf Kreisen, 2) Zur Theorie der Kegelschnitte, 3) Die Kegelschnitte behandelt für die oberen Classen höherer Lehranstalten von Simon und Milinowski. Zweite Abtheilung: Ellipse und Hyperbel von Milinowski . . . . 370

**A. Minin:** Ueber die numerischen Reihen, welche mit numerischen Integralen verbunden sind . . . . . . . . . . . . . . . . . . . . . . . 240

**C. Neumann:** Untersuchungen über das Logarithmische und Newton'sche Potential. . . . . . . . . . . . . . . . . . . . . . . . . . . . 108

**M. Noether:** Zur Theorie der Thetafunctionen von vier Argumenten . . 253

——— Ueber die Gleichungen $8^{ten}$ Grades und ihr Auftreten in der Theorie der Curven $4^{ter}$ Ordnung . . . . . . . . . . . . . . . . 347

**Pappi** Alexandrini collectionis quae supersunt e libris manu scriptis edidit, latina interpretatione et commentariis instruxit Fridericus Hultsch . . . . . . . . . . . . . . . . . . . . . . . . . . . . 320

**Friedrich Polster:** Geometrie der Ebene (Planimetrie) bis zum Abschlusse der Parallelen-Theorie . . . . . . . . . . . . . . . . . . . . . 354

**F. Reuleaux:** Ueber einige Eigenschaften der Regelschraube. . . . . . 103

**Carl Rodenberg:** Zur Classification der Flächen dritter Ordnung. . . . 271

**Oscar Röthig:** Eine Einleitung in die mechanische Wärmetheorie . . . 22

——— Durchgang der Strahlen durch eine Linse. . . . . . . . . . 22

——— Der Malus'sche Satz und die Gleichungen der dadurch definirten Flächen . . . . . . . . . . . . . . . . . . . . . . . . . . . . . 102

**Richard Rühlmann:** Handbuch der mechanischen Wärmetheorie. Bd. 1. 163

——— Handbuch der mechanischen Wärmetheorie. Bd. 2. Lief. 1 . 166

**V. Schlegel:** Hermann Grassmann. Sein Leben und seine Werke . . . 201

——— Lehrbuch der elementaren Mathematik. Erster Theil: Arithmetik und Combinatorik . . . . . . . . . . . . . . . . . . . . . . . . 201

**O. Schlömilch:** Ueber einige unendliche Reihen . . . . . . . . . . 78

——— Ueber die Summen von Potenzen der reciproken natürlichen Zahlen . . . . . . . . . . . . . . . . . . . . . . . . . . . . . 79

**O. Schmitz-Dumont:** Die mathematischen Elemente der Erkenntnisstheorie. Grundriss einer Philosophie der mathematischen Wissenschaften . . 350

**E. Schröder:** Ueber von Staudt's Rechnung mit Würfen und verwandte Processe . . . . . . . . . . . . . . . . . . . . . . . . . . . . 81

——— Ein auf die Einheitswurzeln bezügliches Theorem der Functionenlehre . . . . . . . . . . . . . . . . . . . . . . . . . . . 85

——— Der Operationskreis des Logikcalculs. . . . . . . . . . . 86

——— Note über den Operationskreis des Logikcalculs. . . . . . . 86

——— Nachschrift . . . . . . . . . . . . . . . . . . . . . . . . 162

Seite

**H. Schubert:** Tangentensingularitäten der allgemeinen Ordnungsfläche . 432

——— 1) Das Correspondenzprincip für Gruppen von $n$ Punkten und von $n$ Strahlen. 2) Singularitäten des Complexes $n^{\text{ten}}$ Grades . . . 434

——— Ueber geometrische Erweiterungen des Bezout'schen Fundamentalsatzes . . . . . . . . . . . . . . . . . . . . . 434

——— Die fundamentalen Anzahlen und Ausartungen der cubischen Plancurven nullten Geschlechts . . . . . . . . . . . . . . 435

——— Kalkül der abzählenden Geometrie . . . . . . . . . . . . 436

**Simon** s. Milinowski.

**Heinrich Streintz:** Berechnung der transversalmagnetisirenden Kraft eines einen Eisenstab durchfliessenden galvanischen Stromes . . . . 190

**D. Tessari:** La Teoria delle Ombre e del Chiaro-scuro . . . . . . . . . 241

**Ch. A. Vogler:** Anleitung zum Entwerfen graphischer Tafeln und zu deren Gebrauch beim Schnellrechnen sowie beim Schnellquotiren mit Aneroid und Tachymeter, für Ingenieure, Topographen und Alpenfreunde 268

**H. Weber:** Ueber die Transcendenten zweiter und dritter Gattung bei den hyperelliptischen Functionen erster Ordnung . . . . . . . . . . . 4

**August Weiler:** Nachträge zu meinen Abhandlungen über Integration partieller Differentialgleichungen der ersten Ordnung . . . . . . . 256

——— Die Bewegung des Punktes, welcher von einem abgeplatteten Sphäroid angezogen wird . . . . . . . . . . . . . . . 376

**Chr. Wiener:** Ueber die Stärke der Bestrahlung der Erde durch die Sonne in ihren verschiedenen Breiten und Jahreszeiten . . . . . . 224

**R. Wolf:** Taschenbuch für Mathematik, Physik, Geodäsie und Astronomie. 5. Aufl. . . . . . . . . . . . . . . . . . . . . . . . . . 19

——— Astronomische Mittheilungen. No. 41—43 . . . . . . . . . 19

——— Geschichte der Astronomie . . . . . . . . . . . . . . . . 105

——— Astronomische Mittheilungen No. 44 und 45 . . . . . . . . 105

——— Mémoire sur la période commune à la fréquence des taches solaires et à la variation de la déclinaison magnétique . . . . . . 105

**H. G. Zeuthen:** Brahmeguptas Trapez . . . . . . . . . . . . . . . . 1

——— Öevelser i grafisk Statik . . . . . . . . . . . . . . . . . 2

——— Om Flader af fjerde Orden med Dobbeltkeglesnit . . . . . . 420

——— Nogle Egenskaber ved Kurver af fjerde Orden med to Dobbeltpunkter . . . . . . . . . . . . . . . . . . . . . . . . . 422

——— Skelet af en elementaer geometrisk Keglesnitslaere . . . . . 423

——— Om Konstruktion af Tovpolygoner til givne Kraefter i Rummet 425

# Berichtigung.

S. 83, Z. 11 und 9 v. u. statt „Berührungstransformationen“ lies nur: „Transformationen“ (d. i. „eingliedrige Transformationsgruppen“).